"十三五"国家重点出版物出版规划项目

海洋生态科学与资源管理译丛

菊芋的生物学和化学

Biology and Chemistry of Jerusalem Artichoke
Helianthus tuberosus L.

[美] Stanley J. Kays
[英] Stephen F. Nottingham 著

陈小兵 李莉莉 秦 松 等译

海洋出版社

2019年·北京

图书在版编目（CIP）数据

菊芋的生物学和化学/（美）斯坦利·J. 凯斯（Stanley J. Kays），（英）史蒂芬·F. 诺丁汉著；陈小兵等译. —北京：海洋出版社，2018.12

书名原文：Biology and Chemistry of Jerusalem Artichoke：*Helianthus tuberosus* L.

ISBN 978-7-5210-0294-2

Ⅰ. ①菊…　Ⅱ. ①斯… ②史… ③陈…　Ⅲ. ①菊芋-研究　Ⅳ. ①Q949.783.5

中国版本图书馆 CIP 数据核字（2018）第 296609 号

图字：01-2016-0149

Biology and Chemistry of Jerusalem Artichoke：Helianthus tuberosus L. /by Stanley J. Kays and Stephen F. Nottingham/
ISBN：978-1-4200-4495-9
Copyright © 2008 by CRC Press.
Authorized translation from English language edition published by CRC Press, part of Taylor & Francis Group LLC; All rights reserved.

本书原版由 Taylor & Francis 出版集团旗下，CRC 出版公司出版，并经其授权翻译出版。版权所有，侵权必究。
China Ocean Press is authorized to publish and distribute exclusively the Chinese (Simplified Characters) language edition. This edition is authorized for sale throughout Mainland of China. No part of the publication may be reproduced or distributed by any means, or stored in a database or retrieval system, without the prior written permission of the publisher.

本书中文简体翻译版授权由海洋出版社独家出版并在中国大陆地区销售。未经出版者书面许可，不得以任何方式复制或发行本书的任何部分。
Copies of this book sold without a Taylor & Francis sticker on the cover are unauthorized and illegal.

本书封面贴有 Taylor & Francis 公司防伪标签，无标签者不得销售。

译丛策划：王　溪
责任编辑：江　波　王　溪
责任印制：赵麟苏

海洋出版社　出版发行

http：//www.oceanpress.com.cn
北京市海淀区大慧寺路 8 号　邮编：100081
北京朝阳印刷厂有限责任公司印刷　新华书店北京发行所经销
2019 年 10 月第 1 版　2019 年 10 月第 1 次印刷
开本：889mm×1194mm　1/16　印张：33.5
字数：700 千字　定价：230.00 元
发行部：62132549　邮购部：68038093　总编室：62114335

海洋版图书印、装错误可随时退换

作者介绍

Stanley J. Kays 是佐治亚大学（University of Georgia）园艺系的教授。他在俄克拉荷马州立大学获得园艺学士学位，在密歇根州立大学获得硕士和博士学位。随后，分别在得克萨斯农工大学生物系与英国班戈北威尔士大学植物生物学学院进行博士后研究，在英格兰的剑桥大学开展应用生物学的学术休假研究。在过去30年的大部分时间里，他在佐治亚大学担任过教学/研究任务。在此期间，他获得了多项研究奖项，并发表了180篇研究论文，主要是关于生理学和化学、采后生物学与粮食作物的风味化学。他已经出版了3本著作，其中包括《采后生物学》，这是一本关于该主题的主要参考书。他目前的研究重点为水稻风味化学和室内空气的植物修复。

Stephen F. Nottingham 是一名来自英国的昆虫学家和科普作家，他的兴趣包括蔬菜作物生产、植物保护、昆虫行为、化学生态学与植物遗传改良。在剑桥大学，其博士论文是关于植食性双翅目寄主植物发现行为研究。随后，他在伦敦帝国学院的蚜虫生物学小组内进行了有关蚜虫行为及其被挥发性化学物质修饰的研究，并在佐治亚大学对甘薯象虫进行了研究。Stephen F. Nottingham 博士已经发表和出版了约25篇研究论文和几本著作，包括《吃你的基因：转基因食品是如何进入我们的饮食》和《互联网——可访问甜菜根》。除了著书外，他还为欧洲服务网络和其他组织撰写有关农业和环境的报告和文章。

序

从植物生物学的角度来看，菊芋就是一个迷人的物种。叠加在这上面的是一段不同寻常的丰富多彩的历史，其普通的名字（"菊芋""托吡那姆布"）与植物几乎没有任何关系，也与其区别于其他作物的独特生物和化学特性无关。在欧洲，这种植物已经并将继续受到更多的赞赏，而不是在它起源的美国。与菊芋相关的书籍自1789年第一次出版以来，已有大约35部关于该作物的专著和书籍，主要是法文、德文和俄文，最近一本主要的著作是1955年I'so用匈牙利文出版的。与主要的田间作物相比，虽然数量不大，但关于菊芋的大量科学出版物已从1932年的大约400个标题逐步增加到1957年的1300个，到今天的几千个之多。

本书出版的目的是总结我们目前对这一独特作物的基本生物学和化学的理解。我们列举了各种不同和有代表性的出版物，目的是为那些有兴趣进一步钻研这一尚未充分开发的资源的人提供可随时查阅文献和专利。令人遗憾的是，由于翻译资源有限，我们没有引用那么多来自东欧的贡献，其中一些是菊芋研究的先驱科学家的著作。自上一本关于这一物种的主要教科书问世以来，已经有50余年了，我们希望所提供的信息将激发更多人的兴趣和进一步的发展。

我们承认一些个人在为这项工作的信息开发方面发挥了重要作用，尤其是Betty Schroeder，她收集和组织了这些年来的文献重印，并协调了一些研究项目。我们还感谢Gerard Soja博士和Chris Stevens博士审查了本书的章节，并感谢Tatana Gavrilenko、Yuriy Pousuin、Zana Somda和Marie-Michele Pratt博士协助翻译，我们也感谢Will Bonsall博士、L. Frese博士、B. Honermeier博士和F. A. Kiehn博士为研究提供的种质资源。关于在世界各地收集的遗传资源的信息，我们非常感谢Laura Marek博士（美国）、Hervé Serieys博士（法国）、Helmut Knuepffer和Andreas Börner博士（德国）、Gitte Kjeldsen Bjørn博士（丹麦）、Jovanka Atlagic（塞尔维亚和黑山）和Dallas Kessler（加拿大）提供的帮助。

目 录

1 引言:一种未得到充分利用的资源 ··· (1)
　参考文献 ·· (5)
2 命名、起源和历史 ·· (7)
　2.1 菊芋命名 ·· (7)
　2.2 起源 ··· (20)
　2.3 历史 ··· (22)
　参考文献 ··· (26)
3 分类、鉴别和分布 ··· (34)
　3.1 分类 ··· (34)
　3.2 鉴别 ··· (38)
　3.3 分布 ··· (38)
　参考文献 ··· (39)
4 植物形态学和解剖学 ·· (41)
　4.1 形态学 ·· (42)
　　4.1.1 茎秆和分枝 ··· (42)
　　　4.1.1.1 茎秆/株高 ··· (42)
　　　4.1.1.2 茎秆重力反应 ··· (42)
　　　4.1.1.3 茎秆数量 ·· (42)
　　　4.1.1.4 茎的直径 ·· (42)
　　　4.1.1.5 茎的分枝 ·· (42)
　　　4.1.1.6 茎的颜色 ·· (43)
　　4.1.2 叶片 ·· (43)
　　　4.1.2.1 叶形 ·· (43)
　　　4.1.2.2 叶尖形状 ·· (43)
　　　4.1.2.3 叶基形状 ·· (44)
　　　4.1.2.4 锯齿状边缘 ··· (44)
　　　4.1.2.5 叶片大小 ·· (44)
　　　4.1.2.6 叶片数量 ·· (45)
　　　4.1.2.7 叶片角度 ·· (45)
　　　4.1.2.8 叶片颜色 ·· (45)
　　　4.1.2.9 叶子基部苞片 ·· (46)

  4.1.2.10 叶序 …………………………………………………………… (46)

 4.1.3 花序 ……………………………………………………………………… (46)

  4.1.3.1 花序的大小 …………………………………………………… (46)

  4.1.3.2 花序的数量 …………………………………………………… (46)

  4.1.3.3 花序中的花盘数量 …………………………………………… (46)

  4.1.3.4 花序中放射花的数量 ………………………………………… (46)

  4.1.3.5 叶舌形状 ……………………………………………………… (48)

  4.1.3.6 叶舌密度 ……………………………………………………… (48)

 4.1.4 果实 ……………………………………………………………………… (48)

 4.1.5 根状茎 …………………………………………………………………… (48)

  4.1.5.1 长度 …………………………………………………………… (48)

  4.1.5.2 直径 …………………………………………………………… (49)

  4.1.5.3 数量 …………………………………………………………… (49)

 4.1.6 块茎 ……………………………………………………………………… (50)

  4.1.6.1 外部颜色 ……………………………………………………… (50)

  4.1.6.2 内部颜色 ……………………………………………………… (50)

  4.1.6.3 形状 …………………………………………………………… (50)

  4.1.6.4 块茎大小 ……………………………………………………… (51)

  4.1.6.5 茎节数目 ……………………………………………………… (51)

  4.1.6.6 表面形态 ……………………………………………………… (51)

  4.1.6.7 芽眼的深度 …………………………………………………… (51)

 4.1.7 地下茎 …………………………………………………………………… (51)

 4.1.8 根系 ……………………………………………………………………… (51)

4.2 解剖学特征 …………………………………………………………………… (51)

 4.2.1 气孔数量和密度 ………………………………………………………… (51)

 4.2.2 毛状体 …………………………………………………………………… (52)

  4.2.2.1 茎秆 …………………………………………………………… (52)

  4.2.2.2 叶子 …………………………………………………………… (52)

  4.2.2.3 花上的毛状体 ………………………………………………… (54)

 4.2.3 花 ………………………………………………………………………… (54)

 4.2.4 花器官的草酸钙晶体 …………………………………………………… (54)

 4.2.5 块茎薄壁的超微结构 …………………………………………………… (55)

参考文献 ……………………………………………………………………………… (56)

5 化学成分和菊糖化学 …………………………………………………………… (59)

5.1 化学成分 ……………………………………………………………………… (59)

 5.1.1 块茎成分 ………………………………………………………………… (59)

 5.1.2 植物地上部分 …………………………………………………………… (64)

5.2　植物中菊糖的发现 …………………………………………………………………… (65)
5.3　菊糖的组成、结构和性质及菊糖低聚物 …………………………………………… (69)
　　5.3.1　菊糖低聚物的晶体结构 ……………………………………………………… (69)
　　5.3.2　在水溶液中的结构 …………………………………………………………… (69)
　　5.3.3　菊糖的性质 …………………………………………………………………… (70)
5.4　菊糖的成分分析 ……………………………………………………………………… (71)
5.5　菊糖的提取、分离、纯化、分级、干燥和存储 ……………………………………… (72)
5.6　菊糖的来源 …………………………………………………………………………… (74)
　　5.6.1　传统的植物来源 ……………………………………………………………… (74)
　　5.6.2　转基因作物 …………………………………………………………………… (74)
　　5.6.3　微生物合成 …………………………………………………………………… (74)
5.7　天然的和分级菊糖的用途 …………………………………………………………… (75)
　　5.7.1　天然菊糖 ……………………………………………………………………… (75)
　　　　5.7.1.1　膨松剂 …………………………………………………………………… (75)
　　　　5.7.1.2　面包和乳制品添加剂 …………………………………………………… (75)
　　　　5.7.1.3　果糖和低聚果糖 ………………………………………………………… (75)
　　　　5.7.1.4　保健食品添加剂 ………………………………………………………… (76)
　　　　5.7.1.5　医学应用 ………………………………………………………………… (76)
　　5.7.2　通过聚合度来对菊糖进行分类 ……………………………………………… (76)
　　　　5.7.2.1　脂肪替代品 ……………………………………………………………… (76)
5.8　微生物和酶法改性菊糖 ……………………………………………………………… (77)
　　5.8.1　水解 …………………………………………………………………………… (77)
　　　　5.8.1.1　完全水解：果糖糖浆 …………………………………………………… (77)
　　　　5.8.1.2　部分水解：低聚果糖 …………………………………………………… (78)
　　5.8.2　发酵 …………………………………………………………………………… (79)
　　　　5.8.2.1　乙醇 ……………………………………………………………………… (80)
　　　　5.8.2.2　丁醇和丙醇 ……………………………………………………………… (80)
　　　　5.8.2.3　其他发酵产品 …………………………………………………………… (81)
　　5.8.3　环化作用 ……………………………………………………………………… (81)
　　　　5.8.3.1　环状低聚菊糖 …………………………………………………………… (81)
　　　　5.8.3.2　果糖二酐 ………………………………………………………………… (82)
5.9　菊糖的化学改性 ……………………………………………………………………… (83)
　　5.9.1　还原 …………………………………………………………………………… (83)
　　5.9.2　水解作用 ……………………………………………………………………… (83)
　　　　5.9.2.1　羟甲基糠醛 ……………………………………………………………… (83)
　　　　5.9.2.2　甘露醇 …………………………………………………………………… (84)
　　5.9.3　氢解作用 ……………………………………………………………………… (84)

5.9.4 酯化作用 (84)
5.9.5 甲基化菊糖 (84)
5.9.6 菊糖碳酸盐 (85)
5.9.7 O-(羧甲基)菊糖 (85)
5.9.8 菊粉醚 (86)
5.9.9 菊糖醛 (87)
5.9.10 菊糖氨基甲酸酯 (87)
5.9.11 菊糖-氨基酸 (88)
5.9.12 O-(氰)菊糖 (88)
5.9.13 O-(3-氨基-3-丙酰)菊糖 (88)
5.9.14 O-(羧)菊糖 (89)
5.9.15 O-(3-羟基亚胺基-3-氨基丙基)菊糖 (89)
5.9.16 O-(氨丙基)菊糖 (90)
5.9.17 硬脂酰胺和 N- N-碳氧甲基丙酸酯菊糖 (90)
5.9.18 衍生物 O-(氨基丙基)菊糖 (90)
5.9.19 环菊己糖衍生物 (90)
5.9.20 氧化 (91)
    5.9.20.1 伯羟基选择性氧化 (92)
    5.9.20.2 乙醇氧化 (92)
5.9.21 烷氧基化菊糖 (93)
5.9.22 菊糖磷酸盐 (93)
5.9.23 络合剂 (93)
5.9.24 阳离子改性 (93)
5.9.25 交联菊糖 (93)
参考文献 (94)

6 菊芋在人类食品与动物饲料中的价值 (109)
6.1 人类饮食 (109)
6.1.1 菊粉与肥胖症 (111)
6.1.2 菊粉与糖尿病 (112)
6.1.3 益生菌、益生元和双歧杆菌 (114)
6.1.4 菊粉和骨骼健康 (116)
6.1.5 血脂和心脏病 (116)
6.1.6 免疫系统和癌症预防 (117)
6.1.7 肠功能 (118)
6.1.8 消化不良 (119)
6.2 动物饲料 (120)
6.2.1 饲料 (120)

6.2.2　青储饲料和颗粒饲料 …………………………………………………… (124)
　　6.2.3　益生菌和饲料添加剂 …………………………………………………… (126)
　　　　6.2.3.1　猪 ………………………………………………………………… (126)
　　　　6.2.3.2　反刍动物 ………………………………………………………… (127)
　　　　6.2.3.3　家禽 ……………………………………………………………… (127)
　　　　6.2.3.4　家畜 ……………………………………………………………… (128)
　参考文献 …………………………………………………………………………… (128)

7　生物量和生物燃料 …………………………………………………………… (141)
　7.1　生物量 ……………………………………………………………………… (141)
　7.2　直接燃烧 …………………………………………………………………… (143)
　7.3　生物性转化 ………………………………………………………………… (144)
　　7.3.1　乙醇 ………………………………………………………………………… (144)
　　7.3.2　沼气（甲烷） ……………………………………………………………… (153)
　参考文献 …………………………………………………………………………… (157)

8　遗传资源、育种和栽培 ……………………………………………………… (165)
　8.1　育种程序 …………………………………………………………………… (165)
　8.2　细胞学 ……………………………………………………………………… (167)
　8.3　种间杂交 …………………………………………………………………… (167)
　8.4　控制性杂交 ………………………………………………………………… (169)
　8.5　传统育种 …………………………………………………………………… (169)
　8.6　育种技术 …………………………………………………………………… (170)
　　8.6.1　温室中控制杂交 …………………………………………………………… (170)
　　8.6.2　利用多向杂交进行天然授粉 ……………………………………………… (170)
　　8.6.3　隔离杂交 …………………………………………………………………… (171)
　8.7　开花时间处理 ……………………………………………………………… (171)
　8.8　辐射 ………………………………………………………………………… (173)
　8.9　选择标准 …………………………………………………………………… (173)
　　8.9.1　产量 ………………………………………………………………………… (173)
　　8.9.2　块茎大小 …………………………………………………………………… (174)
　　8.9.3　块茎表面光滑度 …………………………………………………………… (174)
　　8.9.4　菊粉质量和数量 …………………………………………………………… (174)
　　8.9.5　根茎长度 …………………………………………………………………… (174)
　　8.9.6　株高、茎的数量和分枝 …………………………………………………… (175)
　　8.9.7　成熟时间 …………………………………………………………………… (175)
　　8.9.8　抗病性 ……………………………………………………………………… (175)
　　8.9.9　饲料品质 …………………………………………………………………… (175)
　8.10　选择顺序 …………………………………………………………………… (175)

- 8.11 重要特征的遗传 (176)
- 8.12 转基因植物 (178)
  - 8.12.1 菊芋作为基因来源 (178)
  - 8.12.2 菊芋的遗传转化 (180)
- 8.13 遗传资源 (181)
  - 8.13.1 加拿大 (181)
  - 8.13.2 美国 (188)
  - 8.13.3 中南美洲 (193)
  - 8.13.4 德国、奥地利、斯洛文尼亚和瑞士 (193)
  - 8.13.5 法国和西班牙 (198)
  - 8.13.6 丹麦、芬兰、冰岛、挪威和瑞典 (204)
  - 8.13.7 俄罗斯 (205)
  - 8.13.8 乌克兰和阿塞拜疆 (205)
  - 8.13.9 保加利亚、匈牙利和罗马尼亚 (206)
  - 8.13.10 捷克、斯洛伐克、塞尔维亚和黑山 (206)
  - 8.13.11 亚洲和大洋洲 (212)
- 8.14 栽培品种和克隆 (213)
  - 8.14.1 收集中出现的同种、重复及混淆品种 (213)
  - 8.14.2 栽培种、无性系和野生植物材料名录(包括同种异名;备注起源地、特征、收集价值;相关研究文献,指定的产量数据,鲜重,除非特别说明是干重) (214)
- 参考文献 (271)

9 繁殖 (287)
- 9.1 块茎 (287)
  - 9.1.1 块茎休眠 (287)
    - 9.1.1.1 控制休眠 (288)
    - 9.1.1.2 休眠后的初始反应 (289)
- 9.2 根状茎 (290)
- 9.3 组织培养 (291)
- 9.4 幼枝 (295)
- 9.5 插条 (296)
- 9.6 种子 (296)
- 参考文献 (298)

10 发育生物学、资源分配和产量 (308)
- 10.1 发育阶段 (310)
  - 10.1.1 萌芽与冠层发育 (311)
    - 10.1.1.1 茎秆 (311)

- 10.1.1.2 分枝 (312)
- 10.1.1.3 叶片 (312)
- 10.1.2 根茎形成 (315)
- 10.1.3 块茎形成 (316)
  - 10.1.3.1 启动 (316)
  - 10.1.3.2 块茎形成 (319)
  - 10.1.3.3 块茎膨胀 (320)
  - 10.1.3.4 休眠 (320)
  - 10.1.3.5 休眠后的初始反应 (321)
  - 10.1.3.6 耐寒性 (321)
- 10.1.4 开花 (321)
  - 10.1.4.1 花芽的形成 (321)
  - 10.1.4.2 花的发育 (324)
  - 10.1.4.3 种子发育和休眠 (325)
- 10.1.5 衰老 (326)
- 10.2 光合作用 (329)
  - 10.2.1 光照 (329)
  - 10.2.2 最大同化速率 (331)
- 10.3 呼吸作用 (332)
  - 10.3.1 暗呼吸 (333)
  - 10.3.2 抗氰呼吸 (333)
  - 10.3.3 呼吸速率 (334)
  - 10.3.4 呼吸模式 (336)
  - 10.3.5 光呼吸 (338)
- 10.4 同化物分配策略 (338)
- 10.5 碳运输 (339)
- 10.6 存储库强度与分配的关系 (341)
- 10.7 同化物的分配和再分配 (342)
  - 10.7.1 干物质 (343)
  - 10.7.2 碳 (345)
  - 10.7.3 营养元素 (347)
- 10.8 果聚糖代谢 (349)
  - 10.8.1 果聚糖的聚合/解聚反应 (355)
  - 10.8.2 酶 (357)
    - 10.8.2.1 蔗糖-1-果糖基转换酶 (357)
    - 10.8.2.2 果聚糖:果聚糖-1-果糖基转换酶 (358)
    - 10.8.2.3 果聚糖 1-水解酶 (359)

10.8.3 果糖聚合和解聚的规则 ………………………………………………………… (359)
   10.8.4 聚合过程中的变化 …………………………………………………………… (359)
   10.8.5 聚合度对于菊粉潜在用途的影响 …………………………………………… (361)
  10.9 额外的新陈代谢途径 …………………………………………………………………… (361)
  10.10 分子遗传 ……………………………………………………………………………… (364)
  10.11 产量 …………………………………………………………………………………… (365)
  10.12 生长分析和建模 ……………………………………………………………………… (366)
   10.12.1 化合物生长分配和复合物的再分配 ………………………………………… (366)
   10.12.2 叶面积 ………………………………………………………………………… (368)
   10.12.3 生物产量和收获指数 ………………………………………………………… (372)
   10.12.4 作物生长和同化速率 ………………………………………………………… (373)
  10.13 影响产量的环境因素 ………………………………………………………………… (374)
   10.13.1 辐射 …………………………………………………………………………… (374)
   10.13.2 温度 …………………………………………………………………………… (375)
   10.13.3 光周期 ………………………………………………………………………… (376)
   10.13.4 降水 …………………………………………………………………………… (377)
   10.13.5 风 ……………………………………………………………………………… (377)
  10.14 影响产量的因素 ……………………………………………………………………… (378)
   10.14.1 土壤类型和处理 ……………………………………………………………… (378)
   10.14.2 灌溉 …………………………………………………………………………… (379)
   10.14.3 植物种群密度 ………………………………………………………………… (380)
   10.14.4 生育期长度 …………………………………………………………………… (381)
   10.14.5 杂草 …………………………………………………………………………… (385)
   10.14.6 生长调节剂 …………………………………………………………………… (385)
  参考文献 ……………………………………………………………………………………… (386)
11 传粉昆虫、害虫和疾病 …………………………………………………………………… (415)
  11.1 传粉昆虫 ……………………………………………………………………………… (415)
  11.2 病虫害 ………………………………………………………………………………… (417)
   11.2.1 向日葵甲壳虫 …………………………………………………………………… (420)
   11.2.2 向日葵蚜虫 ……………………………………………………………………… (420)
   11.2.3 向日葵茎象鼻虫 ………………………………………………………………… (420)
   11.2.4 向日葵蛆 ………………………………………………………………………… (421)
   11.2.5 带状向日葵蛾 …………………………………………………………………… (421)
   11.2.6 向日葵螟 ………………………………………………………………………… (422)
   11.2.7 葵花籽蛆 ………………………………………………………………………… (422)
   11.2.8 蚱蜢 ……………………………………………………………………………… (422)
   11.2.9 夜蛾和地老虎 …………………………………………………………………… (422)

11.2.10 蚜虫 (422)
11.3 软体动物、线虫和其他害虫 (423)
11.4 真菌、细菌和病毒性疾病 (424)
11.4.1 锈病 (426)
11.4.2 南部枯萎/枯萎病/青枯病 (426)
11.4.3 白粉病 (427)
11.4.4 核菌枯萎病/腐烂病 (428)
11.4.5 顶端黄化病 (429)
11.4.6 块茎腐烂病 (429)
参考文献 (431)

12 农艺措施 (436)
12.1 种植日期 (436)
12.2 种植 (437)
12.3 控制杂草 (438)
12.3.1 控制菊芋中的杂草 (438)
12.3.2 控制后茬作物中的菊芋 (439)
12.3.2.1 化学控制 (440)
12.3.2.2 机械控制 (443)
12.3.2.3 作物轮作 (443)
12.3.2.4 新型控制技术 (443)
12.4 施肥 (443)
12.5 灌溉 (446)
12.6 收获和加工 (448)
12.6.1 收获块茎 (448)
12.6.2 收获地上植物 (449)
参考文献 (449)

13 储存 (455)
13.1 储存方法的选择 (455)
13.2 储存条件 (456)
13.3 储存损失 (456)
13.4 储存过程中成分的变化 (457)
13.5 气压控制的储存 (458)
13.6 辐射 (458)
参考文献 (459)

14 经济意义 (462)
14.1 作物生产和存储 (462)
14.2 生物燃料的生产 (465)

14.3　菊粉 …………………………………………………………………（471）
14.4　菊芋的利用前景 …………………………………………………（473）
参考文献 …………………………………………………………………（476）
附录 ……………………………………………………………………（478）
　菊芋相关的专利权 ……………………………………………………（478）
　医学和兽医应用 ………………………………………………………（478）
　食品、饮料和营养品应用 ……………………………………………（480）
　动物饲料应用 …………………………………………………………（508）
　非食品工业应用 ………………………………………………………（509）
　遗传操作与生物技术 …………………………………………………（513）
　栽培和植物育种 ………………………………………………………（516）
译后记 …………………………………………………………………（519）

1 引言：一种未得到充分利用的资源

菊芋或者说洋姜（*Helianthus tuberosus* L.）是一个充满魅力并拥有着丰富多彩历史的物种。在过去的300年间，人们对这种作物的兴趣有大幅度的波动。在农作物歉收和粮食短缺［如第二次世界大战（简称"二战"）时期和战后的马铃薯饥荒］或是石油价格高昂的时代，尤其是对已有的大量文献理解有限时，人们对这种作物的潜在价值经常会又兴起了新一轮的兴趣。最近，菊芋作为多种化工产品原料的潜力，即在添加至人类食品和动物饲料的显著益处与作为生物燃料的潜力，已再次点燃了人们的兴趣。

菊芋起源于美国中北部，是生长周期为一年的多年生草本植物。它是生长在40°—55°N范围内以及南半球近似范围内的温带作物。即使在这个狭小的范围内，由南向北，菊芋的品种和生长条件也有显著不同。生产季节长短至关重要，通常生长季节越长，则产量越高。然而，也不全是这样，在热带尤其是湿冷的低地生长并不好，尽管这里的生长季节大大长于温带地区。它不像一些地下作物（例如，甘薯），块茎成熟后，预期用途决定其成熟时机。作为一个物种，菊芋有非常强的竞争力，它会很快遮蔽土壤表面，并创造一个夺取资源的区域，从而抑制其他物种的生长。相较于其他主流作物，菊芋的繁殖生长反映在其高效的热量积累上（表1.1）。

表 1.1 菊芋与 10 种主要作物的平均产量（鲜重）与热量比较

作物	产量	热量	
	$(kg \cdot ha^{-1})^a$	$(kcal \cdot kg^{-1})^{b}$①	$(kcal \cdot m^{-2})$
玉米	4 472	3 490	1 561
菊芋	17 843^c	790^d	1 356
甘薯	13 493	1 000	1 349
水稻	3 837	3 410	1 308
马铃薯	16 448	710	1 168
木薯	10 763	990	1 066
黄豆	2 261	3 920	886
小麦	2 665	3 330	887
大麦	2 472	3 270	808

① 1 cal = 4.18 J。——编者注

续表

作物	产量 (kg·ha^{-1})^a	热量	
		(kcal·kg^{-1})^b	(kcal·m^{-2})
高粱	2 261	3 420	773
葡萄	8 098	390	316

^{a} 来源：FAO, FAO Yearbook Production, Vol. 57, 2003, Statistics Series 177, Rome, 2004。

^{b} 来源：Leung, W. W. et al., Food Composition Table for Use in East Asia. I. Proximate Composition Mineral and Vitamin Contents of East Asian Foods, FAO, Rome, 1972。

^{c} 基于表 10.10 产量报告的平均值的 1/3。

^{d} 来源：Haytowitz, D. B. and Matthews, R. H., USDA Agriculture Handbook 8-11: Composition of Foods-Vegetables and Vegetable Products, USDA, Washington, DC, 1984。

  不像大多数的作物，碳源的储存形式是淀粉——一种葡萄糖聚合物；在菊芋中，碳源的储存形式为菊粉——一种果糖聚合物。这使得该作物的价值和功能上与大多数作物相比有着非常显著的差异。一个源于菊粉非常重要的属性是其对营养的贡献，尽管能供给人体的热值很低。有证据表明，菊粉在降低血液中胆固醇和增进健康方面有着重要的作用。

  菊芋可适应高技术和低技术的农耕投入。增加投入（例如施肥、灌溉）便能增加产量，但增加的不全是净产值。相反的，直接接着前茬作物种植菊芋而不施加肥料看似是节省成本，但这种节省往往是一个假像，因为被前茬作物耗尽的土壤养分须在种植后茬作物前得到补充。菊芋的另一个优点在于：它不同于杂交，是无性繁殖的，这种方式随着生长获得自己的"种子块茎"，保持了原始的形态。因此，不需要每年购买新的繁殖材料。最后，目前菊芋种植的地理区域上几乎没有严重的病虫害发生。

  作为一种农作物，菊芋长期冷落于大多数传统作物品种。从世界粮农组织（FAO）的农作物年度生产统计情况来看，菊芋在全世界范围内的产量还不足以得到粮农组织的监测。在过去，其产量很低的一部分原因是其他作物可以更快捷地满足人类的需求。然而，菊芋产量的阶段性激增现象已经非常普遍。例如，在"二战"期间及战后阶段，在欧洲，尤其是法国和德国，由于马铃薯的匮乏导致菊芋产量增加（Hennig, 2000; Martin, 1963）。在法国，1905 年种植菊芋 99 176 ha，1925 年种植 131 000 ha，1956 年种植 164 000 ha，1960 年下降为 147 000 ha，至 1987 年种植面积仅剩 2 200 ha（Le Cochec, 1988; Shoemaker, 1927）。

  20 世纪 30 年代，美国菊芋产量大大提高，因为此时将其作为一种生产生物乙醇的原料。然而，在当时情况下，这种商品的市场不够好，生产衰退，结果导致在此后多年种植者对菊芋保持着小心翼翼的态度（Amato, 1993）。目前，在美国也几乎没有种植。据美国农业部（USDA）产量统计，将菊芋与苜蓿芽、刺棘蓟、根芹菜、豆薯、婆罗门参、菊苣和树番茄归为一类。近年来，虽已有了少量的种植，但在 2003 年，美国国内这类作物的产量几乎为零，而进口量则达到 450 000 英担（USDA, 2006）。

  目前，所种植的菊芋是在其遗传发展水平上介于野生型和传统的大田作物（如水稻，玉米，大豆）之间的品种。对菊芋的遗传控制程度是远远不够的。这主要有两个原因：(1) 相较于主要大田作物，菊芋的育种投资实际上并不存在，并且目前育种项目一般都仅有很短的一段时间；(2) 菊芋的生殖生物学比大多数种子植物复杂得多。后一个因素大大增加了开发高效繁殖技术的难度。目前菊芋在野外的栽培种很大程度上受到原始基因的控制，而有些基因对大田作物是不利的。例如，碳水化合物最初在茎中积累并随着植株的开花和衰老最终循环进入生殖器官（块茎）。所有这些发育阶段受光周期的强烈调控，这使得我们了解到哪些野生性状需要被规避，并将其付诸实施。当光周期的调控在开花后被打破，块茎的形成仍然受到日照时间长短的控制。

将菊芋开发成为高产作物是一个艰巨的挑战。菊粉是它的主要性状，相较于分子生物学的进展，菊粉的潜力相形见绌。合成菊粉所需基因已被引入到现有的作物（例如，甜菜）中，因为这些作物已经形成了从育种—生产—收获—加工在内的完整的农业体系。

经过总结发现，菊芋相关的文献是一个相当大且在不断增加的体系。Fermeren (1932) 列出了 400 条已公开的有关菊芋的标题，而 Pätzold (1957) 引用了 1 300 多种出版物 (Rudorf, 1958)。如今，菊芋相关的出版物多达数千种，部分原因是菊芋在植物生理生化研究中可作为模式物种，在诸如光周期、细胞色素 P450 酶、线粒体氧化、碳水化合物发酵以及快繁等方面均有着重要意义。如上所述的科学价值和重要性远胜过一个普通的小作物。下面的段落简要概括了后续章节所包含的信息。

菊芋原产于北美，当地土著居民早在欧洲探险家到达该地区之前就已经开始种植这种作物。1607 年左右，菊芋被带到欧洲，它最常见的 2 个名字是 "Jerusalem artichoke" 和 "topinambou"，但这两个名字从植物学角度来说都不太恰当。菊芋与朝鲜蓟 (*Cynara scolymus* L.) 和耶路撒冷城并无关系；后者来自南美洲部落 topinamboux，其成员曾在 1613 年首次参观了法国 (Salaman, 1940)。"Sunchoke" 实际上是一个更合适的名字，但它没有被广泛地采用。有关菊芋的命名、起源和历史的详细情况见本书第 2 章。

菊科向日葵属作物约有 50 余种。其中最有商业价值的是向日葵 (*Helianthus annuus* L.)，主要是由于它能够产出油籽。与此相反，由于菊芋的块茎很大，故而主要是被作为食物食用。向日葵属植物除了几种作为观赏植物外，其他品种并没有被广泛地种植。本书第 3 章中将详细讲述向日葵属植物的分类、鉴别以及分布。向日葵属植物间的一些杂交是通过自然的形式，其中包括菊芋，已有部分杂交在北美范围内开始进行，同时更多形式的杂交已经成为植物育种的一部分。

菊芋的地上和地下部分都各有其用途。例如，地上部分可作为动物和其他生物的饲料，而块茎可作为食品和食品化工生产的原料。它的各个部分都具有潜在的商业价值。虽然菊芋经历了较少的系统选择，但它却存在大量的形态变异，这表明对其进行遗传改良是可行的。例如，菊芋块茎在颜色、形状、尺寸和表面形貌就存在很大变化。第 4 章中将详述菊芋克隆种和普通栽培种在植物解剖学和形态学上的差异。

菊粉是菊芋储存碳水化合物的主要形式，而大部分植物的碳水化合物则储存为淀粉。只有一小部分的植物可以积累足够量值得提取的菊粉，其中菊苣 (*Cichorium intybus* L.) 和菊芋是最重要的储存菊粉的物种。第 5 章中，有一份关于植物中菊粉含量的报告，并附有各植物的化学成分分析。菊粉主要是储存在块茎中，但在块茎形成之前也存在于茎中。菊粉是菊芋区别于其他植物的主要特性之一，且具有重要的工业价值。植物来源的菊粉可以加工成为许多工业生产的原料，随后将在第5章中详述。

人们对菊粉的需求在不断增长，特别是在食品工业方面。哺乳动物的消化酶不能够消化菊粉，所以菊粉不经过消化直接进入大肠，在这里经双歧杆菌和其他有益细菌选择性消化。菊粉作为一种益生元成分被添加到越来越多的食品中，因为它有助于维护肠道菌群的健康。含菊粉的食品凭借其对减肥的益处，把其作为一种低热量的甜味剂、填充剂和脂肪替代物而进行销售。菊粉在治疗流行性肥胖症中也起着重要的作用。糖尿病食品中也含有菊粉，相比于其他碳水化合物，摄入菊粉后对血糖影响的程度较小。作为膳食纤维，菊粉促进并改善肠道功能，据一些养生报道中称，菊粉果聚糖有助于提高肠道矿质营养的吸收，改善血液中的脂质成分，抑制疾病，并能刺激免疫系统。此外，菊粉被越来越多地添加到动物饲料中，以减少抗生素的添加。菊粉在人类食品和动物饲料中的价值详见第6章。

化石燃料储量的减少与减缓全球气候变化问题恶化后果的需求激发了人们在寻找包括生物燃料在内的替代燃料和能源上的前所未有的兴趣。菊芋有很大的生物量，生长迅速，需要投入的农药、肥料和水相对较少，可以生长在贫瘠的土地上。因此，菊芋可以作为生产生物燃料，尤其是生物乙醇的重要原料（第7章）。能够产菊粉酶的新型酵母菌的出现使得菊芋燃料乙醇的生产可以在一个生物反应器中实现。菊芋的地上部（新鲜的或青储饲料）也有生产沼气（甲烷）的潜力。

交叉授粉是菊芋育种的传统方式，可产生足够丰富的遗传多样性供后续选择。菊芋育种的目标主要是提高块茎的产量和菊糖的含量。因其近亲种向日葵的转基因植株体已经生产出来，所以像基因调控等新技术可以很容易地应用到菊芋上。菊芋育种的原料是从北美和欧洲几个重要的种质资源站收集得到的。第8章讲述了对菊芋遗传资源的调查，以及选育标准和培育技术的讨论。第8章的最后还有一个关于菊芋克隆株和品种按字母顺序排列的目录。

菊芋一般通过块茎或将块茎切片进行无性繁殖（第9章）。通过种子繁殖尽管没有后续的商业生产，但仍然是野生型繁殖的一种方法，也是杂交育种的重要途径。菊芋还可以通过切成块状、条状及片状进行组织培养的方式繁殖，并可以作为组培的模式植物。一般大田菊芋授粉主要由蜜蜂完成，在温室中则进行人工授粉。

第10章主要记述了菊芋的发育生物学、资源分配和菊芋的生产。栽培菊芋的营养分配不同于野生种，它将更多营养分配给块茎（无性繁殖），而种子分配的营养较少（有性繁殖）。与大部分种子繁殖的作物相比，菊芋的发育生物学是相对复杂的。因此了解控制菊芋生长的生物和环境因素对于增加产量尤其重要。菊芋的生长和发育有很强的光周期性，在中日照时开花更好，而短日照则控制块茎的形成。光周期的控制影响了栽培品种在不同的地理环境中的是否能成功种植与生产的方方面面。菊芋不同部位的发育与环境因素有关，而植株各组成部分中营养分配与产量的关系也会被讨论。目前已注意到一系列的环境和生长因素都会影响产量。

在田间，菊芋较少出现害虫和疾病的问题。主要的生产损失（通常为中等损失）是由于季末和储存期间细菌和真菌的侵害。病虫害对菊芋的影响以及一些菊芋授粉期间相关的昆虫详见第 11 章。

一系列的农艺措施可以提高产量，包括播种期选择、除草、施肥、灌溉的控制以及高效的种植和收割的程序（第 12 章）。种植菊芋的地方杂草很少出现，因为菊芋生命力超过了大多数其他植物，但除草剂对菊芋立苗是有益的。在轮作制中，菊芋是一种棘手的杂草，除草剂可用来除去一些与菊芋伴生的植物。肥料可以提高生产率，但过量施用氮肥容易导致顶端发育过剩而使块茎产量受到损害。在炎热、干旱地区灌溉可有效增加菊芋的产量，尽管菊芋是相对抗旱和耐盐的。

菊芋块茎可以按收获的需要放在原处或收获，可取出并存储在一些地点（例如窖坑）或冷藏。冷藏是有效的，虽然这样增加了生产成本。在最佳条件下块茎可存储 12 个月。然而，碳水化合物组成在储存过程中有显著改变，菊粉的解聚会对后续的各种工业应用有应影响。菊芋储藏的相关内容将在第 13 章介绍。

人们对菊粉和生物乙醇需求量增加，而两种产品均可以从菊芋中获取。由于蔗糖需求量的减少，作为菊粉主要来源的菊苣逐步成为甜菜的替代品，需求量急剧增加。生物乙醇主要是从甘蔗或玉米中生产，所以必须证明菊芋具有替代这些作物的经济优势，其潜在的优点包括来自副产品的利润和低廉的投入。菊芋有相对低的投入成本，可以在贫瘠的土地上种植，这些特点使其可以成为生产菊粉、生物质和生物燃料的有前景的原料。玉米则与之相反，具有相对高的投入，且生物乙醇的生产量取决于玉米产地的变化和用于食品生产的谷粒的大小。菊芋生产成本受地区、土地价格、加工厂的规模和其他因素控制。本书最后一章将讲述菊芋的生产成本和市场营销情况。

菊芋是一种具有多用途潜力的作物，因其副产品的价值使它极具市场开发潜力。附录有一个有关菊芋专利的清单，很多是对关于植物来源的菊粉应用，说明人们对菊芋兴趣正在日益增加。

当尝试去绘制菊芋的发展方向时，我们发现对菊芋未来的认识还远远不够；该物种的属性，特别是那些不能被现有作物有效满足的方面，需要尽快被评估。菊芋一直被称为是高效且有竞争力的作物。或者，与其敲除或抑制野生型中如此有效的基因，不如将其发展成为能够在贫瘠土地生长的低投入作物，且不会取代土地上已有的作物。例如，与其开发块茎储存和块茎早熟技术，不如把它种植为如野生型般的多年生植物，在碳水化合物大量转移到块茎之前，仅仅收获地上部分。当前，菊芋仍是一种尚未完全开发的未来资源，需要必要的资源和专家们的投入来充分利用其独特的属性。

参考文献

Amato, J. A., The Great Jerusalem Artichoke Circus: The Buying and Selling of the Rural American Dream, University of Minnesota Press, Minneapolis, 1993.

FAO, FAO Yearbook Production, Vol. 57, 2003, Statistics Series 177, Rome, 2004.

Fermeren, N. O., [List of publications on Jerusalem artichoke (Helianthus tuberosus L.)], Inst. Plant Industry, Leningrad Library, Bibl. Contr., No. 1, 1932.

Haytowitz, D. B. and Matthews, R. H., USDA Agriculture Handbook 8-11: Composition of Foods-Vegetables and Vegetable Products, USDA, Washington, DC, 1984.

Hennig, J. -L., Le Topinambour & autres Merveilles, Zulma, Cadeilhan, France, 2000.

Le Cochec, F., Les clones de Topinambour (Helianthus tuberosus L.), caracteres et methode d'amelioration, in Topinambour (Jerusalem Artichoke), Gosse, G. and Grassi, G., Eds., European Commission Report 13405, Commission of the European Communities (CEC), Luxembourg, 1988, pp. 23-25.

Leung, W. W., Butrum, R. R., and Chang, F. H., Food Composition Table for Use in East Asia. I. Proximate Composition Mineral and Vitamin Contents of East Asian Foods, FAO, Rome, 1972.

Martin, B., Die Namengebung einiger aus Amerika eingeführter Kulturpflanzen den deutschen Mundarten (kartoffel, topinambur, mais, tomato), Beiträge zur Deutschen Philogie, 25, 1-153, 1963.

Pätzold, C., Die Topinambur als landswirtschaftliche Kulturpflanze, Herausgegeben vom Bundesministerium für Ernährung, Landswirtschaft und Forsten in Zusammenarbeit mit dem Land-und Hauswirtschaftlichen Auswertungsund Informationsdienst e. V. (AID), Braunschweig-Völkenrodee, Germany, 1957.

Rudorf, W., Topinambur, Helianthus tuberosus L., Handbuch der Pflanzenzüchtung, 3, 327-341, 1958.

Salaman, R. N., Why "Jerusalem" artichoke? J. Royal Hort. Soc., LXVI, 338-348, 376-383, 1940.

Shoemaker, D. N., The Jerusalem artichoke as a crop plant, USDA Technical Bulletin 33, U. S. Dept. of Agriculture, Washington, DC, 1927.

USDA, Crop Production, http://www.usda.gov/nass/pubs/agstats/, 2006.

2 命名、起源和历史

2.1 菊芋命名

菊芋（*Helianthus tuberosus* L.）自传入欧洲后便有许多不同的拉丁名和常用名，这使我们很难探寻其历史和从新大陆向外传播的情况。Linné 在 1753 年给出了菊芋现在的二项式拉丁名（*H. tuberosus* L.）。如今他的分类系统是被公认的，尽管在当时这并不被普遍认同。这种不认同在 Brookes 于 1763 发表的评论中是显而易见的：我希望我的学生能够原谅我并不认同 Tournefort 的系统，或者说是 *Linnæus*，这些理论并不符合自然和经验；我的命名设计不允许投机，必须要付出艰辛和努力。将植物的名称简化成一个系统名，这比起区分和登记植物来得更加困难，也更容易出现错误。

因此，菊芋有如此广泛的名称也就不足为奇了，这些名称都反映了不同程度的准确性和正确性（表 2.1）。正如 Redcliffe Salaman（1940）所说，菊芋和向日葵在欧洲的 300 年间获得了令人眼花缭乱的别名。事实上，菊芋最广泛使用的两个名字 "Jerusalem artichoke" 和 "topinambou" 既不精确也不合适。Salaman（1940）详细记录了菊芋这两个名称可能的起源。

表 2.1 17 世纪以来菊芋的使用名

名 称	引 用
Aardpeer	Becker-Dillingen, 1928; Driever et al., 1948
Adenes Canadenses	Lauremberg, 1632
American artichoke	Sprague et al., 1935
Artichaut de Canada	Géardi, 1854
Artichaut de Jérusalem	Lecoq, 1862; Becker-Dillingen, 1928; Pinckert, 1961
Artichaut de Terre	Lecoq, 1862
Artichaut du Canada	Lecoq, 1862; Becker-Dillingen, 1928
Artichaut of terre	Géardi, 1854
Artichaut Souterrain	Baillarge, 1942
Artichoke	

续表

名　称	引　用
Artichoke apples of Ter-Neusen	Dodoens et al., 1618
Artichoke d'Inde	Anon., 1658
Artichoke of Jerusalem	A variation of Jerusalem artichoke
Artichokes of Jerusalem	Küppers, 1956
Artichoke under the ground	Translation of Dodoens's Articiochen onder d'aerde
Artichokes van Ter Neusen	Dodoens, 1618
Articiochen onder d'aerde	Dodoens, 1618
Artischockappeln	Lauremberg, 1632
Artischockappeln van Ter Neusen	Lauremberg, 1632
Artischocken unter Erden	Lauremberg, 1632
Artischokenappel van Ter Neuzen	Küppers, 1956
Artischoki sub terrâ	Vallot, 1665
Aster Peruanos tuberosus	Colonna, 1616
Aster Peruanus	Willughby and Ray, 1686
Aster Peruanus tuberosus	Colonna, 1616
Batata carvalha	Becker-Dillingen, 1928
Batatas Canadensis	Beverly, 1722
Batatas Candense	Küppers, 1956
Batatas von Canada	Dodoens, 1618
Battatas de Canada	Parkinson, 1629
Bulwa	Becker-Dillingen, 1928
Canada	Baillarge, 1942
Canada et Artischoki sub terrâ	Bauhin, 1671
Canada potato	
Canadas	Baillarge, 1942
Canadiennes	Sagard-Theodat, 1836
Cartoffel	Rhagor, 1639
Chiquebi	Hegi, 1906/1931

续表

名 称	引 用
Choke	Shoemaker, 1927
Chrysanthemon latifolium	Bauhin, 1671
Chrysanthemum Canadense	Dodoens, 1618; Moretus, 1644
Chrysanthemum Canadense arumosum	Schuyl, 1672
Chrysanthemum Canadense tuberosum edule	Dodoens, 1618
Chrysanthemum è Canada	Bauhin, 1671
Chrysanthemum latifolium brasilianum	Linnaeus, 1737; Bauhin, 1671
Chrysanthemum perenne majus solis integris, americanum tuberosum	Morison, 1680; Linnaeus, 1737
Cicoka	Becker-Dillingen, 1928
Cnosselen	Lauremberg, 1632
Compire	Lecoq, 1862; Baillarge, 1942
Corona solis parvo flore, tuberosa	Boerhaave, 1720; Linnaeus, 1737
Cotufa	Becker-Dillingen, 1928; Escalante, 1946
Csicsóka	I'So, 1955
Earth-puff	Angyalffy, 1824; Hegi, 1906/1931
Erd-apfel	Flemish
Erdapfel	Anon., 1731; Rodiczky, 1883; Becker-Dillingen, 1928
Erdartischocke	German
Erdartischoke	Anon., 1731; Angyalffy, 1824; Scheerer, 1947
Erdbirne	Angyalffy, 1824; Rodiczky, 1883; Löbe, 1850
Erdmandl	Küppers, 1949
Erdschocke	Küppers, 1949
Ewigkeitskartoffel	Küppers, 1949; Prehl, 1953
Flos Solis Canadensis	Dodoens et al., 1618
Flos Solis Farnenanious	Salmon, 1710
Flos Solis Farnesianus	Colonna, 1616
Flos Solis glandulosus	Vallot, 1665

续表

名　称	引　用
Flos Solis Pyramidalis	Gerarde, 1597
Flos Solis tuberosa radice	Linnaeus, 1737
Flos Solis tuberosus	Aldinus, 1625
Frenches Battatas	Parkinson, 1640
Girasole	Hegi, 1906/1931
Girasole del Canada	Becker-Dillingen, 1928; Krafft, 1897
Griasole [Girasole?] de Canada	Targioni-Tozzetti, 1809
Grond-peer	Baillarge, 1942
Ground berry	Prain, 1923
Ground pear	Soviet News, 1947
Grundbirne	Scheerer, 1947
Gyrasol do Brasil tuberoso	Becker-Dillingen, 1928
Hartichokes	Anon., 1649
Helenii tuberosum	
Helenium canadense	Ammann, 1676
Helianthemum indicum tuberosum	Brookes, 1763; Bauhin, 1671
Helianthemum tuberosum	Brookes, 1763
Helianthi	Thellung, 1913
Helianthum tuberosum esculentum	Diderot, 1765
Helianthus radice tuberosa	Linnaeus, 1737
Helianthus tomentosus	Michaux, 1801
Helianthus tuberosus	Linnaeus, 1753
Helianthus tuberosus var. subcanescens	Gray, 1869
Heliotropium Indicum tuberosum	Küppers, 1956
Heliotropum Indicum tuberosum	Salmon, 1710
Herba solis tuberosa	Moretus, 1644
Herba solis tuberosa radice	Dodoens, 1618
Hierusalem artichoke	Parkinson, 1640

续表

名 称	引 用
Honderthoofden	Lauremberg, 1632
Hundred-heads	Dodoens, 1618
Hxiben	Gibault, 1912; Baillarge, 1942; Küppers, 1952b
Jerusalem artichoke	Common English name for the species
Jerusalemartischoke	Germershausen, 1796
Jirasol tuberoso	Becker-Dillingen, 1928
Jordaeble	Becker-Dillingen, 1928
Jordäple	Becker-Dillingen, 1928
Jordärtskocka	Becker-Dillingen, 1928
Jordskokken	Becker-Dillingen, 1928
Judenbirne	Rodiczky, 1883
Judenerdapfel	Rodiczky, 1883
Judenkartoffel	Scheerer, 1947
Kaischuc penauk	Trumbull and Gray, 1877
Kaishcucpenauk	Küppers, 1956
Knauste	Lauremberg, 1632
Knobs	Dodoens, 1618
Knollensonnenblume	Scheerer, 1947
Knollenspargel	Küppers, 1949
Knollige Sonnenblume	Angyalffy, 1824; Linnaeus, 1797
Knollige Sonnenrosen	Schwerz, 1843
Knousten	Lauremberg, 1632
Laska répa	Becker-Dillingen, 1928
Orasqueinta	Sagard-Theodat, 1836
Papežica	Becker-Dillingen, 1928
Papinabò	A corruption of *topinambur* or *topinambour*
Pariser Edelerdartischoke	Wettstein, 1938
Pataca (Argentinean)	Becker-Dillingen, 1928

续表

名　称	引　用
Patache (Sicilian)	Becker-Dillingen, 1928
Patata	Catalina, 1949
Patata americana	Küppers, 1956; Targioni-Tozzetti, 1809
Patata del Canada	Targioni-Tozzetti, 1809
Patata di Canada	Hegi, 1906/1931
Pero di terra	Becker-Dillingen, 1928
Peruanum Solis florem ex Indiis tuberosum habuimus	Hernandez, 1648
Peruanus Solis flos ex Indiis tuberosus	Hernandez, 1651
Pferdekartoffel	Becker-Dillingen, 1928; Scheerer, 1947
Poire de terre	Géardi, 1854
Poire de Terre	Lecoq, 1862; Baillarge, 1942
Pomme de terre	Initially used in France but subsequently was substituted for Solanum tuberosum
Pommes de Canada	Sagard-Theodat, 1836; Baillarge, 1942
Potato of Canada	Parkinson, 1629
Potato plant	
Rehkartoffel	Küppers, 1949
Roßbirne	Scheerer, 1947
Roßgrundbirne	Hegi, 1906/1931
Roßkartoffel	Rodiczky, 1883
Root-artichoke	
Russische Bodenbirne	Hegi, 1906/1931
Salsifis	Caspari, 1948
Schnapskartoffel	Prehl, 1953
Semljannaja gruscha	Fermeren, 1932; Becker-Dillingen, 1928
Sol altissimus radice tuberosa esculenta	Linnaeus, 1737
Soleil vivace	Lecoq, 1862; Baillarge, 1942
Soleil vivace	Géardi, 1854

续表

名　称	引　用
Solis Flore tuberosus	Aldinus, 1625
Solis flos Farnesianus	Colonna, 1616
Solis herba Canadensis	Dodoens, 1618
Sonnenrose	Nefflen, 1848
Sow bread	Angyalffy, 1824
Stangenerdapfel	Rodiczky, 1883; Pinckert, 1861
Süßkartoffel	Küppers, 1949
Sun-root	Robinson, 1920
Sunchoke	Name given to a *H. annuus* H *H. tuberosus* hybrid
Sunflower artichoke	
Sunroot	Shoemaker, 1927
Tapinabò	A corruption of topinamburor topinambour
Tartouffe	Géardi, 1854
Tartoufle	Baillarge, 1942
Tartüffeln	Prehl, 1953
Tartuffi bianchi	Küppers, 1956
Tartuffo di Canna	Hegi, 1906/1931
Tartufo bianco	Anon., 1741
Tartufo di Canna	Targioni-Tozzetti, 1809
Tartufoli	Becker-Dillingen, 1928
Taupinambours	Schlechtendal, 1858
Taupine	Baillarge, 1942
Terre à touffe	Géardi, 1854
Tertifle	Géardi, 1854
Tertifle	Lecoq, 1862
Tiramirambo	Ravault, 1952
Topinabò	A corruption of topinamburor topinambour
Topinamba	Becker-Dillingen, 1928

续表

名　称	引　用
Topinambou	Petersons, 1954
Topinambour	Driever et al., 1948; Targioni - Tozzetti, 1809; Becker - Dillingen, 1928; Lecoq, 1862
Topinambous	Anon., 1658
Topinambur	Becker-Dillingen, 1928
Topinambur	Griesbeck, 1943; Schwerz, 1843
Topinambura	Fermeren, 1932
Topinambury	Becker-Dillingen, 1928
Topine	Schmitz-Winnenthal, 1951; Anon., 1952
Tropenkartoffel	Küppers, 1952a
Trtur	Becker-Dillingen, 1928
Truffles du Canada	Baillarge, 1942
Tuberous rooted sunflower	Becker-Dillingen, 1928
Tubers	Dodoens, 1618
Tüffeln	Prehl, 1953
Tupinabò	A corruption of topinambur or topinambour
Underschocken	Lauremberg, 1632
Unter	Lauremberg, 1632
Unterartischoke	Scheerer, 1947; Hegi, 1906/1931
Weißwurzel	Scheerer, 1947; Hegi, 1906/1931; Küppers, 1949
Wildkartoffel	Prehl, 1953
Zidovski	Becker-Dillingen, 1928
Zuckerkartoffel	Prehl, 1953

来源：摘自 Pätzold, C., Die Topinambur als Landwirtschaftliche Kulturpflanze, Institut für Pflanzenbauund Saatguterzegung der Forschungsanstalt für Landwirtschaft, Braunschweig-Völkenrode, Germany, 1957.

首先从 Jerusalem artichoke 这个名字说起，文献中的分析强调了一个事实，菊芋不属于朝鲜蓟这一物种，也与耶路撒冷没有任何关系。*Artichoke* 作为菊芋的通用名称是源于其块茎烹调后会使人联想到球状朝鲜蓟（*Cynara scolymus* L.）的味道和肉质部位的结构。第一个描述了新大陆这种植物的欧洲人 Samuel de Champlain（Massachusetts，1605），把菊芋的口味与同时去探险的队长探访的 Seigneur De Monts 当地家庭中时获得的朝鲜蓟口味进行了对比（Bourne，1906）。他们通过印第安玉米地时"看到丰富的巴西豆、各种尺寸的可食用南瓜、烟草和块茎，而后者有朝鲜蓟的味道"（Champlain，1613）。朝鲜蓟的名字据说是来自阿拉伯语 Al-kharshuf，是具有粗糙表皮的意思。过渡到西班牙阿拉伯语（Al-kharshofa）和古西班牙语（Alcarchofa），这一名字以"Alcarcioffo"的形式传至古意大利，到现代的意大利则被称为"Articiocco"，最终形成英语中的"artichoke"，在英国，第一次在英语中使用是在 1531 年（Simpson and Weiner，1989）。

使用 Jerusalem 作为菊芋俗名的第一部分有两种貌似有根据的起源。第一种是 1807 年 J. E. Smith 提出的一种理论，认为"Jerusalem"是一个意大利词语"girasole articiocco"的变体，或由"sunflower artichoke"衍生而来。"girasole"在英语中发音困难因而根据语源衍生成为"Jerusalem"。然而，这种解释是基于"girasole"一词在 17 世纪已经存在的前提，这一问题受到 Gibbs（1918）和 Salaman（1940）的挑战。向日葵（H. annuus）进入欧洲是在 16 世纪中期。例如，Leonhard Fuchs 在 1544 到 1555 年间对其命名并绘制了插图（Meyer et al.，1999）。同时，"girasol"一词似乎已在 16、17 世纪之交被有关资料引用。例如，在 1598 年 Phillip Sidney 用到了"Girasol"（Sidney，1598）。

> 随着眼神的凝注他注意到了，短促的叹息，不安的徘徊
> 他停驻不动，但像 Girasol 一样追随阳光
> 他的想象力在遇到她的半途中裂缝
> 他的灵魂随着她的奔跑飞翔

这暗示了"Girasol"具有向日葵的向日反应，即花的顶端随着太阳每天由东向西的转动，晚上再回到起始的位置（Lang and Begg，1979；Schaffner，1900）。这至少很明显地说明"girasol"一词已经在应用了，先于"H. tuberosus"在欧洲大陆传播。

Salaman（1940）则认为，基于 1598 到 1688 年之间的意大利词典，出现的"girasole"一词并不指代向日葵。直到 1729 年在《Vocabolario degli Academici della Crusca》一书中明确提出了"girasole"是向日葵，虽然早在 1611 的 John Florio 的《Queen Anna's New World of Words》中已经提出这一词用于一种随阳光转动的植物，故而这一词指代的是向日葵还是其他的具有向日性的植物并不明确，此时，这种可能性并不能够排除。Salaman 推断"在此没有明确的证据，不管在专业植物学还是日常用语中，girasole 一词在意大利或是其他地方指代的到底是向日葵还是菊芋仍在讨论中"。

另一个解释是"Jerusalem"在菊芋名称中的使用源于在 17 世纪早期菊芋就在此地有所种植。一位荷兰牧师 Petrus Hondius，他从 Ter Neusen 带来菊芋并进行种植，故而菊芋被认为是原产于 Ter Neusen。在 Dodoens 1618 年版的《Cruydt-Boeck》中提到 Artischokappeln 来自 Ter Neusen，同样 Lauremberg 1632 年的《Apparatus Planterius Primus》一书也证明了这一点。凭借 Salaman（1940）的理论，David Prain 提出了这种作物作为"Artischokappeln van Ter Neusen"引入英国的，进而演化为"Artichokes of Jerusalem"随后又改为

"Jerusalem artichokes"。

第二种通用的名字 "topinambur" 与这一物种并没有什么关系。"*Topinambur*"（或其衍生名）目前在保加利亚语、捷克语、荷兰语、英语、爱沙尼亚语、法语、德语、意大利语、列托语、立陶宛语、波兰语、葡萄牙语、罗马尼亚语、俄语、斯洛伐克语、西班牙语，以及乌克兰语中使用（表 2.2）。关于菊芋被称为 "*topinambur*" 的原因同样值得探寻。1609 到 1617 年间，菊芋被引入法国，在那里它被命名为 "*topinambour*"。这个名字的出现源于 17 世纪早期一个错误的印象，即认为菊芋是来自于南美的本土作物［例如，Linnaeus 在《Species Plantarum》（1753）中描述菊芋起源于巴西，而在他更早的《Hortus Cliffortianus》（1737）中则说是加拿大］。Razilly 的领主，Claude Delaunay 的考察队在 17 世纪初访问了巴西，并于 1613 年从 Isle de S. Luiz de Maranhão 带了 6 名当地原住民回到巴黎。他们是 Guaranís 的一个好战种族的部落成员，被称为 "Topinambous"。在巴黎，这些原住民的外貌在普通民众间造成了极大的轰动，他们在 1613 年 4 月 15 日被引见给 Mary de' Medici 女王。他们的出现被记录于《Francois de Malherbe》（1862）在 1613 年 4 月 15 日和 6 月 23 日写给博物学家 Nicholas de Pieresc 的信中。

今天（4 月 15 日）Razilly 的领主，最近几天从 Maragnan 的小岛返回，并向女王展示了 6 名他从那个国家带回来的 Topinambours。在经过 Rouen 时，他按照法国的风俗给他们换了装扮，因为根据部落的习俗，他们除了用一些黑色的碎布遮住私处外基本上是赤裸的。女人则什么都不穿。他们跳一种没有握手和移动的摇摆舞。他们的乐器是一个类似于朝圣者用来饮水的葫芦，里面装有钉子和别针一类的东西……

这些 Topinamboux 将于明天（6 月 24 日）受洗：如果有不被镇压而去看看的机会，我一定会去；如果没有，我就让那些到场的人记录给我。先前已经给他们找了几个妻子；我了解了他们只是在等待洗礼，以此庆祝他们的婚姻以及 Maranan 的岛屿和法国的联盟。

表 2.2　菊芋在不同的语言中的名称

名　称	语　言
Aardpeer	荷兰语
Aardaartisjok	荷兰语
Aguaturma	西班牙语
Alcachofa de Jerusalém	西班牙语
Artichaut de Jérusalem	法语
Articokks	马耳他语

2 命名、起源和历史   17

续表

名　称	语　言
Beyaz yer elmasl	土耳其语
Brahmokha	孟加拉语
Bulwa	波兰语
Carciofo di Gerusalemme	意大利语
Carciofo di terra	意大利语
Castaña de tierra	西班牙语
Cotufa	西班牙语（菲律宾）
Csicsóka	匈牙利语
Elianto tuberoso	意大利语
Erd-apfel	佛兰德语
Erdartischocke	德语
Erdbirne	德语
Girassol batateiro	葡萄牙语
Grusha zemljanaja	俄语
Gui zi jiang	汉语方言
Hathipich	旁遮普语
Hatichuk	印地语
Jerusalem artichoke	阿萨姆语
Jerusalem artichoke	英语
Jerusalem artisjok	南非公用荷兰语
Jordärtskocka	瑞典语
Jordskocka	瑞典语
Jordskok	丹麦语
Jordskokk	挪威语
Ju yu	汉语普通话
Kartofel loshadnnyi	俄语
Kikumo [kiku imo]	日语
Knolartisjok	南非公用荷兰语

续表

名 称	语 言
Knollensonnenblume	德语
Knollsolsikke	挪威语
Kollokasi	希腊语
Krkuska	马其顿语
Lashka repa	斯洛文尼亚语
Maa-artisokka	芬兰语
Maapirn	爱沙尼亚语
March-ysgall	威尔士语
Mollë	阿尔巴尼亚语
Mugul-artishokk	爱沙尼亚语
Mugulpäevalill	爱沙尼亚语
Mukula-artisokka	芬兰语
Näiteks maapirn	爱沙尼亚语
Nyamara	加泰罗尼亚语
Padsolnechnik klubnenosnyi	俄语
Pataca	西班牙语
Preeria-auringonkukka	芬兰语
Qui zi jiang	汉语粤语
Slanechnik clubneneosny	白俄罗斯语
Slonecznikbulwiasty	波兰语
Sunchoke	英语
Tavuk gökü	土耳其语
Tertufa	阿拉伯语
Topìambur	乌克兰语
Topinambas	立陶宛语
Topinambo	葡萄牙语
Topinambo	西班牙语
Topinamboer	荷兰语

续表

名　称	语　言
Topinambour	法语
Topinambur	保加利亚语
Topinambur	捷克语
Topinambur	英语
Topinambur	爱沙尼亚语
Topinambur	德语
Topinambur	意大利语
Topinambur	波兰语
Topinambur	罗马尼亚语
Topinambur	塞尔维亚克罗地亚语
Topinambur	斯洛文尼亚语
Topinambur	Elianto 意大利语
Topinambur hlíznatý	捷克语
Topinambūrs	列托语
Topinembur	斯洛伐克语
Ttung dahn ji	朝鲜语
Ttung ttan ji	朝鲜语
Tupinambo	西班牙语
Woodland sunflower	英语
Yang jiang	汉语粤语
Yang jiang	汉语方言
Yerelmasi	土耳其语
Zi bei tian kui	汉语粤语

来源：改编自 Kays, S. J. and Silva Dias, J. C., Cultivated Vegetables of the World: Latin Binomial, Common Name in 15 Languages, Edible Part, and Method of Preparation, Exon Press, Athens, GA, 1996.

显而易见的是，在 1613 年初的巴黎，Razilly 带回的异国原住民有着巨大的吸引力并且成为人们关注的焦点，这一时间段与这一种新来的块茎类作物开始销售的时间是一致的。街道两边的小贩，尝试着出售这种陌生并且看起来粗鄙的新进的块茎，并使用"*topi-*

nambou"来提醒人们这是一种外来的贡品，以此来吸引人们的注意力（Salaman，1940）。随后"*topinambou*"一词则指代一些粗俗荒谬的事情。

"*Topinambou*"作为菊芋通用名由来的这一解释和"*artichoke*"作为通用名的一部分解释已经被接受，可是"*Jerusalem*"一词使用的原因还存在很大问题。尽管现有两个看似比较合理的解释，但我们无法做出一个明确的选择。如今最普遍的一个解释（即来自"*girasole*"）现在看来也存在一些问题。不管怎样，这一物种的通用名与最原始的印第安名如"*kaischuc penauk*"有了如此大的偏离都是非常有趣的，Salaman（1940）记录了这一在Virginia本土使用的名字，来源于阿尔贡语的私人通信记录（Austin），并且被Trumbull和Gray（1877）翻译为"太阳的根"。"*Jerusalem*"加入通用名并保留下来充其量只能说是不合逻辑的。或者像Gould在《The Flamingo's Smile》（1985）中巧妙地陈述的一样，"错误的传播，书本之间无休止的转移，使它成为一个令人烦恼却有趣的故事——继承下来的具有瑕疵的演变过程比遗传学上先天的错误还要顽固。"

这一作物最适当的通用名应该是什么？可以从 Trumbull 和 Gray 在 1877 年所提出的 sun-root（虽然严格说来可食用部分并不是根）和 sunchoke 中选择。1918 年 *Gardener's Chronicle* 悬赏为菊芋征集一个新的更合适的英文名，于是菊芋出现了更多合适的英文名（Gibbs，1918）；然而，Jerusalem artichoke 这一名字还是继续流传下来，显然，获奖的名字并未被人们普遍接受。

2.2 起源

最初人们对菊芋的发源地非常困惑。Linnaeus 在《Species Plantarum》（1753）中提到，菊芋源自巴西，尽管在他早期的《Hortus Cliffortianus》（1737）中提到菊芋是产自加拿大的。Paxton 也曾提到，菊芋在 1617 年首次从巴西引入英国（Hereman，1868）。对于菊芋原产南美的印象使得人们都接受其通用名称"topinambou"，这个词源于巴西海岸 Isle de S. Luiz de Maranhão 本土的名字（topinambous）。由于 16 至 17 世纪，"Canada"代表了比现代更为广泛的地区，所以直到 17 世纪末，作为确切或较为确切的发源地中心，似乎已经被欧洲植物学家广泛接受，证据就是菊芋的名字被归于草药类；例如，Peter Lauremberg 在《Apparatus Plantarius Primus》（1632）中提到"Adenes Canadenses"；Antoine Vallot 则在《Hortus Regis Paris》（1665）中提出"Canada"和"Artischoki sub terrâ"；F. Schuyl 在《Catalogus Plantarum Horti》（1672）中提到了"Chrysanthemum Canadense Arumosum"；Paul Ammann 在《Character Plantarum Naturalis》（1676）中也提出"Helenium Canadense"。Alphonse DeCandolle 在他的《Géographie Botanique》（1855）中同样表明，菊芋起源于南美是错误的。不管怎样，许多不正确的说法一直延续至 20 世纪。例如，Martyn 在 1807 年的《Miller's Gardener's and Botanist's Dictionary》著作中称"菊芋无疑是发源于具有热带气候的巴西"，Robinson（1871）称菊芋是"巴西的产物"，Gray（Torrey and Gray，1843）称"这个引入种最早产于巴西"。

当种植来自 1855 年 Kentucky 州的 Short 博士的 *Helianthus doronicoides* Lam. 样本时，美

国植物学家 Asa Gray 发现细长的块茎在培育 2 年或 3 年后变得粗短。他在《Manual of Botany of the Northern United States》(Gray and Sullivant, 1856) 一书中推断, *H. doronicoides* 是菊芋的母本。在《Lessons in Botany》(1869) 和随后 1883 年的修订版本中, 他推翻了自己的论断, 并断定最初的野生物种并非 *H. doronicoides*。

尽管如今基于菊芋的分布情况, 大多数人赞同菊芋起源于北美, 但人们并不确定其发源地真实的中心就是如今的加拿大。Gray 在 1883 年说原住居民种植的菊芋一定是从盛产菊芋的俄亥俄州和密西西比河及其支流河谷处得到的。很遗憾菊芋的自然分布并没有提供足够的线索, 因为人类的活动使菊芋广泛传播, 而遗落的栽培种又会成为野生种。因此, 菊芋分布最密集的北美地区也并不一定是其发源中心。假设菊芋的生长过程没有遭受灭绝或被人为干涉, 那么最初菊芋种的自然分布对其起源的研究是非常有帮助的(图 2.1)。如此一来, 菊芋自然分布的重叠区域可能是当前种的发源地。这种情况需要菊芋的母本在其发源后分布没有明显的改变。那么剩下的问题就是: 菊芋最有可能来源于什么地方?

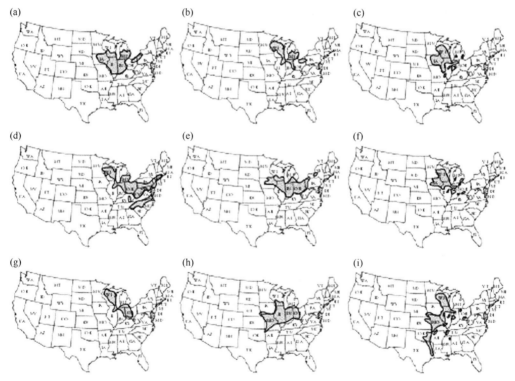

图 2.1 菊芋 34 条和 17 条染色体亲本的自然分布区域: (a) *H. tuberosus/H. grosseserratus*; (b) *H. strumosus/H. giganteus*; (c) *H. strumosus/H. annuus*; (d) *H. decapetalus/ H, giganteus*; (e) *H. decapetalus /H. grosseserratus*; (f) *H. decapetalus / H. annuus*; (g) *H. hirsutus/ H. giganteus*; (h) *H. hirsutus/ H. grosseserratus*; (i) *H. hirsutus/H. annuus*. (分布情况来自 Rogers, C. E. et al., *Sunflower Species of the United States*, National Sunflower Association, Fargo, ND, 1982.)

菊芋是具有102条染色体的多倍体植物。多倍体被认为是通过两个不同物种之间的杂交，从而产生的后代染色体加倍形成的。例如，一个34条染色体的二倍体和一个有68条染色体的四倍体杂交就会产生51条染色体的三倍体，再进行染色体加倍就会得到102条染色体的六倍体植株。为了测试向日葵属物种之间基因交流的潜力，在物种交叉区域进行了一些杂交实验，并得到了一些杂交种（Rogers et al., 1982）。Heiser（1978）提出，68号染色体的母本"几乎可以"肯定是 *H. decapetalus* L.，*H. hirsutus* Raf. 或 *H. strumosus* L. 三者之一，而这三者都是在美国中东部发现的。在这3个种里，*H. hirsutus.* 外形与菊芋最为相似，如果假设菊芋的母本并未灭绝，那么 *H. giganteus* L.，*H. grosseserratus* Martens 或 *H. annuus* L. 中则有一个可能是另一个34条染色体的亲本。然而，人工杂交仅仅在 *H. giganteus* × *H. decapetalus*（Heiser and Smith，1960）以及 *H. annuus* × *H. decapetalus*，*H. hirsutus*，*H. strumosus* 三者间（Heiser and Smith，1960；Heiser et al.，1969）进行。*H. hirsutus*和 *H. giganteus* 或 *H. grosseserratus* 间的杂交仍具有可能性。Anisimova（1982）采用免疫化学的方法，提出菊芋的基因组可能来自于向日葵，也有可能是 *subsp. petiolaris*。如果不存在灭绝的情况，可以通过遗传分析等方法推断出菊芋的祖先，Kochert 等（1996）就是通过（限制性长度多态性）推断出花生栽培种的起源。

2.3 历史

关于菊芋的历史，很多文章都已有过描述（Decaisne，1880；Gibault，1912；Gray and Trumbull，1883；Hooker，1897；Lacaita，1919；Salaman，1940；Schlechtendal，1858；Trumbull and Gray，1877）。菊芋被认为是北美最为古老的栽培作物之一。虽然可考资料缺乏，一些美洲土著人很可能是在欧洲探险者到达新大陆前的几个世纪就开始种植菊芋了。菊芋最早由欧洲人 Champlain 提及，他描述了北美洲的印第安人在1605年便开始栽培这种作物（Champlain，1613）。

菊芋块茎最有可能由 Champlain 于1607年10月1日带回到法国（也可能是于1609年10月13日结束航海返回的1608年的航次）或 Marc Lescarbot 于1607年秋带回的。虽然 Lescarbot 在 Champlain 进行菊芋栽培观察12个月后到达"新法国"（现在的加拿大），但他于1609年即提供了菊芋的首份公开记录。虽然这不可能明确两人到底是谁或最早是谁将菊芋引入法国，也许 Lescarbot 的可能性更大，因为他负责 Port Royal 花园，而菊芋种植在这里（Lescarbot，1609）。然而，在《Histoire de la Nouvelle France》此书的第一个版本中没有表明将"根"带回欧洲，直至在1617年的版本中才提及此事。早期版本的这一疏漏可能是因为最初的菊芋并不受重视。然而，随后十几年中菊芋的不断普及，这才使得 Lescarbot 做了更详细的记录。

在1617年版《Histoire de la Nouvelle France》中，Lescarbot 表明菊芋在进入法国之前就已经被命名为 topinambaux 或 topinambours，他说："就在菊芋遍布巴黎每一座花园时，这种作物在罗马还很稀少，而英国更是凤毛麟角"（lacaita，1919）。如果 Lescarbot 于1607年将块茎带至 Port Royal，那么菊芋将有足够的时间（10年）发展为常规作物，随后在

1617传入英国（Hereman，1868），并且John Parkinson于1629年也描述了这种作物。基于这种情况，lacaita（1919）认为："菊芋在1607年被Lescarbot带回法国这一说法不容置疑"。而早期的插图（图2.2）支持了这一想法，菊芋在17世纪初期就已被人们熟知了。

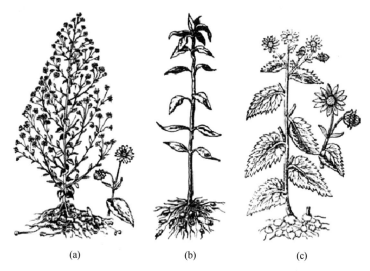

图2.2　17世纪早期菊芋植物学图样
（a）Colonna（1616）；（b）Lauremberg（1632）；（c）Parkinson（1640）

Fabio Colonna（1616）是第一个描述了菊芋的植物学家，这就令人们误以为菊芋是从罗马的Farnese花园传播至欧洲各地的。其实，菊芋更可能是经荷兰传入英国的，Petrus Hondius首先在荷兰栽培了菊芋。17世纪初荷兰关于菊芋的首次记录是Dodoen 1618年版的《Cruydt-Boeck》中的荷兰语记载（Pelletier and Schilders，1610）。在这本书的附录中，菊芋被列为外来作物，当时使用的名称是"*Batatas van Canada*"和"*Articiochen onder d'aerde*"。显然，Hondius在1613年2月28日种植了菊芋块茎。"这种作物是从一个叫作加拿大的法国领土上传入荷兰的，虽然在这里它会生出很多根，但菊芋在这里并没有兴起，除非在夏季比较炎热或者旱季较长的情况下"。因此，它们栽种于Farnese花园之前被作为观赏植物栽种于低地国家。

在16世纪末至17世纪初的英文文献中并没有关于菊芋的记载，例如，Gerarde 1597年的*Herball*。在英国，TobiasVenner于1622年最早提及菊芋，他指出"菊芋是一种可食用的块茎，通常可以单独食用也可以加以酱、醋、辣椒或与其他肉类同时烹饪"。Goodyer 1617年写道"来自伦敦的Franquevill先生送给我两个类似鸡蛋状的块茎，我栽种了一个，另外一个我给了朋友；还给了我一个柱状块茎，我存储在了Hampshire"（Gerard et al.，1633）。菊芋最早的插图（图2.2）记载于Parkinson的《Theater of Plants》（1640）。

因此，菊芋早期的传播路径是1607年从北美传播至法国，然后基于文献中的首次记录于1613年至荷兰，1614年至意大利，1617年至英国（经新西兰或直接由法国传入），1626年至德国，1642年至丹麦，1652年至波兰，1658年至瑞典，1661年至葡萄牙（Wein，1963）。从这些记载可以发现，菊芋已经遍布世界的各个角落，且在温带地区引起了更多的关注。例如，18世纪彼得大帝（1672—1725）将菊芋引入俄罗斯（Vavilov，1992）。菊芋后续的传播在很多情况下是双向的，随着人们兴趣的变化而传播，使得菊芋传播路径无法准确记录。

块茎作为菊芋的主要繁殖器官（即地下部分）结构很厚实，由生长的茎或根状茎组成，形状近似圆形，于上部节间或芽上发出新植株（Simpson and Weiner, 1989），但在早期的文献中被称为根。这是因为"tuber"一词来源于拉丁文的"tuber"，1668年才引入英语中，首次出现于Wilkins的《Essay towards a Real Character, and Philosophical Language》（Wilkins，1668）一文中。

令人惊讶的是，17世纪和18世纪植物学家和园丁对菊芋非常了解。例如，Brookes在1763年这样描述菊芋（作为"*Helianthemum tuberosum*"或"*Helianthemum indicum tuberosum*"被列出）：

> 一个块茎中可以长出一根或者更多的茎，这些茎绿色、有纹路、粗糙而多毛，可生长到12 ft[①]或更长。从底部到顶部生有很多叶、排列无序、绿色、表面粗糙和宽阔，顶部不像向日葵那样尖，基部也没有那么宽阔，也并无很多褶皱，茎长出不久就发生分叉，且叶子大小从上往下逐渐变小。花生长于茎顶部，大小与金盏花（marygolds）相似，辐射状。花盘有许多黄色小花组成，花冠有12或13个有金色花瓣组成，胚珠位于由多毛的鳞叶包裹的子房中。胚珠发育成的种子很小，但块茎可以生出许多，有时与其他根相连，生成辐射状的葡萄茎，彼此间有许多块茎相连，有时与主根相连，1条根可以生出30到50块块茎，这些块茎呈红色或白色，内部呈白色，味甜，鲜嫩，大小一般比男人拳头还大。冬季块茎在地下继续生长，第二年春天再度发芽破土而出。在最近四五十年中，菊芋在英国大量种植，但是在1623年从美洲引入时并没有被广泛种植，因为当初菊芋仅作为穷人的食物，但现在却受到大众的喜爱。菊芋在过去一直被归类为茄科，Linnæus按地域将它和Lycoperficon，Love Apple两者归为一类。菊芋通过块茎来繁殖，将一个大的块茎分为许多块，每块上有一个芽，不过最好的方法是种下整个块茎，并在保留足够的行间距，那么秋天将能收获较大的块茎。菊芋最适宜种植在干湿适中的沙质土壤上，最好能犁地2到3次，且越深越好。菊芋除了作为食物外，没有其他用处，其中一些块茎非常大，而另一些则相反，但是菊芋非常有营养，可以减少人体血液中的毒素，并对胸腔紊乱有好处，法国许多人直接用盐和胡椒粉搭配菊芋食用。

在欧洲传播一段时间后（Bagot，1847），菊芋块茎成为食用碳水化合物的重要来源。然而马铃薯（*Solanum tuberosum* L.）传入后，其重要性开始下降。但当马铃薯产量匮乏时，菊芋的种植就会出现猛烈增长，例如"二战"后的法国和德国。1789年后的一些书

[①] 1 ft=0.304 8 m。

籍和专著（主要是法语，德语和俄语的著作）显示了菊芋受欢迎的程度（表2.3）。目前，基于它在食用和非食用方面的广泛潜力，菊芋有可能再次成为一种重要的作物。

表 2.3 关于菊芋的书和专著的列表（按时间顺序）

时间（年）	引用
1789	Parmentier
1790	Parmentier
1806	Bagot
1845	Morren
1860	Mollon
1861	Pinckert
1867	Delbetz
1878	Dieck
1881	Vannier
1898	Charavel
1901	Hourier
1921	Brétignière
1932	Fermeren
1934	Lebedev
1942	Baillarge
1943	Griesbeck
1955	I'So
1957	Eikhe
1957	Pätzold
1963	Martin
1968	Institut
1974	Bauer
1974	Kakhana
1974	Votoupal
1980	Langhans
1986	Leible

续表

时间（年）	引用
1989	Wurl
1990	Grothus
1990	Kochnev
1991	Diedrich
1993	Amato
1995	Merkatz
1997	Cepl
2000	Hennig
2000	Rykhlivs'kyi
2002	Marcenaro

参考文献

Aldinus, T., Exactissima descriptio rariorum quarundam plantarum, in Horto Farnesiano, Romae, 1625.

Amato, J. A., The Great Jerusalem Artichoke Circus: The Buying and Selling of the Rural American Dream, University of Minnesota Press, Minneapolis, 1993.

Ammann, P., Character Plantarum Naturalis: à fine ultimo videlicet fructificatione desumtus, ac in gratiam philiatrorum, L. C. Michaelis, Lipsiae, Germany, 1676.

Angyalffy, M. A., Grundsätze der Feldkultur 3, Teil, Pesth, 1824.

Anisimova, I. N., [Nature of the genomes in polyploid sunflower species], Byulleten' Vsesoyuznogo Ordena Lenina i Ordena Druzhby Narodov Instituta Rastenievodstva Imeni N. I. Vavilov, 118, 27-29, 1982.

Anon., A Perfect Description of Virginia: being, a full and true relation of the present state of the plantation, their health peace, and plenty: the number of people, with their abundance of cattell, fowl, fish, etc., London, 1649.

Anon., Histoire naturelle et morale des Iles Antilles de l'Amérique, Rotterdam, The Netherlands, 1658.

Anon., Vocabolario degli Academici della Crusca, Tramontino, Venetia, Italy, 1729.

Anon., 1731 (as cited by Pätzold, 1957).

Anon., The Complete Family-Piece: and country gentleman, and farmer's best guide, Part I: Containing a ⋯ collection of above one thousand well-experienced practical family-receipts, Part II: Containing, I. Full instructions to be observed in hunting, coursing, setting and shooting ⋯ II. Cautions, rules and directions to be taken and observed in fishing, with the manner of making and preserving of rods, lines, floats, artificial flies, &c. and for chusing and preserving several sorts of curious baits. III. A full ⋯ kalender of all work necessary to be done in the fruit, flower, and kitchen gardens ⋯, Part III: Containing practical rules, and methods, for the improving of land, and managing a farm in all its branches ⋯, 3rd ed., Printed for C. Rivington, London, 1741.

Anon., Konditor-Ztg., Fruchtzucker in der Süßwarenindustrie, 80, 854-856, 1952.

Bagot, Mémoire sur les Produits du Topinambour, Comparés avec Ceux de la Luzerne et de Plusieurs Racines Légumineuses, Impr. de Mme Huzard, Paris, 1806.

Bagot, De la Culture de Topinambour Considérée Comme Pouvant Servir d'Auxiliaire à Celle de la Pomme de Terre, Dusacq, Paris, 1847.

Baillarge, E., Le Topinambour, Ses Usages Multiples, sa Culture, Flammarion, Paris, 1942.

Bauer, H. A., El Cultivo del Topinambur (Helianthus tuberosus L.), Estación Experimental Agropecuraria Manfredi, Argentina, 1974.

Bauhin, C., Theatri Botanici in quo plantae supra sexcentae ab ipso primum descriptae cum plurimis figuris proponuntur, Basiliae, Switzerland, 1671.

Becker-Dillingen, J., Handbuch des Hackfrucht-und Handelspflanzenbaus, Berlin, 1928.

Beverly, R., The History of Virginia, I. The history of the first settlement of Virginia and the government thereof, to the year 1706, II. The natural productions and conveniencies of the country …, III. The native Indians …, IV. The present state of the country … by a native and inhibitant of the place, London, 1722.

Boerhaave, H., Historia Plantarum: quae in Horto Academico Lugduni-Batavorum crescunt cum earum characteribus & medicinalibus virtutibus, Romae, 1720.

Bourne, A. T. (Trans.), The Voyages and Explorations of Samuel de Champlain (1604-1616), A. S. Barnes Co., New York, 1906.

Brétignière, L., La Pomme de Terre, le Topinambour, Librairie Agricole de la Maison Rustique, Paris, 1921.

Brookes, R., The Natural History of Vegetables, London, 1763.

Caspari, F., Fruchtbarer Garten: naturgemässe Gartenpraxis, H. G. Müller, Munchen, Germany, 1948.

Catalina, L., La patata de caña o topinambour, El Cultivador Moderno, 32, 87, 1949.

Cepl, J., Vacek, J., and Bouma, J., Technologie Pestování a Uzití Topinamburu, Ústav zemedelský cha potravinársky chinformací, Praha, Czechlosvokia, 1997.

Champlain, S. de, Les voyages dv sievr de Champlain Xaintongeois, capitaine ordinaire pour le Roy, en la marine. Divisez en devx livres, ou, Iovrnal tres-fidele des observations faites és descouuertures de la Nouuelle France: tant en la descriptiõ des terres, costes, riuieres, ports, haures, leurs hauteurs, & plusieurs declinaisons de la guide-aymant; qu'en la créace des peuples, leur superstition façon de viure & de querroyer: enrichi de quantité de figures, Chez Iean Berjon, Paris, 1613.

Charavel, F., Le Topinambour sa Culture son Emploi pour la Fabrication de l'Alcool, J. Fritsch, Paris, 1898.

Colonna, F., Fabii Columnae Lyncei Minvs cognitarvm rariorvmqve nostro coelo orientivm stirpivm ekphrasis: qua non paucæ ab antiquioribus Theophrasto, Dioscoride, Plinio, Galenô alijs [que] descriptæ, præter illas etiam in Phytobasano editas disquiruntur ac declarantur: item De aquatilibus aliisque nonnullis animalibus libellus …: omnia fideliter ad vivum delineata, atque æneis-typis expressa cum indice in calce voluminis locupletissimo, Apud Jacobum Mascardum, Romæ, 1616.

Decaisne, J., Flore des Serres et des Jardins de l'Europe, 23 (Ser. 2, Vol. 13), 112-119, 1880.

De Candolle, A., Géographie Botanique Raisonnée ou Exposition des faits Principauz et des Lois Concernant la Distribution Géographique des Plantes de l'Époque Actuelle, Paris, 1855.

Delbetz, P. T., Du Topinambour: Culture, Panification et Distillation de ce Tubercule, Libraire Centrale d'Agriculture et de Jardinage, Paris, 1867.

Diderot, D., Encyclopedie, ou Dictionaire raisonne des sciences, des arts et metiers, par une societe de gens de lettres, Briasson, Paris, 1765.

Dieck, E., Ueber die Kohlenhydrate der Topinambur-Knollen (Helianthus tuberosus L.), in Chemischer und Landwirthschaftlicher Beziehung, Dieterichschen Univ.-Buchdr., W. J. Kästner, Göttingen, Germany, 1878.

Diedrich, J., Einfluss von Standort, N-Düngung und Bestandesdichte auf die Ertragsfähigkeit von Topinambur und Zuckersorghum zur Erzeugung von Zellulose und fermentierbaren Zuckern als Industrierohstoffe, 1991.

Dodoens, R., Cruydt-boeck/met bijvoegsels achter elck capittel, vvt verscheyden cruydtbeschrijvers; idem in't laetste een beschrijvinge vande Indiaensche gewassen, meest getrocken vvt de schriften van Carolus Clusius, Inde Plantijnsche Druckerije van Françoys van Ravelingen, Tot Leyden, The Netherlands, 1618.

Dodoens, R., Clusius, C., and Ravelingen, J. van, Cruydt-boeck van Rembertus Dodonaeus, volgens sijne laetste verbeteringe, Leyden, Plantijnsche Druckerije van Françoys van Ravelingen, 1618.

Driever, H., Mayer-Gmelin, H. M., and Vervelde, G. J., 1948, (as cited by Pätzold, 1957).

Eikhe, E. P., Topinambur; ili, Zemlianaia grusha; osnovy vozdelyvaniia i narodnokhoziaistvennoe znachenie, Izd-vo Akademii nauk SSSR, Moskva, 1957.

Escalante, C., La cotufa, interesante tuberculo (Tierra, Mexico), 15, 807-810, 1946.

Fermeren, N. O., Topinambur (Helianthus tuberosus L.): Spisok Literatury [List of publications on Jerusalem artichoke (Helianthus tuberosus L.)], In-t. rastenievodstva, Leningrad, Russia, 1932.

Florio, J., Queen Anna's New World of Words, or Dictionarie of the Italian and English Tongues ···, London, 1611.

Géardi, F., Culture ordinaire et forcée de toutes les Plantes Potagères ···, Tournai, Belgium, 1854.

Gerard, J., Johnson, T., Payne, J., and Dodoens, R., The Herball or Generall Historie of Plantes. Gathered by Iohn Gerarde of London Master in Chirurgerie Very Much Enlarged and Amended by Thomas Iohnson Citizen and Apothecarye of London, Adam Islip Ioice Norton and Richard Whitakers, London, 1633.

Gerarde, J., The Herball or Generall Historie of Plantes. Gathered by John Gerarde of London, Master in Chirurgerie, London, 1597.

Germershausen, C. F., Oekonomisches Reallexikon: qorrinn alles was nach den Theorien und erprobten Erfahrungen der bewahrtesten Oekonomen unsrer Zeit zu wissen nothig ist in alphabetischer Ordnung zusammengetragen, berichtiget und mit eigenen Zusatzen begleitet wird, Leipzig, Germany, 1796.

Gibault, G., Histoire des Légumes, Paris, 1912.

Gibbs, V., Gardener's Chronicle, London, March 30, 1918.

Gould, S. J., The Flamingo's Smile: Reflections in Natural History, W. W. Norton & Co., New York, 1985.

Gray, A., Gray's Lessons in Botany and Vegetable Physiology, Phinney, Blakeman, New York, 1869.

Gray, A. and Sullivant, W. S., Gray's Manual of Botany of the Northern United States, G. P. Putnam, New York, 1856.

Gray, A. and Trumbull, J. H., Review of De Candolle's Origin of Cultivated Plants, Am. J. Sci., 25, 241-255, 1883.

Griesbeck, A., Anbau und Verwertung von Topinambur, Reichsnährstandsverlag, Berlin, 1943.

Grothus, R., Fruktanspeicherung bei Topinambur (Helianthus tuberosus L.) unter dem Einfluss variierter Kalium-und Wasserversorgung, 1990.

Hegi, G., Illustrierte Flora von Mittel-Europa, mit besonderer Berücksichtingung von Deusschland, Osterreich und der Schweiz ···, J. F. Lehmann, Munchen, Germany, 1906/1931.

Heiser, C. B., Taxonomy of Helianthus and origin of domesticated sunflower, in Sunflower Science and Technology, Agronomy Monograph 19, Ford, R. I., Ed., ASA, CSSA, and SSSA, Madison, WI, 1978, pp. 31–53.

Heiser, C. B., Martin, W. C., Clevenger, S. B., and Smith, D. M., The North American sunflowers (Helianthus), Torrey Bot. Club Mem., 22, 218, 1969.

Heiser, C. B. and Smith, D. M., The origin of Helianthus multiflorus, Am. J. Bot., 47, 860–865, 1960.

Hennig, J.-L., Le Topinambour & Autres Merveilles, Zulma, Cadeilhan, France, 2000.

Hereman, S., Paxton's Botanical Dictionary, Bradbury, Evans & Co., London, 1868.

Hernandez, Father, Nova Plantarum Animalium et Mineralium Mexicanorum Historia, Romae, 1648.

Hernandez, Father, Nova Plantarum, Animalium et Mineralium Mexicanorum Historia, Romae, 1651.

Hooker, J. D., Helianthus tuberosus, native of North America, Bot. Mag. (London), 53, 7545, 1897.

Hourier, E., Malepeyre, F., and Larbalétrier, A., Nouveau Manuel Complet de la Distillation de la Betterave, de la Pomme de Terre et des Racines Féculentes ou Sucrées Despuelles on Peut Extraire de l'Alcool, Telles que: la Caroote, le Rutabaga, le Topinambour, l'Asphodèle, etc. ···, L. Mulo, Paris, 1901.

Institut Biologii, Topinambur i Topinsolnechnik Fioletovyi, Syktyvkar, Russia, 1968.

I'So, I., Ungar: Anbau u. Züchtung von Top, Akadémiai Kiadó, Budapest, 1955.

Kakhana, B. M., Arasimovich, V. V., and Kushnirenko, M. D., Biokhimiia topinambura, Shtiintsa, Kishinev,

Russia, 1974. Kays, S. J. and Silva Dias, J. C., Cultivated Vegetables of the World: Latin Binomial, Common Name in 15 Languages, Edible Part, and Method of Preparation, Exon Press, Athens, GA, 1996.

Kochert, G., Stalker, H. T., Gimenes, M., Galgaro, L., Lopes, C. R., and Moore, K., RFLP and cytogenetic evidence on the origin and evolution of allotetraploid domesticated peanut, Arachis hypogaea (Leguminosae), Am. J. Bot., 83, 1282–1291, 1996.

Kochnev, N. K., Kopteva, G. I., and Volkova, D. M., Vtoraia Vsesoiuznaia Nauchno-Proizvodstvennaia Konferentsiia "Topinambur i Topinsolnechnik-Problemy Vozdelyvaniia i Ispol'zovaniia": Tezisy Dokladov, Irkutsk, Russia, 1990.

Krafft, G., Die Pflanzenbaulehre, P. Parey, Berlin, 1897.

Küppers, G. A., Bauern-Handbuch, Hannover, F. Küster-Verl., Abheftung II F. Blatt 1–4, 1949.

Küppers, G. A., Überblick über Züchtungsversuche an der Topinambur bis zum zweiten Weltkrieg, Z. Pflanzenz., 31, 196–217, 1952a.

Küppers, G. A., Successful planting of Helianthus tuberosus L., Die Pharmazie, 7, 256–259, 1952b.

Küppers, G. A., Z. Agrargesch. U. Agrarsoziologie, 4, 43–49, 1956.

Lacaita, C. C., The 'Jerusalem artichoke,' Bull. Miscell. Inform. (Kew Royal Gardens), 321–339, 1919.

Lang, A. R. G. and Begg, J. E., Movements of Helianthus annuus leaves and heads, J. Appl. Ecol., 16, 299–305, 1979.

Langhans, D., Zur Frage der Biosynthesewege der Ascorbinsäure (vitamin C), in Gewebeschnitten von Speicherorganen höherer Pflanzen am Beispiel von Solanum tuberosum L., Sorte Holl. Erstling (Kartoffel) und Helianthus tuberosus L., Sorte Bianca (Topinambur), Bonn, Germany, 1980.

Lauremberg, P., Apparatus plantarius primus tributus in duos libros: I. De plantis bulbosis, II. De plantis tuberosis: quibus exhibentur praeter nomenclaturas, multiplices earum differentiae & species, vires, usus tam culinarius quam medicus: cultura sive ratio eas plantandi, conservandi, propagandi: itemque quae poetae, philologi, philosophi, sacrae litterae, &c de iis memoratu digna annotarunt: adiunctae sunt plantarum quarundam novarum nova ichnographia, & descriptiones, Francofurti ad Moenum, Germany, 1632.

Lebedev, I. A. and Petrenko, G. I. A., Zemlianaia Grusha: Topinambur: Vozdelyvanie i Kormovoe Ispol'zovanie, Gos. Izd-vo Kolkhoznoi i Sovkhoznoi Lit-ry, Moskva, Russia, 1934.

Lecoq, H., Traité des Plantes Fourragères, ou, Flore des prairies naturelles et artificielles de la France, Paris, 1862.

Leible, L., Ertragspotentiale von Topinambur (Helianthus tuberosus L.) Zuckerhirse (Sorghum bicolor (L.) Moench) und Sonnenblume (Helianthus annuus L.) für die Bereitstellung fermentierbarer Zucker resp. Öl unter Besonderer Berücksichtigung der N-Düngung, Hohenheim, Germany, 1986.

Lescarbot, M., Histoire de la Nouvelle France: contenat les navigations, decouvertes, & habitations faites par les Farcois es Indes Occidentales & Nouvelle France ···, Paris, 1609.

Linnaeus, C. von, Hortus Cliffortianus, Cramer, Amsterdam, 1737.

Linnaeus, C. von, Species plantarum, exhibentes plantas rite cognitas, ad genera relatas, cum differentiis specificis, nominibus trivialibus, synonymis selectis, locis natalibus, secundum systema sexuale digestas, Laurentii Solvii, Stockholm, Sweden, 1753.

Linnaeus, C. von, Species plantarum; exhibentes plantas rite cognitas ad genera relatas, cum differentiis specificis, nominibus trivialibus, synonymis selectis, locis natalibus, secundum systema sexuale digestas, G. C. Nauk, Berolini, Germany, 1797/1810.

Löbe, W., Encyclopädie der gesamten Landwirtschaft, der Staats, Haus-, und Forstwirthschaft und der in die Landwirthschaft einschlagenden technischen Gewerbe und Halfswissen-schaften, Leipzig, Germany, 1850.

Malherbe, F. de, Oeuvres completes de Malherbe/recueillies et aannotees par M. L. Lalanne, Hachette, Paris, 1862.

Marcenaro, G., Topinambùr: Oli e Tempere di Piero Boragina, Fondazione Bandera per l'arte, Busto Arsizio, Italy, 2002.

Martin, B., Die Namengebung einiger aus Amerika eingeführter Kulturpflanzen in den deutschen Mundarten (Kartoffel, Topinambur, Mais, Tomate), Beiträge zur deutschen Philologie, 25, 1-152, 1963.

Martyn, T., Miller's Gardener's and Botanist's Dictionary, 2 vols., London, 1807.

Merkatz, U., Topinambur: Gedichte, R. G. Fischer, Frankfurt, Germany, 1995.

Meyer, F. G., Trueblood, E. E., and Miller, J. L., The Great Herbal of Leonhart Fuchs, De historia stirpium commentarii insignes, 1542, Stanford University Press, Stanford, CA, 1999.

Michaux, A., Histoire des chênes de l'Amérique ou, Descriptions et figures de toutes les espèces et variétés de chênes de l'Amérique Septentrionale, considérées sous les rapports de la botanique, de leur culture et de leur usage, De l'Impr. de Crapelet, Paris, 1801.

Mollon, J. C., Du Topinambour dans le Département du Cantal, 1860.

Moretus, B., Dodoen's Cruydt-boeck ··· volghens sijne laetste verbeteringhe: met bijvoeghsels achter elck capitel, uyt verscheyden ···, Antwerpen, Belgium, 1644.

Morison, R., Plantarum historiae universalis oxoniensis pars secunda, seu Herbarum distributio nova, per tabulas cognationis & affinitatis ex libro naturae observata & detecta, Oxonii, England, 1680.

Morren, C., Nouvelles Instructions Populaires sur les Moyens de Combattre et de Détruire la Maladie Actuelle (Gangrène humide) des Pommes de Terre et sur les Moyens d'Obtenir pendant l'Hiver, et Spécialement en France, des récoltes de ces tubercules, Suivies de Renseignements sur la Culture et l'Usage de Topinambour,

Roret, Paris, 1845.

Nefflen, L. G., Die Top. als Stellvertreterin der kranken Kartoffel, Stuttgart, Germany, 1848.

Parkinson, J., Paradisi in Sole Paradisus Terrestris; or, A choise garden of all sorts of rarest flowers with their nature, place of birth, time of flowring, names, and vertues to each plant, useful in physic or admired for beauty: to which is annext a kitchin-garden furnished with all manner of herbs, roots, and fruits, for meat or sauce used with us, with the art of planting an orchard ··· all unmentioned in former herbals, R. N., London, 1629.

Parkinson, J., Theatrum Botanicum: The Theater of Plants; or, An Herball of a Large Extent: containing therein a more ample and exact history and declaration of the physicall herbs and plants that are in other authours, encreased by the accesse of many hundreds of new, rare, and strange plants from all the parts of the world ···: shewing vvithall the many errors, differences, and oversights of sundry authors that have formerly written of them ···: distributed into sundry classes or tribes, for the more easie knowledge of the many herbes of one nature and property, with the chiefe notes of Dr. Lobel, Dr. Bonham, and others inserted therein, Thomas Cotes, London, 1640.

Parmentier, A. A., Traité sur la Culture et les Usages des Pommes de Terre, de la Patate, et du Topinambour, Chez Barrois, Paris, 1789.

Parmentier, A. A., Résumé du Traité de M. Parmentier: sur la Culture et les Usages des Pommes de Terre, de la Patate, et du Topinambour, Chez la Ve. le Febvre ···, A Nevers, France, 1790.

Pätzold, C., Die Topinambur als Landwirtschaftliche Kulturpflanze, Institut für Pflanzenbau und Saatguterzegung der Forschungsanstalt für Landwirtschaft, Braunschweig-Völkenrode, Germany, 1957.

Pelletier, C. and Schilders, R., Plantarum tum patriarum, tum exoticarum, in Walachria, Zeelandiae insula, nascentium synonymia, Excudebat Richardus Schilders, Middelburgi, Germany, 1610.

Petersons, 1954 (as cited by Pätzold, 1957).

Pinckert, F. A., Die Topinambur. Anleitung zur Cultur und Benutzung als Futterkraut und Knollengewächs für Haus-und Viehwirthschaft, E. Schotte & Co., Berlin, 1861.

Prain, D., The Rev. Gilbert White as a Botanist ···, Chiswick Press, London, 1923.

Prehl, K., Dipl. Arb. Friedr. Schiller Univ., Jena, 1953 (as cited by Pätzold, 1957).

Ravault, 1952 (as cited by Pätzold, 1957).

Ray, J., Camel, G. J., and de Tournefort, J. P., Historia plantarum species hactenus editas aliasque insuper multas noviter inventas & descriptas complectens: in qua agitur primò de plantis in genere, earumque partibus, accidentibus & differentiis: deinde genera omnia tum summa tum subalterna ad species usque infimas, notis suis certis & characteristicis definita, methodo naturæ vestigiis insistente disponuntur: species singulæ accurate describuntur, obscura illustrantur, omissa supplentur, superflua resecantur, synonyma necessaria adjiciuntur: vires denique & usus recepti compendiò traduntur, London, 1686.

Rhagor, D., Pflanz-Gart darinn grundtlicher Bericht zufinden, welcher gestalten, Bern, Switzerland, 1639.

Robinson, W., Loudon's Horticulturist. The Horticulturist; or, The Culture and Management of the Kitchen, Fruit, and Forcing Garden, F. Warne and Co., London, 1871.

Robinson, W., The Vegetable Garden by Vilmorin-Andrieux, J. Murray, London, 1920.

Rodiczky, E. von, Fühlings landw. Ztg., 32, 147-149, 1883.

Rogers, C. E., Thompson, T. E., and Seiler, G. J., Sunflower Species of the United States, National Sunflower Association, Fargo, ND, 1982.

Rykhlivs'kyi, I. P., Biolohichni i ahrotekhnichni osnovy suchasnoï tekhnolohiï vyroshchuvannia topinambura: analitychnyi ohliad ta rezul'taty doslidzhen', Fitosotsiotsentr, Kiev, Ukraine, 2000.

Sagard-Theodat, G., Histoire du Canada et voyage que les freres mineurs recollects y ont faicts pour la conversion des infidelles divisez en quatre livres: où est amplement traicté des choses principales arrivées dans le pays depuis l'an 1615 jusques à la prise qui en a esté faicte par les Anglois ···, Chez Claude Sonnius, Paris, 1836.

Salaman, R. N., Why "Jerusalem" artichoke? J. Royal Hort. Soc., LXVI, 338-348, 376-383, 1940.

Salmon, W., Botanologia, the English Herbal; or, History of Plants: containing I. their names, Greek, Latine, English, II. their species, or various kinds, III. their descriptions, IV. their places of growth, V. their times of flowering and seeding, VI. their qualities or properties, VII. their specifications, VIII. Their preparations, Galenick and chymick, IX. their virtues and uses, X. a complete florilegium of all the choice flowers cultivated by our florists, interspersed through the whole work, in their proper places, where you have their culture, choice, increase and way of management, as well for profit as delectation: adorned with exquisite icons or figures, of the most considerable species, representing to the life, the true forms of those several plants: the whole in alphabetical order, I. Dawks and J. Taylor, London, 1710.

Schaffner, J. H., The nutation of Helianthus, Bot. Gaz., 29, 197-200, 1900.

Scheerer, G., Die Topinambur, Lüneburg, Germany, 1947.

Schlechtendal, D. F. L., Zur Geschichte des Helianthus tuberosus L., Botanische Zeitung, 16, 113-116, 1858.

Schmitz-Winnenthal, 1951 (as cited by Pätzold, 1957).

Schuyl, F., Catalogus Plantarum Horti academici Lugduno-Batavi quibus is instructus erat An. 1668 ··· Accedit Index Plantarum indigenarum, quae prope Lugdunum in Batavis nascuntur, Heidelbergae, Germany, 1672.

Schwerz, J. N. von, Anleitung zum praktischen ackerbau, 2. Bd., 3. Aufl., Stuttgart u. Tübingen, 1843, pp. 465-488.

Shoemaker, D. N., The Jerusalem artichoke as a crop plant, USDA Technical Bulletin 33, USDA, Washington, DC, 1927.

Sidney, P., The Countess of Pembroke's Arcadia, William Ponsonbie, London, 1598.

Simpson, J. A. and Weiner, E. S. C., The Oxford English Dictionary, 20 vols., Claredon Press, Oxford, 1989.

Smith, J. E., An Introduction to Physiological and Systematic Botany, Longman, Hurst, Reese, Orme, Paternoster Row, White, London, 1807.

Soviet News, 1947 (as cited by Pätzold, 1957).

Sprague, H. B., Farris, N. F., and Colby, W. G., The effect of soil conditions and treatment on yields of tubers and sugar from the American artichoke (Helianthus tuberosus), J. Am. Soc. Agron., 27, 392-399, 1935.

Targioni-Tozzetti, O., Dizionario botanico italiano: che comprende i nomi volgari italiani, specialmente toscani, e vernacoli delle piante raccolti da diversi autori, e dalla gente di campagna, col corrispondente latino Linneano, Firenze, 1809.

Thellung, A., Die in Mitteleuropa kultivierten und verwilderten Aster- und Helianthus-arten nebst einem Schlüssel zur Bestimmung derselben, Allgemeine Botanische Zeitschrift für Systematik, Floristik, Pflanzengeographie, 6, 87-89, 1913.

Trumbull, J. H. and Gray, A., Notes of the history of Helianthus tuberosus, the so-called Jerusalem artichoke, Am. J. Sci. Arts, 113, 347-352, 1877.

Vallot, A., Hortus Regis Paris, 1665.

Vannier, V., Le Topinambour, L. Brausseau, Quebec, Canada, 1881.

Vavilov, N. I., Origin and Geography of Cultivated Plants, Löve, D., Trans., Cambridge University Press, Cambridge, 1992.

Venner, T., Via recta ad vitam longam; or, A plain philosophicall discourse of the nature, faculties, and effects of all such things as by way of nourishments, and dieteticall obseruations, make for the preseruation of health with their iust applications vnto euery age, constitution of body, and time of yeare: wherein also by way of introduction, the nature and choise of habitable places, with the true vse of our famous bathes of Bathe, is perspicuously demonstrated, T. S., London, 1622.

Votoupal, B., Vyhodnocení ekologický chFaktoru Pestování Topinambur v Podhorský cha Horský chOblastech [The evaluation of ecological factors in growing Jerusalem artichokes in submontane and montane regions], Ceské Budejovice, Praha, Czechoslovakia, 1974.

Wein, K., Die einführungsgeschichte von Helianthus tuberosus L., Genet. Resour. Crop Evol., 11, 41-91, 1963.

Wettstein, W. von, Über die Züchtung von Helianthus tuberosus (Topinambur), Züchter, 10, 9-14, 1938.

Wilkins, J., An Essay towards a Real Character, and a Philosophical Language. S. Gellibrand, London, 1668.

Willughby, F. and Ray, J., Francisci Willughbeii De historia piscium libri quatuor jussu & sumptibus Societatis Regiæ Londinensis editi: in quibus non tantum de piscibus in genere agitur, sed & species omnes, tum ab aliis traditæ, tum novæ & nondum editæ bene multæ, naturæ ductum servante methodo dispositæ, accurate describuntur: earumque effigies, quotquot haberi potuere, vel ad vivum delineatæ, vel ad optima exemplaria impressa; artifici manu elegantissime in æs incisæ, ad descriptiones illustrandas exhibentur: cum appendice historias & observationes in supplementum operis collatas complectente, Oxonii, E Theatro Sheldoniano, 1686.

Wurl, H., Pflanzenbauliche Untersuchungen an Zichorie und Topinambur zur Erzeugung von Zuckerstoffen als Industriegrundstoffe [Plant cultivation studies on chicory and Jerusalem artichokes for the production of saccharine matter as industrial elements], Giessen, Germany, 1989.

3 分类、鉴别和分布

向日葵属（*Helianthus*）植物，包括原产于美洲及被发现生长于美国的大约有 50 余种。它们的分布差异性很大，从局部种植到广泛分布的都有。其中有两种是重要的农业作物，菊芋（*Helianthus tuberosus* L.）和向日葵（*Helianthus annuus* L.）。菊芋作为蔬菜、饲料和生产食品与工业用途的菊粉而被种植，而向日葵则作为油料作物被种植。这两种作物都是北美农业的支柱作物，它们是美国目前仅存的在史前时代就已被驯化的作物（Heiser，1978）。此外，其他几个品种和杂交种目前已被用作观赏植物，包括 *H. Annuus*，*H. argophyllus* T. & G.，*H. debilis* Nutt.，*H. decapetalus* L.，*H.* × *laetiflorus* Pers.，*H. maximiliani* Schard.，*H.* × *multiflorus* L. 以及 *H. salicifolius* A. Dietr。菊芋的花也可剪下后作为观赏，Claude Monet 在 1880 年的油画《Jerusalem Artichoke Flowers》可以作为证据，该画目前保存于华盛顿的国家艺术馆（NGA，2006）。

3.1 分类

菊芋被归类为菊科（Aster 或 Daisy 家族）向日葵属，菊科植物排序见表 3.1。根据 1972 年的国际植物命名法规第 18 条 Asteraceae 是作为代替 Compositae 引进的新科名。在 1972 年以前的文献中菊芋的科名为 Compositae，并且这个科名仍然沿用至今（同样的 Cruciferae，Gramineae 和 Leguminoseae，也分别用来替代 Brassicaceae，Poaceae 及 Fabaceae）。

表 3.1 菊芋的分类

界	植物界
亚界	维管束植物亚界
超门	种子植物门
门	木兰门
纲	木兰纲
亚纲	菊亚纲
目	菊目
科	菊科
属	向日葵属
种	菊芋种

来源：改编自美国农业部，植物名称，http://plants.usda.gov/，2006。

菊芋的科名更为常见的写法是"Asteraceae"（Compositae）。这一现代的名称作为一种标准化的分类术语被引用（例如，现在所有科名均以"aceae"结尾以便于识别），并且重新排列分组以便于每个科都有一个命名模式。菊科共包含 476 个属。向日葵属有时被分在菊科向日葵亚族（例如 Robinson，1981）。

向日葵属（sunflowers）已经被分为多达 10 到 200 余个种。这个范围主要涉及是否将杂交种和亚种计算入内，同时，还有一个原因就是有不间断对新出现的种、亚种与杂交种进行描述和分类。Schilling 和 Heiser（1981）列出了 49 个种（表 3.2），Heiser（1995）列出的约 70 个种，美国农业部（2006）列出的 62 个种（含杂交种）。一些种已被验证为亚种（例如，*H. petiolaris* Nutt.，*H. Praecox* Engelm. & A. Gray）。菊科 *Heliopsis* 和 *Silphium* 属也有少数种通常被称为向日葵（例如，the false sunflower，*Heliopsis helianthroides* Sweet.），虽然它们不是真正的向日葵。

基于遗传学和形态学特征，向日葵属植物分为 4 个部分（表 3.2；Schilling and Heiser，1981）。向日葵属的四部分分别为

Ⅰ．Ciliares
Ⅱ．Atrorubens
Ⅲ．Agrestes
Ⅳ．Helianthus

表 3.2 向日葵属的内部分类

部分	系列	种	俗名[a]
Helianthus.	—	*H. annuus* L	Common sunflower
		H. anomalus Blake	Western sunflower
		H. argophyllus T. &G.	Silverleaf sunflower
		H. bolanderi A. Gray	Serpentine sunflower
		H. debilis Nutt.	Cucumberleaf sunflower
		H. deserticola Heiser	—
		H. exilis A. Gray	—
		H. neglectus Heiser	Neglected sunflower
		H. niveus（Benth.）Brandegee	Showy sunflower
		H. paradoxus Heiser	Paradox sunflower
		H. petiolaris Nutt.	Prairie sunflower
		H. praecox Engelm. & A. Gray	Texas sunflower
Agrestes	—	*H. agrestis* Pollard	Southeastern sunflower
Ciliares	*Ciliares*	*H. arizonensis* R. Jackson	Arizona sunflower

续表

部分	系列	种	俗名[a]
		H. ciliaris DC.	Texas blueweed
		H. laciniatus A. Gray	—
	Pumili	*H. cusickii* A. Gray	Cusick's sunflower
		H. gracilentus A. Gray	Slender sunflower
		H. pumilus Nutt.	—
Atrorubens	*Corona-solis*	*H. californicus* DC.	Californian sunflower
		H. decapetalus L.	Thinleaf sunflower
		H. divaricatus L.	Woodland sunflower
		H. eggertii Small	Eggert's sunflower
		H. giganteus L.	Giant sunflower
		H. grosseserratus Martens	Sawtooth sunflower
		H. hirsutus Raf.	Hairy sunflower
		H. maximiliani Schrader	Maximilian's sunflower
		H. mollis Lam.	Ashy sunflower
		H. nuttallii T. & G.	Nutall's sunflower
		H. resinosus Small	Resindot sunflower
		H. salicifolius Dietr.	Willowleaf sunflower
		H. schweinitzii T. & G.	Schweinitz's sunflower
		H. strumosus L.	Paleleaf woodland sunflower
		H. tuberosus L.	Jerusalem artichoke
	Microcephali	*H. glaucophyllus* Smith	Whiteleaf sunflower
		H. laevigatus T. & G.	Smooth sunflower
		H. microcephalus T. & G.	Small sunflower
		H. smithii Heiser	Smith's sunflower
	Atrorubentes	*H. atrorubens* L.	Purpledisk sunflower
		H. occidentalis Riddell	Fewleaf sunflower
		H. pauciflorus Nutt.	Stiff sunflower
		H. silphioides Nutt.	Rosinweed sunflower

续表

部分	系列	种	俗名[a]
	Angustifolii	H. angustifolius L.	Swamp sunflower
		H. carnosus Small	Lakeside sunflower
		H. floridanus A. Gray ex Chapman	Florida sunflower
		H. heterophyllus Nutt.	Variableleaf sunflower
		H. longifolius Pursh	Longleaf sunflower
		H. radula (Pursh) T. & G.	Rayless sunflower
		H. simulans E. E. Wats.	Muck sunflower

[a] 本土区域的当地名称：美国农业部，植物名称，http://plants.usda.gov/，2006。
来源：根据 Schilling, E. and Heiser, C., Taxon, 30, 393-403, 1981。

由于 Atrorubens 使用较早（Anashchenko，1974），故而这一拼接的名称取代了 Schilling 和 Heiser（1981）的 Divaricati。Agrestes 和 Helianthus 中的种是一年生植物。这部分向日葵属植物包括向日葵和 10 余个其他种，大多局限于美国西部，且都是二倍体（$2n=34$）（Heiser，1995）。菊芋和 Atrorubens 中的 30 余个种是多年生植物。它们在地理分布上多集中在美国东部和中部，有二倍体、四倍体和六倍体。菊芋是一个六倍体植物（$2n=102$）。

向日葵属植物多为杂交种。表 3.3 为一些生长于美国的向日葵属杂交种。杂交的主要目的是把野生向日葵属作物的性状融入至栽培种里（第 8 章）。

表 3.3 在美国野生的向日葵属杂交种

杂交种名	亲本
H. × ambiguus (Gray) Britt. Pers.	H. divaricatus × H. giganteus
H. × brevifolius E. E. Wats.	H. grosseserratus × H. mollis
H. × cinerus Torr. & Gray	H. mollis × H. occidentalis
H. × divariserratus R. W. Long	H. divaricatus × H. grosseserratus
H. × doronicoides Lam.	H. giganteus × H. mollis
H. × glaucus Small	H. divaricatus × H. microcephalus
H. × intermedius R. W. Long	H. grosseserratus × H. maximiliani
H. × kellermanii Britt.	H. grosseserratus × H. salicifolius
H. × laetiflorus Pers.	H. pauciflorus × H. tuberosus
H. × luxurians E. E. Wats.	H. giganteus × H. grosseserratus

续表

杂交种名	亲本
H. × multiflorus L.	H. annuus × H. decapetalus
H. × orgyaloides Cockerell	H. maximiliani × H. salicifolius
H. × verticillatus E. E. Wats.	H. angustifolius × H. grosseserratus

来源：改编自美国农业部，植物名称，http://plants.usda.gov/，2006。

3.2 鉴别

菊芋和 Atrorubens 部分其他成员的主要区别在于它有相对较大的块茎生成。

以下是向日葵属作物分类的几个关键特征（Schilling and Heiser，1981）：

（1）多年生植物［除 H. porteri（A. Gray）Heiser］；盘状花冠，花柱分枝通常为黄色，而盘状花冠为红色或紫色；叶片通常都相对而生。符合上述特征的组合，见下述（2）；

（1）不符合上述特征的组合，见下述（3）；

（2）植株主根是长的匍匐根；植株高不超过 1 m；基部丛生叶较少或发育不良；主要分布于美国西部和墨西哥。符合上述特征的属于向日葵属 Ⅰ. Ciliares；

（2）植株包括根茎、块茎或冠芽（除了 H. porteri）；植株高超过 1 m，或如果不高，则有基部丛生叶；主要分布于美国中东部。符合上述特征的属于向日葵属 Ⅱ. Atrorubens；

（3）一年生植物；盘状花冠红色，花柱分枝黄色，茎上无毛且覆白霜。符合上述特征的属于向日葵属 Ⅲ. Agrestes；

（3）一年生植物；盘状花冠及花柱分枝通常为红色或紫色；叶片大多交替而生。符合上述特征的属于向日葵属 Ⅳ. Helianthus。

菊芋在形态学上差异性很大（见第 4 章），但是可以很容易地与除了 H. Strumosus L.（一个与菊芋近缘且也是块茎形态的品种）以外的向日葵属的其他种分辨出来。菊芋比起 H. strumosus 通常有更密集的茸毛，叶片交替生长，叶锯齿更大，叶片更宽且更为下延，叶片表面覆盖更多的绒毛，苞叶颜色更深，辐射状花瓣更长（Rogers et al.，1982）。H. Strumosus（淡叶林地向日葵）遍布美国东部（美国农业部，2006）。菊芋遍布美国，但其野生种群更多地生长于溪流、沟渠沿岸及路边开放的潮湿土壤上。

分子遗传技术的出现，如扩增片段长度多态性（AFLP）分析，可以在不同程度上对单一个体或物种间的 DNA 进行对比，已容许更为精确的遗传关系评估体系的建立。

3.3 分布

向日葵属作物原产于北美洲，但在分布上差异很大，从局部生长（例如，

H. argophyllus 和 *H. ludens*) 到广泛分布 (例如, *H. annuus* 和 *H. tuberosus*)。在美国, 一些品种的分布局限在一个或两个州, 如 *H. carnosu* 在佛罗里达州, *H. praecox* 在得克萨斯州, *H. gracilentus* 和 *H. Californicus* 在加利福尼亚州, *H. Arizonensis* 在亚利桑那州和新墨西哥州, *H. schweinitzii* 在南、北卡罗来纳州。其他的, 包括向日葵、菊芋和 *H. maximiliani*, 则在美国大部分州都有分布。一些向日葵属物种的生存受到威胁或濒临绝种而被美国各州所关注: *H. angustifolius*, *H. carnosus*, *H. eggertii*, *H. giganteus*, *H. glaucophyllus*, *H. laevigatus*, *H. microcephalus*, *H. mollis*, *H. niveus*, *H. occidentalis*, *H. paradoxus*, *H. schweinitzii*, *H. silphioides* 和 *H. strumosus* (USDA, 2006)。菊芋野生种的生长情况, 从另一个角度来讲, 是普遍分布的且对其他作物具有潜在侵害性的, 它遍布美国东部的一半面积, 在很多情况下被视为杂草。栽培耕作中遗漏 (或作为野生动物的食物而被种植) 的菊芋在欧洲中部和东部也会造成杂草问题, 它经常被认为是一种入侵物种 (Balogh, 2001; Konvalinková, 2003; Rehorek, 1997)。

作为一种小众作物, 菊芋主要种植在北美和欧洲北部。然而, 最近的文献, 包括中国、韩国、埃及、澳大利亚和新西兰均有相关菊芋的种植报告 (例如 Judd, 2003; Lee et al., 1985; Ragab et al., 2003)。

参考文献

Anashchenko, A. V., On the taxonomy of the genus HelianthusL., Bot. Zhurn., 59, 1472-1481, 1974.

Balogh, L., Invasive alien plants threatening the natural vegetation of Őrség landscape protection area (Hungary), in Plant Invasions: Species Ecology and Ecosystem Management, Brundu, G., Brock, J., Camarda, I., Child, L., and Wade, M., Eds., Backhuys Pub., Leiden, The Netherlands, 2001, pp. 185-198.

Heiser, C. B., Taxonomy of Helianthusand origin of domesticated sunflower, in Sunflower Science and Technology, Carter, J. F., Ed., American Society of Agronomy, Madison, WI, 1978, pp. 31-53.

Heiser, C. B., Sunflowers: Helianthus (Compositae), inEvolution of Crop Plants, 2nd ed., Smartt, J. and Simmonds, N. W., Eds., Longman Scientific, Harlow, U. K., 1995, pp. 51-53.

Judd, B., Feasibility of Producing Diesel Fuels from Biomass in New Zealand, http://eeca.govt.nz/eeca-library/renewable-energy/biofuels/report/feasibility-of-producing-diesel-fuels-from-biomass-in-nz-03.pdf, 2003.

Konvalinková, P., Generative and vegetative reproduction of Helianthus tuberosus, an invasive plant in central Europe, in Plant Invasions: Ecological Threats and Management Solutions, Child, L. E., Brock, J. H., Brundu, G., Prach, K., Pyšek, P., Wade, P. M., and Williamson, M., Backbuys Pub., Leiden, The Netherlands, 2003, pp. 289-299.

Lee, H. J., Kim, S. I., and Mok, Y. I., Biomass and ethanol production from Jerusalem artichoke, in Alternative Sources of Energy for Agriculture: Proceedings of the International Symposium, September 4-7, 1984.

Taiwan Sugar Research Institute, Tainan, Taiwan, 1985, pp. 309-319.

NGA, Claude Monet, Jerusalem Artichoke Flowers, 1880, http://www.nga.gov/cgi-bin/pimage?46373+0+0, 2006.

Ragab, M. E., Okasha, Kh. A., El-Oksh, I. I., and Ibrahim, N. M., Effect of cultivar and location on yield, tuber quality, and storability of Jerusalem artichoke (Helianthus tuberosusL.). I. Growth, yield, and tuber characteristics, Acta Hort., 620, 103-110, 2003.

Řehořek, V., Pestované a zplanété vytrvalé druhy rodu Helianthusv Evropě, [Cultivated and escaped perennial Helianthusspecies in Europe], Preslia, 69, 59-70, 1997.

Robinson, H., A revision of the tribal and subtribal limits of the Heliantheae (Asteraceae), Smithsonian Contrib. Bot., 51, 1-102, 1981.

Rogers, C. E., Thompson, T. E., and Seiler, G. J., Sunflower Species of the United States, National Sunflower Association, Fargo, ND, 1982.

Schilling, E. and Heiser, C., Infrageneric classification of Helianthus (Compositae), Taxon, 30, 393-403, 1981.

USDA, Plant Names, National Resources Conservation Service Plant Database, http://plants.usda.gov/, 2006.

4 植物形态学和解剖学

菊芋的总体形态对其生产率有着至关重要的影响。快速生长的叶冠和基本架构是该物种在自然环境的竞争中获得成功的关键属性。植物的形态一般受基因调控，并且在无性系存在着明显的差异。此外，克隆的最终结构具有极大的可塑性。在不同条件下生长的两种基因相同的植物，在不同条件下的生长，会发育在形态上不同的植物，会发育成两种不同的形态。另外，植物的结构并非固定的，而是在生长季内持续变化。当其他器官因衰老从植物体脱落时，会有新的器官产生。

一些研究已表明了在相同条件下种植的种质在形态学方面会有相对较宽的变化范围。比如，Pas'ko（1973）已经发表了很多有关形态特征变化的文章，包括俄罗斯（72）、法国（9）、德国（4）、捷克斯洛伐克（2）、匈牙利（1）和伊朗（1）等不同品种（如表4.1）。本章主要介绍菊芋的一般形态特征，在可能的情况下，也包括不同品种间的差异。对选择的解剖特征也进行了评论。

表 4.1 不同菊芋品种间的形态特征的变异

品种 （无性繁殖系）	株高 （cm）	枝的 数量	叶片的 直径 （dm）	花瓣的 内直径 （cm）	花瓣的 外直径 （cm）	块茎长 /宽	块茎 的重 （g）	块茎/ 植株 数量	根茎的 长度 （cm）
Blanc précoce	187	30	1.5	8.5	1.3	2.2	49.3	43	16.9
Nahodka	345	21	1.4	9.4	1.4	2.2	44.3	65	14.4
Batat Bhjibmopeha	316	17	1.7	8.4	1.3	2.2	47.0	36	16.0
Kharkov	286	16	1.5	7.3	1.3	1.5	111.7	24	11.2
Majkopskij 33-650	294	14	1.3	8.3	1.3	1.7	58.3	26	10.6
Beπbih YpoxahHbIh	303	16	1.5	8.1	1.3	2.3	54.3	52	25.0
ΦhoπeToBbih Pehhckhh	313	14	1.3	10.8	1.5	2.0	78.7	32	16.3
BeHrepckhh	284	20	1.6	11.2	1.7	2.5	39.3	37	35.0
Tamboy	352	19	1.3	10.9	1.4	2.0	20.0	73	97.2
Topho-AπTahckhh	297	23	1.3	11.4	1.3	3.6	10.0	75	75.0
Hybrid 120	274	9	1.1	14.5	3.8	3.5	40.3	50	14.0
Topinsol VIR	367	40	1.5	9.9	2.5	2.5	66.3	49	22.6

来源：源于对 Pas'ko, N.M., Trudy po Prikladnoy Botanike Genetike i Selektsii 材料的翻译与改编。

4.1 形态学

4.1.1 茎秆和分枝

4.1.1.1 茎秆/株高

尽管大多数无性繁殖的植物比较矮，但菊芋的茎能长到 3 m，甚至更高。一些矮小的无性系已得到选育。在幼苗时，茎就比较粗壮。起初，菊芋的茎秆非常多汁，随着时间的推移而逐渐木质化。在主茎的不同位置会产生不同数量的分枝。直立茎来自于块茎，分枝则始于主茎的节点处。基部分枝形成于地下，在地上部分则表现为茎。因此，对每株植物的茎的数量估算是变化的。

不同无性系间的茎的高度变化很大。在相同的生长环境下，植株的茎高可以分为 3 种：(1) 高，>3 m；(2) 中等，2~3 m；(3) 矮，<2 m (Pas'ko，1973)。大多数品种的茎高在 1.5~2 m，极少数超过 3 m。不同品种植物植株高度的典型范围是 102~186 cm (Swanton，1986)、119~164 cm (Hay and Offer，1992) 和 115~275 cm (Kiehn and Chubey，1993)。植物种群和栽培条件对植物的最终高度有显著影响。在不受风力影响的湿润条件下的区块内，株高可达 4 m，但这种植物普遍易倒伏，致使块茎的产量大幅度减少。

4.1.1.2 茎秆重力反应

大多数品种都是直立生长的，只有少数品种开始是匍匐生长的。开始匍匐生长的茎长到具有一定数量的节点后就变为直立生长了（即通常在第二、第三或第四节点，取决于品种）(Pas'ko，1973)。

4.1.1.3 茎秆数量

Pas'ko (1973) 根据源于种子块茎中茎的数量将无性系品种分为三类：(1) >3（强）；(2) 2~3 个茎（中间）；(3) 单个茎（弱）。多个茎能在植物发育的早期阶段促进叶面积指数的迅速增加。茎的数量随着农艺措施和块茎的大小不同而变化。一些无性系的所产生茎的数量是高度变异的，而另一些则相对较少。

4.1.1.4 茎的直径

随品种与生产条件的不同，位于底部茎的直径也有所不同。茎的直径随着植物的生长而增长，成熟茎的直径一般在 1.6~2.4 cm。

4.1.1.5 茎的分枝

沿茎的分枝随品种与植物种群密度的不同而变化。最大的变异是分枝的数量 [例如，

30~53（Swanton，1986）] 和在茎秆上的位置。如同叶子一样，枝条在生长季节也可能会脱落。就一般情况而言，低枝和中枝等是生长在树冠背光位置，因位于冠层中下的分枝所捕获的光照较少，故这些分枝均不够强健。根据其位置的变化，分枝可以分为 4 类：（1）所有沿茎分枝；（2）仅在下部茎秆；（3）仅在上部茎秆；（4）处于上部和下部茎之间的。晚熟和早熟品种的分枝模式不同（Pas'ko，1973）。

分枝的数量随植物的密度而变化，多茎也改变了每个茎上的分枝数量（Tsvetoukhine，1960）。尽管开花前，腋生花枝形成于植株的顶端，但大多数分枝位于植株的底部，即整个植株的1/3处。初始的分枝往往多分布于茎秆上彼此相对的位置，但随后分枝变为交替生长，且产生分枝的节点数量也随之减少。每一个节点处有 3 个芽，每个芽会发育成一个新的分枝或者是叶片（Tsvetoukhine，1960）。花期早的无性系的花更多地出现于茎秆的基部。

4.1.1.6　茎的颜色

在无性系的品种间，茎秆的颜色存在着差异。大多数无性系品种的茎秆是绿色的，紫罗兰色亦为常见色（即整体与局部化）（Pas'ko，1973），但其位置与花纹会有差异。在一些情况下，淡（无色素）的清晰的条纹出现在较短的枝条上（Tsvetoukhine，1960）。紫色素出现时一般是在较新的枝条处，或者是在顶端部分。在某些情况下，色素位于所述毛状体的底部。茎和块茎的颜色无相关性（Pas'ko，1973；Tsvetoukhine，1960）。

4.1.2　叶片

叶由茎生，先为对生，然后变成距底部不同距离的互生。一般，一个节点上长一个叶子，但是偶有一个节上长 3 片叶子。叶子结构简单，形状为披针形和矛状卵形，长 10~20 cm，宽 5~10 cm，叶尖有锯齿，上表面粗糙、下表面有软毛，圆形基部变成宽楔形至渐狭，叶柄长 1~6 cm（Pas'ko，1973）。从叶柄基部有 3 条明显的主叶脉，叶子的边缘有粗锯齿。位于主茎中央部位的叶片（即节点 17~24）被认为对决定最终的产量具有特别重要的作用（Ustimenko et al.，1976）。

4.1.2.1　叶形

叶子的着生角度可分为水平和倾斜两种，与品种和叶子所在的位置均有一定的关系 [图 4.1（A）]。主叶的长度变化范围一般在 10~20 cm，宽度变化范围在 5~10 cm，相对位置的叶子边缘不总是另一面叶子的镜像，可发生相当大的变异。生长在有开花趋势分枝上的叶子比生长在正常分枝和主要茎上的叶子要小和窄。

4.1.2.2　叶尖形状

叶片的尖端渐尖，逐渐变细，直至变成一个点，不同的无性系之间锐度变化的程度不同（Pas'ko，1973）（图 4.1A）。

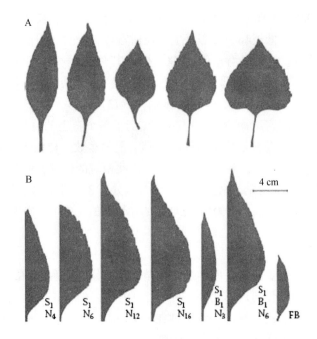

图 4.1 A. 品种之间在形态上有很大不同，叶子大多数是由披针形到披针卵形（Redrawn from Tsvetoukhine, V., *Ann. Amelior. Plant.*, 10, 275-308, 1960; Kays, 未发表数据）; B. 此外，在同一株植物上叶子形状有相当大的变化，例如主管茎、侧枝和花茎上不同节点位置上的叶片形状不同

4.1.2.3 叶基形状

叶基由圆形向楔形（楔形）衰减（拉长变细）。同一植株底部形态变化多于顶部形态的变化。

4.1.2.4 锯齿状边缘

叶子的锯齿指向叶的顶端，在高度、频率、模式和均匀性等均有所变化（图 4.2）。锯齿的高度可以是规则的或不规则的（Pas'ko, 1973），在一些品种中齿间距离的变化是非常大的。一些品种具有相对平稳的边缘。叶缘随叶子在植株上的位置不同有显著的变化［图 4.1B］。Tsvetoukhine（1960）中列出的 3 种主要形式：（1）披针形；（2）圆锥形；（3）强烈锯齿。

4.1.2.5 叶片大小

叶片的大小随其在植株上位置、品种和农艺措施的不同而变化（Pas'ko, 1973）。植株基部的叶片较小，中部的叶片最大，中上部的叶片大小随着位置移向顶端而减小。分枝上叶片的大小则取决相对于光照的位置。花枝上的叶片的大小远远小于主干和侧枝上的叶子。

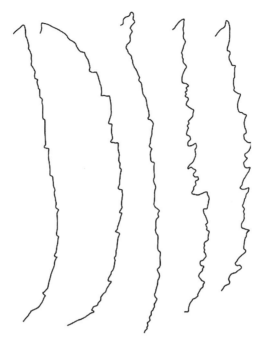

图4.2 不同品种之间植株的叶片边缘差异很大,大多数有锯齿、小锯齿和细锯齿。个别锯齿指向朝向顶点和变化在高度、频率、形状均一性基本一致

4.1.2.6 叶片数量

即使在相同的生长环境下,不同品种的每株菊芋的叶片数量差异很大[变化幅度为372~953(Swanton,1986),525(McLaurin et al.,1999)]。土壤肥力、湿度和植株密度等对菊芋的叶片数量和菊芋的生长期有明显的影响。一般情况下,在植株开花前,叶片的数量呈直线增长;植株开花后,叶片的数量逐渐减少(McLaurin et al.,1999)。植物落叶季节,不同品种间的叶片数量变化差异很大(每株的变化幅度是2.5~491,0.3~72.2 g)(如表10.1),主要受密度和其他因素影响。植株基部的叶子落得最快,因为随着遮盖面积的增加,阳光的照射随之减少。

4.1.2.7 叶片角度

叶片着生角度可分为水平和倾斜两种,与品种及叶所在的位置均有一定的关系。叶片角度可以利用位于茎的尖端的小叶子来测算。

4.1.2.8 叶片颜色

不同品种间叶片的颜色变化差异很大,由浅绿色变为深绿色,再变为灰黄色。一些品种在秋季具有偏红色调,但这种着色不是每年都会出现。因此,秋天的气候条件,特别是温度被认为是改变叶子颜色的关键因素(Tsvetoukhine,1960)。叶子的背面和正面的颜色也存在差异,一般情况下,叶子的背面颜色浅。

4.1.2.9 叶子基部苞片

在叶柄基部的苞片有强有弱。

4.1.2.10 叶序

起初每个节点有两片对生的叶子（很少的有 3 片）。在节点水平上，由对生转为互生，且不同菊芋品种间也存在着差异。由对生转为互生的并不发生在同一植株的相同位置，由此，使得一些茎或枝可以是对生，一些则是互生。最终，叶序变化从 1/2 变至 3/8。

4.1.3 花序

头状花序单独或成群地着生于茎或分枝的顶端。每一个花序的中心着生许多小的、黄色的管状花，周围有 10~20 个黄色的舌状花，呈放射状，这些黄色的舌状花常常被认为是花瓣（图 4.3）。

4.1.3.1 花序的大小

不同品种间花序的大小差异很大。放射状舌状花冠都包括在内，花序的直径 7.3~11.4 cm。叶舌通常长 2~3.5（0.8~3.5）cm。侧花枝上的花序的实际尺寸（无叶舌）稍大些，即 7.5 cm，而主干茎上的花序直径 6.5 cm。

在花序中花盘的直径变化范围为 1.3~1.8 cm（Swanton，1986）。花序可按大小分类（例如大，中，小）（pas'ko，1973）。

4.1.3.2 花序的数量

每株菊芋的花序按数量被分小（1~15）、中（16~49）和大（50~155）3 个类别，花序数量的变化和不同品种的早期和晚期有关系，同时也和分枝的数量有关系（Pas'ko，1973）。Swanton（1986）发现不同生境中、不同品种间，每株植株花序数量的变化范围是 6~78。干重也会有相当大的变化范围（例如每株的变化范围是 2~17 g）。花的数量随着生长期和生长环境变化而发生变化（Tsvetoukhine，1960）。

4.1.3.3 花序中的花盘数量

花盘的数量受菊芋的品种和花序在植株上的位置影响。在一个具有代表性的品种中，平均每个花序的花盘数量是 58.8 个，花序的花盘的直径变化范围为 4~8.5 cm。花枝上花盘直径比主干茎上的花盘稍大一些。

4.1.3.4 花序中放射花的数量

放射花的数量随菊芋的品种和花序在植株上的位置的不同，有相当大的变异。在一个具有代表性的品种中，平均每个花序有 11.5 个放射花，放射花数量的变化范围为 9~14 个。

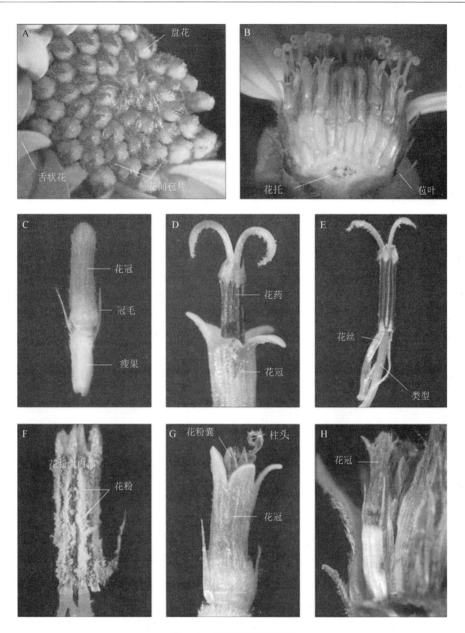

图 4.3 菊芋花的解剖图

花序是由大量的单独射线状和花盘构成。A. 放射花不育，形成黄色的舌状外螺纹。内部每个花的花盘最初都由一个苞叶包裹；B. 花序的横截面显示在发育的各个阶段都有花托、苞叶包着花基和花盘；C. 每个花盘的两边各有一个冠毛和未开的花冠，基部有未成熟的瘦果；D. 花冠盛开以后，花粉囊伸长，然后柱头伸长从花粉囊中长出来；E. 除去花冠，则可以看到花粉囊的基部和叶腋处的花丝；F. 花粉囊内充满花粉，花粉从花粉囊到达柱头，但这些花因是自交不亲和的，须通过另一个无性系来授粉受精；G. 柱头和花粉囊随后衰老，且经常被真菌菌丝所定殖；H. 花冠变干后，未受精的子房也开始脱落（以上照片得到 Betty Schroeder 的同意使用）

4.1.3.5 叶舌形状

单个叶舌的形状变化各不相同（通常被认为是花瓣），一些叶舌的基部变宽，一些叶舌的则较窄，叶舌的长度是宽的2.6~4倍（长椭圆形），头状花序可能存在形状和大小等一些方面的缺陷，甚至畸变。品种（"混合120"）常常形成融合的两重或三重的花（Pas'ko，1973）。

4.1.3.6 叶舌密度

舌片可以彼此在形体上分离（密度低，即不接触），多少有些重叠（中密度，如栽培种"Vilmorin"）或非常稠密（在叶舌的基部相邻的叶舌重叠）（Pas'ko，1973）。

4.1.4 果实

果实是瘦果，并且很少结果（Russell，1979；Swanton，1986；Westley，1993；Wyse and Wilfahrt，1982）。种子长约为5 mm，宽约为2 mm，为扁平楔形（倒卵形变到线状倒卵形，表面光滑）。种皮颜色为杂黑色、灰色、黄褐色或褐色，有的带黑色斑点（Alex and Switzer，1976；onvalinková，2003；USDA，2006）。

野生菊芋明显可以有更多的种子数（每个花头可产生3~50枚种子，Wyse and Wilfahrt，1982；Westley，1993），比栽培种多（0.08~0.66种子）。虽然不同品种间平均重量变化较小（即3.5~4.8 mg，平均为4.5 mg）（Swanton，1986），但个体种子在重量（0.8~10.8 mg）变化很大。

4.1.5 根状茎

从地下茎向外延伸和向下生长的部分是细绳索状的匍匐茎（地下茎），匍匐茎可以长到1.5 m（图4.4）。匍匐茎一般是白色，在它的顶端形成了块茎。匍匐茎一般会形成2~3级分枝（Dambroth et al.，1992），导致块茎的数量远多于匍匐茎的数量。当匍匐茎形成受到抑制时，产量大幅度降低。例如，当植物种植于紧实的黏性土壤时，根状茎不能穿透黏土层，所形成的块茎则多沿着地上茎秆的基部。不同品种间形体（直径和长度）差异很大。特别是野生种和栽培种（Swanton，1986）。野生菊芋的匍匐茎更多和更长，每根匍匐茎上的芽更多，并且干重更高，这有助于保持其无性繁殖的角色。

4.1.5.1 长度

不同品种间根状茎的长度差异很大，但根状茎的长度也受土壤硬度和种植条件的影响。与野生种菊芋相比，栽培菊芋的根状茎较少、短，芽的数量也少，并且整体的干重轻（Swanton，1986）。根状茎长度（基于每株植物的6个最长根茎的平均值，从植物的基部到块茎测）分为4类：短（5~50 cm）、中等（16~25 cm）、长（26~40 cm）和较长（>40 cm）（Pas'ko，1973）。用 Pas'ko 的分类等级，根据 wanton（1986）的分类，栽培菊芋的根状茎归为短的，野生菊芋根状茎归为长的。

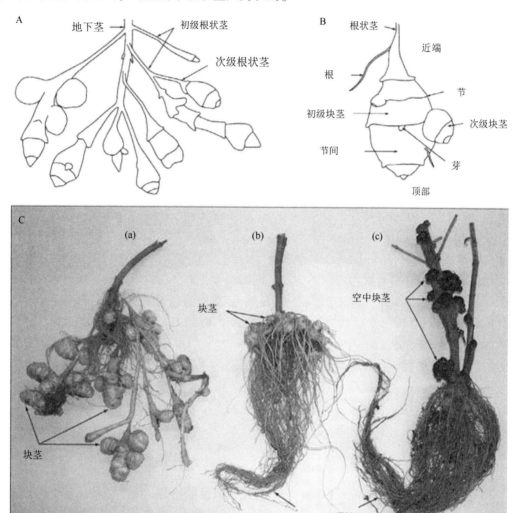

图 4.4　A. 菊芋的地下茎、匍匐茎和小块茎的一般形态；B. 块茎的外部形态；C. 在压实黏土和珍珠岩介质中生长的植物的地下部的形态：(a) 1∶1，(b) 3∶1，(c) 100% 的黏土，随着媒介的机械阻抗增加（a→c），块茎转移到地下茎的基部（b），具有非常高的机械阻抗（c）中，块茎没有在地下形成，但是此类地上茎更低的部分显示出匍匐茎的渗透和发展对形成块茎的重要性

4.1.5.2　直径

根状茎的直径与位置有关，节点处的直径最大。在低机械阻抗的条件下生长的栽培菊芋根状茎直径范围为 2~6 mm。根状茎的直径与菊芋的品种和生长阶段有关。

4.1.5.3　数量

不同品种间，每棵植株的根状茎的数量变异很大。Pas'ko（1973）把根状茎的数量分为 4 类：(1) 紧凑型 (26)；(2) 半分散 (30)；(3) 分散 (37)；(4) 非常分散 (69)。匍匐茎的数量随长度增加 (Pas'ko, 1973)。在 Swanton (1986) 的研究报告中, 栽培菊芋归为紧凑型, 野生菊芋归为非常分散型。

4.1.6 块茎

块茎是变态茎, 且代表着植株的初级繁殖能力。同主干茎类似, 栽培的菊芋块茎被压缩, 且显示出了次生加厚的现象, 但它们仍具有节点。分枝化是一个普遍的但不受欢迎特性。分枝的产生受基因与栽培模式控制, 但目前对这两者的调控机理尚无明确的认识。块茎表现出强烈的顶端优势, 这一优势可控制新生枝条的数目。不同品种间顶端优势的控制作用各不相同, 在有的品种中这种优势的控制作用会减弱, 在有些品种中这一作用会加强, 使分枝上产生更多的嫩芽。

4.1.6.1 外部颜色

表皮的颜色变化总是由均匀到不均匀, 例如以节点为中心, 条纹的变化范围是由块茎到根状茎 (Tsvetoukhine, 1960; Pas'ko, 1973)。表皮的颜色可能是白色、红色、紫色、浅棕色或者是红棕色 (Pas'ko, 1973)。Tsvetoukhine (1960) 发现外部花青素的均一性可以分类为：(1) 均匀的、(2) 中等、(3) 参差不齐的、(4) 仅在节点处着色。没有外部花青素的菊芋块茎的颜色是白色或者是古铜色的。白色的块茎收割之后, 暴露于光下会变成棕色。在采收之前, 如果把白色块茎暴露于光下, 由于在光下合成叶绿素, 块茎的颜色会变成绿色, 这样的块茎不受人们欢迎。随着母体的大小和生长季节的不同, 会造成不同个体内色素沉着的不同 (Tsvetoukhine, 1960)。

4.1.6.2 内部颜色

块茎内部颜色是均匀的或可变的。一般是白色或浅棕色的, 虽然一些品种由粉红色变到红色, 但很少有均匀分布。在一些情况下, 着色集中于菊芋芽眼周围的局部区域 (Pas'ko, 1973)。

4.1.6.3 形状

块茎的形状多变, 可以分为球形、棒形、不规则与瘤形 (Alex and Switzer, 1976)。由于生长期和生长环境的不同, 不同品种之间长度和直径的比存在差异。例如, Swanton (1986) 的研究表明, 栽培菊芋的平均直径是 8.7 cm, 平均长度是 11.5 cm。然而, 野生菊芋的平均直径是 1.4 cm, 平均长度是 16.8 cm。同一株菊芋的块茎的形状亦不相同, 例如, 在同株菊芋上, 第一个长出的块茎一般是棒形的, 并且长在长匍匐茎上; 最后长出的块茎则往往更圆, 长在短的匍匐茎上 (Barloy, 1984)。新长的块茎形状往往会比老块茎更均匀, 由于老块茎上芽眼生长, 形成分枝, 形状改变显著 (Pas'ko, 1973)。块茎的形状随生长环境的不同而发生变化。Pas'ko (1973) 把块茎形状分为：(1) 梨形、(2) 短梨形 (长是宽的 1.5~1.7 倍)、(3) 长圆形 (长是宽的 2.2~2.5 倍)、(4) 梭形 (长是宽的 3

倍或更多倍）。野生菊芋一般是梭形的，栽培菊芋则往往是短梨形的。前三类与 Tsvetoukhine（1960）的分类相对应，即（1）梨形、（2）马铃薯形与（3）梭形（纺锤形）。

4.1.6.4 块茎大小

Pas'ko（1973）将块茎的大小分为 3 类：（1）大（>50 g）、（2）中等（20~50 g）、（3）小（<20 g）。块茎的大小和数量往往呈负相关。除了受品种的影响，同一品种的条件下块茎的大小还和生长环境有关。

4.1.6.5 茎节数目

纺锤形块茎的节点往往比其他类型少（Pas'ko，1973）。

4.1.6.6 表面形态

大多数品种的块茎具有不规则的表面。纺锤状块茎一般有光滑的表面（Pas'ko，1973）。不规则表面是不受欢迎的，因为这样的块茎不易烹饪。

4.1.6.7 芽眼的深度

块茎的芽眼是由深到浅变化的（Pas'ko，1973）。

4.1.7 地下茎

茎的地下部分反映了根状茎的发育部位，在多数情况下，也代表了侧枝形成的位置。主干茎的长度取决于种子种植的深度，浅栽是不可取的。Swanton（1986）的研究表明，栽培菊芋的地下茎的干重量（35.3 g）比野生菊芋（16.2 g）高得多。

4.1.8 根系

菊芋具有须根系。Swanton（1986）的研究发现，栽培菊芋的根系干重（每株 15 g）比野生菊芋的（每株 12.7 g）大；在同一分类范围内（变化范围为 6.1~19.5 g），不同品种根系的干重也存在着差异。在单一栽培菊芋品种中，McLaurin 等（1999）发现，在单一栽培菊芋品种中，须根系的重量随着生长期的延长而增加，到种植后的 24 周左右，每株须根系重量达到 25 g；此后，根系重量开始下降。现在关于须根系重量的研究中，须根系重量为总须根系重量的近似数，因为须根系非常难收集。

4.2 解剖学特征

4.2.1 气孔数量和密度

气孔是进行气体交换主要场所。表 4.2 的一个菊芋品种数据表明，在近轴（343 μm^2）

和远轴（323 μm²）表面之间，气孔的大小基本一致。然而，它们的形状各不相同，下表面气孔（长度与宽度之比是 1.3∶1）比上表面的圆，有的上表面气孔更接近椭圆（1.6∶1）。该数据仅代表一个品种的状况，不可能指示植物整个叶子表面的气孔变异情况。

表 4.2 气孔的大小

位置	面积（μm²）	长度		宽度	
		平均值（μm）	范围（μm）	平均值（μm）	范围（μm）
近轴	1.1/10	26	21.2~30.6	15.8	12.1~17.5
远轴	4.5/10	22.8	14.6~29.7	17.8	14.9~21.1

4.2.2 毛状体

毛状体是植物表皮的特殊结构，源于表皮细胞并突起。植物王国的毛状体类型众多，有单细胞和多细胞的、有分枝或者无分枝的，且形态各异。同一植株上毛状体通常有多种类型，其大小、形状和密度随位置的不同而变化。毛状体形成的分子遗传学形成机理是最初以拟南芥为例得到阐明的。两个基因位点已被识别，即透明种皮 1（TTG1）和无毛 1（GL1）。毛状体的发育需要 Myb 转录因子的参与（Payne et al.，1999）。同样，菊芋毛状体的形成是否与拟南芥类似尚未确定。

菊芋和向日葵家族的其他成员一样拥有丰富的毛状体，这使得植物具有粗糙的表面纹理（Seiler，1981）。毛状体的部分功能是作为植物防御草食动物系统的要件。在向日葵中，生物阻抗性的遗传渐渗对其适应性非常重要（Whitney et al.，2006）。菊芋具有至少 4 种类型的毛状体，每种毛状体的位置、大小和密度都不相同（图 4.5）。

4.2.2.1 茎秆

幼茎的表面被很长的渐尖毛状体所覆盖，这些渐尖毛仅仅由六七个细胞构成。与叶表皮毛不同，渐尖毛差不多是直接从主干茎向外生长，而且渐尖毛的长度能达到 2.6 mm 或更长。所有品种都有毛状体，干茎表面单位面积上毛状体的数量相当大，且随品种的不同而变化。Tsvetoukhine（1960）认为，在主干茎的顶部，一般是上部 30 cm 范围内，表面比主干茎的基部有更多的毛状体。随着主干茎变得粗大，表面单位面积毛状体的密度会下降。随着生长的进行，由于磨损与其他的原因，毛状体的数目变少。

4.2.2.2 叶片

叶片和叶柄有大量的毛状体。在叶片上发现主要存在 3 种毛状体，分别是多细胞镰刀形、多细胞念球形和单细胞腺体形。在叶的正面和背面，这 3 种不同类型毛状体的大小、结构和密度不一样。在叶子的上表面（正面），镰刀形的毛由 3 个细胞组成，其总长和密

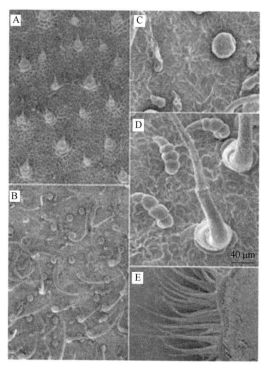

图 4.5 叶子和主干茎的毛: A. 正图,指向叶子外侧镰刀形和念珠形的毛; B. 背面,指向随机的镰刀形、念珠形和腺体状的毛; C. 腺体状的毛只会出现在背面; D. 镰刀形和念珠形的毛; E. 嫩芽阶段主干茎上的渐尖毛

度分别为 208 μm 和 12 个/mm^2。而念珠状毛状体较短(长度为 92 μm),由 4 个细胞组成,密度为 15 个/mm^2。叶子的正面没有腺体状的毛状体。有趣的是,叶子正面和背面的表面毛状体的方向不同。叶片正面的毛状体一般指向叶片的尖端,而在背面毛状体的指向是随机的。

叶子背面的毛状体为镰刀形、念珠状和腺体形,其长度和密度均远远大于正面的毛状体。叶子背面镰刀形毛状体的平均长度是 366 μm,而且变化范围很大,从 202 μm 到 576 μm。叶片正反面 3 种形式毛状体的长度差异,是由细胞的长度造成的,而不是每根毛上细胞个数决定的。叶子背面的念珠状毛状体是由较少的细胞(2~5 个)组成,但叶子背面的念珠状毛状体比正面念珠状毛状体更长。在这两种原因共同作用下,叶子背面毛状体的密度比正面的多两倍以上。叶子背面也有相对较多的腺体型毛状体(14 个/mm^2),而正面没有(图 4.5)。

表 4.3 叶子和主干茎上的毛

植株的部位	位置	毛的类型	长度		细胞/毛的数量	密度（个/mm²）
			平均长度（μm）	分布范围		
叶子	正面	镰刀形	208	136~377	3	12
		念珠形	92	72~124	4~6	15
		腺体形	-	-	-	-
	背面	镰刀形	366	202~576	3	30
		念珠形	112	73~165	2~5	41
		腺体形	58	54~61	1	14
主干茎	嫩茎	渐尖毛	2 227	1 516~2 720	6~7	-

4.2.2.3 花上的毛状体

在花的不同位置均有小的毛状体，例如在花冠的基部、未成熟瘦果的上部、柱头、冠毛和苞片（图 4.3）。

4.2.3 花

盘形花通常由明亮的黄色叶舌且发育不良的放射花所环绕的同心圆组成（图 4.3）。单个盘形花在开花之前如图 4.3C 所示。花冠有四五个浅裂，四五个雄蕊，花粉融合成圆筒形式，花丝附在花冠底部周围，并且有一个雌蕊、一个下位子房、一个种子和一个单一的腔室。两个冠毛生长在花冠的基部，下面是未成熟的瘦果，其中大部分无异花授粉；即使是已经过异花授粉的，死亡率也非常高。

细长盘形花的花冠从最外围螺旋处生长。花冠的顶端开放（图 4.3D），通常盘形花分为 5 瓣，花粉囊向上生长穿过开口。随后，柱头和花柱从花粉囊的中心开始出现，柱头向下和向里弯曲。在不同一花序的单花和不同品种的花中，花柱的伸长程度各不相同。花冠中的花丝和花柱的基部均被花冠围住（除去花冠见图 4.3E）。花粉囊内部装满花粉（图 4.3F），大部分花粉囊直到死亡都是关闭的。因为花粉通过花粉囊内部拉长，所以花粉少量沉积在柱头和花柱上。柱头和花柱先枯萎（图 4.3G），随后是花粉囊。凋谢花的局部可以看到真菌花丝。最终是花冠变干（图 4.3H），随后是未受精的瘦果。

4.2.4 花器官的草酸钙晶体

草酸钙晶体在多种不同的植物中存在（215 families; Franceschi and Horner, 1980），包括植物不同部位（例如叶、茎、根、种子和花器官）。虽然草酸钙晶体的一些功能（防范草食动物、结合草酸与钙调控）已被提出，但是其精确的作用尚不确定。根据 Ilarslan 等人（1997）的观点，基于形状的差异，草酸钙晶体可分为针状、晶簇状、柱状、棱柱状和水晶砂状。Mericand Dane（2004）在菊芋的花冠上发现了棱柱体状和柱状的草酸钙晶体。柱状的草酸钙晶体也存在花药的内皮层和绒毡层细胞中。晶簇状草酸钙晶体则主要存在于柱头毛上。子房内无草酸钙晶体。

4.2.5 块茎薄壁的超微结构

由于能提供细胞周期 G1 期中（DNA 合成前期）研究中所需要的形态和生理上均匀薄壁细胞（Adamson，1962），故菊芋块茎已经用于许多细胞学研究中。这使得人们可以研究细胞周期中休眠结束后的诸多初始事件（Yeoman，1974），如聚胺的合成和含量、细胞分裂以及多核糖体的形成（Bagni et al.，1972；Fowke and Setterfield，1968；Fraser，1975；Serafini-Fracassini et al.，1980；Sparkhul and Setterfield，1977）。

休眠状态中的薄壁细胞包含质体（Gerola and Dassù，1960；Tulett et al.，1969）、线粒体、高尔基体（Kaeser，1988）、细胞核和核仁（Williams and Jordon，1980）。薄壁细胞具有高能量的精氨酸、谷氨酰胺、天冬酰胺、少量代谢的 DNA 和 RNA，以及少量的多核糖体和低能量的聚胺（Favali et al，1984）。它们含有大量的液泡，这使得细胞核和其他细胞器与细胞壁紧邻。液泡是果聚糖的存储场所，细胞质中形成一些囊泡，促进进入细胞的蔗糖合成果聚糖（Kaeser，1983）。质体与线粒体及细胞核密切相关（图 4.6A）（Ishikawa

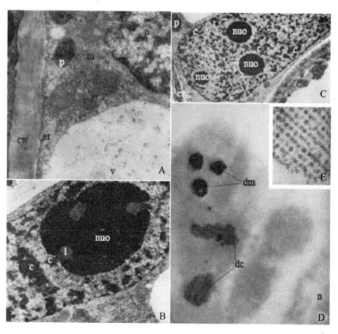

图 4.6 块茎储藏薄壁细胞的超微结构：A. 细胞壁—细胞质被压缩的区域（放大 15 000 倍）；B. 核染色质凝集（c）和核仁中被认为是核仁组织区中，似乎是随着生长进行，从外部进入内部的核染色质（放大 22 000 倍）；C. 细胞核显示核染色质致密和三核仁（放大 10 000 倍）；D. 含有膜结合结构的质体（放大 63 000 倍）；E. 质体晶体（放大 540 000 倍）

and Yoshida, 1985）。细胞核展示了凝聚染色质的区域，并且细胞核包含了多个核仁（图 4.6）（Jordan and Chapman, 1971）。质体的结构不尽相同，分布在细胞质的周围或聚集在细胞核附近（图 4.6B）（Tulett et al., 1969）。质体存在大量的膜结构，包括以母体、晶体（图 4.6D、E）和密集团形式呈现的电子致密材料。

随着细胞的分裂的开始，细胞核和核仁有明显的改变，比如染色质的重新分配、核仁变大与 DNA、RNA 在细胞中的代谢变化（Favali et al., 1984; Fowke and Setterfield, 1968; Jordan and Chapman, 1971; Kovoor and Melet, 1972; Minocha, 1979; Mitchell, 1967; Serafini-Fracassini and Alessandri, 1983; Torrigiani and Serafini-Fracassini, 1980; Williams and Jordan, 1980; Yasuda et al., 1974）。第一次有丝分裂中，细胞核的数量急剧增加，但核孔的频率保持不变（Williams and Jordan, 1980）。随着细胞的活动，在高尔基小液泡增加、内质网囊泡扩张以及多核糖体数量增加同时，在质体和线粒体中 DNA 的合成也有所增加（Favali et al., 1984）。

参考文献

Adamson, D., Expansion and division in auxin-treated plant cells. Can. J. Bot., 40, 719-744, 1962.

Alex, J. F. and Switzer, C. M., Ontario weeds. Ontario Ministry of Agriculture Food, Pub., 505, 200p, 1976.

Bagni, N., Donini, A., Serafini-Fracassini, S., Content and aggregation of ribosomes during formation, dormancy, and sprouting of tubers of Helianthus tuberosus. Plant Physiol., 27, 370-375, 1972.

Barloy, J., Etudes sur les bases genetiques, agronomiques et physiologiques de la culture de topinambour (Helianthus tuberosus L.), in Rapport COMES-AFME 1982-1983, Laboratoire d'Agronomie, INRA, Rennes, 1984, p. 41.

Dambroth, M., Höppner, F., and Bramm, A., Untersuchungen zum Knollenansatz und Knollenwachstum bei Topinambur (Helianthus tuberosus L.). Landbauforschung Völkenrode 42 (4), 207-215, 1992.

Favali, M. A., Serafini-Fracassini, D., and Sartorato, P., Ultrastructural and autoradiography of dormant and activated parenchyma of Helianthus tuberosus, Protoplasma, 123, 192-202, 1984.

Fowke, L. and Setterfield, G., Biochemistry and Physiology of Plant Growth Substances, Wrightman, F. and Setterfield, C., Eds., Runge, Ottawa, 1968, pp. 581-602.

Franceschi, V. R. and Horner, H. T., Calcium oxalate crystals in plants. Bot. Rev., 46, 361-427, 1980.

Fraser, R. S. S., Studies on messenger and ribosomal RNA synthesis in plant tissue cultures induced to undergo synchronous cell division, Eur. J. Biochem., 50, 529-537, 1975.

Gerola, F. M. and Dassù, G., L'evoluzione dei cloroplasti durante l'inverdimento sperimentale di frammentidi tuberi di topinambour (Helianthus tuberosus), Giorn. Bot. Ital., 67, 63-78, 1960.

Hay, R. M. K. and Offer, N. W., Helianthus tuberosus as an alternative forage crop for cool maritime regions-a preliminary study of the yield and nutritional quality of shoot tissues from perennial stands, J. Sci. Food Agric., 60, 213-221, 1992.

Ilarslan, H., Palmer, R. G., Imsande, J., and Horner, H. T., Quantitative determination of calcium oxalate and oxalate in developing seeds of soybean (Leguminosae), Amer. J. Bot., 84, 1042-1046, 1997.

Ishikawa, M. and Yoshida, S., Seasonal changes in plasma membranes and mitochondria isolated from

Jerusalem artichoke tubers. Possible relationship to cold hardiness, Plant Cell Physiol., 26, 1331 – 1344, 1985.

Jordan, E. G. and Chapman, J. M., Ultrastructural changes in the nucleoli of Jerusalem artichoke (*Helianthus tuberosus*) tuber discs, J. Exp. Bot., 22, 627-634, 1971.

Kaeser, W., Ultrastructure of storage cells in Jerusalem artichoke tubers (*Helianthus tuberosus* L.) vesicle formation during inulin synthesis, Z. Pflanzenphysiol., 111, 253-260, 1983.

Kaeser, W., Freeze-substitution of plant tissues with a new medium containing dimethoxypropane, J. Microscopy, 154, 273-278, 1988.

Kays, S. J. 2006. Unpublished data. Kiehn, F. A. and Chubey, B. B., Variability in agronomic and compositional characteristics of Jerusalem artichoke. In Inulin and Inulin-containing Crops, Fuchs, A., Ed., Elsevier, Amsterdam, The Netherlands, 1993, pp. 1-9.

Konvalinková, P., Generative and vegetative reproduction of *Helianthus tuberosus*, an invasive plant in central Europe, in *Plant Invasions: Ecological Threats and Management Solutions*, Child, L. E., Brock, L. H., Brundu, G., Prach, K., Pyšek, P., Wade, P. M., and Williamson, M., Backbuys Pub., Leiden, The Netherlands, 2003, pp. 289-299.

Kovoor, A. and Mele, D., Rapidly reassociating DNA in Jerusalem artichoke rhizome and auxin-treated explants. *Symp. Biol. Hung.*, 13, 29-32, 1972.

McLaurin, W. J., Somda, Z. C., and S. J. Kays, S. J., Jerusalem artichoke growth, development, and field storage. I. Numerical assessment of plant part development and dry matter acquisition and allocation, *J. Plant Nutr.*, 22, 1303-1313, 1999.

Meric, C. and Dane, F., Calcium oxalate crystals in floral organs of *Helianthus annuus* L. and *H. tuberosus* L. (Asteraceae), *Acta Biologica Szegediensis*, 48, 19-23.

Minocha, S. C., Abscisic acid promotion of cell division and DNA synthesis in Jerusalem artichoke tuber tissue cultured *in vitro*, *Z. Pflanzenphysiol.*, 92, 327-339, 1979.

Mitchell, J. P., DNA synthesis during the early division cycles of Jerusalem artichoke callus cultures, *Ann. Bot.*, 31, 427-435, 1967.

Pas'ko, N. M., [Basic morphological features for distinguishing varieties of Jerusalem artichoke], *Trudy po Prikladnoy Botanike, Genetike i Selektsii.*, 50 (2), 91-101, 1973.

Payne, T., Clement, J., Arnold, D., and Lloyd, A., Heterologous myb genes distinct from *GL1* enhance trichome production when overexpressed in *Nicotiana tabacum*, *Development*, 126, 671-682, 1999.

Payne, W. W., A glossary of plant hair terminology, *Brittonia*, 30, 239-255, 1978.

Russell, W. E., *The Growth and reproductive characteristics and herbicidal control of Jerusalem artichoke (Helianthus tuberosus)*, Ph. D. thesis, Ohio State Univ., Columbus, OH, 1979, 86 p.

Seiler, G. J., Trichome types on leaves of wild sunflower: *Helianthus* spp., in *Proc. Sunflower Res. Workshop*, Minot, ND., 27-28 January, Natl. Sunflower Assoc., Bismarck, ND, 1981 pp. 26-27.

Serafini-Fracassini, D., Bagni, N., Cionini, P. G., and Bennic, A., Polyamines and nucleic acids during the first cells cycle of *Helianthus tuberosus* tissue after the dormancy break, *Planta*, 148, 332-337, 1980.

Serafini-Fracassini, D. and Alessandri, M., *Advances in Polyamine Research*, Vol. 4, Bachrach, U., Kaye, A., and Chayen, R., Eds., Raven Press, New York, 1983, pp. 419-426.

Sparkhul, J. and Setterfield, G., Ribosome metabolism in hormone treated Jerusalem artichoke tuber slices in the absence and presence of 5-fluorouracil, *Planta*, 135, 267-274, 1977.

Swanton, C. J., *Ecological aspects of growth and development of Jerusalem artichoke (Helianthus tuberosus* L.). Ph. D. thesis, Univ. Western Ontario, London, Ontario, 1986, 181 p.

Torrigiani, P. and Serafini-Fracassini, D., Early DNA synthesis and polyamines in mitochondria from activated parenchyma of *Helianthus tuberosus*, *Z. Pflanzenphysiol.*, 97, 353-359, 1980.

Tsvetoukhine, V., Contribution a l'étude des variété de topinambour (*Helianthus tuberosus* L.), *Annal. Amelior. Plant.*, 10, 275-308, 1960.

Tulett, A. J., Bagshaw, V., and Yeoman, M. M., Arrangement and structure of plastids in dormant and cultured tissue from artichoke tuber, *Ann. Bot.*, 33, 217-226, 1969.

USDA, National Plant Germplasm System. USDA - ARS. < http://www.ars - grin. govnpgssearchgrin. html>, 2006.

Ustimenko, G. V., Usanova, Z. I., and Ratushenko, O. A, [The role of leaves and shoots at different position on tuber formation in Jerusalem artichoke], *Izv. Timiryazevsk. S.-Kh.*, *Acad.*, 3, 67-76, 1976.

Westley, L. C., The effect of inflorescence bud removal on tuber production in *Helianthus tuberosus* L. (Asteraceae), *Ecology*, 74, 2136-2144, 1993.

Whitney, K. D., Randell, R. A., and Rieseberg, L. H., Adaptive introgression of herbivore resistance traits in the weedy sunflower *Helianthus annuus*, *The American Scientist*, 167, 794-807, 2006.

Williams, L. M. and Jordan, E. G., Nuclear and nucleolar size changes and nuclear pore frequency in cultured explants of Jerusalem artichoke tubers (*Helianthus tuberosus* L.), *J. Exp. Bot.*, 31, 1613-1619, 1980.

Wyse, D. L. and Wilfahrt, L., Today's weed: Jerusalem artichoke, *Weeds Today* spring issue, pp. 14-16, 1982.

Yasuda, T., Yajima, Y., and Yamada, Y., Induction of DNA synthesis and callus formation from tuber tissue of Jerusalem artichoke by 2, 4-dichlorophenoxyacetic acid, *Plant Cell Physiol.*, 15, 321-329, 1974.

Yeoman, M. M., *Tissue Culture and Plant Science*, Street, H. E., Ed., Blackwell's, Oxford, 1974, pp. 1-17.

Zubr, J. and Pedersen, H. S., Characteristics of growth and development of different Jerusalem artichoke cultivars, in *Inulin and Inulin-containing Crops*, Fuchs, A., Ed., Elsevier, Amsterdam, The Netherlands, 1993, pp. 11-1.

5　化学成分和菊糖化学

植物将碳作为能量源与下一季节生长开始时的碳骨架固定在专门的繁殖器官（如储藏根、块茎和种子）。淀粉是葡萄糖的聚合体，为碳储存的最主要形式。淀粉由直链（直链淀粉）和支链（支链淀粉）分子的混合物构成的，其构成比例受基因控制。直链淀粉由 200 到 1 000 个葡萄糖单体通过 α-（1-4）糖苷链连接而成，而支链淀粉比较大，由 2 000 到 20 000 个葡萄糖单体以同样的键连接。然而，每 20 到 25 个葡萄糖分子就有一个由 α-（1-6）键形成的分支（Kays and Paull，2004）。相反，作为一些物种碳储存的菊糖是一种果糖聚合体的混合物，尽管仅在包括菊芋在内的几个物种中作为主要的碳的存储方式。

5.1　化学成分

5.1.1　块茎成分

菊芋的块茎通常包含大约 80% 的水分、15% 的碳水化合物和 2% 的蛋白质。与其他蔬菜相比，菊芋的各组分含量相对较少，但记录的某些参数有显著的变异，收获时间、生产条件、采后处理与处理方法的不同很可能解释上述变异（表 5.1）

表 5.1　菊芋块茎成分（每 100 克鲜重）

	A	B	C	D	E	F	G	H
制备	未加工	未加工	未加工	未加工	煮	未加工	未加工	未加工
水分（%）	-	82.1	80.1	78	80.2	-	79	78.9
能量（kCal）	38	65	70	76	41	-	-	-
蛋白质（g）	0.5	2.1	2.1	2.0	1.6	-	2.4	-
总碳水化合物（g）	15.9	14.1	16.7	17.3	10.6	-	1.5	15.8
膳食纤维（g）	4.0	2.6	0.6	1.3	3.5	-	-	-
总糖（g）	1.0	-	-	-	1.6	-	-	-
蔗糖（g）	0.6	-	-	-	-	-	-	-
乳糖（g）	0	-	-	-	-	-	-	-
总淀粉（g）	7.2	-	-	-	微量	-	-	-

续表

	A	B	C	D	E	F	G	H
制备	未加工	未加工	未加工	未加工	煮	未加工	未加工	未加工
总脂（g）	0.2	0.6	0.1	<1	0.1	-	-	-
总脂肪酸（g）	<0.1	0.48	-	<1	-	-	-	-
饱和脂肪酸（g）	<0.1	0.17	-	0	-	-	-	-
单不饱和脂肪酸（g）	<0.1	0.01	-	<1	-	-	-	-
多不饱和脂肪酸（g）	<0.1	0.3	-	<1	-	-	-	-
胆固醇（mg）	0.3	0	-	0	-	-	-	-
总甾醇类含量（mg）	5.2	-	-	-	-	-	-	-
灰分（g）	-	1.2	1.2	-	-	-	-	-
氮（g）	-	-	-	-	0.25	0.38	-	-
钙（mg）	2.5	28	37	14	30	-	29.4	-
铁（mg）	3.4	0.6	-	3.4	0.4	1.5	2.1	3.7
锰（mg）	16	16	-	17	-	17	14.4	
钾（mg）	560	561	-	429	420	603	657	478
钠（mg）	3	3	-	4	3	1.8	-	-
磷（mg）	78	72	63	-	-	73	-	78
铜（mg）	-	0.12	-	-	-	0.10	0.12	-
硼（mg）	-	-	-	-	-	0.24	0.21	-
镁（mg）	-	-	-	-	nd	0.30	0.28	-
硫（mg）	-	-	-	-	-	27	-	-
氯（mg）	-	-	-	-	-	-	-	-
锌（mg）	0	0.10	-	12.0	-	0.32	0.40	-
铝（mg）	-	-	-	-	-	4.0	-	-
钡（mg）	-	-	-	-	-	0.33	-	-
硅（mg）	-	-	-	-	nd	4.4	-	0.2
镍（μg）	-	15.0	-	-	-	nd	16.0	0.16
碘（μg）	0	0.10	-	-	nd	-	-	1.3
铬（μg）	-	6.4	-	-	-	nd	84.0	-

续表

	A	B	C	D	E	F	G	H
制备	未加工	未加工	未加工	未加工	煮	未加工	未加工	未加工
硒（μg）	0.2	0.1	-	-	nd	-	0.25	-
铅（μg）	-	-	-	-	-	-	6.3	-
镉（μg）	-	-	-	-	-	-	1.1	-
维生素 A（视黄醇）（μg）	0.6	1.0	-	1.0	-	-	-	-
类胡萝卜素（μg）	28.9	9.0	-	-	20.0	-	-	-
维生素 B1（硫胺素）（μg）	0.2	0.07	-	0.2	0.1	-	-	0.2
维生素 B2（核黄素）（μg）	0.05	0.06	-	0.06	微量	-	-	0.16
烟酸（mg）	0.5	1.3	-	1.3	-	-	-	1.3
维生素 B6（mg）	-	0.09	-	-	-	-	-	-
维生素 B5（mg）	-	0.38	-	-	-	-	-	-
生物素（μg）	-	0.5	-	-13.3	-	-	-	-
叶酸（μg）	13.0	22.0	-	-	-	-	-	-
维生素 B12（钴胺素）（μg）	0	-	-	-	-	-	-	-
维生素 C（μg）	5.0	6.0	-	4.0	2.0	-	-	-4.0
维生素 D（μg）	0	-	-	-	-	-	-	-
微生物 E（μg）	<0.1	0.15	-	-	-	-	-	-
维生素 K（μg）	14.4	-	-	-	-	-	-	-
色氨酸（mg）	-	0.23	-	-	-	-	-	-

注：nd＝未检测到（即，在检测线以下）；
a 用差减法（减去蛋白质、脂肪、水和灰分）计算的总碳水化合物；b 非淀粉多糖；

来源：(A) Fineli Food Composition Database, National Public Health Institute of Finland, http://www.fineli.fi/, 2004; (B) Danish Food Composition Database, Danish Institute for Food and Veterinary Research, http://www.foodcomp.dk/, 2005; (C) FAO, Food Composition Tables for the Near East, FAO Food and Nutrition Paper P-85, http://www.fao.org/, 1982 (data for edible portion); (D) Whitney, E. N. and Rolfes, S. R., Understanding Nutrition, 8th ed., West/Wadsworth, Belmont, CA, 1999 (data for edible portion; calculated from original value, 150 g); (E) Holland, B. et al., 5th Supplement to McCance and Widdowson's The Composition of Foods, Royal Society of Chemistry, Cambridge, U.K., 1991 (data reproduced in Vaughan, J. G. and Geissler, C. A., The New Oxford Book of Food Plants, Oxford University Press, Oxford, 1997, p. 222) (data for an edible portion; tuber flesh only); (F) Somda, Z. C. et al., J. Plant Nutr., 22, 1315-1334, 1999 (data calculated from original values, mg · g^{-1}); (G) Stolzenburg, K., Topinambur, LAP Forchheim, Germany, 2003, http://www.landwirtschaftbw.info; (H) Kará, J., Strǎsil, Z., Hutla, P., and Ustak, S., Energetiché Rostliny Technologie Pro Pěstování a Vyuzití, Vv´zkumny´ Üstav Zemědělské Techniky, Praha, Czech Republic, 2005.

菊芋的块茎含有很少的淀粉或不含淀粉,几乎不含脂肪,且热值相对较低。在目前少量的脂肪中,微量的单不饱和及多不饱和脂肪酸已被报道,但饱和脂肪酸尚未见到报道(Whtney and Rolfes, 1999)。据报道,原料块茎中多不饱和脂肪酸亚油酸(18:2, n-6)和α-亚油酸(18:3, n-3)的含量分别是 24 mg·100 g^{-1} 和 36 mg·100 g^{-1}(Fineli, 2004)。由于含有菊糖,块茎是很好的膳食纤维来源。

菊糖是菊芋的主要储存碳水化合物,因此块茎中碳(含量为 93.26 mg·g^{-1};Somda et al., 1999)的主要形式是菊糖。块茎中菊糖的含量是鲜重的 7%~30%(大约是干重的 50%);典型的菊糖含量是鲜重的 8%~21%(Van Loo et al., 1995)。在加拿大的一个研究案例中,两次收获物的碳水化合物含量是收获时总鲜重的 13.8%~20.7%,在随后的收获中,果糖含量下降,但葡萄糖含量上升(Stauffer et al., 1981)。11 个品种中,聚合度(DP)超过 4 的菊糖占总块茎碳水化合物的 55.8%~77.3%(平均 65.8%),含三糖(DP3)的菊糖占 9.7%~16.5%(平均 13.2%),含二糖(DP2)的菊糖占 8.2%~18.3%(平均 13.8%)。"Reka"是含聚合度超过 4 的菊糖最多的品种,"D19"是含量最低的(Zubr and Pedersen, 1993)。菊芋块茎中菊糖的聚合度可以超过 40(Bornet, 2001)。

菊芋块茎中的蛋白质含量大约是 1.6~2.4 g·100 g^{-1} 鲜重(表 5.1)。块茎中的蛋白质和氮含量在生长过程中仍然保持相对恒定(Kosaric et al., 1984)。块茎蛋白质含有所有的必需氨基酸,且比例良好。与其他的根状和块茎作物的蛋白质相比,菊芋含有丰富的赖氨酸和甲硫氨酸,且被认为具有在食物和饲料应用优质原料(Cieślik, 1998a;Rakhimov et al., 2003;Stauffer et al., 1981)。块茎的平均总粗蛋白含量是块茎干物质的 5.9%,主要的成分氨基酸(g.100g 粗蛋白)是天冬氨酸(14.6)、谷氨酸(14.0)、精氨酸(11.1)、赖氨酸(5.2)、苏氨酸(3.4)、苯丙氨酸(3.9)、半胱氨酸(14.6)和甲硫氨酸(1.0)(Stolzenburg, 2004)。所有氨基酸所占总块茎干重的相应百分数见表 5.2。萃取菊糖后的块茎果肉含有 16.2%的蛋白质,其氨基酸含量(g.100 g 样品 N)为赖氨酸(49)、组氨酸(13)、精氨酸(32)、天冬氨酸(60)、苏氨酸(33)、丝氨酸(30)、谷氨酸(71)、脯氨酸(22)、甘氨酸(32)、丙氨酸(35)、甲硫氨酸(12)、异亮氨酸(31)、亮氨酸(46)、酪氨酸(22)、苯丙氨酸(28)和缬氨酸(38)(Stauffer et al., 1981)。研究发现,不同品种粗蛋白的含量不同,26 个品种的块茎中粗蛋白的平均含量为 5.9%。例如,一实验克隆植株("2071-63")含有 8%的粗蛋白,而一些品种("Monteo""Rico""Boynard"和"Lola")大约含有 5%的粗蛋白(Stolzenburg, 2004)。灰分含量大约是块茎干重的 1.2%,尽管一些报道给出的灰分含量高达 4.7%(Eihe, 1976;Conti, 1953)。

表 5-2 菊芋块茎粗蛋白氨基酸含量(以干物质%表示)

氨基酸	A	B
天冬氨酸	0.86	—
苏氨酸	0.20	0.30

续表

氨基酸	A	B
丝氨酸	0.19	-
谷氨酸	0.83	-
甘氨酸	0.21	-
丙氨酸	0.23	-
半胱氨酸	0.06	-
缬氨酸	0.22	1.33
蛋氨酸	0.06	-
异亮氨酸	0.19	-
亮氨酸	0.27	0.85
酪氨酸	0.12	0.12
苯丙氨酸	0.23	-
组氨酸	0.17	0.21
赖氨酸	0.30	0.33
精氨酸	0.65	0.46
脯氨酸	0.30	-

资料来源: Adapted from (A) Stolzenburg, K., Rohproteingehalt und Aminosäuremuster vonTopinambur, LAP Forchheim, Germany, 2004, http://www.landwirtschaft-bw.info (mean figure from 27 cultivars and clones); (B) Eihe, E. P., Lativijas PSR Zinatmi Akademijas Vestis, 344, 77, 1976.

菊芋块茎的矿物质含量很高。块茎含有非常丰富的铁（$0.4 \sim 3.7$ mg · 100 g^{-1}）、钙（$14 \sim 37$ mg · 100 g^{-1}）和钾（$420 \sim 657$ mg · 100 g^{-1}），但钠缺相对很少（$1.8 \sim 4.0$ mg · 100 g^{-1}）（表5.1）。例如，铁浓度大约比马铃薯高3倍（Cieślik, 1998b）。也发现了相对高水平的硒，高达50 g · 100 g^{-1}（Antanaitis et al., 2004; Barwald, 1999），尽管报道的水平通常较低（表5.1）。高浓度的铅和其他重金属（例如，镉）也时有报道（Cieślik 和 Barananowski, 1997; Stolzenburg, 2003）。重金属含量随土壤中水平的增加而增加，对于污染土壤的生物修复来说，菊芋是一种非常有前途的作物（Antonkiewicz and Jasiewicz, 2003; Jasiewicz and Antonkiewicz, 2002）。Somda 等（1999）研究了品种"Sunchoke"的营养元素从种植到储存过程中的分配，他们发现在快速生长阶段，块茎中碳和韧皮部的可移动元素会显著增加。在最后收获时，发现成熟的块茎中含有高水平的钾、磷和钙。

块茎是很好的维生素来源，尤其是在维生素B复合物、维生素C（抗坏血酸）和β-胡萝卜素（Van Loo et al., 1995）。它们含有高水平的叶酸（$13 \sim 22$ μg · 100 g^{-1}），而在B复合物中的其他维生素存在（硫铵、核黄素、烟酸、B6中、泛酸、生物素和维生素B12）

（表5.1）。维生素C的浓度（2~6 mg·100 g^{-1}）低于地上植物部分，但优于其他根状和块茎状作物，例如，大约比土豆高4倍（Eihe，1976）。也有人指出，类胡萝卜素的浓度相对较高（9~29 μg·100 g^{-1}），β-胡萝卜素是维生素A（0.6~1.0 g·100 g^{-1}）的初期形式（表5.1）。块茎中维生素C和的硝酸盐水平的相互关系已被报道（Cieślik et al.，1999）。事实上，文献中报道的维生素含量存在非常大的变化，因为维生素的浓度高度依赖于发展阶段、气候条件、农艺方法，以及其他因素。

除菊糖之外，块茎的化学成分列于表5.1，块茎中存在的出名的植物化学物质包括龙胆酸（抗菌和抗病毒活性）、向日葵精（植物生长调节活性）和精胺（植物中普遍存在并参与蛋白质合成）（Harbourne and Baxter，1999）。

生的块茎的香味似乎主要是由倍半萜-红没药烯与少量的长链饱和烃组成（MacLeod et al.，1982）。在烹饪过程中，菊糖部分降解并发生化学成分的改变。在大约150℃时，菊糖降解为果糖和短链聚合物。在美拉德反应中，菊糖没有直接和含氮化合物反应，而来自菊糖的果糖可能形成吡嗪横截面。就像在原料块茎中一样，菊糖和其他果聚糖基本代表了烹饪后的块茎中的所有碳水化合物（Vaughan and Geissler，1997）。

5.1.2　植物地上部分

叶片中首先形成葡萄糖，此后很快便形成果糖和蔗糖。叶片中的果糖首先在叶柄和叶脉中积累，之后便在薄壁中积累（Strepkov，1960a，1960b）。葡萄糖在叶片中的含量在干物质的1%~4%之间变动，而果糖含量大约上升到超过夏季的7%（Rashchenko，1959）。碳水化合物以菊糖的形式暂时储存，但也以更少量的淀粉形式储存（Ernst，1991；Schubert and Feuerle，1997）。在叶片中储存的碳水化合物在夜间转化成糖，以便在植物体内运转。

叶片中粗蛋白含量大约比块茎中高4倍（Schweiger and Stolzenburg，2003），比茎中高3倍（Malmberg and Theander，1986）。叶蛋白含有丰富的赖氨酸和甲硫氨酸（Stauffer et al.，1981）。叶片中的氮含量在生长过程中降低，例如，从幼叶的30%到衰老前老叶的16%（Rashchenko，1959）。同样发现，叶片中粗蛋白的含量从植物生长的生长时期的181 g·kg^{-1}降到开花时期的122 g·kg^{-1}（Seiler，1988）。

叶片含有相对高水平的β-胡萝卜素和维生素C，高于块茎和其他植物部分。Underkofler等（1937）记录了一片叶子的维生素C含量为151 mg·kg^{-1}干物质，大约是茎中含量的10倍。通常，茎中的维生素浓度比叶中的低3~10倍（Kosaric et al.，1984）。Rashchenko（1959）发现β-胡萝卜素和维生素C在成熟叶片中的含量分别为12~15 mg·kg^{-1}和100~160 mg·kg^{-1}。然而，菊芋中这些维生素的最高浓度于7月在叶片中获得，β-胡萝卜素和维生素C的浓度分别为371 mg·kg^{-1}和1 662 mg·kg^{-1}（Eihe，1976；Kosaric et al.，1984）。地上部分的灰分是地下部分灰分的2~3倍。叶片中的糖醛酸、木质素和灰分含量尤其丰富（12%~16%）。表5.3给出了菊芋叶片和茎的组成数据。

表5.3 6个菊芋无性系叶片（L）、茎（S）和总地上部分（LS）的组成（%干物质）

无性系	"1926"[a]	"1926"[a]	"1927"[a]	"1927"[a]	"Topinanca"[b]	"1168"[b]
植物器官	L	S	L	S	LS	LS
蛋白质	26.9[c]	8.8[c]	29.4[c]	11.9[c]	7	9
糖	2.4	6.0	0.8	5.0	-	-
果糖	-	-	-	-	1.8	2.2
葡萄糖	-	-	-	-	1.2	2.1
蔗糖	-	-	-	-	2.1	1.2
果聚糖	-	5.4	-	3.2	4.5	2.0
纤维素	6.6	14.2	7.3	13.1	20	17
半纤维素	4.5[d]	9.3[d]	4.3[d]	9.6[d]	21[e]	21[e]
木质素	17.9	10.8	27.7	14.1	14	12
溴化物	15.8	9.2	13.2	10.9	-	-
灰分	13.4	6.8	14.9	9.4	8	10

[a] Adapted from Malmberg, A. and Theander, O., Swedish J. Agric. Res., 16, 7-12, 1986.
[b] Adapted from Gunnarson, S. et al., Biomass, 7, 85-97, 1985.
[c] 粗蛋白（N×6.25）。
[d] 半纤维素e（中性部分）。
[e] 半纤维素（加上胶质）。

地上茎或秸秆含有菊糖、低聚果糖和糖（主要是果糖）。茎比叶含有更多的结构性碳水化合物（纤维素和半纤维素）、果聚糖和低分子量的糖（malmberg and theander，1986）。除了果糖，在叶和茎中发现的糖主要是葡萄糖和一些蔗糖、木糖、半乳糖、甘露糖阿拉伯糖与鼠李糖（malmberg and theander，1986）。茎中的菊糖从顶部到底部逐渐增加。在含木质素的组织中，茎的中部更容易发现高聚合度的菊糖，而在茎的基部低聚合度的分子更普遍（Strepkov，1996a，1996b）。Strepkov（1959）在秋季成熟茎中分离到含4，6，8，12个亚基（dp）的菊糖。Rashchenko（1959）也指出花芽中存在菊糖。

在地上部分，主要矿物质是钾、钠、钙、镁和磷（Hay and Offer，1992；Rashchenko，1959）。最近的分析发现，地上部分的钙含量大约比块茎中高8倍，磷和钾含量大约分别低5倍和4倍，镁含量相当（Schweiger and Stolzenburg，2003）。菊芋地上部分的营养成分详见下章（见6.2.1）。

5.2 植物中菊糖的发现

菊糖分子远小于淀粉分子，聚合度（即单糖亚基的个数）从2至大约70。果糖亚基的平均数目随物种、生产条件和时间而变化（De Leenheer，1996）。聚合度低于10的分子被称为果糖低聚物（FOSs）或低聚果糖。短链的低聚果糖有2-4个亚基。有几个具有重要商业价值的短链低聚果糖，包括 Neosugar ®、NutrafloraTM、Meioligo ®、BeneoTM 和 Actilight ®（Roberfroid，2005）。

菊糖主要是果糖分子通过 β-（1-2）糖苷键连接，末端以葡萄糖分子结尾（图5.1）。很小比例的菊糖存在一个非常有限的分支（De Leenheer and Hoebregs，1994），分支以 β-（2-6）键连接（图5.2）。在物种内和物种间分支程度不同（例如，大丽花有1%~2%，菊苣4%~5%）。另外，很小比例的菊糖不含有末端吡喃糖单体（Fm）（图5.1）。此类有末端果糖单体的分子在水溶液中主要以吡喃糖形式存在（De Leenheer and Hoebregs，1994）。

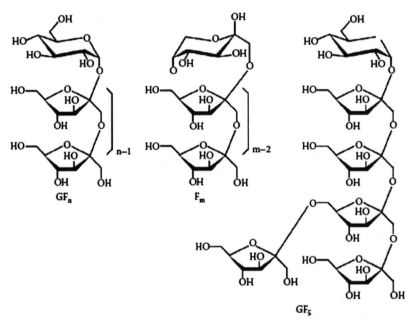

图 5.1 含端葡萄糖基（GFn）、端果糖基（GFm）和分支菊粉（GF5）的菊粉的结构

菊糖这个词最早出现在1818年的文献中（Thomson，1818），比果糖的发现早大约30年。它是1804年首先从一种叫作土木香的植物中分离出来的一种物质（Rose，1804）。在1870年左右，菊芋作为菊糖的来源被首次记载。直到20世纪50年代，菊糖分子的实际线性结构才被阐明；直到20世纪90年代中期，菊糖较小支度化的分子才被发现（De Leenheer and Hoebregs，1994）。作为果糖的聚合体，菊糖被归为果聚糖，它有几种类型（菊糖、果聚糖和分支果聚糖）。果聚糖主要由 β-（2-6）连接组成，尽管它们也可能有分支。在科的交叉部分（龙舌兰科、菊科、紫草科、风铃草科、草海桐科、禾本科、血皮草科、鸢尾科、百合科、睡菜科、水晶兰科、鹿蹄草科和花柱草科）和许多物种的广泛范围内均发现了果聚糖（表5.4）（Incoll and Bonnett，1993）。菊（菊科）包括土木香、蒲公英、所罗门和亚贡在内的许多成员在地下储藏器官积累果聚糖（Hendry and Wallace，

1993)。然而，就其数量而言，菊芋和菊苣（*Cichorium intybus* L.）为最主要的菊糖储藏的植物物种。一些微生物也能合成果聚糖（Hendry，1987；Yun et al.，1999）。

表 5.4 含果糖的粮食作物

新疆沙参	油莎草	匍匐雀稗
大头蒜	纸莎草	狼尾草
洋葱	马来甜龙竹	黑狼尾草
荞头	洋地黄	狼尾草属
大葱	马唐	毛竹
大蒜	龙血树属植物	白哺鸡竹
虾夷葱	稗草	木根草属（俗称圆头匍匐）
韭菜	湖南稗子	菊薯
牛蒡	荸荠	马齿苋
白苞蒿	龙爪稷	细秆甘蔗
龙须菜	画眉草属	肉质花穗野生蔗
天门冬	黑百合	药用甘蔗
夏枯草	杉木贝母	竹蔗
阿扁燕麦	花巨竹	刺参
拜占庭燕麦	唐菖蒲	鸦葱
燕麦	小叶千里光	黑麦
吊丝球竹	红凤菜	意大利狗尾草
急弯草	菊芋	苦苣菜
霞花属（2种）	萱草	高粱
牧根草风铃草	大麦	紫草
菊花	旋覆花	蒲公英
菊花	山莴苣	蒜叶婆罗门参
苦苣	莴苣	小麦
菊苣根	睡菜	硬粒小麦

		续表
白蓟	党参	二粒小麦
卷叶草	金边凤梨	一粒小麦
薏苡根粉末	光稃稻（非洲）	丝兰
朱蕉	亚洲稻	玉米
刺苞菜蓟	粟米	水生菰
菜蓟	苏门答腊黍	茭白
红花琉璃草		大叶藻

资料来源：Adapted from Incoll, L. N. and Bonnett, G. D., in Inulin and Inulin-ContainingCrops, Fuchs, A., Ed., Elsevier, Amsterdam, 1993, pp. 309-322.

在过去的 20 年中，欧洲人对菊糖和含菊糖作物的兴趣大幅度增加，这是由于它们往往具有独特和多样化的潜在应用价值。尽管菊糖已在相对广泛的物种中发现，但是仅在菊芋、菊苣和大丽花中才有足够数量的积累而被认为是碳的主要储存形式。而且，目前仅菊芋和菊苣每公顷的干物质产量足以作为菊糖可行的农业来源。两个看似奇特的性质（即菊糖的形成和累积）与菊糖所独有化学特性这一事实使得菊糖不再仅仅是多彩的北美杂草。

除了它作为碳的储存形式这个有限的作用，菊糖被认为更广泛的参与到许多物种脱水时的膜保护（Vereyken et al., 2003）。在一个模型系统中发现菊糖与膜脂的相互作用具有链长依赖性。菊糖型果聚糖与膜脂的相互作用比果聚糖型的更加突出。

各种植物来源的菊糖不论是数量还是质量都被认为具有非常重要的应用价值。

菊芋和菊苣的菊糖含量均大于15%鲜重，大于75%干重。菊糖的聚合度是一个关键性的品质形状，范围大约从 2 到 70，平均聚合度取决于物种、品种、生产条件、生理年龄，以及其他因素（De Leenheer, 1996）。洋葱果聚糖非常短（<5 dp）；从菊芋到菊苣到朝鲜蓟，聚合度是增加的（表 5.5）。

表 5.5 果聚糖聚合物在所选作物可食部分中的分布

作物	果聚糖（%）	聚合度			
		≤9	10~20	20~40	>40
菊芋	16~20	52	22	20	6
菊苣	15~20	29	24	45	2
洋蓟	2~9	0	0	13	87

来源：Adapted from Bornet, F. R. J., in Advanced Dietary Fibre Technology, McCleary, B. V. and Prosky, L., Eds., Blackwell Science, Oxford, 2001, pp. 480-493.

聚合度对菊芋和低聚果糖的潜在用途有很显著的影响。短链低聚果糖（即≤GF5）是有趣的，因为它们的健康益处、甜味（~30%的果糖）与作为合成某些化学药品（例如发酵产品）的基质。高聚合度的菊糖可用于脂肪替代品和高果糖糖浆（较长的链可降低糖浆中葡萄糖的比例）。同样的，较长的链能通过内切菊糖酶的部分水解而系统地变短，而加长在商业上是不可行的。

5.3 菊糖的组成、结构和性质及菊糖低聚物

5.3.1 菊糖低聚物的晶体结构

菊粉组分单晶的电子衍射分析表明，有两个反平行的六重螺旋（Andre et al.，1996）；一个五-折叠模型也已被提出（Marchessault et al.，1980）。半水合分子中每两个果糖基单位包含一个水分子，而一水化物则每一个果糖基单位包含一个水分子。然而，但分子间存在氢键时，目前并无证据显示晶体中存在分子内氢键。含有 1-蔗果三糖（GF2）（Jeffrey and Park，1972）、蔗果四糖（GF3）（Jeffrey and Huang，1993）和 cyloinulohexaose（cF6）（Sawada et al.，1990）的晶体结构已有报道。

5.3.2 在水溶液中的结构

核磁共振（NMR）光谱被用来研究菊糖在水溶液中的结构。此外，低角度激光散射、动态光散射和小角 X 射线散射以及体积排阻色谱法的应用已取得了关于菊糖分子量分布、水力半径和几何学的等方面的信息（Eigner et al.，1988）。研究发现，菊糖呈杆状，最大尺寸为 5.1 mm×1.6 mm（长度×平均直径）。碳 13 的弛豫率的测量表明，果糖苷单元不是多糖骨架的一部分。因此，其结构像一个带有呋喃糖苷的聚乙二醇聚合体（图 5.1）。这大大增加了链的弹性，有该部分所导致的运动可比直链淀粉快 2~3 倍（Tylianakis et al.，1995）。

从 GF3 到 GF6 的低聚物和平均聚合度为 17 和 31 的菊糖的碳 13 的核磁共振评估表明，简单的螺旋结构不是溶液中的主要构象（Liu et al.，1994）。相反地，菊糖由随机排列的糖链组成。结晶时，分子形成螺旋，通过分子间氢键保持稳定。形成凝胶时，氢键数目增加，形成螺旋域，增加结晶（Haverkamp，1996）。螺旋域没有可以包含线装分子的核（Dvonch et al.，1950）。

对菊糖低聚糖、1-蔗果三糖（GF2）和蔗果四糖（GF3）的（13）C-NMR 谱图进行了评估，因为 1-蔗果三糖（Calub et al.，1990）、蔗果四糖（Liu et al.，1993；Timmermans et al.，1993a）和 1,1,1-kestpoentaose（GF4）（Liu et al.，1993；Timmermans et al.，1993b）存在 ^{1}H 和 ^{13}C 化学位移，所以使用了两维同核和异核核磁共振波谱方法。

5.3.3 菊糖的性质

(1) 菊苣菊糖、(2) 菊糖高聚合度的小部分和 (3) 果糖低聚物 (低聚果糖) 的物理和化学性质详见表 5.6。目前尚未对菊芋菊粉进行类似的评估。菊芋菊糖的平均聚合度较低，因为它的性质与菊苣菊糖有所不同。菊糖在水中的比例增加，其黏度增加 (表 5.7)，这会影响以其作为配料的产品的化学性质。

表 5.6 菊粉 (菊苣) 的理化特性：高聚合度菌粉和低聚果糖

参数	菊粉	高聚合度菊粉	低聚果糖
化学结构	GFn ($n=2~60$)[a]	GFn ($n=10~60$)	GFn+F ($n=2~7$)
平均聚合度	12	25	4
干物质 (%)	95	95	95
糖含量 (%/dm)	92	99.5	95
菊粉/低聚果糖 (%/dm)	8	0.5	5
pH (% W/W)	5~7	5~7	5~7
硫酸化灰分 (%/dm)	<0.2	<0.2	<0.2
重金属 (%/dm)	<0.2	<0.2	<0.2
外观	白色粉状	白色粉状	白色粉状
味道	中性	中性	中等甜度
对比蔗糖的甜度 (%)	10	无	35
溶解度	120	2.5	>750
水中黏度 (%5) 在 10℃ (mPa·sec)	1~6	2.4	1.0
食品中的功能性	脂肪替代物	脂肪替代物	糖替代物

[a] G=葡萄糖基亚基；F=果糖基亚基；n=果糖基亚基数；
[b] DP=聚合度；
[c] Dry matter (dm) = 干物质；
来源：改编自 Franck, A., Br. J. Nutr., 87, S287-S291, 2002.

表 5.7 水中菊粉黏度的浓度依赖性

水中菊粉 (%)	黏度 (cpa)
2	1.25
4	1.35
6	1.70
8	1.80

资料来源：改编自 Baal, H., in Fourth Seminaron Inulin, Wageningen, The Netherlands, 1993, pp. 1-66.

5.4 菊糖的成分分析

菊糖是高度异质性的物质，它由聚合度跨度大约可达 70 的不同分子组成。另外，一些分子没有末端吡喃糖单元，其他的只有非常有限的分支（图 5.1）。菊糖的性质和组成不同，因此能够分离和量化个别低聚物，且这种方法是可取的。对菊糖来说这一点非常重要，这是因为物种、储存器官的成熟程度、处理条件、储藏时间和其他因素不同，聚合度也不同。菊芋菊糖和其他寡糖的常规分析用的是高性能阴离子交换色谱-脉冲安培检测（HPAE-PAD）（图 5.2）（Saengthongpinit and Sajjaantakul，2005）。Koizumi 等首次应用 HPAE-PAD 来分析植物来源的、不同聚合度的碳水化合物聚合体（1989）。在储存期间，菊糖继续分解，形成一些没有葡萄糖末端的果聚糖，它也可以用 HPAE-PAD 法进行分离（Saengthongpinit and Sajjaantakul，2005）。一个代替 HPAE 的方法已被研制出来，即采用梯度洗脱与折射率探测（Timmermans et al.，1997a，1997b）。将样品的一部分可送四级质谱计，能对多聚果糖分子量达 cf. 7000 g. mol^{-1} 的果糖进行鉴定（Bruggink et al.，2005）。应用 HPAE-PAD 已测定了超过 80 种的水果、蔬菜和谷物的低聚果糖的含量（Campbell，1997）。

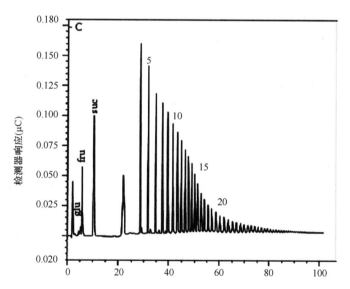

图 5.2 菊芋菊粉高效阴离子交换色谱-脉冲安培检测器色谱将样品分离成离散的 DP 组分（依照 Saengthongpinit、W. 和 Sajjaantakul、T. Technol，37，93-100，2005 年经许可）

食物中低聚果糖的积聚是有益的，因为它们是膳食纤维的组成部分。官方分析化学家协会对膳食纤维的标准分析方法不能测定短链果糖低聚物，因为它们有乙醇溶解性。然而，已开发了几种替代方法（Hoebregs，1997；McCleary et al.，2000；Ouarne et al.，1997；Simonovska，2000；Zuleta and Sambucetti，2001）。

5.5 菊糖的提取、分离、纯化、分级、干燥和存储

已经开发了许多从菊芋的块茎中提取菊糖的方法（Aravina et al., 2001; Barta, 1993; Ji et al., 2002; Vogel, 1993），图 5.3 对这些方法进行了综合说明。具体方法要根据想获得的最终产物、根据可用的资源、体积和其他因素来选定。

从田里或仓库里取得的菊芋块茎，首先用水清洗以去掉所有土壤和异物，然后机械清洁（Barta, 1993）。在这一点上，块茎可以放在地面上生产用于做面包的菊粉和其他产品（Leyst-Kushenmeister, 1937）或切片、脱水和置于地上（图 5.3）。在研磨使多酚氧化酶和其他酶失活前加热块茎，可改善面粉的颜色（Modler et al., 1993a）。

为生产菊糖及相关产品，将块茎切碎或切片，然后用巴氏灭菌法使酶（例如，菊糖酶）失活。切片用于水扩散萃取（Barta, 1993），随后挤压剩余的果肉，冷却合并的提取物（水溶和挤压）。水提取切片后进行挤压所获得的产量稍高于无水挤压切碎的原料（~80vs. 75%）。提高水和产品的温度促进提取，可将产量增加到 95%~98%。（Vukov and Barta, 1987）。提取物主要是由菊糖组成的，不过，它也包含需要除去的单糖、二糖、氨基酸、阳离子、胶体与需要除去的漂浮的污染物和着色剂。利用氢氧化钙净化，净化时温度的取决于液体是否挤压还是萃取液。用 0.2% 氢氧化钙或 0.4% 氧化钙用于萃取液时，pH 值在 10~11.5 之间，胶体和浮动污染物可在此条件下会凝结。过滤已清理的材料，萃取液可被分离以增加单个组分的纯度或作为天然菊糖（糖和不同聚合度的菊糖的复合物）。通过大小排除的色谱分离法通常能分为两部分：带有单糖或二糖的短链低聚果糖和高聚合度的部分。用低温、酒精沉淀高分子量部分（Aravina et al., 2001）与滤膜（Kamada et al., 2002）也可以完成分级。

天然菊糖的另一个可选择的方法是利用微生物发酵，这种方法只需利用糖和短链低聚果糖，后者可产生酒精和残留的菊芋的高分子量组分。不考虑分离方法，该组分就可以用内、外菊糖酶处理来生产高纯度的果糖糖浆，或者用内菊糖酶生产短链低聚果糖。或者，用色谱法或其他方法代替分级，过滤的材料通过一个超滤系统集中，随后用喷雾干燥生产干燥的"天然菊糖"或者分别包装生产菊糖浓缩物。干燥的菊糖应该用防水的包装袋储存。

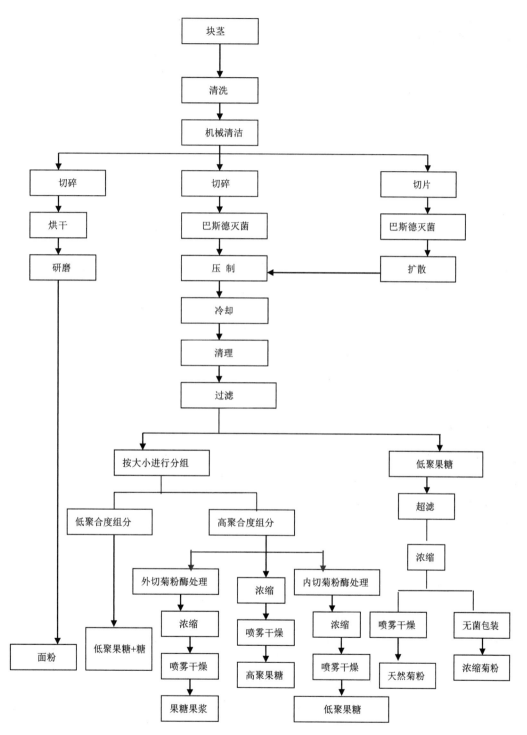

图 5.3 将菊芋菊粉提取和分类成各种产品的流程图
(Aravina et al., 2001; Barta, 1993; Ji et al., 2002; Vogel, 1993)

5.6 菊糖的来源

5.6.1 传统的植物来源

目前，菊糖的主要商业植物源性来源是菊芋和菊苣。前者在东欧的产量较多，后者在欧洲西北部的产量较多。在中国和其他几个国家，人们对菊芋的商业化生产越来越感兴趣。目前，这两种作物都没能在全美种植，尽管有一些菊芋生产的新市场。

5.6.2 转基因作物

一些小组已经着手通过创造其他成熟作物（如甜菜、马铃薯、玉米和大豆）的转基因来实现菊糖来源的商业化，而非通过育种项目将菊芋培育为作物。这些作物的生产、收获储存与加工的专业知识、设施与设备均已成熟。然而，菊芋和甜菜和马铃薯相比有一些主要的优势，那就是它可以在更广的生态条件下和其他作物不能生长的土壤中生长。

在转基因作物中，可以选择一个具体的果糖基转移酶和启动者，以根据需要调整聚合度和分支。举例来说，使用变形链球菌果糖基转移酶基因，其中的 C 或 N 末端多肽编码部分被删除，可产生聚合度大于 100 和支化度小于 3% 的菊糖（Engels et al.，2002；Hellwege et al.，2000）。从朝鲜蓟中获得的基因也可生产长链的菊糖分子（Heyer et al.，1999）。银胶菊、菊芋（Stoop，2004），洋葱（Vijn et al.，1997）和其他来源的果糖基转移酶基因也已被测试。在马铃薯中，B33 马铃薯蛋白基因的启动子被用来限制块茎的表达和信号序列将蛋白定向到液泡（Heyer and Wendenburg，1997）。在一个实验性研究中，从菊芋中分离的一个可表达为果糖基转移酶的基因被导入甜菜，导致了转基因甜菜根中高达 90% 的蔗糖转化为果聚糖（Sevenier et al.，2002）。然而，到目前为止，转基因植物并不代表菊糖的商业来源。另外，菊芋的生态学适应性大大增加了它的可种植土地面积，使菊芋在很多地区成为理想的菊糖来源。

5.6.3 微生物合成

一种替代转基因植物的方法是在大肠杆菌等微生物中表达 β-呋喃糖苷酶（EC 3.2.1.26）或 β-果糖基转移酶（EC 2.4.1.100），从蔗糖中提取的菊粉或短链低聚果糖。在这种情况下，在此情况下，蔗糖既是果糖的供体，也是最初的受体。（Fishbein et al.，1988）。β-呋喃果糖苷酶有足够的果糖基转移活性可产生低聚果糖。例如，来自黑曲霉 ATCC20611 的酶已成功地应用于商业生产（Hidaka et al.，1988；hirayama et al.，1989）。该产品分为两个商业类：Neosugar G 和 Neosugar P（Hidaka et al.，2001）。Neosugar G 含有~35%的葡萄糖和果糖（W/W），10%的蔗糖和 55%的低聚果糖。为将低聚果糖的浓度增加到大约 95%，从 Neosugar G 中去掉单糖，即获得 Neosugar P。各个组分的甜度大约是蔗糖的 60%（G）和 30%（P），两者在中性 pH 和温度上升至 140℃时都很稳定。

几个来源的果糖基转移酶（例如变性链球菌、曲霉 sydowi）也被插入微生物如大肠杆菌中，用来生产菊糖（Engels et al.，2002，Heyer and Wendenburg，2001）。在最初的反应中，两个蔗糖分子产生蔗果三糖和葡萄糖连接。酶作用于蔗果三糖（GF2），反应生成蔗果四糖（GF3），后作用于蔗果四糖，产生蔗果五糖。删除基因的 C 或 N 末端的肽部分可以改变果糖基转移酶，这种改变可以改善在重组大肠杆菌中的生产（Engels et al.，2002）。可以用聚合度大于 100 和支化度小于 3% 的蔗糖来生产菊糖。或者，可通过停止反应来优化短链低聚果糖的构成，优化率为 37%（GF2）：53%（GF3）；10%（GF4）（Fishbein et al.，1988）。

5.7　天然的和分级菊糖的用途

5.7.1　天然菊糖

5.7.1.1　膨松剂

20 世纪 90 年代，人们对菊糖的利用有限，因此对其的兴趣主要集中在作为低热量食物的膨松剂，膨松剂能在不改变食物的功能和功效的前提下增加其重量或体积。如果用人造糖代替蛋糕混合配料中的糖，甜度的不同（e.g.，600×）会导致潜在的体积的重大损失。加入可接受的，尤其是含很少热量的膨松剂能恢复糖的必要提及和功能特性。菊糖作为添加剂的主要缺点是产生气体（见 6.1.8 部分）。

5.7.1.2　面包和乳制品添加剂

加入菊粉或菊芋全粉通常能赋予面包一些积极的属性，例如，改善碎屑的柔软度、延长保存时间和改善面包体积（De Man and Weegels，2005；Miura and Juki，1995）。小麦/黑麦面包可以加入菊芋粉或菊糖，随着菊糖含量的增加，碎屑的硬度下降（Filipiak-Florkiewicz，2003）。通常情况下，菊糖的上限是大约 8%（Meyer，2003）。在小麦/黑麦面包中，菊芋粉的质量最高。菊糖在烘焙的过程中水解为果糖的量取决于它的聚合度，聚合度因秋天和春天收获而不同。加入低聚果糖可以降低面包的卡路里含量和增加纤维含量，使它成为更健康的食物。菊糖也可以用作冰淇淋、夹心、蛋黄酱、巧克力产品，以及糕点中的增稠剂（Berghofer et al.，1993a；Frippiat and Smits，1993）。

5.7.1.3　果糖和低聚果糖

菊芋特有的菊糖生化特性使其成为果糖的来源，果糖的甜度大约比蔗糖高 16%（Shallenberger，1993）。果糖糖浆被广泛应用于食品工业。它们有很高的水溶性、热量所含量比蔗糖低与更低的黏稠度。由于这些性质，果糖被用作食品工业中的甜味剂，其重要性不断增加。它是用于低热量食物、糖尿病人食物和减肥产品的近乎完美的糖。由菊芋可获得一系列包括糖溶液、纯果糖糖浆和结晶果糖在内含果糖的产品。

菊糖、低聚果糖、果糖和其他有用的化合物均能通过纯化菊芋块茎的提取液而获得。Fleming 和 Groot Wassink（1979）介绍了一种用酶水解法获得高果糖糖浆（得率75%）的工艺。尽管更大的菊糖聚合体难以转化（Fontana et al.，1993；Schorr‐Galindo et al.，1995），应用酵母发酵可将菊糖和低聚果糖转化为果糖。菊芋的果糖生产率比糖用甜菜或玉米高。菊芋中的果糖来源于菊糖，但是糖用甜菜中的果糖来源于蔗糖，玉米中的果糖来源于淀粉。Barta（1993）报道了菊芋、糖用甜菜和玉米中的总果糖产量（t/ha），它们分别为4.5、2.9和2.1。菊粉含量较高的菊芋品种是生产果糖的首选。

5.7.1.4 保健食品添加剂

保健食品是一种食物或者食物的一部分，具有医疗或保健的益处。保健食品产品也被认为是功能性食物。长久以来，含菊糖的食物被认为对健康是有益的。菊糖在结肠发酵，可选择性的改变存在的微生物（Gibson et al.，1995）。双歧杆菌属被认为具有促进健康的特性，可取代一些有害的微生物。菊糖是很多益生菌食物添加剂的成分（见6.1.3）。

在日本，自1983年以来，低聚果糖一直被用作食品添加剂。更广泛的含菊糖功能食物已被销售，因其有益于胃肠道状况与促进矿物质吸收（Hidaka et al.，2001）。在欧洲，到2000年已有超过700种包括酸奶在内的食品添加了菊粉。其中一种酸奶成为第一种在法庭上对其有益健康的作用而被质疑的功能性食品。有人声称，含有嗜酸乳杆菌和菊糖的酸奶有降低胆固醇的作用。生产厂家（Mona，荷兰）坚持自己的主张，并赢得了官司（Heasman and Mellentin，2001）。

5.7.1.5 医学应用

纯菊糖粉被销售供营养和医疗之用。作为营养添加，它是完全没有问题的，因为所有毒成分和致病生物体已被去除。然而作用医疗和诊断时，菊糖纯度必须很高，因为高聚合度（>20）。菊芋中聚合度高于10的菊糖通常只有一半，12的聚合度是在原料块茎中最常见的链长。因此，来自菊芋的菊糖不太适合医疗应用，除非很好地分级。包括微波干燥和超滤（Vukov et al.，1993）等分级纯化手段均可作为获取医疗用途纯菊糖的方法。

菊糖被用在一个重要的肾功能衰竭检测中，称为菊糖清除方法（Gretz et al.，1993；Chiu，1994）。菊糖在肾中既不会被分泌也不会被重吸收，故可通过注射管理来测定肾小球滤过率。菊糖在血浆和尿液中的相对量可以表征肾的功能。

5.7.2 通过聚合度对菊糖进行分类

5.7.2.1 脂肪替代品

在食物中应用低能量的脂肪替代品有利于减少饮食中的能量密度。然而，由于脂肪能赋予了食品许多重要的品质属性，所以它对食物的适口性非常重要。当全部或部分脂肪被替换后，食物必须具有与原来高脂肪食物相媲美的流变学和感官品质属性。质地性能尤其重要，因为脂肪对质地、口感与食物的质量有明显的影响。因此，除了降低能量密度，一个可以接受的脂肪替代品必须有适当的功能特性，如热稳定性、乳化性、痛风性、润滑性、伸展性、质感和口感（Lukacova and Karovicova，2003；Silva，1996）。

菊糖可用来代替某些肉类（Archer et al.，2004）、传统的可挤压与可伸展的食物产品的脂肪。当脂肪减少时，水的含量会增加至损害产品的结构。菊粉在这些食品中的水合能力、溶解形和流变特性允许将脂肪含量从大约80%降至20%~40%。

与较低聚合度的组分相比，菊糖的较高分子量部分的功能更像脂肪。因此，当菊糖被用作脂肪替代品时，低分子量部分通常被去除，留下的产品的平均聚合度为25或更高。较高分子量的菊糖可形成一个具有铺展性极好的凝胶（Kasapis，2000）。除非使用非常高水平（25%）的菊糖，否则，需要加入凝胶形成蛋白质和亲水胶来改变产品的结构特性。

低脂肪可挤压范围和软产品（例如软奶酪、可铺展的人造黄油）要求具有一定比例的塑胶应力，最大应力0.95~1（Kasapis，2000）。通常，大约15%的高聚合度部分（~25DP）可用于这种产品。有趣的是，材料的物理结构不是溶解后即可形成的，而是需要储存1到2天。

菊糖易溶于水，但是溶解度受温度的强烈影响（例如，10℃时约为6%，90℃时为35%）（Silva，1996）。它有一个大约2∶1的水合能力，在溶液中能降低水的冰点。它能分散在水中，但是由于其吸湿性而趋向于成团，这个问题能通过它与糖或淀粉的混合而部分得到规避。商业用菊糖由于存在葡萄糖、果糖和蔗糖而稍有甜味。气味中性。

由于对水的效应，菊糖具有了作为脂肪替代品的功能（Silva，1996）。随菊糖在溶液中的浓度增加，溶液的黏稠度增加（表5.7）。最初在1%~10%时，黏度小但逐渐增加；在11%~30%时，有更明显的增加，但是不形成凝胶。水中菊糖在30%以上时，分散粒子形成，冷却30~60分钟即可形成凝胶。菊糖浓度再增加时，凝胶形成得更快。这种凝胶非常类似乳脂状和脂肪状，其强度是菊粉浓度的函数，但其他因素也会影响凝胶强度，进一步增加菊粉的浓度则使凝胶的硬度增加，当菊粉的浓度接近50%时，凝胶变得非常牢固，但仍保留了它们的脂肪感。

凝胶形成抑制菊粉的水解。菊糖可在pH低于3和非常高的温度条件下水解，因为这种条件下存在"自由水"。在凝胶形成过程中，菊糖在酸性和高温条件下保持稳定，这是因为缺乏可用水。

5.8 微生物和酶法改性菊糖

5.8.1 水解

5.8.1.1 完全水解：果糖糖浆

果糖糖浆被广泛应用于食品工业，因为它们比蔗糖更甜，因此，用更少的糖就可以实现给定水平的甜度［即在同一重量基础上，果糖比蔗糖甜 1.2 倍（Shallenberger，1993）］。另外，果糖在人体中的新陈代谢不是胰岛素依赖型的，它能比其他糖导致的蛀牙更少（Roch-Norlund et al.，1972）。目前，大部分用于食品工业的果糖是利用玉米淀粉，一种葡萄糖聚合体，通过水解后异构化生产的。果糖的浓度大约为 42%，但可通过色谱分离剩余葡萄糖和进一步异构化使其增加到 95%。

相反的，作为果糖聚合体，菊糖为很好的生产高果糖浆的候选者。它易于用酶法或化学法水解（GrootWassink and Fleming，1980）。例如，化学水解可通过利用强酸性阳离子交换酸化到 pH 为 2~3 和加热到 70℃~100℃ 来实现（Yamazaki and Matsumoto，1986）。然而，产生的不良污染物必须清除。

酶水解要求单一的菊糖酶，该方法可产生高纯度的产品（Yamazaki and Matsumoto，1986）。果糖的百分比因菊糖的聚合度不同而不同，聚合度状况受物种、品种（Chabbert et al.，1985a）、收获时间（Chabbert et al.，1983b）。早收获的菊芋菊糖的平均聚合度是 10~15，而晚收获的仅有 3~5。在更短链长产生的糖浆中，葡萄糖浓度逐渐升高，果糖浓度逐渐降低（即早收获的果糖为 96%，晚收获的为 65%）。因此，用菊糖生产高果糖糖浆包括两个过程：水解与必要时浓缩果糖。

有几类酶能水解菊糖中果糖的连接键。内切聚糖酶可切断链中的连接键，产生聚合度减少的果聚糖［β-D-低聚果糖（EC3.2.26）］。与之相反，外切聚糖酶［2，1-β-D-果聚糖水解酶（EC3.2.1.7）］可切断末端的单个 D-果糖分子。外切菊糖酶更受欢迎，它可包括真菌、酵母菌和细菌（Khanamukherjee and Sengupta，1989；Pandey et al.，1999）等微生物生产。通常情况下，这种酶可以从微生物中分离出来利用。用于生产菊糖酶的微生物如下。

分离的聚糖酶被用于批量水解菊糖或者用于固定于溢流道的柱状水解系统。例如，从 K. fragilis 中纯化的聚糖酶已被固定于 2-氨乙基纤维素中（Kim et al.，1982）。

要获得高纯度的果糖糖浆，有必要在水解前去除低聚合度的菊糖，或者在水解后去除葡萄糖。移除短链菊糖可通过色谱法、酶移除法，或用乙醇、低温（Chabbert et al.，1985b）与超滤沉淀高分子量成分的方法来实现（Kamada et al.，2002）。酶移除法通常利用酵母株，其对菊糖的发酵仅限于低分子量成分（即酿酒酵母）（Schorr-Galindo et al.，1995）。最初发酵原料菊糖可从低分子量成分生产酒精。然后用外菊糖酶水解剩余的高聚合度菊糖。利用该技术，早收获和晚收获的菊芋菊糖可分别生产果糖含量高达 95% 和 90% 的糖浆。

5.8.1.2 部分水解：低聚果糖

菊糖低聚物通常被视为聚合度小于 9 的低聚果糖。聚合度为 2~4 的短链低聚果糖在这一分组中。菊糖低聚物有很多用途。例如，短链部分具有保健食品的益生元属性，也可作为甜味剂，因为它的甜度大约是蔗糖的 45%。

低聚菊糖可通过合成（见 5.6.3）或部分水解高分子量部分（即聚合度在 20~25 之间）来生产。低聚物部分的准备方法取决于在最终产物和最初原料中的聚合度范围。菊芋菊糖的聚合度比菊苣低，当收获延迟时，聚合度逐渐降低。因此，有必要用超滤、色谱法或其他方法分离较低分子量部分，而不用水解法。

然而，通常情况下，天然菊糖在低聚合度范围中通过分次移除单糖、二糖和低聚物。先利用外聚糖酶，接着利用阳离子交换柱（Ca^{2+}形式）或其他方法（即色谱法、超滤，结晶化）从较高分子量聚合物中分离出单糖和二糖来实现。此后用内聚糖酶水解较长链长成分（Vogel，1996），具有较高水平的同质低聚果糖低聚糖。低聚果糖（聚合度1-7）的混合物，低聚果糖有还原性末端和一个终止在葡萄糖的部分。可以在带Ca^{2+}的低交联强酸性阳离子交换树脂中层析法分离，得到聚合度在2~7之间的同质低聚果糖低聚糖90%的部分。该成分可以被Raney镍和氢在压力下氢化，产生果糖基-甘露醇和果糖基-山梨醇（Vogel and Pantke，1996）。

表5.8 菊芋块茎发酵产物

产品	微生物	最大产量	参考文献
乙醇	运动发酵单胞菌	100	Fuchs，1987；
	多形德巴利酵母菌的		Barthomeuf et al.，1991
	马氏克鲁维酵母		
	马尔克斯变种克鲁维酵母	96	
	酿酒酵母		
	西方许旺酵母		
	孢圆酵母		
丙酮丁醇	乙酰丁酸梭菌	38	Marchal et al.，1985
	巴氏梭菌	27	
2，3-丁二醇乳酸	多黏芽孢杆菌	43	Fages et al.，1986
	乳酸杆菌属	—	
	戊糖片球菌	—	Shamtsyan et al.，2002
	牛链球菌	—	Drent and Gottschal，1991
琥珀酸	热梭状芽孢杆菌	—	Drent et al.，1991，1993

资料来源：改编自 Fuchs, A., in Science and Technology of Fructans, Suzuki, M. and Chatterton, N.J., Eds., CRC Press, Boca Raton, FL, 1993, pp. 319–351.

5.8.2 发酵

人们对把多糖转化为精制化学品的兴趣受传统来源的市场价格而波动。由于其相对较低的生产成本，菊芋来源的菊糖是几种常见试剂的一个具吸引力的商业化生产的原料（例如，乙醇、丙醇、丁醇、2,3-丁二醇、乳酸和琥珀酸）（Barthomeuf et al., 1991; Drent 和 Gottschal, 1991; Drent et al., 1991, 1993; Fage et al., 1986; Fuchs, 1987; Marchal et al., 1985; Middlwhoven et al., 1993）。适当微生物的选择和发酵条件对于最大化理想成分的产量是非常重要的。

5.8.2.1 乙醇

菊芋块茎泥、果肉、汁液与茎提取物已被用于生产乙醇，茎秆是菊芋块茎化之前储藏菊糖的肠粉。这个过程包括糖化的菊糖通过酸化或酶水解，然后再发酵（Lampe, 1932; Vadas, 1934），或直接利用有水解和发酵功能的微生物将其直接转化为乙醇（Guiraud et al., 1981; Margaritl and Dajpal, 1982a, 1982b, 1982c）。起初，在发酵前，利用酵母菌进行酸水解，包括裂殖酵母等在内酵母菌不具备直接转化能力的发酵菌；在酸水解过程中产生的不良副产品的去除增加了生产成本。作为一种替代方法，采用固定化的曲霉菌源酶和酵母菌进行水解和发酵步骤联合起来（Kim and Rhee, 1990）。然而，最大产量比直接发酵较低。

随后分离出的几种酵母（例如，克鲁维酵母菌）既能水解菊糖，又能将单糖转化为乙醇，从而消除了分离的水解步骤。转化效率是一些过程参数（例如、温度、pH、营养补充、菊糖的聚合度、糖浓度与发酵方法）的函数。举例来说，较高分子量的菊糖可被生成的乙醇沉淀，大大降低了转化率（Guiraud et al., 1986）。同样，酵母株对酒精的忍耐力也会影响转化率，这可用过通风获中加入麦角固醇和不饱和脂肪酸来调节（Janssens et al., 1983）。

发酵可以通过分批或连续发酵系统来实现（Bajpai and Bajpai, 1991; Guiraud and Galzy, 1990; Margaritis and Merchant, 1984）。其他选择包括游离、固定化细胞（Daugulis et al., 1981; Ryu et al., 1982）和利用细胞循环（Cysewski and Wilke, 1977）。例如，与游离细胞系统相比，固定化细胞的乙醇生产率增加了 10 倍（Margaritis and Bajpai. 1982a, 1982b）。连续发酵的乙醇合成超出分批发酵的 3.8 倍（Kim and Ryu, 1993）。然而，最高乙醇产量通常是分批发酵而不是连续培养系统（Fuchs, 1993），其产量达到 98%~99%。细胞固定允许它们在相对恒定的产量（~95%）下重复利用，一些情况下可高达 11 次（如酿酒酵母）。利用 K. marxianus 和典型的菊芋干物质，估计每公顷可得到 7 500~8 500 L 酒精（Bajpai and Bajpai, 1989; Guiraud et al., 1982）。用菊芋生产酒精的更多信息见第 7 章。

5.8.2.2 丁醇和丙醇

已对几种梭状芽孢杆菌在厌氧条件下可能形成丁醇和丙酮的可能性进行了评估。乙酰丁酸 C. 和巴斯德氏杆菌为革兰氏阳性厌氧菌，能于菊粉中生产丁醇、丙酮和乙醇的厌氧细菌。生物体用几乎所有的常见植物糖作为培养基。因此，把菊糖酸水解或酶水解为果糖和葡萄糖是非常重要的一步。具有聚糖酶 [2,1-D-果糖水解酶（EC3.2.1.7）] 活性的菌株能直接水解菊糖。然而，酶的活性水平变化很大，甚至有相对高水解潜力的菌株都能从添加酶中获益。举例来说，利用丙酮丁醇梭菌和菊芋菊粉作为介质，在加入聚糖酶后在 35℃厌氧条件下反应 24 小时，随后加入额外的聚糖酶（375 单位/升），发酵可继续 40 小时，产生 13.5 g·L^{-1} 的正丁醇、6.3 g·L^{-1} 的丙醇和 0.1 g·L^{-1} 的乙醇（Blanchet et al.，1985）。C. acetobutylicum 变种 1-53 的总溶液产量稍高，主要因为形成的乙醇增加（Oiwa et al.，1985）。继续对梭菌菌株的鉴定（Montoya et al.，2000，2001）提供了正丁醇：丙酮：乙醇比率和总溶液产量，给出了较好的正丁醇：丙醇：乙醇的比率和总溶液产量。

5.8.2.3　其他发酵产品

琥珀酸在农业、食品、医药、纺织、电镀与废气洗涤等特殊化学品的合成中有着广泛的应用（Winstrom，1978）。目前，丁二酸是由马来酸酐加氢制琥珀酸酐，水化制琥珀酸而得丁二酸是由马来酸酐加氢氢生成琥珀酸酐，琥珀酸酐再经水化获得（Winstrom，1978；Zeikus et al.，1995）。喜热的厌氧菌 *Clostridium thermosuccinogenes* 可将菊糖转化为以琥珀和乙酸为主的产品（即 0.36 g 琥珀每己糖单位）（Sridhar 和 Eiteman，1999）。菌株 DSM 5809 在分批发酵过程中产生了最多的琥珀酸（pH 6.75 at 58°C）。将溶液的氧化还原电位保持在~275 mV 时，产率最高。

2，3-丁二醇有一系列的用途（例如，燃油添加剂，塑料与涂料的中间体），可被转化为 1，3-丁二烯、*methylethylketone* 和几种其他的化学品（Fuchs，1993）。细菌种 Bacillus polymyxa 可将菊芋汁转化为 2，3-丁二醇（Fages et al.，1986）。最高产量（44 g·L^{-1}）主要受分批培养中需要程式化减少的氧化传输率的调控。

乳酸在食品工业中与在非食品工业中一样有许多用途。细菌 Pediococcus pentosaceus 能通过外聚糖酶水解菊糖并将其转化为乳酸（Middlehoven et al.，1993）。同样，一些 *Lactobacillus sp.* 菌株和 *Streplococcus bovis* 可利用菊糖生产乳酸（Shamtsyan et al.，2002）。

5.8.3　环化作用

5.8.3.1　环状低聚菊糖

菊糖被用来生产环状低聚菊糖，其中果糖链终止于自身，消除了还原性末端的存在（图 5.4）。这些化合物被认为在食物、药物、化妆品、表面活性剂、催化剂与纯化及分离应用中有潜在的用处。环状化合物包含 6，7 或 8 个果糖亚基，六亚基最常见（即分别为 1.23 g、0.44 g 和 0.99 g）（Oba et al.，1992）。这些化合物的主要属性是在中心有一个空腔，为相对疏水的表面所包围。此结构容许某些疏水分子进入并形成一个稳定的包含物集合体，例如，环状低聚菊糖可与疏水性药物、香料，或以油为苯的香料形成水溶性集合体（Okamura et al.，1997）。它们也可应用于除臭剂中，通过与臭气结合从而将其去除。

用环状芽孢杆菌（Kuwamura et al.，1989）或含有果糖转移酶的类似微生物（如多黏菌、枯草芽孢杆菌），在 30℃的摇床培养基中，用菊粉、酵母膏和盐类在 30℃下反应 30 h，合成了环菊六糖，然后加热至 100℃失活（Oba et al.，1992），或直接使用环寡糖果糖转移酶（Nanjo，2004）。环菊六糖有一个典型的 18-冠状-6 构架（图 5.4），可与金

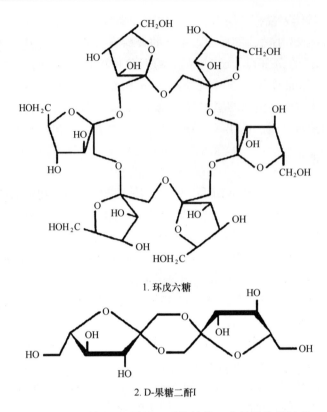

图 5.4 环六糖和 D-果糖二酐的结构，这是最常见的从菊粉中提取的环状果糖

属离子如 Ba^{2+} 形成 1∶1 的复合体（Uchiyama et al., 1993）。合成了环六糖的过甲基衍生物，测定了其在丙酮中的金属结合缔合常数（$Li^+ < Na^+ < Cs^+ < K^+ < Ba^{2+}$）（Takai et al., 1994）（见 5.9.19）。有趣的是，在中央腔中没有发现金属离子，相反，却在由 3-甲基氧和冠醚氧形成的袋的上部边缘发现了金属离子。

环状菊粉低聚糖的其他用途包括移除酒精和烈酒中的涩味，捕获金属离子如 Ba^{2+}、K^+、Rb^+、Cs^+、Ag^+ 和 Pb^{2+}（Uchama, 1993）。

5.8.3.2 果糖二酐

果糖二酐（2）是果糖的二聚体（图 5.4），可用于低热量食品甜味剂。它们似乎起到了益生元的作用，可引起大肠中有益微生物的选择性提高（Gibson and Roberfroid, 1995）。它们在酸水解蔗糖过程中生成量相对较少。用无水氟化氢（Defaye et al., 1985）或柠檬酸（Christian et al., 2000）处理菊糖时，则产量显著增加，使二元酸（即主要由两个果糖基组成的 14 种）和它们衍生的低聚物的交叉部分（Manley-Harris 和 Richards, 1996）。果糖二酐Ⅲ（α—D 呋喃果糖-D-呋喃果糖-2'，1∶2, 3'-二酐）是最常见的形式之一，可利用外菊糖 D-果糖转移酶（EC2.4.1, 93；菊糖酶Ⅱ）或微生物具有的逐渐形成菊糖来生产。果二糖酐Ⅲ的甜度大约是蔗糖的一半，且似乎不被消化（Saito and Tomita, 2000）

微生物的交叉部分可产生果二糖酐Ⅰ、Ⅲ和Ⅴ（即，*Arthrobacter* sp.，H56-7，*Arthrobacter ureafactens*，*Arthrobacter globiformis* C 11-1，*Arthrobacter illicis* OKU17B，*Pseudomanas fluorascensno*，949 和 *Bacilus* sp.，snu-7 形式果二糖酐Ⅴ）。*Arthrobacter* sp. H56-7 用菊糖大量生产的果二糖酐Ⅲ的技术已被描述（Saito 和 Tomita，2000）。用面包酵母相继去除低水平果糖和线伏寡糖，在低菊糖浓度时，产量为93%。

摄入果二糖酐Ⅲ能改善肠胃中微生物的数量和性能，但显然很难用其他低聚糖来改变（Saito and Tomita，2000）。同样，它可以通过一个似乎不同于其他已知刺激物的机制来改善小肠中的钙吸收。

5.9 菊糖的化学改性

菊糖是一种可再生资源，可以通过修饰形成形形色色的产品，它们中的很多和源自葡萄糖多糖的类似产品一样，具有优越的属性。菊糖的修饰扩大了可用功能属性的数量和类型，打开了许多新用途之门。这些化合物的大部分容易被生物降解的。迄今为止，菊糖在化学文摘中的引文超过 17 000 篇。菊糖的化学修饰由 DorineVerraest 和 Herman van Bekkum 在荷兰与 Takao Uchiyama 在日本的工作而开创，已为 Fuchs（1987）和 Stevens 等（2001）分别评论。以下仅对多种潜在菊糖化学修饰中的一部分进行评论。

5.9.1 还原

还原糖（即葡萄糖、果糖和果糖基果糖）的一个固有问题是，在碱性环境或高温条件下，趋向于进行不良变色和副反应。菊糖也有充足的生育变色还原力（Kuzee，1997）。将菊糖暴露于还原剂中或在随后的修饰之前进行电化学还原，能最大限度地减少潜在的颜色改变。

5.9.2 水解作用

除了酶水解（见 5.8.1 部分），菊糖还可经化学水解并干燥后，生产羟甲基糠醛（van Dam et al.，1986），羟甲基糠醛是一种重要的工业化学药品（Gretz et al.，1993；Fuchs，1987；Kunz，1993；Makkee et al.，1985；van Dam et al.，1986）。同样，对 D-果糖催化加氢可生成 D-甘露醇和 D-山梨醇混合物，其中甘露醇可以通过结晶去除（Fuchs，1987）。

5.9.2.1 羟甲基糠醛

羟甲基糠醛是一个重要的具有广泛用途工业化学药品。它是合成药品、抗热聚合物和复杂大环的前驱体的良好材料（即 2, 5-furandicarbaldehyde，2, 5-furandicarboxylicacid）的初始原料（Fuchs，1987；Gretz et al.，1993；Kunz，1993；Van Dam et al.，1986）。利用芳香二胺和羟甲基糠醛或其二氯化物氧化产生的 2, 5-呋喃二元酸，可制备含呋喃的聚酰胺（Fuchs，1987；Van Dam et al.，1986）。在酸性介质中加热菊糖，菊糖母分子先水解为果糖，后经脱水形成羟甲基糠醛，有可能获得80%的产量（Kuster and van der Wiel，1985）。可能发生由副反应导致损失发生，如在蒸馏过程给乙酰丙酸补液；但将羟甲基糠醛乙酰化为 acetoxymethyfurfural 可减少损失（Nimz and Casten，1985）。

5.9.2.2　甘露醇

D-甘露醇有多种多样的工业应用。它作为一种非吸湿性、低热量与非生龋齿的甜味剂用于食品工业，也是合成其他化合物的原料。例如，甘露醇可在3或4个位置被氧化形成两甘油醛或甘氨酸，他们可作为形成其他化合物的材料（Heinen et al.，2001；Makkee et al.，1985；van Bekkum and Verraest，1996）。菊糖经水解后加氢催化可形成甘露醇。该过程可产生甘露醇和山梨醇，甘露醇很容易地结晶析出（Fuchs，1987）。目前，甘露醇主要是用淀粉合成的。

5.9.3　氢解作用

在催化剂存在下，菊粉与氢气的反应产生裂解，类似于水在水解过程中的作用，并形成多元醇，如甘油、1，2-丙二醇和乙二醇，其中，甘油的产率可达60%（Fuchs，1987）。

5.9.4　酯化作用

根据碳水化合物部分的链长和酯化组分，菊粉等多糖的酯类而有不同的应用范围。菊糖酯（图5.5）可通过与酸氯化物或某些羧酸的酸酐反应来合成，引入的烷基链通常从 C_{12} 到 C_{22}（3），由此可改变化合物的表面张力。这些产品可通过烷基链的长度或取代程度的改变而改变，从而获得不同的属性。具有短烷基链和低聚合度的产品可降低表面张力，可被用作非离子表面活性剂、油漆中的黏合剂和柔和剂。具有高取代度的产品可以用作增塑剂（Bognolo，1997）。利用长链烷基，菊糖酯用作纺织上浆剂、薄膜和纤维的增稠剂，以及化妆品中的高分子表面活性剂的清洁剂或乳化剂（Ehrhardt et al.，1997；Rogge and Stevens，2004）。共聚物表面活性剂由 A 和 B 链组成，前者（例如，一个烷基链）被随机连到 B 链上（如菊粉或其他多糖）。

二甲基甲酰胺中的丁二酸酐与4-二甲基氨基吡啶通过酯化反应合成 O-琥珀酰菊粉（Vermeersch and Schacht，1985），可被用作药物载体。二甲基甲酰胺中链长为 C_8 到 C_{20} 的烯基丁二酸酐在有催化剂或无催化剂的情况下酯化，可产生用于洗涤剂中潜在的反絮凝剂（Brouwn et al.，1996）。当50%的羟基团与非支化的不饱和脂肪酸（C_8 到 C_{24}）发生酯化反应，剩余的与 C_1 到 C_7 的酸氯化物（例如乙酰氯）发生酯化反应时，形成的产物可用作甘油三酯分离中的结晶改性剂（van Dam et al.，1999）。菊糖也可以用脂肪酸甲酯进行酯化（Roggeh and Stevens，2004）。

5.9.5　甲基化菊糖

菊糖（4）的完全甲基化可通过与氢氧化钾溶液的反应和硫酸二甲酯的加入而实现

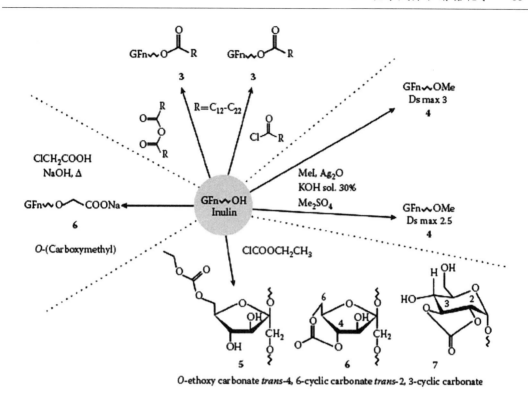

图 5.5　菊粉酯、甲基菊粉、菊粉碳酸盐和 O-(羧甲基) 菊粉的合成

(图 5.5)（Irvine and Steele，1920；Irvine and Montgomery，1933；Irvine et al.，1922）。另外，完全的甲基化可用甲基碘和氧化银来完成（Karrer and Lang，1921；Vaughn and Robbins，1975）。菊三糖可水解为 3，4，5-三甲基色氨酸夫喃果糖（Smeekens et al.，1996）。

5.9.6　菊糖碳酸盐

二甲亚枫中的氯甲酸乙酯在三乙胺作为催化剂的情况下可合成菊糖碳酸盐（图 5.5）（Kennedy and Tun，1973）。这产生了两种产品的混合物：一种为 O-乙氧基羰基（5），另一种是在菊粉链上的果糖基上含有反-4，6-碳酸酯（6）和末端葡萄糖（7）上的反-2，3-环碳酸酯（7）。碳酸菊酯在酶学或免疫球蛋白等生物活性分子的不溶性方面有很大的应用价值。

5.9.7　O-(羧甲基) 菊糖

单糖、低聚糖和多糖的混合物已被羧甲基化（例如纤维素、蔗糖）来适用各种各样的用途。一种多糖羧甲基化涉及初级或次级醇基团与羧甲基基团酯化。菊粉可在碱性水溶液中与一氯乙酸反应而羧化（图 5.5）形成 O-(羧甲基) 菊粉（8）（Veeraest et al.，1996a）。取代度受菊糖与氯乙酸的比例和反应温度影响。随取代度（即>1.0）和聚合的于的增加（即，平均 30 或以上），其抑制碳酸钙沉淀的效果增加。O-(羧甲基) 菊糖的黏度很低，而在某些应用中，这是一个明显的超过O-（羧甲基）纤维素的优势。

抑制碳酸钙沉淀是O-（羧甲基）菊糖的一个潜在的商业应用。形成碳酸钙晶体在锅炉、换热器、海水脱盐、天然气石油的生产及洗衣房等领域是一个重大的问题。随着水温的升高，碳酸钙的溶解度减小，导致结晶/形成水垢/结硬壳，降低了经营效率并增加了生产成本。

某些化合物能通过几种途径抑制碳酸钙晶体的增加［例如，吸收到晶体表面抑制随后的增补、分散溶液中的碳酸钙和螯合钙离子（Husdson et al.，1988；Nagarajan，1985；Verdoes，1991）］。目前，抑制剂往往不能进行非生物降解。因此，抑制结晶的更无害环境的化学品将是有利。通过羧甲基化将羧酸基团引入菊糖，形成O-（羧甲基）菊糖，可有效抑制碳酸钙的沉淀。

O-（羧甲基）菊糖组织碳酸钙结晶的效果与羧酸的含量、菊糖分子的链长和溶液中化合物的浓度有关（Verraest et al.，1996b）。菊糖骨架的高取代度（即大于1）和聚合度（即平均聚合度为30）可增加抑制度。O-（羧甲基）菊糖的黏度比O-（羧甲基）的纤维素的低，这使得它优于后者（Verraest et al.，1996c）。

O-（羧甲基）菊粉是一种聚电解质，可以被用来作为分散剂或金属离子载体。羧甲基纤维素，举例来说，可在洗涤剂、石油、造纸、纺织与采矿业中作为抗再沉淀剂，以及在食品和药物配制中作为增稠剂。后者每年使用量可达数十万吨。

O-（羧甲基）菊粉作为洗涤剂的原料也有很好的应用前景。洗涤剂是一种清洁剂，主要作用于吸附污垢颗粒的油膜，有助于去除污垢。除了洗衣服和餐具的用途，洗涤剂也用在牙膏、洗发水、干洗液、防腐剂和其他应用领域。助净剂是添加到洗涤剂，以提高其清洁功能的物质。多糖、如菊糖与合成助净剂是有利的，因为它们是无毒的，代表可再生资源，且一般可生物降解。菊糖的某些衍生物通过几个机制（例如，加强去污、作为螯合剂或增稠剂，改变表面张力）来改善洗涤剂的功能。例如，加入2%的羧甲基菊糖可增加洗涤剂的去污（茶和酒）能力（Feyt，2004），而补充果糖聚酸可作为螯合剂（Kuzee and Raaijmakers，2001）。丙氧基菊糖和季铵盐菊糖在餐具洗涤剂和洗发剂中可起到增稠剂的作用（Rathjiens and Nieendick，2001）。

5.9.8 菊粉醚

酯化带O-羧甲基基团可形成一个聚羧酸（Chien et al.，1979），经进一步修饰，可在免疫检测中与红细胞结合。甚至带有过量的单氯带醋酸盐，也可以获得取代度只有大约0.1的产物。

醚化环氧化物，如环氧乙烷或环氧丙烷，在水介质中利用基本的催化剂可生成邻羟基烷基衍生物（11，12）（图5.6）。取代度随环氧化物的含量而变化，范围从0.1~2不等。环氧丙烷的链长增加，在水中的溶解度下降，不过，少量的2-丙醇可增加溶解度。

为了提高菊糖的药物载体性能，使其与环氧氯丙烷反应，其产品具有高活性且易于与氨基酸集团的物质结合（Schacht et al.，1984）。菊糖的3-氯-2-羟丙基衍生物（9）是与环氧氯丙烷反应时产生的。同样，烯丙基溴衍生物（10）可使用氢氧化钠作为催化剂合成

(Tomecko and Adams, 1923)。

菊糖醚产品可用来作为化妆品或药品中水溶性物质的载体，或用于稳定水溶液中低水溶性的化合物。它们也可被用作乳化剂、纺织品及纸张中的添加剂，以及热塑性聚合物中柔软剂（Kunz and Begli, 1995）。

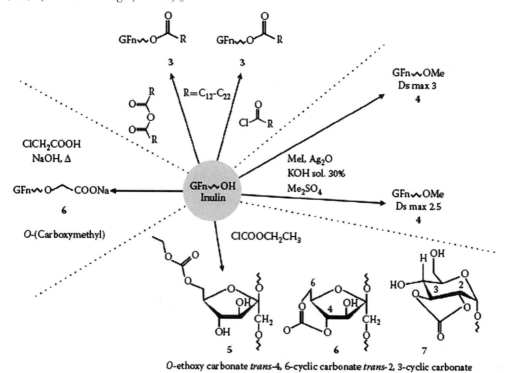

图 5.6　菊粉酯、甲基菊粉、菊粉碳酸盐和 O-（羧甲基）菊粉的合成

5.9.9　菊糖醛

二醛-菊粉是通过将邻羟基氧化成醛功能而形成的（图 5.6）。该反应用高碘作为氧化剂而完成的（Painter and Larsen, 1970）。六元半缩醛环是由菊糖链上氧化果糖残基的醛基和相邻非氧化果糖基中最近的羟基进行分子内反应形成的。一般认为，在自由醛（13）和半缩醛（14）之间建立了平衡。然而，半缩醛功能降低了醛功能的可及性，降低了后续反应的可能性（Stevens et al., 2001）。

5.9.10　菊糖氨基甲酸酯

菊糖可用甲基异氯酸酯在碱性催化剂作用下进行修饰形成氨基甲酸酯。菊糖氨基甲酸酯可作为填充柱、毛细管柱涂层或纺丝纤维柱用于色谱应用（Okamoto and Hatatda, 1985）。一系列烷基异氰酸酯的碳酰胺化反应产生了各种菊粉氨基甲酸酯（图 5.6）（Stevens et al., 2001），它们在悬浮液（固体/液体）和乳剂（液体/液体）方面具有工业应用。菊糖氨基甲酸酯类是与随机分布在果多糖骨干的烷基基团（C_4H_9 到 $C_{18}H_{37}$）形成嫁接共聚物。烷基基团代表 B 链，烷基代表 B 链，它们在疏水表面如油滴上能被强烈吸收（Tadros et al.，2004）。这种以菊糖为基础的表面活性剂乳状液往往有可通过使用表面活性剂来减少大液滴。菊糖氨基甲酸酯乳剂在温度上升到 50℃ 和高电解质浓度时，是非常稳定的（大于 1 年）（Tadros et al.，2004）。各种菊糖氨基甲酸酯可能适用作为家庭用和工业用的表面活性剂、乳化剂、乳化稳定剂、泡沫稳定剂与润湿剂（Stevens et al.，1999）。

5.9.11 菊糖-氨基酸

氨基酸与菊粉的共价键（图 5.6）允许对聚合物进行进一步的化学修饰，用于潜在的医疗用途、肽合成与金属离子的螯合剂的生产。末端主要氨基酸对酰化剂的活性更强，且可能允容许形形色色有关系的分子附着。这种化合物具有吸引力，因为氨基酸和菊糖均无毒，具有生物相容性和生物降解性（Won and Chu，1998）。赖氨酸和甘氨酸已被酯化为菊糖，方法是利用来自 N-段保护氨基酸［N, N-di-benzylocarbanyl-L-lysine；N-benzylocarbonyl-glycine）进行（17）催化剂（二甲氨基）吡啶］催化和冷凝剂（二环己基碳化二亚胺）冷却的两步过程。以钯和活性炭作为催化剂，用环己二烯加氢对氨基酸基团（18）进行去保护。

5.9.12 O-（氰）菊糖

多糖的氰基化反应在淀粉和纤维素中得到了广泛的研究。在碱存在的条件下，分子上的羟基基团（通常是 C-4）与丙烯晴反应形成氰酯。O-氰乙基纤维素被用于造纸工业，以提高纸张的机械强度、耐热性和抗微生物性。氰乙基被用于纺织业。

在菊粉中添加氰乙基基团（图 5.7）可使化合物被修饰成若干产品，因为腈基是反应性的，可以很容易地转化为其他官能团。这些化合物与那些来自纤维素和淀粉的相比，其优势在于黏度和溶解度普遍较低（Verraest et al.，1996b）。例如，可以生产胺［如即 O-（氨丙基）菊糖］、O-（羧甲基）菊糖和胺肟。O-（氰）菊糖（19）是由反应菊糖（菊糖、水、氢氧化钠）与丙烯腈在 45℃ 时形成的。取代度是变化的，随着它的增加，溶解度下降（即，取代度>1.5 是不溶性）（Verraest et al.，1996c）。

5.9.13 O-（3-氨基-3-丙酰）菊糖

通过水化将腈转化为酰胺需要强酸性或碱性催化剂。然而，在 O-（氰基乙基）菊粉（19）的作用下，这种条件会导致糖苷键断裂和去氰基乙基化反应的发生。O-（氰基乙基）菊粉的腈可以通过金属离子催化（Ghaffar and Parkins，1995）或过氧化氢（Vaughn）转化成酰胺。后者是一个强亲核物质，可水解丁腈基团，形成一个中间前羟基酰亚胺，它可被分解成酰胺和 O-(3-氨基酸-3-丙酰）菊糖（20）（图 5.7）（Verraest，1997）。通过 O-（氰）菊糖与 2 摩尔当量的过氧化氢在 pH 为 9.5 和 60℃ 反应 1 小时完成的（verraest et al.，1996c）。取代度为 0.66~0.68，脱氰乙基数量降低（即 5%~6%）。另外，O-（3-

氨基-3-氧丙基）菊粉可由丙烯酰胺与菊粉反应合成，取代度为1。这种化合物可以作为乳化剂或表面活性剂来使用。

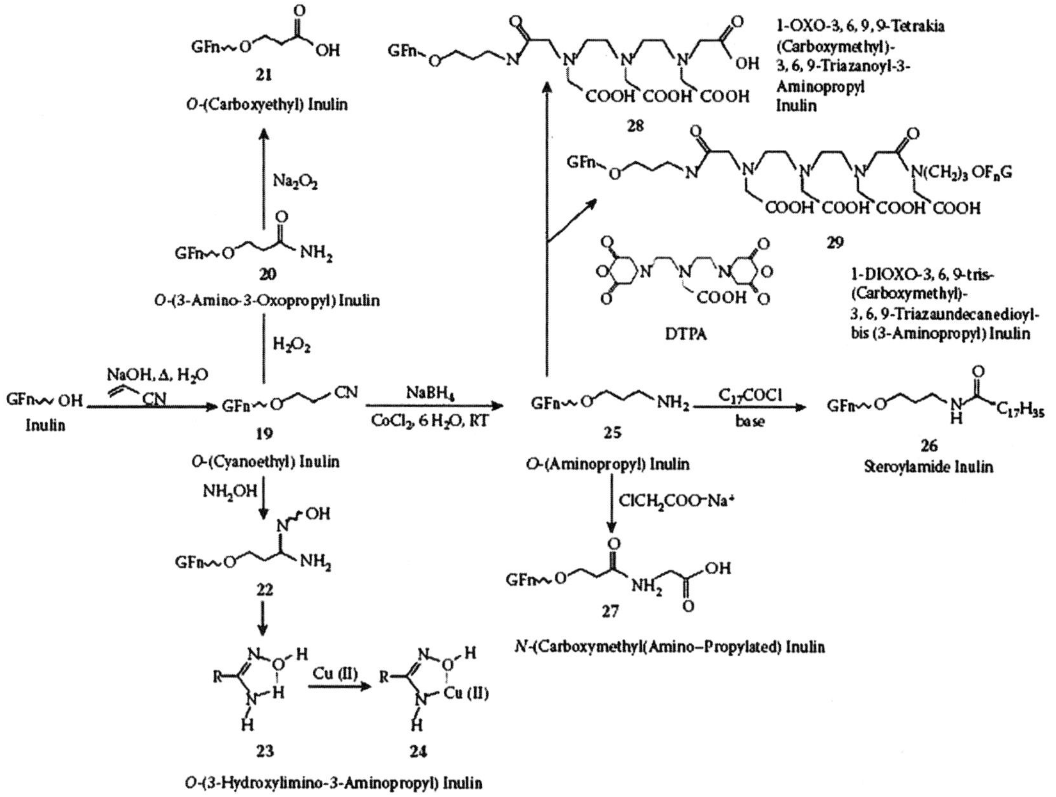

图5.7 O-（氰基乙基）菊粉，O-（3-氨基-3-氧丙基）菊粉，O-（羧乙基）菊粉，O-（3-羟基丙基）菊粉，O-（氨丙基）菊粉，甾族酰胺菊糖，N-羧甲基（氨基丙基）菊糖，1-氧代-9-四亚甲基（羧甲基）-3，6，9-三氮酰基-3-氨基丙基，3，6，9-1三（羧甲基）3，6，9-三氮癸二酸-双（3-氨基丙基）菊粉的合成

5.9.14 O-（羧）菊糖

用过氧化氢溶液对O-（3-氨基-3-oxopropyl）菊糖（20）的酰胺团进行水解，可产生O-（羧）菊糖（21）（图5.7）。当利用过氧化氢进行水解时，存在一定的链长降解，具较高取代度的组分降解更大。O-（羧）菊糖可用于一直抑制碳酸钙的沉淀，特别是当它具有较低的取代度（即0.65）时。

5.9.15 O-（3-羟基亚胺基-3-氨基丙基）菊糖

O-（3-羟基亚胺基-3-氨基丙基）菊糖可以用邻（氰）菊糖（19）和羟胺在中性介质中的反应来合成（图5.7），转换率大概为80%（Verraest，1997）。酰胺肟主要以两种形式存在（22，23），其中羟基亚胺最稳定。胺基肟是一种特殊的活性化合物，能有效地螯合。过渡阳离子如 Cu^{2+}（24）。

5.9.16　O-（氨丙基）菊糖

O-（氰基乙基）菊粉（19）可还原成胺 O-（氨丙基）菊粉（25），方法有以下几种：（1）在氯化钴六水化合物存在的情况下利用硼氢化钠（图 5.7）（Satoh et al.，1969）；（2）催化加氢（Verraest，1997）；（3）在液氨和甲醇中使用技术（钠，锂，钙）（Doumaux，1972；Schroter and Moller，1957）。只有约 10% 的氰集团转变成了 O-氨丙基团，且转化率随链长和取代度的增加而减少。可以通过向反应中加氨或酸大幅增加产量。当使用方法（3）时，加入的甲醇作为助溶剂和质子源，可将产量增加 70% 左右（Popvych and Tomkins，1981）。

5.9.17　硬脂酰胺和 N- N-碳氧甲基丙酸酯菊糖

使用硬脂酸酰氯可将 O-（氨基丙基）菊粉（25）可转化为硬脂酸酰胺菊粉（26）（图 5.7）。硬脂酰胺菊糖可以用作表面活性剂或乳化剂。O-（氨丙基）菊糖也可以通过与氯乙酸钠反应转变为 N-羧甲基氨基丙醇盐菊糖（27）。N-羧甲基氨基丙醇盐菊糖被用作洗涤剂的螯合剂、碳酸钙的结晶抑制剂与分散剂（Stevens et al.，2001）

5.9.18　衍生物 O-（氨基丙基）菊糖

O-（氨丙基）菊糖与二乙烯三胺五乙酸（DPTA）的反应（图 5.7）可生产 1-氧 3，6，9，9-tetrakia（羧甲基）-3，6，9-trisazanonanoyl-3-氨丙基菊糖（28）和 1，11 二氧-3，6，9-三（羧甲基）-3，6，9-trisazanonanoyl-二（3-氨丙基）菊糖（29）。它们与 Gd 或 Dy 络合时（Verraest et al.，1996a），这两种产品均被认为是很好的对比剂，且有可能在从医疗诊断到基础研究中等方面得到应用，举例来说，钆（Gd^{3+}）与二乙烯三胺五乙酸（GdDTPA）的络合可增强磁共振图像对比度。药物的大分子载体被用来促进在血管系统中器官选择性和延长药物寿命。菊粉与二酸酐在干性有机溶剂中反应形成菊粉与 GdDTPA 的共轭物（Armitage et al.，1990；Rongved and Klaveness，1991），$GdCl_3$ 的六水合物形成 Gd^{3+} 配合物。该变化（即，磷酸功能基团取代中央吊臂）产生了平均分子量为 23 110 的分子和平均每摩尔钆离子数为 24（Lebduskova et al.，2004）。

5.9.19　环菊己糖衍生物

环菊己糖可以衍生成其他感兴趣的结构（图 5.8），例如，果糖化枝环寡糖（Kushibe and Morimoto，1994），或为交联型固体电解质。在酯化为脂肪酸、苯甲酸或其他酸时，环菊己糖可作为油性基质、油性凝胶剂或化妆品成膜剂（Shimizu and Suzuki，1996）。通过 2-萘硫酰氯的伯羟基的磺酰化对环菊己糖改性，可产生 3 种可能的同分异构体（30-32）（Atsumi et al.，1994）。随后苯硫粉/Cs_2CO_3 处理，可产生每个同分异构体的亚硫酸盐

(33-35)。环菊己糖也可被过甲基化、过乙酰化或过苯甲酰化 (Takai et al., 1994)。

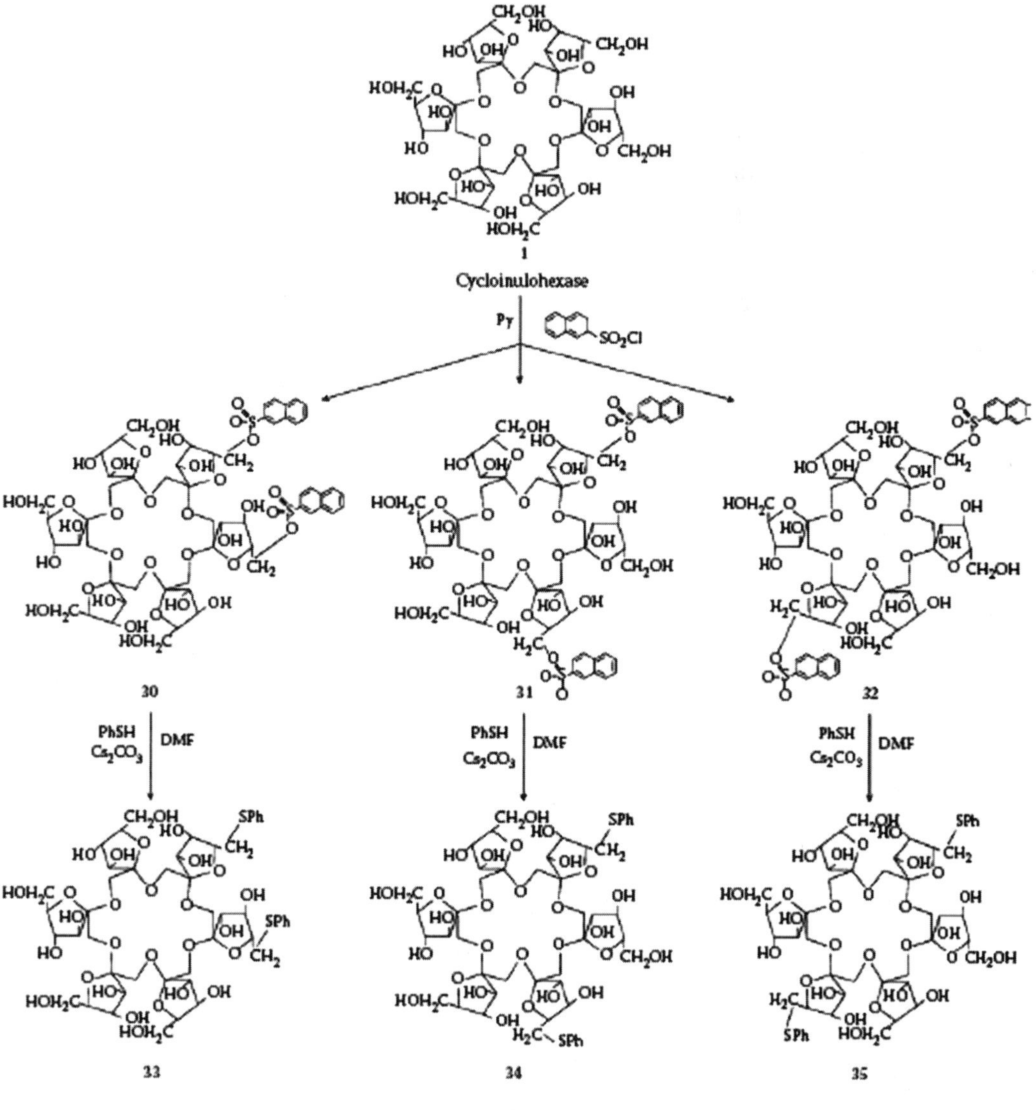

图 5.8 环己糖衍生物的合成

5.9.20 氧化

通过改变氧化程度，菊粉可以形成各种各样的潜在产品。例如，选择性氧化产生多羧酸盐，具有许多可能的应用。限制氧化呋喃果糖苷亚基上的伯羟基基团，产生聚糖醛酸，这被认为是类似自然聚糖醛酸，如工业胶海藻酸钠（Clare，1993）和果胶（Rolin，1993）的性能。相反，更广泛的乙醇酸氧化，导致开环和形成可能作为钙结合剂聚羧酸。这种化合物可能代表目前用于洗涤剂配方生物降解合成的聚羧酸酯（聚丙烯酸酯类）的商业替代品。这些化合物可能是在现有的洗涤剂配方中使用的、不可生物降解的合成聚羧酸系商业替代品（聚丙烯酸型）（Besemer，1993；Floor，1989）。

5.9.20.1 伯羟基选择性氧化

羟基在菊粉上的直接氧化使羰基和羧基的潜在引入，改变了多糖的性质，并开辟了更多的商业应用（Bragd et al.，2004）。在呋喃果糖苷亚基 C-6 位置上的伯羟基可以用 2，2，6，6-四甲基-1-piperridinyloxy（TEMPO）进行选择性氧化。由此能形成一个稳定的自由基，可被亚溴酸盐或类似的试剂氧化，以获得亚硝胺离子。（Bragd et al.，2004；de Nooy et al.，1994，1995）。最佳反应 pH 为 9.5（deNooy，1997），但在 pH10.5 时，6-羧基-菊粉的产率较高（82%）（de Nooy et al.，1995）。这个方法中的变化是以 4-乙酰氨基 2，2，6，6-四甲基哌啶-1-氧基和过氧乙酸为氧化剂，或以单过硫酸盐为氧化剂，前者具有更好的转换效率（Bragd et al.，2004）。

铂（催化剂）和分子氧（催化剂）已被用来选择性氧化碳水化合物（Abbadi and van Bakkum，1996；Gallezot and Besson，1995），如蔗糖（Fritsche-Lang et al.，1985；Kunz and Recker，1995）。在氢氧化钠存在时，菊糖容易被氧气和铂氧化。在 C-6 位选择性氧化，产率较高（79%）。在类似条件下，蔗糖也是在 C-6 和 C-6' 的位置被选择性氧化（Edye et al.，1991，1994）。菊糖的分子量影响反应速率和氧化程度。蔗果四糖（GF3）的氧化度为 40%。随链长增加，氧化程度降低。平均聚合度为 10 的菊糖氧化度为 28%，而当平均聚合度为 30 时，下降率低至 20%。此外，副产品的量随着链长和氧化程度的增加而增加。

5.9.20.2 乙醇氧化

乙醇氧化涉及开环，可以通过多种方式完成。在两步氧化过程中，高碘酸钠被用来将乙醇亚基转化为二醛，随后与亚氯酸钠或亚氯酸钠和过氧化氢反应生成二糖菊粉（Besemer and van Beekkum，1994d）。不过以这种方式制备的菊糖，与钙的结合能力差（Nieuwenhuizen et al.，1985），可能由于在第一步形成了相对稳定的半乙缩醛（Besemer and van Bekkum，1994）。如果 pH 降低时（即 pH 值 2.5~3.0），可形成高产（即 99%）二羧基-菊糖，且具有良好的钙螯合能力（2.58 mmol·g^{-1}）（Besemer et al.，1995）。二醛-菊粉也可以通过席夫碱的形成和随后的还原与载胺分子（如药物）偶联。

菊糖的氧化也可以通过单一步骤来完成，即在溴化钠的存在下，通过用次氯酸钠与乙醇基的氧化裂解，这一反应可溶，增加了产率和反应速度（Besmeemer and Vanbekkum，1994a，1994b，1994c，1994d）。二羧基-菊粉以高产率（80%~95%）形成，并具有与商业洗涤剂助洗剂相当的碳酸钙结合能力（2.0~2.5 mmol·g^{-1}）（Besmeemer，1991；Besmeer and Vanbekkuum，1994a）。

这些产品是因为它们的钙结合能力而变得很有趣（Nieuwenhuizen et al.，1983）。菊糖分子中每个氧化呋喃果糖苷亚基提供一个可以结合钙的氧化二乙酸。因此，该分子的氧化程度与其固钙能力之间存在着线性关系。相反地，α-1，4-葡聚糖需要两个邻近的葡萄糖苷亚基被氧化为螯合钙，使它们的效率大大低于对二羧菊粉，特别是在低氧化度时。因此，甚至部分氧化的菊糖都可用在洗涤剂配方中，能显示出比完全氧化更大的生物降解性。生物降解性，使源于菊糖的钙结合剂比现在有的非生物降解合成的聚丙烯酸酯型多聚羧酸酯效用更大。

5.9.21 烷氧基化菊糖

据报道，菊糖烷氧基有表面活性和稳定性。它们也可以通过与其他环氧化合物的反应而进一步改变。最初的合成方法是以氢氧化钠为催化剂利用水溶液合成的，但产率一般只有约80%，并形成了大量的二醇类物质（Cooper，2993；Kunz and Begli，1995）。以三乙胺为碱性催化剂，无水体系中（即以 N-甲基吡咯烷酮为溶剂）环氧乙烷或环氧丙烷烷基化反应，可在不生成烷基乙醇的情况下产生烷氧基化的菊粉（Rogge et al.，2004）。利用超临界二氧化碳萃取来纯化菊糖醚，其方法随衍生物的化学性质不同而变化。如果理论摩尔取代小于2，就用液-固萃取；若大于2，则需用液-液萃取。这些化合物在电解质介质中增加了水溶性、中等的表面活性和很高的浊点。理论取代度为0.5的乙氧基化菊酯在用作水性聚氨酯泡沫添加剂时会产生有益的效果（Rogge et al.，2005）。

5.9.22 菊糖磷酸盐

使用混合醋酸己二酸酸酐和二偏磷酸钠酯化菊糖可制备一磷酸菊糖、二磷酸菊糖（Berghofer et al.，1993a）。菊糖磷酸盐是热可逆凝胶，与菊糖相比显示了增加了的黏度。它在室温下呈现稳定的凝胶形式，在一个相对宽的温度范围内，其黏度保持恒定，但在约60℃时溶化。磷酸盐衍生物也可以使用在吡啶中二氯氧磷来形成（Ludtke，1929）。

5.9.23 络合剂

菊粉可以被修饰成具有类似乙二胺四乙酸（EDTA）的良好重金属络合性能、但具有更好的生物降解性能的化合物（boogaert et al.，1998）。菊粉先用高碘酸钠氧化成二醛，然后再用 Pt/C 和氢还原成多元醇。用二硫化碳再修饰该多元醇生成黄药，或用 SO_3-吡啶进行改性获得硫酸菊粉。此外，二醛可以与二氨基乙烷和氰化钠发生胺化反应，产品与一氯乙酸钠盐反应生成羧甲基氨基菊粉。这些化合物中的每一种都可以用来沉淀重金属。

5.9.24 阳离子改性

含有氮基团的阳离子菊糖，可使用几个试剂生成（Kuzee et al.，1998）。其他的改性菊糖（例如，羟烷基化、羧化和氧化）也可以受到阳离子改性的影响，与来自其他多糖的类似化合物相比，具有溶解性更好、黏度更低和降解性更好的化合物。这种产品可能用作消毒剂、护发素、定型凝胶剂、絮凝剂、防腐剂破乳剂、纺织添加剂与黏合剂。

5.9.25 交联菊糖

较高分子量的菊糖在适当条件下可形成凝胶，不过，对于某些应用（例如药物释放），可通过相邻分子间共价交联的形成增加凝胶的稳定性（Grinenko et al., 1998）。交联的初始步骤包括在（二甲基氨基）吡啶为催化剂，使用甲基丙烯酸缩水甘油酯对菊粉进行甲基化。菊糖的甲基化发生在 C-6 位置，取代度从 0.015~0.1 不等，大约代表最大理论取代的 0.7%~0.8%。随后，用硫酸铵或 N, N, N′, N′-四亚甲基二胺使自由基聚合，使双键转化为共价键交联。水凝胶的刚度和生物降解度与其在最初溶液中的浓度和取代度有关（Vervoort et al., 1998c）。这种凝胶能隔离针对结肠的药物，凝胶在结肠内被水解，释放出化学成分（Vervoort et al., 1998a, 1998b, 1999）。

参考文献

Abbadi, A. and van Bekkum, H., Metal-catalyzed oxidation and reduction of carbohydrates, in Carbohydrates as Organic Raw Materials III, van Bekkum, H., Röper, H., and Voragen, A. G. J., Eds., Weinheim, Cambridge, U. K., 1996, pp. 37-65.

Andre, I., Mazeau, K., Tvaroska, I., Putaux, J.-L., Winter, W. T., Tavarel, F. R., and Chanzy, H., Molecular and crystal structures of inulin from electron diffraction data, Macromolecules, 29, 4626-4635, 1996.

Antanaitis, A., Lubyte, J., Antanaitis, S., Staugaitis, G., and Viskelis, P., Selenium in some kinds of Lithuanian agricultural crops and medicinal herbs, Sodinikyste ir Darzininkyste, 23, 37-45, 2004.

Antonkiewicz, J. and Jasiewicz, C., Assessment of Jerusalem artichoke usability for phytoremediation of soils contaminated with Cd, Pb, Ni, Cu, and Zn, Pol. Archiwum Ochrony Srodowiska, 29, 81-87, 2003.

Archer, B. J., Johnson, S. K., Devereux, H. M., and Baxter, A. L., Effect of fat replacement by inulin or lupinkernel fibre on sausage patty acceptability, post-meal perceptions of satiety and food intake in men, Br. J. Nutr., 91, 591-599, 2004.

Aravina, L. A., Gorodetskii, G. B., Ivanova, N. Y., Komarov, E. V., Momot, N. N., and Cherkasova, M. A., Extraction of Inulin and Other Fructan-Containing Products from Jerusalem Artichoke and Other Inulin-Containing Raw Materials, Russian Federation Patent 2175239, 2001.

Armitage, F. E., Richardson, D. E., and Li, K. C., Polymeric contrast agents for magnetic resonance imaging: synthesis and characterization of gadolinium diethylenetriaminepentaacetic acid conjugated to polysaccharides, Bioconjugate Chem., 1, 365-374, 1990.

Atsumi, M., Mizuochi, M., Ohta, K., and Fujita, K., Capped cyclofructan. Preparation and structure determination of 6A, 6C-di-O-(biphenyl-4, 4′-disulfonyl)-cycloinulo-hexose, Tetrahedron Lett., 35, 5661-5664, 1994.

Baal, H., Functional properties and applications of inulin in food, Fourth Seminar on Inulin, Wageningen, The Netherlands, 1993, pp. 1-66.

Bajpai, P. K. and Bajpai, P., Utilization of Jerusalem artichoke for fuel ethanol production using free and immobilized cells, Biotechnol. Appl. Biochem., 11, 155-168, 1989.

Bajpai, P. K. and Bajpai, P., Cultivation and utilization of Jerusalem artichoke for ethanol, single cell protein, and high-fructose syrup production, Enzyme Microb. Technol., 13, 359-362, 1991.

Barta, J., Jerusalem artichoke as a multipurpose raw material for food products of high fructose or inulin content, in Inulin and Inulin-Containing Crops, Fuchs, A., Ed., Elsevier, Amsterdam, 1993, pp. 323-339.

Barthomeuf, C., Regerat, F., and Pourrat, H., High-yield ethanol production from Jerusalem artichoke tubers, World J. Microbiol. Biotechnol., 7, 490-493, 1991.

Bärwald, G., Gesund abnehmen mit Topinambur, TRIAS Verlag, Stuttgart, 1999.

Bärwald, G. and Flother, E. F., Glucose-Poor Decomposition Product from Inulin-Containing Plants, U. S. Patent 4758515, 1988.

Berghofer, E., Cramer, A., and Schiesser E., Chemical modification of chicory root inulin, in Inulin and Inulin-Containing Crops, Fuchs, A., Ed., Elsevier, Amsterdam, 1993, pp. 135-142.

Berghofer, E., Cramer, A., Schmidt, U., and Veigl, M., Pilot-scale production of inulin from chicory roots and its use in food stuffs, in Inulin and Inulin-Containing Crops, Fuchs, A., Ed., Elsevier, Amsterdam, 1993, pp. 77-84.

Besemer, A. C., Preparation of Polydicarboxysaccharides by Oxidation of Polysaccharides and Their Use as Detergent Builders, WO Patent 9117189, 1991.

Besemer, A. C., The Bromide-Catalyzed Hydrochlorite Oxidation of Starch and Inulin: Calcium Complexation of Oxidized Fructans. Ph. D. thesis, Delft University of Technology, Delft, The Netherlands, 1993.

Besemer, A. C., Jetten, J. M., and van Bekkum, H., A novel procedure for the preparation of dicarboxy-inulin, in Fifth Seminar on Inulin, Fuchs, A., Ed., Carbohydrate Research Foundation, The Hague, 1995, pp. 25-34.

Besemer, A. C. and van Bekkum, H., The hypochlorite oxidation of inulin, Recueil des Travaux Chimiques des Pays-Bas, 113, 398-402, 1994a.

Besemer, A. C. and van Bekkum, H., Dicarboxy-starch by sodium hypochlorite/bromide oxidation and its calcium-binding properties, Starch/Stärke, 46, 95-101, 1994b.

Besemer, A. C. and van Bekkum, H., The catalytic effect of bromide in the hypochlorite oxidation of linear dextrins and inulin, Starch/Stärke, 46, 101-106, 1994c.

Besemer, A. C. and van Bekkum, H., The relation between calcium sequestering capacity and oxidation degree of dicarboxy-starch and dicarboxy-inulin, Starch/Stärke, 46, 419-422, 1994d.

Bikales, N. M., High polymers, in Cellulose and Cellulose Derivatives, Bikales, N. M. and Segal, L., Eds., Wiley-Interscience, New York, 1971, pp. 811-834.

Blanchet, D., Marchal, R., and Vandecasteele, J. P., Acetone and Butanol by Fermentation of Inulin, French Patent 2559160, 1985.

Bogaert, P. M. P., Slaghek, T. M., and Raaijmakers, H. W. C., Biodegradable Complexing Agents for Heavy Metals, WO Patent 9806756, 1998.

Bognolo, G., Nonionic surfactants, in Lipid Technologies and Applications, Gunstone, F. D. and Padley, F. B., Eds., Marcel Dekker, New York, 1997, pp. 633-694.

Bornet, F. R. J., Fructo-oligosaccharides and other fructans: chemistry, structure and nutritional effects, in Advanced Dietary Fibre Technology, McCleary, B. V. and Prosky, L., Eds., Blackwell Science, Oxford, 2001, pp. 480-493.

Bragd, P. L., Besemer, A. C., and Van Bekkum, H., Selective oxidation of carbohydrates by 4-AcNHTEMPO/ peracid systems, Carbohydrate Polym., 49, 397-406, 2002.

Bragd, P. L., van Bekkum, H., and Besemer, A. C., TEMPO-mediated oxidation of polysaccharides: survey of methods and applications, Tropics Catalysis, 27, 49-66, 2004.

Brouwn, L. F., Fausia, L., van de Pas, J. C., Visser, A., and Winkel, C., Process for Preparing Polysaccharides Containing Hydrophobic Side Chains and Their Uses, EU Patent 703243, 1996.

Bruggink, C., Maurer, R., Herrmann, H., Cavalli, S., and Hoefler, F., Analysis of carbohydrates by anion exchange chromatography and mass spectrometry, J. Chromatogr., 1085, 104–109, 2005.

Calub, T. M., Waterhouse, A. L., and Chatterton, N. J., Conformational analysis of D-fructans. I. Proton and carbon chemical-shift assignments for 1-kestose from two-dimensional NMR-spectral measurements, Carbohydrate Res., 199, 11–17, 1990.

Campbell, J. M., Selected fructooligosaccharide (1-ketose, nystose, and 1F-beta-fructofuranosylnystose) composition of foods and feeds, J. Agric. Food Chem., 45, 3076–3082, 1997.

Chabbert, N., Braun, P., Guiraud, J. P., Arnoux, M., and Galzy, P, Productivity and fermentability of Jerusalem artichoke according to harvest date, Biomass, 3, 209–224, 1983.

Chabbert, N., Guiraud, J. P., Arnoux, M., and P. Galzy, P., The advantageous use of an early Jerusalem artichoke cultivar for the production of ethanol, Biomass, 8, 233–240, 1985a.

Chabbert, N., Guiraud, J. P., and Galzy, P., Protein production potential in the ethanol production process from Jerusalem artichoke, Biotechnol. Lett., 7, 433–446, 1985b.

Chien, C. C., Lieberman, R., and Inman, J. K., Preparation of functionalized derivatives of inulin: conjugation of erythrocytes for hemagglutination and plaque-forming cell assays, J. Immunol. Methods, 26, 39–46, 1979.

Chiu, P. J. S., Models used to assess renal function, Drug Dev. Res., 32, 247–255, 1994.

Christian, T. J., Manley-Harris, M., Field, R. J., and Parker, B. A., Kinetics of formation of di-D-fructose dianhydrides during thermal treatment of inulin, J. Agric. Food Chem., 48, 1823–1837, 2000.

Cieślik, E., Amino acid content of Jerusalem artichoke (Helianthus tuberosus L.) tubers before and after storage, in Proceedings of the 7th Seminar on Inulin, Leuven, Belgium, 1998a, pp. 86–87.

Cieślik, E., [Mineral content of Jerusalem artichoke new tubers], Zesk. Nauk. AR Krak., 342, 10, 23–30, 1998b.

Cieślik, E. and Barananowski, M., [Minerals and lead content of Jerusalem artichoke new tubers], Brom. Chem. Toksykol., 30, 66–67, 1997.

Cieślik, E., Praznik, W., and Filipiak-Florkiewicz, A., Correlation between the levels of nitrates, nitriles and vitamin C in Jerusalem artichoke tubers, Scand. J. Nutr., 49S, 1999.

Clare, K., Algin, in Industrial Gums, Whistler, R. L. and Bemiller, J. N., Eds., Academic Press, San Diego, 1993, pp. 105–143.

Conti, F. W., Versuche zur gewinnung von sirup aus topinambur (Helianthus tuberosus L.), Die Starke, 5, 310, 1953.

Cooper, C. F., Reduced-Calorie Food Compositions Containing Esterified Alkoxylated Polysaccharide Fat Substitutes, EU Patent 539235, 1993.

Cysewski, G. R. and Wilke, C. R., Rapid ethanol fermentations using vacuum and cell recycle, Biotechnol. Bioeng., 19, 1125–1143, 1977.

Daugulis, A. J., Brown, N. M., Cluett, W. R., and Dunlop, D. B., Production of ethanol by adsorbed yeast cells, Biotechnol. Lett., 3, 651–656, 1981.

Defaye, J., Gadelle, A., and Pedersen, C., The behavior of D-fructose and inulin towards anhydrous hydrogen fluoride, Carbohydrate Res., 136, 53–65, 1985.

De Leenheer, L., Production and use of inulin: industrial reality with a promising future, in Carbohydrates as Organic Raw Materials III, van Bekkum, H., Röper, H., and Voragen, A. L. J., Eds., Weinheim,

Cambridge, U.K., 1996, pp. 67-92.

De Leenheer, L. and Hoebregs, H., Progress in the elucidation of the composition of chiory inulin, Starch/Stärke, 46, 193-196, 1994.

De Man, M. and Weegels, P.L., High-Fiber Bread and Bread Improver Compositions, WO Patent 2005023007, 2005.

de Nooy, A.E.J., Besemer, A.C., and van Bekkum, H., Highly selective temperature mediated oxidation of primary alcohol groups in polysaccharides, Recueil des Travaux Chimiques des Pays-Bas, 113, 165-166, 1994.

de Nooy, A.E.J., Besemer, A.C., and van Bekkum, H., Highly selective nitrosyl radical-mediated oxidation of primary alcohol groups in water-soluble glucans, Carbohydrate Res., 269, 89-98, 1995.

de Nooy, A.E.J., Pagliaro, M., van Bekkum, H., and Besemer, A.C., Autocatalytic oxidation of primary hydroxyl functions in glucans with nitrogen oxides, Carbohydrate Res., 304, 117-123, 1997.

Doumaux, A.R., Jr., Marked differences between the sodium-ammonia and calcium-ammonia reduction of nitriles, J. Org. Chem., 37, 508-510, 1972.

Drent, W.J., Both, G.J., and Gottschal, J.C., A biotechnological and ecophysiological study of thermophilic inulin-degrading clostridia, in Inulin and Inulin-Containing Crops, Fuchs, A., Ed., Elsevier, Amsterdam, 1993, pp. 267-272.

Drent, W.J. and Gottschal, J.C., Fermentation of inulin by a new strain of Clostridium thermoautotrophicum isolated from dahlia tubers, FEMS Microbiol. Lett., 78, 285-292, 1991.

Drent, W.J., Lahpor, G.A., Wiegant, W.M., and Gottschal, J.C., Fermentation of inulin by Clostridium thermosuccinogene sp. nov., a thermophilic anaerobic bacterium isolated from various habitats, Appl. Environ. Microbiol., 57, 455-462, 1991.

Dvonch, W., Yearian, H.J., and Whistler, R.L., Behavior of low molecular weight amylose with complexing agents, J. Am. Chem. Soc., 72, 1748-1750, 1950.

Edye L.A., Meechan, G.V., and Richards, G.N., Platinum catalysed oxidation of sucrose, Carbohydrate Chem., 10, 11-23, 1991.

Edye L.A., Meechan, G.V., and Richards, G.N., Influence of temperature and pH on the platinum catalysed oxidation of sucrose, Carbohydrate Chem., 13, 273-285, 1994.

Ehrhardt, S., Begli, A.H., Kunz, M., and Scheiwe, L., Manufacture of Aliphatic Carboxylic Acid Esters of Longer-Chain Inulin as Surfactants, EU Patent 792888, 1997.

Eigner, W.D., Abuja, P., Beck, R.H.F., and Praznik, W., Physiochemical characterization of inulin and sinistrin, Carbohydrate Res., 180, 87-95, 1988.

Eihe, E.P., [Problems of the chemistry and biochemistry of the Jerusalem artichoke], Lativijas PSR Zinatmi Akademijas Vestis, 344, 77, 1976.

Engels, D., Alireza, H.B., Kunz, M., Mattes, R., Munir, M., and Vogel, M., Modified Streptococcus Gene ftf and Fructosyltransferase and Their Use in Preparation of Inulin, Fructooligosaccharides, and Difructose Dianhydride for Use in Food and Feed, WO Patent 2002050257, 2002.

Ernst, M., Histochemische Untersuchungen auf Inulin, Stärke and Kallose bei Helianthus tuberosus L (Topinambur), Angew. Botanik, 65, 319-330, 1991.

Fages, J., Mulard, D., Rouquet, J.J., and Wilhelm, J.L., 2,3-Butanediol production from Jerusalem artichoke, Helianthus tuberosus, by Bacillus polymyxa ATCC 12321. Optimization of kL a profile, Appl. Microbiol. Biotechnol., 25, 197–202, 1986.

Feyt, L. E., Phosphonate and Inulin Derivative-Containing Detergents Exhibiting Enhanced Stain Removal, EU Patent 1408103, 2004.

Filipiak-Florkiewicz, A., Effect of fructans on hardness of wheat/rye bread crumbs, Zywienie Czlowieka i Metabolism, 30, 978–982, 2003.

Fineli, Food Composition Database, National Public Health Institute of Finland, Helsinki, 2004.

Fishbein, L., Kaplan, M., and Gough, M., Fructooligosaccharides: a review, Vet. Hum. Toxicol., 30, 104–107, 1988.

Fleming, S. E. and GrootWassink, J. W. D., Preparation of high-fructose syrup from the tubers of the Jerusalem artichoke (Helianthus tuberosus L.), Crit. Rev. Food Sci. Nutr., 12, 1–29, 1979.

Floor, M., Glycol-Cleavage Oxidation of Polysaccharides and Model Compounds: Calcium Complexation of Dicarboxy Glucans, Ph. D. thesis, Delft University of Technology, Delft, The Netherlands, 1989.

Fontana, A., Hermann, B., and Guiraud, J. P., Production of high-fructose-containing syrups from Jerusalem artichoke extracts with fructose enrichment through fermentation, in Inulin and Inulin-Containing Crops, Fuchs, A., Ed., Elsevier, Amsterdam, 1993, pp. 251–358.

Franck, A., Technological functionality of inulin and oligofructose, Br. J. Nutr., 87, S287–S291, 2002.

Frippiat, A. and Smits, G. S., Fructan-Containing Fat Substitutes and Their Use in Food and Feed, U. S. Patent 5527556, 1993.

Fritsche-Lang, W., Leopold, E. I., and Schlingmann, M., Preparation of Sucrose Tricarboxylic Acid, Danish Patent 3535720, 1985.

Fuchs, A., Potentials for non-food utilization of fructose and inulin, Starch/Stärke, 39, 335–343, 1987.

Fuchs, A., Production and utilization of inulin: Part II. Utilization of inulin, in Science and Technology of Fructans, Suzuki, M. and Chatterton, N. J., Eds., CRC Press, Boca Raton, FL, 1993, pp. 319–351.

Gallezot, P. and Besson, M., Carbohydrate oxidation on metal catalysts, Carbohydrate Eur., 13, 5–11, 1995.

Ghaffar, T. and Parkins, A. W., A new homogeneous platinum-containing catalyst for the hydrolysis of nitriles, Tetrahedron Lett., 36, 8657–8660, 1995.

Gibson, G. R., Beatty, E. R., Wang, X., and Cummings, J. H., Selective stimulation of bifidobacteria in the human colon by oligofructose and inulin, Gastroenterology, 108, 975–982, 1995.

Gibson, G. R. and Roberfroid, M. B., Dietary modulation of the human colonic microbiota: introducing the concept of prebiotics, J. Nutr., 125, 1401–1412, 1995.

Gretz, N., Kirschfink, M., and Strauch, M., The use of inulin for the determination of renal function: applicability and problems, in Inulin and Inulin-Containing Crops, Fuchs, A., Ed., Elsevier, Amsterdam, 1993, pp. 391–396.

Grinenko, I. G., Bobrovnik, L. D., Groushetsky, R. I., and Guliy, I. S., in Seventh Seminar on Inulin, Vol. II-2, European Fructan Association, Louvain, The Netherlands, 1998, p. 15.

GrootWassink, J. W. D. and Fleming, S. E., Non-specific-fructofuranosidase (inulase) from Kluyveromyces fragilis: batch and continuous fermentation, simple recovery method and some industrial properties, Enz. Microbial Technol., 2, 45–53, 1980.

Guiraud, J. P., Bourgi, J., Chabbert, N., and Galzy, P., Fermentation of early-harvest Jerusalem artichoke extracts by Kluyveromyces fragilis, J. Gen. Appl. Microbiol., 32, 371–381, 1986.

Guiraud, J. P., Caillaud, J. M., and Galzy, P., Optimization of alcohol production from Jerusalem artichokes, Eur. J. Appl. Microbiol., 14, 81–85, 1982.

Guiraud, J. P., Daurelles, J., and Galzy, P., Alcohol production from Jerusalem artichoke using yeasts with inulinase activity, Biotechnol. Bioeng., 23, 1461–1465, 1981.

Guiraud, J. P. and Galzy, P., Inulin conversion by yeasts, Bioprocess Technol., 5, 255–296, 1990.

Gunnarson, S., Malmberg, A., Mathisen, B., Theander, O., Thyselis, L., and Wünsche, U., Jerusalem artichoke (Helianthus tuberosus L.) for biogas production, Biomass, 7, 85–97, 1985.

Harbourne, J. B. and Baxter, H., Eds., Phytochemical Dictionary: A Handbook of Bioactive Compounds from Plants, 2nd ed., Taylor & Francis, London, 1999.

Haverkamp, J., Inuline onder de loep, Chemisch Mag., 11, 23, 1996.

Heasman, M. and Mellentin, J., The Functional Foods Revolution: Healthy People; Healthy Profits, Earthscan, London, 2001.

Heinen, A. W., Peters, J. A., and van Bekkum, H., The combined hydrolysis and hydrogenation of inulin catalyzed by bifunctional Ru/C, Carbohydrate Res., 330, 381–390, 2001.

Hellwege, E. M., Czapla, S., Jahnke, A., Willmitzer, L., and Heyer, A. G., Transgenic potato (Solanum tuberosum) tubers synthesize the full spectrum of inulin molecules naturally occurring in globe artichoke (Cynara scolymus) roots, Proc. Nat. Acad. Sci. U.S.A., 97, 8699–8704, 2000.

Hendry, G., The ecological significance of fructan in a contemporary flora, New Phytol., 106, 201–216, 1987.

Hendry, G. A. F. and Wallace, R. K., The origin, distribution and evolution of fructans, in Science and Technology of Fructans, Suzuki, M. and Chatterton, N. J., Eds., CRC Press, Boca Raton, FL, 1993, pp. 119–139.

Heyer, A. G., Hellwege, E. W., and Gritscher, D., A Novel Fructosyl Transferase Isolated from Artichoke, and Its Use in the Production of Long-Chain Inulin, WO Patent 9924593, 1999.

Heyer, A. G. and Wendenburg, R., Transgenic Potato Manufacturing High Molecular Inulin for Industrial Uses, Danish Patent 19617687, 1997.

Heyer, A. G. and Wendenburg, R., Gene cloning and functional characterization by heterologous expression of the fructosyltransferase on Aspergillus sydow IAM 2544, Appl. Environ. Microbiol., 67, 363–370, 2001.

Hidaka, H., Adachi, T., and Hirayama, M., Development and beneficial effects of fructo-oligosaccharides (Neosugar®), in Advanced Dietary Fibre Technology, McCleary, B. V. and Prosky, L., Eds., Blackwell Science, Oxford, 2001, pp. 471–479.

Hidaka, H., Hirayama, M., and Sumi, N., A fructooligosaccharides-producing enzyme from Aspergillus niger ATCC 20611, Agric. Biol. Chem., 52, 1181–1187, 1988.

Hirayama, M., Sumi, N., and Hidika, H., Purification and properties of a fructooligosaccharide-producing β-fructo-furanosidase from Aspergillus niger ATCC 20611, Agric. Biol. Chem., 53, 667, 1989.

Hoebregs, H., Fructans in foods and food products, ion-exchange chromatographic method: collaborative study, J. Assoc. Off. Anal. Chem. Int., 80, 1029–1037, 1997.

Holland, B., Unwin, I. D., and Buss, D. H., 5th Supplement to McCance and Widdowson's The Composition of Foods, The Royal Society of Chemistry, Cambridge, U.K., 1991.

Hudson, A. P., Woodward, F. E., and McGrew, G. T., Polycarboxylates in soda ash detergents, J. Am. Oil Chem. Soc., 65, 1353–1356, 1988.

Incoll, L. N. and Bonnett, G. D., The occurrence of fructan in food plants, in Inulin and Inulin-Containing Crops, Fuchs, A., Ed., Elsevier, Amsterdam, 1993, pp. 309–322.

Irvine, J. C. and Montgomery, T. N., Methylation and constitution of inulin, J. Am. Chem. Soc., 55, 1988–1994, 1933.

Irvine, J. C. and Steele, E. S., The constitution of the polysaccharides. I. The relationship of inulin to fructose, J. Chem. Soc., 117, 1474–1489, 1920.

Irvine, J. C., Steele, E. S., and Shannon, M. I., Constitution of polysaccharides. IV. Inulin, J. Chem. Soc., 121, 1060–1078, 1922.

Janssens, J. H., Burris, N., Woodward, A., and Bailey, R. B., Lipid-enhanced ethanol production by Kluyveromyces fragilis, Appl. Environ. Microbiol., 45, 598–602, 1983.

Jarrell, H. C., Conway, T. F., Moyna, P., and Smith, I. C. P., Manifestation of anomeric form, ring structure, and linkage in the carbon-13 NMR spectra of oligomers and polymers containing D-fructose, maltulose, isomaltulose, sucrose, leucrose, 1-kestose, nystose, inulin, and grass levan, Carbohydrate Res., 76, 45–57, 1979.

Jasiewicz, C. and Antonkiewicz, J., Heavy metal extraction by Jerusalem artichoke (Helianthus tuberosus L.) from soils contaminated with heavy metals, Pol. Chemia i Inzynieria Ekologiczna, 9, 379–386, 2002.

Jeffrey, G. A. and Huang, D.-B., The tetrasaccharide nystose trihydrate: crystal structure and hydrogen bonding, Carbohydrate Res., 247, 37–50, 1993.

Jeffrey, G. A. and Park, Y. J., The crystal and molecular structure of 1-ketose, Acta Cryst., B28, 257–267, 1972.

Ji, M., Wang, Q., and Ji, L., Method for Production of Inulin from Jerusalem Artichoke by Double Carbonic Acid Purification Process, Chinese Patent 1359957, 2002.

Kamada, T., Nakajima, M., Nabetani, H., Saglam, N., and Iwamoto, S., Availability of membrane technology for purifying and concentrating oligosaccharides, Eur. Food Res. Technol., 214, 435–440, 2002.

Kára, J., Strašil, Z., Hutla, P., and Ustak, S., Energetiché Rostliny Technologie Pro Pěstování a Využití, Výzkumný Ústav Zeměděslké Techniky, Praha, Czech Republic, 2005.

Karrer, P. and Lang, L., Polysaccharides. V. Methylation of inulin, Helv. Chim. Acta, 4, 249–256, 1921.

Kasapis, S., Novel uses of biopolymers in the development of low fat spreads and soft cheeses, Dev. Food Sci., 41, 397–418, 2000.

Katsuragi, T. and Nishimura, A., Cycloinulo-Oligosaccharides for Softening of the Irritating Taste of Ethanol and Spirits Containing Them, Japanese Patent 04360676, 1992.

Kays, S. J. and Paull, R. E., Postharvest Biology, Exon Press, Athens, GA, 2004.

Kennedy, J. F. and Tun, H. C., Preparation of carbonates of polysaccharides and cycloamyloses, Carbohydrate Res., 26, 401–408, 1973.

Khanamukherjee, C. and Sengupta, S., Microbial inulinases and their potential in the saccharification of inulin to fructose, J. Sci. Indust. Res., 48, 145–152, 1989.

Kim, C. and Ryu, Y. W., A continuous alcohol fermentation by Kluyveromyces fragilis using Jerusalem artichoke, Kor. J. Chem. Eng., 10, 203–206, 1993.

Kim, C. H. and Rhee, S. K., Ethanol production from Jerusalem artichoke by inulinase and Zymomonas mobilis, Appl. Biochem. Biotechnol., 23, 171–180, 1990.

Kim, W. Y., Byun, S. M., and Uhm, T. B., Hydrolysis of inulin from Jerusalem artichoke by inulinase immobilized on aminoethylcellulose, Enz. Microbial Technol., 4, 239-244, 1982.

Kunz, M., Hydroxymethylfurfural, a possible basic chemical for industrial intermediates, in Inulin and Inulin-Containing Crops, Fuchs, A., Ed., Elsevier, Amsterdam, 1993, pp. 149-160.

Kunz, M. and Begli, A. H., Inulin Derivatives, Their Production and Uses, EU Patent 638589, 1995.

Kunz, M. and Recker, C., A new continuous oxidation process for carbohydrates, Carbohydrate Eur., 13, 1-5, 1995.

Kushibe, S. and Morimoto, H., Fructosylated Branched Cycloinulooligosaccharides Preparation, Japanese Patent 06263802, 1994.

Kuster, B. F. M. and Van der Wiele, K., Bereiding van glycerol en 5-hydroxymethylfurfural (HMF) uit inuline, in Verslagen van de Themadag Inuline, NRLO Report W203, Fuchs, A., Ed., NRLO, The Hague, 1985, pp. 1-57.

Kuwamura, M., Uchiyama, T., Kuramoto, T., Tamura, Y., and Mizutani, K., Enzymic formation of a cycloinulooligosaccharide from inulin by an extracellular enzyme of Bacillus circulans OKUMZ 31B, Carbohydrate Res., 192, 83-90, 1989.

Kuzee, H. C., Modified Inulin, WO Patent 9729133, 1997.

Kuzee, H. C., Bolkenbaas, M. E. B., and R. Jonker, R., Cationic Fructan Derivatives and Manufacture and Uses Thereof, WO Patent 9814482, 1998.

Kuzee, H. C. and Raaijmakers, H. W. C., Sequestration of Metal Ions by Fructan Polycarboxylic Acids and Their Use in Detergents and Cleaners, WO Patent 2001079122, 2001.

Lampe, B., The use of Topinambur [Jerusalem artichoke, Helianthus tuberosus] for alcohol, Zeitschrift fuer Spiritusindustrie, 55, 121-122, 1932.

Lebduskova, P., Kotek, J., Hermann, P., Vander Elst, L., Muller, R. N., Lukes I., and Peters, J. A., A gadolinium (III) complex of a carboxylic-phosphorus acid derivative of diethylenetriamine covalently boundto inulin, a potential macromolecular MRI contrast agent, Bioconjugate Chem., 15, 881-889, 2004.

Leyst-Kushenmeister, C., Flour, Danish Patent 652164, 1937.

Liu, J., Waterhouse, A. L., and Chatterton, N. J., Conformational analysis of D-fructans. 7. Proton and carbon NMR chemical-shift assignments for [beta-D-Fru f-(2→1)] 3-(2↔1)-alpha-D-Glc p (nystose) and [beta-D-Fru f-(2→1)] 4-(2↔1)-alpha-D-Glc p (1, 1, 1-kestopentaose) from two-dimensional NMR spectral measurements, Carbohydrate Res., 245, 11-19, 1993.

Liu, J., Waterhouse, A. L., and Chatterton, N. J., Do inulin oligomers adopt a regular helical form in solution? J. Carbohydrate Chem., 13, 859-872, 1994.

Ludtke, M., Inulin phosphoric acid, Biochemische Zeitschrift, 212, 475-476, 1929.

Lukacova, D. and Karovicova, J., Inulin and oligofructose as functional ingredients of food products, Bull. Potravinarskeho Vyskumu, 42, 27, 2003.

MacLeod, A. J., Pieris, N. M., and de Troconis, N. G., Aroma volatiles of Cynara scolymus and Helianthus tuberosus, Phytochemistry, 21, 1647-1651, 1982.

Makkee, M., Kieboom, A. P. G., and Van Bekkum, H., Production methods of D-mannitol, Starch/Stärke, 37, 136-141, 1985.

Malmberg, A. and Theander, O., Differences in chemical composition of leaves and stem in Jerusalem artichoke and changes in low-molecular sugar and fructan content with time of harvest, Swed. J. Agric. Res., 16, 7-12, 1986.

Manley-Harris, M. and Richards, G. N., Di-D-fructose dianhydrides and related oligomers from thermal treatments of inulin and sucrose, Carbohydrate Res., 287, 183-202, 1996.

Marchal, R., Blanchet, D., and Vandecasteele, J. P., Industrial optimization of acetone - butanol fermentation: a study of the utilization of Jerusalem artichokes, Appl. Microbiol. Biotechnol., 23, 92-98, 1985.

Marchessault, R. H., Bleha, T., Deslandes, Y., and Revol, J. -F., Conformation and crystalline structure of (2→1)-β-D-fructofuranan (inulin), Can. J. Chem., 58, 2415-2422, 1980.

Margaritis, A. and Bajpai, P., Ethanol production from Jerusalem artichoke tubers (Helianthus tuberosus) using Kluyveromyces marxianus and Saccharomyces rosei, Biotechnol. Bioeng., 24, 941-953, 1982a.

Margaritis, A. and Bajpai, P., Continuous ethanol production from Jerusalem artichoke tubers. I. Use of free cells of Kluyveromyces marxianus, Biotechnol. Bioeng., 24, 1473-1482, 1982b.

Margaritis, A. and Bajpai, P., Continuous ethanol production from Jerusalem artichoke tubers. II. Use of immobilized cells of Kluyveromyces marxianus, Biotechnol. Bioeng., 24, 1483-1493, 1982c.

Margaritis, A. and Merchant, F. J. A., Advances in ethanol production using immobilized cell systems, CRC Crit. Rev. Biotechnol., 1, 339-393, 1984.

McCleary, B. V., Murphy, A., and Mugford, D. C., Measurement of total fructan in foods by enzymatic/spectrophotometric method: collaborative study, J. Assoc. Off. Anal. Chem. Int., 83, 356-364, 2000.

Meyer, D., Frutafit inulin applications in bread, Innov. Food Technol., 18, 38-40, 2003.

Middlehoven, W. J., Van Adrichsem, P. P. L., Reij, M. W., and Koorevaar, M., Inulin degradation by Pediococcus pentosaceus, in Inulin and Inulin-Containing Crops, Fuchs, A., Ed., Elsevier, Amsterdam, 1993, pp. 273-280.

Miura, Y. and Juki, A., Manufacture of Bread Dough with Fructan, Japanese Patent 07046956, 1995.

Modler, H. W., Jones, J. D., and Mazza, G., The effect of long-term storage on the fructo-oligosaccharide profile of Jerusalem artichoke tubers and some observations on processing, in Inulin and Inulin-Containing Crops, Fuchs, A., Ed., Elsevier, Amsterdam, 1993a, pp. 57-64.

Modler, H. W., Jones, J. D., and Mazza, G., Observations on long-term storage and processing of Jerusalem artichoke tubers (Helianthus tuberosus), Food Chem., 48, 279-284, 1993b.

Montoya, D., Arevalo, C., Gonzales, S., Aristizabal, F., and Schwarz, W. H., New solvent-producing Clostridium sp. strains, hydrolyzing a wide range of polysaccharides, are closely related to Clostridium butyricum, J. Indust. Microbiol. Biotechnol., 27, 329-335, 2001.

Montoya, D., Spitia, S., Silva, E., and Schwarz, W. H., Isolation of mesophilic solvent - producing clostridia from Colombian sources: physiological characterization, solvent production and polysaccharide hydrolysis, J. Biotechnol., 79, 117-126, 2000.

Nagarajan, M. K., Multi-functional polyacrylate polymers in detergents, J. Am. Oil Chem. Soc., 62, 949-955, 1985.

Nanjo, F., Enzymic Manufacture, Isolation, and Purification of Cyclic Inulooligosaccharides, Japanese Patent 2004329092, 2004.

Nieuwenhuizen, M. S., Kieboom, A. P. G., and van Bekkum, H., Polycarboxylic acids containing acetal functions: calcium sequestering compounds based on oxidized carbohydrates, J. Am. Oil Chem. Soc., 60, 120-124, 1983.

Nieuwenhuizen, M. S., Kieboom, A. P. G., and van Bekkum, H., Preparation of calcium complexation properties of a series of oxidized polysaccharides: structural and conformational effects, Starch/Stärke, 37, 192–200, 1985.

Nimz, H. H. and Casten, R., Chemical processing of lignocellulosics, in Agricultural Surpluses, Part 1, Lignocellulosic Biomass and Processing, Schliephake, D. and Kramer, P., Eds., DECHEMA, Frankfurt, Germany, 1985, pp. 1–241.

Oba, S., Sashita, R., and Ogishi, H., Manufacture of Cycloinulo-Oligosaccharides with Fructanotransferase, Japanese Patent 04237496, 1992.

Oiwa, H., Naganuma, M., and Ohnuma, S., Acetone-butanol production from dahlia inulin by Clostridium pasteurianum var. I-53, Agric. Biol. Chem., 51, 2819–2820, 1987.

Okamoto, Y. and Hatada, K., Separation Agent Comprising Polysaccharide Carbamate, EU Patent 157365, 1985.

Okamura, M., Kaniwa, T., and Kamata, A., Recyclable Thermoplastic Resin Compositions Containing Cyclic Inulooligosaccharides with Good Mechanical Properties and Chemical and Heat-Resistance, Japanese Patent 09048876, 1997.

Ourané, R., Guibert, A., Brown, D., and Bornet, F., A sensitive and reproducible analytical method to measure fructo-oligosaccharides in food products, in Complex Carbohydrates: Definition, Analysis and Applications, Cho, L., Prosky, L., and Dreher, M., Eds., Marcel Dekker, New York, 1997, pp. 191–201.

Painter, T. and Larsen, B., Transient hemiacetal formed during the periodate oxidation of xylan, Acta Chem. Scand., 24, 2366–2378, 1970.

Pandey, A., Soccol, C. R., Selvakumar, P., Soccol, V. T., Krieger, N., and Fontana, J. D., Recent developments in microbial inulinases: its production, properties, and industrial applications, Appl. Biochem. Biotechnol., 81, 35–52, 1999.

Popovych, O. and Tomkins, R. T. P., General features and characteristics of nonaqueous solutions, in Nonaqueous Solution Chemistry, Wiley, New York, 1981, pp. 32–75.

Rakhimov, D. A., Arifkhodzhaev, A. O., Mezhlumyan, L. G., Yuldashev, O. M., Rozikova, U. A., Aikhodzhaeva, N., and Vakil, M. M., Carbohydrate and proteins from Helianthus tuberosus, Chemistry of Natural Compounds, 39, 312–313, 2003.

Rashchenko, I. N., Biochemical investigations of the aerial parts of Jerusalem artichoke, Trudy Kazakh. Sel'skokhoz. Inst., 6, 40–52, 1959.

Rathjens, A. and Nieendick, C., Use of Inulin Derivatives as Thickeners in Surfactant-Containing Cosmetic Solutions, Danish Patent 10004644, 2001.

Roberfroid, M., Inulin-Type Fructans: Functional Food Ingredients, CRC Series in Modern Nutrition, CRC Press, Boca Raton, FL, 2005.

Roch-Norlund A. E., Hultman, E., and Nilsson, L. H., Metabolism of fructose in diabetes, Acta Medica Scand. Suppl., 542, 181–186, 1972.

Rogge, T. M. and Stevens, C. V., Facilitated synthesis of inulin esters by transesterification, Biomacromolecules, 5, 1799–1803, 2004.

Rogge, T. M., Stevens, C. V., Booten, K., Levecke, B., Vandamme, A., Vercauteren, C., Haelterman, B., Corthouts, J., and D'hooge, C., Improved synthesis and physicochemical properties of alkoxylated inulin, Topics Catalysis, 27, 39–47, 2004.

Rogge, T. M., Stevens, C. V., Vandamme, A., Booten, K., Levecke, B., D'hooge, C., Haelterman, B., and Corthouts, J., Application of ethoxylated inulin in water-blown polyurethane foams, Biomacromolecules, 6, 1992-1997, 2005.

Rolin, C., Pectin, in Industrial Gums, Whistler, R. L. and Bemiller, J. N., Eds., Academic Press, San Diego, 1993, pp. 257-293.

Rongved, P. and Klaveness, J., Water-soluble polysaccharides as carriers of paramagnetic contrast agents for magnetic resonance imaging: synthesis and relaxation properties, Carbohydrate Res., 214, 315-323, 1991.

Rose, V., Über eine eigenthumliche vegetabilische Substanz, Neues Allg. Jahrb. Chem., 3, 217-219, 1804.

Ryu, Y. W., Navarro, J. M., and Durand, G., Comparative study of ethanol production by an immobilized yeast in a tubular reactor and in a multistage reactor, Eur. J. Appl. Microbiol., 15, 1-8, 1982.

Saengthongpinit, W. and Sajjaanantakul, T., Influence of harvest time and storage temperature on characteristics of inulin from Jerusalem artichoke (Helianthus tuberosus L.) tubers, Postharvest Biol. Technol., 37, 93-100, 2005.

Saito, K. and Tomita, F., Difructose anhydrides: their mass-production and physiological functions, Biosci. Biotechnol. Biochem., 64, 1321-1327, 2000.

Satoh, T., Suzuki, S., Suzuki, Y., Miyaji, Y., and Imai, Z., Reduction of organic compound with sodium borohydride-transition metal salt systems: reduction of organic nitrile, nitro and amide compounds to primary amines, Tetrahedron Lett., 10, 4555-4558, 1969.

Sawada, M., Tanaka, T., Takai, Y., Hanafusa, T., Taniguchi, T., Kawamura, M., and Uchiyama, T., The crystal structure of cycloinulohexaose produced from inulin by cycloinulo-oligosaccharide fructanotransferase, Carbohydrate Res., 217, 7-17, 1990.

Schacht, E., Ruys, L., Vermeersch, J., and Remon, J. P., Polymer-drug combinations: synthesis and characterization of modified polysaccharides containing procainamide moieties, J. Controlled Release, 1, 33-46, 1984.

Schorr-Galindo, S., Fontana, A., and Guiraud, J. P., Fructose syrups and ethanol production by selective fermentation, Curr. Microbiol., 30, 325-330, 1995.

Schroter, R. and Möller, F., Amine durch Reduction, in Methoden der Organischen Chemie, Vol. 11/1, Müller, E., Ed., G. Thieme Verlag, Stuttgart, Germany, 1957, pp. 341-730.

Schubert, S. and Feuerle, R., Fructan storage in tubers of Jerusalem artichoke: characterization of sink strength, New Phytol., 136, 115-122, 1997.

Schweiger, P. and Stolzenburg, K., Mineralstoffgehalte und Mineralstoffentzüge verschiedener Topinambursorten, LAP Forchheim, Germany, 2003, http://www.landwirtschaft-bw.info.

Seiler, G. J., Nitrogen and mineral content of selected wild and cultivated genotypes of Jerusalem artichoke, Agron. J., 80, 681-687, 1988.

Sévenier, R., van der Meer, I. M., Bino, R., and Koops, A. J., Increased production of nutriments by genetically engineered crops, J. Am. Coll. Nutr., 21, 199S-204S, 2002.

Shallenberger, R. S., Taste Chemistry, Blackie Academic, London, 1993.

Shamtsyan, M. M., Solodovnik, K. A., and Yakovlev, V. I., Lactic acid biosynthesis from starch-or inulin-containing raw material by the Streptococcus bovis culture, Biotekhnologiya, 4, 61-69, 2002.

Shimizu, T. and Suzuki, T., Preparation of Cyclic Inulo-Oligosaccharide Esters and Their Use for Cosmetics, Japanese Patent 08208710, 1996.

Shimofusachi, T., Doped Polymer Having Cyclic Inulooligosaccharide Backbone as Solid Electrolyte, Japanese Patent 10223041, 1998.

Shu, C.-K., Flavor components generated from inulin, J. Agric. Food Chem., 46, 1964-1965, 1998.

Silva, R. F., Use of inulin as a natural texture modifier, Cereal Foods World, 41, 792-794, 1996.

Silver, B. S., Inulin Molecular Weight Fractions Obtained by Precipitation at Low Temperature, U. S. Patent 2002098272, 2002.

Simonovska, B., Determination of inulin in foods, J. AOAC Int., 83, 675-678, 2000.

Smeekens, J., Transgenic fructan-accumulating tobacco and potato plants, in Proceedings of the 5th Seminar on Inulin, Fuchs, A., Ed., Carbohydrate Research Foundation, The Hague, 1996, pp. 53-58.

Somda, Z. C., McLaurin, W. J., and Kays, S. J., Jerusalem artichoke growth, development, and field storage. II. Carbon and nutrient element allocation and redistribution, J. Plant Nutr., 22, 1315-1334, 1999.

Sridhar, J. and Eiteman, M. A., Influence of redox potential on product distribution in Clostridium thermosuccinogenes, Appl. Biochem. Biotechnol., 82, 91-101, 1999.

Stauffer, M. D., Chubey, B. B., and Dorrell, D. G., Growth, yield and compositional characteristics of Jerusalem artichoke as they relate to biomass production, in Fuels from Biomass and Wastes, Klass, D. L. And Emert, G. H., Eds., Ann Arbor Science, Ann Arbor, MI, 1981, pp. 79-97.

Stevens, C. V., Booten, K., Laquiere, I. M. A., and Daenekindt, L., Surface-Active N-Alkylurethanes of Fructans, Their Manufacture and Use, EU Patent 964054, 1999.

Stevens, C. V., Meriggi, A., and Booten, K., Chemical modification of inulin, a valuable renewable resource, and its industrial applications, Biomacromolecules, 2, 1-16, 2001.

Stolzenburg, K., Topinambu - Bislang wenig beachtete Nischenkultur mit grossem Potenzial für den Ernährungsbereich, LAP Forchheim, Germany, 2003, http://www.landwirtschaft-bw.info.

Stolzenburg, K., Rohproteingehalt und Aminosäuremuster von Topinambur, LAP Forchheim, Germany, 2004, http://www.landwirtschaft-bw.info.

Strepkov, S. M., Glucofructans of the stems of Helianthus tuberosus, Doklady Akad. Nauk S.S.S.R., 125, 216-218, 1959.

Strepkov, S. M., Carbohydrate formation in the vegetative parts of Helianthus tuberosus, Biokhimiya, 25, 219-226, 1960a.

Strepkov, S. M., Synthesis of fructosans in the vegetative organs of Helianthus tuberosus, Doklady Akad. Nauk S.S.S.R., 131, 1183-1186, 1960b.

Stoop, J. M., Plant Genes for Fructosyltransferase and Their Use in the Development of Transgenic Plants with Embryos Rich in Fructan, U. S. Patent 2004073975, 2004.

Tadros, T. F., Vandamme, A., Levecke, B., Booten, K., and Stevens, C. V., Stabilization of emulsions using polymeric surfactants based on inulin, Adv. Colloid Interface Sci., 108, 207-226, 2004.

Takai, Y., Okumura, Y., Tanaka, T., Sawada, M., Takahashi, S., Shiro, M., Kawamura, M., and Uchiyama, T., Binding characteristics of a new host family of cyclic oligosaccharides from inulin: permethylated cycloinulohexoase and cycloinuloheptaose, J. Org. Chem., 59, 2967-2975, 1994.

Taniguchi, T. and Uchiyama, T., The crystal structure of di-D-fructose anhydride III, produced by inulin Dfructotransferase, Carbohydrate Res., 107, 255-262, 1982.

Timmermans, J. W., Bitter, M. G. J. W., Dewit, D., and Vliegenthart, J. F. G., The interaction of inulin oligosaccharides with Ba^{2+} studied by H-1 NMR spectroscopy, J. Carbohydrate Chem., 16, 213-230, 1997a.

Timmermans, J. W., Bogaert, P. M. P., Dewit, D., and Vliegenthart, J. F. G., The preparation and the assignment of H-1 and C-13 NMR spectra of methylated derivatives of inulin oligosaccharides, J. Carbohydrate Chem., 12, 1145-1158, 1997b.

Timmermans, J. W., de Waard, P., Tournois, H., Leeflang, B. R., and Vliegenthart, J. F. G., NMR spectroscopy of nystose, Carbohydrate Res., 243, 379-384, 1993a.

Timmermans, J. W., de Wit, D., Tournois, H., Leeflang, B. R., and Vliegenthart, J. F. G., MD calculations on nystose combined with NMR spectroscopy on inulin related oligosaccharides, J. Carbohydrate Chem., 12, 969-979, 1993b.

Thomson, T., A System of Chemistry, Vol. 4, Abraham Small, Philadelphia, 1818.

Tomecko, C. G. and Adams, R., Allyl ethers of various carbohydrates, J. Am. Chem. Soc., 45, 2698-2701, 1923.

Tylianakis, E., Dais, P., Andre, L., and Taravel, F. F., Rotational dynamics of linear polysaccharides in solution.

^{13}C relaxation study on amylose and inulin, Macromolecules, 28, 7962-7966, 1995.

Uchama, T., Trapping Agents for Metal Ions, Japanese Patent 05076756, 1993.

Uchiyama, T., Kawamura, M., Uragami, T., and Okuno, H., Complexing of cycloinulo-oligosaccharides with metal ions, Carbohydrate Res., 241, 245-248, 1993.

Underkofler, L. A., McPherson, W. K., and Fulmer, E. I., Alcoholic fermentation of Jerusalem artichokes, Ind. Eng. Chem., 29, 1160-1164, 1937.

Vadas, R., The preparation of ethyl alcohol from the inulin-containing Jerusalem artichoke, Chemrik. Zert., 58, 249, 1934.

van Bekkum, H. and Verraest, D. L., in Perspectiven nachwachsender Rohstoffe in der Chemie, Eierdanz, H., Ed., VCH Weinheim, Germany, 1996, pp. 191-203.

van Dam, H. E., Kieboom, A. P. G., and van Bekkum, H., The conversion of fructose and glucose in acidic media: formation of hydroxymethylfurfural, Starch/Stärke, 38, 95-101, 1986.

van Dam, P. H., Winkel, C., and Visser, A., Fractionation of Triglyceride Oils, U. S. Patent 5872270, 1999.

Van Loo, J., Coussement, P., De Leenheer, L., Hoebregs, H., and Smits, G., On the presence of inulin andoligofructose as natural ingredients in the Western diet, Crit. Rev. Food Sci. Nutr., 35, 525-552, 1995.

Vaughn, H. L. and Robbins, M. D., Rapid procedure for the hydrolysis of amides to acids, J. Org. Chem., 40, 1187-1189, 1975.

Vaughan, J. G. and Geissler, C. A., The New Oxford Book of Food Plants, Oxford University Press, Oxford, 1997.

Verdoes, D., Calcium Carbonate Precipitation in Relation to Detergent Performance. Ph. D. thesis, Delft University of Technology, Delft, The Netherlands, 1991.

Vereyken, I. J., van Kuik, J. A., Evers, T. H., Rijken, P. J., and de Kruijff, B., Structural requirements of the fructan-lipid interaction, Biophys. J., 84, 3147-3154, 2003.

Vermeersch, J. and Schacht, E., Synthesis of succinoylated inulin and application as carrier for procainamide, Bull. des Soc. Chimiques Belges, 94, 287-291, 1985.

Verraest, D. L., Modification of Inulin for Non-Food Applications, Delft University Press, Delft, The Netherlands, 1997.

Verraest, D. L., da Silva, L. P., Peters, J. A., and van Bekkum, H., Synthesis of cyanoethyl inulin, aminopropyl inulin, and carboxyethyl inulin, Starch/Stärke, 48, 191–195, 1996c.

Verraest, D. L., Peters, J. A., Batelaan, J. G., and van Bekkum, H., Carboxymethylation of inulin, Carbohydrate Res., 271, 101–112, 1995.

Verraest, D. L., Peters, J. A., and van Bekkum, H., Inulin Derivatives Prepared with Use of Acrylic Compounds and Their Uses, WO Patent 9634017, 1996a.

Verraest, D. L., Peters, J. A., and van Bekkum, H., The platinum-catalyzed oxidation of inulin, Carbohydrate Res., 306, 197–203, 1998.

Verraest, D. L., Peters, J. A., van Bekkum, H., and van Rosmalen, G. M. Carboxymethyl inulin: a new inhibitor for calcium carbonate precipitation, J. Am. Oil Chem. Soc., 73, 55–62, 1996b.

Vervoort, L., Rombaut, P., Van den Mooter, G., Augustijns, P., and Kinget, R., Inulin hydrogels. II. In vitro degradation study, Int. J. Pharm., 172, 137–145, 1998a.

Vervoort, D., Van den Mooter, G., Augustijns, P., Busson, R., Toppet, S., and Kinget, R., Inulin hydrogels as carriers for colonic drug targeting. I. Synthesis and characterization of methacrylated inulin and hydrogel formation, Pharm. Res., 14, 1730–1737, 1997.

Vervoort, L., Van den Mooter, G., Augustijns, P., and Kinget, R., Inulin hydrogels. I. Dynamic and equilibrium swelling properties, Int. J. Pharm., 172, 127–135, 1998b.

Vervoort, L., Van den Mooter, G., Vinckier, I., Moldenaers, P., and Kinget, R., in Seventh Seminar on Inulin, European Fructan Association, Louvain, The Netherlands, 1998c, p. 21.

Vervoort, L., Vinckier, I., Moldenaers, P., Van den Mooter, G., Augustijns, P., and Kinget, R., Inulin hydrogels as carriers for colonic drug targeting. Rheological characterization of the hydrogel formation and the hydrogel network, J. Pharm. Sci., 88, 209–214, 1999.

Vijn, I., Van Dijken, A., Sprenger, N., Van Dun, K., Weisbeek, P., Wiemken, A., and Smeekens, S., Fructan of the inulin neoseries is synthesized in transgenic chicory plants (Cichorium intybus L.) harboring onion (Allium cepa L.) fructan : fructan 6G-fructosyltransferase, Plant J., 11, 387–398, 1997.

Vogel, M., A process for the production of inulin and its hydrolysis products from plant material, in Inulin and Inulin-Containing Crops, Fuchs, A., Ed., Elsevier, Amsterdam, 1993, pp. 65–75.

Vogel, M., Preparation of hydrogenated fructooligosaccharides from long-chain plant inulin, in Proceedings of the 6th Seminar on Inulin, Fuchs, A., Schittenhelm, S., and Frese, L., Eds., Carbohydrate Research Foundation, The Hague, 1996, pp. 81–84.

Vogel, M. and Pantke, A., Stability of hydrogenated and non-hydrogenated homooligomeric fructooligosaccharides, in Proceedings of the 6th Seminar on Inulin, Fuchs, A., Schittenhelm, S., and Frese, L., Eds., Carbohydrate Research Foundation, The Hague, 1996, pp. 85–86.

Vukov, K. and Barta, J., Manufacture of Jerusalem artichoke syrup and fructose in the Hosszuhegy agricultural combined unit, Cukoripar, 40, 36–39, 1987.

Vukov, K., Erdélyi, M., and Pichler-Magyar, E., Preparation of pure inulin and various inulin-containing products from Jerusalem artichoke for human consumption and for diagnostic use, in Inulin and Inulin-Containing Crops, Fuchs, A., Ed., Elsevier, Amsterdam, 1993, pp. 341–358.

Whitney, E. N. and Rolfes, S. R., Understanding Nutrition, 8th ed., West/Wadsworth, Belmont, CA, 1999.

Winstrom, L. O., Succinic acid and succinic anhydride, in Kirk-Othmer Encyclopedia of Chemical Technology,

Mark, H. F., Othmer, D. F., Overberger, C. G., and Seaborg, G. T., Eds., Wiley, New York, 1978, pp. 848-864.

Won, C.-Y. and Chu, C.-C., Inulin polysaccharide having pendant amino acids: synthesis and characterization, J. Appl. Polym. Sci., 70, 953-963, 1998.

Yamazaki, H. and Matsumoto, K., Fructose Syrup, U.S. Patent 4613377, 1986.

Yun, J. W., Choi, Y. J., Song, C. H., and Song, S. K., Microbial production of inulo-oligosaccharides by anendoinulinase from Pseudomonas sp. expressed in Escherichia coli, J. Biosci. Bioeng., 87, 291-295, 1999.

Zeikus, J. G., Elankovan, P., and Grethlein, A., Utilizing fermentation as a processing alternative: succinic acidfrom renewable resources, Chem. Proc., 58, 71-73, 1995.

Zittan, L., Enzymic hydrolysis of inulin: an alternative way to fructose production, Starch/Stärke, 33, 373-377, 1981.

Zubr, J. and Pedersen, H. S., Characteristics of growth and development of different Jerusalem artichokecultivars, in Inulin and Inulin-Containing Crops, Fuchs, A., Ed., Elsevier Science, Amsterdam, 1993, pp. 11-19.

Zuleta, A. and Sambucetti, M. E., Inulin determination for food labeling, J. Agric. Food Chem., 49, 4570-4572, 2001.

6 菊芋在人类食品与动物饲料中的价值

菊芋是一种具有特殊化学性质的物质，菊粉作为糖类储藏物储存于菊芋块茎中，尽管在大多数植物中，淀粉才是其碳源的储藏形式。菊粉低脂和矿物质丰富的特性使其在人类的饮食、保健、医药产品，以及动物饲料中具有独特的应用价值。

菊芋的块茎和地上部分都可以用来饲喂动物，可以饲料、青储饲料、食物块，以及益生元补充剂的形式来实现，其中菊芋的叶片与已知的饲料作物相比含有更丰富的蛋白质和营养物质。

6.1 人类饮食

在不同的时期和不同的地域，菊芋块茎已经被用作主食或粮食作物，而其他部位并不应用于人类的饮食当中。菊芋原产于北美，美洲本土首先栽培这种作物并大量食用。1607年西欧将菊芋引进后，在饮食习惯中，有很长一段时期将其作为糖类的主要来源，直到18世纪中期才被马铃薯所取代。第二次世界大战后，由于马铃薯的缺乏，欧洲，特别是在法国和德国植菊芋作为人们的主食被再次开始种植。如今，菊芋的食用量远比它曾经在美国和欧洲的消费量要低。

菊芋块茎的味道像坚果，并且有甜味。"蓟"是由朝鲜蓟（洋蓟属）的最后一个字而来，人们觉得它们的味道相似（Salaman，1940）。例如第一个对这种块茎进行描述的法国人 Samuel de Champlain，在 1605 年看到东部的阿布纳吉人食用菊芋后写到"它们种植的这种植物的块茎有一种蓟的味道"（Champlain，1929）。Marc Lescarbot 在 1607 年第一次将菊芋引入欧洲，称菊芋为最棒的食物，味道像甜菜（cardoons，*Cynara cardunculus* L），但更美味（Lescarbot，1914）。在斯堪的纳维亚半岛（表 2.2），现在最常用的名字仍然源自于对其味道的相似描述。例如，菊芋的丹麦名称 "*Jordskok*" 或 "*jordskokkens*"（复数），来自于古老的丹麦名称 *jordærteskok*，由于它的块茎埋于土壤中，并且味道像 *artiskokkens*（*C. cardunculus*）（Bjørn，2007）。菊芋的味道也被认为像甜栗子。

美国土著人生的和熟的块茎都吃。克里和休伦族印第安人分别将它命名为 "askipaw" 和 "skibwan"，"skibwan" 翻译为 "未加工的东西"。有证据表明，美国土著人也会在粥或汤中加入菊芋块茎（Kosaric et al.，1984）。现在，生的菊芋块茎有时候在色拉中切成薄片，兼具爽脆的口感和坚果的味道。生的切片也可以腌制或者浸泡在醋中。不过菊芋块茎通常煮熟后食用，特别是做汤或者开胃菜。巴勒斯坦汤（例如，菊芋泥、洋葱、芹菜、大蒜、鸡汤、中药、黄油和奶酪）长久以来都是欧洲人最流行的一种吃法（Grigson，1978）。菊芋这个名字源自于双关语 "耶路撒冷"。菊芋用来做汤、杂烩、炖菜时与培根、栗子、山葵、香菜，或者迷迭香搭配起来味道都很好，并且菊芋与海鲜有较好的烹饪亲和力。烤菊芋块磨粉后可以作为咖啡代替品或添加剂，因其含有菊粉，因此味道比普通咖啡要甜（Turner and Szczawinski，1978）。

作为一种蔬菜，菊芋块茎通常是通过烧烤或者水煮的方法进行烹饪。Aldini（1625）描述了它烹饪的优点，Lauremberg（1632）介绍了几种菊芋块茎的制备方法。La Varenne（1651）将菊芋茎块去皮、切片，与洋葱、牛肉、豆蔻和调味品一起焖熟。Menon（1746）将其在水中煮沸，去皮，拌上白酱和芥末食用。Parmentier（1779）描述了多种制备方法供人和动物食用。在近代，出版了大量的关于菊芋的烹饪方法的食谱书。美国能源农业系统（AEFS）的一个部门在20世纪80年代早期出版了一本专门讨论菊芋的食谱，当农民开始大量种植菊芋作为可替代的能源作物时，市场已经为此做好了准备。20世纪80年代以来，菊芋作为一种新颖的蔬菜和健康的食品经历了一次小的复兴，它被人们认定为是一种具有多功能的原料。例如在食谱中，它可以被捣碎，或炒、或蒸，或做成色拉、砂锅、奶油烤菜、意大利烩饭、蛋奶酥、面包、饼干、蛋糕（例如Shoemaker，1927；Grigson，1978；Schneider，1986）。在法国，菊芋块茎被当作动物饲料和应急食物来源已有很多年，然而现在它已经出现在时尚餐厅的菜单里，例如与鹅肝酱或者自然干酪一起烹饪，或与柑橘或核桃做成温性沙拉（Hennig，2000）。

菊芋经常连皮一起烹饪，尤其是在烧烤的时候。如果要去皮，应在烹饪前过一遍冷水，以减少变色。在烹饪以后也会发生变色，果肉颜色会由奶油色变为暗灰色。变色是由于铁元素造成的，这是一种在菊芋块茎中含量丰富的矿物质，比在马铃薯中的含量高五倍。铁能与酚类化合物反应，特别是能在受损的组织中与绿原酸反应，形成暗色的化合物。在去皮块茎的水中加入醋，可通过增加酸度来减少与铁的反应的绿原酸的量，从而达到防止变色的目的。经过烹饪后，酒石酸氢钾和柠檬汁可以通过与铁离子结合而减少变色，并减少有色物质的形成（McGee，1992）。

随着对肥胖症和糖尿病发病率上升的担忧，人们增加了对菊芋的摄入量，由菊芋制成的菊粉制品能对人体产生很好的保健作用。历史上，不同来源的菊粉的日摄入量均约为25~33 g（Roberfroid et al.，1993）。然而到了20世纪90年代，菊粉的人均日摄入量已经低至2~12 g。在美国，现在的日摄入量为1~4 g，而在欧洲为3~11 g，小麦和洋葱是这些菊粉的主要来源（Moshfegh et al.，1999；Roberfroid and Delzenne，1998；Van Loo et al.，1995）。

正如前面章节所述，菊粉和低聚果糖作为高强度甜味剂、糖和脂质的替代品被越来越多的添加到食品中，它们可以改善食品的质地、味道和口感（感官质量），增加纤维含量，保持水分，增加泡沫及增强乳剂的稳定性（Franck，2002），这些食品应用在表6.1中进行了总结。这些应用旨在减少食物中的热量或者促进有益肠道菌群的增殖。在新型食品的制备中，作为菊粉和低聚果糖的重要来源，菊芋日益受到重视，附录中大量专利的申请足以证明这一点（见附录）。食用菊粉和低聚果糖的好处将在后续章节中进行讨论。

表 6.1 菊粉和低聚果糖在食品中的应用

应用	功能	菊粉（% W/W）	低聚果糖（% W/W）
乳制品	代替糖和脂肪；等同甜味剂；泡沫稳定性；纤维和益生元	2~10	2~10
冰激凌	代替糖和脂肪；等同甜味剂；纤维和益生元	2~10	5~12
涂抹食品	代替脂肪；纹理和铺展性；乳液稳定性；纤维和益生元	2~10	-
烘焙面包	纤维和益生元；保湿，代替糖类	2~15	2~25
早餐麦片	纤维和益生元；脆度和扩展性	2~25	2~15
馅料	代替糖和脂肪；改进结构	2~30	2~50
水果制品	代替糖类；等同甜味剂；纤维和益生元	2~10	5~50
沙拉酱	脂肪代替品；口感	2~10	-
肉制品	代替脂肪；纹理和稳定性；纤维	2~10	-
食品和膳食代替品	糖和脂肪代替品；等同甜味剂；低热量；口感；纤维和益生元	2~15	2~29
巧克力	替代糖类；纤维；耐热性	5~30	-
片剂	替代糖类；纤维和益生元	5~100	2~10

来源：摘自 Franck, A., *Br. J. Nutr.*, 87 (Suppl. 2), S287–S291, 2002.

6.1.1 菊粉与肥胖症

肥胖已成为全球性健康问题。世界卫生组织（WHO）在 2002 年的调查数字显示，全球有超过 10 亿的成年人体重超标，其中有 3 亿人患有肥胖症。2003 年，国际肥胖研究协会估计，世界上有超过 17 亿人超重或肥胖。经济合作与发展组织（Organization for Economic Cooperation and Development，OECD）在 2002 年公布的数据显示有超过 26% 的美国人患有肥胖症，超过 20% 的英国人和澳大利亚人有肥胖问题。直到最近，肥胖一直被认为是发达国家面临的问题。然而现如今，肥胖问题成为发达国家和发展中国家普遍面临的问题。营养不良和营养过剩问题同时存在于很多国家（Gardner and Halweil, 2000; Lang and Heasman, 2004）。

营养过剩是肥胖症流行的根源。食用高能和高脂肪的食物导致了体内脂肪的积累。体内脂肪含量过多而体重超过正常时称为肥胖。肥胖的标准通常用体质指数的形式来表示：一个人体重除以其身高的平方（kg·m^{-2}）。体质指数在 25 到 30 之间被认为是超重，在 30 以上则被认为是肥胖。极端肥胖的比率正在以惊人的速率上升。到 2003 年，超过 6% 的美国人口病态肥胖，体质指数超过了 40。体质指数超过 25 会增加过早死亡的危险。这是由一系列变性疾病包括心血管疾病、高血压、中风、质疏松和某些癌症（子宫内膜癌、乳腺癌和大肠癌），糖尿病（2型糖尿病）（CDC，2006；Lang and Heasman，2004）。

据世界卫生组织估计，每年超过300万死于超重和肥胖的人口，而这一数字预计会继续增加（WHO，2002）。在美国，从1991年到2001年，肥胖指数增加了74%。肥胖指数的增加也发生在其他的一些地区。肥胖指数的急剧增加已经成为世界人类健康的最大威胁之一。特别值得关注的是儿童的肥胖症，这会增加他们一生的疾病风险。举例来说，在美国，从1980年到2005年，超重儿童的数量增长了3倍（CDC，2006），在英国从1994年到2004年肥胖症儿童的数量增长了2倍（NHS，2006）。由此产生的医疗保健的花费是非常庞大的。据估计，在1998年，由肥胖和超重产生的费用占到了美国总医疗费用的9.1%。2005年美国花费在超重和肥胖上的费用超过785亿美元（CDC，2006；Lang and Heasman，2004）。

预测令人震惊，但是肥胖症在很大程度上是可以预防的。例如，减少食物的摄入量、改变饮食习惯与多运动，都可以防止肥胖症的发生。为了改变饮食习惯，迫切需要具有饱腹感，又不会导致肥胖的食物。菊芋就是这样一种体积大、能量低的食物。它的热量值较低，因为消化系统中的酶不能降解菊粉和低聚果糖，这是肠道吸收的先决条件。基于这个原因，菊粉和低聚果糖往往被称为不被消化的糖。

不过，菊粉被结肠中的细菌当作发酵培养基，这意味着它们在很有限的程度上被降解和吸收，所以菊粉的热值较小。Molis 等（1996）计算的低聚果糖的能价为 $2.3\ kCal\cdot g^{-1}$（$9.5\ kJ\cdot g^{-1}$），而 Livesey 等（2000）提出被微生物发酵的所有碳水化合物的能价为 $2.0\ kCal\cdot g^{-1}$（$8.4\ kJ\cdot g^{-1}$），然而，大多数文献上计算的菊粉和低聚果糖的能量值低于这个数值。比如，据 Hosoya 等人和 Ranhotra 等报道，能价为 $1.5\ kCal\cdot g^{-1}$（$6.3\ kJ\cdot g^{-1}$），而 Roberfroid 等（1993）给出的范围是在 1.0 和 1.5（$4.2\ kJ\cdot g^{-1}$ 和 $6.3\ kJ\cdot g^{-1}$）之间。实际上，关于菊粉热值差异的报道，在营养学上是没有意义的（Roberfroid，2005）。虽然目前没有被普遍认可的数值，在食品的标签和营养学中菊粉的能价通常为 $1.5\ kCal\cdot g^{-1}$（$6.3\ kJ\cdot g^{-1}$）（Roberfroid，1999）。因此菊芋的热值远少于其他大部分块茎蔬菜。例如，100 g 煮熟的马铃薯，其热值为 76 kCal，等量煮熟的菊芋块茎的热值却是 41 kCal（Vaughan and Geissler，1997），故此在减肥食谱中，菊芋是一种理想的食物。在低热量的食物中，菊芋菊粉可被用于脂肪和糖的替代品。

6.1.2 菊粉与糖尿病

糖尿病是指一种血液中的糖不能适当吸收进入细胞的疾病。因此葡萄糖在血液中水平一直很高。将葡萄糖摄入人体细胞是由胰腺产生的胰岛素控制的。Ⅰ型糖尿病是由于胰脏未能分泌足够的胰岛素，多数是由遗传因素造成的。非胰岛素依赖型糖尿病，即Ⅱ型糖尿病，是当身体的细胞不能对产生的胰岛素做出非常有效的反应时造成的，这与肥胖、营养过剩、膳食脂肪和糖摄入过量等因素有关。Ⅱ型糖尿病患者占所有糖尿病患者的90%左右，这两种类型的糖尿病都可以通过注射胰岛素进行治疗，在Ⅰ型糖尿病中起到减少血糖浓度，促进细胞摄取葡萄糖的作用，在Ⅱ型糖尿病中则起到补充人体胰岛素的作用。

在美国，有超过 1 800 万的成年人患有糖尿病（CDC，2006），世界上有超过 1.7 亿人存在这样的情况，并且其发病率正在显著上升。据世界卫生组织估计，到 2025 年可能会有 3 亿人患有糖尿病（WHO and FAO，2002）。迫切需要制定一系列办法来治疗 Ⅱ 型糖尿病，并解决发病率增加的根本原因，如肥胖和不良的饮食习惯。因此，饮食习惯的改善是 Ⅱ 型糖尿病治疗的一项重要策略。

含菊粉的食物对糖尿病患者是有益的。菊粉和低聚果糖在肠道内不能被吸收（Rumessen et al.，1990），人体不需要为此产生胰岛素，因此不会影响胰岛素的水平。蔗糖或葡萄糖的摄入，会引起血糖和胰岛素的变化，但等量的菊粉或低聚果糖被摄入时不会产生这样的变化（Roch-Norlund et al.，1972）。因此，食用含菊粉丰富的食物有助于恢复正常的血糖水平，而含有淀粉和蔗糖的食品会使血糖水平升高。20 世纪 80 年代和 90 年代的实验证实了菊粉丰富的食物在糖尿病人的饮食中的有益作用。并且也证实，每日摄入低聚果糖可降低糖尿病患者和健康人群血糖水平（Luo et al.，1996；Yamashita et al.，1984）。举例来说，与含有其他碳水化合物的饮食相比，菊粉会降低胰岛素的峰值（Rumessen et al.，1990）。建议糖尿病人在饮食中每顿饭食用 16~23 g 菊粉（Van Loo et al.，1995）。

利用含菊粉的植物治疗糖尿病的方法已有悠久的历史。希腊医生 Theophrastus 利用蒲公英来治疗糖尿病，在亚欧大陆蒲公英（*Taraxacum officinale* L.）也被用作糖尿病的早期治疗。在北美，历史上曾用土木香（*Inula helenium* L.）来降血糖（Tungland，2003）。据 1874 的报道，每日摄入 50~120 g 菊粉的糖尿病患者的尿中没有糖的出现（Külz，1874）。菊芋块茎中有丰富的菊粉和低聚果糖，因此成为糖尿病人的理想食品。20 世纪 20 年代，将菊芋给糖尿病患者食用取得了明显的效果（Carpenter and Root，1928）。用菊芋取代其他糖类食品，如土豆，连续食用超过 6 天乃至数月，已被证明是有效的。食用菊芋后血糖的增加量（每 3 小时增加 0.02%~0.07%）显著低于食用果糖或其他糖类后的血糖增加量（Root and Baker，1925）。然而，病人肠胃方面的不良反应限制了随后菊芋作为处方药的开具程度。

现在，在饮食中推荐适量数量的菊芋来对抗糖尿病和肥胖症。不过每天食用菊芋可能很单调，但进食含菊芋块茎提取物的食品也是有益健康的。例如，在一系列着重于减肥、健康和治疗糖尿病的食品应用中，已有用菊芋粉取代小麦粉的先例。菊粉也被加入黄油、果酱与饮料等针对糖尿病患者的食品中。

用菊芋块茎制备面粉是一种低热量无脂肪的能量和纤维的来源，含有丰富的营养物质包括钙、钾与铁等。基于了食品市场的健康，菊粉通常添加在含有活菌往往是双歧杆菌的产品中。细菌（益生菌）及其发酵底物（益生元）具有保持健康、平衡结肠菌群的作用。

菊芋块茎经浸渍、加热与喷雾干燥后制成菊粉。在这个过程中部分菊粉被分解为短链低聚果糖（Yamazaki et al.，1989）。菊粉也被添加到动物性饲料中。一项研究中显示，典型菊粉的组成为（干重）2.1%氮、16.2%不溶性纤维、4.2%灰分与 77.5%可溶性碳水化合物。碳水化合物包括聚合度为 1~2（33.3%）、3~4（46.4%）和超过 5 的果聚糖（20.3%）（Farnworth et al.，1993）。

从菊芋中可获得果糖和果聚糖的提取物，由于它们对健康的益处，在一些食品和非食品应用工业中变得极具吸引力（Fleming and Groot Wassink，1979；Fontana et al.，1993；Fuchs，1993；Roberfroid，2005）。例如，短链低聚果糖（聚合度2~5）正越来越多地被用作加工食品的低热量甜味剂，今后它们的利用将被迅速扩展。

6.1.3 益生菌、益生元和双歧杆菌

在人类饮食和动物饲料中，由菊芋块茎引起的许多健康益处与它在大肠中作为益生菌活性的启动子的作用有关。千百年来，益生菌一直是一种重要的膳食成分。不过，益生菌这个称谓直到20世纪70年代初才是现如今的定义，即具有平衡结肠中菌群作用的生物体或物质。这个定义与益生菌对结肠微生物的重要作用有关，而这些微生物影响了食物的吸收与人体健康。今天，益生菌一般定义为能够通过改善肠道微生物平衡而影响宿主体的一种活的微生物食品添加剂（Fuller，1992）。

大肠是消化系统中微生物分布最密集的区域。每克肠道物质含多达10^{12}个细菌。约有50个属，数以百计的种株。这些细菌绝大多数为厌氧菌，既有有益菌群，又有致病菌群。肠道菌群的平衡极大地影响消化过程。天然存在于大肠的有益菌群包括双歧杆菌和乳酸菌两种。益生菌和促进它们活性的基质，有利于调节平衡，进而为这些有益菌群提供最适的生存环境，因此，它们的数量至少构成了菌类总数的1/3（Gibson and Roberfroid，1995）。

最早的益生菌可能是发酵的牛奶。从古至今，酸奶和其他发酵食品被认为是能够促进健康的食品。到20世纪初，人们认识到细菌在发酵乳制品中具有重要作用（Metchnikoff，1907）。20世纪50年代起，相关实验证实了体内有益菌的作用。摄入的有益菌可以维持肠道菌群的平衡，对抗有害细菌的不良影响。例如，乳酸杆菌被确定为发酵乳制品中的关键益生菌成分。

许多细菌和酵母菌具有益生菌的活性。在商业应用中，以4个属的细菌为主，有：双歧杆菌、乳酸菌，以及少量的肠球菌和链球菌。这些在营养学文献中都被称为乳酸菌（LAB），尽管双歧杆菌和少量的商业化的菌并不是严格意义上的乳酸菌。以下这些菌种被应用于商业化产品：*Bifidobacterium breve*，*B. bifidus*，*B. infantis*，*B. lactis*，*B. longum*，*B. thermophilum*，*Lactobacillus acidophilus*，*L. delbrueckii* subsp. *bulgaricus*，*L. helveticus*，*L. casei*，*L. fermentum*，*L. johnsonii*，*L. plantarum*，*L. rhamnosus*，*L. salivarius*，*Enterococcus faecium*，and *Streptococcus salivarius* subsp. *thermophilus*（Lee et al.，1999）。大量的宣传都是针对这些产品，包括改善结肠菌群平衡、刺激免疫系统、增强对细菌性感染的抵抗，以及对人类健康的其他益处。

很多因素影响益生菌的效用，包括它们黏附于肠道内壁的能力（Crociani et al.，1995）。体内原有的和外界进入的有益细菌（即双歧杆菌和乳酸杆菌）能在肠道内生存和繁殖的关键因素是那些尚未被人类消化系统消化的碳水化合物资源的存在，这类碳水化合物是被用作细菌的培养基。现已表明一系列不可消化的寡糖，可刺激结肠中双歧杆菌和乳酸杆菌的活性（Fuller，1997）。非消化性的、可刺激结肠中有益细菌的生长或活性的物质被称为益生元。它们已成为益生菌添加剂的一个重要组成部分（Gibson and Roberfroid，

1995; Gibson et al., 2005; Tuohy et al., 2005)。菊芋块茎中含有丰富的菊粉和低聚果糖,因此是一个潜在的益生元来源。

益生菌添加剂的形式可以是粉状、干片、颗粒、块状、膏状, 或者喷雾产品, 这取决于它们用途的不同。它们通常包含细菌活性成分 (益生菌) 和被细菌选择性发酵的碳水化合物 (益生元)。益生菌和益生元的组合也被称为合生元 (Gibson and McCartley, 1998; Roberfroid et al., 2002a)。合生元的称谓已经被慢慢人们接受, 但是, 益生菌仍然常被用作益生菌和益生元的混合物 (Heasman and Mellentin, 2001)。因此, 一种典型的合生元通常包含双歧杆菌及菊粉或低聚果糖。菊粉益生元添加剂也被加入没有益生菌组分的食品中, 以促进体内双歧杆菌的活性。有些益生菌产品 (例如, 酸奶饮料) 已受到严格审查, 因为加入的包括双歧杆菌在内的益生菌需要保证在胃部以外的部位不能生存而只对结肠菌群起促进作用 (Graham-Rowe, 2006)。不过, 毫无疑问的是益生元菊粉和低聚果糖能够到达结肠。

菊粉和低聚果糖是良好的益生元, 因为它们在小肠中不会被消化吸收。连接果糖的 β- (1-2) -糖苷键不能被哺乳动物的消化酶酶解 (Oku et al., 1984), 因此可以作为一个完整的分子到达结肠。摄入的菊粉大约有85%可以到达结肠, 它们可作为结肠菌群的发酵培养基。菊粉和低聚果糖选择性的刺激双歧杆菌和乳酸杆菌的生长, 而其他典型的糖类如淀粉或者果胶就没有这种效果 (Gibson et al., 2005; Mitsuoka et al., 1987; Wang and Gibson, 1993)。因此, 它们能影响结肠中的菌落的组成, 有利于有益菌的生长 (Gibson et al., 1995; Gibson and Wang, 1994)。每日摄入大约8~10 g 低聚果糖可显著增加大肠中双歧杆菌的数量 (Bouhnik et al., 1997; Hidaka et al., 1991; Tuohy et al., 2001)。每天在饮食中加入仅仅5 g 的菊粉即可观察到其益生效应 (Bouhnik et al., 1999; Williams et al., 1994)。

通过促进双歧杆菌及其他有益菌的生长, 益生元通过竞争性抑制帮助抑制有害微生物的生长。大量益生菌的增殖可以争夺其他细菌的营养资源, 并且黏附于肠道壁的上皮细胞上。牢固地黏附能够有效地防止益生菌因为宿主分泌物及肠道的畅通而被消除掉。不同双歧杆菌种属的附着能力与它们在大肠定殖的能力有关 (Crociani et al., 1995)。双歧杆菌发酵菊粉后还能释放抗菌剂 (Gibson and Wang, 1994)。乳酸杆菌分泌有特定抗菌作用的细菌素-多肽 (Dodd and Gasson, 1994)。当在饮食中补充菊粉和低聚果糖时, 粪便样品中的病原菌大大减少 (Gibson and Wang, 1994)。据报道被抑制的有害细菌是 *Clostridium perfingens*, *C. difficile*, pathogenic strains of *Escherichia coli*, *Staphylococcus aureus*, *Campylobacteria jejuni*, *Salmonellaenteritidis*, *Candida albicans* (Araya-Kojima et al., 1995; Buddington et al., 2002; Fooks and Gibson, 2002; Gibson et al., 1995; Gilliland and Speck, 1977; Harmsen et al., 2002; Kleessen et al., 1997; Rao, 2001; Wang and Gibson, 1993; Yamazaki et al., 1982)。然而并不是所有的菊粉和低聚果糖实验都会导致致病菌数量的显著减少 (Roberfroid, 2005)。

含有菊粉和低聚果糖的益生菌和益生元添加剂, 在经过疾病和抗生素治疗后, 可以特别有效地帮助双歧杆菌在大肠中的重新定殖, 因为双歧杆菌可以被某些抗生素所根除

(Colombel et al., 1987)。对其他的高危人群，如老人、儿童、旅行，或者在国外度假的人，食用它们可以作为疾病预防的一种非常有效的措施。据报道，除了它们的益生效应，菊粉型果聚糖益生元有一系列其他的保健功能，这些功能被动物实验和临床实验的很多资料所证实，尽管应该注意到不同的研究往往差异性很大。它们的保健功能主要涉及矿物质的吸收和骨骼的健康、降低血脂和心脏病、刺激免疫系统，以及预防疾病及改善肠道功能（Boeckner et al., 2001; Roberfroid, 1995; Tungland, 2003）。

6.1.4 菊粉和骨骼健康

含有低聚糖的益生元和合生元通过改善结肠中矿物质的吸收，特别是钙、铁和镁的吸收，提高矿物质的生物有效性（Caers, 2004; Coudray, 2004; Hidaka et al., 2001; Ohta et al., 1994; Roberfroid, 2005）。其机制可能是通过增加丁酸和其他短链脂肪酸的含量和降低 pH 值，增强肠上皮的被动和主动矿物转运（Scholz-Ahrens and Schrezenmeir, 2002）。改善钙的吸收可以分别有助于防止骨质疏松和贫血症（Ohta et al., 1998; Weaver and Liebman, 2002）。例如，低聚果糖的摄入，使试验中诱导性贫血的小鼠康复并增加了它们骨骼中矿物质的含量（Ohta et al., 1998; Oda et al., 1994）。

骨质疏松是一种以骨量和骨密度减少为特点的疾病，它会导致人体骨骼，尤其是绝经后的妇女，变得骨质弱而易于骨折。这是一个日益严重的全球性问题，可以通过调整饮食来改善。钙是衡量骨强度的一个关键因素。通过优化成年早期骨量的峰值，并尽量减少绝经后的骨质丢失，可显著减少髋部骨折的风险。改善骨骼生长时期的钙营养是至关重要的，可使晚年的髋部骨折率减少 50% 左右（Coxam, 2005）。

益生元菊粉和低聚果糖添加到动物的日常饮食中可显著增加动物中的钙吸收（例如，Coudray et al., 2003; Mineo et al., 2001; Ohta et al., 1994; Rémésy et al., 1993），可以增加骨质和骨密度（Roberfroid et al., 2002b）。在青少年（Griffin et al., 2002, 2003; van den Heuvel et al., 1999）和绝经后的妇女（van den Heuvel et al., 2000）饮食添加中，都可发现其对钙质吸收的有利影响。在这两类人群中，同时含有低、高聚合度的菊粉混合物是提高矿物质吸收的最有效配方（Coudray et al., 2003; Griffin et al., 2002, 2003）。这种混合物（平均聚合度为 4 的低聚果糖和平均聚合度为 25 的长链菊粉比例为 1:1 时）以 30 $mg \cdot d^{-1}$（以 Ca 计）的速度增加骨架中钙的吸收（Abrams et al., 2005）。不过，维生素 D 受体基因的多态性似乎对钙吸收的调节及对添加剂的响应程度具有重要的影响。

在日本，矿物质缺乏是一个营养学问题，低聚果糖对钙吸收的有利影响在印刷在饮食添加剂的标签上得到确认（Hidaka et al., 2001）。

6.1.5 血脂和心脏病

菊粉和低聚果糖有助于维持心血管系统的健康，并可能减少患心脏病的风险。其中的一个关键因素是血脂成分的维护和改善，方法是减少甘油三酯含量，以及降低胆固醇和同型半胱氨酸水平（Hidaka et al., 2001; Luo et al., 1996; Tungland, 2003）。具有说服力的降低脂质的方法已经在动物体内被证明（Delzenne et al.，1993；Fiordaliso et al.，1995；Kok et al.，1998；Trautwein et al.，1998）。例如，在饮食中添加丰富菊粉的大鼠，与对照动物相比，血液中胆固醇和总血脂的水平降低。而据报道，大鼠每日饮食中含5%~20%的低聚果糖即可减少血清中甘油三酯的水平。不过这种方式对于人类就没有那么有效。较高剂量的菊粉（超过 30 g/d）会使人体产生不适的胃肠道症状（Williams，1999）。某些人体试验显示没有效果，但是也有一些人群在饮食中添加菊粉和低聚果糖之后，它们体内的甘油三酯和胆固醇的水平有显著的降低（Williams and Jackson，2002）。Roberfroid（2005）。回顾12个研究案例，发现有8个积极结果与4个消极的结果。与正常脂质水平的志愿者（Brighenti et al.，1999；Luo et al.，1996；Pedersen et al.，1997；van Dokkum et al.，1999）或非胰岛素依赖型糖尿病患者（Alles et al.，1999；Luo et al.，2000；Yamashita et al.，1984）相比，中度的高血脂症患者（Causey et al.，2000；Davidson et al.，1998；Hidaka et al.，1991；Jackson et al.，1999；Letexier et al.，2003）更容易得到积极的结果。菊粉型果糖添加剂的作用是减少肝脏中脂肪的生成量，并降低血液中血脂的浓度（Letexier et al.，2003）。

　　菊粉和低聚果糖对血脂（甘油三酯）的降低效果要好于对胆固醇的降低效果。在这两种情况下，菊粉比低聚果糖更有效（Roberfroid，2005）。在若干研究中观察到的胆固醇适度降低的过程可能是菊粉和低聚果糖的代谢产物-短链脂肪酸能抑制肝胆中固醇生物合成的一个结果，但这其中的作用机制尚不清楚。益生元也可能有助于胆固醇从血浆向肝脏中重新分配，而被益生元刺激的有益细菌可能会干扰结肠吸收胆固醇，或直接消化胆固醇。较高的同型半胱氨酸水平可损害动脉组织，干扰血管的收缩和扩张以及凝血过程。通过降低同型半胱氨酸和不正常血脂的水平，菊粉和果寡糖添加剂可能有助于减少心脏病的风险。譬如，可以通过降低血清中甘油三酯和脂肪酸的水平来降低动脉粥样硬化的风险。

6.1.6　免疫系统和癌症预防

　　菊粉和低聚果糖通过刺激双歧杆菌和乳酸菌，以及改善结肠中菌群的平衡，来调节免疫系统对疾病的反应（Watzl et al.，2005；Yasui et al.，1992）。对此，益生元已被证明可促进巨噬细胞、淋巴细胞和抗体的产生，尤其是位于肠道黏膜和盲肠的免疫球蛋白 A-阳性细胞产生（Bornet，2001；Hosono et al.，2003；Kadooka et al.，1991；Roberfroid，2005；Yasui et al.，1992）。此外，双歧杆菌和乳酸杆菌的大量繁殖有助于加强肠道内层的血液屏障。它们是通过击败黏附在肠道内层的病原菌、产生的短链脂肪酸滋养黏膜层的细胞、降低肠道 pH 值和释放细菌素来对抗病原体等实现上述功能（Anon.，2006；Wang and Gibson，1993）。由此，低聚果糖能够帮助人体对抗包括溃疡性结肠炎、炎症性肠炎和大肠杆菌 O157 的感染在内一系列疾病（Hidaka et al.，2001；Kanauchi et al.，2003；Oike et al.，1999；Wolf et al.，2003）。菊粉刺激免疫系统的能力，也引起人们对其在疫苗辅助剂应用方面的兴趣（Cooper，1995；Silva et al.，2004）。

　　新生儿和幼儿的免疫系统尚未发育完全。母乳中含有天然的益生元寡糖能够刺激双歧杆菌和乳酸菌的增殖，它们的数量在母乳喂养的婴儿胃肠道菌群中占主导优势。婴儿配方奶粉和牛奶中的寡糖含量不足，成为婴儿免疫系统发育的一个阻碍因素。在婴儿配方奶粉中加入果寡糖益生元可增加胃肠道双歧杆菌和乳酸杆菌的数量（Boehm et al.，2002；Knol et al.，2000；Moro et al.，2002）。而每日补充低聚果糖（例如，2 g·d^{-1}），可减少婴儿流行性疾病的发生（例如，vomiting，diarrhea）（Saavedra et al.，1999；Vandenplas，2002；Waligora-Dupriet et al.，2005）。

据报道，果寡糖添加剂通过刺激免疫系统可减少大肠癌发生的风险（Kowhi et al.，1978，1982；Pool-Zobel et al.，2002）。比如，在小鼠和大鼠中，低聚果糖可减少结肠致癌物质的产生和结肠肿瘤的发生（Pierre et al.，1997）。而膳食菊粉和低聚果糖可抑制化学诱导性肿瘤（Taper and Roberfroid，2002）和减少遗传毒性对大鼠结肠上皮组织的损伤（Rowland，1998）。发酵菊粉和低聚果糖后释放的短链脂肪酸丁酸可能会抑制结肠癌的发生。丁酸已被证明可直接抑制体外培养肿瘤的扩散（Kruh，1982）。动物试验表明，丁酸的释放对大鼠的结肠癌有保护作用（Bornet，2001；McIntyre et al.，1993）。此外，菊粉的注射可延长患黑色素瘤小鼠的生存时间（Cooper and Carter，1986）。然而，要非常确定的讲菊粉等的膳食纤维能够有效抑制结肠癌的发生还需要更多的证据（Baron，2005；Park et al.，2005）。

6.1.7 肠功能

饮食中的菊粉和低聚果糖，可促进肠道的健康，改善肠功能，主要是通过提供不能被人体中的酶消化，也不能被小肠吸收的膳食纤维来实现此功能（Flamm et al.，2001）。膳食纤维在养分吸收、消化、运输时间和粪便的组成和重量方面起着重要作用，同时为结肠菌群提供主要的营养物质（Trepel，2004）。膳食纤维通过其对结肠菌群的作用会产生湿胀的效果，通常，每多食用 1 g 的膳食纤维，粪便重量增加可达 5 g（Roberfroid et al.，2002a）。

双歧杆菌和乳酸菌等结肠菌群代谢产生的发酵产物包括维生素和短链脂肪酸，它们在结肠中被大量吸收和代谢，从而为身体提供能量。已经证明，含有双歧杆菌的益生菌可提高水溶性维生素（如维生素 B_1、烟酸、叶酸、维生素 B_{12}）在大肠中的水平（Deguchi et al.，1985；Lee et al.，1999）。短链脂肪酸组成包括乙酸酯类（如乙酸）、丙酸酯类（如丙酸）、酸类（如丁酸）和乳酸盐类（如乳酸）。它们对糖类，脂肪和胆固醇的代谢有一系列的作用，这对于正常结肠功能的保持是至关重要的（Hidaka et al.，2001）。利用菊粉和低聚果糖之后的发酵产物类型依赖于肠道菌群的组成、数量以及菊粉和低聚果糖的结构。益生元的发酵和消化，除了增加短链脂肪酸的含量，还可增加细菌生物量，提高肠道二氧化碳、氢和甲烷的含量（Andrieux et al.，1993；Roberfroid et al.，2002a）。

低聚果糖添加剂（例如，3 g·d^{-1}）可通过缓解中度便秘和增加大便次数来改善肠道功能（Kameoka et al.，1986；Tokunaga et al.，1993；Tominaga et al.，1999；Wolf et al.，2003）。菊粉和低聚果糖可降低肠道 pH 值，增加粪便重量，同时也可增加丁酸及其他气体发酵物（Campbell et al.，1997）。人体粪便的重量可增加约 20%，呼吸氢增加 3 倍（Alles et al.，1997），短链脂肪酸的产生可降低 pH，而粪便重量的增加主要归因于结肠中微生物生物量的增加。由于水分含量增高,粪便更柔软,更容易排出,从而增加排便的频率(Churbet,2002)。

胃肠道的紊乱可导致几种类型的腹泻,如伪膜性结肠炎(梭菌的过度生长所造成)、轮状病毒腹泻、抗生素相关性腹泻与旅行性腹泻等。含双歧杆菌的菊粉或低聚果糖的益生元和合生元添加剂有应对这些腹泻的潜能(Gibson et al.,1997)。旅行者由于接触食品或者饮料中的陌生微生物而易得胃肠道疾病。据报道,食用低聚果糖补充剂(10 g·d^{-1})的旅行组与对照组相比,食用组的腹泻率更低(Cummings et al.,2001)。刚刚痊愈的,因艰难梭菌感染引起的腹泻病人食用低聚果糖(12 g·d^{-1})12 天,与对照组相比其双歧杆菌的含量较高,并且腹泻不易复发(Lewis et al.,2005)。

6.1.8 消化不良

菊芋对食物消化具有有益的作用。比如,它是很好的膳食纤维来源,有助于膨大食物提及,并减少便秘。不过有可能导致消化不良。

人类的消化酶不能消化菊粉,我们食用的约 89%(可能高达 97%)的菊粉和低聚果糖,在小肠中保持了完整的结构(Andersson et al.,1999;Molis et al.,1996)。因为它没有被消化,进食菊粉丰富的一餐后,大肠或结肠中往往会有很多菊粉,它们没有到达粪便,只有一小部分出现在尿液中(Molis et al.,1996)。这是因为菊粉被大肠中的微生物完全发酵,尤其是双歧杆菌和乳酸杆菌(Nilsson and Björck,1988;Nilsson et al.,1988)。菊粉和低聚果糖的消化伴随着氢、二氧化碳及其他气体的产生(Stone-Dorshow and Levitt,1987),这导致食用菊芋和其他含菊粉丰富的食物产生了胀气的副作用。

菊芋的风致效应已经被人们认识了很多年。虽然在 1607 年后引入的 10 年间,菊芋块茎迅速蔓延至整个法国,但它并没有普遍被接受,主要是因为人们对该陌生蔬菜的过度食用产生了消化不良的副作用。在 Jean-Luc Hennig 的《菊芋之奇观》中写到在块茎被引入后,街上的卖家和人们给它起了各种各样的昵称。巴西的印第安人 Topinambous 1613 年到来并提出不再改动的名字之前,其称呼往往是乡下人的最原始的词汇,提到了难消化。与此同时,英格兰的医生 Tobias Venner 在 1662 年指出,这种蔬菜"有点恶心,对胃不好"对忧郁症患者是有害的,因为他们的胃不好。在 Johnson's 1633 年对 Gerard's Herball,的修订版中,John Goodyer 对菊芋词条进行如下评论:我认为菊芋无论是以穿还是吃,都能在体内导致污秽、令人厌恶的恶臭味,使腹部感到痛苦和折磨,菊芋更适合猪,而不是人;但有些人说他们经常吃它们,却没有发现有此遭遇。

除了胀气,过度食用菊粉可导致一系列的腹部症状,如渗透性、腹泻、疼痛和腹胀(Roberfroid et al.,2002a)。考虑到人类对菊粉数量的耐受性,有个公认的菊粉的食用上限取决于聚果糖的链长或聚合度以及食用量(Rumessen and Gudmand-Høyer,1998)。人类对聚合度超过 5 的果聚糖的耐受性比对聚合度小于 5 的短链低聚果糖大。文献表明,每天食用各种食品中的菊粉高达 70 g 时也不会造成不良的副作用(Coussement,1999;Kleessen et al.,1997;Tungland,2003)。研究表明,每天 5~20 g 的菊粉剂量可产生有益的作用,人类消化系统对这些相对较小剂量的菊粉具有很好的耐受性(Rumessen et al.,1990)。

导致出现消化问题的菊粉剂量，取决于个人的生理状况，有些人比较能耐受该副作用，而有些人则更容易受到消化困扰。在一定程度上，这也取决于过去吃了多少菊芋。虽然目前并无证据显示短期内对菊粉的生理适应能力，但从长期来看，结肠中的微生物可以演变出以菊粉为靶标的酶。因此，在很长一段时间内，食用的菊芋越多，人们就越有可能适应它。例如，在把菊芋作为粮食作物的地方，人们似乎可以吃很多菊芋而不会有胀气或者消化的问题。这说明人们夸大了食用菊芋引起的胀气问题，主要是经验不足的消费者抱怨它们"令人厌恶的臭气"。不过，菊芋永远不会像马铃薯那样被广泛接受，因为引起的消化不良影响了它们的受欢迎程度。但基于它的好处，最好在一段时间内少量食用一点。

Harold McGee（1992）概述了弱化菊芋副作用的烹饪方式，这些步骤或者在食用之前从块茎中去除部分菊粉，或者改变其组成。生吃或者速熟的块茎中菊粉含量很高，只能作为一餐的一小部分，在大量水中煮熟的块茎，菊粉和低聚果糖的含量降低，少部分果聚糖留在煮热的器皿中生成白色沉淀。如果将块茎切成片可增加与水的接触面积，从而增加水煮效率。煮沸 15 分钟后，可从切片的块茎中去除大约 40%~50% 不易消化的糖类，例如，在水或者牛奶中预煮块茎是人们多年的烹饪经验，这在 1633 年版的《捷亚迪的草药志》以及在 1738 年版的《瓦雷纳河的弗朗索瓦厨师》（McGee, 1992; Schneider, 1986）中提到过。但是，缓慢的煮食可最为显著地降低果聚糖的含量。另一种含菊粉丰富的植物，卡玛百合（百合科）是由美国土著人传统炕烤做熟的。具体方式为在一个深坑中埋入卡玛百合鳞茎，并盖上木材和石头，火一点着，即盖上土和草，经过 12~36 小时烤熟。这种方法也可用于菊芋块茎，McGee 在厨房里对菊芋块茎采用了一种缓慢的烹饪方法，烹饪 12 小时以上。用此方法最终把菊粉转化为果糖，口感甜软（McGee, 1992）。菊粉和低聚果糖含量在冷冻和储存时也会减少，这是由于化合物的分解所致（Edelman and Jefford, 1968; Rutherford and Flood, 1971）。因此，做熟后在寒冷环境中放置一两个月的块茎，比新鲜的块茎中菊粉的含量要少，虽然效果不如改变烹饪办法对其影响明显（McGee, 1992）。

除了胀气及轻微的消化不良，菊粉对人体很少有不利影响。然而，曾经有过一例严重过敏（4 级过敏症）反应的报道，原因是蔬菜和多种来源的食物中菊粉的大量积累（Gay-Crosier et al., 2000）。菊粉和低聚果糖现在被应用于一系列加工食品中，它们被列为食品配料，而非添加剂，被认定为安全食品。因此将它们更多地在加工食品中使用引起过敏反应的可能性很小。

6.2 动物饲料

6.2.1 饲料

菊芋的地上部分不能被人类使用，但是茎秆和块茎都可用作动物饲料，或鲜或青储的形式。通常，菊芋绿色原料的产量约为 500~700 t·ha^{-1}。作为饲料作物，它可以作为常见植物种植，每年茎秆能从留在地里的块茎中再生（Gunnarson et al., 1985）。虽然叶子和茎秆中营养成分和矿物质的含量不同，但它们都可以用于饲料生产（表6.2）。叶片比茎秆含有更多的蛋白质，而茎秆比叶片含有更多的碳水化合物（例如，Hay and Offer, 1992; Luske, 1934）。因此一般认为，叶片比茎秆更适合饲料生产（Hay and Offer, 1992; Malmberg and Theander, 1986; 另见表5.3）。

表6.2 菊芋茎叶中矿物质的组成 [默认单位为 $g \cdot kg^{-1}$（干重），除非另作描述]

	叶	茎
干物质（干重）	210	333
粗蛋白	128	14
NDF[a]	238	292
ADF[b]	218	261
木质素	33	65
钙	24.8	3.2
磷	3.4	0.7
镁	6.9	0.6
钾	36	7
钠 [$mg \cdot kg^{-1}$（干重）]	70	40
铜 [$mg \cdot kg^{-1}$（干重）]	12.9	2.3
锌 [$mg \cdot kg^{-1}$（干重）]	69	44
铁 [$mg \cdot kg^{-1}$（干重）]	80	<10
锰 [$mg \cdot kg^{-1}$（干重）]	58	11

注：a 中性洗涤纤维；b 酸性洗涤纤维。
出处：摘自 Hay, R.K.M. and Offer, N.W., *J. Sci. Food Agric.*, 60, 213-221, 1992.

与其他饲料成分相比，菊芋叶片是动物饲料很好的蛋白质来源，含有丰富的赖氨酸和蛋氨酸（Stauffer et al., 1981）。叶片中蛋白质的干物质含量可占总叶片的20%，其中5%~6%是必需氨基酸——赖氨酸（Rawate and Hill, 1985）。8个加拿大品种记载的叶片粗蛋白含量在9.5%~17.3%之间（Stauffer et al., 1981）。牧草蛋白的氨基酸（%干重）含量已给出，如下：赖氨酸（5.4%）、组氨酸（1.8%）、精氨酸（5.2%）、天冬氨酸（9.1%）、苏氨酸（4.4%）、丝氨酸（4.0%）、谷氨酸（10.5%）、脯氨酸（4.1%）、甘氨酸（5.1%）、丙氨酸（6.3%）、蛋氨酸（1.4%）、异亮氨酸（4.6%）、亮氨酸（8.3%）、酪氨酸（2.8%）和苯丙氨酸（5.0%）（Rawate and Hill, 1985）。茎中的木质素普遍比叶片中的高，虽然 Malmberg and Theander（1986）发现与之相反的现象也可能存在。叶片与茎相比，含有较高的灰分和微量元素，纤维组分趋向于在茎中含量较高（Hay and Offer, 1992）。在生长季节的最后，叶片中蛋白质的含量降低，因此，如果收获延迟，饲料中可获得的粗蛋白的含量可能会降低。

对 10 个野生和栽培菊芋的基因型进行研究发现,在植物生长发育和开花阶段的地上部分的平均产量分别为 1.99 mg·ha^{-1} 和 4.24 mg·ha^{-1}。在开花阶段,与普通牧草相比,"Sunchoke"品种具有最高的牧草产量,为 6.3 mg·ha^{-1}(Seiler, 1993)。Somda 等人(1999)研究了 2 周内菊芋各个部位营养成分的含量。整体而言,营养结构中营养元素的水平会随着块茎的迅速增大而减少。这是韧皮部的移动元素(如,氮、磷、钾)作用的结果,虽然只有很少的移动元素(如,钙、锰)存在于叶片和茎秆中。在植物生长阶段,叶片的营养成分含量最高,铁、钠元素除外。

对得克萨斯州的 19 种野生种与栽培种菊芋基因型的氮和矿物质含量的分析显示,整个植物粗蛋白含量从 60~90 g·kg^{-1} 不等,这足以维持反刍动物的生长(National Academy of Sciences, 1984; Seiler, 1988)。植物生长阶段,11 个基因型植株的叶片中粗蛋白含量达 140 g·kg^{-1}。在成熟期,茎秆、叶片和顶部的粗蛋白含量分别为 68%、23% 和 9%。当菊芋作为多年生草本植物种植时,整个植株体外可消化干物质的水平(598 g·kg^{-1})能很好地为动物提供营养(Seiler, 1993)。植物成熟期,钙、钠、镁、钾的含量是充足的,但磷的含量却不足。Seiler and Campbell(2004)报道了菊芋饲料在矿物质含量上的遗传变异,并得出结论:通过杂交和筛选可以改善氮、钙、钾的含量。但是氮和镁的变化不明显,这表明氮和镁的矿物质水平难以通过选育来改善。因此,菊芋和草混合时,仅喂养磷补充剂就可以为反刍动物提供充足的营养(Seiler, 1988; Seiler and Campbell, 2004)。

17 世纪中期以来,特别是在欧洲,菊芋已被用作饲料来饲养动物(Kosaric et al., 1984)。例如,20 世纪 20 年代在法国,所有的菊芋(2 750 000 t)都被用来喂养牛、羊、猪、马,菊芋的这个用途在法国的某些地区是非常重要的。菊芋的所有部分都被用作饲料,在牛饲料应用中已有公认的营养价值(Leroy, 1942)。收获后的秸秆用作牧草或其他用途,块茎可以作为动物性饲料或者留在地里。例如,可以将猪引入地上部分已被收获的土地,挖掘并食用地里的块茎(Shoemaker, 1927)。在马铃薯短缺时,菊芋块茎是公认的猪的替代饲料(Dijkstra, 1937; Scharrer and Schreiber, 1950)。

当将作物直接用于动物饲料时,绿色茎秆高产的品种就特别受人关注。举例来说,品种"Fuseau"已被推荐为高产饲料的品种,它适合多种不同的收割方式(Shoemaker, 1927)。当茎秆绿色多汁时是其最优的收割时间。来自同一作物的茎叶和块茎很难同时取得良好的收益率。当茎叶过了其作为牧草的最优期时,通常是块茎收获的时期,茎叶的切割会减少块茎的产量。然而,Rawate 和 Hill(1985)发现:在块茎开始生长之前的一段时间,切割不成熟的早期枝叶,对块茎产量的影响很小,而此时间之后的切割会降低块茎的产量。它们以 1 个月为间隔收割茎叶 3 次,获得的干物质和蛋白质的总量分别为 26 956 kg·ha^{-1} 和 5 392 kg·ha^{-1}。

在明尼苏达州,就蛋白质水平而言,收获菊芋茎叶的最佳时间为 9 月(Cosgrove et al., 2000)。不过,在这个季节的早期,块茎产量相对较低。茎叶收获的最佳时间只是在开花前,此时块茎通常只达到了其最终产量的 20%~30%。要在动物性饲料中同时使用茎叶和块茎,建议在本季节的后期收获,损失一些叶片干物质的产量,使块茎开始膨大

(Boswell et al., 1936)。开花后,饲料中蛋白质的百分比下降,而木质素含量增加(Stauffer et al., 1981)。

在美国,一项对菊芋饲用价值的调查得出的结论是:虽然菊芋与其他饲料作物相比营养优势要少,但它仍是一个合适的禽畜饲料作物(表6.3)。菊芋茎叶与紫花苜蓿(*Medicago sativa* L.)相比,可消化的总养分更高,蛋白质含量更低。与其他作物相比,菊芋中可消化的养分和蛋白质含量毫不逊色(如,玉米、青储玉米及甜菜浆)。不过,与其他作物相比,菊芋最明显的优势是它可在其他饲料作物很难生长的土壤和地区生长。

表6.3 与苜蓿和青储玉米相比,菊芋块茎和茎叶的饲用价值和饲料质量

饲料	干物质(%)	可消化养分(%)	可消化蛋白质(%)	粗纤维(%)
菊芋顶部	27	67	3	18
菊芋块茎	21	78	6	4
盛开的紫花苜蓿	91	53	10	35
青储玉米	29	70	5	22

出处:摘自 Cosgrove, D. R. et al., Jerusalem Artichoke, 2000, http://www.hort.purdue.edu/newcrop/afcm/jerusart.html. Morrison, F. B., *Feeds and Feeding*: *A Handbook for Students and Stockmen*, 22nd, ed., Morrison Publishing Co., Ithaca, NY, 1959.

匈牙利的一个报道指出,与油菜(甘蓝型油菜)和紫花苜蓿等相比,菊芋茎叶作为动物饲料的营养价值,比青储向日葵更高。在这种情况下,作为多年生植物种植的菊芋最大的优势就是茎叶可持续生长四五年,从而大大降低了总的种植成本(Barta and Pátkai, 2000)。Davydovic(1960)报道说,菊芋作为青储饲料,其价值比甜菜,胡萝卜,或萝卜的价值更高。在俄罗斯中部,菊芋-向日葵杂交种"Novost"在饲料测试中的绿色生物质产量较高[80.5 t·ha^{-1}(干重)和23.2 t·ha^{-1}(干重)]。施肥和较高的种植密度可使产量达到最高。不过"Skorospelka"品种产生的地上可消化蛋白产量最高[2.03 t·ha^{-1}(干重)](Kshnikatkina and Varlamov, 2001)。就饲用价值和可消化蛋白而言,在哈萨克斯坦评估的5个品种中,品种"Nahodka"是最好的(Martovitskaya and Sveshnikov, 1974)。

在北欧阴凉潮湿的地区,菊芋的地上部分具有良好作为替代饲料作物的潜力(Hay and Offer, 1992)。一年生作物的生长在每年春季会受到不利条件的影响,与之相比,菊芋作为多年生植物,在这一方面显示出了明显的优势。在苏格兰,持续生长3年的菊芋,没有病虫害和杂草困扰。在低投入条件下,菊芋的产量超过了30 t·ha^{-1}(干重),类似于英国的谷物或草地。但是在北欧的环境条件下,要使其多年持续生长需要施用肥料。在8月下旬块茎最高速生长后不久,达到其最适的杆茎产量。这意味着苏格兰最佳的收获期在8月下旬,这可以确保地下有足够的块茎量,以便在下一个季节萌发生长。动物消化率的研究表明,茎尖组织对反刍动物具有类似干草的营养价值,但其蛋白质水平较低。因此,如果用来作为唯一饲料,则需要补充(廉价的)瘤胃降解蛋白。

在捷克的一项研究发现，与其他根状作物相比，用于喂养波兰细毛羯羊（被阉割的公羊）的菊芋（"Kulista czerwona"品种）块茎具有良好的消化率和饲用价值。1千克菊芋饲料，可提供3.26（MJ）ME的能量和12.5 g可消化蛋白。因此作者得出结论：菊芋块茎可以作为羊的饲料，虽然对于反刍动物来说需要大量的饲料并补充高蛋白质成分（Petkov et al.，1997a）。一个相关的研究发现，在块茎收获前收割的菊芋绿色饲料，每千克饲料含有1.72 MJ的能量和13.6 g可消化蛋白。在羊的饲料研究中发现，相比于其他绿色饲料，菊芋茎秆的高木质素含量降低了其营养价值及消化率，因此它仍具有作为动物饲料的潜力。不过可以作为喂养反刍动物的饲料添加剂（Petkov et al.，1997b）。由于菊芋含有大量菊粉，用其喂养动物可产生一些生理效应。例如，与用草饲料喂马相比，用菊芋块茎喂养，呼出气体中氢和甲烷的量增加了4.9倍（Mosseler et al.，2005），而与其他饲料相比，用菊芋块茎喂牛，增加了甲烷的排放量（Hindrichsen et al.，2005）。

最近一段时间，对菊芋作为饲料的关注只集中在其地上部分。菊芋在大多数食品和非食品上的应用都是作为一年生的植物来培养。其地上部分作为饲料的应用，开发了其作为多年生植物的潜力，此时块茎留在地面以恢复下一个季节的作物生长。不过，只有相对较少的研究把菊芋作为多年生植物看待。可在其产量和蛋白含量最高的时候收获，此时的蛋白中包括了在随后的生长过程中不会被转移到块茎中的蛋白质。直到菊芋开花，果聚糖在地上部分的含量随着收获时间的增加而增加。因此，即使块茎已经开始成熟，干物质已经开始减少，菊芋绿色部分富含果聚糖也是可能的，这是因为地上部分是果聚糖的暂时储存部位（Kosaric et al.，1984；Malmberg and Theander，1986）。

6.2.2 青储饲料和颗粒饲料

青储是通过发酵处理后保存饲料的一种方法，能够保存较长的时间。青储饲料生产的影响因素包括作物收获时期的成熟度和在筒仓中的发酵类型。发酵过程中，细菌将纤维素、半纤维素、糖、和植物体储存的化合物分解为简单的糖和醋酸、乳酸、丁酸等。优质青储饲料是当乳酸作为优势酸时制备而成的。乳酸发酵是最有效的也是青储饲料pH下降最快的发酵类型。发酵越快，保留在青储饲料中的营养成分越多（Schroeder，2004）。青储饲料可接种乳酸菌来开始发酵过程，在筒仓条件下选择性的快速增长。

青储是为冬季喂养禽畜而保存菊芋地上部分的首选方法，比干饲料更适口，并且块茎也可以青储。来源于块茎的青储饲料通常含有丰富的糖类，乳酸的含量较高，丁酸的含量较低（Bondi et al.，1941）。用糖浆青储菊芋的地上部分可获得易保存的乳酸青储饲料（pH值为4.0），其消化能为11 MJ·kg^{-1}（干重）。茎秆切碎后（1~3 cm cf. 2~5 cm）可获得最好的干物质产品（Hay and Offer，1992）。青储饲料的组成见表6.4。茎秆为原料时青储饲料组成为（占总固体量）粗纤维31.9%、碳42.0%、氮2.5%、硫0.13%（Zubr，1985）。在另一项研究中，整体作物为原料时青储饲料的组成为：水分含量65%~68%、蛋白质3.2%、无氮提取物21.2%、脂肪0.7%与灰分2.8%（Davydovic，1960）。

菊芋块茎中的菊粉和低聚果糖是很好的乳酸菌培养基，但整株作物不如常见的青储饲料作物表现得好。最小糖含量是指在维持pH值4.2~3.9时，足以产生乳酸、有效地生产青储饲料的最低糖含量。最小糖含量由干物质的量、糖分、缓冲能力以及其他因素决定。最小糖含量越低,作物越适合生产青储饲料。青稞,玉米和甜菜地上部分的最小糖含量分别为 1.42、2.86 和 4.75。菊芋的最小糖含量为 8.13,虽然这低于苜蓿,野豌豆和其他的一些测试作物(Vidica,2002)。

表 6.4 菊芋青储饲料的组成 [默认单位为 g·kg^{-1}(干重),除非特别说明剉碎为 1~3 cm]

成分	含量
干物质	273
粗蛋白	75
钙	13.2
磷	2.2
镁	2.9
钠	0.9
总能量 [MJ·kg^{-1}(干重)]	17.9
乙醇 [g·kg^{-1}(鲜重)]	1.0
乙酸 [g·kg^{-1}(鲜重)]	3.0
丙酸 [g·kg^{-1}(鲜重)]	0.1
丁酸 [g·kg^{-1}(鲜重)]	<0.1
乳酸 [g·kg^{-1}(鲜重)]	20.3

出处:摘自 Hay, R.K.M. and Offer, N.W., *J. Sci. Food Agric.*, 60, 213-221, 1992.

全牧草是制备优质蛋白质的良好来源。地上部分总干物质产量可超过 25 t·ha^{-1},干物质中粗蛋白的产量约为 5.0 t·ha^{-1},虽然由于制备过程中的损失,纯化蛋白的产量较低(Ercoli et al., 1992; Rawate and Hill, 1985)。分离得到的蛋白含量在 67%~76% 之间不等,与传统的鱼粉、大豆来源的蛋白在浓度上比相更为有竞争力。3 次收割所得牧草其浓缩分离的蛋白产量约为 800 kg·ha^{-1},总氨基酸组成高于主要的谷物蛋白,赖氨酸含量比玉米和小麦高出数倍并可与大豆蛋白相媲美。从分离的蛋白中获得的赖氨酸产量为 48 kg·ha^{-1}。浓缩蛋白粉在室温下很好储存,可压缩成颗粒状,有很多潜在的应用途径,丰富了饮食。这个过程的一个副产品是压缩饼,也可被应用为类青储的动物饲料(Rawate and Hill,1985)。

在意大利的一项研究中,菊芋的种植用于从地上草本部分获得蛋白提取物,块茎用于乙醇的生产。他们种植了 8 个品种,生产力最强的品种("Topino"和"Fuseau 60"),其饲料干物质产量可达 24 t·ha^{-1}。两年多的研究表明,尽管植株地上和地下部分的生物质总产量较低,但是在第二年地上部分的产量约为 15 t·ha^{-1}。从菊芋叶片提取汁中获得的总蛋白含量第一年为 0.7 t·ha^{-1}，第二年为 0.4 t·ha^{-1}（Ercoli et al.，1992）。

Zitmane（1958）以菊芋叶片和其水解后的茎秆为原料制备了一种动物性饲料产品，并在其中加入了燕麦粉和盐。菊芋为主要成分的饲料添加剂能够丰富饲料的营养，为家养和农场的动物提供疾病预防性的营养成分（Zelenkov，2000）。

6.2.3 益生菌和饲料添加剂

抗生素是从微生物（如真菌）中获得的物质，可抑制其他微生物，尤其是致病菌的生长。20 世纪 50 年代以来，抗生素被广泛应用于动物饲料中。它们常被用来减少动物发病率以及用作禽畜的促生长因子。然而过度使用抗生素导致肠道致病菌耐药性不断增加。此外，对动物使用抗生素会潜在地增加人类病原菌的耐药性。

因此，远离抗生素行动已经开始。对远离饲料抗生素的禁令和限制在许多国家已付诸实施，同时消费者对不使用促生长因子生产的肉类需求有所增加。然而，仍然存在的问题是抗生素有效替代品进入市场一直很缓慢。益生菌食品补充剂被认为是解决这一问题的方案（Flickinger et al.，2003）。

益生菌补充剂含有有益细菌（如双歧杆菌和乳酸菌），目的是改变大肠菌群的平衡，从而抑制有害菌的生长。益生菌可以包括其发酵底物（合生元）益生元，而益生元可单独被利用以促进内源性双歧杆菌或乳酸菌的数量。这与直接作用于有害菌的抗生素所用策略完全不同。人们对动物饲料中的益生菌补充剂已有很多说法，包括改善增长率、抑制隐性感染、提高饲料转化效率、增加牛奶的产奶量、增加家禽的产蛋量，以及对动物健康有普遍的好处。虽然已有科学研究开始证实了一些关于动物对饲料中的益生菌和益生元补充剂的作用的说法（Fuller，1997），然而证据常常易变并且不一致。其中涉及的机制与在人体中的一样，即益生元促进了有益菌的活性，与其他细菌竞争营养资源和肠道壁上的黏附点，产生抗菌物质抑制有害细菌，并更改宿主的免疫反应（Lee et al.，1999）。

因为它们的双歧杆菌效应，菊芋块茎的提取物作为动物饲料添加剂的潜力很大。目前菊粉和低聚果糖主要是从菊苣块茎中提取，虽然它们对动物健康的好处比对人体的有益作用知道的少，但仍被添加到家畜的饲料中（Flickinger et al.，2003）。不同的动物有不同的消化系统，所以饲料补充剂中同样的低聚果糖在所有情况下并不一定都是理想的。由于物种不同，添加剂可能无法产生最佳的效果，甚至可能导致消化问题，例如会导致粪便松散或者过度胀气（Flickinger et al.，2003）。因此对不同的动物及不同年龄的动物要定制不同的果聚糖混合物的范围。

动物饲料中菊粉和低聚果糖的加入，带来肠道菌群组成的变化。这可能导致禽畜在代谢和生理上的变化。举例来说，饲料中加入菊芋块茎提取物可能会改善饲料利用效率、改善消化作用与减少腹泻。

6.2.3.1 猪

猪是研究人体肠道生理的理想模型，因此很多益生菌的研究已经在猪中完成。其结果也适用于动物饲料添加剂的配方制定。含有低聚果糖的合生元补充剂可增加仔猪体重和食物转换效率（Fukuyasa et al.，1987），虽然这并不适合所有情况（Flickinger et al.，2003）。不过，断奶猪仔饮食中的低聚果糖的添加总是能不断增加双歧杆菌在大肠中的影响范围（Flickinger et al，2003；Houdijk et al.，1997；Howard et al.，1995）。在成长的猪的饮食中添加低聚果糖可以减少粪便重量（Houdijk et al.，1998）和粪便体积（Houdijk et al.，1997，1999），以及减少猪粪的恶臭（Flickinger et al.，2003；Kotchan and Baidoo，1997）。在正在成长的猪体内，大肠是一个重要的发酵地点，其中有复杂的微生物群。来自膳食纤维的短链不饱和脂肪酸的发酵可以为成长中的猪提供高达 30% 的持续能量（Flickinger et al.，2003；Varel and Yen，1997）。

猪营养的一个关键时期发生在刚断奶时，这时候乳酸杆菌的数量下降，大肠杆菌的数量增加，这增加了消化道紊乱的风险（Mulder et al.，1997），此时是添加益生元和合生元补充剂的最佳时期。菊粉补充剂可减少猪结肠中致病菌的数量，包括大肠杆菌和梭菌（Flickinger et al.，2003；Nemcová et al.，1999）。比如，含有低聚果糖和乳酸杆菌的合生元增加了粪便中乳酸杆菌和双歧杆菌的数量，降低了梭菌、肠杆菌、肠球菌的数量（Bomba et al.，2002）。在另一项果寡糖补充剂的研究中，被诱导腹泻的猪与对照组的猪相比，大肠和小肠中有较多的乳酸杆菌和较少的肠杆菌（Oli et al.，1998）。

把菊芋煮熟，喷雾干燥制成菊芋粉添加至断奶猪仔的饮食中，菊芋粉中含有 77.5% 的可溶性碳水化合物，并含有特别丰富的低聚果糖，它们有着很广的聚合度范围。猪被控制饮食，喂食一种纯化商品级低聚合度低聚果糖（Neosugar）或者菊粉。上述不同的添加剂及对照组对猪仔在进食量、体重的增加与饲料效率上没有差异，但粪便的颜色和气味有明显差异。对照组猪粪便的气味比添加 Neosugar 和菊粉猪仔的要浓烈。因此，在猪饲料中加入 Neosugar 和菊粉的主要好处是改进猪舍环境及控制疾病所带来的福祉（Farnworth et al.，1993；Flickinger et al.，2003）。

6.2.3.2 反刍动物

在牛和羊中，菊粉和低聚果糖的发酵主要发生在大小肠和结肠中，但也可以发生在大肠之前的瘤胃中，虽然益生元和合生元在牛的测试中产生了差异性的结果，但它们普遍被证明是有益的（Huber，1997；Kaufhold et al.，2000；Wallace and Newbold，1992）。有人提出，观察到不同结果的部分原因可能是合生元添加剂在同一种动物体内一段时间后效果变弱，因为一些微生物已经对它们产生了适应性（Huber，1997）。

含低聚果糖的合生元可增加双歧杆菌在结肠中的数量并可预防致病性大肠杆菌（Bunce et al.，1995；Flickinger et al.，2003）。它们也被证明可减少消化道紊乱效应，增加体重，并提高奶牛的牛奶产量（Huber，1997）。益生元和合生元作为饲料抗生素的廉价替代品，在畜牧生产中的使用有所增加。

6.2.3.3 家禽

由沙门氏菌、空肠弯曲杆菌与大肠杆菌引起的细菌感染，是导致严重禽畜饲养问题的根源（Mulder et al.，1997）。减少禽畜饲料中抗生素的使用的同时需要寻找抗生素的替代品。含有低聚果糖的合生元是控制鸡肠中的微生物菌群、防止疾病与促进增长的一个有效途径。结果已显示，膳食中的低聚果糖增加了有益菌的数量并减少了粪便和鸡尸体中沙门氏菌的发生率（如，Bailey et al.，1991；Fukata et al.，1999；Waldroup et al.，1993）。这些研究表明，在饮食中补充少量低聚果糖可以增加鸡肉的增长和饲料利用效率，其补充方式与抗生素类似（Ammerman et al.，1989；Flickinger et al.，2003）。

在一项研究中，菊粉被用来喂养雏鸡，实验还包括 Neosugar 低聚果糖及对照组。饮食中添加了菊粉或 Neosugar 的鸡，食量和体重都有所增加。因此菊粉的使用能够增加鸡肉的生产效率（Farnworth et al.，1993）。

对 35 天龄肉鸡的实验发现，水溶的菊芋糖浆（浓度 0.5%）可有效抑制特定的盲肠细菌。实验中，所有鸡都依照饲喂标准的菊芋糖浆而非含促生长因子的抗生素，与没有进食糖浆的对照组相比，进食糖浆的鸡好氧细菌总数大大减少，其中包括肠杆菌和气荚膜梭菌，且细菌内毒素的水平也降低了。此外还发现，进食菊芋糖浆的鸡体重增加。因此在肉鸡饮水中加入菊芋糖浆对鸡的生长具有有利影响，并且能抑制鸡肉中潜在的病原体。因此菊芋糖浆可以作为抗生素替代品或者作为预防性饲料添加剂用于肉鸡的饲养（Kleessen et al.，2003）。

6.2.3.4 家畜

宠物食品中添加菊粉和低聚果糖益生元，是一个有利可图的市场，这个市场刚刚开始开发（Flickinger and Fahey，2002；Flickinger et al.，2003）。狗和猫体内有复杂多样的结肠细菌菌群，可受到益生元的影响。例如在一项研究中，低聚果糖补充剂增加了狗粪便中双歧杆菌的数量，同时减少了氨和胺的浓度（Hussein et al.，1999）。菊粉和低聚果糖补充剂可以减少猫和狗粪便的恶臭，并可能有助于如大肠癌等疾病预防。Gritsienko 等（2005）提出了含菊芋绿色部分的预防性狗饲料，许多含有菊粉和低聚果糖的宠物食品可能不久就会上市。

参考文献

Abrams, A. S., Griffin, I. J., Hawthorne, K. M., Liang, L., Gunn, S. K., Darlington, G., and Ellis, K. J., A combination of prebiotic short-and long-chain inulin-type fructans enhances calcium absorption and bone mineralization in young adolescents, *Am. J. Clin. Nutr.*, 82, 471-476, 2005.

Aldini, T., *Exadissima Descriptio Rariorum Quarundam Plantarum in Horto Farnesiano*, Rome, 1625.

Alles, M. S., Katan, M. B., Salemans, J. M., Van Laere, K. M., Gerichausen, M. J., Rozendaal, M. J., and Nagengast, F. M., Bacterial fermentation of fructooligosaccharides and resistant starch in patients with an ileal pouch-anal anastomosis, *Am. J. Clin. Nutr.*, 66, 1286-1292, 1997.

Alles, M. S., de Roos, N. M., Bakx, J. C., van de Lisdonk, E., Zock, P. L., and Hautvast, J. G. A. J., Consumption of fructo-oligosaccharides does not favorably affect blood glucose and serum lipid concentrations in patients with type 2 diabetes, *Am. J. Clin. Nutr.*, 69, 64-69, 1999.

Amato, J. A., *The Great Jerusalem Artichoke Circus: The Buying and Selling of the Rural American Dream*, University of Minnesota Press, Minneapolis, 1993.

Ammerman, E., Quarles, C., and Twining, P. V., Evaluation of fructooligosaccharides on performance and carcass yield of male broilers, *Poultry Sci.*, 68, 167, 1989.

Andersson, H., Ellegård, L., and Bosaeus, L., Nondigestibility characteristics of inulin and oligofructose in humans, *J. Nutr.*, 129, 1428S–1430S, 1999.

Andrieux, C., Lory, S., Dufour-Lescoat, C., de Baynast, R., and Szylit, O., Inulin fermentation in germ-free rats associated with a human intestinal flora from methane or non-methane producers, in *Inulin and Inulin-Containing Crops*, Fuchs, A., Ed., Elsevier, Amsterdam, 1993, pp. 381–384.

Anon., Inulin and Oligofructose in the Prevention of Infectious Diseases, *Active Food Scientific Monitor*, ORAFTI Newsletter, Vol. 14, 2006, pp. 5–10.

Araya-Kojima, T., Yaeshima, T., Ishibashi, N., Shimamura, S., and Hayasawa, H., Inhibitory effects of *Bifidobacteria longum* BB536 on harmful intestinal bacteria, *Bifidobacteria Microflora*, 14, 59–66, 1995.

Bailey, J. S., Blankenship, L. C., and Cox, N. A., Effect of fructooligosaccharide on *Salmonella* colonization of the chicken intestine, *Poultry Sci.*, 70, 2433–2438, 1991.

Baron, J. A., Dietary fiber and colorectal cancer: an ongoing saga, *JAMA*, 295, 2904–2906, 2005.

Barta, J. and Pátkai, G., Complex Utilisation of Jerusalem Artichoke Plant in Animal Feeding and Human Nutrition, 2000, http://didimi.cyberlink.ch/fructan/public/abstracts/. Bjørn, G. K., personal communication, 2007.

Boeckner, L. S., Schepf, M. I., and Tungland, B. C., Inulin: a review of nutritional and health implications, *Adv. Food Nutr. Res.*, 43, 1–63, 2001.

Boehm, G., Lidestri, M., Casetta, P., Jelinek, J., Negretti, F., Stahl, B., and Marini, A., Supplementation of a bovine milk formula with an oligosaccharide mixture increases counts of faecal bifidobacteria in preterm infants, *Arch. Dis. Childhood*, 86, F176–F181, 2002.

Bomba, A., Nemcová, R., Gancariková, S., Gerich, R., Guba, P., and Midronová, D., Improvement of the probiotic effect of microorganisms by their combination with maltodextrines, fructo-oligosaccharides and polyunsaturated fatty acids, *Br. J. Nutr.*, 88, S95–S99, 2002.

Bondi, A., Meyer, H., and Volkani, R., The feeding value of ensiled Jerusalem artichoke tubers, *Empire J. Exp. Agric.*, 9, 73–76, 1941.

Bornet, F. R. J., Fructo-oligosaccharides and other fructans: chemistry, structure and nutritional effects, in *Advanced Dietary Fibre Technology*, McCleary, B. V. and Prosky, L., Eds., Blackwell Science, Oxford, 2001, pp. 480–493.

Boswell, V. R., Steinbauer, C. E., Babb, M. F., Burlison, W. L., Alderman, W. H., and Schoth, H. A., Studies of the culture and certain varieties of the Jerusalem artichoke, *USDA Technical Bulletin* 415, U. S. Department of Agriculture, Washington, DC, 1936.

Bouhnik, Y., Flourié, B., D'Agay-Abensour, L., Pochart, P., Gramet, G., Durand, M., and Rambaud, J.-C., Administration of transgalacto-oligosaccharides increases fecal bifidobacteria and modifies colonic fermentation metabolism in healthy humans, *J. Nutr.*, 127, 444–448, 1997.

Bouhnik, Y., Vahedi, K., Achour, L., Attar, A., Salfati, J., Pochart, P., Marteau, P., Flourie, B., Bornet, F., and Rambaud, J.-C., Short-chain fructo-oligosaccharide administration dose dependently increases fecal bifidobacteria in healthy humans, *J. Nutr.*, 129, 113–116, 1999.

Brighenti, F., Casiraghi, M. C., Canzi, E., and Ferrari, A., Effect of consumption of a ready-to-eat breakfast cereal containing inulin on the intestinal milieu and blood lipids in healthy male volunteers, *Eur. J.*

Clin. Nutr., 726-733, 1999.

Buddington, K. K., Donahoo, J. B., and Buddington, R. K., Dietary oligofructose and inulin protect mice from enteric and systemic pathogens and tumor inducers, *J. Nutr.*, 132, 472-477, 2002.

Bunce, T. J., Howard, M. D., Kerley, M. S., and Allee, G. L., Feeding fructooligosaccharide to calves increased bifidobacteria and decreased *Escherichia coli*, *J. Anim. Sci.*, 73 (Suppl. 1), 281, 1995.

Caers, W., The role of prebiotic fibres in the process of calcium absorption, in *Dietary Fibre*, Van der Kamp, J. W., Ed., Wageningen Academy, Wageningen, The Netherlands, 2004, pp. 255-264.

Campbell, J. M., Fahey, G. C., and Wolf, B. W., Selected indigestible oligosaccharides affect large bowel mass, cecal and faecal short-chain fatty acids, pH and microflora in rats, *J. Nutr.*, 127, 130-136, 1997.

Carpenter, T. M. and Root, H. F., The utilization of Jerusalem artichokes by a patient with diabetes, *Arch. Intern. Med.*, 42, 64-73, 1928.

Causey, J. L., Feirtag, J. M., Gallaher, D. D., Tungland, B. C., and Salvin, J. L., Effects of dietary inulin on serum lipids, blood glucose and the gastrointestinal environment in hypercholesterolemic men, *Nutr. Res.*, 20, 191-201, 2000.

CDC, Overweight and Obesity, National Center for Chronic Disease Prevention and Health Promotion, Atlanta, GA, 2006, http://www.cdc.gov/nccdphp/dnpa/obesity/.

Champlain, S. de, Voyages [1632], in *Works of Samuel de Champlain*, Vol. 1, Langton, H. H. and Ganong, W. F., Trans., Biggar, H. P., Ed., Champlain Society, Toronto, 1929.

Churbet, C., Inulin and oligofructose in the dietary fibre concept, *Br. J. Nutr.*, Suppl. 2, S159-S162, 2002.

Colombel, J. F., Cortot, A., Neut, C., and Romond, C., Yogurt with *Bifidobacterium longum* reduces erythromycin-induced gastrointestinal effects, *Lancet*, 2, 43, 1987.

Cooper, P. D., Vaccine adjuvants based on gamma inulin, *Pharm. Biotechnol.*, 6, 559-580, 1995.

Cooper, P. D. and Carter, M., The anti-melanoma activity of inulin in mice, *Mol. Immunol.*, 23, 903-908, 1986.

Cosgrove, D. R., Oelke, E. A., Doll, D. J., Davis, D. W., Undersander, D. J., and Oplinger, E. S., Jerusalem Artichoke, 2000, http://www.hort.purdue.edu/newcrop/afcm/jerusart.html.

Coudray, C., Dietary fibers and mineral absorption: the case of magnesium, *Agro Food Ind. Hi-Tech*, 15, 40-41, 2004.

Coudray, C., Tressol, J. C., Gueux, E., and Rayssinguier, Y., Effects of inulin-type fructans of different chain length and type of branching on intestinal absorption of calcium and magnesium in rats, *Eur. J. Nutr.*, 42, 91-98, 2003.

Coussement, P. A., Inulin and oligofructose: safe intakes and legal status, *J. Nutr.*, 129, 1412S-1417S, 1999.

Coxam, V., Inulin-type fructans and bone health: state of the art and perspectives in the management of osteoporosis, *Br. J. Nutr.*, 93, S111-S123, 2005.

Crociani, J., Grill, J. P., Huppert, M., and Ballongue, J., Adhesion of different bifidobacteria strains to human enterocyte-like Caco-2 cells and comparison with *in vivo* study, *Lett. Appl. Microbiol.*, 21, 146-148, 1995.

Cummings, J. H., Christie, S., and Cole, T. J., A study of fructo-oligosaccharides in the prevention of travellers' diarrhoea, *Aliment. Pharm. Ther.*, 15, 1139-1145, 2001.

Davidson, M. H., Maki, K. C., Synecki, C., Torri, S. A., and Drenman, K. B., Effects of dietary inulin on serum lipids in men and women with hypercholesterolemia, *Nutr. Res.*, 18, 503-517, 1998.

Davydovic, S. S., [Jerusalem artichoke], *Vses. Akad. Sel'skokhoz. Nauk*, 5, 54-55, 1960.

Deguchi, Y., Morishita, T., and Mutai, M., Comparative studies on synthesis of water-soluble vitamins among human species of *Bifidobacteria*, *Agric. Biol. Chem.*, 49, 13-19, 1985.

Delzenne, N. M., Kok, N., Fiordaliso, M. F., Deboyser, D. M., Goethals, F. G., and Roberfroid, M. B., Dietary fructooligosaccharides modify lipid metabolism in rats, *Am. J. Clin. Nutr.*, 57 (Suppl.), 820S, 1993.

Dijkstra, N. D., The feeding value of Jerusalem artichokes, *Landbouwkundig Tijdschrift*, 49, 901-907, 1937.

Dodd, H. M. and Gasson, M. J., Bacteriocins of lactic acid bacteria, in *Genetics and Biotechnology of Lactic Acid Bacteria*, Gasson, M. J. and de Vos, W. M., Eds., Blackie Academic, Glasgow, 1994, pp. 211-251.

Edelman, J. and Jefford, T. G., The mechanism of fructose metabolism in higher plants as exemplified by *Helianthus tuberosus*, *New Phytol.*, 67, 517-531, 1968.

Ercoli, L., Marriotti, M., and Masoni, A., Protein concentrate and ethanol production from Jerusalem artichoke (*Helianthus tuberosus* L.), *Agric. Med.*, 122, 340-351, 1992.

Farnworth, E. R., Jones, J. D., Modler, H. W., and Cave, N., The use of Jerusalem artichoke flour in pig and chicken diets, in *Inulin and Inulin-Containing Crops*, Fuchs, A., Ed., Elsevier, Amsterdam, 1993, pp. 385-390.

Fiordaliso, M. F., Kok, N., Desager, J. P., Goethals, F., Deboyser, D., Roberfroid, M., and Delzenne, N., Dietary oligofructose lowers triglycerides, phospholipids and cholesterol in serum and very low-density lipoproteins of rats, *Lipids*, 30, 163-167, 1995.

Flamm, G., Glinsmann, W., Kritchevsky, D., Prosky, L., and Roberfroid, M., Inulin and oligofructose as dietary fiber: a review of the evidence, *Crit. Rev. Food Sci. Nutr.*, 41, 353-362, 2001.

Fleming, S. E. and GrootWassink, J. W. D., Preparation of high-fructose syrup from the tubers of the Jerusalem artichoke (*Helianthus tuberosus* L.), *Crit. Rev. Food Sci. Nutr.*, 12, 1-29, 1979.

Flickinger, E. A. and Fahey, G. C., Jr., Pet food and feed applications of inulin, oligofructose and other oligosaccharides, *Br. J. Nutr.*, 87, S297-S300, 2002.

Flickinger, E. A., Van Loo, J., and Fahey, G. C., Jr., Nutritional responses to the presence of inulin and oligofructose in the diets of domesticated animals, *Crit. Rev. Food Sci. Nutr.*, 43, 19-60, 2003.

Fontana, A., Hermann, B., and Guiraud, J. P., Production of high-fructose-containing syrups from Jerusalem artichoke extracts with fructose enrichment through fermentation, in *Inulin and Inulin-Containing Crops*, Fuchs, A., Ed., Elsevier, Amsterdam, 1993, pp. 251-266.

Fooks, L. J. and Gibson, G. R., *In vitro* investigation of the effect of probiotics and prebiotics on selected human intestinal pathogens, *FEMS Microbial Ecol.*, 39, 67-75, 2002.

Franck, A., Technological functionality of inulin and oligofructose, *Br. J. Nutr.*, 87 (Suppl. 2), S287-S291, 2002.

Fuchs, A., Production and utilization of inulin. Part II. Utilization of inulin, in *Science and Technology of Fructans*, Suzuki, M. and Chatterton, N. J., Eds., CRC Press, Boca Raton, FL, 1993, pp. 319-351.

Fukata, T., Sasai, K., Miyamoto, T., and Baba, E., Inhibitory effects of competitive exclusion and fructooligosaccharides, singly and in combination, on *Salmonella* colonization of chicks, *J. Food Prot.*, 62, 229-233, 1999.

Fukuyasa, T., Oshida, T., and Ashida, K., Effects of oligosaccharides on growth of piglets and bacterial flora, putrefactive substances and volatile fatty acids in the feces, *Bull. Anim. Hyg.*, 24, 15–22, 1987.

Fuller, R., History and development of probiotics, in *Probiotics: The Scientific Basis*, Fuller, R., Ed., Chapman & Hall, London, 1992, pp. 1–8.

Fuller, R., Introduction, in *Probiotics 2: Applications and Practical Aspects*, Fuller, R., Ed., Chapman & Hall, London, 1997, pp. 1–9.

Gardner, G. and Halweil, B., *Underfed and Overfed: The Global Epidemic of Malnutrition*, Worldwatch Institute, Washington, DC, 2000.

Gay-Crosier, F., Schreiber, G., and Hauser, C., Anaphylaxis from inulin in vegetables and processed food, *New Engl. J. Med.*, 342, 1372, 2000.

Gerard, J., *The Herball or General Historie of Plantes*, Johnson, T., ed., London, 1633.

Gibson, G. R., Beatty, E. R., Wang, X., and Cummings, J. H., Selective stimulation of bifidobacteria in the human colon by oligofructose and inulin, *Gastroenterology*, 108, 975–982, 1995.

Gibson, G. R. and McCartley, A., Modification of the gut flora by dietary means, *Biochem. Soc. Trans.*, 26, 222–228, 1998.

Gibson, G. R., Probert, H. M., Van Loo, J., Rastall, R. A., and Roberfroid, M. B., Dietary modulation of the human colonic microbiota: updating the concept of prebiotics, *Nutr. Res. Rev.*, 17, 259–275, 2005.

Gibson, G. R. and Roberfroid, M. B., Dietary modulation of the human colonic microbiota: introducing the concept of prebiotics, *J. Nutr.*, 125, 1401–1402, 1995.

Gibson, G. R., Saavedra, J. M., Macfarlane, S., and Macfarlane, G. T., Probiotics and intestinal infection, in *Probiotics 2: Applications and Practical Aspects*, Fuller, R., Ed., Chapman & Hall, London, 1997, pp. 10–39.

Gibson, G. R. and Wang, X., Regulatory effects of bifidobacteria on other colonic bacteria, *J. Appl. Bacteriol.*, 77, 412–420, 1994.

Gilliland, S. E. and Speck, M. L., Antagonistic action of *Lactobacillus acidophilus* towards intestinal and food borne pathogens in associative culture, *J. Food Prot.*, 40, 820–823, 1977.

Graham-Rowe, D., How to keep foods bursting with goodness, *New Scientist*, September 2, 2006, pp. 24–25.

Griffin, I. J., Davila, P. M., and Abrams, S. A., Non-digestible oligosaccharides and calcium absorption in girls with adequate calcium intakes, *Br. J. Nutr.*, 87, S187–S191, 2002.

Griffin, I. J., Hicks, P. M., Heaney, R. P., and Abrams, S. A., Enriched chicory inulin increases calcium absorption in young girls with lower calcium absorption, *Nutr. Res.*, 23, 901–909, 2003.

Grigson, J., *The Vegetable Book*, Michael Joseph, London, 1978, p. 271.

Gritsienko, E. G., Dolganova, N. V., and Alyanskii, R. I., Prophylactic Feed for Dogs and Method for Producing the Same, Russian Federation Patent RU 2264125, 2005.

Gunnarson, S., Malmberg, A., Mathisen, B., Theander, O., Thyselis, L., and Wünsche, U., Jerusalem artichoke (*Helianthus tuberosus* L.) for biogas production, *Biomass*, 7, 85–97, 1985.

Guybert, P., *Le Médecin Charitable*, Gesselin, Paris, 1629.

Harmsen, H. J., Raangs, G. C., Franks, A. H., Wildeboer-Veloo, A. C. M., and Welling, G. W., The effect of the prebiotic inulin and the probiotic *Bifidobacterium longum* on the fecal flora of healthy volunteers measured by FISH and DGGE, *Microb. Ecol. Health Dis.*, 14, 211–219, 2002.

Hay, R. K. M. and Offer, N. W., *Helianthus tuberosus* as an alternative forage crop for cool maritime regions: a preliminary study of the yield and nutritional quality of shoot tissues from perennial stands, *J. Sci. Food Agric.*, 60, 213–221, 1992.

Heasman, M. and Mellentin, J., *The Functional Foods Revolution: Healthy People; Healthy Profits*, Earthscan, London, 2001.

Hennig, J.-L., *Le Topinambour et Autres Merveilles*, Zulma, Paris, 2000.

Hidaka, H., Adachi, T., and Hirayama, M., Development and beneficial effects of fructo-oligosaccharides (Neosugar®), in *Advanced Dietary Fibre Technology*, McCleary, B. V. and Prosky, L., Eds., Blackwell Science, Oxford, 2001, pp. 471–479.

Hidaka, H., Tashiro, Y., and Eida, T., Proliferation of bifidobacteria by oligosaccharides and their useful effect on human health, *Bifidobacteria Microflora*, 10, 65–79, 1991.

Hindrichsen, I. K., Wettstein, H. R., Machmuller, A., Jorg, B., and Kreuzer, M., Effect of the carbohydrate composition of feed concentrates on methane emissions from dairy cows and their slurry, *Environ. Monitoring Assessment*, 107, 329–350, 2005.

Hosono, A., Ozawa, A., Kato, R., Ohnishi, Y., Nakanishi, Y., Kimura, T., and Nakamura, R., Dietary fructooligosaccharides induce immunoregulation of intestinal IgA secretion by murine Peyer's patch cells, *Biosci. Biotechnol. Biochem.*, 67, 758–764, 2003.

Hosoya, N., Dhorranintra, B., and Hidaka, H., Utilization of [U14-C] fructooligosaccharides in man as energy resources, *J. Clin. Biochem. Nutr.*, 5, 67–74, 1988.

Houdijk, J. G. M., Bosch, M. W., Tamminga, S., Verstegen, M. W. A., Berenpas, E. B., and Knoop, H., Apparent ileal and total-tract nutrient digestion by pigs as affected by dietary nondigestible oligosaccharides, *J. Anim. Sci.*, 77, 148–158, 1999.

Houdijk, J. G. M., Bosch, M. W., Verstegen, M. W. A., and Berenpas, E. B., Effects of dietary oligosaccharides on the growth performance and faecal characteristics of young growing pigs, *Anim. Feed Sci. Technol.*, 71, 35–48, 1998.

Houdijk, J. G. M., Hartemink, R., Van Laere, K. M. J., Williams, B. A., Bosch, M. W., Verstegen, M. W. A., and Tamminga, S., Fructooligosaccharides and transgalactoligosaccharides in weaner pigs' diets, in *Proceedings of the International Symposium on Non-digestible Oligosaccharides: Healthy Food for the Colon?* Wageningen, The Netherlands, 1997, pp. 69–78.

Howard, M. D., Gordon, D. T., Pace, L. W., Garleb, K. A., and Kerley, M. S., Effects of dietary supplementation with fructooligosaccharides on colonic microbiota populations and epithelial cell proliferation in neonatal pigs, *J. Pediatr. Gastroenterol. Nutr.*, 21, 297–303, 1995.

Huber, J. T., Probiotics in cattle, in *Probiotics 2: Applications and Practical Aspects*, Chapman & Hall, London, 1997, pp. 162–168.

Hussein, S., Flickinger, E. A., Fahey, G. C., and George, C., Petfood applications of inulin and oligofructose, *J. Nutr.*, 129, 1454S–1456S, 1999.

Kadooka, Y., Fujiwara, S., and Hirota, T., Effects of bifidobacteria cells on mitogenic response of splenocytes and several functions of phagocytes, *Milchwissenschaft* 46, 626–630, 1991.

Kameoka, S., Nagata, H., Yoshitoshi, H., and Hamano, K., Clinical study of fructo-oligosaccharides on chronic constipation, *Rinsho Eiyo*, 68, 826–829, 1986.

Kanauchi, O., Mitsuyama, K., Araki, Y., and Andoh, A., Modification of intestinal flora in the treatment of inflammatory bowel disease, *Curr. Pharm. Design*, 9, 333–346, 2003.

Kaufhold, J., Hammon, H. M., and Blum, J. W., Fructo-oligosaccharide supplementation: effects on metabolic, endocrine and hematological traits in veal calves, *J. Vet. Med. Ser. A*, 47, 17–29, 2000.

Kleessen, B., Elsayed, N. A., Loehren, U., Schroedl, W., and Krueger, M., Jerusalem artichokes stimulate growth of broiler chickens and protect them against endotoxins and potential fecal pathogens, *J. Food Prot.*, 66, 2171–2175, 2003.

Kleessen, B., Sykura, B., Zunft, H.-J., and Blaut, M., Effects of inulin and lactose on fecal microflora, microbial activity, and bowel habit in elderly constipated persons, *Am. J. Clin. Nutr.*, 65, 1397–1402, 1997.

Knol, J., Poelwijk, E. S., van der Linde, E. G. M., Wells, J. C. K., Brönstrup, A., Kohlschmidt, N., Wirth, S., Schmitz, B., Skopnik, H., Schmelze, H., and Fusch, C., Stimulation of endogenous bifidobacteria in term infants by an infant formula containing prebiotics, *J. Pediatr. Gastroenterol. Nutr.*, 31, S26, 2000.

Kok, N. N., Taper, H. S., and Delzenne, N. M., Oligofructose modulates lipid metabolism alterations induced by a fat-rich diet in rats, *J. Appl. Toxicol.*, 18, 47–53, 1998.

Kosaric, N., Cosentino, G. P., and Wieczorek, A., The Jerusalem artichoke as an agricultural crop, *Biomass*, 5, 1–36, 1984.

Kotchan, A. B. and Baidoo, S. K., The effect of Jerusalem artichoke supplementation on growth performance and fecal volatile fatty acids of grower-finisher pigs, *Can. Soc. Sci. Ann. Conf. Proc.*, 223, 97T-25, 1997.

Kowhi, Y., Hashimoto, Y., and Tamura, Z., Antitumor and immunological adjuvant effect of *Bifidobacteria infantis* in mice, *Bifidobacteria Microflora*, 1, 61–68, 1982.

Kowhi, Y., Imai, Z., Tamura, Z., and Hashimoto, Y., Antitumor effect of *Bifidobacterium infantis* in mice, *Gann*, 69, 613–618, 1978.

Kruh, J., Effects of sodium butyrate, a new pharmacological agent, on cells in culture, *Mol. Cell. Biochem.*, 42, 65–82, 1982.

Kshnikatkina, A. N. and Varlamov, V. A., Yield formation in Jerusalem artichoke–sunflower hybrid, *Kormoproizvodstvo*, 5, 19–23, 2001.

Külz, E., Beitrage zur Pathologie und Therapie der Diabetes, *Jahrb. Tierchem.*, 4, 448, 1874.

Jackson, K. G., Taylor, G. R. J., Clohessy, A. M., and Williams, C. M., The effects of the daily intake of inulin on fasting lipid, insulin, and glucose concentrations in middle-aged men and women, *Br. J. Nutr.*, 82, 23–30, 1999.

Laidlaw, B., *Jerusalem Artichokes: Recipes for All Seasons*, Little Lamb Chokes, Minneapolis, 1983.

Lang, T. and Heasman, M., *Food Wars: The Global Battle for Mouths, Minds and Markets*, Earthscan, London, 2004.

Lauremberg, P., *Apparatus plantarius primus tributus in duos libros*, Francofurti ad Moenum, Frankfurt, Germany, 1632.

La Varenne, *Le Cuisinier François*, Pierre David, Paris, 1651.

Lee, Y.-K., Nomoto, K., Salminen, S., and Gorbach, S. L., *Handbook of Probiotics*, John Wiley & Sons, New York, 1999.

Leroy, M. A., The use of Jerusalem artichokes in animal nutrition, *C. R. Sci. Acad. Agric. France*, 28, 35–44, 1942.

Lescarbot, M., *The History of New France* [1617], 3rd ed., Grant, W. L., Trans., Samuel de Champlain

Society, Toronto, 1914.

Letexier, D., Diraison, F., and Beylot, M., Addition of inulin to a moderately high-carbohydrates diet reduces hepatic lipogenesis and plasma triacylglycerol concentrations in humans, *Am. J. Clin. Nutr.*, 77, 559–564, 2003.

Lewis, S., Burmeister, S., and Brazier, J., Effect of the prebiotic oligofructose on relapse of *Clostridium difficile*-associated diarrhea: a randomized, controlled study, *Clin. Gasteroenterol. Hepatol.*, 3, 442–448, 2005.

Livesey, G., Buss, D., Coussement, P., Edwards, D. G., Howlett, J., Jonas, D. A., Kleiner, J. E., Müller, D., and Sentko, A., Suitability of traditional energy values for novel foods and food ingredients, *Food Control*, 11, 249–289, 2000.

Luo, J., Rizkalla, S. W., Alamowitch, C., Boussairi, A., Blayo, A., Barry, J. L., Laffitte, A., Guyon, F., Bornet, F. R., and Slama, G., Chronic consumption of short-chain fructooligosaccharides by healthy subjects decreased basal hepatic glucose production but had no effect on insulin-stimulated glucose metabolism, *Am. J. Clin. Nutr.*, 63, 939–945, 1996.

Luo, J., Van Yperselle, M., Rizkalla, S., Rossi, F., Bornet, F. R. J., and Slama, G., Chronic consumption of short-chain fructoligosaccharides does not affect basal glucose production or insulin resistance in type 2 diabetics, *J. Nutr.*, 130, 1572–1577, 2000.

Luske, R., Feeding value of the stem, foliage and plant of Jerusalem artichoke, *Biedermanns Zentr. B. Tierernahr.*, 6, 227–234, 1934.

Malmberg, A. and Theander, O., Differences in chemical composition of leaves and stems in Jerusalem artichoke and changes in low-molecular sugar and fructan content with time of harvest, *Swed. J. Agric. Res.*, 16, 7–12, 1986.

Martovitskaya, A. M. and Sveshnikov, A. M., Chemical composition and productivity of *Helianthus tuberosus*, *Vestnik Sel'skokhozyaistvennoi Nauki Kazakhstana*, 17, 37–42, 1974.

McGee, H., Taking the wind out of the sunroot, in *The Curious Cook*, HarperCollins, London, 1992, pp. 74–88.

McIntyre, A., Gibson, P. R., and Young, G. P., Butyrate production from dietary fiber and protection against large bowel cancer in rat models, *Gut*, 34, 286–391, 1993.

Menon, *La Cuisinière Bourgeoise*, Guillyn, Paris, 1746.

Metchnikoff, E., *The Prolongation of Life*, E. P. Putman's Sons, New York, 1907.

Mineo, H., Hara, H., Kikuchi, H., Sakurai, H., and Tomita, F., Various indigestible saccharides enhance net calcium transport from the epithelium of the small and large intestine of rats *in vitro*, *J. Nutr.*, 131, 3243–3246, 2001.

Mitsuoka, T., Hidaka, H., and Eida, T., Effect of fructooligosaccharides on intestinal microflora, *Die Nahrung*, 31, 426–436, 1987.

Molis, C., Flourié, B., Ouarne, F., Gailing, M.-F., Lartigue, S., Guibert, A., Bornet, F., and Galmiche, P., Digestion, excretion, and energy value of fructooligosaccharides in healthy humans, *Am. J. Clin. Nutr.*, 64, 324–328, 1996.

Moro, G., Minoli, I., Mosca, M., Fanaro, S., Jelinek, J., Stahl, B., and Boehm, G., Dosage-related bifidogenic effects of galacto-and fructooligosaccharides in formula-fed term infants, *J. Pediatr. Gastroenterol. Nutr.*, 34, 291–295, 2002.

Moshfegh, A. J., Friday, J. E., Goldman, J. P., and Ahuja, J. K. C., Presence of inulin and oligofructose in the diets of Americans, *J. Nutr.*, 129, 14075-14115, 1999.

Mosseler, A., Vervuert, I., and Coenen, M., Hydrogen and methane exhalation after ingestion of different carbohydrates (starch, inulin, pectin and cellulose) in healthy horses, *Pferdeheilkunde*, 21, 73-74, 2005.

Mulder, R. W. A. W., Havenaar, R., and Huis in't Veld, J. H. J., Intervention strategies: the use of probiotics and competitive exclusion microflora against contamination with pathogens in pigs and poultry, in *Probiotics 2: Applications and Practical Aspects*, Fuller, R., Ed., Chapman & Hall, London, 1997, pp. 187-207.

National Academy of Sciences, *Nutrient Requirements of Beef Cattle*, 6th ed., National Academy of Sciences, Washington, DC, 1984.

Nemcová, R., Bomba, A., Gancariková, S., Herich, R., and Guba, P., Study of the effect of *Lactobacillus paracasei* and fructooligosaccharides on the faecal microflora in weaning piglets, *Berl. Münch. Tierärztl. Wschr.*, 112, 225-228, 1999.

NHS, *National Health Service Survey for* 2004, HMSO, London, 2006.

Nilsson, U. and Björck, I., Availability of cereal fructans and inulin in the rat intestinal tract, *J. Nutr.*, 118, 1482-1486, 1988.

Nilsson, U., Oste, R., Jagerstad, M., and Birkhed, D., Cereal fructans: *in vitro* and *in vivo* studies on availability in rats and humans, *J. Nutr.*, 118, 1325-1330, 1988.

Oda, T., Kado-Oka, Y., and Hashiba, H., Effect of *Lactobacillus acidophilus* on iron bioavailability in rats, *J. Nutr. Sci. Vitaminol.*, 40, 613-616, 1994.

Ohta A., Baba, S., Takizawa, T., and Adachi, T., Effects of fructooligosaccharides on the absorption of magnesium in the magnesium-deficient rat model, *J. Nutr. Sci. Vitaminol.*, 40, 171-180, 1994.

Ohta A., Ohtsuki, M., Uehara, M., Hosono, A., Hirayama, M., Adachi, T., and Hara, H., Dietary fructooligosaccharides prevent postgastrectomy anemia and osteopenia in rats, *J. Nutr.*, 128, 485-490, 1998.

Oike, H., Matsuoka, R., Tashiro, Y., Hirayama, M., Tamura, Z., and Yamazaki, S., Effect of *Bifidobacterium* monoassociation and feeding of fructooligosaccharides on lethal activity of enterohemorrhagic *Escherichia coli* O157 in germ-free mice, *Bifidobacteria Microflora*, 18, 101-109, 1999.

Oku, T., Tokunaga, T., and Hosoya, N., Non-digestibility of a new sweetener "Neosugar" in the rat, *J. Nutr.*, 114, 1574-1581, 1984.

Oli, M. W., Petschow, B. W., and Buddington, R. K., Evaluation of fructo-oligosaccharide supplementation of oral electrolyte solutions for treatment of diarrhea, *Dig. Dis. Sci.*, 43, 139-147, 1998.

Park, Y., Hunter, D. J., Spiegelman, D., et al., Dietary fiber intake and risk of colorectal cancer: a pooled analysis of prospective cohort studies, *JAMA*, 294, 2849-2857, 2005.

Parmentier, A. A., *Traité sur la culture et les usages des pommes de terre, de la patate, et du topinambour*, l'Imprimerie Royale, Paris, 1779.

Pedersen, A., Sandström, B., and Van Amelsvoort, J. M. M., The effect of ingestion of inulin on blood lipids and gastrointestinal symptoms in healthy females, *Br. J. Nutr.*, 78, 215-222, 1997.

Pereira, D. I. A. and Gibson, G. R., Effects of consumption of probiotics and prebiotics on serum lipid levels in humans, *Crit. Rev. Biochem. Mol. Biol.*, 37, 259-281, 2002.

Petkov, K., ukaszewski, Z., Kotlarz, A., and Doleûal, P., The feeding value of tubers from the Jerusalem artichoke, *Acta Univ. Agric. Silvic. Mendel Brun* (Brno), XLV, 7–12, 1997a.

Petkov, K., ukaszewski, Z., Kotlarz, A., Doleûal, P., and Kopiva, A., The feeding value of green fodder from the Jerusalem artichoke, *Acta Univ. Agric. Silvic. Mendel Brun* (Brno), XLV, 37–42, 1997b.

Pierre, F., Perrin, P., Champ, M., Bornet, F., Khaled, M., and Menanteau, J., Short-chain fructooligosaccharides reduce the occurrence of colon tumors and develop gut-associated lymphoid tissue in Min mice, *Cancer Res.*, 57, 225–228, 1997.

Pool-Zobel, B., Van Loo, J., Rowland, L., and Roberfroid, M. B., Experimental evidence on the potential of prebiotic fructans to reduce the risk of colon cancer, *Br. J. Nutr.*, 87, S273–S281, 2002.

Ranhotra, G. S., Gelroth, J. A., and Glaser, B. K., Usable energy value of selected bulking agents, *J. Food Sci.*, 58, 1176–1178, 1993.

Rao, V., The prebiotic properties of oligofructose at low intake levels, *Nutr. Res.*, 21, 843–848, 2001.

Rawate, P. D. and Hill, R. M., Extraction of a high-protein isolate from Jerusalem artichoke (*Helianthus tuberosus*) tops and evaluation of its nutritional potential, *J. Agric. Food Chem.*, 33, 29–31, 1985.

Rémésy, C., Levrat, M.-A., Garnet, L., and Demigné, C., Cecal fermentations in rats fed oligosaccharides (inulin) are modulated by dietary calcium levels, *Am. J. Physiol.*, 264, G855–G862, 1993.

Roberfroid, M. B., Dietary fibre, inulin, and oligofructose. A review comparing their physiological effects, *Crit. Rev. Food Sci. Nutr.*, 33, 103–148, 1993.

Roberfroid, M. B., Caloric value of inulin and oligofructose, *J. Nutr.*, 129, 1436S–1437S, 1999.

Roberfroid, M., *Inulin-Type Fructans: Functional Food Ingredients*, CRC Series in Modern Nutrition, CRC Press, Boca Raton, FL, 2005.

Roberfroid, M. B., Champ, M., and Gibson, G., Nutritional and health benefits of inulin and oligofructose, *Br. J. Nutr.*, 87 (Suppl. 2), 139–157, 2002a.

Roberfroid, M. B., Cumps, J., and Devogelaer, J. P., Dietary chicory inulin increases whole-body bone mineral density in growing male rats, *J. Nutr.*, 132, 3599–3602, 2002b.

Roberfroid, M. B. and Delzenne, N. M., Dietary fructans, *Ann. Rev. Nutr.*, 18, 117–143, 1998.

Roberfroid, M., Gibson, G. R., and Delzenne, N., The biochemistry of oligo-fructose, a nondigestible fiber: an approach to calculate its caloric value, *Nutr. Rev.*, 51, 137–146, 1993.

Roch-Norlund, A. E., Hultman, E., and Nilsson, L. H., Metabolism of fructose in diabetes, *Acta Medica Scand. Suppl.*, 542, 181–186, 1972.

Root, H. F. and Baker, M. L., Inulin and artichokes in the treatment of diabetes, *Arch. Intern. Med.*, 36, 126–145, 1925.

Rowland, I., Influence of non-digestible oligosaccharides on gut functions related to colon cancer, in *Non-Digestible Oligosaccharides: Healthy Food for the Colon?* Hartemink, R., Ed., Wageningen Pers., The Netherlands, 1998, pp. 100–105.

Rumessen, J. J., Bode, S., Hamberg, O., and Gudmand-Høyer, E., Fructans of Jerusalem artichokes: intestinal transport, absorption, fermentation, and influence on blood glucose, insulin and C-peptide responses in healthy subjects, *Am. J. Clin. Nutr.*, 52, 675–681, 1990.

Rumessen, J. J. and Gudmand-Høyer, E., Fructans of chicory: intestinal transport and fermentation of different chain lengths and relation to fructose and sorbitol malabsorption, *Am. J. Clin. Nutr.*, 68, 357–364, 1998.

Rutherford, P. P. and Flood, A. E., Seasonal changes in the invertase and hydrolase activities of Jerusalem artichoke tubers, *Phytochemistry*, 10, 953-956, 1971.

Saavedra, J. M., Tschernia, A., Moore, N., Abi-Hanna, A., Coletta, F., Emenhiser, C., and Yolken, R., Gastrointestinal function in infants consuming a weaning food supplemented with oligofructose—a prebiotic, *J. Pediatr. Gastroenterol. Nutr.*, 29, A95, 1999.

Salaman, R. N., Why "Jerusalem" artichoke?, *J. Royal Hort. Soc.*, LXVI, 338, 376-383, 1940.

Scharrer, K. and Schreiber, R., The digestibility of fresh and silaged tubers of *Helianthus tuberosus* by pigs, *Landw. Forsch.*, 2, 156-161, 1950.

Schneider, E., *Uncommon Fruits and Vegetables*, Harper & Row, New York, 1986.

Scholz-Ahrens, K. E. and Schrezenmeir, J., Inulin, oligofructose and mineral metabolism: experimental data and mechanism, *Br. J. Nutr.*, 87 (Suppl. 2), S179-S186, 2002.

Schroeder, J. W., *Silage Fermentation and Preservation*, NDSU Extension Service, AS-1254, 2004, http://www.ext.nodak.edu/extpubs/ansci/dairy/as1254.pdf. Seiler, G. J., Nitrogen and mineral content of selected wild and cultivated genotypes of Jerusalem artichoke, *Agron. J.*, 80, 681-687, 1988.

Seiler, G. J., Forage and tuber yields and digestibility of selected wild and cultivated genotypes of Jerusalem artichoke, *Agron. J.*, 85, 29-33, 1993.

Seiler, G. J. and Campbell, L. G., Genetic variability for mineral element concentration of wild Jerusalem artichoke forage, *Crop Sci.*, 44, 289-292, 2004.

Shoemaker, D. N., The Jerusalem artichoke as a crop plant, *USDA Technical Bulletin* 33, U. S. Department of Agriculture, Washington, DC, 1927.

Silva, D. G., Cooper, P. D., and Petrovsky, N., Inulin-derived adjuvants efficiently promote both Th1 and Th2 immune response, *Immunol. Cell Biol.*, 82, 611-616, 2004.

Somda, Z. C., McLaurin, W. J., and S. J. Kays, S. J., Jerusalem artichoke growth, development, and field storage. II. Carbon and nutrient element allocation and redistribution, *J. Plant Nutr.*, 22, 1315-1334, 1999.

Stauffer, M. D., Chubey, B. B., and Dorrell, D. G., Growth, yield and compositional characteristics of Jerusalem artichoke as they relate to biomass production, in *Fuels from Biomass and Wastes*, Klass, D. L. and Emert, G. H., Eds., Ann Arbor Science, Ann Arbor, MI, 1981, pp. 79-97.

Stone-Dorshow, T. and Levitt, M. D., Gaseous response to ingestion of a poorly absorbed fructo-oligosaccharide sweetner, *Am. J. Clin. Nutr.*, 46, 61-65, 1987.

Taper, H. S. and Roberfroid, M. B., Inulin/oligofructose and anticancer therapy, *Br. J. Nutr.*, 87 (Suppl. 2), S283-S286, 2002.

Tokunaga, T., Nakata, Y., Tashiro, Y., Hirayama, M., and Hidaka, H., Effects of fructooligosaccharide intake on the intestinal microflora and defecation in healthy volunteers, *Bifidus*, 6, 143-150, 1993.

Tominaga, S., Hirayama, M., Adach, T., Tokunaga, T., and Lino, H., Effects of ingested fructooligosaccharides on stool frequency in healthy female volunteers: a placebo controlled study, *Biosci. Microflora*, 18, 49-53, 1999.

Trautwein, E. A., Rieckhoff, D., and Erbersdobler, H. F., Dietary inulin lowers plasma cholesterol and triacylglycerol and alters bile acid profile in hamsters, *J. Nutr.*, 128, 1937-1943, 1998.

Trepel, F., Dietary fiber: more than a matter of dietetics. I. Compounds, properties, physiological effects, *Wiener Klinische Wochenschrift*, 116, 465-476, 2004.

Tungland, B. C., Fructooligosaccharides and other fructans: structures and occurrence, production, regulatory aspects, food applications, and nutritional health significance, *ACS Symp. Ser.*, 849, 135-152, 2003.

Tuohy, K. M., Finlay, R. K., Wynne, A. G., and Gibson, G. R., A human volunteer study on the prebiotic effects of HP-inulin-faecal bacteria enumerated using fluorescent *in situ* hybridization (FISH), *Ecol. Environ. Microbiol.*, 7, 113-118, 2001.

Tuohy, K. M., Rouzaud, G. C. M., Brueck, W. M., and Gibson, G. R., Modulation of the human gut microflora towards improved health using prebiotics: assessment of efficacy, *Curr. Pharm. Design*, 11, 75-90, 2005.

Turner, N. J. and Szczawinski, A. F., *Wild Coffee and Tea Substitutes of Canada*, National Museums of Canada, Ottawa, Ontario, 1978.

van den Heuvel, E. G., Muijs, T., van Dokkum, W., and Schaafsma, G., Oligofructose stimulates calcium absorption in adolescents, *Am. J. Clin. Nutr.*, 69, 544-548, 1999.

van den Heuvel, E. G., Schoterman, M. H., and Muijs, T., Transgalactooligosaccharides stimulate calcium absorption in postmenopausal women, *J. Nutr.*, 130, 2938-2942, 2000.

Vandenplas, Y., Oligosaccharides in infant formula, *Br. J. Nutr.*, 87 (Suppl. 2), S293-S296, 2002.

van Dokkum, W., Wezendomk, B., Srikumar, T. S., and van den Heuvel, E. G. H. M., Effect of nondigestible oligosaccharides on large-bowel functions, blood lipid concentrations and glucose absorption in young healthy male subjects, *Eur. J. Clin. Nutr.*, 53, 1-7, 1999.

Van Loo, J. P., Coussement, P., De Leenheer, L., Hoebregs, H., and Smits, G., On the presence of inulin and oligofructose as natural ingredients in the Western diet, *Crit. Rev. Food Sci. Nutr.*, 35, 525-552, 1995.

Varel, V. J. and Yen, J. T., Microbial perspective on fiber utilization by swine, *J. Anim. Sci.*, 75, 2715-2722, 1997.

Vaughan, J. G. and Geissler, C. A., *The New Oxford Book of Food Plants*, Oxford University Press, Oxford, 1997. Venner, T., *Via recta ad vitam longam*, T. S., London, 1622.

Vidica, S., The feed sugar minimum as a precondition of good quality silage, *Acta Agric. Serbica*, VII, 41-48, 2002.

Waldroup, A. L., Skinner, J. T., Hierholzer, R. E., and Waldroup, P. W., An evaluation of fructooligosaccharides in diets for broiler chickens and effects on salmonellae contamination of carcasses, *Poultry Sci.*, 72, 2715-2722, 1993.

Waligora-Dupriet, A. J., Campeotto, F., Bonet, A., Soulaines, P., Nicolis, I., Dupont, C., and Butel, M. J., 38th *Annual Meeting of the European Society for Paediatric Gastroenterology, Hepatology and Nutrition*, Porto, Portugal, 2005.

Wallace, R. J. and Newbold, C. J., Probiotics for ruminants, in *Probiotics: The Scientific Basis*, Fuller, R., Ed., Chapman & Hall, London, 1992, pp. 317-353.

Wang, X. and Gibson, G. R., Effects of *in vitro* fermentation of oligofructose and inulin by bacteria growing in the human large intestine, *J. Appl. Bacteriol.*, 75, 373-380, 1993.

Watzl, B., Girrbach, S., and Roller, M., Inulin, oligofructose and immunomodulation, *Br. J. Nutr.*, 93, S49-S55, 2005.

Weaver, C. M. and Liebman, M., Biomarkers of bone health appropriate for evaluating functional foods designed to reduce risk of osteoporosis, *Br. J. Nutr.*, 88 (Suppl. 2), S225-S232, 2002.

WHO, *Obesity: Preventing and Managing the Global Epidemic*, report of a WHO consultation on obesity, World

Health Organization, Geneva, 2002.

WHO and FAO, *Diet, Nutrition and the Prevention of Chronic Disease*, Technical Report Series 916, World Health Organization, Geneva, 2002.

Williams, C. M., Effects of inulin on lipid parameters in humans, *J. Nutr.*, 129, 1471S-1473S, 1999.

Williams, C. M. and Jackson, K. G., Inulin and oligofructose: effects on lipid metabolism from human studies, *Br. J. Nutr.*, 87 (Suppl. 2), S261-S264, 2002.

Williams, C. H., Witherly, S. A., and Buddington, R. K., Influence of dietary Neosugar on selected bacteria groups of the human fecal microbiota, *Microb. Ecol. Health Dis.*, 7, 91-97, 1994.

Wolf, B. W., Chow, J. - M., Snowden, M. K., and Garleb, K. A., Medical foods and fructooligosaccharides: a novel fermentable dietary fiber, *ACS Symp. Ser.*, 849, 118-134, 2003.

Yamashita, K., Kawai, K., and Itakura, M., Effect of fructo-oligosaccharides on blood glucose and serum lipids in diabetic subjects, *Nutr. Res.*, 4, 961-966, 1984.

Yamazaki, H., Modler, H. W., Jones, J. D., and Elliot, J. L., Process for Preparing Flour from Jerusalem Artichoke Tubers, U. S. Patent 4871574, 1989.

Yamazaki, S., Kamimura, H., Momose, H., Kawashima, T., and Ueda, K., Protective effect of bifidobacteria: non-association against lethal activities of *Escherichia coli*, *Bifidobacteria Microflora*, 1, 55-64, 1982.

Yasui, H., Nagoaka, N., Mike, A., Hayakawa, K., and Ohwaki, M., Detection of bifidobacteria strains that induce large quantities of IgA, *Microbial Ecol. Health Dis.*, 5, 155-162, 1992.

Zelenkov, V. N., Fodder Additive on Base of Jerusalem Artichoke as Curative-Prophylactic Preparation for Domestic and Farm Animals, Russian Federation Patent 149564, 2000.

Zitmane, I., [Data on biochemical investigation of protein-vitamin compound derived from topinambour II], *Latvijas PSR Zinatnu Akademijas Vestis*, 10, 83-87, 1958.

Zubr, J., Biogas-energy potentials of energy crops and crop residues, in *Proceedings of Bioenergy 84*, Vol. III, *Biomass Conversion*, Gothenburg, Sweden, 1985, pp. 295-300.

7 生物量和生物燃料

工业社会依赖于化石燃料来满足其能量需求。然而，化石燃料（即石油、煤炭和天然气）是从迅速枯竭的储量中所提取的不可再生资源，这是导致全球气候变化的大气二氧化碳水平上升的主要原因，而且，日益成为国际冲突的根源（例如，Deffeyes，2001；Heinberg，2005；IPCC，2007；Klare，2004；Leggett，2006；Roberts，2005）。全球视角也因此发生转变，朝着节能、可再生能源和碳中和当地的能源被开发来补充或替代进口化石燃料。

植物在史前时期就已经被用作能源物质，且木柴仍然是当今主要的热能来源。如今，伴随能源经济重大变革的迫近，植物生物量越来越多地被用于生产可运输的燃料。例如，植物源的乙醇在巴西和其他国家被用于汽车燃料，并且在全球范围内被用作汽油添加剂。菊芋是直接燃烧、制备甲烷燃料，特别是生物乙醇的理想材料。菊芋是一种很有前途的直燃、生产甲烷生物燃料，特别是生物乙醇的候选作物。

7.1 生物量

生物量是指以体积或面积表示的生物总干重。这些有机材料可以被收获作为能源使用。植物在机体的各个部分储藏源自日光的能量，储藏能源随后被各种技术所获取。植物生物质可以被直接燃烧来用于热能和电能的生产，也可以被转化为可运输的液体燃料，或者作为化学药品的生产原料。植物生物质也可以用作堆肥或绿肥、建筑材料、纤维、动物饲料。植物是生物质能的主要来源，农作物能在最短时间内生产体积最大的利用价值最大的原料。能源作物最大的生物质产量可达 30 $t \cdot ha^{-1}$（White and Plaskett，1981）。

与化石燃料相比，生物质作为能源存在许多劣势，包括相对较低的热值、水分含量较高不利于燃烧，以及因其密度小和体积大在处理时必须要用大型设备用于处理与燃烧。改善生物质性能的步骤主要包括干燥和压实。生物质与化石燃料相比的优势主要体现在可再生性、向大气中释放 CO_2 量较少、制备迅速、廉价、不受不可预测的短缺和成本突增的影响（White and Plaskett，1981）。和所有可替代能源的战略一样，能源作物的经济可行性取决于与之竞争的化石燃料的价格。随着化石燃料价格升高，植物生物质的经济可行性也随之升高。

菊芋生长速率快并且可在边际土地生长，具有成为能源生物质的巨大潜力。在适宜条件下其年产量可达 30 $t \cdot ha^{-1}$，可有效利用水资源，种植成本低，富含多糖，是每公顷可产出最高生物质干重的作物之一（Dambroth，1984）。生物量的生产通常只包括地上部分，而菊芋的块茎和茎秆均可使用。菊芋中的果聚糖在转移到块茎之前可被临时储存于茎秆。

因此，在茎秆储存大量糖的阶段时收获地上部分，是生产乙醇和沼气的有效方式。因此，如果将其用于乙醇和沼气的生产，最好的方法是在块茎长成前收获糖原含量丰富的地上部分。然而，收割菊芋地上部分会阻碍块茎的形成，从而降低菊芋作为一种多功能作物的潜力（Faget，1993）。然而，研究表明给定一个合适的收割时间可以使菊芋的地上和地下部分同时得到利用（例如 Stauffer et al.，1981；Rawate and Hill，1985）。植物在某一给定时期能所能同化的碳是一定的，因此，从长期来看，无论是收获块茎，还是秸秆，还是两者同时收获，其干物质总量差异相对并不大。

20 世纪 80 年代末在欧洲进行了一系列的田间试验，评估了菊芋作为一种多功能（食品和非食品）作物的潜力。从爱尔兰到罗马尼亚、从丹麦到意大利和西班牙，记录了菊芋的产量和生长特性，其最高产量出现在南欧的灌溉区（Grassi and Gosse，1988）。然而，21 世纪气候条件的变化将影响能源作物在欧洲的分布（Tuck et al.，2006）。通过对 26 个长势良好的能源作物进行调查，Tuck 等（Tuck et al.，2006）分析了作物对气候变化模式的需求。以菊芋为例，植株生长的最大和最小的降水量分别为 1 600 mm 和 500 mm，生长时间为平均气温在 8~25℃之间的 5 月到 9 月。1990 年，大部分菊芋在欧洲被种植在 45°—54°N 及 55°—64°N。然而，经所有气候模型试验预测，到了 2050—2080 年，菊芋在 45°—54°N（法国和德国）的种植将大幅下降（31%~45%），在 55°—64°N 出现一个小的增幅（5%~15%）且在更北的 65°—71°N 有一个大的增幅（40%至 60%）。在这一地区，包括斯堪的纳维亚和俄罗斯北部，适合菊芋种植的土地将从 10%增加到总耕地面积的 80%。加拿大国有资源部（National Resources Canada）对气候变化如何影响北欧菊芋的种植范围也进行了建模分析。在模型中，由 2041—2070 年，范围向北扩展到纽芬兰（在圣约翰），向西在大阿尔伯塔地区（以埃德蒙顿为中心）；2071—2100 年，阿拉斯加南部一些地区成为适宜种植菊芋的地区（Canadian Forestry Service，2006）。

在边际土地上种植菊芋生产能源也可与其生物修复功能结合起来。作为菊芋近缘的向日葵（*Helianthus annuus* L.），有着类似的生物量大、生长速度快的特点，是已知的可以从重金属污染的水中有效积累镉（CD）、铜（Cu）、铅（Pb）、锰（Mn）与镍（Ni）的作物（Brooks and Robinson，1998；Dushenkov et al.，1995）。向日葵也可以从环境中去除放射性铯和锶，损坏的乌克兰切尔诺贝利核设施周围的田间试验表明（Cooney，1996；Dushenkov et al.，1999），10 天后，盆栽向日葵的根已经从污染池中吸收了大量的不能从隔离区移除的放射性物质（Coghlan，1997）。实验研究已证实菊芋具有相当强的重金属积累的能力，它的这一潜力可作为重金属污染土地的回收工具（Antonkiewicz and Jasiewicz，2003；Antonkiewicz et al.，2004；Jasiewicz and Antonkiewicz，2002）。菊芋组织中的金属含量随着土壤污染物中重金属的含量的增加而增加。菊芋积累重金属的效率按照递减顺序分别为：Cd、Zn、Ni、Cu 和 Pb（Antonkiewicz and Jasiewicz，2003）。但是，其作为一个潜在能源作物和生物修复工具，菊芋产量在重度污染的土壤中可能会降低（Jasiewicz and Antonkiewicz，2002）。

在评估能源作物潜力时，应考虑到在大片土地上种植能源作物对环境的影响。在德国，包括菊芋在内的 10 种能源作物作为一种多年生植物被种植（40 000 plants·ha^{-1}），在对沙质土壤施肥4次的条件下进行评估，发现菊芋能较好地吸收铅，同时具有相对于其他能源作物对沙质土壤及环境有相对良好的影响。例如，在菊芋茎秆中磷的水平较低（0.05%～0.15%干物质），因此它不需要太多的磷肥，有利于防止水体的富营养化。菊芋地上部分产量相对较低，然而，在这项研究中其产量为4.3 t·ha^{-1}干物质，每年产生了62 GJ·ha^{-1}的能量平衡。此研究还指出，作为多年生植物时，菊芋茎秆的稳定性会逐年降低，使得地上部分难以收获。如果不收获块茎，才可能收获更多的地上部分（Scholz and Ellerbrock，2002）。

收获块茎会导致潜在的问题，如不完整的收获会导致作物在下一季节继续生长，使菊芋难以适应植物轮作。如果想使菊芋成为重要生物量产出的轮作作物，则需要发展更好的收获方法或控制植物自播方式（Faget，1993）。然而，当将其作为能源作物种植时，菊芋将会变为一个多年生轮作的植物，那么潜在的收获问题将会变成一个优点。

目前，一个迫切的研究需求是开发具有更好的生物量和能源特性的现代品种。加拿大的一项研究表明，饲料成分差异是很大的，这表明其成分可以通过植物育种很容易地改善（Stauffer et al.，1981）。菊芋要实现其能源作物的潜力，也需要政府的支持，例如，减免税收和研究资助。

假设全株干物质的产量为15 t·ha^{-1}·a^{-1}，由高大的阔叶作物（向日葵）模型生产生物质的总成本估计为12.7美元·t^{-1}，这比任何其他类型作物的估算成本要便宜，包括高茎草本植物（玉米，19.1美元·t^{-1}）、矮小的阔叶植物（甜菜，77.1美元·t^{-1}）和豆科植物（紫花苜蓿，20.9美元·t^{-1}）（Klass，1998）。根据意大利菊芋生物质的情况估计，块茎的售卖价格为18～7欧元·t^{-1}（1990年的价格）时，农民才能获得与传统的能源作物可相比的收入（Bartolelli et al.，1991）。

由生物质获得能源的两个主要途径是热（直接燃烧）和生物转化（通过微生物作用转换为有机质的生物燃料）。生物质在作为有机化学品和原料中将发挥越来越重要的作用。菊芋菊粉作为各种工业化学品原料的利用已经在第五章中描述过了。利用菊芋燃烧和生物转化来生产能源的更多内容将在接下来的部分进行讨论。

7.2 直接燃烧

直接燃烧将生物质转换为热能。水分去除（脱水）、完全干燥（脱水）与生物质的压实或致密化是保证燃烧效率的关键处理步骤。在这些过程中的能源消耗，必须通过提高生物质的能源转换效率补偿，才能使得直接燃烧更加经济化。燃烧是在特定条件的控制下，在焚烧炉、锅炉或火炉中进行的。生物质燃烧是一个快速的化学反应；生物质成分被氧化，伴随着能源的产生，二氧化碳和水的释放。化学能源是以辐射和热能的形式释放出来，可直接用于干燥，或者它可以被转换成热空气、热水或水蒸气，例如，用风力涡轮机发电。在完美的情况下，各反应物会完全燃烧，但在实际操作中，仍会留下大量的灰分。清除壁炉中的灰分是保证燃烧系统高效运行的一个重要的因素。焚烧炉中的作物生物质可以混合包括住宅和工业垃圾在内的其他可燃材料。生物质材料特别适合用于热电联产

(CHP) 的发电机。

菊芋地上部分可以作为直接燃烧的重要原料，但是它们在使用前需要充分晾干。在立陶宛的试验证实了菊芋作为一种能源作物是非常合适的。秋季收获的地上部分体积密度为 78 kg·m^3，与之相比春季时为 65 kg·m^3，而平均收获的干生物量净热值在秋季为 18 MJ·m^{-2}，春季则是 18.5 MJ·m^{-2}。在春季或夏末能够收获燃烧性能最佳的干物质（Rutkauskas，2005）。

由于对干燥的要求，菊芋不太可能成为直接燃烧的主要生物质原料。Zubr（Zubr，1988）还指出，如直接燃烧产生能源的目的也是为了将生物质回收再利用，这一点在生物废弃物也可利用时仅凭借菊芋是难以得到证明的。因此，作为生物燃料生产中的湿原料，菊芋才有可能变得更重要。

7.3 生物性转化

7.3.1 乙醇

各种各样的材料都可以用于乙醇（酒精）的生产，如木材、废纸与作物秸秆等。从植物生物质生产获得的乙醇也被称为生物乙醇。从植物生物质生产乙醇包括利用酵母和细菌对浆状的、被捣碎的及汁状的植物原材料进行发酵（Wiselogel et al.，1996）。

生物乙醇是一种无色、具水溶性与易挥发的液体，可用做多种燃料和燃料添加剂。从内燃机出现初期就认识到酒精可以作为化石燃料的替代物，特别汽油的替代物。20 世纪 20 年代在法国和德国，乙醇和汽油的混合物（例如，25%的乙醇和75%汽油混合）被用于扩大汽车燃料供应和利用农业剩余资源。随着 OPEC 石油价格大涨，乙醇作为汽车燃料，早在 20 世纪 70 年代初就重新引起了人们的兴趣。生物乙醇能够减少对进口化石燃料的依赖，延长汽油供应。随着国家酒精计划的建立（National Alcohol Program），1975 年在巴西，生物乙醇作为现代汽车燃料的潜力于 1975 在巴西首先得到实现。最初的方案为汽油与 10%和 20%的甘蔗来源的生物乙醇混合。到 1995 年，有 35%的客运车辆（420 万辆）使用纯的（100%）生物乙醇燃料。

生物乙醇在世界范围内正越来越多地被添加到汽油中，通过增强辛烷值来提高发动机的性能。燃料的辛烷值是衡量燃料喷射和自点火之间延迟性的一个参数，辛烷值越高，延迟时间越短，并能降低发动机的震动。在汽油中添加铅以提高其辛烷值的做法，现在已被淘汰，因为它会造成严重的环境污染。用乙醇替代铅是对环境有益的；乙醇-汽油混合物有效地提高了辛烷值。乙醇添加至共混物中使用也有助于减少废气排放，如一氧化碳（CO）和挥发性有机化合物（VOC$_s$），从而改善空气质量。基于这些原因，许多国家都趋于使用乙醇和汽油的混合物，例如，10%乙醇加 90%汽油（E10）（Bailey，1996）。生物乙醇也可以转化为乙基叔丁基醚（ETBE），作为汽油添加剂，有效地改善空气质量。乙基叔丁基醚降低汽油的蒸气压，减少有机化合物造成的污染和烟雾释放。

生物质生产液体（运输）燃料的成本一般比化石燃料高。例如，2005 年美国乙醇的净生产成本分别比等量的汽油每能量高 0.46 美元（Hill et al.，2006）。然而，生物乙醇的成本可能随着生物技术的进步和经济规模的扩大而下降，而化石燃料的成本可能会由于未来不可预测的资源短缺和供应不足而增加。生物质乙醇的能量成分和能量的转化值也不如化石燃料，同质量的生物乙醇比汽油在能量给出上少了 34%。乙醇的低热值（LHV）为 21.1 MJ·L^{-1}，汽油为 32 MJ·L^{-1}，而乙醇的高热值（HHVs）为 23.4 MJ·L^{-1}，汽油则是 35 MJ·L^{-1}（Anon.，2006）。因此，做同样的工作需要更多的乙醇，这需要考虑到消费者的相对成本。

然而，生物乙醇较化石燃料有很多的环境优势，是应对未来能源生产挑战的理想选择。生物乙醇由可再生能源和可持续的资源生产，理论上对温室气体的排放净贡献为零。其生产和燃烧相对于化石燃料能够减少 12%左右的温室气体排放（Hill et al.，2006）。作为运输燃料（纯生物乙醇或与汽油的混合物），它使得污染物的排放大量减少（例如，挥发性有机化合物和 CO）。生物乙醇也不含硫，故不会导致酸雨。因此，对生物乙醇的需求预计将会上升，从而使环境目标得以实现，并延伸化石燃料供应。为了满足未来的需求，需要开发国内丰富和廉价的生物质原料，特别是利用来自农业边缘土地的废物和生物量。

将菊芋转化为乙醇已经有很长时间的历史。例如，19 世纪末期，化学家 Anselme Payen 建议法国酒类行业利用菊芋块茎作为酵母菌发酵的碳水化合物来源，生产一种可以蒸馏成纯乙醇的啤酒。菊芋块茎的发酵和块茎提取物的蒸馏也被用于啤酒、葡萄酒和其他烈酒的生产上。由菊芋块茎生产的啤酒据说有着甜味和果香；块茎或茎的提取物可以添加在酿造过程中不同的阶段（Fritsche and Oelschlaeger，2000；Zelenkov，2000）。在法国和德国，白兰地就是用酵母菌发酵菊芋块茎得到的，特别是酿酒酵母和马克斯克鲁维酵母（Benk et al.，1970；Hui，1991）。伏特加和清酒也可以以菊芋提取物为原料进行发酵和蒸馏制备（例如，Arbuzov et al.，2004；Ge and Zhang，2005）。从菊芋提取物得到的烈酒的质量是由其成分组成特性决定的（例如，菊粉的含量），同时发酵过程中产生的酯类给予这些酒特有的芳香（Szambelan et al.，2005）。所有发酵菊芋茎和块茎的系统都需要考虑菊粉的存在，菊粉发酵的化学过程详见第 5 章。

自 20 世纪 20 年代起，菊芋来源的乙醇被公认为一种很有前途的生物燃料。然而，在 20 世纪 30 年代和 80 年代，促进菊芋源乙醇作为燃料的雄心勃勃的计划在美国失败了，主要是由于市场的缺乏（Amato，1993）。从植物中提炼乙醇的市场正在扩大，然而，利用菊芋生产乙醇的效率还需要进一步提高（例如，Baev et al.，2003；Filonova et al.，2001；Krikunova et al.，2001；Kobayashi et al.，1995）。

发酵前，植物生物质原料需先经过一系列的预处理，包括磨碎、汁和浆的分离等。进一步处理，则包括木质素的移除及把纤维素、半纤维素等利用完全或部分水解的方法消化成为可发酵的化合物。纤维素可以用诸如硫磺酸、外源酶或以纤维素中分离到的真菌或细菌产生的酶等进行降解。菊芋中的菊粉可以通过酸性或酶水解（图 7.1a）转化为可发酵的糖，然后再用酵母菌或细菌发酵（图 7.1a）（van Bekkum and Besemer，2003），这个过程有时被称为水解和发酵（SHF）的分步法。酸水解是指通过低温浓酸或高温稀酸法从植物原料中获得可发酵糖的原始方法。例如,热酸水解菊芋浆生产果糖和葡萄糖的方法,早于用酿酒酵母或其他酒精酵母对菊芋的发酵(例如,Boinot,1942; Lampe,1932; Underkofler et al.,1937)。随后,酶法预处理用于菊粉发酵前的水解(Combelles,1981; Duvnjak et al.,1982; Sachs et al.,1981; Zubr,1988)。由菊芋块茎生产乙醇这一过程是由 Kosaric 等提出的(Kosaric,1982),首先用两步块茎软化来制成碳水化合物含量为 12%~15% 的菊芋汁,这两步是加热和酶水解。冷却之后,用可回收的酵母间歇法发酵菊芋汁,28 h 后乙醇产量为最大理论产量的 90%(Kosari and Vardar-Sukan,2001)。Zubr 对酵母发酵前块茎浆的酶促预处理进行了评价,乙醇最高产量的获得是在与工业酶"Novo 230"结合时。产外切菊粉酶的黑曲霉也可与酿酒酵母结合发酵菊芋汁或者菊芋浆(Ohta et al.,2004)。

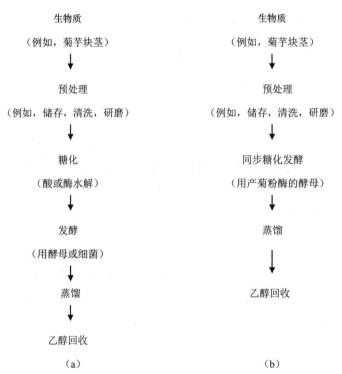

图 7.1 发酵菊芋生产乙醇的方法 (a) 用酸或酶水解后用经典的酵母发酵(例如,酵母或运动单胞菌)和 (b) 用产菊粉酶的酵母发酵(例如,马克斯克鲁维酵母)

传统发酵酵母,如酿酒酵母,不能够用来利用菊粉,但是,已发现某些酵母菌株具有菊粉酶的活性,它可以水解菊粉并发酵所产生的糖(Echeverrigaray and Tavares,1985; Guiraud et al.,1981a,1981b; Padukone,1996)。因此,无须提前水解或糖化,在单一容器中即可利用菊芋汁通过上述产菊粉酶的酵母发酵生产乙醇,这个过程叫作同步糖化发酵(SSF)(图 7.1b)。在实际操作中,仍旧会在酸性条件下进行酶解,以便在添加产菊粉酶的酵母之前,利用植物材料中的酶开始糖化。以块茎提取物为原料,利用如下的菊粉发酵菌株可获得较高的乙醇生产速率：*K. marxianus*，*K. fragilis*，*Candida pseudotropicalis*，*C. kefyr*，*C. macedoniensis*，*Saccharomyces fermentati*，*S. diasticus*，*Schwanniomyces castellii*和*Torulopsis colliculosa*（Duvnjak et al.，1981；Ge and Zhang，2005；Guiraud et al.，1986；Rosa et al.，1986）。为了进一步提高乙醇生产的工作效率，这些酵母已被进一步改良，例如，已选育出一株酒精耐受力方面被改良的脆壁克鲁维酵母（Roas et al.，1988）。

一般来说，工业上有4种乙醇生产方式：为分批（间歇式）、补料分批、连续生产与半连续生产。间歇式生产是生产酒精饮料的传统方法，也是如今大部分乙醇的生产方法。间歇生产易于管理，较灵活，它们的主要缺点是有非生产性停工期，尽管几个生物反应器可以交替进行生产。连续生产只有很少的停工时间，反应器中新生菌种会取代老化的菌种。连续生产有较高的乙醇产量，比间歇式生产有更加统一的质量，能更好地适应大规模生产，但它不够灵活，投资和经营成本较高，并且由于长时间的培养可能导致菌种突变，风险性较高。补料分批式生产结合了间歇性和连续性发酵的过程，有原料和菌种的定期补充，以及间断性地污水处理。半连续生产是有效的重复进料批量处理，间断性地取出培养液，添加新的微生物和新鲜培养基（Kosaric and Vardar-Sukan，2001）。菊芋提取物的发酵尝试了间歇式、半连续式及连续式的生产方式（例如，Bajpai and Bajpai，1991；Groot Wassink and Fleming，1980）。所有的发酵方式可以采用游离的（例如，Margaritis and Bajpai，1982b）或固定化的酵母细胞（例如，Margaritis and Bajpai，1983；Margaritis and Merchant，1984）。游离细胞可悬浮在培养基中，并可能通过自然絮凝而聚合，而固定化细胞则是固定在载体表面或位于颗粒内部。固定化细胞保证了生物反应器中较高的细胞浓度，并且避免了需要细胞回收系统来取代已被淘汰的细胞，尽管游离细胞由于固定化细胞周围可能会出现大量的底物或酒精而不容易受到抑制。

在酸性条件下，发酵的效率最高，因为在非酸性条件下（pH值>6.4），会发生更多的污染，从而降低发酵效率。Guiraud等（Guiraud et al.，1982）发现，菊粉发酵菌株的最佳pH值是3.5，半连续式发酵7天后能生产高级别的乙醇。游离和固定化细胞在间歇和连续式发酵时，最优pH范围为3.5~6.0（例如，Bajpai and Margaritis，1987；Margaritis and Bajpai，1982a；Margaritis et al.，1983b）。酵母在高温下产菊粉酶效果最佳。例如Rosa等人（Rosa et al.，1987，1992）报道，用马克斯克鲁维酵母进行间歇式发酵，发酵温度28~36℃时发酵效率最高，而在39~40℃时发酵减缓，由于酵母菌对乙醇的耐受性降低，发酵过早停止的可能性更大。温度对游离和固定化酵母细胞乙醇生产速率的影响是不同的。Bajpai和Margaritis（1987）发现，马克斯克鲁维酵母的游离细胞发酵最佳温度范围在25~35℃之间。而固定化细胞的最佳温度范围更广，在25~45℃之间。Williams和Munnecke（1981）发现，与游离细胞相比，固定化酵母的最适温度更低，可能是载体基质所产生的扩散限制，导致细胞周围的乙醇浓度在较高的温度下会受到抑制。

除了酵母，运动发酵单胞菌也能迅速高效的发酵菊芋汁。细菌不含菊粉酶，因此发酵必须与菊粉的酸解或酶解联合进行（Kim and Rhee，1990）。但是运动发酵单胞菌有几个适合工业应用的属性。它能自然絮凝，在批量生产时能提高发酵效率，且在高糖和高乙醇浓度下生长时不会被抑制，而且它比酿酒酵母等酵母菌具有更有利的发酵动力学（Ingram et al., 1989; Rogers et al., 1979; Toran-Diaz et al., 1983)。此外, Szambelan 等人 (Szambelan et al., 2005) 发现, 在使用运动发酵单胞菌时, 非乙醇成分的潜在污染物比用酵母时少 (*S. cerevisiae* 和 *K. fragilis*)。运动发酵单胞菌发酵的最佳温度范围为 30~40℃, pH 为 4.0~5.0 (Kosari and Vardar-Sukan, 2001)。由运动发酵单胞菌发酵菊芋 "Albik" 和 "Rubik" 的块茎, 菊粉被酸解和酶解后, 所得乙醇分别为理论产量的 86% 和 90% (Szambelan and Chrapkowska, 2003)。在一些其他的对运动发酵单胞菌的研究中, 已获得的乙醇最大产量为理论产量的 90%~94% (Allias et al., 1987; Favela-Torres et al., 1986; Szambelan et al., 2005; Toran-Diaz et al., 1985)。在连续生产系统中, 运动发酵单胞菌的乙醇产量一直优于酵母菌株 (Kosaric and Vardar-Sukan, 2001)。不过在使用运动发酵单胞菌时, 必须要对培养基进行消毒, 而从经济角度来看, 当发酵菊芋提取物时, 用能够产菊粉酶的酵母菌株是更为合适的。运动发酵单胞菌可与酵母混合使用 (例如, *S. cerevisiae* 和 *K. fragilis*), 这比单一菌种发酵乙醇能获得更高的理论产量 (Szambelan et al., 2004b)。

菊芋捣碎液、浆液或汁液为酵母和运动单胞菌提供了完全培养基。除了碳水化合物, 还提供了微生物生长所需的矿物质和维生素 (Duvnjak et al., 1981; Toran-Diaz et al., 1985)。因此, 尽管实验研究中需要把培养基标准化, 但是无须添加额外的营养物质。然而, 当使用产菊粉酶的酵母进行发酵时, 菊芋汁比捣碎液和浆液的乙醇产量更高 (Szambelan et al., 2004)。

利用菊芋块茎发酵, 乙醇产量通常都大于理论产量的 90% (从已知的碳水化合物含量计算) (例如, Bajpai and Bajpai, 1991; Barthomeuf et al., 1991; Duvjnak et al., 1981; Ge and Zhang, 2005; Guiraud et al., 1981a; Margaritis and Bajpai, 1982c; Margaritis et al., 1983a)。假设按照平均的干物质产量和使用有菊粉酶活性的酵母菌株 (例如, 马克斯克鲁维酵母) 发酵, 预计乙醇产量至少为 8 500 L·ha^{-1} (Bajpai and Bajpai, 1989, 1991; Guiraud et al., 1982)。文献报道的菊芋生产乙醇的产量见表 7.1。在商业生产中, 乙醇产量至少可达 3 900~4 500 L·ha^{-1} (Hayes, 1981; Kosaricc and Vardar-Sukan, 2001), 然而, 理论上乙醇产量可高达 11 230 L·ha^{-1} (Ercoli et al., 1992; Judd, 2003)。因此, 菊芋可能成为生物乙醇生产的一种重要原料, 特别是在温带气候带地区的边界或闲置土地上种植时。

表 7.1 菊芋来源乙醇产量

植物部位	湿重产量 (L·t^{-1})[a]	单位面积产量 (L·ha^{-1})	引用
顶部 (地上部分)	78	11 230	Judd, 2003
秸秆	83	–	Klass, 1998
块茎	–	11 000	Ercoli et al., 1992
块茎	–	3 970~7 448	Schittenhelm, 1987
块茎	80~100	–	Franke, 1985

续表

植物部位	湿重产量（L·t^{-1}）[a]	单位面积产量（L·ha^{-1}）	引用
块茎	-	2 500~7 500	Guiraud et al., 1982
块茎	-	2 610	El Bassan, 1998
块茎	-	3 840~5 850	Kahnt and Leible, 1985
块茎	-	6 400	Chabbert et al., 1983
块茎	337 mL·kg^{-1}	3 060	Zubr, 1988
	-	5 600	Williams and Ziobro, 1982
块茎	77	1 500~3 100	Karú et al., 2005
块茎	-	4 169	Mays et al., 1990
块茎	-	2 630~5 589	Stolzenburg, 2006
块茎	-	5 708	Fernandez, 1998

[a] 另有说明除外。

菊芋地上部分和块茎都可用于乙醇生产。虽然主要使用的是块茎，但是在夏末之前，块茎形成的最后阶段，积聚在茎秆中的果聚糖是生产乙醇很好的材料（Bajpai and Margaritis，1986；Caserta and Cervigni，1991；Curt et al.，2005；Harris，1985；Negro et al.，2006）。Curt 等（2005）发现，茎秆中可溶性碳水化合物的峰值含量（总茎秆干重的 43.9%）正好与花芽的出现相一致，但是在这个时期因为早熟株的茎秆产量很低，所以碳水化合物的产量也不高。据记载，整体产量的最高值出现在晚熟株中（即"Boniches"，"China" and "Violet de Rennes"），即当茎秆和块茎产量达到种植最佳平衡时（Curt et al.，2005）。使用含有 7.3% 总糖的茎提取物，Margaritis 等（1983a）获得的乙醇产量为最大理论产量的 97%。马克斯克鲁维酵母菌株是七种菌株被测酵母中发酵茎秆最好的一种，虽然脆壁克鲁维酵母、德巴和酵母属和裂殖酵母也可高效地将秸秆中的碳水化合物发酵为乙醇。Stolzenburg（2006）报道的最高乙醇产量（3 197 L·ha^{-1}）的原料是德国 9 月采收的菊芋秸秆。从茎中产生的乙醇产量有时令人沮丧（Zubr，1987），尽管可以与用块茎获得的乙醇收益相当（Judd，2003）。Negro 等（2006）表明，酸解后用酿酒酵母发酵，或直接使用马克斯克鲁维酵母发酵，都能由秸秆果聚糖高效地生产乙醇。当剩余残渣可用作高蛋白质动物饲料时，使用整株植物（茎秆和块茎）生产生物乙醇在经济上是可行的（Bajpai and Bajpai，1989）。

菊粉水解是菊芋果肉和果汁发酵速率的限制因素。例如，在使用的絮凝酵母（*Saccharomyces diastaticus*，NCYC 625）发酵时，残糖组分的变化是块茎提取物中菊粉聚合度的分布所导致的。当提取物中果糖/葡萄糖比值增加时，酶活性水解和发酵产物的产量降低（Schorr Galindo et al.，2000）。*S. diastaticus* NCYC625 能够高效地将单糖和短链聚果糖转化为乙醇,同时留下残留未代谢的长链低聚果糖作为果糖的生产原料,由此促进了整体生产力的提高(Schorr-Galindo et al.,1994,1995,1995b)。

在20世纪初,菊芋收获的时间对间歇式乙醇生产方式起到关键作用。在9月和10月收获的块茎,一般发酵效果差,而越冬或存放在冷库之后的块茎效果较好。这是因为存储过程导致菊粉被分解为可发酵的碳水化合物。随后开发了酸和酶法水解预处理,以优化块茎乙醇产量。然而,乙醇的产量也与植物材料收获时可发酵糖的总量有关。在德国,2年的研究发现,6.7 t·ha^{-1}和10.3 t·ha^{-1}发酵糖的块茎获得的乙醇产量分别为3 840 L·ha^{-1}和5 850 L·ha^{-1}(Kahnt and Leible,1985),乙醇产量最高可达5 600 L·ha^{-1}(Williams and Ziobro,1982)。最近德国的研究表明,在10月收获的块茎乙醇产量(6 179 L·ha^{-1})与果糖产量(8.7 t·ha^{-1})都达到了峰值,1—2月收获的乙醇产量也都比较高,但10月前的产量较低(Stolzenburg,2006)。人们已经注意到,早期收获的块茎发酵时会受到部分抑制,不是因为糖的聚合度问题,这可能与绿原酸或类似发酵抑制剂的存在有关(Guiraud et al.,1982;Paupardin,1965)。

不同的菊芋品种会有不同的乙醇生产潜力(Chabbert et al.,1986);例如,"Bianka,Waldspindel和Medius"的块茎提取物乙醇产量分别达到3 970 L·ha^{-1}、7 448 L·ha^{-1}和7 086 L·ha^{-1}(Schittenhelm,1987)。对17个菊芋品种的研究发现,块茎产量最高的品种,其乙醇产量也最高,其中最高的是"BS-86-17"(12.2 t·ha^{-1}块茎和5 589 L·ha^{-1}乙醇)和"Henriette"(5.6 t·ha^{-1}块茎和2 630 L·ha^{-1}乙醇)(Stolzenburg,2006)。

最近几年,许多国家对菊芋为原料生产乙醇的潜力进行了评估。例如,在新西兰,对菊芋的地上部分,一年采收三次,在评估的一系列作物中,菊芋具有最高的乙醇生产潜力(以已知的作物产量和可发酵成分为依据)。预计乙醇产量为78 L·t^{-1}和11 230 L·ha^{-1}。虽然甜菜(*Beta vulgaris* L.)在新西兰仍然是备受青睐的乙醇生产原料,但是菊芋仍然值得进一步的研究(Judd,2003)。

据加拿大的报道,菊芋可生成大量的可发酵糖。在牧场条件下,所得菊芋中的糖产量为6.2~8.6 t·ha^{-1},优于甜菜中获得的4.9 t·ha^{-1}的糖产量(Stauffer et al.,1981)。在加拿大曼尼托巴种植的菊芋块茎,乙醇的理论产量为4 580 kg·ha^{-1}(鲜重为42 000 kg·ha^{-1}和碳水化合物含量为7 088 kg·ha^{-1}),地上部分(干物质产量12 000 kg·ha^{-1})获得的乙醇理论产量为1 920 kg·ha^{-1}(5 780 L·ha^{-1})。相比之下,甜菜根、玉米和小麦的乙醇理论产量分别为3 185 kg·ha^{-1}、2 680 kg·ha^{-1}和1 447 kg·ha^{-1}或分别为4 019 L·ha^{-1}、3 382 L·ha^{-1}、和1 826 L·ha^{-1}(Stauffer et al.,1981)。在对北克和加拿大西部的菊芋生产乙醇的经济学进行分析发现,用地上部分生产乙醇的平均成本要高于块茎(Baker et al.,1990)。

在台湾,菊芋新鲜块茎和地上部分的乙醇产量分别为46.2 L·t^{-1}和52.3 L·t^{-1}。在美国,每公顷土地,菊芋能生产114.3美元的乙醇(按照1985年的价格),相比较下,甘薯能生产197美元的乙醇(Lee et al.,1985)。在俄罗斯联邦(Bogomolov and Petrakova,2001a)的卡卢加地区,菊芋在生物能源方面优于其他作物,特别是苋菜。12.3 t·ha^{-1}的干重饲料能产生105~142 GJ·ha^{-1}代谢能(Bogomolov and Petrakova,2001b)。与一系列作物对比后发现，菊芋（'Mammoth French White'）的乙醇生产潜力在甘薯之后居第二。30.7 t·ha^{-1}菊芋块茎的乙醇产量为4 169 L·ha^{-1}（Mays et al.，1990）。1985年，欧洲委员会报道的菊芋生产生物乙醇的总成本72欧元·100 L^{-1}与其他作物相比毫不逊色，其他作物包括马铃薯（73）、甜菜（49）、小麦（54）和玉米（68）（Spelman, 1993）。这些成本主要包括原材料、运输、加工和副产物的价值。然而，甜菜、玉米和谷物等主要作物享有政策补贴，菊芋等非传统作物则没有此类补贴。因此，一些菊芋产业很难付诸实施。

在意大利，在适宜的时间采摘树冠作为叶蛋白浓缩物，这与用块茎生产乙醇是相容的。菊芋作为多年生草本植物，尽管块茎的产量在第二年会变低，但在第一年和第二年，块茎中糖的含量超过了其湿重的15%。第一年乙醇产量可达11 000 L·ha^{-1}，第二年达7 200 L·ha^{-1}。将8个品种进行比较，两年内它们在干物质和乙醇产量上显示出明显的差异。第一年，"Violet de Rennes" and "K8"的干物质含量最高，为23t·ha^{-1}，而"K8"的乙醇产量最高，为10 756 L·ha^{-1}。第二年，"Nahodka"的块茎产量最高（14.0 t·ha^{-1}），乙醇产量也最高（7 163 L·ha^{-1}），同时还产出15 t·ha^{-1}的地上部分，用于蛋白的提取（Ercoli et al.，1992）。在意大利的中部和南部，获得了68至72 t·ha^{-1}的菊芋块茎干物质，用于生物乙醇的试产，这些地区在气候干旱的条件下，菊芋需要灌溉（Mimiola, 1988）。甚至在炎热干燥的气候，相对贫瘠的土壤中，块茎中的糖含量都可以超过其鲜重的15%，可获得5 000 L·ha^{-1}的乙醇产量。（Bartolelli et al.，1982；Bosticco et al.，1989；Zonin，1987）。

在美国，玉米（maize；Zea mays L.）是运输燃料生物乙醇生产的理想原料，尽管有些运输燃料来源于大豆（Glycine max L.）。2006年，美国有101个乙醇精炼厂，主要分布在中西部和加州，每年拥有约4 830万加仑的乙醇生产量，及每年在建的（RFA，2006）2 880万加仑的潜在产量。这些精炼厂中等规模，且主要原料为玉米。能源作物高昂的运输成本，对以当地能源作物为原料的农场规模的炼制厂有利，且基于成本-效益能源平衡的角度考虑，能源作物运输距离的上限为15 ft。但是，利用玉米生产生物乙醇有几个缺点，如需要大面积的土地来种植玉米（Hill et al.，2006）。随着生物乙醇需求的增加，美国更多的玉米作物（到2008年可能超过1/5）将被用于生物乙醇的生产。随着越来越多的生物乙醇在汽车燃料中的应用，更多的农业用地会被用来种植能源作物。虽然很多地区的农业用地（20世纪90年代初达3300万公顷）在这些年被闲置（Putsche and Sandor，1996），农业残余物和城市垃圾也可以作为生物质原料，对大量玉米转用于制造乙醇也引发了人们的关注。由于玉米生产生物乙醇在美国利润可观，越来越少的玉米用于饲料和粮食，从而导致了全球粮食价格上涨，可能导致贫穷国家的粮食危机（如Brown，2006）。从投入与乙醇转化的角度来讲，玉米的种植成本和能量投入较高。美国农业部（USDA）的研究表明，玉米的净能量平衡高达1.34（即多出的34%的能量是因生物质生产而消耗的）（Shapouri et al.，1995，2002）。这个数字一直备受争议，但是，分析表明很少甚至没有正能量平衡是显而易见的。但当考虑到玉米种植过程中所施的氮肥及其他投入，玉米乙醇同化石燃料所排放的温室气体是相当的（例如，Pearce，2006；Pimentel，2002，2003）。应当指出的是，能量平衡指数在各个地区差别很大，而且必须考虑副产物所带来的正能量平衡。例如，如果剩余的生物质被用作干燃料或动物饲料，就会产生正能量平衡，温室气体的排放会比等当量的汽油少约13%，尽管目前并非这样做（Farrell et al., 2006）。生物乙醇持续的产能扩张增加了对美国汽油库的补给，特别是生物乙醇-汽油混合物，同时改善了空气质量。但是，仅仅依赖玉米作为原料仍存在很多问题。

随着美国对生物乙醇需求的不断增加，为了应对2005年的能源安全法案、环境政策以及汽油价格的上涨问题，急需一种低成本的、不占用高质量农业用地的原料。菊芋是一种很有前途的乙醇生产原料，具有其他能源作物所不具有的许多优点（Wieczorek and Kosaric, 1984）。菊芋可以在贫瘠、营养缺乏的土壤上生长，而玉米和大豆则不行，而且菊芋仅需要少量的肥料、杀虫剂和灌溉方面的较低的能量投入，并且美国的试验显示出良好的乙醇产量（83 L·t^{-1}）（Klass, 1998）。据估计，到2020年，边际土地生产的生物燃料可取代1/5的美国运输燃料（Lee Lynd of Dartmouth College, quoted in Roberts, 2004, 79页）。然而，并不是美国的所有的区域都适于菊芋生长。实验人员在佛罗里达州的试验中发现，菊芋相对于其他能源作物存在较多的疾病和较低产率（如，62 kg·t^{-1}·d^{-1}），因此美国东南部不建议种植该作物（O'Hair et al., 1983, 1988）。

使用菊芋作为生物乙醇原料的经济可行性取决于多个因素。这些因素包括生产、收获、运输成本、炼制厂的规模及副产物（例如，动物饲料、蛋白浓缩物）的价值、终产品的类型（例如，汽油添加剂或纯生物乙醇）还有其他竞争能源作物和化石燃料的总成本（Baker et al., 1990; Hill et al., 2006; Kosaric et al., 1982; Kosaric and Vardar-Sukan, 2001）。在开发菊芋等新的生物质原料时，政府补贴和税收减免十分重要（von Sivers and Zacchi, 1996）。扩大生物燃料生产的财政奖励措施已经付诸实践，例如，作为减少石油依赖和改善空气质量的一种手段。随着石油价格的上涨及对生物乙醇需求的日益增加，生物乙醇的利润会更加可观。菊芋生产生物乙醇的经济性见第14章。

对于生产乙醇，菊芋是一种很有前途的农作物。它易于种植，几乎无须灌溉、除草、病虫害防治及施肥方面的投入。较低的投入不仅利于保护环境，而且会产生更有利的整体能量平衡。然而，菊芋块茎为乙醇原料也有潜在的不利因素。块茎间相互挤靠，使得它们相对难以清洁、收获，储存过程中糖的质量难以维持（Fleming and Groot Wassink, 1979）。一个好的储存方案就是制备成提取物浓缩液，以糖浆的形式储存（Bajpai and Bajpai, 1989）。找到适合生物质种植的合适的品种也很重要。

由菊芋制成的乙醇和烈酒，可作为食品工业和化工业的原料。例如，乙醇在塑料、油漆和许多工业产品的制造中均有应用。因此，生物乙醇作为液体燃料出现盈余时正好满足了替代市场的需求。菊芋发酵生产乙醇，还会产生一系列的副产物，包括可作为动物饲料的浆液（7%的蛋白质）、蛋白浓缩物和液体肥料（Guiraud et al., 1982）。菊芋作为能源作物产生的副产品可用作动物饲料，是菊芋乙醇生产具有经济可行性的关键因素。乙醇被蒸馏收集之后，残余块茎渣料可用作沼气生产（见下文）。该作物可作为乙醇和单细胞蛋白质的双功能来源，同时其块茎提取物可使用不同类型的酵母进行发酵（Apaire et al., 1983; Bajpai and Bajpai, 1989）。在未充分利用的土地上种植菊芋生产能源，可进一步为农民创造新的生计，促成了农场的多样化经营，为高失业率的农村地区提供就业机会。

7.3.2 沼气（甲烷）

沼气是一种可通过厌氧细菌降解新鲜生物质而生成的燃料。作为天然的气体，主要燃料成分是甲烷。沼气是在湿地和沼泽中天然生成的，一层水正好制造了一个厌氧环境，这些来源的沼气可以作为燃料加以利用。商业化沼气生产的主要原料包括工业和家庭的生物废料、屠宰场废物和牲畜粪便。理论上，一些生物质可以用于生产沼气和甲烷，有些植物是潜在的候选材料，特别是那些富含易于被生物降解的糖类的种物品种（El Bassan, 1998）。然而，高木质素含量的植物不易被生物降解（Klass, 1998）。

在发酵之前，生物质会经过收获、运输及预处理（图 7.2）。预处理过程包括粉碎、保藏于地窖中、加入纤维素酶以及使用溶剂去除木质素。预处理有助于消化前将多糖和其他成分转变为可发酵糖。厌氧降解是一个多级反应过程，包括多种微生物分解植物特定成分（例如，糖类、纤维素和半纤维素），其中最重要的微生物是古生菌中的产甲烷细菌。下面给出甲烷生产 3 个特别重要的属：(1) *M. bacterium*（例如，*Methanobacterium formicum*）；(2) *M. maripaludis*（例如，*Methanococcus jannaschii*）；(3) *Methanomicrobium*，*Methanogenium*，*Methanospirillum*，也还有其他的一些属（例如，*M. mobile*）。所有的产甲烷细菌都是严格厌氧的。通常发酵的最适 pH 值为 6.5~8.0，最适温度为两个温度范围中的一个：低温度范围（10~42℃）适合嗜温细菌，高温度范围（50~70℃）适合嗜热细菌。

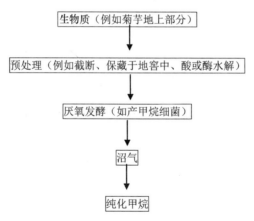

图 7.2 菊芋生物质发酵产甲烷的几个阶段

通过厌氧消化生产的沼气主要包括甲烷（CH_4）和二氧化碳（CO_2）。例如，由猪粪便生产的沼气主要组成为甲烷 65% 及二氧化碳 35%，热含量为 26 MJ·m^{-3}。沼气中的甲烷含量为 40%~70%，热值在 15.7 MJ·m^{-3} 到 29.5 MJ·m^{-3}。干燥天然气和纯甲烷的热值为 39.3 MJ·m^{-3}。沼气可以不经加工直接在当地使用（例如，加热温室、鸡舍）。为获得一个更高效的生物燃料，二氧化碳和次要组分可以使用加压水进行碱洗或洗涤等几种气体清除方法进行去除。当产能规模增加时，二氧化碳的去除尤为重要，并且二氧化碳可以作为副产品来使用。沼气中存在的其他少量的物质成分与所用的原料类型有关。如硫氰化物可以较低的水平的存在（如 0.1%），如果不做去除，则会产生腐蚀性和毒性等问题（White and Plaskett, 1981)。相对于生物废料和其他原料,植物性原料很少会产生其他气体。制备沼气后富含营养的消化物可被重新投入反应器或作为副产品出售,用作动物饲料或作物肥料。洁净的甲烷可以被压缩、装箱或通过管道运输。甲烷主要应用于产热和发电。

菊芋是一种适合沼气生产的能源作物,满足了许多选择标准。它生长迅速、易于种植、产能较高,对多种气候条件的耐受性强,可以抗病虫害,具有较强的越冬能力和高效的甲烷产率。通常利用是其地上部分,尽管块茎也可以利用。地上部分的非结构性糖类很容易被发酵,而茎秆内含有大量的此类糖。将菊芋地上部分转化为青储饲料是一种很有效的贮存方式,并且可以贮存一整年。研究表明,新鲜茎秆与青储茎秆相比,它们沼气的生产能力相似(Gunnarson et al., 1985; Lehtomäki, 2005; Mathisen and Thyselius, 1985; Zubr, 1986)。用于青储时,利用新鲜绿色材料比使用衰老阶段效果好。已对甲烷和沼气的产量进行了总结(表 7.2)。例如,菊芋地上部分在储存 20 天后的沼气产量为 480~590 $m^3 \cdot t^{-1}$,是其他测试作物的 6 倍(如,紫花苜蓿、玉米和甜菜)(El Bassan, 1998, quoting unpublished data from Weiland, 1997)。

表 7.2 菊芋不同部位的沼气及甲烷产量

植物部分	单位重量的沼气产量 ($L \cdot kg^{-1}$ 挥发性固体)[a]	单位重量的甲烷产量 ($L \cdot kg^{-1}$ 挥发性固体)[a]	单位面积沼气产量 ($m^3 \cdot ha^{-1}$)	单位面积的甲烷产量 ($m^3 \cdot ha^{-1}$)	参考文献
地上部分[b]	—	93 $m^3 \cdot t$	—	3 100~5 400	Lehtomäki, 2005
地上部分	480~680	—	5 500	2 800	Gunnarson et al., 1985
青储地上部分	468	315	—	—	Zubr, 1985
地下部分	595	411	—	—	Zubr, 1988
地上部分	296	189	—	—	Zubr, 1988
青储地上部分	331	229	—	—	Zubr, 1988
地上部分	480~600	—	—	—	Mathisen and Thyselius, 1985
青储地上部分	500~680	250~320	—	—	Mathisen and Thyselius, 1985
地上部分	480~590 $m^3 \cdot t$	—	—	—	El Bassan, 1998

注:a 除非另有说明;
b 刚刚收割的地上部分(茎秆和叶),除非另有说明。

原料的化学成分对沼气的生产非常重要。菊芋低分子量的糖、菊粉(果聚糖)、半纤维素和纤维素,可在沼气发酵中被利用。对于菊芋地上部分来说,可消化成分在茎秆中所占的比例很高,这在沼气的生产中是最需要的(Malmberg and Theander, 1986)。此外,基质中高浓度的氮不利于沼气的生产，菊芋中氮含量最高的部分为菊芋叶（Malmberg and Theander，1986；Mathisen and Thyselius，1985；Somda et al.，1999）。菊粉水解是厌氧消化反应器中以菊芋为底物的限速步骤。

自 2000 年以来，德国农场规模的沼气厂一直运行着，试点工厂目前正在全球范围内建立。能源作物与工业/家庭废弃物、动物粪便经常被用来生产沼气的共同底物。青储生物质与牛或猪粪便的混合物可获得较高的沼气产量（例如，350~540 L·kg^{-1}挥发性固体），一项研究（Mathisen and Thyselius，1985）显示，含有 70%青储生物质的混合物具有最高的沼气生产能力。能源作物的厌氧消化代表了一种家庭式的可再生能源的利用，适合生物质产地附近农场规模的能量生产方式。适合于在临近作物生产的地区分散式农场规模的能源生产。可在闲置土地上轮作种植生物质，或者它可利用过剩的作物和秸秆，在农村地区创造新的商业机会（Lehtomäki，2005）。

在芬兰试点的厌氧发酵系统中，对菊芋及其他能源作物评估发现，菊芋潜在的甲烷产量是最高的，其他能源作物包括猫尾草（*Phleum pratense* L.）、羽扇豆（*Lupinus polyphyllus* Lindl.）、草芦（*Phalaris arundinacea* L.）和荨麻（*Urtica dioica* L.）。菊芋的甲烷生产潜力为 0.37 m^3·kg^{-1}甲烷，每吨湿重产量为 93 m^3 甲烷。实验中，菊芋的甲烷产量每年 9~16 t dm·ha^{-1}和 3 100~5 400 m^3·ha^{-1}甲烷，相当于每年 30~50 MWh·ha^{-1}的毛能源潜力或 38 000~68 000 km·ha^{-1}客车运输能力（Lehtomäki，2005，2006；Lehtomäki and Bjørnsson，2006）。在芬兰，每公顷产甲烷最高的作物（菊芋、猫尾草与草芦），1 公顷可产生 1~3 辆客车 1 年的燃料量（行驶的平均距离为 20 000~30 000 km）。因此，如果在芬兰 2004 年的农业闲置土地被用来生产能源作物，生产出的沼气可以满足全国 8%~25%客车的燃料需求（Lehtomäki，2006）。

在芬兰实验表明，重复收割的菊芋也有类似甲烷生产潜力，而且也评估了其他多叶类能源作物，如虎杖（*Reynoutria sachalinensis* F. Schmidt ex Maxim.）和甜菜叶（*Beta vulgaris* L.），晚收会增加它们产甲烷的潜力。菊芋地上部分的木质素水平异常稳定，与成熟与否无关，而非结构性碳水化合物（聚果糖）的量在茎秆中在 10 月中旬一直增加。因此，较晚收割作物也不会影响厌氧消化的效率（Lehtomäki，2006）。

在丹麦，ZUBR（1985）调查了 33 种沼气生产的潜在原料，包括青储的菊芋茎秆。在中温条件（35℃）下进行了一系列的间歇式厌氧消化，记录每天沼气的产量。根据材料的不同，保留时间从 26~82 天不等，菊芋的最佳保留时间约 33 天。青储菊芋总固体（TS）含量为 17.1%，挥发性固体（VS）含量为 15.4%，挥发性固体的 81.7%可被微生物分解。一般而言，总的来说，VS/TS 值是衡量有机质含量的指标，而在菊芋有机质含量相对较高。青储菊芋茎秆含有 31.9%粗纤维，表明木质素存在。高含量的木质素能够降低微生物原料分解的能力，在被测的原料中，粗纤维含量在 44.2%（小麦秸秆）和 12.3%（糖用甜菜顶部）之间。青储菊芋茎秆中碳、氮含量分别占总固体量的 42.0%和 2.48%，C/N 比值为 17。青储菊芋茎秆中，硫在总固体中的含量为 0.13%，这意味着沼气可被含硫杂质污染，所以不大可能使用青储菊芋茎秆来生产沼气。青储菊芋茎秆的沼气产量为 421 L·kg^{-1} TS、468 L biogas·kg^{-1}挥发性固体和 315 L methane·kg^{-1}挥发性固体，该沼气中甲烷的平均含量为 67.4% （Zubr, 1985）。

瑞典农业大学进行了一项研究，目的是评估菊芋的地上部分（茎和叶子）作为原料生产沼气的潜力。在瑞典，地上部分的干物质产量高达 20 t·ha^{-1}，其中菊芋不开花，取而代之的是旺盛的营养生长期（Wünsche, 1985）。Gunnarson（Gunnarson et al., 1985）发现，3 个克隆株（Topinanca, Variety No. 1927 和 Variety No. 1168，其中最后一个品种是菊芋和向日葵的杂交株）的干物质产量介于 7~16 t·ha^{-1}，Topinanca 具有较高的干物质含量。在中温（37℃）实验室规模的条件下进行了生物质消化实验（Gunnarson et al., 1985；Mathisen and Thyselius, 1985）。在 pH 值约 7.5 的消化器中，新鲜的和青储菊芋的沼气产量大致相等。每千克新鲜原料和青储原料产生沼气的量为 480~680 L，所获得的沼气中，甲烷含量介于 52% 和 55% 之间。在发酵之前和之后，分别测定青储原料的化学组成成分。尽管厌氧消化后，纤维素、半纤维素和其他可提取物质的量大大降低，非结构性碳水化合物（果聚糖）被完全消化，但是木质素部分基本保持不变（Gunnarson et al., 1985）。在瑞典的实验条件下，作者断定每公顷的菊芋可以得到大约 5 500 m^3 的沼气产量。假定甲烷的含量为 52%，则每公顷的菊芋甲烷的产量为 2 800 m^3。关于沼气生产的经济与分析见 14.1。

采用瑞典实验室消化器，Mathisen 和 Thyselius（Mathisen and Thyselius, 1985）报道了采用新鲜和青储菊芋茎秆进行间歇式和半连续式的消化方式来生产沼气。采用分批发酵实验来确定一系列能源作物的最高沼气产量，每天加入一定比例的底物，持续 3~4 周。在分批发酵实验中，新鲜切碎的菊芋茎秆一周后的沼气产量为 540 L·kg^{-1} 挥发性固体，占总产物（600 L·kg^{-1} 挥发性固体）的 90%。在两个实验中，青储茎秆 1 周后的沼气产量分别为 470 和 510 L·kg^{-1} 挥发性固体，分别为终产量的 72%~76%。菊芋的消化速度比新鲜苜蓿、羽衣甘蓝和草要慢，但比白桦和蜡黄等木质生物质要快。在半连续发酵实验中，新鲜切碎的菊芋茎秆沼气的产量为 480~590 L·kg^{-1}（是分批发酵沼气终产量的 80%~98%），而青储茎秆的沼气产量为 510~560 L·kg^{-1}（是分批发酵沼气终产量的 78%~86%）。半连续发酵中，新鲜的青储的原料所产沼气中的甲烷含量为 50%~55%，有机负荷为 2.2~3.0 g·L^{-1}·d^{-1}（挥发性固体），水力停留时间为 43~59 d。新鲜和青储材料的发酵过程稳定，无须进行 pH 调节。分批和连续发酵中，菊芋新鲜和青储料的沼气产量相似，在各种作物和木质生物质实验中，菊芋新鲜和青储料的沼气产量最高。虽然沼气生产可以通过间歇式、半连续或连续发酵有效进行，ElBassan（1998）建议使用均相基质连续长期生产是最具成本效益的选择。

菊芋块茎浆液发酵及蒸馏生成乙醇后，剩余的残渣或污泥可以用于沼气（甲烷）的生产。发酵块茎残渣得到的沼气量（595 L·kg^{-1} 挥发性固体）比新鲜茎秆（296 L·kg^{-1}）或青储茎秆（331 L·kg^{-1}）都高（Zubr, 1988）。相较于其他的生物质材料，菊芋残渣的沼气产量相对较高，Zubr 推断使用块茎残渣进一步生产能源是可行的。菊芋生物乙醇和沼气的联合开发可产生 159 GJ·ha^{-1} 的总能量，每年的产量相当于 4 500 L·ha^{-1} 石油（Zubr, 1988）。然而，这项研究表明，菊芋地上部分不是特别适合沼气的生产，主要是因为它需要较长的保留时间和存在较多的固体发酵残余（Zubr, 1988）。

Zubr (1988) 在丹麦对菊芋生产生物燃料 (乙醇和沼气) 的成本进行了分析。总生产成本包括耕地、施肥、种子采购、种植、收割和运输，总成本大约为 8 843 DKr·ha^{-1} [丹麦克朗 (货币单位)]。主要开支是种子块茎和肥料，原料的成本占乙醇生产总成本的 50% 左右。研究表明，在 1988 年的市场中，菊芋生产生物燃料无法与化石燃料相竞争，然而这种情况将会在 21 世纪初被改变。人们日益意识到化石燃料燃烧带来的环境问题，由此可产生有利于可再生能源的补贴、税收优惠和的法规。同时，汽油价格急剧上涨，使菊芋等生物质能源相对于汽油更具竞争力。

参考文献

Allias, J.-J., Favela-Torres, E., and Baratti, J., Continuous production of ethanol with Zymomonas mobilis growing on Jerusalem artichoke juice, Biotechnol. Bioeng., 29, 778-782, 1987.

Amato, J. A., The Great Jerusalem Artichoke Circus: The Buying and Selling of the Rural American Dream, University of Minnesota Press, Minneapolis, 1993.

Anon., Energy Conversion Values, 2006, http://bioenergy.ornl.gov/papers/misc/energy_conv.html.

Antonkiewicz, J. and Jasiewicz, C., Assessment of Jerusalem artichoke usability for phytoremediation of soils contaminated with Cd, Pb, Ni, Cu, and Zn, Pol. Archiwum Ochrony Srodowiska, 29, 81-87, 2003.

Antonkiewicz, J., Jasiewicz, Cz., and Ryant, P., The use of heavy metal accumulating plants for detoxication of chemically polluted soils, Acta Univ. Agric. Silviculturae Mendelianae Brunensis, 52, 113-120, 2004.

Apaire, V., Guiraud, J.P., and Galzy, P., Selection of yeasts for single cell protein production on media based on Jerusalem artichoke extracts, Z. Allg. Mikrobiol., 23, 211-218, 1983.

Arbuzov, V.P., Stretovich, E.A., Stepanova, I.V., and Burachevskij I.I., Vodka "Golden Dozed Lux" ("Zolotaya Djuzhina Luks"), Russian Federation Patent 2236450, 2004.

Baev, O., Sepeli, F., and Sepeli D., Process for Ethyl Alcohol Obtaining from Jerusalem Artichoke (Helianthus tuberosus) Tubers, Moldavian Patent 343F, 2003.

Bailey, B.K., Performance of ethanol as a transportation fuel, in Handbook on Bioethanol: Production and Utilization, Wyman, C.E., Ed., Taylor & Francis, Washington, DC, 1996, pp. 37-60.

Bajpai, P.K. and Bajpai, P., Utilization of Jerusalem artichoke for fuel ethanol production using free and immobilized cells, Biotechnol. Appl. Biochem., 11, 155-168, 1989.

Bajpai, P.K. and Bajpai, P., Cultivation and utilization of Jerusalem artichoke for ethanol, single cell protein, and high-fructose syrup production, Enzyme Microb. Technol., 13, 359-362, 1991.

Bajpai, P. and Margaritis, A., Continuous ethanol production for Jerusalem artichoke stalks using immobilized cells of Kluyveromyces marxianus, Process Biochem., 21, 86-89, 1986.

Bajpai, P. and Margaritis, A., The effect of temperature and pH on ethanol production by free and immobilized cells of Kluyveromyces marxianus grown on Jerusalem artichoke extract, Biotechnol. Bioeng., 30, 306-312, 1987.

Baker, L., Thomassin, P.J., and Henning, J.C., The economic competitiveness of Jerusalem artichoke (Helianthus tuberosus) as an agricultural feedstock for ethanol production for transportation fuels, Can. J. Agric. Econ., 38, 981-990, 1990.

Barthomeuf, C., Regerat, F., and Pourrat, H., High-yield ethanol production from Jerusalem artichoke tubers, World J. Microbiol. Biotechnol., 7, 490-493, 1991.

Bartolelli, M., Adilardi, G., and Bartolelli, V., Analsi preliminare delle destinazioni energetiche alternative dei prodotti e sottoprodotti agricoli: il possible contributo di alcune colture erbacee, L'Inf. Agric, 31, 22025-22038, 1982.

Bartolelli, V., Mutinati, G., and Pisani, F., Microeconomic aspects of energy crops cultivation, in Biomass for Energy, Industry and Environment, 6th EC Conference, Athens, Elsevier Applied Science, Amsterdam, 1991, p. 233.

Benk, F. R., Koeding, C. von, Trieber, H., and Bielecki, F., Topinambur brandy. III. Results of investigations of laboratory produced topinambur brandy, Alkohol-Industrie, 83, 463-465, 1970.

Bogomolov, V. A. and Petrakova, V. F., Bioenergetic value of Amaranthus, Kormoproizvodstro, 11, 18-19, 2001a.

Bogomolov, V. A. and Petrakova, V. F., Outcomes of Jerusalem artichoke growth studies, Kormoproizvodstro, 11, 15-18, 2001b.

Boinot, F., The Jerusalem artichoke in alcohol manufacture, Bull. Assoc. Chim., 59, 792-797, 1942.

Bosticco, A., Tartari, E., Benatti, G., and Zoccarata, I., The Jerusalem artichoke (Helianthus tuberosusL.) as animal feed and its importance for depressed areas, Agric. Med., 119, 98-103, 1989.

Brooks, R. R. and Robinson, B. H., The potential use of hyperaccumulators and other plants for phytomining, in Plants That Hyperaccumulate Heavy Metals, Brooks, R. R., Ed., CAB International, Wallingford, U. K., 1998, pp. 327-356.

Brown, L. R., Grain Drain, The Guardian (London), November 29, 2006.

Canadian Forestry Service, Climate Change Models for Helianthus tuberosus, 2006, http://www.planthardiness.gc.ca/ph_gcm.pl?speciesid=1004575.

Caserta, G. and Cervigni, T., The use of Jerusalem artichoke stalks for the production of fructose or ethanol, Bioresour. Technol., 35, 247-250, 1991.

Chabbert, N., Braun, Ph., Guiraud, J. P., Arnoux, M., and Galzy, P., Productivity and fermentability of Jerusalem artichoke according to harvesting date, Biomass, 3, 209-224, 1983.

Chabbert, N., Guiraud, J. P., Arnoux, M., and Galzy, P., Productivity and fermentability of different Jerusalem artichoke (Helianthus tuberosus) cultivars, Biomass, 6, 271-284, 1986.

Coghlan, A., Flower Power, New Scientist, December 6, 1997, p. 13.

Combelles, A., Production d'alcool d'origine agricole: cas du topinambour, Azote et Produits Chimiques, 1981, pp. 1-163.

Cooney, C. M., Sunflowers remove radionuclides from water on ongoing phytomediation field tests, Environ. Sci. Technol. News, 20, 194A, 1996.

Curt, M. D., Aguado, P. L., Sanz, M., Sanchéz, G., and Fernández, J., On the use of the stalks of Helianthus tuberosusL. for bio-ethanol production, in 2005 AAIC Annual Meeting: International Conference on Industrial Crops and Rural Development, Murcia, Spain, September, 17-21, 2005.

Dambroth, M., Topinambur-eine Konkurrenz für den Industriekartoffelanbau? Der Kartoffelbau, 35, 450-453, 1984.

Deffeyes, K. S., Hubbert's Peak: The Impending World Oil Shortage, Princeton University Press, Princeton, NJ, 2001.

Dushenkov, D. A., Kumar, N. P. B. A., Motto, H., and Raskin, I., Rhizofiltration: the use of plants to remove heavy metals from aqueous stream, Environ. Sci. Technol., 29, 1239-1245, 1995.

Dushenkov, S., Mikheev, A., Prokhnevsky, A., Ruchko, M., and Sorochinsky, B., Phytoremediation of radiocesium-contaminated soil in the vicinity of Chernobyl, Ukraine, Environ. Sci. Technol., 33, 469-475, 1999.

Duvnjak, Z., Kosaric, N., and Hayes, R. D., Kinetics of ethanol production from Jerusalem artichoke juice with some Kluyveromycesspecies, Biotechnol. Lett., 10, 589-594, 1981.

Duvnjak, Z., Kosaric, N., Kliza, S., and Hayes, R. D., Production of alcohol from Jerusalem artichokes by yeasts, Biotechnol. Bioeng., 24, 2297-2308, 1982.

Echeverrigaray, S. and Tavares, F. C. A., Actividade de inulinase em levedurase fermentações de extratos de Helianthus tuberosusL., Rev. Microbiol., 16, 127-131, 1985.

El Bassan, N., Energy Plant Species: Their Use and Impact on Environment and Development, James & James, London, 1998.

Ercoli, L., Marriotti, M., and Masoni, A., Protein concentrate and ethanol production from Jerusalem artichoke (Helianthus tuberosusL.), Agric. Med., 122, 340-351, 1992.

Faget, A., The state of new crops development and their future prospects in Southern Europe, in New Crops for Temperate Regions, Anthony, K. R. M., Meadley, J., and Röbbelen, G., Eds., Chapman & Hall, London, 1993, pp. 35-44.

Farrell, A. E., Plevin, R. J., Turner, B. T., Jones, A. D., O'Hare, M., and Kammen, D. M., Ethanol can contribute to energy and environmental goals, Science, 311, 506-508, 2006.

Favela-Torres, E., Allais, J.-J., and Baratti, J., Kinetics of batch fermentation for ethanol production with Zymomonas mobilisgrowing on Jerusalem artichoke juice, Biotechnol. Bioeng., 28, 850-856, 1986.

Fernandez, J., Production Costs of Jerusalem Artichoke (Helianthus tuberosusL.) for Ethanol Production in Spain on Irrigated Land, Biobase, European Energy Crops report, 1998, http://www.eeci.net/archive/biobase/B10245.html.

Filonova, G. L., Panchenko, S. N., Komrakova, N. A., Kulikova, M. V., Adlin, A. I., Shevyrev, N. S., Postnikov, V. I., and Ugreninov, V. G., Concentrated Base (Balsam), Russian Federation Patent 2170045, 2001.

Fleming, S. E. and GrootWassink, J. W. D., Preparation of a high-fructose syrup from the tubers of the Jerusalem artichoke (Helianthus tuberosusL.), CRC Crit. Rev. Food Sci. Nutr., 12, 1-29, 1979.

Franke, W., Inulin liefernde Pflanzen, in Nutzpflanzenkunde, 3rd ed., George Thieme Verlag, Stuttgart, 1985, p. 109.

Fritsche, H. and Oelschlaeger, K., Beer Containing Concentrated Jerusalem Artichoke Juice, Has Fruity, Slightly Sweet Taste, German Patent 19924886, 2000.

Ge, X. Y. and Zhang, W. G., A shortcut to the production of high ethanol concentration from Jerusalem artichoke tubers, Food Technol. Biotechnol., 43, 241-246, 2005.

Grassi, G. and Gosse, G., Eds, Topinambour (Jerusalem Artichoke), Report EUR 11855, CEC, Luxembourg, 1988.

Gritzali, M., Shiralipour, A., and Brown, R. D., Jr., Cellulase enzymes for enhancement of methane production from biomass, in Methane from Biomass: A Systems Approach, Smith, W. H. and Frank, J. R., Eds., Elsevier Applied Science, London, 1988, pp. 367-383.

Groot Wassink, J. W. D. and Fleming, S. E., Non-specific β-fructofuranosidase (inulase) from Kluyveromyces fragilis: batch and continuous fermentation, simple recovery method and some industrial properties, Enzyme

Microb. Technol., 2, 45, 1980.

Guiraud, J. P., Bourgi, J., Chabbert, N., and Galzy, P., Fermentation of early-harvest Jerusalem artichoke extracts by Kluyveromyces fragilis, J. Gen. Appl. Microbiol., 32, 371–381, 1986.

Guiraud, J. P., Caillaud, J. M., and Galzy, P., Optimization of alcohol production from Jerusalem artichokes, Appl. Microbiol. Biotechnol., 14, 81–85, 1982.

Guiraud, J. P., Daurelles, J., and Galzy, P., Alcohol production from Jerusalem artichoke using yeasts with inulinase activity, Biotechnol. Bioeng., 23, 1461–1465, 1981a.

Guiraud, J. P., Deville-Duc, T., and Galzy, P., Selection of yeast strains for ethanol production from inulin, Folia Microbiol., 26, 147–150, 1981b.

Gunnarson, S., Malmberg, A., Mathisen, B., Theander, O., Thyselius, L., and Wünsche, U., Jerusalem artichoke (Helianthus tuberosusL.) for biogas production, Biomass7, 85–97, 1985.

Harris, F. B., Production of Ethanol from Jerusalem Artichokes, U. S. Patent 4400469, 1985.

Hayes, R. D., Farm-scale alcohol: fuel for thought (Biomass fuels, Canada), Notes Agric., 17, 4–8, 1981.

Hayes, T. D., Warren, C. S., and Hinton, S. W., Conceptual design of a commercial biomass-to-methane system, in Methane from Biomass: A Systems Approach, Smith, W. H. and Frank, J. R., Eds., Elsevier Applied Science, London, 1988, pp. 49–77.

Heinberg, R., The Party's Over: Oil, War, and the Fate of Industrial Societies, 2nd ed., New Society, Gabriola Island, British Columbia, Canada, 2005.

Hergert, G. B., The Jerusalem artichoke situation in Canada, Altern. Crops Notebook, 5, 16–19, 1991.

Hill, J., Nelson, E., Tilman, D., Polasky, S., and Tiffany, D., Environmental, economic, and energetic costs and benefits of biodiesel and ethanol biofuels, Proc. Natl. Acad. Sci. U. S. A., 103, 11206–11210, 2006.

Hui, Y. H., Data Source Book for Food Scientists and Technologists, Wiley VCH, New York, 1991.

Ingram, L. O., Eddy, C. E., Mackenzie, K. F., Conway, T., and Altherthum, F., Genetics of Zymomonas mobilis and ethanol production, Dev. Ind. Microbiol., 30, 53–69, 1989.

IPCC, Climate Change 2007: The Physical Scientific Basis, Intergovernmental Panel on Climate Change, Geneva, Switzerland, 2007.

Jasiewicz, C. and Antonkiewicz, J., Heavy metal extraction by Jerusalem artichoke (Helianthus tuberosusL.) from soils contaminated with heavy metals, Pol. Chemia i Inzynieria Ekologiczna, 9, 379–386, 2002.

Judd, B., Feasibility of Producing Diesel Fuels from Biomass in New Zealand, 2003http://eeca.govt.nz/eeca-library/renewable-energy/biofuels/report/feasibility-of-producing-diesel-fuels-from-biomass-in-nz-03.pdf.

Kahnt, G. and Leible, L., Studies about the potential of sweet sorghum and Jerusalem artichoke for ethanol production based on fermentable sugar, in Energy from Biomass, Palz, W., Coombs, J., and Hall, D. O., Eds., Elsevier Applied Science, London, 1985, pp. 339–342.

Kára, J., Strašil, Z., Hutla, P., and Ustak, S., Energetiché Rostliny Technologie Pro Pěstování a Využití, Vyzkumný Ústav Zemědělské Techniky, Praha, Czech Republic, 2005.

Kim, C. H. and Rhee, S. H., Ethanol production from Jerusalem artichoke by inulinase and Zymomonas mobilis, Appl. Biochem. Biotechnol., 23, 171–180, 1990.

Klare, M. T., Blood and Oil: The Dangers and Consequences of America's Growing Dependency on Imported Petroleum, American Empire Project, Metropolitan Books, New York, 2004.

Klass, D. L., Biomass for Renewable Energy, Fuels, and Chemicals, Academic Press, San Diego, 1998.

Kobayashi, S., Kainuma, K., Kishimoto, M., Honbo, K., and Nagata, K., Production of Sugar Alcohol, Japanese Patent 7087990, 1995.

Kosaric, N. and Vardar-Sukan, F., Potential sources of energy and chemical products, in The Biotechnology of Ethanol: Classical and Future Applications, Roehr, M., Ed., Wiley-VCH, New York, 2001, pp. 90-226.

Kosaric, N., Wieczorek, A., Duvnjak, L., and Kliza, S., Ethanol from Jerusalem Artichoke Tubers, Bioenergy R&D Seminar, Winnipeg, Canada, March 20-31, 1982.

Krikunova, L. N., Shanenko, E. F., and Sokolovskaja, M. V., Method of Production of Ethyl Alcohol from Jerusalem Artichoke, Russian Federation Patent 2161652, 2001.

Lampe, B., The use of topinambur [Jerusalem artichoke, Helianthus tuberosus] for alcohol, Z. Spiritusindustrie, 55, 121-122, 1932.

Lee, H. J., Kim, S. I., and Mok, Y. I., Biomass and ethanol production from Jerusalem artichoke, in Alternative Sources of Energy for Agriculture: Proceedings of the International Symposium, FFTC Book Series 28, Taiwan Sugar Research Institute, Tainan, Taiwan, 1985, pp. 309-319.

Leggett, J., Half Gone: Oil, Gas, Hot Air and the Global Energy Crisis, Portobello Books, London, 2006.

Lehtomäki, A., Feedstocks for anaerobic digestion, in Biogas from Energy Crops and Agro Wastes, Jyväskylä Summer School, Jyväskylä, Finland, August 2005, http://www.cropgen.soton.ac.uk/publication/ AL%20Feedstocks.pdf.

Lehtomäki, A., Biogas Production from Energy Crops and Crop Residues, University of Jyväskylä, Jyväskylä, Finland, 2006.

Lehtomäki, A. and Bjørnsson, L., Two-stage anaerobic digestion of energy crops: methane production, nitrogen mineralisation and heavy metal mobilisation, Environ. Technol., 27, 209-218, 2006.

Malmberg, A. and Theander, O., Differences in chemical composition of leaves and stem in Jerusalem artichoke and changes in low-molecular sugar and fructan content with time of harvest, Swed. J. Agric. Res., 16, 7-12, 1986.

Margaritis, A. and Bajpai, P., Ethanol production from Jerusalem artichoke tubers (Helianthus tuberosus) using Kluyveromyces marxianusand Saccharomyces rosei, Biotechnol. Bioeng., 24, 941-953, 1982a.

Margaritis, A. and Bajpai, P., Continuous ethanol production from Jerusalem artichoke tubers. I. Use of free cells of Kluyveromyces marxianus, Biotechnol. Bioeng., 24, 1473-1482, 1982b.

Margaritis, A. and Bajpai, P., Continuous ethanol production from Jerusalem artichoke tubers. II. Use of immobilized cells of Kluyveromyces marxianus, Biotechnol. Bioeng., 24, 1483-1493, 1982c.

Margaritis, A. and Bajpai, P., Novel immobilized-cell system for the production of ethanol from Jerusalem artichoke, Ann. N. Y. Acad. Sci., 479-482, 1983.

Margaritis, A., Bajpai P., and Bajpai, P. K., Fuel ethanol production from Jerusalem artichoke stalks using different yeasts, Dev. Ind. Microbiol. Ser., 24, 321-327, 1983a.

Margaritis, A., Bajpai, P., and Lachance, M. A., The use of free and immobilized cells of Debaryomyces polymorphusto produce ethanol from Jerusalem artichoke tubers, J. Ferment. Technol., 61, 533-537, 1983b.

Margaritis, A. and Merchant, F. J. A., Advances in ethanol production using immobilized cell systems, CRC Crit. Rev. Biotechnol., 1, 339-393, 1984.

Mathisen, B. and Thyselius, L., Biogas production from fresh and ensiled plant material, in Proceedings of Bioenergy 84, Vol. III, Biomass Conversion, Egnéus, H. and Ellegård, A., Eds., 1985, pp. 289-294, Elsevier Applied Science, London. Mays, D. A., Buchanan, W., Bradford, B. N., and Giordano, P. M., Fuel production potential of several agricultural crops, in Advances in New Crops, Janick, J. and Simon,

J. E., Eds., Timber Press, Portland, OR, 1990, pp. 260-263.

Mimiola, G., Experimental cultivation of Jerusalem artichoke for bio-ethanol production, in Topinambour (Jerusalem Artichoke), Report EUR 11855, Grassi, G. and Gosse G., Eds., CEC, Luxembourg, 1988, pp. 95-98.

Negro, M. J., Ballesteros, I., Manzanares, P., Oliva, J. M., Saez, F., and Ballesteros, M., Inulin-containing biomass for ethanol production: carbohydrate extraction and ethanol fermentation, Appl. Biochem. Biotech., 129-132, 922-932, 2006.

O'Hair, S. K., Locacsio, S. J., Forbes, R. B., White, J. M., Hensel, D. R., Shumaker, J. R., and Dangler, J. M., Root crops and their biomass potential in Florida, Proc. Fla. Soil Crop Sci. Soc., 42, 13-17, 1983.

O'Hair, S. K., Snyder, G. H., White, J. M., Olson, S. M., and Duncan, L. S., Alternative production systems: root and herbaceous crops, in Methane from Biomass: A Systems Approach, Smith, W. H. and Frank, J. R., Eds., Elsevier Applied Science, London, 1988, pp. 235-247.

Ohta, K., Akimoto, H., and Moriyama, S., Fungal inulinases: enzymology, molecular biology and biotechnology, J. Appl. Glycosci., 51, 247-254, 2004.

Padukone, N., Advanced process options for bioethanol production, in Handbook on Bioethanol: Production and Utilization, Wyman, C. H., Ed., Taylor & Francis, Washington, DC, 1996, pp. 316-327.

Paupardin, C., Optimization of alcohol production from Jerusalem artichoke, C. R. Acad. Sci. Fr., 261, 4206, 1965.

Pearce, F., Fuels Gold, New Scientist, September 23, 2006, pp. 36-41.

Pimentel, D., Limits of biomass utilization, in Encyclopedia of Physical Science and Technology, 3rd ed., Vol. 2, Academic Press, New York, 2002, pp. 159-171.

Pimentel, D., Ethanol fuels: energy balance, economics, and environmental impacts are negative, Nat. Resour. Res., 12, 127-134, 2003.

Putsche, V. and Sandor, D., Strategic, economic, and environmental issues for transportation fuels, in Handbook on Bioethanol: Production and Utilization, Wyman, C. H., Ed., Taylor & Francis, Washington, DC, 1996, pp. 19-35.

Rawate, P. D. and Hill, R. M., Extraction of a high-protein isolate from Jerusalem artichoke (Helianthus tuberosus) tops and evaluation of its nutritional potential, J. Agric. Food Chem., 33, 29-31, 1985.

RFA, US Fuel Ethanol Industry Biorefineries and Production Capacity, Renewable Fuels Association, 2006, http://www.ethanolrfa.org/industry/locations/.

Roberts, P., The End of Oil: On the Edge of a Perilous New World, First Mariner Books, Houghton Mifflin Company, New York, 2005.

Rogers, P. L., Lee, K. L., and Tribe, D. E., Kinetics of alcohol production by Zymomonas mobilisat high sugar concentrations, Biotechnol. Lett., 1, 165-170, 1979.

Rosa, M. F., Bartolemeu, M. L., Novais, J. M., and Sá-Correia, I., The Portuguese experience on the direct ethanolic fermentation of Jerusalem artichoke tubers, in Biomass for Energy, Industry, and Environment, 6th E. C. Conference, Grassi, G., Collina, A., and Zibetta, H., Eds., Elsevier Applied Science, London, 1992, pp. 546-550.

Rosa, M. F., Sá Correia, I., and Novais, J. M., Production of ethanol at high temperatures in the fermentation of Jerusalem artichoke juice and a simple medium by Kluyveromyces marxianus, Biotechnol. Lett., 9, 441-444, 1987.

Rosa, M. F., Sá Correia, I., and Novais, J. M., Improvements in ethanol tolerance of Kluyveromyces fragilis in Jerusalem artichoke juice, Biotechnol. Bioeng., 31, 705-710, 1988.

Rosa, M. F., Vieira, A. M., Bartolomeu, M. L., Sá Correia, I., Cabral, J. M., and Novais, J. M., Production of high concentration of ethanol from mash, juice, and pulp of Jerusalem artichoke tubers by Kluyveromyces fragilis, Enzyme Microb. Technol., 8, 673-676, 1986.

Rutkauskas, G., Research on the characteristics of energy plant biofuel and combustion ability subject to harvest time, in 10th International Conference on New Technological Processes and Investigation.

Methods for Agricultural Engineering, Raudondvariz, Lithuania, September 8-9, 2005, pp. 350-356.

Sachs, R. M., Low, C. B., Vasavada, A., Sully, M. J., Williams, L. A., and Ziobro, G. C., Fuel alcohol from Jerusalem artichoke, Calif. Agric., 35, 4-6, 1981.

Schittenhelm, S., Topinambur: eine Pflanze mit Zukunft, in Lohnunternehmer Jahrbuch, ARS-Verlag, Rheinbech, Germany, 1987, p. 169.

Scholz, V. and Ellerbrock, R., The growth, productivity, and environmental impact of the cultivation of energy crops on sandy soil in Germany, Biomass Bioenergy, 23, 81-92, 2002.

Schorr-Galindo, S., Fontana, A., and Guiraud, J. P., Fructose syrups and ethanol production by selective fermentation of inulin, Curr. Microbiol., 30, 325-330, 1995b.

Schorr-Galindo, S., Fontana-Tachon, A., and Guiraud, J. P., Carbohydrates and ethanol production by selective fermentation of Jerusalem artichoke, inBiomass for Energy, Environment, Agriculture and Industry, Proceedings of the European Biomass Conference, Elsevier, Amsterdam, Vol. 2, 1994, p. 1147.

Schorr-Galindo, S., Ghommidh, C., and Guiraud, J. P., Simultaneous production of sugars and ethanol from inulin rich extracts in a chemostat, Biotechnol. Lett., 17, 655-658, 1995a.

Schorr-Galindo, S., Ghommidh, C., and Guiraud, J. P., Influence of yeast flocculation on the rate of Jerusalem artichoke extract fermentation, Curr. Microbiol., 41, 89-95, 2000.

Shapouri, H., Duffield, J. A., and Graboski, M. S., Estimating the Energy Balance of Corn Ethanol, Agricultural Economics Report 721, USDA, Office of the Chief Economist, Washington, DC, 1995.

Shapouri, H., Duffield, J. A., and Wang, M., The Energy Balance of Corn Ethanol: An Update, Agricultural Economics Report 814, USDA, Office of the Chief Economist, Washington, DC, 2002.

Somda, Z. C., McLaurin, W. J., and Kays, S. J., Jerusalem artichoke growth, development, and field storage. II. Carbon and nutrient element allocation and redistribution, J. Plant Nutr., 22, 1315-1334, 1999.

Spelman, C. A., The economics of UK farming and the European scene, in New Crops for Temperate Regions, Anthony, K. R. M., Meadley, J., and Röbbelen, G., Eds., Chapman & Hall, London, 1993, pp. 5-14.

Stauffer, M. D., Chubey, B. B., and Dorrell, D. G., Growth, yield and compositional characteristics of Jerusalem artichoke as they relate to biomass production, in Klass, D. L. and Emert, G. H., Eds., Fuels from Biomass and Wastes, Ann Arbor Science, Ann Arbor, MI, 1981, pp. 79-97.

Stolzenburg, K., Topinambur (Helianthus tuberosusL.) -Rohstoff für die Ethanolgewinnung, Lap Forchheim, Germany, 2006, http://www.lap-forchheim.de/.

Szambelan, K. and Chrapkowska, K. J., The influence of selected microorganisms on ethanol yield from Jerusalem artichoke (Helianthus tuberosusL.) tubers, Pol. J. Food Nutr. Sci., 12, 49-52, 2003.

Szambelan, K., Nowak, J., and Chrapkowska, K. J., Comparison of bacterial and yeast ethanol fermentation yield from Jerusalem artichoke (Helianthus tuberosusL.) tuber pulp and juices, Acta Scientiarum Polonorum

Technologia Alimentaria, 3, 45-53, 2004a.

Szambelan, K., Nowak, J., and Czarnecki, Z., The use of Zymomonas mobilisand Saccharomyces cerevisiae mixed with Kluyveromyces fragilisfor improved production from Jerusalem artichoke tubers, Biotechnol. Lett., 26, 845, 2004b.

Szambelan, K., Nowak, J., and Jelen, H., The composition of Jerusalem artichoke (Helianthus tuberosusL.) spirits obtained from fermentation with bacteria and yeasts, Eng. Life Sci., 5, 68-71, 2005.

Toran-Diaz, I., Delezon, C., and Buratti, J., The kinetics of ethanol production by Zymomonas mobilison fructose medium, Biotechnol. Lett., 5, 409-412, 1983.

Toran-Diaz, I., Jain, V.K., Allais, J., and Buratti, J., Effect of acid or enzymatic hydrolysis on ethanol production by Zymomonas mobilisgrowing on Jerusalem artichoke juice, Biotechnol. Lett., 7, 527-530, 1985.

Tuck, G., Glendining, M.J., Smith, P., House, J.I., and Wattenbach, M., The potential distribution of bioenergy crops in Europe under present and future climate, Biomass Bioenergy, 30, 183-197, 2006.

Underkofler, L.A., McPherson, W.K., and Fulmer, E.I., Alcoholic fermentation of Jerusalem artichokes, Ind. Eng. Chem., 29, 1160-1164, 1937.

van Bekkum, H. and Besemer, A.C., Carbohydrates as chemical feedstock, Khimiya v Interesakh Ustoichivogo Razvitiya11, 11-21, 2003.

von Sivers, M. and Zacchi, S., Ethanol from lignocellulosics: a review of the economy, Bioresour. Technol., 56, 131-140, 1996.

White, L.P. and Plaskett, L.G., Biomass as Fuel, Academic Press, London, 1981.

Wieczorek, A. and Kosaric, N., Analysis of ethanol production from Jerusalem artichoke in a farm-scale operation, in Energy from Biomass and Wastes VIII, Proceedings of Symposium, Institute of Gas and Technology, Lake Buena Vista, FL, 1984, pp. 1113-1130.

Williams, D. and Munnecke, D., The production of ethanol by immobilized yeast cells, Biotechnol. Bioeng., 23, 1813-1825, 1981.

Williams, L.A. and Ziobro, G., Processing and fermentation of Jerusalem artichoke for ethanol production, Biotechnol. Lett., 4, 45-50, 1982.

Wiselogel, A., Tyson, S., and Johnson, D., Biomass feedstock resources and composition, in Handbook on Bioethanol: Production and Utilization, Wyman, C.H., Ed., Taylor & Francis, Washington, DC, 1996, pp. 105-118.

Wünsche, U., Energy from agriculture: some results of Swedish energy cropping experiments, in Energy from Biomass, Palz, W., Coombs, J., and Hall, D.O., Eds., Elsevier Applied Science, London, 1985, pp. 359-363.

Zelenkov, V.N., Method of Beer Brewing Using Jerusalem Artichoke, Russian Federation Patent 149894, 2000. Zonin, G., Topinambur: realtà e ipotesi, L'Inf. Agric., 1, 67, 1987.

Zubr, J., Biogas-energy potentials of energy crops and crop residues, in Proceedings of Bioenergy 84, Vol. III, Biomass Conversion, Egnéus, H. and Ellegård, A., Eds., Elsevier, Amsterdam, 1985, pp. 295-300. 85.

Zubr, J., Methanogenic fermentation of fresh and ensiled plant materials, Biomass, 11, 156-171, 1986.

Zubr, J., Biomass for energy from field crops, Int. J. Solar Energy, 6, 33-50, 1987.

Zubr, J., Fuels from Jerusalem artichoke, in Topinambour (Jerusalem Artichoke), Report EUR 11855, Grassi, G. and Gosse G., Eds., CEC, Luxembourg, 1988, pp. 165-175.

8 遗传资源、育种和栽培

未来菊芋作为一种作物的关键取决于通过植物育种实现关键基因改良。与其他作物相比，由于菊芋没有受到太大程度的基因操纵，现存菊芋的商业品种比大多数作物在外观上更接近于其野生原种。然而，其多样性也是显而易见的，比如，菊芋的块茎具有不同的形状、大小和颜色。虽然没有特别的协同方式，但最晚在17世纪，尤其是欧洲就开展了菊芋的选育工作。现有的所描述的大量品种和无性系由于名称不同，普遍存在重复的现象。育种的重点是提高块茎产量和块茎菊粉含量。近年来，人们的兴趣聚焦于将菊芋看作一种应用于食品和非食品工业的多用途作物，如能源生产原料和饲料或浓缩饲料。

8.1 育种程序

种植者从菊芋栽培早期就开始选择其理想特性，其结果许多品种和无性系的形状已被描述。块茎是品种选择的重点，尽管在大小、形状、颜色和产量方面也存在较大的变异（见第4章）。被带入欧洲的第一批块茎比野生块茎大，并从17世纪开始被种植者不断选育。然而，首次系统开展菊芋选育的工作大约始于20世纪初，因为人们意识到块茎可以用来生产工业产品，如乙醇。

自1607年菊芋首次从北美进入欧洲开始，对其已进行了较大程度的筛选已经出现。然而，在20世纪的大部分时间里，菊芋仅仅被用作动物饲料、食物短缺时的食品与很小部分的工业原料。在被忽视多年后，菊芋的选育工作在20世纪80年代得到加强（van Soest，1993）。这主要得益于食品工业对菊粉和果糖需求的增加，尽管研究工作也关注生物产量的最大化和其他性状的提高。然而，对菊芋的育种和研究工作仍具有高度的周期性。燃料成本的上升或对低价果糖或菊粉需求的增加引发了对已经消退的初始状态新一轮的研究兴趣。每一个循环过程总是导致与以前研究和遗传改良的部分重复，由此降低了研究进展的整体效率。

菊芋在很大程度上是由公共服务机构培育的。克隆属于无性繁殖，所以一旦发布，则很容易扩繁。因而，商业育种者难以行使他们的育种权利，收回育种项目投资的机会已减至最小。由于块茎易于繁殖，农民没有必要定期购置种子，过去菊芋产品有限的市场需求阻碍了优化品种的商业行为。现在公共机构培育适应当地气候和光照条件，以及特殊用途（如食品工业所需的高菊粉含量）的菊芋品种。

在加拿大，菊芋研究集中在马尼托巴的莫登加拿大农业研究站。研究重点集中在提高块茎产量和块茎中果糖及菊粉含量，以及提高对加拿大西部气候条件的适应性（Chubey and Dorrell，1974）。一些莫登新品种在实验过程中被选育出来（如"M5"，"M6"和

"M7")。其中一些已经成为商业栽培品种,包括"哥伦比亚"(Chubey and Dorrell, 1982)。

在美国,一些小尺度上的育种项目旨在提高菊芋的工业利用价值,包括一个在北达科他州法戈作物科学实验室 USDA-ARS 的项目,他们的研究重点是提高菊芋作为牲畜饲料和青储饲料的价值(Seiler and Campbell, 2004)。

在欧盟,针对包括菊芋在内工业原料作物倡议即将实施,例如,1990 年的农工厦项目已建立起来并得到欧共体的联合资助(van Soest, 1993)。在国家层面,一些机构参与了菊芋遗传资源的保存和育种。欧洲的育种项目先后在奥地利、丹麦、法国、德国、匈牙利、意大利、荷兰、俄罗斯、瑞典、乌克兰和其他苏联国家展开。

比如,自 20 世纪 80 年代以来,位于德国布伦瑞克的栽培植物育种研究联合中心成为欧洲菊芋遗传资源保存和选育的主要机构(Küppers-Sonnenberg, 1952; Schittenhelm, 1987)。近来其研究重点是选育最大限度提高块茎菊粉产量的品种(Schittenhelm, 1999)。在匈牙利,针对菊芋的研究始于 20 世纪 50 年代的匈牙利科学院 Martonvásár 研究所(Pätzold, 1955, 1957)。其重点是改进种植方式和块茎加工方法,以生产富含乙醇和果糖的浓缩物。这项研究在将研究重点转向玉米后暂停。然而匈牙利恢复了关于菊芋的研究,尤其在布达佩斯的园艺和食品工业大学(Barta, 1993)。

在法国,菊芋的研究集中于设在雷恩、克莱蒙-费朗和蒙彼利埃的法国国家农业研究所(INRA)(Chabbert et al., 1983)。为生产乙醇提高碳水化合物含量是其研究目标之一,通过在全国范围内收集种质资源进行种间杂交选育了一些新的品种(Le Cochec and de Barreda, 1990)。在意大利,提高块茎产量和菊粉含量的培育和田间试验在 ERSA 展开。在贫瘠土壤中获取高产量的无性系在巴里进行栽培(Faget, 1993; De Mastro et al., 2004)。

在荷兰,菊芋育种研究在的瓦赫宁恩的植物育种和繁殖研究中心(CPRO-DLO)开展,以选育提高菊粉产量的无性系(Meijer et al., 1993; Mesken, 1988; Toxopeus et al., 1994; van Soest et al., 1993)。在瑞典,Hillesbög AB 植物育种和瑞典大学发起了菊芋作为生物能源材料的研究项目(Gunnarson et al., 1985)。

俄罗斯联邦的植物育种目标是获取新品种或杂种,致力于通过地方品种间的杂交或外来品种与地方品种的杂交选择新的无性系。无性系间的自由授粉导致了广泛的变异,而从表现优异的种苗采集的瘦果(种子)使得繁育理想的无性系品种得以建立。例如,俄罗斯瓦维洛夫植物研究所迈科普试验站在 1966 到 1972 年间开展了一项种间杂交的研究项目,显示出菊芋育种良好的应用前景。选育的栽培品种,包括"Blanc précoce"和"Waldspindel",是利用野生向日葵属植物材料(如 *H. macrophyllus* Willd.)与瓦维洛夫植物研究所收集的其他菊芋植物种质材料进行杂交,以获取适应当地气候条件的高产品种。在通过该育种项目获取的实生苗中,有许多杂交种表现出明显的杂交优势特征(Pas'ko, 1974)。其中一个品种"Vostorg"具有一定的抗旱和抗病性(Pas'ko, 1974)。

位于俄罗斯科米共和国瑟克特夫卡尔的俄罗斯科学院乌拉尔分院生物研究所已选育出具有高生物量的高杆、抗寒和适应当地气候的菊芋无性系(Kosmortov, 1966; Lapshina,

1983; Lapshina et al., 1980; Mishurov and Lapshina, 1993)。该研究所于 1999 年发布了具有这些特性的一个新品种（Vylgortski）并被收入了国家种子名单（http://ib.komisc.ru/t/en/ir/in/11-nov.html）。菊芋育种工作也在乌克兰的敖德萨和哈尔科夫展开。比如，20 世纪 60 年代在基辅，利用菊芋和向日葵杂交获得了一批高产的杂交品种（Marcenko, 1969）。

作为向日葵育种工作的一部分，位于塞尔维亚和黑山诺维萨德的大田和蔬菜作物研究所保存了许多从美国和黑山收集的野生菊芋品种。研究的重点是野生种质资源的种群的变异性与减数分裂及花粉的生活力分析。通过野生菊芋与栽培向日葵杂交获取了一些种间杂交品种（Atlagic et al., 1993, 2006; Dozet et al., 1993; Vasic et al., 2002）。保加利亚植物工业研究所的一个育种项目也研究了与菊芋的种间杂交（Kalloo, 1993）。

8.2 细胞学

向日葵属的染色体基数是 17。已发现二倍体（$2n=34$）物种，如 *H. annuus* 和 *H. debilis*，四倍体（$2n=68$）物种，如 *H. divaricatus*、*H. eggertii* 和 *H. hirsutus*，及六倍体物种（$2n=102$），如 *H. rigidus*、*H. macrophyllus* 和 *H. tuberosus*（Kihara et al., 1931; Kostoff, 1934, 1939; Wagner, 1932a; Watson, 1928; Whelan, 1978）。*H. tuberosus* 的减数分裂是不规则的，染色体数目在第二次减数分裂中期从 49~53 不等（Kostoff, 1934）。染色体核型分析显示，一对染色体的总长度介于 3.90~2.05 μm 之间，而臂长比在 2.54~0.52 之间（Pushpa et al., 1979）。12 对染色体具有中央着丝粒，30 对具有近中部着丝点，9 对具有近端部着丝粒。每个细胞的交叉频率和二价体分别为 72.46 和 1.42。

8.3 种间杂交

新品种的抗病虫、抗逆性和其他优良性状可从其他物种中获取。因而，人们将兴趣主要集中在向日葵属的种间杂交以获得这些性状，尤其是抗病虫。种间杂交品种已通过 *H. tuberosus* 和 *H. annuus*（Davydovic, 1947; Encheva et al., 2003; Heiser 和 Smith, 1964; Heiser et al., 1969; Mikhal'tsova, 1985; Pas'ko, 1980; Pustovoit, 1966; Pustovoit et al., 1976; Scibrja, 1938; Stchirzya, 1938）、*H. tuberosus* and *H. hirsutus*（Heiser and Smith, 1964）、*H. tuberosus* 和 *H. divaricatus* 与 *H. eggertii*（Heiser, 1976; Heiser et al., 1969）、*H. tuberosus* 和 *H. strumosus*（Heiser and Smith, 1964; Heiser, 1965）、*H. tuberosus* 和 *H. rigidus*（Clevenger and Heiser, 1963; Heiser et al., 1969）、*H. tuberosus* 和 *H. resinosus*（Heiser and Smith, 1964），以及 *H. tuberosus* 和 *H. schweinitzii*（Heiser and Smith, 1964）杂交获得。

在大多数情况下，育种的目标是将关键基因导入主要的商业化作物 *H. annuus* 中（Sackston, 1992）。然而，这种杂交也为栽培菊芋提供了改进的性状。例如，*H. tuberosus*

与向日葵"Tjumen"的杂交种 F1 和 F2 块茎产量较低,但比对照菊芋更抗旱（Murzina, 1971,引自 Kalloo,1993）。栽培向日葵抗霜霉病可以追溯到 H. tuberosus 和其他几种野生向日葵属物种（Miller and Gulya,1988,1991;Pustovoit and Kroknin,1978;Pustovoit et al. ,1976;Tan et al. ,1992）。由 Pustovoit 选育的两个俄罗斯向日葵品种（Progress 和 Novinka）是通过 H. annuus 和 H. tuberosus 杂交得到的。菊芋也表现出一定程度抗链格孢菌的能力（Lipps 和 Herr,1986），这也成为向日葵对褐色茎溃疡（Phomopsis helianthi Munt. -Cvet. 等）（Skoric,1985）、顶腐病［Sclerotinia sclerotiorum (Lib.) de Bary］（Pustovoit and Gubin,1974;Rönicke et al. ,2004）、向日葵列当（Orobanche cumana Wallr.）（Pogorietsky and Geshele,1976）等病的抗性来源之一。

H. annuus 和 H. tuberosus 杂交种的染色体数目为 $2n=68$（Marcenko,1952）。H. tuberosus（母本）和 H. annuus 使用新鲜花粉（24~28℃）使柱头伸长 7 天后进行杂交（Fedorenko et al. ,1982）。杂交种花粉母细胞中 16.3%有 $2n=34$ 条染色体,27.2%有 $n=33$ 条染色体,43.6%有 $n=32$ 条染色体（Kostoff,1939）。H. tuberosus 和 H. annuus 的杂交种具有低的繁殖力,甚至不育;花粉活力介于 12%~53%之间（Heiser and Smith,1964;Le Cochec and de Barreda,1990）。已发现的染色体桥在不同研究结果中的变化频率各异（Kostoff,1939;Heiser and Smith,1964）。Cauderon（1965）报道了强烈和微弱减数分裂均产生 34 个二倍体性母细胞的研究结果。非倍数染色体后代可通过 H. tuberosus 和 H. annuus 杂交产生。回交产生的三体植物（$2n+1$）具有抗霜霉病的能力（Leclercq et al. ,1970）。

染色体倒位和其他干扰可能会导致结构性偏差。Wagner（1932 a）利用二倍体 H. cucumerifolius 作为母本通过杂交得到 3 个六倍体品种（H. rigidus、H. macrophyllus 和 H. tuberosus），并得到从 8%到 37%的种组。互交则没有产量。H. rigidus 和 H. tuberosus 的杂交种比较常见,且可以繁殖,因而允许基因在两个品种之间流动（Pas'ko,1975）。块茎形成是优势性状,96%的杂交种有块茎,虽然在 87 个杂交种中只有 25 个有类似菊芋的块茎。H. annuus 和 H. tuberosus 的杂交种块茎产量较菊芋低,但抗旱性较强（Kalloo,1993）。

在 F1 杂交种中花粉活力具有很大差异,例如,在针对 15 个 F1 杂交种的研究中,花粉活力介于 12.4%和 57.1%之间。同样,180 个 H. tuberosus 和 H. annuus 的杂交种与 170 个互交（BC1）杂交种的花粉活力分别为 17.2%（1.2%~34.2%）和 3%（0~11.6%）。染色体桥的最大数目为 6。BC1 子代每个细胞中二价体和三价体的平均数量分别为 15.2 和 1.57。Heiser 和 Smith（1964）发现,划分育性（活力）介于 12%到 53%之间,虽然大部分 F1 杂交种是雌性不育。花粉低活力可能是由于 F1 杂交种花粉中减数分裂不规则造成的（Atlagic et al. ,1993）。

保加利亚植物工业研究所研究了减少菊芋和向日葵之间不亲和性的措施。F1 杂交种具有很大的差异（如分枝状况），一些植物对列当具有抗性,而其他植物种子中油的含量高。最佳的杂交效果是在气温 24~28℃,相对湿度 70%的条件下用向日葵新鲜花粉授粉（Encheva et al. ,2004;Fedorenko et al. ,1982;Georgieva-Todorova,1957;Kalloo,1993）。

在许多情况下,种间杂交成功机会有限,尽管通过胚胎培养会提高成功率。在一系列杂交试验中，利用双阶段技术可以提高成功率（Chandler and Beard，1983）。胚胎先在固体培养基上发育、发芽，然后转移到液体培养基中，将胚胎切除培养 3~7 d。

组织培养再生系统也促进了体细胞杂交和体细胞无性系变异，提高了遗传变异的潜力。面积大约为 12 mm^2 的未成熟胚胎具有再生能力（Witrzens et al.，1988）。初始培养利用含有无机盐和有机物的 Murashige-Skoog 培养基、30 g·L^{-1} 的蔗糖、1 mg·L^{-1} 的 6-苄氨基嘌呤，3 周后加入 0.5 mg·L^{-1} 的吲哚乙酸。期间存在的问题包括过早开花和形成难以移植到容器中的"玻璃苗"。向培养基中加入根皮苷（10 μmol·L^{-1}）、马栗树皮甙（30 μmol·L^{-1}）或柚皮苷（100 μmol·L^{-1}）能够提高成功率。相关信息参见 9.3。

8.4 控制性杂交

自交很难成功（Marcenko，1939；Scibrja，1937；Wagner，1932b），在 1028 个自花授粉中，仅形成了 3 个具有繁殖能力的卵细胞（占 0.29%）（Wagner，1932b）。高度自交不亲和性意味着没有必要去雄，除非利用其他物种作为母本进行杂交（如 *H. annuus*）。在这种情况下，展开花的顶端，在花柱打开之前用镊子小心地将花药取出（Oliver，1910，被 Wagner 引用，1932b）。黏附的花粉颗粒可用水喷雾轻轻去除。移除花药 4 天后，将新鲜花粉撒于花柱上，可获得 22%~90% 的种组。

花粉的收集和利用方法与向日葵相同。通常，用袋子包裹以防止污染的花粉用布或棉拭子采集。由于阳光照射会降低花粉活力，采集应在一天的早些时候进行（Gundaev，1971）。新鲜花粉有最高比例的种组，不过，根据不同条件，花粉可保存不同的时间 [如，室温条件下密封小瓶中可保存 2 周（Putt，1941）；4~6℃，湿度小于 40 g·kg^{-1} 可保存 4 周（Frank et al.，1982；Miller，1987）；-76℃ 可保存 4 年（Frank et al.，1982）；液氮中保存 6 年（Roath，1993）]。

8.5 传统育种

菊芋基因库中存在相当大的遗传变异，因而在物种内部可以得到一定数量的理想性状。在一项针对采自黑山的 63 种菊芋的研究中，评估了 31 个形态特征：叶片大小、植株高度、花期一致性、头状花序倾斜度、头状花序大小、头状花序形状、分枝、分枝类型、叶片形状、叶片颜色、叶片花青素、叶片光泽度、叶缘、叶片横截面形状、叶基形状、叶侧脉角度、叶片长度、叶柄长度、绒毛、节间长度、花蕾开合度、苞叶长度、苞叶绒毛、苞片形状、苞片大小、苞片长度、边花数量、边花形状、边花颜色、盘心花颜色和柱头花青素强度（Dozet et al.，1993）。这些品种代表了有别于在第二次世界大战期间或之后引进的栽培品种，并表现出随着地理位置变化而产生的巨大变化。相似的差异也表现在采自美国的 19 个野生种中（Dozet，1994）。根据分枝类型可以将无性系分为单轴、合轴和中间类型。合轴分枝品种一般早熟和种子繁殖，而单轴分枝产生早熟无性系（Pas'ko，

1982）。同样，35 个 *H. tuberosus* 无性系杂交产生的 F1 代比对照具有较高的块茎产量和总可发酵糖含量（Frese et al.，1987），显示出遗传改良的潜力。

8.6 育种技术

菊芋很容易无性繁殖，最多能生产 50 个块茎，而单个块茎可用来种植。然而，尽管可以通过种植块茎成功繁殖，但无性系难以提供改善关键性状的基因多样性。为了产生优良性状，有必要通过有性生殖进行繁殖，即通过杂交产生种子。在杂交过程中，需要克服许多困难，包括不亲和性与难以在较北纬度的长日照光周期条件下开花，在偏北的纬度地区也有很多菊芋种植。

种子不育是植物繁殖中普遍存在的问题。过去的选择侧重于营养器官，而牺牲有性生殖器官。种子不育阻碍了杂交。不规则染色体的高发生率扰乱了生殖细胞内减数分裂效率，产生不育的花粉（Kostoff，1934）。

在菊芋育种中一般有 3 种方法：（1）在温室条件进行控制杂交，（2）利用多向杂交苗圃进行天然授粉杂交，（3）在田间对隔离的样本进行杂交。每种方法各有优缺点。

8.6.1 温室中控制杂交

田间自由传粉的主要问题是由于花期的显著差异限制了基因多样性。因此，早熟品种在晚熟品种开始开花前便完成开花，阻碍了杂交。结果，为特定性状（如成熟期）的育种必须采用温室控制杂交的方法。花粉父本生长在短日照条件（14 小时人工光照）下的生长室内。Schittenhelm（1987）发现，10 m^2 的生长室足以产生 600~700 个杂交体的花粉。除了扩大杂交种的基因范围，温室控制杂交使每朵授粉的花产生更多的种子，种子数量介于 0~5.7 之间，平均为 2.68。而自由授粉形成的种子数量偏低，部分原因是田间极端条件造成的。然而，可以得到的种子总量通常很多，每粒种子的成本也更低。

8.6.2 利用多向杂交进行天然授粉

多向杂交是将选定的亲本以所有可能组合的方式放置在隔离的空间内。杂交是通过自然授粉的方式，母本已知，但花粉源未知。该技术的最大优点是省时省力，能够获取大量种子，且成本很低。

开放授粉能产生大量有基因变异的种苗。在荷兰的一项研究中，在 4 个中晚期开花的栽培品种（"Columbia"、"Bianka"、"Précoce" 和 "Yellow Perfect"）中获得 14000 粒开放授粉产生的种子，并从 8000 多株幼苗中选择特定的无性系（van Soest et al.，1993）。根据块茎产量和组成成分选择 80 株 3 年生的无性系，并对从 4 个优良无性系中选择的材料进行进一步的田间试验。这些无性系的块茎产量和菊粉含量均优于商业化品种"Columbia"，显示出遗传改良的潜力。极低的成功率（约 0.02%）凸显出这种产生大量种子的育种方法的优势。

在另一项荷兰的研究中，从几个无性系通过开放授粉形成的花序中获取种子。这些种子主要取自开花早的品种"Columbia"、"Topinsol"、"Bianka"、"Topianka"、"Yellow Perfect"、"Rozo"、"Cabo Hoog"、"Précoce"、"Sükössdi/Nossczu"和"D-2120"。获得了大量种子（一共20 000多粒），因此，尽管存在诸如减数分裂干扰、部分雄性不育和不亲和等潜在问题，但开放授粉能够产生大量种子（Mesken，1988）。在2℃条件下储存4周后用0.2%的KNO_3溶液在10℃下处理1周可打破种子休眠。然后将种子置于土和沙混合的箱子中，日温28℃，夜温18℃，出芽率为60%，而控制温室杂交的出芽率为70%（Mesken，1988）。

8.6.3 隔离杂交

隔离无性系间的杂交可在短日照条件的南部地区（如西班牙）进行（Le Cochec，1988），隔离的距离与向日葵的800 m相似（FAO，1961）。在4个无性系（"K8"、"Nahodka"、"Fuseau 60"和"Violet de Rennes"）的杂交试验中获取足够的种子进行下一步的实验项目。历时3年，在3个试验点的13 663株菊芋中共产生了5 372个瘦果。与通过无性繁殖的块茎不同，每一粒种子都有特定的基因组成，能形成新的和独特的无性系（Le Cochec and de Barreda，1990）。这种材料在德国、法国和西班牙的育种项目中已进行了测试，目的是提高菊粉产量和抗病性。

8.7 开花时间处理

在无性系间的交叉授粉中，同步开花非常重要。Kays和Kultur（2005）评估了190个无性系的开花日期和持续时间（图8.1）。各品种间存在很大差异，开始开花的时间从种植后69~174 d不等，花期持续时间介于21~126 d。结果表明，在低纬度地区，通过调整种植时间可以在某种程度上控制开花。然而，在高纬度地区的控制条件下生长的菊芋需要同步花期。

纬度对特定菊芋品种的开花时间具有重要影响。例如，对于"Violet de Rennes"，其开花时间在特内里费岛（28°N）、巴伦西亚（39°N）和雷恩（48°N）分别为6月20日、9月5日和9月30日，且在雷恩难以产生种子（Le Cochec，1988）。巴伦西亚与起源于北美的作物中心处于同一纬度。实际上，大多数栽培种（极早熟品种除外）在北欧都不能开花或产生种子。因此，为了在北欧国家利用这些品种进行杂交，必须人工诱导开花。

在荷兰的研究将许多品种种植在不同的光周期和温度条件下。人工缩短日照长度能诱导开花并产生种子。Mesken（1988）报道：

- 11个小时的短日照处理能够诱导大多数所测试的基因型开花。
- 一些品种持续两周效果显著，而另一些需要4周。
- 对晚开花的基因型进行短日照处理并种植在温室中，可使开花时间提早3周。

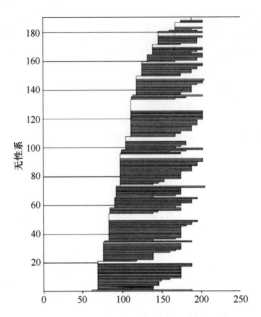

图 8.1 菊芋无性系花期开始及持续时间

引自 Kays, F. J. 和 Kultur, F., *HortScience*, 40, 1675-1678, 2005)。无性系分别为：1. NC10-85, 2. NC10-8, 3. NC10-9, 4. NC10-15, 5. NC10-16, 6. NC10-18, 7. NC10-24, 8. NC10-25, 9. NC10-28, 10. NC10-32, 11. NC10-34, 12. NC10-35, 13. NC10-48, 14. NC10-88, 15. BBG 2, 16. 'Gute Gelbe,' 17. 'Waldspindel,' 18. 'Waldoboro Gold,' 19. 'Fuseau,' 20. 'Magenta Purple',^{z} 21. 'Waldspindel,'^{z} 22. 'Jack's Copperskin,' 23. PI 547227, 24. NC10-5, 25. NC10-7, 26. NC10-14, 27. NC10-26, 28. NC10-41, 29. NC10-62, 30. NC10-78, 31. 'Mahlow rot,' 32. 'Bela,' 33. 2327, 34. 'Stampede,'^{z} 35. NC10-73, 36. 'Waldoboro Gold,' 37. PI 503276, 38. PI 503277, 39. 'Fuseau'(Idaho), 40. NC10-4, 41. NC10-6, 42. NC10-11, 43. NC10-13, 44. NC10-46, 45. 'Stampede,' 46. 'Remo,' 47. 'Columbia,' 48. 'Top,' 49. 'Novost,' 50. KWI 204,^{z} 51. 12/84,^{z} 52. 952-63,^{z} 53. 'Dwarf Sunray', 54. 'Orrington,'^{z} 55. 'Miles #1,' 56. 'Urodny,' 57. 'Nora,' 58. C 2071-63, 59. 'Nakhodka,' 60. PI 503269, 61. PI 503274, 62. NC10-52, 63. NC10-83, 64. NC10-84, 65. HEL 63 'Gibrid,' 66. 228-62, 67. 2071-63, 68. 'Leningrad,' 69. 'Dave's Shrine,' 70. 'Long Red McCann,' 71. 'Grem Red,' 72. 9, 73. 'Mari,' 74. PI 503272,^{z} 75. PI 503279, 76. PI 503283, 77. NC10-29, 78. NC10-40, 79. NC10-70, 80. NC10-81, 81. 'Deutsche Waldspindel,' 82. 'Medius,' 83. 'Fuseau 60,' 84. 'Nahodka,' 85. 'Onta,' 86. D19-63-122, 87. D19-63-340, 88. 'Nakhodka,' 89. 'Grem White,' 90. 'Volga 2,' 91. 'Nescopeck,' 92. 'Southington Pink,' 93. 'Austrian Wild Boar',^{z} 94. 'Fuseau,'^{z} 95. D 19,^{z} 96. PI 503265, 97. 'Gold Nugget,' 98. 'Clearwater,' 99. NC10-44, 100. NC10-100, 101. BBG 1, 102. 'Mahlow Gelb', 103. 'Tambovski Krasnyi,' 104. 'Sachalinski Krasnyi,' 105. HEL 53,^{z} 106. 'Rozo,' 107. 'CR Special,'^{z} 108. 'Skorospelka,' 109. 'CR Special,' 110. PI 503262, 111. PI 503280, 112. NC10-75, 113. NC10-82, 114. Unknown, 115. 'Brazilian White,' 116. 'Sunchoke,' 117. D 19, 118. 'Violet de Rennes,' 119. 'Parlow Gelb,' 120. 'Gross Beeren,' 121. 'Neus,' 122. 'Maikopski,' 123. HEL 68, 124. 'Medius,' 125. BT3, 126. 'Castro,'^{z} 127. 'Totman',^{z} 128. 'Cowell's Red', 129. 'Olds',^{z} 130. 'Skorospelko,'^{z} 131. 'Clearwater',^{z} 132. 'Refla',^{z} 133. 'Vanlig'^{z}, 134. 'Swenson,' 135. Hybrid 120, 136. 'Monteo,' 137. 'Freedom,' 138. 'Mulles Rose,' 139. NC10-22, 140. 'Challenger,' 141. BT4, 142. dwarf, 143. 'Drushba,' 144. 'Sunrise,' 145. 'Susan's Yard,' 146. 'Gurney's Red,' 147. 'Swenson,' 148. 'Wilton Rose,'^{z} 149. 'Reka',^{z} 150. 'Coldy Mille,' 151. PI 503266, 152. NC10-94, 153. NC10-99, 154. 'Firehouse,' 155. 'Sodomka,' 156. 'Boston Red,' 157. 'Whitford,' 158. 'Jack's Copperskin,' 159. K 24,^{z} 160. 'Leningrad,' 161. PI 503271, 162. 'Boyard,' 163. 'Jack's White,' 164. 'Silverskin,' 165. NC10-76, 166. 'Kierski Beli,' 167. 'Sugar Ball,' 168. 'Drown's Long Red,' 169. 'Flam,' 170. 'Draga,'^{z} 171. 'Sunchoke,'^{z} 172. 'Garnet,' 173. PI 503275, 174. NC10-90, 175. NC10-92, 176. 'Challenger,' 177. HEL 69, 178. Hybrid 120, 179. 'Beaula's,' 180. 'Karina,' 181. 'Bianca,' 182. 'Cross Bloomless,' 183. 'Vadim,' 184. 'Schmoll', 185. J. A. 61^z, 186. PI 503264^z, 187. 'Roter Topinambur,' 188. 'Lucien's Painting,' 189. 'White Crop,' 190. 'Kiev White.'。上标 z 表示该无性系花期持续时间缺失，花期结束之前即死于 *Sclerotium rolfsii* Sacc.

由此可见，晚熟品种应进行持续 4 周 11 个小时的短日照处理。这几乎能诱导所有品种及时开花以产生杂交所需的足够花粉（Mesken，1988）。杂交时，采自父本的花粉收集到纸袋中，并利用小刷子手工完成授粉（Mesken，1988）。

8.8 辐射

辐射在植物育种中用以诱导突变，从而提高发挥作用的基因变异。这项技术的缺点是有益突变的成功率非常低。

辐射对菊芋的影响研究在 20 世纪 50 年代首次展开，目的是评估其对块茎成分的影响（Pätzold and Kolb，1957）。20 世纪 80 年代，对辐射作为育种工具进行了评估。用 3 000 rad 的 γ 射线照射块茎产生的后代叶片形状和大小表现异常，其块茎为白皮，而其双亲品种（"Violet de Rennes"）为红皮。4 株菊芋利用白皮块茎繁殖而成，它们的茎没有分枝，且比对照稀疏。其中 1 株块茎均为白色，其他 3 株有一些着色。与未经处理的对照品种不同，利用辐射繁育的植物能够进行有性繁殖（Coppola，1986）。

8.9 选择标准

在育种项目中，所选择关键性状的鉴定与相对遗传力的估算是新品种实用性开发的关键步骤。例如，菊粉产量随分布和年份的不稳定性、对叶片病害的敏感性、块茎的不规则形状、以及由于块茎与茎秆基部紧密相连引起的采收困难都是影响菊芋产量的因素（Le Cochec，1988）。不过，大多数特征都具有很高的变异性，表明遗传改良具有良好的潜力。以下是重要的育种目标（不一定按重要性排列）。

8.9.1 产量

块茎产量增加是首要的选择性状。由于生产成本是在很大程度上是固定的，每公顷的纯收益取决于产量。产量受基因型、环境、气候和地理参数的影响。比如，高产品种在其选育的光照和温度条件地区才能获得高产，块茎产量高有利于获得较多的菊粉和果糖。

大多数田间作物产量的增加源于将很大比例的光合产物固定到植物有用的部分，而非光合效率本身的改变。为此，菊芋面临特殊的挑战，因为使其野生种得以存活的许多性状并不利于在农业生产中产量最大化。一个关键因素是来自品种祖先干物质储藏系统的转移，在该系统中植物地上部分储藏光合产物，并将其再用于开花和块茎形成。这种策略具有几个负面影响。

需要较高的投入用于不可回收的冠层部分的生长而牺牲块茎产量。当比较菊苣根和菊芋块茎收获指数的时候这种差别更加明显（Schittenhelm，1999）。

开花终止了新叶的形成（花枝上的小叶除外）。现存叶片的光合效率由于年龄和开花引起的变化而降低。另外，开花和块茎形成引起衰老症状，使植物体内可移动的资源转移到块茎部分。

块茎形成和开花均受光周期的调节,对开花的控制被打破,使得日中性品种能被广泛利用。早开花通常会较早形成块茎,虽然已经测试的无性系中块茎形成对短日照感应灵敏。然而,如果在生长季早起诱导块茎形成,并尽可能延迟开花,就可以避免光合产物在茎秆的暂时储存。这就要求植物的块茎为日中性,而花为短日照,后者需要的确切天数取决于地理位置和生长期长度。光合产物在块茎中的直接积累降低了转移所需的代谢成本,并允许植株高度显著降低,从而降低了不可利用部分干物质的量。

8.9.2 块茎大小

单个块茎的大小极大地影响收获效率,因为小块茎会从收割机的链条间遗漏。同样,对于那些收获或剥皮之后而烹饪或处理之前的块茎,块茎较大也能够提高处理效率,因为体积是以 3 次方增大而表面积仅以 2 次方增大。在储存过程中,与较小的块茎相比,较大的块茎不易萎蔫。

8.9.3 块茎表面光滑度

块茎形态影响无性系作为新鲜蔬菜的利用,因为利用具有不规则表面和分枝的块茎时准备起来较为困难。在菊粉的工业提取中,不规则表面使研磨和粉碎前的清洗比较困难。分枝块茎同样是栽培中不希望用到的,因为它们会产生许多植株,降低了控制植物种群密度的精确性。比如,品种"Fuseau"因为具有光滑的表面而被选定。

8.9.4 菊粉质量和数量

菊粉含量对于以提取为目的的栽培品种是非常重要的。另外,以链的长度反映的菊粉质量(聚合度)对提取产品的潜在质量和利用极为重要。长链菊粉对许多方面的利用非常有利。例如,链的长度越长,从菊粉(果糖与葡萄糖之比)中提取的果糖纯度越高。在食品加工过程中,长链菊粉的利用也非常重要,如取代脂肪。当然,短链菊粉也有许多用处,长链分子可以通过控制水解缩短链的长度,但迄今为止尚无延长链的长度的案例。

8.9.5 根茎长度

根茎(匍匐茎)长度严重影响收获效率。根茎较长的品种在收获后遗留到土壤中的块茎比率较大。因为它们在行间太远或在土壤中分布太深。而如果根茎太短,块茎则会在植物下方形成紧密一丛,会抑制它们的生长并在收获过程中难以分离。除了无性系间基因型的差别,根茎长度的表型表达受生产条件的强烈影响,尤其是土壤质地。紧实土壤会限制大多数无性系品种的根茎长度。在荷兰的育种项目中,已选育出中等根茎长度的品种(Mesken,1988)。

根茎直径和寿命也很重要。直径较大的根茎易于穿透紧密的土壤,并且其形成需要较多的光合产物。根茎在植株地上部分死亡后易于消散有利于块茎的收获。

8.9.6 株高、茎的数量和分枝

植株高度很重要，因为地上部分（主要是茎）是叶片中形成的碳水化合物的临时储藏地。同样，茎的高度和结构对于使光合作用最大化的叶片分布和排列也很重要。然而，干物质向茎中的分配（这是必不可少的）超过必要比例会使产量降低，因为结构性碳水化合物在块茎膨大和地上部衰老过程中难以回收利用。因此，育种项目中通常选育中等高度的无性系。荷兰的育种项目与此不同，他们选育了矮化品种以影响地上与块茎的相对质量（Pilnik and Vervelde, 1976; Mesken, 1988）。理想高度也是生长期长度的部分函数；典型的较短生长期需要较矮的品种。认识到最终高度受生产条件强烈影响的现实是非常重要。

茎的数量部分由作为种子的块茎大小决定（Barloy, 1988; Louis, 1985）并与早期冠层发育和叶面积指数密切相关（Baillarge, 1942; Cor and Falisse, 1980）。一般分枝类型是固定，虽然植株密度调节分枝数目。

8.9.7 成熟时间

一个品种达到成熟期的理想时间间隔取决于作物种植的地点。在偏北部生长区应选择早熟品种，因为生长季较长的品种在第一次霜冻前难以充分成熟。相反，如果成熟太早，生长季缩短，就会降低块茎的最大产量。光周期控制块茎形成是调节植物生长和潜在生产力的重要因素。

8.9.8 抗病性

抗病性是选育中较难获得的一个性状。影响菊芋生长的主要病害为菌核病[*Sclerotinia sclerotiorum* (Lib.) de Bary]、锈病（*Puccinia helianthi* Schw.）、南部青枯病/纹枯病/茎腐病（*Sclerotium rolfsii* Sacc.）和白粉病（*Erysiphe cichoracearum* DC.）（见第 11 章）。每一种病害的重要性取决于生产地区。例如，菌核病在欧洲是主要病害，而锈病和南部青枯病在北美的生产地区是主要病害。可能由于菊芋具有一定程度内在的抗性，白粉病不易发生。

8.9.9 饲料品质

因其生物量、生物能源生产，以及作为动物饲料和青储饲料，植株地上部分受到越来越多的重视。在作为生产生物能源进行育种时，生物量高和碳水化合物高含量是主要目标。在作为动物性食物进行育种时，目标是饲料高生产量和高水平蛋白质和碳水化合含量。

8.10 选择顺序

在传统的菊芋育种项目中，杂交在审慎选定的亲本和所筛选后代间展开，以获取重

要性状（如产量、抗病性、块茎颜色大小和形状、块茎形成的光周期反应、菊粉含量和聚合度）。当性状的遗传力较低，或难以精确量化时，则进展往往非常缓慢。育种者通常通过一个选择性状的预定序列进行选育，没有达到最低要求的子代将被放弃。一般需要在改良性状的重要性和选择的难易度之间做出平衡。在选择序列中第一个性状具有最多的子代，随着一些子代被排除，在序列中接下来性状中保留的数量迅速减少。例如，菊粉聚合度被看作是基因改良中最重要的性状，由于其测定的难度，往往将该性状排在选择序列的后部，比如在评估菊粉化学之前，99%的子代已被排除。因此，如果用1 000个子代进行选育，当评估菊粉化学时仅剩下10个，选育出聚合度优良无性系的机会非常小。因此，选育序列对育种成功有重大影响。数值的影响从 van Soest 等（1993）为菊粉产量进行的选育中看出。在苗圃开放授粉获得的8 000株幼苗中，在第3年降到80，从中只产生了4个菊粉产量显著超过"Columbia"的品种（即只有原来数量的0.05%）。

8.11 重要特征的遗传

育种在很大程度上是数字游戏。当在 n 个亲本间进行单交时，随着亲本数量的增加，所需杂交种的数量迅速变得难以管理。用120个亲本以所有可能的组合 $\{[n(n-1)]/2\}$ 进行杂交，子代的数量超过7 000。结果，当与另一个亲本进行杂交时，确定哪个品系最有可能产生优良子代是非常可取的。这可通过与普通亲本杂交，并对所涉及性状的杂交后代进行评估来实现。一个品系与其他亲本杂交性能差异性是对一般配合力的衡量标准。相比之下，配合力是一个品系与特定亲本杂交性能的衡量标准。

Schittenhelm（1990）利用2个测验种和7个父本品系评估杂交种的系列性状［如，早起活力、植株高度、每株的茎数、根茎（匍匐茎）长度、块茎粗糙度、每株的块茎数、块茎平均重量、块茎产量、块茎干物质百分数、地上产量、地上干物质百分数和收获指数］的一般配合力和特殊配合力。菊芋亲本（M^2l）和测验种（M^2t）每种性状的一般配合力和特殊配合力（M^2lt）如表8.1所示。除块茎产量、块茎粗糙度和收获指数外，测验种所有性状的一般配合力都存在显著差异。

表8.1 亲本（M^2l）、测验种（M^2t）、亲本与测验种（M^2lt）及实验误差（M^2e）方差分量估计

性状	(M^2l)	(M^2t)	(M^2lt)	(M^2e)
早期生长势（cm）	−0.74	31.67**	3.76	13.12
植株高度（cm）	−28.87	386.25*	221.77**	72.81
每株茎数	0.14*	0.36**	−0.03	0.20
匍匐枝长度[a]	0.08	0.22*	0.15*	0.09
块茎粗糙度[b]	0.36*	−0.01	0.03	0.13

续表

性状	(M^2l)	(M^2t)	(M^2lt)	(M^2e)
每株块茎数	35.28*	13.57*	3.77	26.69
块茎平均重量（g）	3.77	6.73*	5.63	6.13
块茎产量（dt·ha^{-1}）	563.62	7.79	1499.27**	641.31
块茎干物质（%）	0.47*	3.29**	0.12	0.27
茎和叶产量（dt·ha^{-1}）	1253.24**	81.65	19.60	371.69
茎和叶比重（% 干重）	2.31	3.11*	−0.08	8.18
收获指数（H10^2）	11.24	−1.6	10.40**	2.42

注：显著性概率：*＝0.05；**＝0.01。
a 等级从非常短（1）到非常长（9）。
b 等级从非常光滑（1）到非常粗糙（9）。
来源：改编自 Schittenhelm, S., *Vorträge für Pflanzenzøchtung*, 15-16, 1990。

Le Cochec（1990）进行的一项研究中的 15 个性状的变异系数如表 8.2 所示。亲本和杂交种植株高度、根茎（匍匐茎）长度和块茎干物质百分数的中点值相似。单位植株的块茎数量和茎数显著增加，而这些都是不良性状。每个植株块茎数量增加而平均重量降低表明要获得新的、大块茎品系是很困难的。

表 8.2 无性系种群选择中期望获得的 15 个性状的表型和基因型变化、
遗传可能性和遗传获得量的变异系数

特征和单位	变异系数		方差		遗传可能性	选择获得量	选择获得量（平均数的百分比）（%）
	表型	基因型	表型	基因型			
发芽所需时间（d）	18.6	9.2	18.15	4.48	24.7	2.20	9.5
7 月茎高（cm）	12.3	8.2	162.8	72.2	44.4	11.71	11.2
开花所需时间（d）	11.0	10.8	291.0	279.6	96.1	33.77	21.8
霉病敏感性（0~9）	23.5	13.1	3.03	0.94	30.9	1.11	15.0
叶片持续时间（d）	5.3	5.1	102.1	96.4	94.4	19.65	10.2
生长周期（d）	5.0	4.9	95.9	90.5	94.4	19.04	9.8
茎的数量	50.9	25.5	2.18	0.55	25.0	0.76	26.8
收获期株高（cm）	18.8	16.7	2846.8	2252.1	79.1	86.93	30.7
块茎数量	30.9	18.4	141.2	51.1	36.2	8.86	23.1
地上干重（g）	32.5	19.8	6041.7	2245.1	37.2	59.63	24.9

续表

特征和单位	变异系数		方差		遗传可能性	选择获得量	选择获得量（平均数的百分比）（%）
	表型	基因型	表型	基因型			
整株干重（g）	27.4	12.4	30 726	6 338	20.6	74.40	11.6
每株块茎干重（g）	30.6	16.0	309 107	84 605	27.4	313.8	17.3
块茎干物质（%）	8.9	8.0	3.87	3.16	81.7	3.31	14.9
块茎平均干重（g）	29.6	13.1	13 964	2 726	19.5	47.47	11.9

来源：改编自 Le Cochec, F., *Agronomie*, 90, 797-806, 1990.

在栽培向日葵中，许多重要经济性状受多个遗传位点的基因控制，这些基因几个独特的组合存在于向日葵的种质资源中（Fick，1978）。

8.12 转基因植物

菊芋已成为其他作物转基因遗传材料的来源。许多转基因利用向日葵栽培种开展，一些是利用向日葵和菊芋的杂交种，但迄今为止尚无通过遗传转化来改良菊芋的报道。然而，菊芋是典型的组织培养材料（见 9.3），许多从向日葵中转基因所取得的经验都适用于菊芋。因此，改造菊芋的手段已基本到位。

8.12.1 菊芋作为基因来源

菊芋中菊粉的生物合成通过两种酶，即蔗糖：蔗糖果糖基转移酶（1-SST）和果聚糖：果糖果糖基转移酶（1-FFT）的共同作用。1-SST 催化低聚合度菊粉的合成，而 1-FFT 催化聚合度达到 50 以上果聚糖的合成（Sévenier et al.，2002a）。这些基因在块茎中有高水平的表达，而在茎和花中有低水平的表达。1-SST 和 1-FFT 的基因编码已经从菊芋块茎中分离、纯化和表征（Koops and Jonker，1994，1996；Luscher，1993）。两个基因分离出的 cDNA 无性系与 CaMV 35S 启动子作为构建体已导入其他植物（如矮牵牛），它们的表达使原本不能产生果聚糖的组织合成果聚糖。只利用一个 35s-1-sst 结构的转基因植物积累蔗果三糖（GF2）、蔗果四糖（GF3）和蔗果五糖（GF4）（van der Meer et al.，1998）。只利用 35s 结构的转基因植物不会产生果聚糖，但利用低分子量果聚糖作为底物时则可以产生。35s-1-sst 和 35s-1-fft 转基因矮牵牛之间杂交产生的后代叶片中积累了高分子量的果聚糖（van der Meer et al.，1998）。因此，这两个基因控制植物果聚糖的生物合成途径，现在它们可以用于任何植物的转基因。

Sévenier 等（2002b）提出利用特定作物作为生物工厂生产食品和非食品工业所需要的菊粉和其他化学品的思想。最初在欧洲选用的作物是糖用甜菜（*Beta vulgaris* L.），它拥有成熟的蔗糖生产加工基础设施的工业原料作物。当市场对糖的需求降低时，用途多样化将使甜菜生产者受益。利用基因改造生产转基因甜菜的主要目标是使其能够生产果聚糖，与蔗糖不同，果聚糖在食品和非食品工业中的需求都日益增大。由于当前缺乏充足和廉价的作物资源，果聚糖的工业利用受到限制。糖用甜菜在自然状态下无法产生果聚糖，但利用取自其他植物，如菊芋的基因，甜菜也可以生产相当数量的果聚糖。糖用甜菜在其主根的液泡中积累高浓度的蔗糖，而菊芋中催化果聚糖合成的酶分布在液泡中，并以蔗糖作为其最初底物。

利用源自菊芋的 35s-1-sst 和 35s-1-fft 结构，结合启动子和选定的标记，甜菜已成功实现转基因，如期所料，液泡中积累了果聚糖。cDNA 结构在甜菜中表达后，其储存的碳水化合物主要类型发生了显著变化，蔗糖几乎全部转化成低分子的果聚糖。进入甜菜主根中大约 90% 的蔗糖转化成低聚合度的果聚糖。利用取自菊芋的 cDNA 结构使甜菜中果聚糖的积累效率高于取自其他植物或微生物生产果糖基转移酶的 cDNA 结构（Sévenier et al.，1998，2002a，2002b；Smeekens，1998）。

细胞色素 P450 代表一个含血红素加氧酶的大家族，能催化氧进入包含外源（异型生物质）毒素的底物。它们在植物酚类化合物，如木质素、色素、激素和植物防御物质的合成中扮演着重要角色（见 10.9）。在植物组织中发现的首个多功能细胞色素 P450 酶—反式肉桂酸-4-羟化酶（C4H）取自菊芋（Benveniste and Durst，1974），数个可诱导的细胞色素 P450 已从菊芋中分离和克隆出来（Teutsch et al.，1993）。当植物受伤或接受化学处理，以及解毒一系列外源分子（包括特定的除草剂）时，这些物质即会诱导产生（Batard et al.，1995；Cabello-Hurtado et al.，1998）。例如菊芋中由 CYP73A 基因编码的植物特异性细胞色素 P450 C4H 的活性增加，这是对块茎中物理和化学胁迫的反应（Batard et al.，1997）。CYP73A1 在基因改造的酵母中表达，反式肉桂酸-4-羟化酶产生脱烷烃的模式异型生物质化合物 7-乙氧基香豆素（Batard et al.，1998；Schoch et al.，2003）。菊芋中产生的抗反式肉桂酸-4-羟化酶抗体可在其他植物中用作标记细胞色素 P450 特征的工具（Gabriac et al.，1991；Kochs et al.，1992；Menting et al.，1994；Ponnamperuma and Croteau，1996；Werck-Reichhart et al.，1993）。

导入其他物种后，分离自菊芋的 P450 基因（如 CYP76B1、CYP81B1 和 CYP73A）在化学应力、污染物生物监测（作为污染地区植物修复工具）和除草剂耐性控制方面作为植物标记具有很好的潜力（Batard et al.，1998）。例如，从菊芋中获取的可诱导的细胞色素 P450 基因 CYP76B1 能催化各种苯基脲类除草剂，使其迅速氧化脱烷以产生无毒的代谢产物。CYP76B1 在烟草和拟南芥中的表达使二者对除草剂利谷隆的耐受性提高 20 倍，对异丙隆和绿麦隆的耐受性提高 10 倍（Didierjean et al.，2002；Robineau et al.，1998）。

凝集素是植物衍生的蛋白质，能与糖或低聚糖特异性结合，导致某些类型细胞的凝集 Pusztai，1992；Van Damme et al.，1998）。数种外源凝集素已从菊芋块茎及愈合组织中分离和鉴定（Guillot et al.，1991；Nakagawa et al.，1996，2000；Suseelan et al.，2002），包括一种与甘露糖结合的外源凝集素 *H. tuberosus* 凝集素（HTA）或 Heltuba（外源凝集素分类代码，LECp. HelTub. tu. Hmm1）（Barre et al.，2001；Bourne et al.，1999；Van Damme et al.，1999）。菊芋块茎中表达 HTA 的基因（*hta*）已被分离（HTA 由多基因家族编码），

相应的 cDNA 被克隆（Van Damme et al.，1999）。*hta* 同源 cDNA 在大肠杆菌中表达时，HTA 具有抑制胰岛素的活性（Chang et al.，2006）。HTA 黏着酵母细胞并具有潜在的应用价值，如进行生产（Nakagawa et al.，2000）。

植物外源凝集素在植物防御中发挥重要作用对动物和病菌有抗性。例如，雪花莲球茎中的雪花莲凝集素是一种昆虫拒食素（Hogervorst et al.，2006；Powell et al.，1995；Van Damme et al.，1987），编码 GNA 的基因在转基因马铃薯和水稻中表达时有抗虫性（Down et al.，1996；Rao et al.，1998）。编码 *H. tuberosus* 凝集素的 cDNA（*hta*-b 和 *hta*-c）通过 *Agrobacterium tumefaciens* 导入烟草中，利用 CaMV 35S 启动子进行表达，对杂食作物害虫桃蚜（*Myzus persicae*）有毒性效应。与对照相比，在转基因烟草上取食的蚜虫 11 天后降低 70%，而蚜虫的产卵力降低 50%~65%。结果表明，由于其抑制胰岛素的能力，*hta* 在抵御同翅目害虫的转基因工程中具有很好的应用前景（Chang et al.，2003）。

菊芋的 cDNA 文库为研究植物基因修饰的研究者提供了有用的资源。例如，一种来自菊芋块茎 cDNA 文库的基因（*HtAATP*）编码的 ATP/ADP 蛋白已被克隆和表征。疏水性膜蛋白在不同发育阶段的块茎组织中表达，并在碳水化合物形成中扮演重要角色（Meng et al.，2005）。另一种分离自菊芋块茎文库的 cDNA 序列编码了一种类型 2 的类似金属硫蛋白的蛋白质（*htMT2*）。在菊芋中，基因在节间和节点显著表达，在叶片、叶柄、块茎和幼根中低水平表达，在老根中没有表达。不同的金属离子处理改变了表达水平，表明 *htMT2* 与 Cu^{2+} 和 Zn^{2+} 的转运和有效性有关（Chang et al.，2004）。

8.12.2　菊芋的遗传转化

栽培向日葵（*Helianthus annuus* L.）和利用向日葵与菊芋杂交种均实现了遗传转化。愈伤组织、嫩芽、胚芽及向日葵及其杂交种的其他组织在组织培养中实现了遗传转化和再生（Espinasse and Lay，1989；Everett et al.，1987；Finer，1987；Greco et al.，1984；Paterson and Everett，1985；Pugliesi et al.，1993a，1993b；Witrzens et al.，1988）。菊芋是组培研究的模式物种，因而基因操控后易于再生（见 9.3）。向日葵的遗传转化技术适用于菊芋。虽然向日葵改良主要是为了提高菊芋育种者并不关注的种子特性（如，重种子产量、含油量、高的瓜子仁与瓜子壳之比及中早期成熟），但一些性状，如抗病性，与所有作物都有关（Hahne，2002）。

利用直接基因转移和农杆菌介导转化技术，获得了转基因向日葵。直接基因转移是利用基因注射或基因枪将其插入原生质体。通过几种技术的比较，发现农杆菌共同培养是获得稳定基因转化和基因转化植物复原的最好方法（Laparra et al.，1995）。例如，Pioneer Hi-Bred（美国）和 Biocem（法国）拥有的数项专利涉及向日葵遗传转化的具体技术（Hahne，2002；http：//www.derwent.com）。转基因向日葵的特性包括提高种子质量、抗真菌病（如 *Sclerotinia*）、抗病毒病、抗虫（利用基因编码的苏云金芽孢杆菌病毒）和耐除草剂。另外，许多标志基因、雄性不育基因和提高抗旱性基因已被导入向日葵基因组（Hahne，2002）。其中，抗病虫和抗旱基因是菊芋育种项目中最有益的。

生产转基因向日葵过程中遇到许多问题。事实证明，愈伤组织难以转化，利用直接转化技术时，外植体中只有很少一部分细胞接受外源基因。选择后再生率很低，而且据报道转化率也很低（Everett et al.，1987；Hahne，2002；Laparra et al.，1995；Schrammeijer et al.，1990）。因此，植物育种者已经意识到菊芋转移基因育种中可能存在的潜在问题，并设法克服这些问题。

为了通过遗传转化使菊芋成为多用途作物，开发了组织特异性启动子。例如，约有60 000个无性系的cDNA文库已在加拿大建成，以寻求合适的基因启动子作为生物反应器提高作物利用价值（Eldridge et al.，2005）。

8.13 遗传资源

遗传资源收集对植物育种工作是非常重要的。一项调查显示，20世纪90年代初，可用于育种的菊芋基因库不超过150个基因材料（van Soest et al.，1993）。然而，由于不同的采集存在重复，这个数量可能更低。现在在全世界范围植物种质资源收集中有数以百计的基因材料，包括野生和杂草类型基因材料、地方品种或传统遗弃的品种，以及改良品种。

种质资源的保存方式有如下几种：（1）以块茎（种子块茎）形式保存在"标本园"中，定期（如每两年）繁殖、收获、再种植；（2）以种子形式保存在种子库中，在控制条件下使其处于休眠状态，以延长保存期；（3）组织培养，以块茎繁殖相对费力，且成本较高，但这种方式在菊芋保护、研究和育种中是保存栽培种和野生种简单而有效的方式。普通栽培中，菊芋以块茎繁殖，每年收获，不保留种子。然而，有性繁殖和产生种子对杂交而言非常重要，而且种子有利于长期保存。组培需要专业设备和专门知识，不过正日益成为保存菊芋种质资源的重要手段（Volk and Richards，2006）。

菊芋原产北美，因此，北美野生物种生物多样性的保存对未来的育种项目尤其重要。在北美的重点是保存野生的、杂草类型的和地方性的品种，而菊芋高等品种的选育工作主要在欧洲的研究机构展开。由这些育种工作推动的作物生物多样性的保护作为作物进一步改良的平台，已成为欧洲基因库的焦点。Frison和Servinsky（1995）列出了14个拥有育种者可用的 *H. tuberosus* 材料的欧洲机构。为了原位保存遗传资源，对于类似菊芋无性繁殖的作物，理想状态是，在地方品种起源的地区，与种植者开展合作项目以补充种质资源（Maxted et al.，1997）。

8.13.1 加拿大

加拿大菊芋种质资源的主要储藏地是萨斯卡通研究中心加拿大植物遗传资源（PGRC），大概拥有175个基因材料（Dallas Kessler，私人联系；Volk and Richards，2006）。它们中包括位于马尼托巴莫登的加拿大农业研究站繁育的无性系，起源于北美的野生基因材料（本地种或采自引种到外地的品种）和北美及欧洲的栽培种。所有的材料均通过块茎繁殖，每3年收获和种植一次（Ken Richards，私人联系）。2006年保存在PGRC

的基因材料如表 8.3 所示。另外，5 个野生基因材料（"CN32463""CN31464""CN31634""CN52867"和"CN52868"）列入 2006 年种质资源信息网的加拿大数据库（http：//www.pgrc3.agr.ca/）中。

表 8.3　2006 年在加拿大萨斯卡通 PGRC 收集中保存的 179 种基因材料

材料名称	编码	起源地
7305	NC10-3	加拿大（马尼托巴湖）
7306	NC10-4	加拿大（马尼托巴湖）
7307	NC10-5	加拿大（马尼托巴湖）
7308	NC10-6	加拿大（马尼托巴湖）
7309	NC10-7	加拿大（马尼托巴湖）
7310	NC10-8	加拿大（马尼托巴湖）
7312	NC10-9	加拿大（马尼托巴湖）
7512	NC10-10	加拿大（马尼托巴湖）
7513	NC10-11	加拿大（马尼托巴湖）
HM Hybrid A	NC10-12	加拿大（马尼托巴湖）
HM Hybrid B	NC10-13	加拿大（马尼托巴湖）
HM Hybrid C	NC10-14	加拿大（马尼托巴湖）
HM-2	NC10-15	加拿大（马尼托巴湖）
HM-3	NC10-16	加拿大（马尼托巴湖）
HM-5	NC10-17	加拿大（马尼托巴湖）
HM-7	NC10-18	加拿大（马尼托巴湖）
HM-8	NC10-19	加拿大（马尼托巴湖）
HM-9	NC10-20	加拿大（马尼托巴湖）
HM-10	NC10-21	加拿大（马尼托巴湖）
HM-11	NC10-22	加拿大（马尼托巴湖）
HM-12	NC10-23	加拿大（马尼托巴湖）
HM-13	NC10-24	加拿大（马尼托巴湖）
DHM-3	NC10-25	加拿大（马尼托巴湖）
DHM-4	NC10-26	加拿大（马尼托巴湖）
DHM-5	NC10-27	加拿大（马尼托巴湖）

续表

材料名称	编码	起源地
DHM-6	NC10-28	加拿大（马尼托巴湖）
DHM-7	NC10-29	加拿大（马尼托巴湖）
DHM-13	NC10-30	加拿大（马尼托巴湖）
DHM-31	NC10-31	加拿大（马尼托巴湖）
DHM-32	NC10-32	加拿大（马尼托巴湖）
DHM-18	NC10-33	加拿大（马尼托巴湖）
DHM-19	NC10-34	加拿大（马尼托巴湖）
DHM-21	NC10-35	加拿大（马尼托巴湖）
DHM-22	NC10-36	加拿大（马尼托巴湖）
W-97	NC10-37	加拿大（马尼托巴湖）
W-106	NC10-38	加拿大（马尼托巴湖）
Comber	NC10-40	加拿大（马尼托巴湖）
B.C. #1	NC10-41	加拿大（马尼托巴湖）
B.C. #2	NC10-42	加拿大（马尼托巴湖）
—	NC10-43	美国（USDA-P1）
Sunchoke-Fiesda's	NC10-44	美国（加利福尼亚州）
75005	NC10-45	加拿大
75004-52	NC10-46	加拿大
A-3-6	NC10-48	加拿大
HM Hybrid-A-4	NC10-49	加拿大
DHM-14-3	NC10-52	加拿大
DHM-14-6	NC10-53	加拿大
DHM-15	NC10-54	加拿大
7513A	NC10-55	加拿大
W-97	NC10-58	加拿大
Comber Select #1	NC10-60	加拿大
Comber Select #2	NC10-61	加拿大
PRG-2367	NC10-63	加拿大（渥太华PGR）

续表

材料名称	编码	起源地
—	NC10-65	美国（南达科他州）
—	NC10-67	美国（密歇根州）
—	NC10-68	美国（明尼苏达州）
U-2U-2G	NC10-70	苏联
Rizskij	NC10-71	苏联
Intress	NC10-72	苏联
Volzskij-2	NC10-73	苏联
Jamcovskij Krashyj	NC10-74	苏联
Leningradskij	NC10-75	苏联
Vadim	NC10-76	苏联
—	NC10-77	日本
—	NC10-78	日本
W-3×Branching 7611	NC10-79	加拿大
W-3×Branching 7701	NC10-80	加拿大
Mammoth French White	NC10-81	美国（华盛顿州）
Oregon White	NC10-82	美国（明尼苏达州）
—	NC10-83	加拿大（不列颠哥伦比亚省）
TUB-346 USDA-ARS	NC10-85	美国（得克萨斯州）
TUB-365 USDA-ARS	NC10-86	美国（得克萨斯州）
TUB-675 USDA-ARS	NC10-87	美国（得克萨斯州）
TUB-676 USDA-ARS	NC10-88	美国（得克萨斯州）
TUB-709 USDA-ARS	NC10-89	美国（得克萨斯州）
TUB-847 USDA-ARS	NC10-90	美国（得克萨斯州）
#2	NC10-92	加拿大（安大略湖）
#4	NC10-94	加拿大（安大略湖）
#5	NC10-95	加拿大（安大略湖）
Fuseau 60	NC10-96	法国
(37×39) 1982	NC10-97	加拿大（马尼托巴湖）

续表

材料名称	编码	起源地
Nahodka	NC10-101	苏联
Violet de Rennes	NC10-103	法国
Rijskii	NC10-104	苏联
Vernet	NC10-105	法国
D-19	NC10-106	法国
Interess	NC10-107	苏联
79-62	NC10-108	法国
242-63	NC10-109	法国
Topinsol	NC10-110	苏联
Waldspindel	NC10-111	法国
D-19-63-122	NC10-112	法国
Kievskii	NC10-113	苏联
Industrie	NC10-114	苏联
Leningradskii	NC10-116	苏联
Ellijay	NC10-118	苏联
Nachodka	NC10-119	苏联
D16	NC10-120	法国
D19-63-340	NC10-121	法国
242-62	NC10-122	法国
29-65	NC10-123	法国
105-62G2	NC10-125	法国
1277-63	NC10-127	法国
073-87	NC10-129	德国
#1	NC10-130	加拿大（安大略湖）
#2	NC10-131	加拿大（安大略湖）
357303 Volga 2	NC10-140	苏联
83-001-1（37×6）	NC10-143	加拿大（莫登）
83-001-2（37×6）	NC10-144	加拿大（莫登）

续表

材料名称	编码	起源地
83-001-3（37×6）	NC10-145	加拿大（莫登）
83-001-4（37×6）	NC10-146	加拿大（莫登）
83-001-5（37×6）	NC10-147	加拿大（莫登）
83-001-6（37×6）	NC10-148	加拿大（莫登）
83-001-7（37×6）	NC10-149	加拿大（莫登）
83-001-8（37×6）	NC10-150	加拿大（莫登）
83-001-9（37×6）	NC10-151	加拿大（莫登）
83-001-10（37×6）	NC10-152	加拿大（莫登）
83-001-11（37×6）	NC10-153	加拿大（莫登）
83-001-12（37×6）	NC10-154	加拿大（莫登）
83-001-13（37×6）	NC10-155	加拿大（莫登）
83-002-1（69×6）	NC10-156	加拿大（莫登）
83-003-1（6×20）	NC10-157	加拿大（莫登）
83-004-1（6×20）	NC10-158	加拿大（莫登）
83-004-2（6×20）	NC10-159	加拿大（莫登）
83-004-4（6×20）	NC10-160	加拿大（莫登）
83-004-5（6×20）	NC10-161	加拿大（莫登）
83-005-1（39×40）	NC10-162	加拿大（莫登）
83-005-2（39×40）	NC10-163	加拿大（莫登）
83-006-1（40×39）	NC10-164	加拿大（莫登）
83-006-3（40×39）	NC10-165	加拿大（莫登）
83-006-4（40×39）	NC10-166	加拿大（莫登）
83-006-5（40×39）	NC10-167	加拿大（莫登）
83-007-1（69×3）	NC10-168	加拿大（莫登）
83-007-2（69×3）	NC10-169	加拿大（莫登）
83-007-4（69×3）	NC10-171	加拿大（莫登）
83-007-5（69×3）	NC10-172	加拿大（莫登）
83-008-1（69×39）	NC10-173	加拿大（莫登）

续表

材料名称	编码	起源地
83-009-1（6×37）	NC10-174	加拿大（莫登）
83-009-2（6×37）	NC10-175	加拿大（莫登）
88-3（6×37）	NC10-176	加拿大（莫登）
88-5（6×37）	NC10-177	加拿大（莫登）
89-1（6×37）	NC10-178	加拿大（莫登）
89-2（6×37）	NC10-179	加拿大（莫登）
89-3（6×37）	NC10-180	加拿大（莫登）
89-4（6×37）	NC10-181	加拿大（莫登）
HM-1	NC10-182	加拿大（莫登）
HM-2	NC10-183	加拿大（莫登）
HM-4	NC10-184	加拿大（莫登）
HM-5	NC10-185	加拿大（莫登）
HM-6	NC10-186	加拿大（莫登）
HM-7	NC10-187	加拿大（莫登）
HM-8	NC10-188	加拿大（莫登）
HM-9	NC10-189	加拿大（莫登）
HM-11	NC10-190	加拿大（莫登）
HM-14	NC10-192	加拿大（莫登）
HM-15	NC10-193	加拿大（莫登）
HM-16	NC10-194	加拿大（莫登）
HM-17	NC10-195	加拿大（莫登）
HM-18	NC10-196	加拿大（莫登）
HM-20	NC10-198	加拿大（莫登）
HM-21	NC10-199	加拿大（莫登）
HM-23	NC10-201	加拿大（莫登）
HM-25	NC10-202	加拿大（莫登）
HM-26	NC10-203	加拿大（莫登）
HM-27	NC10-204	加拿大（莫登）

续表

材料名称	编码	起源地
HM-28	NC10-205	加拿大（莫登）
HM-29	NC10-206	加拿大（莫登）
HM-30	NC10-207	加拿大（莫登）
HM-31	NC10-208	加拿大
HM-32	NC10-209	加拿大（莫登）
HM-33	NC10-210	加拿大（莫登）
HM-35	NC10-211	加拿大（莫登）
HM-36	NC10-212	加拿大（莫登）
HM-37	NC10-213	加拿大（莫登）
SR	SR	—
Cambridge sunroot	Group 1	—
Usborne sunroot	Group 2	—
Mansell sunroot	Group 3	—
Jack's Copperclad	Group 4	—

来源：Dallas Kessler（PGRC），个人联系。

源于多伦多的加拿大种子多样性（前身为传统种子计划）和菊芋栽培材料成为种质资源保存项目的一部分（MacNab，1989），该项目包括野生种材料和取自苗圃种植的材料。

8.13.2 美国

在美国，国家植物种质资源系统监管作物遗传资源，而位于华盛顿特区附件贝尔茨维尔的美国农业部（USDA）农业研究中心（ARS）协调种质资源信息网（GRIN），包括一个可检索的在线数据库。收集的 *H. tuberosus* 保存在位于埃姆斯依托艾奥瓦州立大学（ISU）的中北部植物引种站（NCRPIS）。2006 年 8 月，NCRPIS 保留 112 个 *H. tuberosus* 材料（表 8.4）。表 8.4 前 22 行（"TUB-33"到"3"）在 2006 年 8 月可供植物育种者利用；下边 42 行（"TUB-1765"到"TUB-2089"）是在田间提高种子品质的材料，因此很快也可利用；接下来 37 行（"TUB-1789"到"19"）无法利用，需要提高种子品质；最后 11 行（"TUB-320"到"TUB-1913"）是在 2006 年 8 月失活的材料，因而无法再利用（Laura Marek，私人联系）。这些材料通常以种子的形式利用，数量多达 100 粒种子。

表 8.4　2006 年美国农业部农业研究中心中北部植物引种站和位于埃姆斯依托艾奥瓦州立大学收集的 112 种基因材料

材料名称	编码	起源地
TUB-33	Ames 2714	南达科他州
TUB-1776	Ames 2722	南达科他州
TUB-1777	Ames 2723	南达科他州
TUB-49	Ames 2729	南达科他州
TUB-1783	Ames 2730	南达科他州
TUB-1786	Ames 2733	南达科他州
TUB-1789	Ames 2736	艾奥瓦州
TUB-1800	Ames 2746	南达科他州
TUB-1799	Ames 2747	南达科他州
Waldoboro Gold	Ames 8380	缅因州
Jack's Copperskin	Ames 8383	缅因州
TUB-2189	Ames 18010	内布拉斯加州
TUB-2329	Ames 22229	加拿大马尼托巴湖
Ames 22746	Ames 22746	北达科他州
No. 72196	PI 451980	北达科他州
TUB-1877	PI 503262	西维吉尼亚
TUB-2047	PI 547230	俄亥俄州
TUB-2050	PI 547232	俄亥俄州
TUB-2051	PI 547233	俄亥俄州
TUB-2061	PI 547237	俄亥俄州
TUB-2066	PI 547241	俄亥俄州
3	PI 613795	艾奥瓦州
TUB-1765	Ames 2711	南达科他州
TUB-1769	Ames 2715	南达科他州
TUB-1774	Ames 2720	南达科他州
TUB-1775	Ames 2721	南达科他州
TUB-64	Ames 2739	艾奥瓦州

续表

材料名称	编码	起源地
TUB-1797	Ames 2744	南达科他州
TUB-1540	Ames 7318	阿肯色州
Swenson	Ames 8376	缅因州
Freedom	Ames 8378	缅因州
Garnet	Ames 8379	爱达荷州
Beaula's	Ames 8381	加拿大
Colby Miller	Ames 8382	缅因州
Fuseau	Ames 8384	爱达荷州
Unity Firehous	Ames 8386	缅因州
Mulles Rose	Ames 8388	缅因州
Clearwater	Ames 8390	缅因州
Ames 22745	Ames 22745	北达科他州
Hybrid 120	PI 357297	俄罗斯联邦
Kiev's White	PI 357298	乌克兰
Leningrad	PI 357299	俄罗斯联邦
Nakhodka	PI 357300	俄罗斯联邦
Vadim	PI 357302	乌克兰
Volga 2	PI 357303	俄罗斯联邦
TUB-1880	PI 503263	西弗吉尼亚州
TUB-1904	PI 503265	弗吉尼亚州
TUB-1906	PI 503267	马里兰州
TUB-1912	PI 503269	新泽西州
TUB-1928	PI 503272	康涅狄格州
TUB-1936	PI 503274	佛蒙特州
TUB-1939	PI 503276	纽约州
TUB-1940	PI 503277	纽约州
TUB-1942	PI 503278	纽约州
TUB-1943	PI 503279	纽约州

续表

材料名称	编码	起源地
TUB-2024	PI 547227	威斯康星州
TUB-2052	PI 547234	俄亥俄州
TUB-2055	PI 547235	俄亥俄州
TUB-2062	PI 547238	俄亥俄州
TUB-2063	PI 547239	俄亥俄州
TUB-2067	PI 547242	俄亥俄州
TUB-2069	PI 547243	印第安纳州
TUB-2070	PI 547244	印第安纳州
TUB-2089	PI 547248	伊利诺伊州
TUB-1798	Ames 2745	南达科他州
Ames 3244	Ames 3244	未知
Ames 3245	Ames 3245	未知
TUB-571	Ames 6502	俄克拉荷马州
TUB-1870	Ames 6706	亚拉巴马州
TUB-1057	Ames 7141	北达科他州
TUB-1067	Ames 7151	伊利诺伊州
TUB-1078	Ames 7161	伊利诺伊州
TUB-1079	Ames 7162	伊利诺伊州
TUB-1080	Ames 7163	伊利诺伊州
TUB-1081	Ames 7164	伊利诺伊州
TUB-1609	Ames 7382	南卡罗来纳州
TUB-1610	Ames 7383	南卡罗来纳州
TUB-1632	Ames 7405	北达科他州
TUB-2278	Ames 22227	加拿大马尼托巴湖
TUB-2282	Ames 22228	加拿大马尼托巴湖
Ames 26006	Ames 26006	密苏里州
TUB-821	PI 435758	俄克拉荷马州
TUB-322	PI 435889	得克萨斯州

续表

材料名称	编码	起源地
TUB-825	PI 435893	俄克拉荷马州
TUB-1625	PI 468896	田纳西州
TUB-1892	PI 503264	弗吉尼亚州
TUB-1905	PI 503266	马里兰州
TUB-1090	PI 503268	新泽西州
TUB-1925	PI 503271	康涅狄格州
TUB-1937	PI 503275	佛蒙特州
TUB-1946	PI 503280	纽约州
TUB-1959	PI 503283	宾夕法尼亚州
TUB-2045	PI 547228	俄亥俄州
TUB-2046	PI 547229	俄亥俄州
TUB-2048	PI 547231	俄亥俄州
TUB-2057	PI 547236	俄亥俄州
TUB-2064	PI 547240	俄亥俄州
TUB-2071	PI 547245	印第安纳州
TUB-2073	PI 547246	印第安纳州
TUB-2080	PI 547247	印第安纳州
19	PI 613796	艾奥瓦州
TUB-320	Ames 6303	明尼苏达州
TUB-321	Ames 6304	明尼苏达州
Gold Nugget	Ames 8377	爱达荷州
Wilder Hill	Ames 8387	缅因州
Totman	Ames 8391	缅因州
Skorospelka	PI 357301	俄罗斯联邦
White Crop	PI 357304	俄罗斯联邦
TUB-365	PI 435892	得克萨斯州
CR Special	PI 461518	阿根廷
TUB-1628	PI 468897	田纳西州

续表

材料名称	编码	起源地
TUB-1913	PI 503270	新泽西州

来源：NCPRIS 数据库，http：//www.ars-grin.gov/npgs/searchgrin.html；Laura Marek（NCRPRIS），个人联系（各材料详细信息见 8.14.2 部分）。

NCPRIS 保留的菊芋材料主要包括源自美国境内的野生或杂草类型材料。其中许多最初是由美国农业部向日葵研究小组收集，并在 1986 年转移到埃姆斯前保存在布什兰和得克萨斯，因此，这些材料的收集时间在其下方标记为 1988 年以前（8.14.2）。由于该材料是作为栽培向日葵基因改良项目的一部分而收集的，从这些材料中获得的数据包含详细的种子信息，包括形态学和种子油料分析（http：//www.ars-grin.gov/npgs/searchgrin.html）。近来，植物收集范围已延伸到在埃姆斯保存的野生 *H. tuberosus* 材料。一些美国的地方品种，以及来自加拿大和俄罗斯的材料也保存在埃姆斯。

当材料首次到达埃姆斯的 NCRPIS 后，会得到一个埃姆斯号码，代表最初的材料编号。在某一时刻，通常当相关的植物种质基本资料充足时，材料编号会转变成植物引种编号（Laura Marek，私人联系）。因此，NCRPIS 材料除了拥有材料名称外，还会有一个埃姆斯编号或者植物引种编号，但不会同时拥有这两个编号。野生或杂草类型的材料通常有"TUB-"材料名称，虽然一些材料仍具有埃姆斯编号（表 8.4）。

在北美保存和利用菊芋块茎最主要的来源之一是种子散播项目（Scatterseed Project），这是由美国缅因州 04938 法明顿 Box 1167 Will Bonsall 运行的种子储户交换成员网络（艾奥瓦州迪科拉）的一部分。这项收集包括北美附近一系列的地方品种，以及被放弃和传统的栽培品种（见 8.14.2）。

8.13.3 中南美洲

中南美洲国家很少或几乎没有 *H. tuberosus* 材料。阿根廷布宜诺斯艾利斯 Belcare 的农业试验站有 3 个源自美国的野生或杂草类型材料。据报道，位于巴西的巴西利亚的巴西国立农业研究机构有一个基因材料；智利瓦尔迪维亚的智利奥斯特乐尔大学 Facultdad de Ciencias Agrarias 有两个采自智利的古老栽培种材料（IPGRI，2006）。"CR Special"（阿根廷）属于为数不多的起源于南美的种质资源材料之一。

8.13.4 德国、奥地利、斯洛文尼亚和瑞士

过去德国 *H. tuberosus*（topinambur）遗传资源的主要储藏地在位于德国布伦瑞克的栽培植物育种研究联合中心（BAZ）（Frison and Servinsky，1995）。虽然 BAZ 仍是植物育种的主要机构，但 *H. tuberosus* 全国性的种质资源收集已移至德国加特斯莱本的植物遗传和作物研究所（IPK）的基因库。1995 年有 18 种材料（Frison and Serbinsky，1995），2006 年将材料从 BAZ 移至 Gatersleben 后有 115 种，所有这些材料都是以块茎的形式保存（Helmut Knuepffer，私人联系）。另外，最初在加特斯莱本的 18 种材料也是通过体外采集和组织培养的方式繁殖（Joachim Keller and Khan，1997）。Gatersleben 保存的所有材料如表 8.5 所示，每种材料（包括以前的布伦瑞克 BGRC 编号）的详细信息见 8.14.2 部分。

表 8.5 2006 年保存在德国加特斯莱本植物遗传和作物研究所收集的 115 种栽培无性系

材料名称	IPK 材料编号	起源地
—	HEL51	未知
—	HEL53	德国
—	HEL54	德国
—	HEL55	德国
—	HEL56	德国
—	HEL57	德国
—	HEL58	德国
G-71-39	HEL59	未知
Majkopskij 33-650	HEL60	俄罗斯
Tambovskij Krasnyi	HEL 61	俄罗斯
Sachalinskij Krasnyi	HEL 62	俄罗斯
Gibrid 103	HEL 63	俄罗斯
—	HEL 64	未知
Sejanec 19	HEL 65	俄罗斯
Kievskij Belyj	HEL 66	乌克兰
M-24-2	HEL 67	未知
—	HEL 68	未知
—	HEL 69	未知
—	HEL 231	德国
Bianka	HEL 243	未知
Waldspindel	HEL 244	未知
—	HEL 245	未知
—	HEL 246	未知
Topianka?	HEL 247	未知
Rote Zonenkugel	HEL 248	未知

续表

材料名称	IPK 材料编号	起源地
—	HEL 249	未知
Medius	HEL 250	法国
Novost	HEL 251	俄罗斯
—	HEL 252	德国
—	HEL 253	未知
—	HEL 254	未知
—	HEL 255	未知
—	HEL 256	未知
—	HEL 257	未知
—	HEL 258	未知
Fuseau 60	HEL 259	法国
Nahodka	HEL 260	俄罗斯
Violet de Rennes	HEL 261	法国
KWI 204	HEL 262	未知
Sel. Aus Saemlingspop.	HEL 263	加拿大
BT3	HEL 264	匈牙利
BT4	HEL 265	匈牙利
Bela	HEL 266	前南斯拉夫
12/84	HEL 267	前南斯拉夫
Onta	HEL 268	加拿大
10562 G2	HEL 269	法国
10562 G15	HEL 270	法国
D19-63-122	HEL 271	法国
D19-63-340	HEL 272	法国
2327	HEL 273	法国
228-62	HEL 274	法国
952-63	HEL 275	法国
2071-63	HEL 276	法国

续表

材料名称	IPK 材料编号	起源地
Dwarf	HEL 277	荷兰
Voelkenroder Spindel	HEL 278	未知
BS-83-21	HEL 279	未知
BS-83-22	HEL 280	未知
BS-84-19	HEL 281	未知
BS-85-7	HEL 282	未知
BS-85-8	HEL 283	未知
Topstar	HEL 284	未知
BS-85-11	HEL 285	未知
BS-85-14	HEL 286	未知
Gigant	HEL 287	未知
RA1	HEL 288	波兰
RA2	HEL 289	波兰
RA3	HEL 290	波兰
RA4	HEL 291	波兰
RA7	HEL 292	波兰
RA9	HEL 293	波兰
RA10	HEL 294	波兰
RA14	HEL 295	波兰
RA24，Biala Kulista	HEL 296	波兰
—	HEL 297	未知
—	HEL 298	未知
—	HEL 299	未知
—	HEL 306	未知
—	HEL 307	未知
—	HEL 308	未知
—	HEL 309	未知
—	HEL 310	未知

续表

材料名称	IPK 材料编号	起源地
—	HEL 311	未知
—	HEL 312	未知
—	HEL 313	未知
—	HEL 314	未知
—	HEL 315	未知
—	HEL 316	未知
—	HEL 317	未知
—	HEL 318	未知
—	HEL 319	未知
—	HEL 320	未知
—	HEL 321	未知
—	HEL 322	未知
—	HEL 323	未知
—	HEL 324	未知
—	HEL 325	未知
—	HEL 326	未知
—	HEL 327	未知
—	HEL 328	未知
—	HEL 329	未知
—	HEL 330	未知
—	HEL 331	未知
—	HEL 332	未知
—	HEL 333	未知
—	HEL 334	未知
—	HEL 335	未知
—	HEL 336	未知
BS-86-8	HEL 337	未知
BS-86-12	HEL 338	未知

续表

材料名称	IPK 材料编号	起源地
BS-86-16	HEL 339	未知
BS-86-19	HEL 340	未知
BS-86-3	HEL 341	未知
BS-86-7	HEL 342	未知
BS-86-9	HEL 343	未知
BS-86-10	HEL 344	未知

来源：IPK 数据库，http：//gbis.ipk-gatersleben.de；Helmut Knuepffer（德国 Galtersleben Corrensstrasse 3 植物遗传和作物研究所），个人联系（各材料详细信息见 8.14.2）。

德国一些植物园也拥有少量的菊芋材料，包括在斯图加特、波恩、拜罗伊特、法兰克福、哥廷根、马尔堡和 Ülm 的植物园（GBIF，2006）。

奥地利有 4 个研究所有作物种质资源，其中 2 个有菊芋材料。特用作物研究站（奥地利 Wies 88）有 3 种起源德国的可栽培品种："Bianka"（WIES-D16）、"RoZo"（WIES-D17）和 "Gute Gelbe"（WIES-D18）。农业生物学种子收集联合办公室（BVAL，Biologiezentrum Linz）拥有一个奥地利材料（"BVAL-901"）（Eurisco，2003）。2000—2003 年从奥地利收集的 38 种野生 H. tuberosus 种群材料保存在 Biologiezentrum Linz（GBIF，2006）。在斯洛文尼亚，卢布尔雅那大学农学系（Oddelek za Agronomijo）有 16 种 H. tuberosus 材料，包括 14 种栽培品种和两种地方品种（Frison and Servinsky，1995；IPRGI，2006）。

据报道，SAVE（欧洲农业品种保护机构；瑞士圣加伦）1995 年有 3 种材料，但该机构的陈列农场关闭后，这些材料提供给 Pro Specie Rara（Frison 和 Servinsky，1995；Pavel Beco，私人联系）。Pro Specie Rara（瑞士圣加伦），一个瑞士非政府组织，有至少 5 种材料（IPGRI，2006）。

8.13.5 法国和西班牙

菊芋无性系的多样性在法国已被认识多年（Meunissier，1922；Tsvetoukhine，1960）。全国性的种质资源收集最初在法国农科院-雷恩开始（Lefèvre，1941），之后转移到法国农科院-克莱蒙-费朗，持续了大概 15 年。2005 年，收集工作转移到位于蒙彼利埃的法国农科院育种站（UMR DGPC），该机构积极致力于栽培和野生向日葵属植物遗传资源的研究。收集的 H. tuberosus（topinambour）包括 140 个栽培无性系和大约 30 种野生材料（通过有性繁殖）。法国农科院收集的栽培无性系通过块茎繁殖，在 100 升的容器中人工添加基质（蛭石）和矿质肥料，每种材料两个重复。从长远来看，该系统有效防止了无性系混淆和土壤病害的传播。所有法国材料难以直接利用，在推广之前需要进一步选育（Hervé

Serieys，私人联系)。140 个栽培无性系名称如表 8.6 所示。

表 8.6　2006 年法国蒙彼利埃（UMG DGPC）的法国国家农业研究所（INRA）育种站收集的 140 种栽培无性系

无性系名称	INRA 编码	起源地
1277.63（48）[a]	MPHE001361	法国
1992.63（31）	MPHE001362	法国
2071.63（17）	MPHE001363	法国
2088（29）	MPHE001364	法国
228.62（15）	MPHE001365	法国
23.27（2）	MPHE001366	法国
29.65（54）	MPHE001367	法国
342.62（43）	MPHE001368	法国
742.63（51）	MPHE001369	法国
79.62（42）	MPHE001370	法国
952.63（21）	MPHE001371	法国
AUTO105.62G.15（7）	MPHE001372	法国
AUTO105.62G.2（8）	MPHE001373	法国
CF.11（56）	MPHE001374	法国
CL2（118）	MPHE001375	法国
D13（106）	MPHE001376	法国
D16（30）	MPHE001377	法国
D18（103）	MPHE001378	法国
D19（3）	MPHE001379	法国
D19.6（1）	MPHE001380	法国
D19.63.122（14）	MPHE001381	法国
D19.63.340（13）	MPHE001382	法国
D.29（96）	MPHE001383	法国
D31（37）	MPHE001384	法国
D.42（98）	MPHE001385	法国
D5（91）	MPHE001386	法国

续表

无性系名称	INRA 编码	起源地
D8 (104)	MPHE001387	法国
DL12 (100)	MPHE001388	法国
H54.1 (102)	MPHE001389	法国
I2.1044.344 (145) (I2)	MPHE001390	法国
I3.2017 (146) (I3)	MPHE001391	法国
K.4 (93)	MPHE001392	法国
K.5 (94)	MPHE001393	法国
L232 (108)	MPHE001394	法国
MS.2.6 (47)	MPHE001395	法国
MS81 (117)	MPHE001396	法国
S3.1 (105)	MPHE001397	法国
V102 (101)	MPHE001398	法国
BERNO (131)	MPHE001399	法国
CLONE ACP 1981 (125)	MPHE001400	法国
CLONE DUVAL 1980.1 (122)	MPHE001401	法国
CLONE DUVAL 1980.2 (123)	MPHE001402	法国
CLONE PORCHERON 1980 (121)	MPHE001403	法国
PORCHERON (120)	MPHE001404	法国
EGMOND 1982 (129)	MPHE001405	法国
FILIO (138)	MPHE001406	法国
FUSEAU 60 (60)	MPHE001407	法国
INDUSTRIE (35)	MPHE001408	法国
JANTO (133)	MPHE001409	法国
JAUNE DE ROUILLE (36)	MPHE001410	法国
LACHO (139)	MPHE001411	法国
MARONDO (141)	MPHE001412	法国
MEDIUS (58)	MPHE001413	法国
MONTEO (134)	MPHE001414	法国

续表

无性系名称	INRA 编码	起源地
PATATE VILMORIN (27)	MPHE001415	法国
PIEDALLU 8 (109)	MPHE001416	法国
PIRIFORME ROUGE (95)	MPHE001417	法国
SCOTT (99)	MPHE001418	法国
TAIT (92)	MPHE001419	美国
VERNET (28)	MPHE001420	法国
VIOLET COMMUN (57)	MPHE001421	法国
VIOLET DE RENNES (69)	MPHE001422	法国
(K8*VR) (353)	MPHE001423	法国
(NK*F60).1 (219)	MPHE001424	法国
(NK*F60).2 (220)	MPHE001425	法国
(NK*F60).3 (222)	MPHE001426	法国
(NK*F60).4 (226)	MPHE001427	法国
(NK*F60).5 (234)	MPHE001428	法国
(NK*F60).6 (259)	MPHE001429	法国
(NK*F60).7 (273)	MPHE001430	法国
(NK*F60).8 (276)	MPHE001431	法国
(NK*F60).9 (279)	MPHE001432	法国
(NK*F60).10 (281)	MPHE001433	法国
(NK*K8) (336)	MPHE001434	法国
(NK*VR).1 (321)	MPHE001435	法国
(NK*VR).2 (327)	MPHE001436	法国
(VR*F60).1 (215)	MPHE001437	法国
(VR*F60).2 (217)	MPHE001438	法国
(VR*F60).3 (218)	MPHE001439	法国
(VR*NK).1 (297)	MPHE001440	法国
FL83FC (151B) (ISSU DE FL)	MPHE001441	法国
FL 83 NK (154.1) (FL NAHODKA)	MPHE001442	法国

续表

无性系名称	INRA 编码	起源地
FL 84 EL1 (157.1) (FL ELLIJAY)	MPHE001443	法国
FL 84 EL2 (157.2) (FL ELLIJAY)	MPHE001444	法国
FL 85 JT1 (161) (FL JANTO)	MPHE001445	法国
FL 85 JT2 (162) (FL JANTO)	MPHE001446	法国
FL 85 K8 (163) (FL K8)	MPHE001447	法国
FL 85 342.62.1 (164) (FL 342.62)	MPHE001448	法国
FL 85 342.62.2 (165) (FL 342.62)	MPHE001449	法国
FL 85 342.62.3 (166) (FL 342.62)	MPHE001450	法国
ONTA (208)	MPHE001451	比利时
WAGENINGSE DWARF (213)	MPHE001452	荷兰
DORNBURGER (50)	MPHE001453	德国
K8 (59)	MPHE001454	德国?
KARNTNER LANDSORTE (211)	MPHE001455	德国
ROZO (86)	MPHE001456	德国
TOPIANKA (49)	MPHE001457	德国
WALDSPINDEL (34)	MPHE001458	德国
WALDSPINDEL (204)	MPHE001459	德国
WALDSPINDEL (201)	MPHE001460	奥地利
BT3 (202)	MPHE001461	匈牙利
BT4 (203)	MPHE001462	匈牙利
12/84 (206)	MPHE001463	前南斯拉夫
BIANCA (142)	MPHE001464	欧洲
OZOV (210)	MPHE001465	欧洲
SUKOSTI (209)	MPHE001466	欧洲
BART 70 JANEZ (67)	MPHE001467	俄罗斯
BELOSHIPKE (68)	MPHE001468	俄罗斯
DORNAISKII (66)	MPHE001469	俄罗斯
G71.39 (78)	MPHE001470	俄罗斯

续表

无性系名称	INRA 编码	起源地
HYBRIDE 103（77）	MPHE001471	俄罗斯
INTERESS（85）	MPHE001472	俄罗斯
KIEVKII BLANC（90）	MPHE001473	乌克兰
KIRGNIZSKII BLANC（82）	MPHE001474	俄罗斯
KULISTY CREMONSKY（70）	MPHE001475	俄罗斯
LENINGRADSKII（74）	MPHE001476	俄罗斯
M24.29（84）	MPHE001477	俄罗斯
MAIKOPSKII 33.650（63）（TOP＊TS）	MPHE001478	俄罗斯
NAHODKA（61）	MPHE001479	俄罗斯
RYSKII（89）	MPHE001480	俄罗斯
SEJANETZ 10（76）	MPHE001481	俄罗斯
SEJENETZ 19（81）	MPHE001482	俄罗斯
TAMBOVSKII ROUGE（64）（TOP＊TS）	MPHE001483	俄罗斯
TOPINSOL 63（39）（TOP＊TS）	MPHE001484	俄罗斯
TOPINSOL VIR（62）（TOP＊TS）	MPHE001485	俄罗斯
VADIM（73）	MPHE001486	俄罗斯
VORSTORG（79）（TOP＊TS）	MPHE001487	俄罗斯
CHICAGO（24）	MPHE001488	美国？
ELLIJAY（87）	MPHE001489	美国
CHALLENGER（212）	MPHE001490	加拿大
COLUMBIA（143）	MPHE001491	加拿大
GUA 7（144）	MPHE001492	瓜德罗普岛
SAKHALINSKII（65）	MPHE001493	俄罗斯
SAKHALINSKII ROUGE（83）	MPHE001494	俄罗斯
IRANIEN（80）	MPHE001495	伊朗
MS.2.6（46）	MPHE001496	法国
HUGUETTE 93	MPHE001497	摩洛哥
CROIX LEONARDOUX	MPHE001498	法国

续表

无性系名称	INRA 编码	起源地
ANTONIN	MPHE001499	法国
99B	MPHE001500	法国

a 材料名称后括号中的数字表示 INRA-Rennes 分配的最初收集的编号。

来源：Hervé Serieys（INRA, UMR Diversité des Plantes Cultivées, Laboratoire Tournesol, Domaine de Melgueil, F-34131，莫吉奥，法国），个人联系（各材料的详细信息见 8.14.2）。

一项 *H. tuberosus* 材料的收集工作曾经在 Escuela Tecnica Superior（ETS）de Ingenieros Agrónomes，Universidad Politénica de Madrid 开展（Fernandez et al.，1988a；1988b）。在 20 世纪 80 年代末收录了 24 种材料（"Blanca de Teruel"、"Boniches"、"C-13"、"C-146"、"C-34"、"Campillo de Paravientos"、"Ciudad Rodrigo"、"D-19"、"GUA-7"、"Fuseau 60"、"K-8"、"Huertos de Moya-Rio"、"Huertos de Moya-Tobares"、"Huertos de Moya-Blanca"、"Ibdes"、"Karkowsky"、"Medius"、"Nahodka"、"Rijskii"、"Sepanetz-10"、"Teruel"、"Violet de Rennes"、"Violeta de Teruel" 和 "Waldspindel"），其中部分起源于西班牙。这项收集没有列入欧洲植物遗传资源名录中（Frison and Servinsky，1995）。

8.13.6 丹麦、芬兰、冰岛、挪威和瑞典

北欧基因库（NGB）作为丹麦、芬兰、冰岛、挪威和瑞典遗传资源的储藏地成立于 1979 年。主要机构位于瑞典 Malmo 附近的 Alnarp，*H. tuberosus* 材料的保存始于 1995 年丹麦的 Forskningscenter Årslev（丹麦农业研究所）。北欧基因库有 15 个菊芋材料（表 8.7），包括 7 个地方或传统栽培品种和 8 个选育的无性系。这些材料利用块茎繁殖，每种材料在任何时候种植 20 株。8 种材料取自丹麦（"Bistr"、"Columbia"、"Flam"、"Karina"、"Mari"、"Refla"、"Reka" 和 "Rema"），2 种取自法国（"C2071-63" 和 "D19"），荷兰（"Dwarf"）、挪威（"Nora"）、瑞典（"Vanlig"）、捷克（"K24"）和俄罗斯（"Urodny"）各一种（http://tor.ngb.se/sesto/）。北欧基因库材料的另一项收集工作在丹麦哥本哈根的 Landbohøjskolen 开展。另外，由农业大学于 2002 年捐赠的其他两种材料（"Bianca"（HEL 16）和 "Draga"（HEL 17））保存在位于 Årslev 的丹麦农业科学研究所的园艺研究站（Gitte Kjeldsen Bjørn，Forskningscenter Årslev，私人联系）。瑞典 Hilleshög AB 植物育种公司在过去也保存了少量罕见无性系，包括菊芋和向日葵的杂交种 "No. 1168"（Gunnarson et al.，1985）。

表 8.7 2006 年丹麦 Årslev 北欧基因库收集的 15 种栽培无性系

无性系名称	材料编号	起源地
Rema	DKHEL1	丹麦

续表

无性系名称	材料编号	起源地
Reka	DKHEL2	丹麦
Refla	DKHEL3	丹麦
K24	DKHEL4	捷克
Karina	DKHEL5	丹麦
Flam	DKHEL6	丹麦
Vanlig	DKHEL7	瑞典
Bistr	DKHEL8	丹麦
Mari	DKHEL9	丹麦
Nora	DKHEL10	挪威
D19	DKHEL11	法国
Columbia	DKHEL12	丹麦
C2071-63	DKHEL13	法国
Urodny	DKHEL14	捷克
Dwarf	DKHEL15	荷兰

来源：北欧基因库数据库，http：//tor.ngb.se/sesto/（各材料详细信息见8.14.2）。

8.13.7 俄罗斯

在俄联邦，菊芋遗传资源保存和育种的主要机构是位于俄罗斯圣彼得堡的瓦维洛夫植物产业研究所（VIR）。它是世界上最大的植物种质资源收集工作。除了一项很大的向日葵（*H. annuus*）材料收集，324种 *Helianthus* spp. 栽培品种列入1995年欧洲植物种质资源名录中（Frison 和 Servinsky，1995）。Pas'ko（1982）从20世纪70年代的收集中研究了160个 *H. tuberosus* 材料。

8.13.8 乌克兰和阿塞拜疆

1992年，乌克兰科学院资助了一项植物遗传资源项目，包括在位于哈尔科夫的Yurjev植物生产研究所成立一个新的研究中心。乌克兰植物遗传资源国家中心（乌克兰哈尔科夫）有17个菊芋栽培种材料（"M-037"、"K105"和"TUB-"系列材料；见8.14.2）。两个野生材料、一个源自乌克兰（"UM0600001"）和一个源自美国（"UE0100253"）

的材料也保留在乌克兰其他种质资源收集中（Eurisco，2003）。

在阿萨拜疆，位于巴库的阿萨拜疆国家科学研究院遗传资源研究所有两种菊芋材料（"Yeralmasi"和"Yerarmudu gunebakhani"），均源自阿塞拜疆（Eurisco，2003）。

8.13.9　保加利亚、匈牙利和罗马尼亚

在保加利亚，植物遗传资源研究所"K. Malkov"（保加利亚萨多沃）有7中菊芋材料（"M-037"、"M-053"、"M-057"、"M-108"、"M-140"、"M-146"和"M-169"），均源于美国（Eurisco，2003）。

匈牙利的遗传资源工作得到农业部管理的农业基金的资助。位于Tápiószele（Agrobotanikai Intézet，Tápiószele，Hungary）的农业植物研究所植物引种和基因库部分是匈牙利 *H. tuberosus* 材料的主要储藏地。该研究所有54种 *H. tuberosus* 栽培种地方品种，以及许多 *Helianthus* spp. 栽培种、遗传库、地方品种和野生/杂草性物种（Frison 和 Servinsky，1995；IPGRI，2006）。另外，德布勒森农业大学研究中心也有 *Helianthus* spp. 繁育品系（Frison 和 Servinsky，1995）。

位于罗马尼亚 Calarasi 的谷物和工艺植物研究所有一个于1980年取自前南斯拉夫的 *H. tuberosus* 野生/杂草型材料（"ROM023-6149"）。两个1989年收集的源自罗马尼亚的地方品种［Gurahont（"ROM023-6150"）和 Sebis（"ROM023-6151"）］保存在罗马尼亚蒂米什瓦拉的农业科学和兽医大学（IPGRI，2006；Eurisco，2003）。

8.13.10　捷克、斯洛伐克、塞尔维亚和黑山

捷克菊芋种质资源的主要储藏地是奥洛莫乌茨-霍利采（捷克奥洛莫乌茨-霍利采作物生产研究所基因库系）。近年已保存了8种材料，包括来自捷克的6个地方品种、1个来自波兰的栽培种和1个来自德国的地方品种（Frison and Servinsky，1995；IPGRI，2006）。从1958年自分布区采集后，5个地方品种或遗弃栽培种（LV 材料；见8.14.2部分）已通过块茎繁殖成功（Eurisco，2003；奥洛莫乌茨-霍利采基因库数据库，2006，http：//genbank.vurv.cz/）。

在斯洛伐克，作物植物种质资源收集分布于大约18个专门的研究和育种机构。斯洛伐克皮耶什佳尼的植物保护研究所有6种材料（2002年数据）：来自匈牙利的4个栽培种和1个地方品种，以及1个来自捷克共和国的栽培种（IPGRI，2006）。

位于塞尔维亚和黑山的诺维萨德大田和蔬菜作物研究所有155个源自黑山和美国的野生 *H. tuberosus* 材料（表8.8）（IPGRI，2006；Jovanka Atlagi，私人联系）。这些材料最初是作为向日葵抗病栽培种的潜在资源而采集的。源自美国的材料是在一项与美国农科院合作的实地考察（1984年北达科他州马林科维奇/米勒）中，通过交换获得的（1980、1985和1991年），而来自黑山的材料主要是在1990年诺维萨德大田和蔬菜作物研究所实地考察中采集的（Marinkovic/Dozet）。除了这些材料中许多是以种子或块茎的方式利用（表8.8），野生 *H. tuberosus* 和向日葵栽培种一些杂交品种 F_1 子代以块茎的形式利用（Jovanka

Atlagic，私人联系）。

表 8.8　保存于塞尔维亚和黑山的诺维萨德大田和蔬菜作物研究所的 155 个野生 *H. tuberosus* 无性系

材料名称	起源地	可用性
TUB 1540	美国	+
TUB 1609	美国	-
TUB 1610	美国	-
TUB 1623	美国	-
TUB 1625	美国	+
TUB 1628	美国	+
TUB 1633	美国	-
TUB 1634	美国	-
TUB 1634	美国	-
TUB 1635	美国	-
TUB 1636	美国	-
TUB 1877	美国	-
TUB 1880	美国	-
TUB 1892	美国	-
TUB 1904	美国	-
TUB 1905	美国	-
TUB 1906	美国	-
TUB 1909	美国	-
TUB 1912	美国	-
TUB 1913	美国	-
TUB 1925	美国	-
TUB 1928	美国	-
TUB 1933	美国	-
TUB 1936	美国	-
TUB 1937	美国	-
TUB 1939	美国	-

续表

材料名称	起源地	可用性
TUB 1940	美国	-
TUB 1942	美国	-
TUB 1943	美国	-
TUB 1945	美国	+
TUB 1946	美国	-
TUB 1947	美国	-
TUB 1954	美国	-
TUB 1959	美国	+
TUB 2024	美国	+
TUB 2045	美国	+
TUB 2046	美国	+
TUB 2047	美国	+
TUB 2048	美国	-
TUB 2050	美国	+
TUB 2051	美国	+
TUB 2055	美国	-
TUB 2057	美国	-
TUB 2061	美国	+
TUB 2062	美国	+
TUB 2064	美国	-
TUB 2067	美国	+
TUB 2069	美国	+
TUB 2070	美国	+
TUB 2071	美国	+
TUB 2080	美国	+
TUB 2089	美国	+
TUB 2052	美国	+
TUB 2073	美国	-

续表

材料名称	起源地	可用性
TUB 2066	美国	+
TUB 2063	美国	−
TUB-CG 1	黑山	−
TUB-CG 10	黑山	+
TUB-CG 11	黑山	+
TUB-CG 12	黑山	+
TUB-CG 13	黑山	+
TUB-CG 14	黑山	+
TUB-CG 15	黑山	+
TUB-CG 16	黑山	+
TUB-CG 17	黑山	+
TUB-CG 18	黑山	+
TUB-CG 19	黑山	+
TUB-CG 2	黑山	+
TUB-CG 20	黑山	+
TUB-CG 21	黑山	+
TUB-CG 22	黑山	+
TUB-CG 23	黑山	+
TUB-CG 24	黑山	+
TUB-CG 25	黑山	+
TUB-CG 26	黑山	+
TUB-CG 27	黑山	+
TUB-CG 28	黑山	+
TUB-CG 29	黑山	+
TUB-CG 3	黑山	+
TUB-CG 30	黑山	+
TUB-CG 31	黑山	+
TUB-CG 32	黑山	+

续表

材料名称	起源地	可用性
TUB-CG 33	黑山	+
TUB-CG 34	黑山	+
TUB-CG 35	黑山	+
TUB-CG 36	黑山	+
TUB-CG 37	黑山	+
TUB-CG 38	黑山	+
TUB-CG 39	黑山	-
TUB-CG 4	黑山	+
TUB-CG 40	黑山	+
TUB-CG 41	黑山	+
TUB-CG 42	黑山	+
TUB-CG 43	黑山	+
TUB-CG 44	黑山	+
TUB-CG 45	黑山	+
TUB-CG 46	黑山	+
TUB-CG 47	黑山	+
TUB-CG 48	黑山	+
TUB-CG 49	黑山	+
TUB-CG 5	黑山	+
TUB-CG 50	黑山	+
TUB-CG 51	黑山	+
TUB-CG 52	黑山	+
TUB-CG 53	黑山	+
TUB-CG 54	黑山	+
TUB-CG 55	黑山	+
TUB-CG 56	黑山	+
TUB-CG 57	黑山	+
TUB-CG 58	黑山	+

续表

材料名称	起源地	可用性
TUB-CG 59	黑山	+
TUB-CG 6	黑山	+
TUB-CG 60	黑山	-
TUB-CG 61	黑山	+
TUB-CG 62	黑山	+
TUB-CG 63	黑山	+
TUB-CG 64	黑山	-
TUB-CG 65	黑山	+
TUB-CG 66	黑山	+
TUB-CG 67	黑山	+
TUB-CG 68	黑山	-
TUB-CG 69	黑山	+
TUB-CG 7	黑山	+
TUB-CG 71	黑山	-
TUB-CG 72	黑山	-
TUB-CG 73	黑山	-
TUB-CG 74	黑山	-
TUB-CG 75	黑山	-
TUB-CG 76	黑山	-
TUB-CG 77	黑山	-
TUB-CG 78	黑山	-
TUB-CG 79	黑山	-
TUB-CG 8	黑山	+
TUB-CG 80	黑山	-
TUB-CG 81	黑山	-
TUB-CG 9	黑山	+
TUB 2189	美国	+
TUB 15	美国	+

续表

材料名称	起源地	可用性
TUB 16	美国	+
TUB 20	美国	+
TUB 26	美国	+
TUB 6	美国	+
TUB 7	美国	+
TUB 8	美国	+
TUB 1765	美国	-
TUB 1765	美国	-
TUB 1774	美国	-
TUB 1775	美国	-
TUB 1783	美国	-
TUB 1786	美国	-
TUB 1789	美国	-
TUB 1797	美国	-
TUB 1798	美国	-
TUB 1799	美国	-
TUB 825	美国	-

来源：Atlagic, J., 塞尔维亚和黑山的诺维萨德大田和蔬菜作物研究所，个人联系。(各材料详细信息见 8.14.2)

8.13.11 亚洲和大洋洲

在这些地区收集的野生材料很可能来自自然条件下形成的栽培材料。11 个 *H. tuberosus* 样品以标本的形式保存在日本兵库县辖区的自然和人类活动博物馆，均于 1966 到 1998 年采自日本本州（GBIF, 2006）。新西兰土地保护研究所有 8 个采自全国各地的菊芋样本（1978—1996 年），但主要在北岛（GBIF, 2006）。澳大利亚国家标本馆有 1 个野生样品，于 1963 年采自堪培拉黑山东部；这种植物高 2 m，叶片和花浅绿色（GBIF, 2006）。

H. tuberosus 分散采自于亚洲和澳大拉西亚。位于昆士兰州比洛威拉的澳大利亚热带作物和饲料遗传资源中心有 1 个源自美国的野生/杂草型材料（IPGRI, 2006）。

中央农业研究所（Gannoruwa, Peredeniya, 斯里兰卡）记载曾有 1 个菊芋材料（Lawrence et al., 1986)。

8.14 栽培品种和克隆

8.14.1 收集中出现的同种、重复及混淆品种

菊芋栽培种和无性系的收集往往分散且协调不良，导致重复和命名混淆。下面一节以栽培种、无性系和野生材料的形式，提供起源国家信息（可能的话）、植物和块茎外观、成熟/开花早晚，以及对研究者和植物育种者的价值。同时提供含有产量、生理参数或外观描述数据的参考文献。对列表中的同义词进行了标注，虽然随着不同名称中材料的出现未知的重复还可能发生。

当一个栽培种在地理上扩散时，区分个体无性系是非常重要的。然而，菊芋名称（如"Mammoth French White"、"French White Improved"和"Blanc Commun"）不能代表特定的或定义明确的栽培种或无性系，而是指一般类型。栽培种通常翻译成新的生产地区的语言，然后又以新的名称返回其起源地，而不同语言间存在错译，这就导致不同名称种质资源收集中的材料存在重复。例如，Schittenhelm（1990）发现，在德国全国范围的收集中有大约400种材料，在布伦瑞克，利用电泳疗法和聚类分析降至35个基因型。相反，一些在收集中具有相同名称的材料可能属于不同的基因型，正如Kays和Kultur发现，在不同收集中相同的栽培种具有不同的开花时间。栽培种名称混淆还有一些其他原因，包括标签丢失、错贴标签，以及为了商业目的而重新命名（市场需求需要独特名称）。

虽然下一节有许多条目，但大部分是为了研究无性系、不知名的品种和小品种，或从小型野生种群中收集的材料，没有一种是被广泛种植的。在任一特定地区，几个栽培种或栽培类型可能占据全部生产的大部分。Heiser（1995）甚至认为，美国所有的菊芋商业栽培品种可能源自单一无性系。然而，栽培种名单显示了所收集种质资源菊芋潜在遗传多样性。遗憾的是，目前没有任何单一的种质资源收集用于参考和保存。因此，迫切需要准确鉴别无性系，消除品种重复，将栽培种按照相同基因或相似分组进行分类。这有助于植物育种者更有效的培育新的无性系，而不必浪费时间和相同或相似的杂交材料资源。*H. tuberosus* 基因变异性能够更充分地得到开发。

最近的标记辅助回交育种工具包括植物染色体扩增片段长度多态性（AFLPs）分析（Vos et al., 1995）。AFLPs是通过选择性聚合酶链式反应扩增而得到的限制DNA片段的分子标记。AFLP技术利用专业图像分析软件比较每一个栽培种和无性系中独特的"遗传指纹"，指纹以高分辨率凝胶图像条带的形式表现出来。量化这些栽培种和无性系的亲缘关系能够为杂交策略提供依据。研究表明，获得的大多数限制性片段与基因组中独特的位点相对应。因此，结合现有的随机扩增多态性DNA（RAPD）数据，AFLP指纹分析能够构建作物品种（包括向日葵）详细的连锁图谱（Langer et al., 2003；Peleman, 1999）。将此技术延伸到菊芋中，将明确种质资源收集中各种材料的遗传多样性程度和遗传关系。

包括 RAPD 和 AFLP 在内的遗传技术能够确定进化关系。许多研究已构建了向日葵属物种（研究适应与分化遗传学的重要模式物种）的基因图谱和系统树图。例如，Lai 等（2005）利用数量性状位点（QTL）分析研究了 *H. anomalus*、*H. deserticola* 和 *H. paradoxus* 不育障碍的表现形式，比较了这 3 种由 *H. annuus* 和 *H. petiolaris* 作为亲本的向日葵杂交种的连锁图。他们发现，亲本染色体组型存在巨大差异，在大部分连锁群的研究中还存在基因序列差异。Bruke 等（2004）比较了 *H. petiolaris* 和 *H. annuus* 的连锁图谱以研究它们的进化分歧，结果显示，从这两个一年生向日葵物种在 750 000 到 1 000 000 年前开始分离，每 100 万年的进化有高达 5.5 到 7.3 个染色体重组，为已报道任何分类组报告的最高比率之一。Quagliaro 等（2001）分析了 *H. argophyllus* 及其与 *H. annuus* 杂交种的遗传多样性，而 Liu 和 Burke（2006）分析了野生和栽培向日葵的核苷酸多态性，认为向日葵是单独驯化的产物。遗传研究（如 RAPD）有助于选择理想的与栽培菊芋杂交的野生向日葵属材料，从而有助于在育种项目中选择理想的向日葵属杂交种（Encheva et al.，2004）。

8.14.2　栽培种、无性系和野生植物材料名录（包括同种异名；备注起源地、特征、收集价值；相关研究文献，指定的产量数据，鲜重，除非特别说明是干重）

A-A——见 NC10-2。

A-3-6——见 NC10-48。

Abeillo——起源于法国，块茎红色，晚熟（Ben Chekroun et al.，1996）。

Abo——起源地未知（Zubr，1988a）（块茎，7.2 t·ha^{-1}）。

Albik——起源于波兰（Cieslik et al.，2003；Sawicka and Michaek，2005）。

Ames 3244——起源于美国，保存于美国艾奥瓦州 50011 埃姆斯美国农业部农业研究中心国家遗传资源系统 NCRPIS。

Ames 3245——起源于美国，保存于美国艾奥瓦州 50011 埃姆斯美国农业部农业研究中心国家遗传资源系统 NCRPIS。

Ames 22745——起源于美国，1995 年采自北达科他州。保存于美国艾奥瓦州 50011 埃姆斯美国农业部农业研究中心国家遗传资源系统 NCRPIS。

Ames 22746——起源于美国，1995 年采自北达科他州。保存于美国艾奥瓦州 50011 埃姆斯美国农业部农业研究中心国家遗传资源系统 NCRPIS。

Ames 26006——起源于美国，1995 年采自密苏里州。保存于美国艾奥瓦州 50011 埃姆斯美国农业部农业研究中心国家遗传资源系统 NCRPIS。

Antonin——起源于法国。保存于法国蒙特利埃 UMR-DGPC 国家农业研究所（INRA MPHE001499）；直接利用价值有限。

Austrian Wild Boar——可能起源于澳大利亚。保存于美国缅因州 04938 法明顿 Box 1167 Will Bonsall（分散种子计划）（美国艾奥瓦州 52101 迪科拉 North Winn 路 3076 号种子储户交换成员网络）。Kays and Kultur，2005。

Auto105.62G.2——起源于法国，块茎白色，卵形（椭圆形），早熟。保存于法国蒙特利埃 UMR-DGPC 国家农业研究所（INRA MPHE001373）；直接利用价值有限。

Auto105. 62G. 15——起源于法国，块茎白色，极不规则，早熟。保存于法国蒙特利埃 UMR-DGPC 国家农业研究所（INRA MPHE001372）；直接利用价值有限。

Bárdi——起源于匈牙利。Kara et al.，2005。

Bárdi 3——起源于匈牙利（Barta，1996）（大的块茎平均重 216 g，小的 40 g）。

Bart 70 Janez——起源于俄罗斯联邦，块茎粉红色，球形或不规则梨形，保存于法国蒙特利埃 UMR-DGPC 国家农业研究所（INRA MPHE001467）；直接利用价值有限。

BBG 1——起源于德国，由德国居特费尔德 Lehr-und Versuchsanatalt für Integrierten Pflanzenau e. V. 的 Honermeier B. 博士提供给 Kays S. J.（Kays and Kultur，2005）。

BBG 2——起源于德国，由德国居特费尔德 Lehr-und Versuchsanatalt für Integrierten Pflanzenau e. V. 的 Honermeier B. 博士提供给 Kays S. J.。Kays and Kultur，2005。

B. C. #1——起源于加拿大，早熟，保存（在美国本土的收集）于萨斯卡通的加拿大遗传资源（NC10-41），1976 年从 Putt E. D. 博士处获得。Kays and Kultur，2005（与 NC10-41 相同）（Volk and Richards，2006）。

B. C. #2——见 Red I. B. C.。

Beaula's——起源于加拿大，1988 年前由 Richard Beaula 在加拿大魁北克的野生种中采集到。保存于美国艾奥瓦州 50011 埃姆斯美国农业部农业研究中心国家遗传资源系统 NCRPIS（材料 Ames 8381）。保存于美国缅因州 04938 法明顿 Box 1167 Will Bonsall（分散种子计划）（美国艾奥瓦州 52101 迪科拉 North Winn 路 3076 号种子储户交换成员网络）（Kays and Kultur，2005）。

Beaver Valley Purple——起源于美国，块茎紫色或红色。保存于美国俄克拉何马州 74132-2623 塔尔萨 2208 W. 81st St. S 的 Darrell Merrell。

Bela——起源于前南斯拉夫，早熟。保存于德国 Corrensstrasse 3，06466 Gatersleben 的植物基因和作物保护莱布尼兹研究所（IPK）（材料 HEL 266；以前名为"Braunschweig 57361"）。(Berenji，1988；Kays and Kultur，2005；Pekic and Kisgeci，1984；Pejin et al.，1993)（块茎 53 t·ha^{-1}；地上部分 7 t·ha^{-1}）；Schittenhelm，1988（每株 15.6 个块茎）；(Stolzenburg，2004)。

Belaja——见 Belyi。

Belaja Urozajnaja——见 Belyi Urozhainyi。

Belhimer——可能起源于美国。

Beloslupké——起源于俄罗斯联邦，块茎白色、球形。保存于法国蒙特利埃 UMR-DGPC 国家农业研究所（INRA MPHE001468）；直接利用价值有限。Kara et al.，2005；Pas'ko，1973；Votoupal，1974；Zubr，1988a（块茎 4.5 t·ha^{-1}）。

Belyi Kievskii [White Kiev]——起源于乌克兰。保存于德国 Corrensstrasse 3，06466 Gatersleben 的植物基因和作物保护莱布尼兹研究所（IPK）（材料 HEL 66）；由俄罗斯圣彼得堡 VIR（俄罗斯瓦维洛夫植物产业研究所）捐赠。Davydovic，1951；Lapshina，1983；Mishurov et al.，1999；Ustimenko，1958；Ustimenko et al.，1976；Votoupal，1974；Zubr，

1988a,1988b。

Belyi Rannii［**White Early**］——起源于俄罗斯联邦，块茎白色，早熟。Lapshina，1983；Mishurov et al.，1999；Vavilov et al.，1975；Votoupal，1974。

Belyi Ulucsennyi［**Improved White**］——起源于俄罗斯联邦。Davydovic，1951。

Belyi Urozhainyi［**White Productive**］——起源于俄罗斯联邦或拉脱维亚，晚熟。Davydovic，1951；Lapshina，1981；Marcenko，1969；Meleskin，1957；Ustimenko，1958（和 Belaja Urozajnaja 同种异名）；Ustimenko et al.，1976。

Berno——起源于法国，块茎粉红色或红色，不规则表明，晚熟。保存于法国蒙特利埃 UMR-DGPC 国家农业研究所（INRA MPHE001399）；直接利用价值有限。Ben Chekroun et al.，1996；Honermeier et al.，1996。

Biala Kulista——起源于波兰。保存于德国 Corrensstrasse 3，06466 Gatersleben 的植物基因和作物保护莱布尼兹研究所（IPK）（材料 HEL 296；以前叫 Braunschweig BGRC 57392）。

Bianca——见 Bianka。

Bianca precocé——起源于法国，与 D19 同种异名。Ercoli et al.，1992（块茎 31.4 t·ha^{-1}）；Gabini，1988；Gabini 和 Corronca，1988。

Bianco precocé——见 Bianca precocé。

Bianka——起源于德国，植株矮小，有弱分枝，块茎白色，短梨形或球形，早熟。取自德国 Corrensstrasse 3，06466 Gatersleben 的植物基因和作物保护莱布尼兹研究所（IPK）（材料 HEL 243；以前叫 Braunschweig BGRC 57337）。保存于法国蒙特利埃 UMR-DGPC 国家农业研究所（INRA MPHE001464）；直接利用价值有限。取自澳大利亚 Wies 88 特种作物研究站（材料 WIES-D16）。保存于丹麦 Forskningscenter Årslev（DKHEL16）。在文学作品中被称作"Bianca"。Berenji，1988；Kara et al.，2005；Kays 和 Kultur，2005；Klug-Andersen，1992（块茎 22 到 39 t·ha^{-1}）；Mesken，1988；Pekic 和 Kisgeci，1984；Pejin et al.，1993（块茎 52 t·ha^{-1}，地上部分 7 t·ha^{-1}）；Schittenhelm，1988（每株平均块茎 16.6）；Soja 和 Dersch，1993；Soja 和 Haunold，1991（块茎 5.5 t·ha^{-1}）；Soja et al.，1993；Stolzenburg，2003（块茎 9.1 t·ha^{-1}）（Stolzenburg，2004；Zubr，1988a）（块茎 7.2 t·ha^{-1}）。

Bíly Kyjevsky——见 Belyi kievskii。

Bíly Rany——见 Belyi rannii。

Bíly Vynosny——起源于俄罗斯联邦（Votoupal，1974）。

Bistr——起源于丹麦。取自北欧基因库（材料 DKHEL 8）一个本地种；由丹麦沃尔丁堡 Ornebjerg Birgit Strand（后来命名的）捐赠。Zubr，1988a（块茎 7.6 t·ha^{-1}）。

Blanc Ameliore［**White Improved**］——可能起源于美国，高等易传播植物，块茎白色，表皮中等光滑。Boswell et al.，1936；Underkofler et al.，1937（块茎 25 t·ha^{-1}）。

Blanc Commun［**Common White**］——可能起源于法国，块茎白色，栽培品系（Kara et al.，2005）。

Blanc Commun D-19 [**Common White D-19**]——起源于法国，早熟（Karolini，1971）。

Blanc précoca——见 Blanc précoce。

Blanc précoce [**Early White**]——起源于法国，植株矮小（1.5~2.0 m），小叶，块茎白色，短梨形，表面不规则，早熟，与D19无性系同种异名。（Barloy，1988；Barloy and Le Pierres，1988；De Mastro，1988）（块茎 71.6 t·ha^{-1}，干重 20.6 t·ha^{-1}）；（Gabini，1988；Mesken，1988；Mimiola，1988；Pas'ko，1973，1974；Varlamova et al.，1996）。

Blanc Sutton——见 Sutton White。

Blanca de Teruel——起源于西班牙（Fernandez et al.，1988b）。

Blanco——可能起源于葡萄牙（Rosa et al.，1992）。

Blandette——起源地未知（Steinrücken and Grunewaldt，1984）。

Boijo——起源于法国，早熟（Ben Chekroun et al.，1996）。

Boniches——起源于西班牙或葡萄牙（Curt et al.，2005；Fernandez et al.，1988a）（块茎 58 t·ha^{-1}，干重 13 t·ha^{-1}；地上部分 14 t·ha^{-1}，干重 11 t·ha^{-1}）；Fernandez et al.，1988b；Rosa et al.，1992。

Bonno——起源于法国，块茎红色，晚熟（Ben Chekroun et al.，1996）。

Bordo——起源于法国，块茎红色，晚熟（Ben Chekroun et al.，1996）。

Boston——见 Boston Red。

Boston Red——起源于美国，块茎大，红色，有不规则（有节）表面。取自美国缅因州 04938 法明顿 Box 1167 Will Bonsall（分散种子计划）（美国艾奥瓦州 52101 迪科拉 North Winn 路 3076 号种子储户交换成员网络）（Kays and Kultur，2005）。

Bouchard——可能起源于美国。取自美国缅因州 04938 法明顿 Box 1167 Will Bonsall（分散种子计划）（美国艾奥瓦州 52101 迪科拉 North Winn 路 3076 号种子储户交换成员网络）。

Boyard——见 Boynard。

Boynard——可能起源于美国，中等时间成熟。由德国居特费尔德 Lehr-und Versuchsanatalt für Integrierten Pflanzenau e. V. 的 Honermeier B. 博士提供给 Kays S. J.（Kays and Kultur，2005；Honermeier et al.，1996；Stolzenburg，2004）。

Bragança——起源于葡萄牙（Rosa et al.，1992）。

Bramo——起源于法国，块茎红色，晚熟（Ben Chekroun et al.，1996）。

Brazilian Red——起源于美国。Shoemaker，1927（引自1879年专利局报告："'Red Brazilian'Artichokes from Washington"）。

Brazilian White——起源于美国（Kays and Kultur，2005）。

BS-83-6——起源于德国，晚熟（Schittenhelm，1988）（每株平均块茎40.5）。

BS-83-21——起源于德国，早熟。取自德国 Corrensstrasse 3, 06466 Gatersleben 的植物基因和作物保护莱布尼兹研究所（IPK）（材料 HEL 279；以前叫 Braunschweig BGRC

57374)（Schittenhelm，1988）（每株平均块茎 23.1）。

BS-83-22——起源于德国，早熟。取自德国 Corrensstrasse 3，06466 Gatersleben 的植物基因和作物保护莱布尼兹研究所（IPK）（材料 HEL 280；以前叫 Braunschweig BGRC 57375）（Schittenhelm，1988）（每株平均块茎 28.1）。

BS-84-19——起源于德国。取自德国 Corrensstrasse 3，06466 Gatersleben 的植物基因和作物保护莱布尼兹研究所（IPK）（材料 HEL 281；以前叫 Braunschweig BGRC 57376）。

BS-85-7——起源于德国。取自德国 Corrensstrasse 3，06466 Gatersleben 的植物基因和作物保护莱布尼兹研究所（IPK）（材料 HEL 282；以前叫 Braunschweig BGRC 57377）。

BS-85-8——起源于德国。取自德国 Corrensstrasse 3，06466 Gatersleben 的植物基因和作物保护莱布尼兹研究所（IPK）（材料 HEL 283；以前叫 Braunschweig BGRC 57378）。

BS-85-11——起源于德国。取自德国 Corrensstrasse 3，06466 Gatersleben 的植物基因和作物保护莱布尼兹研究所（IPK）（材料 HEL 285；以前叫 Braunschweig BGRC 57380）。

BS-85-14——起源于德国。取自德国 Corrensstrasse 3，06466 Gatersleben 的植物基因和作物保护莱布尼兹研究所（IPK）（材料 HEL 286；以前叫 Braunschweig BGRC 57381）。

BS-86-8——起源地未知。取自德国 Corrensstrasse 3，06466 Gatersleben 的植物基因和作物保护莱布尼兹研究所（IPK）（材料 HEL 337；以前叫 Braunschweig BGRC 61723）。

BS-86-12——起源地未知。取自德国 Corrensstrasse 3，06466 Gatersleben 的植物基因和作物保护莱布尼兹研究所（IPK）（材料 HEL 338；以前叫 Braunschweig BGRC 61724）。

BS-86-16——起源地未知。取自德国 Corrensstrasse 3，06466 Gatersleben 的植物基因和作物保护莱布尼兹研究所（IPK）（材料 HEL 339；以前叫 Braunschweig BGRC 61725）。

BS-86-17——起源于德国。Stolzenburg，2003（12.2 t·ha^{-1}）；Stolzenburg，2004。

BS-86-19——起源地未知。取自德国 Corrensstrasse 3，06466 Gatersleben 的植物基因和作物保护莱布尼兹研究所（IPK）（材料 HEL 340；以前叫 Braunschweig BGRC 61726）。

BS-87-3——起源地未知。取自德国 Corrensstrasse 3，06466 Gatersleben 的植物基因和作物保护莱布尼兹研究所（IPK）（材料 HEL 341；以前叫 Braunschweig BGRC 61727）。

BS-87-7——起源地未知。取自德国 Corrensstrasse 3，06466 Gatersleben 的植物基因和作物保护莱布尼兹研究所（IPK）（材料 HEL 342；以前叫 Braunschweig BGRC 61728）。

BS-87-9——起源地未知。取自德国 Corrensstrasse 3，06466 Gatersleben 的植物基因和作物保护莱布尼兹研究所（IPK）（材料 HEL 343；以前叫 Braunschweig BGRC 61729）。

BS-87-10——起源地未知。取自德国 Corrensstrasse 3，06466 Gatersleben 的植物基因和作物保护莱布尼兹研究所（IPK）（材料 HEL 344；以前叫 Braunschweig BGRC 61730）。

BT3——起源于匈牙利。块茎浅蓝紫色，晚熟品种。取自德国 Corrensstrasse 3，06466 Gatersleben 的植物基因和作物保护莱布尼兹研究所（IPK）（材料 HEL 264；以前叫 Braunschweig BGRC 57359）。保存于法国蒙特利埃 UMR–DGPC 国家农业研究所（INRA MPHE001461）；直接利用价值有限（Kays and Kultur，2005；Pejin et al.，1993）（块茎产量 57 t·ha^{-1}；地上部分 49 t·ha^{-1}）；Schittenhelm，1988（每株平均块茎 13.5）；Stolzenburg，2004。

BT4——起源于匈牙利,块茎白色,圆形或短梨形,改良栽培种。取自德国 Corrensstrasse 3,06466 Gatersleben 的植物基因和作物保护莱布尼兹研究所(IPK)(材料 HEL 265;以前叫 Braunschweig BGRC 57360)。保存于法国蒙特利埃 UMR-DGPC 国家农业研究所(INRA MPHE001462);直接利用价值有限(Kays and Kultur,2005;Kara et al.,2005;Pejin et al.,1993)(块茎产量 63 t·ha^{-1};地上部分 62 t·ha^{-1})。

Bujo——起源于法国,块茎白色,晚熟(Ben Chekroun et al.,1996)。

Büki 20——起源于匈牙利。Barta,1996(大块茎平均重量 97 g;小块茎 48 g)。

BVAL-901——起源于澳大利亚,2003 年采自野生种。Austrian origin. Collected from wild in 2003. 以种子的形式取自澳大利亚林茨 BVAL 的农业生物种子收集联合办公室(没有材料名称,材料 BVAL-901)。

C-13——可能起源于法国,晚熟,与 D19.63.340 同种异名(Barloy and Le Pierres,1988)(块茎干重 14 t·ha^{-1});(De Mastro,1988)(块茎产量 72 t·ha^{-1},干重 14 t·ha^{-1});(Fernandez et al.,1988a)(块茎产量 70 t·ha^{-1},干重 15 t·ha^{-1};地上部分 14 t·ha^{-1},干重 10 t·ha^{-1});(Fernandez et al.,1988b);(Gabini,1988)(块茎产量 50 t·ha^{-1});(Gabini and Corronca,1988)。

C-34——可能起源于德国,块茎白色,晚熟,与部分 Waldspindel 栽培种同种异名。(Barloy and Le Pierres,1988)(块茎干重产量 16.3 t·ha^{-1});(De Mastro,1988)(块茎产量 67.5 t·ha^{-1},干重 13.4 t·ha^{-1});(Gabini,1988)(块茎产量 44 t·ha^{-1})。

C-76——起源地未知(Barloy and Le Pierres,1988)(块茎干重产量 14 到 16 t·ha^{-1});(Kara et al.,2005)。在 Fernandez 等(1988a,1988b)的文献中,C-76 和 Sepanetz-10 是同种异名;在 De Mastro(1988)的文献中,C76 和 Sepanetz 是同种异名。

C-89——见 Rijskii。

C-122——起源于法国,块茎白色,晚熟(Ben Chekroun et al.,1996)。

C-146——起源于德国,晚熟,与 K-8 同种异名(De Mastro,1988)(块茎产量 79.9 t·ha^{-1},干重 17.2 t·ha^{-1});(Fernandez et al.,1988b;Gabini,1988)(块茎产量 72 t·ha^{-1});(Gabini and Corronca,1988)。

C2071-63——起源于法国。取自北欧基因库(材料 DKHEL 13)一个栽培/研究无性系;由 INRA-Rennes 捐献。

Cabo Hoog——起源于荷兰(Mesken,1988)。

Cambridge sunroot——起源地未知。取自加拿大萨斯喀彻温省 S7N 0X2 萨斯卡通的加拿大植物遗传资源(PGRC);2004 年获得。

Campillo de Paravientos——起源于西班牙(Fernandez et al.,1988b)。

Castel Giubileo——起源地未知(Ercoli et al.,1992)(块茎产量 63 t·ha^{-1})。

Castro——起源地未知。取自美国缅因州 04938 法明顿 Box 1167 Will Bonsall(分散种子计划)(美国艾奥瓦州 52101 迪科拉 North Winn 路 3076 号种子储户交换成员网络)(Kays and Kultur,2005)。

Geglédi——起源于匈牙利(Kara et al.,2005;Pátkai and Barta,2002)。

Cervene——起源地未知（Zubr，1988a）（块茎产量 3.8 t·ha^{-1}）。

CF. 11——起源于法国，块茎白色，球形（短梨形），锯齿状（不规则）。保存于法国蒙特利埃 UMR-DGPC 国家农业研究所（INRA MPHE001374）；直接利用价值有限。

Challenger——起源于加拿大，选自位于马尼托巴胡莫登的加拿大农业研究站，块茎白色，近梨形，中晚期成熟，植株较高。取自加拿大萨斯喀彻温省 S7N 0X2 萨斯卡通的加拿大植物遗传资源（PGRC）（材料 NC10-39）；2006 年没有列出。保存于法国蒙特利埃 UMR-DGPC 国家农业研究所（INRA MPHE001490）；直接利用价值有限。取自加拿大新不伦瑞克 E4H 4N5 韦尔登 Beech Hill 路 129 号 Mapple 农场（Hay and Offer，1992；Kays and Kultur，2005；Kiehn and Chubey，1993）（块茎产量 37 到 67 t·ha^{-1}）（Kiehn and Chubey，1985）（块茎产量 32 到 51 t·ha^{-1}）；（Laberge and Sackston，1987；Modler et al.，1993）。

Changins——起源地未知（Kara et al.，2005）。

Chicago——起源于美国。植株高度中等以上，浅褐色或白色椭圆形块茎，早熟。保存于法国蒙彼利埃 UMR-DGPC 的 INRA（INRA MPHE001488）；直接利用价值有限。Boswell 等 1936；Underkofler et al.，1937（块茎产量 25 t·ha^{-1}）。

China——起源地未知，晚熟（Curt et al.，2005）。

Ciudad Rodrigo——起源于西班牙（Fernandez et al.，1988b；Rosa et al.，1992）。

CL2——起源于法国，白色长状茎。保存于法国蒙彼利埃 UMR-DGPC 的 INRA（INRA MPHE001375）；直接利用价值有限。

Clearwater——起源于美国，块茎稍呈褐色，表面粗糙，大而长，很少有凸起或分枝。据报道块茎易于储藏，1988 年采自缅因州，当地品种/地方品种。取自美国缅因州 04938 法明顿 Box 1167 Will Bonsall（分散种子计划）（美国艾奥瓦州 52101 迪科拉 North Winn 路 3076 号种子储户交换成员网络）。取自（材料 Ames 8390）美国艾奥瓦州 50011 埃姆斯美国农业部农业研究中心国家遗传资源系统 NCRPIS（Kays and Kultur，2005）。

Clone ACP 1981——起源于法国，蓝紫色、梨形块茎。保存于法国蒙彼利埃 UMR-DGPC 的 INRA（INRA MPHE001400）；直接利用价值有限。

Clone Duval 1980.1——起源于法国，蓝紫色、球形（短梨形）块茎。保存于法国蒙彼利埃 UMR-DGPC 的 INRA（INRA MPHE001401）；直接利用价值有限。

Clone Duval 1980.2——起源于法国，白色、球形（短梨形）块茎。保存于法国蒙彼利埃 UMR-DGPC 的 INRA（INRA MPHE001402）；直接利用价值有限。

Clone Porcheron 1980——起源于法国，白色、球形（短梨形）块茎。保存于法国蒙彼利埃 UMR-DGPC 的 INRA（INRA MPHE001403）；直接利用价值有限。

CN19152——起源于加拿大，野生材料。取自并保存于加拿大萨斯喀彻温省 S7N 0X2 萨斯卡通的加拿大植物遗传资源（PGRC）。

CN31462——起源于加拿大，采自野生材料。取自并保存于加拿大萨斯喀彻温省 S7N 0X2 萨斯卡通的加拿大植物遗传资源（PGRC）。

CN31463——起源于加拿大，采自加拿大马尼托巴湖的野生材料，1978 年从莫登研究站的 Dedio W. 处获得。取自并保存（PGR2642）于加拿大萨斯喀彻温省 S7N 0X2 萨斯卡通的加拿大植物遗传资源（PGRC）。

CN31464——起源于加拿大，采自加拿大马尼托巴湖的野生材料。取自并保存（PGR2643）于加拿大萨斯喀彻温省 S7N 0X2 萨斯卡通的加拿大植物遗传资源（PGRC）。

CN31634——起源于罗马尼亚，采自罗马尼亚的野生材料，1978 年由植物园农艺研究所的 Balcescu N. 捐赠。取自并保存（PGR2892）于加拿大萨斯喀彻温省 S7N 0X2 萨斯卡通的加拿大植物遗传资源（PGRC）。

CN52867——起源于俄罗斯联邦，块茎白色，采自俄罗斯野生材料（var. *alba*），1977 年由位于俄罗斯彼得格勒的瓦维洛夫植物产业研究所捐赠。野生种群的亲本可能是栽培种 Vengerskij。取自并保存（PGR2367）于加拿大萨斯喀彻温省 S7N 0X2 萨斯卡通的加拿大植物遗传资源（PGRC）。

CN52868——起源于俄罗斯联邦，块茎紫色，采自俄罗斯野生材料（var. *purpurellus*），1977 年由位于俄罗斯彼得格勒的瓦维洛夫植物产业研究所捐赠。野生种群的亲本可能是栽培种 Goro-Altajskij。取自并保存（PGR2368）于加拿大萨斯喀彻温省 S7N 0X2 萨斯卡通的加拿大植物遗传资源（PGRC）。

Colby Miller——起源于美国，块茎表皮微黄色，有一些粉红色眼状物。1988 年前采自缅因州威尔顿。取自（材料 Ames 8382）美国艾奥瓦州 50011 埃姆斯美国农业部农业研究中心国家遗传资源系统 NCRPIS（Kays and Kultur, 2005）。

Columbia——起源于加拿大，在位于马尼托巴湖莫登的加拿大农业研究站选育而成（Chubey 和 Dorrell，1982），分枝强，表面有绒毛，块茎白色至棕黄色（肉白色），大而长，有不规则表面，中早期成熟。取自加拿大萨斯喀彻温省 S7N 0X2 萨斯卡通的加拿大植物遗传资源（PGRC）（材料 NC10-69）。保存于法国蒙彼利埃 UMR-DGPC 的 INRA（INRA MPHE001491）；直接利用价值有限。北欧基因库源自丹麦的材料（材料 DKHEL 12），一种地方品种；由丹麦霍勒比 DK-4960 Højbygaardvej 31 的 Danisco Seed 捐赠（联系人：Steen Bisgaard）。(Cassells and Deadman, 1993; Cassells and Walsh, 1995; Chubey and Dorrell, 1982)（块茎产量 40 到 60 t·ha^{-1}）；(Cosgrove et al., 2000)（块茎 22, 398 lb/acre）；(Frappier et al., 1990)（块茎产量 41.4 t·ha^{-1}）；(Hay and Offer, 1992; Honermeier et al., 1996; Kara et al., 2005; Kays and Kultur, 2005; Kiehn and Chubey, 1993)（块茎产量 45 到 77 t·ha^{-1}）；(Laberge and Sackston, 1987; Meijer et al., 1993; Modler et al., 1993; Seiler, 1993; Spitters et al., 1988)（块茎产量 46 t·ha^{-1}）；(Stauffer et al., 1981; Stolzenburg, 2004; Zubr and Pedersen, 1993)（块茎干重产量 11.4 t·ha^{-1}）。

Comber——起源于加拿大（马尼托巴湖），块茎红色，中晚期成熟，植株相对较高。取自萨斯卡通加拿大植物遗传资源（PGRC）（NC10-40）；1974 年从 Walkof 博士处获得。(Kays and Kultur, 2005)（与 NC10-40 相同）；(Kiehn and Chubey, 1993)（块茎产量 14 到 39 t·ha^{-1}）；(Volk and Richards, 2006)。

Comiikus iaresviacus——起源于俄罗斯联邦，晚熟（Varlamova et al., 1996）。

Commun Blanc——见 Blanc Commun（Gagnon, 2005）。

Commun Rouge——见 Rouge Commun。

Cowell's Red——起源于美国。取自美国缅因州 04938 法明顿 Box 1167 Will Bonsall（分散种子计划）（美国艾奥瓦州 52101 迪科拉 North Winn 路 3076 号种子储户交换成员网络）。(Kays and Kultur，2005)。

CParvie——起源地未知（Rosa et al.，1992）。

CR Special——起源于阿根廷。由美国华盛顿特区 NAS 国际关系委员会 Vietmeyer N. D. 捐赠。取自美国缅因州 04938 法明顿 Box 1167 Will Bonsall（分散种子计划）（美国艾奥瓦州 52101 迪科拉 North Winn 路 3076 号种子储户交换成员网络）。2006 年在美国艾奥瓦州 50011 埃姆斯美国农业部农业研究中心国家遗传资源系统 NCRPIS 失活（材料 PI 461518）(Kays and Kultur，2005)。

Croix Leonardoux——起源于法国。保存于法国蒙彼利埃 UMR–DGPC 的 INRA (INRA MPHE001498)；直接利用价值有限。

Cross Bloomless——可能起源于美国，晚熟。取自美国缅因州 04938 法明顿 Box 1167 Will Bonsall（分散种子计划）（美国艾奥瓦州 52101 迪科拉 North Winn 路 3076 号种子储户交换成员网络）(Kays and Kultur，2005)。

D5——起源于法国，块茎白色，球形（短梨形）。保存于法国蒙彼利埃 UMR–DGPC 的 INRA (INRA MPHE001386)；直接利用价值有限。

D8——起源于法国，块茎奶油色（黄白色），球形（短梨形）。保存于法国蒙彼利埃 UMR–DGPC 的 INRA (INRA MPHE001387)；直接利用价值有限。

D9 [D-9]——起源于法国。

D13——起源于法国，块茎浅蓝紫色，圆形（椭圆形）。保存于法国蒙彼利埃 UMR–DGPC 的 INRA (INRA MPHE001376)；直接利用价值有限。

D16——起源于法国，块茎浅蓝紫色，圆形（椭圆形），表面光滑（规则）。保存于法国蒙彼利埃 UMR–DGPC 的 INRA (INRA MPHE001377)；直接利用价值有限。取自加拿大萨斯喀彻温省 S7N 0X2 萨斯卡通的加拿大植物遗传资源（PGRC）（材料 NC10-120）；1984 年从 Le Cochec F. 处获得。

D18——起源于法国，块茎白而长。保存于法国蒙彼利埃 UMR–DGPC 的 INRA (INRA MPHE001378)；直接利用价值有限。

D19 [D-19]——起源于法国，块茎白色，丛状，植株矮小，地上部分细小，多分枝（有绒毛），早熟。与 Blanc précoce 同种异名（如 De Mastro，1988），也见与 Blanc Commun D-19 同种异名（Karolini，1971）。保存于法国蒙彼利埃 UMR–DGPC 的 INRA (INRA MPHE001379)；直接利用价值有限。取自北欧基因库（材料 DKHEL 11），一种选育/研究无性系；由雷恩 INRA 捐赠。取自加拿大萨斯喀彻温省 S7N 0X2 萨斯卡通的加拿大植物遗传资源（PGRC）（材料 NC10-106）；1984 年获得。（Allirand et al.，1988；Barloy and Le Pierres，1988）（块茎干重产量 12 到 17 $t \cdot ha^{-1}$）；(Cassells and Deadman，1993；De Mastro，1988)（块茎产量 72 $t \cdot ha^{-1}$，干重 15 $t \cdot ha^{-1}$）；(Fernandez et al.，1988a)（块茎产量 66 $t \cdot ha^{-1}$，干重 13 $t \cdot ha^{-1}$；地上部分 6 $t \cdot ha^{-1}$，干重 5 $t \cdot ha^{-1}$）；

（Gabini，1988）（块茎产量 83 t·ha^{-1}）；（Gendraud，1975；Hay and Offer，1992；Honermeier et al.，1996；Kays and Kultur，2005；Klug－Andersen，1992）（块茎产量 41～53 t·ha^{-1}）；Lee et al.，1985；Zubr 和 Pedersen，1993（块茎产量 12 t·ha^{-1}）。

D19.6——起源于法国，块茎白色，卵圆形锯齿状（不规则），早熟。保存于法国蒙彼利埃 UMR-DGPC 的 INRA（INRA MPHE001380）；直接利用价值有限。

D19.63.122［D19-63-122］——起源于法国，块茎白色，卵圆形，有一些锯齿（不规则），半早熟，植株相对较高。保存于法国蒙彼利埃 UMR-DGPC 的 INRA（INRA MPHE001381）；直接利用价值有限。取自德国 Corrensstrasse 3，06466 Gatersleben 的植物基因和作物保护莱布尼兹研究所（IPK）（材料 HEL 271；以前叫 Braunschweig BGRC 57366）。取自加拿大萨斯喀彻温省 S7N 0X2 萨斯卡通的加拿大植物遗传资源（PGRC）（材料 NC10-112）；1984 年获得（联系人：Larry Tieszen）（Cassells and Deadman，1993；Kays and Kultur，2005）。

D19.63.340［D19-63-340］——起源于法国，块茎白色，卵圆形锯齿状（不规则），半早熟，与 C-13 同种异名。保存于法国蒙彼利埃 UMR-DGPC 的 INRA（INRA MPHE001382）；直接利用价值有限。取自德国 Corrensstrasse 3，06466 Gatersleben 的植物基因和作物保护莱布尼兹研究所（IPK）（材料 HEL 272；以前叫 Braunschweig BGRC 57367）。取自加拿大萨斯喀彻温省 S7N 0X2 萨斯卡通的加拿大植物遗传资源（PGRC）（材料 NC10-121）；1984 年从 Le Cochec F. 处获得［De Mastro，1988（见 C13）；Kays and Kultur，2005］。

D.29——起源于法国，块茎奶油色（黄白色），球形（短梨形）。保存于法国蒙彼利埃 UMR-DGPC 的 INRA（INRA MPHE001383）；直接利用价值有限。

D31——起源于法国，块茎白色，梨形，有不规则表面。保存于法国蒙彼利埃 UMR-DGPC 的 INRA（INRA MPHE001384）；直接利用价值有限。

D.42——起源于法国，块茎白色。保存于法国蒙彼利埃 UMR-DGPC 的 INRA（INRA MPHE001385）；直接利用价值有限。

D-2120——可能起源于法国（Mesken，1988）。

Dagnitral——起源地未知，早熟（Varlamova et al.，1996）。

Danforth——起源于美国。取自美国缅因州 04938 法明顿 Box 1167 Will Bonsall（分散种子计划）（美国艾奥瓦州 52101 迪科拉 North Winn 路 3076 号种子储户交换成员网络）。

Dave's Shrine——起源于美国，块茎较大（8 到 12 cm 长），表皮青铜紫色，肉象牙色，干物质含量高使其比其他菊芋咸而多肉（Watson，1996）。由美国佛蒙特州 Craftsbury 的 Dave Briars 采集。取自美国缅因州 04938 法明顿 Box 1167 Will Bonsall（分散种子计划）（美国艾奥瓦州 52101 迪科拉 North Winn 路 3076 号种子储户交换成员网络）（Kays and Kultur，2005；Watson，1996）。

Deutsche Waldspindel——起源于德国，Waldspindel 栽培种分组的一部分（见 Waldspindel）。曾由德国居特费尔德 Lehr-und Versuchsanatalt für Integrierten Pflanzenau e. V. 的 Honermeier B. 博士提供给 Kays S. J.（Kays and Kultur，2005）。

DHM-3——起源于加拿大（马尼托巴湖），早熟。取自加拿大萨斯喀彻温省 S7N 0X2 萨斯卡通的加拿大植物遗传资源（PGRC）（材料 NC10-25）；1970 年获得（联系人：Marshall H. H.）（Kays and Kultur，2005（与 NC10-25 相同））。

DHM-4——起源于加拿大（马尼托巴湖）。取自加拿大萨斯喀彻温省 S7N 0X2 萨斯卡通的加拿大植物遗传资源（PGRC）（材料 NC10-26）；1970 年获得（联系人：Marshall H. H.）（Kays and Kultur，2005（与 NC10-26 相同））。

DHM-5——起源于加拿大（马尼托巴湖）。取自加拿大萨斯喀彻温省 S7N 0X2 萨斯卡通的加拿大植物遗传资源（PGRC）（材料 NC10-27）；1970 年获得（联系人：Marshall H. H.）。

DHM-6——起源于加拿大（马尼托巴湖），早熟。取自加拿大萨斯喀彻温省 S7N 0X2 萨斯卡通的加拿大植物遗传资源（PGRC）（材料 NC10-28）；1970 年获得（联系人：Marshall H. H.）。Kays 和 Kultur，2005（与 NC10-28 相同）。

DHM-7——起源于加拿大（马尼托巴湖）。取自加拿大萨斯喀彻温省 S7N 0X2 萨斯卡通的加拿大植物遗传资源（PGRC）（材料 NC10-29）；1970 年获得（联系人：Marshall H. H.）。Kays 和 Kultur，2005（与 NC10-29 相同）。

DHM-13——起源于加拿大（马尼托巴湖）。取自加拿大萨斯喀彻温省 S7N 0X2 萨斯卡通的加拿大植物遗传资源（PGRC）（材料 NC10-30）；1970 年获得（联系人：Marshall H. H.）。

DHM-14——起源于加拿大，块茎白色，早熟，植物矮小至中等高度。取自加拿大萨斯喀彻温省 S7N 0X2 萨斯卡通的加拿大植物遗传资源（PGRC）（材料 NC10-31）。Kiehn 和 Chubey，1993（块茎产量 9 到 24 t·ha^{-1}）。

DHM-14-3——起源于加拿大，块茎白色，早熟。取自加拿大萨斯喀彻温省 S7N 0X2 萨斯卡通的加拿大植物遗传资源（PGRC）（材料 NC10-52）；1976 年获得（联系人：Marshall H. H.）。Kays 和 Kultur，2005（与 NC10-52 相同）；Kiehn 和 Chubey，1993（与 DHM-143 相同；块茎产量 12 到 22 t·ha^{-1}）。

DHM-14-6——起源于加拿大。取自加拿大萨斯喀彻温省 S7N 0X2 萨斯卡通的加拿大植物遗传资源（PGRC）（材料 NC10-53）；1976 年获得（联系人：Marshall H. H.）。

DHM-15——起源于加拿大。取自加拿大萨斯喀彻温省 S7N 0X2 萨斯卡通的加拿大植物遗传资源（PGRC）（材料 NC10-54）；1976 年获得（联系人：Marshall H. H.）。

DHM-16——起源于加拿大（马尼托巴湖）。取自加拿大萨斯喀彻温省 S7N 0X2 萨斯卡通的加拿大植物遗传资源（PGRC）（材料 NC10-32）；1970 年获得（联系人：Marshall H. H.）。Kays 和 Kultur，2005（与 NC10-32 相同）。

DHM-18——起源于加拿大（马尼托巴湖）。取自加拿大萨斯喀彻温省 S7N 0X2 萨斯卡通的加拿大植物遗传资源（PGRC）（材料 NC10-33）；1970 年获得（联系人：Marshall H. H.）。

DHM-19——起源于加拿大（马尼托巴湖）。取自加拿大萨斯喀彻温省 S7N 0X2 萨斯卡通的加拿大植物遗传资源（PGRC）（材料 NC10-34）；1970 年获得（联系人：Marshall

H. H.)[Kays and Kultur, 2005（与 NC10-34 相同）]。

DHM-21——起源于加拿大，块茎白色，早熟。取自加拿大萨斯喀彻温省 S7N 0X2 萨斯卡通的加拿大植物遗传资源（PGRC）（材料 NC10-35）[Kays and Kultur, 2005（与 NC10-35 相同）；Kiehn and Chubey, 1993]（块茎产量 10 到 27 t·ha^{-1}）。

DHM-22——起源于加拿大（马尼托巴湖）。取自加拿大萨斯喀彻温省 S7N 0X2 萨斯卡通的加拿大植物遗传资源（PGRC）（材料 NC10-36）；1970 年获得（联系人：Marshall H. H.）。

Dietichesky [Dieticheskii]——起源于俄罗斯联邦或乌克兰，晚熟（Bogomolov and Petrakova, 2001；Varlamova et al., 1996）。

DL12——起源于法国，块茎粉红色，球形（短梨形）。保存于法国蒙彼利埃 UMR-DGPC 的 INRA（INRA MPHE001388）；直接利用价值有限。

Dornaiskii——起源于俄罗斯联邦，块顶粉红色或褐色，球形或梨形，有数量不等的凹口。保存于法国蒙彼利埃 UMR-DGPC 的 INRA（INRA MPHE001469）；直接利用价值有限。

Dornburg——见 Dornburger。

Dornburger——起源于德国，块茎白色，圆形（短梨形），有些许不规则表面。保存于法国蒙彼利埃 UMR-DGPC 的 INRA（INRA MPHE001453）；直接利用价值有限（Galan and Filipescu, 1958；Galan, 1960；Löhrke, 1956；Mesken, 1988；Stolzenburg, 2003；Stolzenburg, 2004）。

Draga——起源地未知，植株高，分枝少，块茎白色[保存于丹麦 Forskningscenter Årslev（DKHEL17）。Kays and Kultur, 2005；Klug-Andersen, 1992]。

Drillo——起源于法国，早熟（Ben Chekroun et al., 1996）。

Drown's Long Red——见 Long Red Drowns。

Drushba——起源地未知。取自美国缅因州 04938 法明顿 Box 1167 Will Bonsall（分散种子计划）（美国艾奥瓦州 52101 迪科拉 North Winn 路 3076 号种子储户交换成员网络）（Kays and Kultur, 2005）。

Dubo——起源于法国，块茎红色，中等成熟期。由德国居特费尔德 Lehr-und Versuchsanatalt für Integrierten Pflanzenau e. V. 的 Honermeier B. 博士提供给 Kays S. J.（Kays and Kultur, 2005；Honermeier et al., 1996；Stolzenburg, 2004）。

Dwarf——起源于荷兰，块茎深蓝紫色，长形或纺锤形，研究型无性系。取自北欧基因库（材料 DKHEL 15），一种选育/研究无性系；荷兰瓦赫宁恩 SVP-Wirrsum 捐赠。取自德国 Corrensstrasse 3, 06466 Gatersleben 的植物基因和作物保护莱布尼兹研究所（IPK）（材料 HEL 277；以前叫 Braunschweig BGRC 57372）。保存于法国蒙彼利埃 UMR-DGPC 的 INRA（INRA MPHE001452）；直接利用价值有限（Kays and Kultur, 2005；Pilnik and Vervelde, 1976；Zubr and Pedersen, 1993）。

Dwarf Sunray——起源于北美洲，植株矮小（1.5 到 2 m 高），自由开花。块茎脆，作为蔬菜食用时不需要剥皮。可作为观赏植物种植，被 Thompson 和 Morgan 首先商业化，作为矮株、块茎产量高在市场上销售。取自美国缅因州 04938 法明顿 Box 1167 Will Bonsall（分散种子计划）（美国艾奥瓦州 52101 迪科拉 North Winn 路 3076 号种子储户交换成员网络）（Facciola，1990；Hay and Offer，1992；Kays and Kultur，2005）。

Egmond 1982——起源于法国，块茎蓝紫色，球形（短梨形）块茎。保存于法国蒙彼利埃 UMR-DGPC 的 INRA（INRA MPHE001405）；直接利用价值有限。

Eigen Nabouw——起源于荷兰或德国，作为晚熟品种选育而成（Pilnik and Vervelde，1976）。

Elligay——见 Ellijay。

Ellijay——不同起源地，白色球形块茎，晚熟。保存于法国蒙彼利埃 UMR-DGPC 的 INRA（INRA MPHE001489）；直接利用价值有限。取自（起源于俄罗斯联邦）加拿大萨斯喀彻温省 S7N 0X2 萨斯卡通的加拿大植物遗传资源（PGRC）（材料 NC10-118）；1976 年获得（联系人：Larry Tieszen）[Ben Chekroun et al.，1996（起源于法国 INRA）；Mesken，1988]。

Faucho——起源于法国，早熟（Ben Chekroun et al.，1996）。

Fiano——起源于法国，红色块茎，晚熟（Ben Chekroun et al.，1996）。

Filio——起源于法国，块茎白色，球形（短梨形）。保存于法国蒙彼利埃 UMR-DGPC 的 INRA（INRA MPHE001406）；直接利用价值有限。

Firehouse——起源于美国。取自美国缅因州 04938 法明顿 Box 1167 Will Bonsall（分散种子计划）（美国艾奥瓦州 52101 迪科拉 North Winn 路 3076 号种子储户交换成员网络）（Kays and Kultur，2005）。

Flam——起源于丹麦，白色块茎，植株高，分枝弱，晚熟。在丹麦很少或不开花，块茎产量中等/平均。取自北欧基因库（材料 DKHEL 6），一种选育/研究无性系；由丹麦皇家兽医和农业大学 KVL 捐赠（Henriksen and Bjørn，2003；Kays and Kultur，2005；Klug-Andersen，1992；Zubr，1988a）。

FL 83 FC——起源于法国，白色、球形或短梨形块茎，来源于 FL。保存于法国蒙彼利埃 UMR-DGPC 的 INRA（INRA MPHE001441）；直接利用价值有限。

FL 83 NK——起源于法国，白色、球形或短梨形块茎，来源于 NL 和 Nahodka。保存于法国蒙彼利埃 UMR-DGPC 的 INRA（INRA MPHE001442）；直接利用价值有限。

FL 84 EL1——起源于法国，白色、卵形或长形块茎，来源于 FL 和 Ellijay。保存于法国蒙彼利埃 UMR-DGPC 的 INRA（INRA MPHE001443）；直接利用价值有限。

FL 84 EL2——起源于法国，白色、圆形或梨形块茎，来源于 FL 和 Ellijay。蓝紫色梨形块茎。保存于法国蒙彼利埃 UMR-DGPC 的 INRA（INRA MPHE001444）；直接利用价值有限。

FL 85 JT1——起源于法国，白色、球形或短梨形块茎，来源于 FL 和 Janto。保存于法国蒙彼利埃 UMR-DGPC 的 INRA（INRA MPHE001445）；直接利用价值有限。

FL 85 JT2——起源于法国，白色、圆形或长梨形块茎，来源于 FL 和 Janto。保存于法国蒙彼利埃 UMR-DGPC 的 INRA（INRA MPHE001446）；直接利用价值有限。

FL 85 K8——起源于法国，白色、纺锤形块茎，来源于 FL 和 K8。保存于法国蒙彼利埃 UMR-DGPC 的 INRA（INRA MPHE001447）；直接利用价值有限。

FL 85 342.62.1——起源于法国，粉红色、梨形块茎。保存于法国蒙彼利埃 UMR-DGPC 的 INRA（INRA MPHE001448）；直接利用价值有限。

FL 85 342.62.2——起源于法国，白色、圆形或短梨形块茎。保存于法国蒙彼利埃 UMR-DGPC 的 INRA（INRA MPHE001449）；直接利用价值有限。

FL 85 342.62.3——起源于法国，蓝紫色、梨形块茎。保存于法国蒙彼利埃 UMR-DGPC 的 INRA（INRA MPHE001450）；直接利用价值有限。

Fonto——起源于法国，红色块茎，晚熟（Ben Chekroun et al., 1996）。

Freedom——起源于美国，1988 年前采自缅因州。取自美国缅因州 04938 法明顿 Box 1167 Will Bonsall（分散种子计划）（美国艾奥瓦州 52101 迪科拉 North Winn 路 3076 号种子储户交换成员网络）。取自（材料 Ames 8378）美国艾奥瓦州 50011 埃姆斯美国农业部农业研究中心国家遗传资源系统 NCRPIS（Kays and Kultur, 2005）。

French Mammoth Hybrid——起源于法国，普通类型。取自美国爱达荷州 Blüm 种子公司。

French Mammoth White——起源于美国，可能与 Mammoth French White 同种异名，有时可能用来指普通类型而不是栽培种。取自加拿大萨斯喀彻温省 S7N 0X2 萨斯卡通的加拿大植物遗传资源（PGRC）（材料 NC10-81）；1981 年从 Mohawk Oil 获得（华盛顿州）。取自美国伊利诺伊州 62869 诺里斯城 217 IL Highway 1 的 Gene Forster［Gagnon, 2005; Kays and Kultur, 2005（与 NC10-81 相似）］。

French White Improved——起源于法国，一种普通类型而不是栽培种。

Fuseau——起源于法国，多个起源地的栽培种而不是一个确切的栽培种，营养生长紧凑。块茎奶油色至黄色，有时候轻微紫色，大而长（如，10 到 12 cm 长，宽 4 cm 以上）；光滑（没有疙瘩），通常尖端细，月牙形或纺锤形，中晚期成熟。多年前取自 Vilmorin-Andrieux（巴黎）。取自（起源美国的材料 Ames 8384）美国艾奥瓦州 50011 埃姆斯美国农业部农业研究中心国家遗传资源系统 NCRPIS。取自美国缅因州 04938 法明顿 Box 1167 Will Bonsall（分散种子计划）（美国艾奥瓦州 52101 迪科拉 North Winn 路 3076 号种子储户交换成员网络）。也取自有机种子目录（英国）www.organiccatalogue.com；爱达荷州博伊西 CV Seeds Blüm；和许多其他种子公司。Fuseau 已在许多田间试验中种植（Shoemaker, 1927; Facciola, 1990; Kays and Kultur, 2005; Klug-Andersen, 1992; Rosa et al., 1992; Soja and Dersch, 1993; Soja and Haunold, 1991; Soja et al., 1993）。

Fuseau Red——可能起源于法国，红色（褐红色）块茎，长直而光滑（没有疙瘩），早熟。取自美国缅因州 04938 法明顿 Box 1167 Will Bonsall（分散种子计划）（美国艾奥瓦州 52101 迪科拉 North Winn 路 3076 号种子储户交换成员网络）。取自美国蒙大拿州 Victor 的 Garden City Seeds。

Fuseau 60——起源于法国，奶油色、纺锤形块茎，有网状表面（储藏过程中降低了块茎间的接触，易于腐烂），晚熟。取自德国 Corrensstrasse 3, 06466 Gatersleben 的植物基因和作物保护莱布尼兹研究所（IPK）（材料 HEL 259；以前叫 Braunschweig BGRC 57353）。保存于法国蒙彼利埃 UMR-DGPC 的 INRA（INRA MPHE001407）；直接利用价值有限。取自加拿大萨斯喀彻温省 S7N 0X2 萨斯卡通的加拿大植物遗传资源（PGRC）（材料 NC10-96）；1983 年由 Chubey B. B. 获得。Fuseau 60 已被许多田间试验作为一部分种植（Ben Chekroun et al., 1996; Cassells and Deadman, 1993; Ercoli et al., 1992; Fernandez et al., 1988b; Hay and Offer, 1992; Hergert, 1991; Kays and Kultur, 2005; Kara et al., 2005; Le Cochec and de Barreda, 1990; Lee et al., 1985; Stolzenburg, 2003; Stolzenburg, 2004）。

Fuseau Vilmorin——起源于法国（Tsvetorukhine, 1960）。

Fusil——起源地未知（Modler et al., 1993）。

G71.39——起源于俄罗斯联邦，块茎白色至粉红色，球形，有轻微锯齿状表面，中晚期成熟。保存于法国蒙彼利埃 UMR-DGPC 的 INRA（INRA MPHE001470）；直接利用价值有限。取自（与 G-71-39 相似）德国 Corrensstrasse 3, 06466 Gatersleben 的植物基因和作物保护莱布尼兹研究所（IPK）（材料 HEL 55）；由俄罗斯联邦圣彼得堡俄罗斯瓦维洛夫植物产业研究所（VIR）捐赠。

G 120——起源于俄罗斯联邦，在俄罗斯 Grondo 省块茎产量很高（Kovalenko, 1969）。

Garnet——起源于美国，块茎暗红色（深红色），有时粉红色，表面光滑没有突起。圆形，茎伸长时除外，肉白色。在一些条件下分枝正常，已作为光滑表面块茎选育成功。1988 年前在俄亥俄州公路边沟的 100 多株植物中采集到。取自美国缅因州 04938 法明顿 Box 1167 Will Bonsall（分散种子计划）（美国艾奥瓦州 52101 迪科拉 North Winn 路 3076 号种子储户交换成员网络）。取自（材料 Ames 8379）美国艾奥瓦州 50011 埃姆斯美国农业部农业研究中心国家遗传资源系统 NCRPIS。取自美国爱达荷州博伊西莱布尼兹植物保护研究所（Kays and Kultur, 2005; Watson, 1996）。

Gatersleben——起源于德国，在文学作品中，该材料取自德国 Gatersleben 的（IPK）。

Gerrard——可能起源于英国。取自英国德文郡 TQ13 7DG 阿什伯顿斯通帕克 Brewery Meadow 的 Edwin Tucker & Sons 有限公司。

Gibrid——见 Gibrid 103。

Gibrid 103——起源于俄罗斯联邦。取自德国 Corrensstrasse 3, 06466 Gatersleben 的植物基因和作物保护莱布尼兹研究所（IPK）（材料 HEL 63）；由俄罗斯联邦圣彼得堡 VIR（俄罗斯瓦维洛夫植物产业研究所）捐赠。Kays 和 Kultur, 2005（与 HEL 63 'Gibrid' 相似）。

Gigant [Giant]——起源地未知。取自德国 Corrensstrasse 3, 06466 Gatersleben 的植物基因和作物保护莱布尼兹研究所（IPK）（材料 HEL 287；以前叫 Braunschweig BGRC 57382）（Praznik et al., 2002; Schittenhelm, 1999; Stolzenburg, 2003; Stolzenburg, 2004）。

Gigant 549 [Giant 549]——起源于俄罗斯联邦。Pas'ko, 1976, 1977。

Gold Nugget——起源于美国，块茎尖端细，像胡萝卜或纺锤形 1988 年前采自缅因州。取自美国缅因州 04938 法明顿 Box 1167 Will Bonsall（分散种子计划）（美国艾奥瓦州 52101 迪科拉 North Winn 路 3076 号种子储户交换成员网络）。2006 年在美国艾奥瓦州 50011 埃姆斯美国农业部农业研究中心国家遗传资源系统 NCRPIS 失活（材料 Ames 8377）。取自美国爱达荷州 Blüm 种子公司（与 Golden Nugget 相似）（Kays and Kultur，2005）。

Golden Nugget——见 Gold Nugget。

Gorno-Altaisk——起源地未知（Pas'ko，1974）。

Gorno-Altajskij——见 Gorno-Altaisk。

Grando——起源于法国，早熟（Ben Chekroun et al.，1996）。

Grem Red——起源地未知。取自美国缅因州 04938 法明顿 Box 1167 Will Bonsall（分散种子计划）（美国艾奥瓦州 52101 迪科拉 North Winn 路 3076 号种子储户交换成员网络）（Kays and Kultur，2005）。

Grem White——起源地未知。取自美国缅因州 04938 法明顿 Box 1167 Will Bonsall（分散种子计划）（美国艾奥瓦州 52101 迪科拉 North Winn 路 3076 号种子储户交换成员网络）（Kays and Kultur，2005）。

Gross Beeren——起源于德国。由德国居特费尔德 Lehr-und Versuchsanatalt für Integrierten Pflanzenau e.V. 的 Honermeier B. 博士提供给 Kays S. J.（Kays and Kultur，2005）。

Gua——起源于瓜德罗普岛。可能与 GUA 7 同种异名（Mesken，1988）。

GUA 7［Gua］——起源于瓜德罗普岛，块茎白色球形，早熟。保存于法国蒙彼利埃 UMR-DGPC 的 INRA（INRA MPHE001492）；直接利用价值有限（Barloy and Le Pierres，1988；De Mastro，1988；Fernandez et al.，1988b）。

Gurahont——起源于罗马尼亚。取自罗马尼亚蒂米什瓦拉的农业科学大学（UAS）（材料 ROM023-6150）；1989 年采自罗马尼亚 Garahont 的阿拉德。

Gurney's Red——可能起源于美国。取自美国缅因州 04938 法明顿 Box 1167 Will Bonsall（分散种子计划）（美国艾奥瓦州 52101 迪科拉 North Winn 路 3076 号种子储户交换成员网络）。Kays 和 Kultur，2005。

Gute Gelbe——起源于德国，晚熟。取自澳大利亚 Wies 88 特种作物研究站（材料 WIES-D18）（Honermeier et al.，1996；Kays and Kultur，2005；Stolzenburg，2003；Stolzenburg，2004）。

Gyöngyvér——起源于匈牙利。Barta，1996（大块茎平均重量 218 g；小块茎 44 g）。

H54.1——起源于法国，白色长块茎。保存于法国蒙彼利埃 UMR-DGPC 的 INRA（INRA MPHE001389）；直接利用价值有限。

HEL 51——起源地未知。取自（无材料名称）德国 Corrensstrasse 3，06466 Gatersleben 的植物基因和作物保护莱布尼兹研究所（IPK）（材料 HEL 51）；由 Löderburg b. Stassfurt 的 Crotogino 博士捐赠。

HEL 53——起源于德国。取自（无材料名称）德国 Corrensstrasse 3，06466 Gatersleben 的植物基因和作物保护莱布尼兹研究所（IPK）（材料 HEL 53）；在 1975 年

DDR 考察中收集到（Kays and Kultur, 2005）。

HEL 54——起源于德国。取自（无材料名称）德国 Corrensstrasse 3, 06466 Gatersleben 的植物基因和作物保护莱布尼兹研究所（IPK）（材料 HEL 54）；在 1975 年 DDR 考察中收集到（在 Thüringen 艾森贝格）。

HEL 55——起源于德国。取自（无材料名称）德国 Corrensstrasse 3, 06466 Gatersleben 的植物基因和作物保护莱布尼兹研究所（IPK）（材料 HEL 55）；在 1975 年 DDR 考察中收集到（在 Thüringen 艾森贝格）。

HEL 56——起源于德国。取自（无材料名称）德国 Corrensstrasse 3, 06466 Gatersleben 的植物基因和作物保护莱布尼兹研究所（IPK）（材料 HEL 56）；在 1975 年 DDR 考察中收集到（在德累斯顿）。

HEL 57——起源于德国。取自（无材料名称）德国 Corrensstrasse 3, 06466 Gatersleben 的植物基因和作物保护莱布尼兹研究所（IPK）（材料 HEL 57）；在 1975 年 DDR 考察中收集到（在黑德斯莱本）。

HEL 58——起源于德国。取自（无材料名称）德国 Corrensstrasse 3, 06466 Gatersleben 的植物基因和作物保护莱布尼兹研究所（IPK）（材料 HEL 58）；在 1975 年 DDR 考察中收集到。

HEL 63——见 Gibrid。

HEL 64——起源地未知。取自（无材料名称）德国 Corrensstrasse 3, 06466 Gatersleben 的植物基因和作物保护莱布尼兹研究所（IPK）（材料 HEL 64）；由俄罗斯联邦圣彼得堡 VIR（俄罗斯瓦维洛夫植物产业研究所）捐赠。

HEL 68——起源地未知。取自（无材料名称）德国 Corrensstrasse 3, 06466 Gatersleben 的植物基因和作物保护莱布尼兹研究所（IPK）（材料 HEL 68）（Kays and Kultur, 2005）。

HEL 69——起源地未知，晚熟。取自（无材料名称）德国 Corrensstrasse 3, 06466 Gatersleben 的植物基因和作物保护莱布尼兹研究所（IPK）（材料 HEL 69）（Honermeier et al., 1996; Kays and Kultur, 2005）。

HEL 231——起源于德国。取自（无材料名称）德国 Corrensstrasse 3, 06466 Gatersleben 的莱布尼兹研究所植物基因和作物保护（IPK）（材料 HEL 231）。由 Gatersleben IPK 的 Keller J. 博士捐赠。

HEL 245——起源地未知。取自（'Topinambur'下面的材料名）德国 Corrensstrasse 3, 06466 Gatersleben 的莱布尼兹研究所植物基因和作物保护（IPK）（材料 HEL 245；以前叫 Braunschweig BGRC 57339）。

HEL 246——起源地未知。取自（'Topinambur'下面的材料名）德国 Corrensstrasse 3, 06466 Gatersleben 的莱布尼兹研究所植物基因和作物保护（IPK）（材料 HEL 246；以前叫 Braunschweig BGRC 57340）。

HEL 249——起源地未知。取自（'Topinambur'下面的材料名）德国 Corrensstrasse 3, 06466 Gatersleben 的莱布尼兹研究所植物基因和作物保护（IPK）（材料 HEL 249；以

前叫 Braunschweig BGRC 57343）。

HEL 252——起源于德国。取自（'Topinambur'下面的材料名）德国 Corrensstrasse 3，06466 Gatersleben 的莱布尼兹研究所植物基因和作物保护（IPK）（材料 HEL 252；以前叫 Braunschweig BGRC 57346）。

HEL 253——起源地未知。取自（'Topinambur'下面的材料名）德国 Corrensstrasse 3，06466 Gatersleben 的莱布尼兹研究所植物基因和作物保护（IPK）（材料 HEL 253；以前叫 Braunschweig BGRC 57347）。

HEL 254——与 HEL 253 相似（以前叫 Braunschweig BGRC 57348）。
HEL 255——与 HEL 253 相似（以前叫 Braunschweig BGRC 57349）。
HEL 256——与 HEL 253 相似（以前叫 Braunschweig BGRC 57350）。
HEL 257——与 HEL 253 相似（以前叫 Braunschweig BGRC 57351）。
HEL 258——与 HEL 253 相似（以前叫 Braunschweig BGRC 57352）。
HEL 297——与 HEL 253 相似（以前叫 Braunschweig BGRC 57393）。
HEL 298——与 HEL 253 相似（以前叫 Braunschweig BGRC 57394）。
HEL 299——与 HEL 253 相似（以前叫 Braunschweig BGRC 57395）。
HEL 306——与 HEL 253 相似（以前叫 Braunschweig BGRC 57396）。
HEL 307——与 HEL 253 相似（以前叫 Braunschweig BGRC 57397）。
HEL 308——与 HEL 253 相似（以前叫 Braunschweig BGRC 57398）。
HEL 309——与 HEL 253 相似（以前叫 Braunschweig BGRC 57399）。
HEL 310——与 HEL 253 相似（以前叫 Braunschweig BGRC 57400）。
HEL 311——与 HEL 253 相似（以前叫 Braunschweig BGRC 57401）。
HEL 312——与 HEL 253 相似（以前叫 Braunschweig BGRC 57402）。
HEL 313——与 HEL 253 相似（以前叫 Braunschweig BGRC 57403）。
HEL 314——与 HEL 253 相似（以前叫 Braunschweig BGRC 57404）。
HEL 315——与 HEL 253 相似（以前叫 Braunschweig BGRC 57405）。
HEL 316——与 HEL 253 相似（以前叫 Braunschweig BGRC 57406）。
HEL 317——与 HEL 253 相似（以前叫 Braunschweig BGRC 57407）。
HEL 318——与 HEL 253 相似（以前叫 Braunschweig BGRC 57408）。
HEL 319——与 HEL 253 相似（以前叫 Braunschweig BGRC 57409）。
HEL 320——与 HEL 253 相似（以前叫 Braunschweig BGRC 57410）。
HEL 321——与 HEL 253 相似（以前叫 Braunschweig BGRC 57411）。
HEL 322——与 HEL 253 相似（以前叫 Braunschweig BGRC 60282）。
HEL 323——与 HEL 253 相似（以前叫 Braunschweig BGRC 60283）。
HEL 324——与 HEL 253 相似（以前叫 Braunschweig BGRC 60284）。
HEL 325——与 HEL 253 相似（以前叫 Braunschweig BGRC 60285）。
HEL 326——与 HEL 253 相似（以前叫 Braunschweig BGRC 60286）。
HEL 327——与 HEL 253 相似（以前叫 Braunschweig BGRC 60287）。

HEL 328——与 HEL 253 相似（以前叫 Braunschweig BGRC 60288）。
HEL 329——与 HEL 253 相似（以前叫 Braunschweig BGRC 60289）。
HEL 330——与 HEL 253 相似（以前叫 Braunschweig BGRC 60290）。
HEL 331——与 HEL 253 相似（以前叫 Braunschweig BGRC 60291）。
HEL 332——与 HEL 253 相似（以前叫 Braunschweig BGRC 60292）。
HEL 333——与 HEL 253 相似（以前叫 Braunschweig BGRC 60293）。
HEL 334——与 HEL 253 相似（以前叫 Braunschweig BGRC 60294）。
HEL 335——与 HEL 253 相似（以前叫 Braunschweig BGRC 60295）。
HEL 336——与 HEL 253 相似（以前叫 Braunschweig BGRC 60296）。
Henriette——可能起源于德国（Stolzenburg，2003；Stolzenburg，2004）。

HM-1——起源于加拿大（马尼托巴湖莫登）。取自加拿大萨斯喀彻温省 S7N 0X2 萨斯卡通的加拿大植物遗传资源（PGRC）（材料 NC10-182）。

HM-2——起源于加拿大（马尼托巴湖莫登），块茎白色，中早期成熟。取自加拿大萨斯喀彻温省 S7N 0X2 萨斯卡通的加拿大植物遗传资源（PGRC）（材料 NC10-15 和 NC10-183）；最初在 1970 年获得（联系人：Marshall H. H./Kiehn F. A.）[Kays and Kultur，2005（NC10-15）；Kiehn and Chubey，1993]。

HM-3——起源于加拿大（马尼托巴湖莫登），早熟。取自加拿大萨斯喀彻温省 S7N 0X2 萨斯卡通的加拿大植物遗传资源（PGRC）（材料 NC10-16）；1970 年获得（联系人：Marshall H. H）[Kays and Kultur，2005（NC10-16）；Volk and Richards，2006]。

HM-4——起源于加拿大（马尼托巴湖莫登）。取自加拿大萨斯喀彻温省 S7N 0X2 萨斯卡通的加拿大植物遗传资源（PGRC）（材料 NC10-184）。

HM-5——起源于加拿大（马尼托巴湖莫登）。取自加拿大萨斯喀彻温省 S7N 0X2 萨斯卡通的加拿大植物遗传资源（PGRC）（材料 NC10-17 和 NC10-185）；最初在 1970 年获得（联系人：Marshall H. H./Kiehn F. A.）。

HM-6——起源于加拿大（马尼托巴湖莫登）。取自加拿大萨斯喀彻温省 S7N 0X2 萨斯卡通的加拿大植物遗传资源（PGRC）（材料 NC10-186）。

HM-7——起源于加拿大（马尼托巴湖莫登）。取自加拿大萨斯喀彻温省 S7N 0X2 萨斯卡通的加拿大植物遗传资源（PGRC）（材料 NC10-18 和 NC10-187）；最初在 1970 年获得（联系人：Marshall H. H./Kiehn F. A.）[Kays and Kultur，2005（NC10-18）；Stauffer et al.，1981]。

HM-8——起源于加拿大（马尼托巴湖莫登）。取自加拿大萨斯喀彻温省 S7N 0X2 萨斯卡通的加拿大植物遗传资源（PGRC）（材料 NC10-19 和 NC10-188）；最初在 1970 年获得（联系人：Marshall H. H./Kiehn F. A.）。

HM-9——起源于加拿大（马尼托巴湖莫登）。取自加拿大萨斯喀彻温省 S7N 0X2 萨斯卡通的加拿大植物遗传资源（PGRC）（材料 NC10-20 和 NC10-189）；最初在 1970 年获得（联系人：Marshall H. H./Kiehn F. A.）（Kiehn and Chubey，1993）。

HM-10——起源于加拿大（马尼托巴湖莫登）。取自加拿大萨斯喀彻温省 S7N 0X2 萨斯卡通的加拿大植物遗传资源（PGRC）（材料 NC10-21）。

HM-11——起源于加拿大（马尼托巴湖莫登）。取自加拿大萨斯喀彻温省 S7N 0X2 萨斯卡通的加拿大植物遗传资源（PGRC）（材料 NC10-22 和 NC10-190）；最初在 1970 年获得（联系人：Marshall H. H./Kiehn F. A.）。Kays 和 Kultur，2005（NC10-22）。

HM-12——起源于加拿大（马尼托巴湖莫登），块茎白色。取自加拿大萨斯喀彻温省 S7N 0X2 萨斯卡通的加拿大植物遗传资源（PGRC）（材料 NC10-23）（Kiehn and Chubey，1993）。

HM-13——起源于加拿大（马尼托巴湖莫登），块茎白色，中早期成熟。取自加拿大萨斯喀彻温省 S7N 0X2 萨斯卡通的加拿大植物遗传资源（PGRC）（材料 NC10-24）[Kays and Kultur，2005（NC10-24）；Kiehn and Chubey，1993]。

HM-14 to HM-37（共 **20** 种材料）——起源于加拿大（马尼托巴湖莫登）。取自加拿大萨斯喀彻温省 S7N 0X2 萨斯卡通的加拿大植物遗传资源（PGRC）（材料 NC10-192 到 NC10-213；见表 8.3）。

HM Hybrid A [HMHYA]——见 NC10-12。

HM Hybrid A-4——见 NC10-49。

HM Hybrid B [HMHYB]——见 NC10-13。

HM Hybrid C [HMHYC]——见 NC10-14。

HMR-1——起源于加拿大。Chubey 和 Dorrell，1974。

HMR-2——起源于加拿大。Chubey 和 Dorrell，1974。

HMR-3——起源于加拿大。Chubey 和 Dorrell，1974。

Hradecké Beloslupké [White-skinned Hradec]——可能起源于俄罗斯联邦。Votoupal，1974。

Huertos——起源于西班牙。Schorr-Galindo 和 Guiraud，1997。

Huertos de Moya——起源于西班牙。Kara et al.，2005。

Huertos de Moya-Blanca——起源于西班牙，块茎白色（Fernandez et al.，1988a；Fernandez et al.，1988b）。

Huertos de Moya-Rio——起源于西班牙，块茎红色（Fernandez et al.，1988b）。

Huertos de Moya-Roja——起源于西班牙，块茎红色（Fernandez et al.，1988b）。

Huertos de Moya-Tobares——起源于西班牙（Fernandez et al.，1988b）。

Huguette 93——起源于摩洛哥，块茎白色。保存于法国蒙彼利埃 UMR-DGPC 的 INRA（INRA MPHE001497）；直接利用价值有限。

Hybrid 103——起源于俄罗斯联邦，球形、轻微锯齿状块茎。保存于法国蒙彼利埃 UMR-DGPC 的 INRA（INRA MPHE001471）；直接利用价值有限。

Hybrid 120——起源于俄罗斯联邦。取自（材料 PI 357297）美国艾奥瓦州 50011 埃姆斯美国农业部农业研究中心国家遗传资源系统 NCRPIS；1971 年由俄罗斯联邦 VIR（俄罗斯瓦维洛夫植物产业研究所）的 Lekhnovitch V. 捐赠。取自美国缅因州 04938 法明顿 Box 1167 Will Bonsall（分散种子计划）（美国艾奥瓦州 52101 迪科拉 North Winn 路 3076 号种子储户交换成员网络）（Kays and Kultur，2005；Seiler，1993；Usanova，1967；Ustimenko，1958）。

I2. 1044. 344——起源于法国，块茎白色，有不规则表面，早熟。保存于法国蒙彼利埃 UMR-DGPC 的 INRA（INRA MPHE001390）；直接利用价值有限。

I3. 2017——起源于法国，块茎白色，球形（短梨形）。保存于法国蒙彼利埃 UMR-DGPC 的 INRA（INRA MPHE001391）；直接利用价值有限。

Ibdes——起源于西班牙（Fernandez et al.，1988b；Rosa et al.，1992）。

IGV——起源地未知。由德国居特费尔德 Lehr-und Versuchsanatalt für Integrierten Pflanzenau e. V. 的 Honermeier B. 博士提供给 Kays S. J.。

Improved White——起源地未知，一种普通类型而非栽培种，可能与 Blanc Ameliore 同种异名（Sprague et al.，1935）。

Industrie——起源于俄罗斯联邦，块茎白色，椭圆形，较光滑。保存于萨斯卡通的加拿大植物遗传资源（PGRC）（NC10-114）；1984 年获得。保存于法国蒙彼利埃 UMR-DGPC 的 INRA（INRA MPHE001408）；直接利用价值有限。Tsvetorukhine，1960。Volk 和 Richards，2006。

Interess [Interes]——起源于俄罗斯联邦（敖德萨地区），块茎白色，中晚期成熟，中等程度抗油菜菌核病。保存于法国蒙彼利埃 UMR-DGPC 的 INRA（INRA MPHE001472）；直接利用价值有限。取自加拿大萨斯喀彻温省 S7N 0X2 萨斯卡通的加拿大植物遗传资源（PGRC）（材料 NC10-72 和 NC10-107）；1979 年和 1984 年获得（联系人分别是 Stauffer M. D. 和 Larry Tieszen）（Bogomolov and Petrakova，2001；Kiehn and Chubey，1993；Mikhal'tsova，1985；Poljanskij et al.，2003；Varlamova et al.，1996）。

Iranien——起源于伊朗，块茎粉红色，卵形和不规则形。保存于法国蒙彼利埃 UMR-DGPC 的 INRA（INRA MPHE001495）；直接利用价值有限。

Ivanova Red——起源于俄罗斯联邦，块茎红色，晚熟（Lapshina，1981）。

JA2——起源于朝鲜，块茎白色。编码被 Lee 等（1985）利用。

JA3——起源于朝鲜，块茎蓝紫色。编码被 Lee 等（1985）利用。

JA5——起源于日本，块茎白色。编码被 Lee 等（1985）利用。

JA6——起源于美国（堪萨斯州）。编码被 Lee 等（1985）利用。

Jack's Copperclad——起源于美国，植株高（3 m 以上），块茎铜色至紫色。取自美国缅因州 04938 法明顿 Box 1167 Will Bonsall（分散种子计划）（美国艾奥瓦州 52101 迪科拉 North Winn 路 3076 号种子储户交换成员网络）。取自加拿大萨斯喀彻温省 S7N 0X2 萨斯卡通的加拿大植物遗传资源（PGRC）；2004 年获得。

Jack's Copperskin——起源于美国，1988 年前由 Jack Kertesz of Freedom 以块茎的形式采自缅因州。取自（材料 Ames 8383）美国艾奥瓦州 50011 埃姆斯美国农业部农业研究中心国家遗传资源系统 NCRPIS。取自美国缅因州 04938 法明顿 Box 1167 Will Bonsall（分散种子计划）（美国艾奥瓦州 52101 迪科拉 North Winn 路 3076 号种子储户交换成员网络）（Kays and Kultur，2005）。

Jack's White——起源于美国，块茎白色，晚熟。取自美国缅因州 04938 法明顿 Box 1167 Will Bonsall（分散种子计划）（美国艾奥瓦州 52101 迪科拉 North Winn 路 3076 号种子储户交换成员网络）（Kays and Kultur，2005）。

Jamcovskij Krashyj——起源于俄罗斯联邦。取自加拿大萨斯喀彻温省 S7N 0X2 萨斯卡通的加拿大植物遗传资源（PGRC）（材料 NC19-74）；1979 年获得（联系人 Stauffer M. D.）。

Janno——起源于法国，块茎红色，晚熟（Ben Chekroun et al.，1996）。

Janto——起源于法国，块茎蓝紫色，晚熟。保存于法国蒙彼利埃 UMR-DGPC 的 INRA（INRA MPHE001409）；直接利用价值有限（Ben Chekroun et al.，1996）。

Jaune de Rouille——起源于法国，块茎奶油色（黄白色），梨形，半扁平不规则表面。保存于法国蒙彼利埃 UMR-DGPC 的 INRA（INRA MPHE001410）；直接利用价值有限。

Judy's Red——见 Dave's Shrine（Watson，1996）。

K105——可能起源于俄罗斯联邦。保存于乌克兰哈尔科夫 Moskovs'kyi pr. 142，61060 乌克兰国家植物遗传资源中心（材料 UE0100768）。

K105（Sort Interes）——可能起源于俄罗斯联邦。保存于乌克兰哈尔科夫 Moskovs'kyi pr. 142，61060 乌克兰国家植物遗传资源中心（材料 UE0100769）。

K. 4——起源于法国，块茎粉红色，梨形。保存于法国蒙彼利埃 UMR-DGPC 的 INRA（INRA MPHE001392）；直接利用价值有限。

K. 5——起源于法国，块茎深蓝紫色，球形（短梨形）。保存于法国蒙彼利埃 UMR-DGPC 的 INRA（INRA MPHE001393）；直接利用价值有限。Mesken，1988（与 K5 相似）。

K 8 [K-8]——起源于德国，块茎白色，短梨形，有不规则表面，高植株，中晚期成熟。保存于法国蒙彼利埃 UMR-DGPC 的 INRA（INRA MPHE001454）；直接利用价值有限（Barloy and Le Pierres，1988；Ben Chekroun et al.，1996；Cassells and Deadman，1993；Ercoli et al.，1992；Fernandez et al.，1988a；Fernandez et al.，1988b；Gabini，1988；Hay and Offer，1992；Honermeier et al.，1996；Le Cochec and de Barreda，1990；Lee et al.，1985；Rosa et al.，1992；Soja and Haunold，1991；Soja et al.，1993）。也以 C-146 列出（De Mastro，1988）。

K 24——起源于捷克，块茎白色，梨形，晚熟。取自北欧基因库（材料 DKHEL 4），一种选育/研究无性系；由捷克共和国哈夫利库布罗 UKZUZ 捐赠（Kays and Kultur，2005；Klug-Andersen，1992；Zubr and Pedersen，1993；Zubr，1988b）。

Karina——起源于丹麦，块茎白色，梨形，高植株，地上弱分枝，晚熟。在丹麦很少或几乎不开花，中等或平均水平的块茎产量。取自北欧基因库（材料 DKHEL 5），一种地方品种或当地种；由丹麦卡里瑟 DK-4653 Nyby 的 Harald Nielson 捐赠（Henriksen and Bjørn，2003；Kays and Kultur，2005；Klug-Andersen，1992；Zubr and Pedersen，1993；Zubr，1988a）。

Karkowsky——起源于俄罗斯联邦，早熟（Russian Federation origin. Early maturing.

Cassells and Deadman, 1993; Fernandez et al., 1988b; Rosa et al., 1992)。

Kärntner Landsorte——起源于德国，块茎白色，球形（短梨形）。保存于法国蒙彼利埃 UMR-DGPC 的 INRA（INRA MPHE001455）；直接利用价值有限（Soja and Haunold，1991；Soja et al., 1993）。

Kharkov——起源于俄罗斯联邦，块茎大，白色，晚熟（Ben Chekroun et al., 1996；Fernandez et al., 1988；Kara et al., 2005；Marcenko，1969；Pas'ko，1973）。

Khar'kovskii Krupnoklubnevyi [**Khar'kov Large Tubered**] ——起源于俄罗斯联邦。

Kharkowskii——见 Karkowsky。

Kierski Beli——可能起源于俄罗斯联邦。由德国居特费尔德 Lehr-und Versuchsanatalt für Integrierten Pflanzenau e.V. 的 Honermeier B. 博士提供给 Kays S. J.。Kays 和 Kultur，2005。

Kierskij Belyi——见 Belyi Kievskii。

Kiev——见 Kiev's Kievskii。

Kievskii——起源地未知。取自加拿大萨斯喀彻温省 S7N 0X2 萨斯卡通的加拿大植物遗传资源（PGRC）（材料 NC10-113）；1984 年获得（联系人 Larry Tieszen）。

Kievskii Belyi [**Kievskij Belyi**] ——见 Belyi Kievskii。

Kievskii Blanc——见 Kiev's White。

Kievskii Rannii——起源地未知（Bogomolov and Petrakova，2001）。

Kiev's White——起源地未知，白色球形块茎，晚熟。保存（与 Kievskii Blanc 相似）于法国蒙彼利埃 UMR-DGPC 的 INRA（INRA MPHE001473）；直接利用价值有限。取自（材料 PI 357298）美国艾奥瓦州 50011 埃姆斯美国农业部农业研究中心国家遗传资源系统 NCRPIS。取自美国缅因州 04938 法明顿 Box 1167 Will Bonsall（分散种子计划）（美国艾奥瓦州 52101 迪科拉 North Winn 路 3076 号种子储户交换成员网络）（Ben Chekroun et al., 1996；Kays and Kultur，2005；Lapshina，1981；Seiler，1993）。

Kiev White——见 Kiev's White。

Kijevsky——起源与乌克兰，可能与 Kievskii 同种异名（Zubr，1988a）。

Kirgnizskii Blanc——起源于俄罗斯联邦，白色梨形块茎。保存于法国蒙彼利埃 UMR-DGPC 的 INRA（INRA MPHE001474）；直接利用价值有限（Mesken，1988）。

Krasnaja [**Red**] ——起源于俄罗斯联邦。

Krasnyi rannii——起源于俄罗斯联邦（Bogomolov and Petrakova，2001）。

Kulista Biaa——起源于波兰（Gutmanski and Pikulik，1994；Kara et al., 2005；Sawicka，2004）。

Kulista Czerwona——起源于波兰（Kara et al., 2005；Sawicka，2004）。

Kulisty Cremonsky——起源于俄罗斯联邦，块茎粉红色，梨形，有不规则表面。保存于法国蒙彼利埃 UMR-DGPC 的 INRA（INRA MPHE001475）；直接利用价值有限。

KWI 204——起源地未知，栽培种。取自德国 Corrensstrasse 3，06466 Gatersleben 的莱布尼兹研究所植物基因和作物保护（IPK）（材料 HEL 262；以前叫 Braunschweig BGRC

57356）。Kays 和 Kultur，2005。

L232D19.6——起源于法国，块茎蓝紫色至褐色，纺锤形。保存于法国蒙彼利埃 UMR-DGPC 的 INRA（INRA MPHE001394）；直接利用价值有限。

Lacho——起源于法国，块茎蓝紫色，短梨形或圆形，晚熟。保存于法国蒙彼利埃 UMR-DGPC 的 INRA（INRA MPHE001411）；直接利用价值有限（Ben Chekroun et al.，1996）。

Landsorte Rot——起源于德国（Stolzenburg，2003；Stolzenburg，2004）。

Landsorte Weiss——起源于德国（Stolzenburg，2003；Stolzenburg，2004）。

Leningrad——起源于俄罗斯联邦，块茎奶油色或白色，晚熟。保存于法国蒙彼利埃 UMR-DGPC 的 INRA（INRA MPHE001476）；直接利用价值有限。取自加拿大萨斯喀彻温省 S7N 0X2 萨斯卡通的加拿大植物遗传资源（PGRC）（材料 NC10-75 和 NC10-116）。取自（材料 PI 357299）美国艾奥瓦州 50011 埃姆斯美国农业部农业研究中心国家遗传资源系统 NCRPIS。取自美国缅因州 04938 法明顿 Box 1167 Will Bonsall（分散种子计划）（美国艾奥瓦州 52101 迪科拉 North Winn 路 3076 号种子储户交换成员网络）（Kays and Kultur，2005；Kiehn and Chubey，1993；Lapshina，1981；Seiler，1993）。

Leningradskii [Leningradskij]——见 Leningrad。

Lina——起源地未知。Mesken，1988。

'Local'——起源于埃及，块茎黄色（奶油色），不规则形，肉白色。被 Ragab 等（2003）用来命名一个从埃及吉萨开罗大学农业学院蔬菜作物系获取的无性系。

Lola——可能起源于德国（Stolzenburg，2003；Stolzenburg，2004）。

Long Red——起源于北美洲，块茎长，尖端细，无凸起。1990 年取自美国 Facciola 艾奥瓦州 52729 卡勒默斯 1878 230 号街 Glen Drowns 处。

Long Red Drowns——可能起源于美国。取自美国缅因州 04938 法明顿 Box 1167 Will Bonsall（分散种子计划）（美国艾奥瓦州 52101 迪科拉 North Winn 路 3076 号种子储户交换成员网络）（Kays and Kultur，2005）。

Long Red McCann——可能起源于美国。取自美国缅因州 04938 法明顿 Box 1167 Will Bonsall（分散种子计划）（美国艾奥瓦州 52101 迪科拉 North Winn 路 3076 号种子储户交换成员网络）（Kays and Kultur，2005）。

Long Red Sun Roots——可能起源于美国。取自美国缅因州 04938 法明顿 Box 1167 Will Bonsall（分散种子计划）（美国艾奥瓦州 52101 迪科拉 North Winn 路 3076 号种子储户交换成员网络）。

Lucien's Painting——起源地未知，晚熟。取自美国缅因州 04938 法明顿 Box 1167 Will Bonsall（分散种子计划）（美国艾奥瓦州 52101 迪科拉 North Winn 路 3076 号种子储户交换成员网络）（Kays and Kultur，2005）。

LV（CSK1）——起源于捷克。一种地方品种或遗弃栽培种，1958 年采集。保存于捷克共和国奥洛莫乌茨-霍利采 RICP 布拉格蔬菜研究所基因库系（材料 09H5400002）；由于损毁无法利用。

LV（CSK2）——起源于捷克。一种地方品种或遗弃栽培种，1958 年采集。保存于捷克共和国奥洛莫乌茨-霍利采 RICP 布拉格蔬菜研究所基因库系（材料 09H5400003）；由于损毁无法利用。

LV（CSK3）——起源于捷克。一种地方品种或遗弃栽培种，1958 年采集。保存于捷克共和国奥洛莫乌茨-霍利采 RICP 布拉格蔬菜研究所基因库系（材料 09H5400004）；由于损毁无法利用。

LV（red skin from Brun）——起源于捷克。一种地方品种或遗弃栽培种，1958 年采集。保存于捷克的奥洛莫乌茨-霍利采 RICP 布拉格蔬菜研究所基因库系（材料 09H5400006）；免费利用。

LV（red skin from Hradek）——起源于捷克。一种地方品种或遗弃栽培种，1958 年采集。保存于捷克的奥洛莫乌茨-霍利采 RICP 布拉格蔬菜研究所基因库系（材料 09H5400001）；免费利用。

M5——起源于加拿大。一种研究或选育品种（莫登材料）；保存于加拿大马尼托巴湖莫登的加拿大农业研究站（Dorrell and Chubey, 1977; Stauffer et al., 1981）（与 Morden #5 相同）。

M6——起源于加拿大。一种研究或选育品种（莫登材料）；保存于加拿大马尼托巴湖莫登的加拿大农业研究站（Dorrell and Chubey, 1977）。

M7——起源于加拿大。一种研究或选育品种（莫登材料）；保存于加拿大马尼托巴湖莫登的加拿大农业研究站（Dorrell and Chubey, 1977）。

M-24-2——起源于俄罗斯联邦。保存于德国 Corrensstrasse 3, 06466 Gatersleben 的莱布尼兹研究所植物基因和作物保护（IPK）（材料 HEL 67）。由俄罗斯联邦圣彼得堡 VIR（俄罗斯瓦维洛夫植物产业研究所）捐赠。

M24.29——起源于俄罗斯联邦。保存于法国蒙特利埃 UMR-DGPC 国家农业研究所（INRA MPHE001477）；直接利用价值有限。

M-037——起源于美国。保存于保加利亚萨多沃 Str. Drujba 2, 4122 植物遗传资源研究所"K. Malkov"（材料 20003-HEL-TU-2）；2003 年由 USDA/ARS 捐赠。保存于乌克兰哈尔科夫 Moskovs'kyi pr. 142, 61060 乌克兰国家植物遗传资源中心（材料 UE0100820）。

M-053——起源于美国。保存于保加利亚萨多沃 Str. Drujba 2, 4122 植物遗传资源研究所"K. Malkov"（材料 20003-HEL-TU-6）；2003 年由 USDA/ARS 捐赠。

M-057——起源于美国。保存于保加利亚萨多沃 Str. Drujba 2, 4122 植物遗传资源研究所"K. Malkov"（材料 20003-HEL-TU-1）；2003 年由 USDA/ARS 捐赠。

M-108——起源于美国。保存于保加利亚萨多沃 Str. Drujba 2, 4122 植物遗传资源研究所"K. Malkov"（材料 20003-HEL-TU-5）；2003 年由 USDA/ARS 捐赠。

M-140——起源于美国。保存于保加利亚萨多沃 Str. Drujba 2, 4122 植物遗传资源研究所"K. Malkov"（材料 20003-HEL-TU-4）；2003 年由 USDA/ARS 捐赠。

M-146——起源于美国。保存于保加利亚萨多沃 Str. Drujba 2, 4122 植物遗传资源研究所"K. Malkov"（材料 20003-HEL-TU-3）；2003 年由 USDA/ARS 捐赠。

M-169——起源于美国。保存于保加利亚萨多沃 Str. Drujba 2，4122 植物遗传资源研究所"K. Malkov"（材料 20003-HEL-TU-7）；2003 年由 USDA/ARS 捐赠。

Magenta Purple——起源地未知。取自美国缅因州 04938 法明顿 Box 1167 Will Bonsall（分散种子计划）（美国艾奥瓦州 52101 迪科拉 North Winn 路 3076 号种子储户交换成员网络）（Kays and Kultur，2005）。

Mahlow Gelb——起源地未知。由德国居特费尔德 Lehr-und Versuchsanatalt für Integrierten Pflanzenau e. V. 的 Honermeier B. 博士提供给 Kays S. J.（Kays and Kultur，2005）。

Mahlow Rot——起源地未知。由德国居特费尔德 Lehr-und Versuchsanatalt für Integrierten Pflanzenau e. V. 的 Honermeier B. 博士提供给 Kays S. J.（Kays and Kultur，2005）。

Maikopskii [Maikopski]——见 Majkopskij。

Maine Giant——起源于美国缅因州。块茎奶油色-白色，多节，丰产。由松树种子园（缅因州）提供。取自美国艾奥瓦州 52101 迪科拉 North Winn 路 3076 号种子储户交换成员网络（Watson，1996）。

Majkopskij——起源于俄罗斯联邦。白色梨形块茎。取自德国 Corrensstrasse 3，06466 Gatersleben 的莱布尼兹研究所植物基因和作物保护（IPK）（材料 HEL 60）；由俄罗斯联邦圣彼得堡 VIR（俄罗斯瓦维洛夫植物产业研究所）捐赠。保存于法国蒙特利埃 UMR-DGPC 国家农业研究所（INRA MPHE001478）；直接利用价值有限（Honermeier et al.，1996；Kays and Kultur，2005）。

Majkopskij 33-560——见 Majkopskij（Pas'ko，1973）。

Malveira——起源于葡萄牙（Rosa et al.，1992）。

Mammoth——与 Mammoth French White 同种异名（Cosgrove et al.，2000）。

Mammoth French White——可能起源于法国。块茎大，白色。属于通用型而非单一栽培种；因而起源于多地。取自美国缅因州 04938 法明顿 Box 1167 Will Bonsall（分散种子计划）（美国艾奥瓦州 52101 迪科拉 North Winn 路 3076 号种子储户交换成员网络）（Kara et al.，2005；Lee et al.，1985；Mays et al.，1990；Sprague et al.，1935）。

Mansell sunroot——起源地未知。取自加拿大萨斯喀彻温省 S7N 0X2 萨斯卡通的加拿大植物遗传资源（PGRC）；2004 年获得。

Mari——起源于丹麦。块茎白色，植株矮小，多分枝，早熟，在北欧（丹麦）可开花，块茎产量相对较高。取自北欧基因库（材料 DKHEL 9），一种地方品种；由丹麦霍勒比 DK-4960 Højbygaardvej 31 的 Danisco Seed 捐赠（联系人：Steen Bisgaard）（Henriksen and Bjørn，2003；Kays and Kultur，2005；Klug-Andersen，1992；Zubr and Pedersen，1993）。

Markizovsky——起源地未知。成熟期中等（Varlamova et al.，1996）。

Marondo——起源于法国。块茎红色或粉红色，晚熟。保存于法国蒙特利埃 UMR-DGPC 国家农业研究所（INRA MPHE001412）；直接利用价值有限（Ben Chekroun et al.，1996）。

Maroudo——见 Marondo。

Marso——起源于法国。块茎红色，晚熟（Ben Chekroun et al.，1996）。

Maurico——起源于法国。块茎红色，晚熟（Ben Chekroun et al.，1996）。

McMinnville White——起源地未知。取自美国缅因州 04938 法明顿 Box 1167 Will Bonsall（分散种子计划）（美国艾奥瓦州 52101 迪科拉 North Winn 路 3076 号种子储户交换成员网络）。

Medius〔Médius〕——起源于法国。块茎白色，圆形（短梨形），成熟期中等。取自于德国 Corrensstrasse 3，06466 Gatersleben 的植物基因和作物保护莱布尼兹研究所（IPK）（材料 HEL 250；以前叫 Braunschweig 57344）。保存于法国蒙特利埃 UMR-DGPC 国家农业研究所（INRA MPHE001413）；直接利用价值有限（Ben Chekroun et al.，1996；Kays and Kultur，2005；Fernandez et al.，1988b；Lee et al.，1985；Mesken，1988；Rosa et al.，1992；Schittenhelm，1988；Soja and Haunold，1991；Soja et al.，1993；Stolzenburg，2003；Stolzenburg，2004）。

Meillo——起源于法国。块茎红色，晚熟（Ben Chekroun et al.，1996）。

Mestnyi SKhI〔Local SKhI〕——可能起源于俄罗斯联邦。

Mile's #1——可能起源于美国。取自美国缅因州 04938 法明顿 Box 1167 Will Bonsall（分散种子计划）（美国艾奥瓦州 52101 迪科拉 North Winn 路 3076 号种子储户交换成员网络）〔Kays and Kultur，2005（与 Miles #1 相似）〕。

MN-5——起源于加拿大（Chubey and Dorrell，1974）。

Montco——见 Monteo。

Monteo——起源于法国。块茎紫罗蓝色或红色，圆形（短梨形），成熟期中等。块茎粉红色，梨形，有不规则表面。保存于法国蒙特利埃 UMR-DGPC 国家农业研究所（INRA MPHE001414）；直接利用价值有限（Ben Chekroun et al.，1996；Honermeier et al.，1996；Kays and Kultur，2005；Stolzenburg，2004）。

Moure——起源于法国。块茎白色，晚熟（Ben Chekroun et al.，1996）。

MS.1——可能起源于法国（Dorrell and Chubey，1977）（块茎产量 7~9 t·ha^{-1}）。

MS.2.5——起源于法国。块茎白色。保存于法国蒙特利埃 UMR-DGPC 国家农业研究所（INRA MPHE001496）；直接利用价值有限。

MS.2.6——起源于法国。块茎白色。保存于法国蒙特利埃 UMR-DGPC 国家农业研究所（INRA MPHE001395）；直接利用价值有限。

MS81——起源于法国。块茎白色，球形（短梨形）。保存于法国蒙特利埃 UMR-DGPC 国家农业研究所（INRA MPHE001396）；直接利用价值有限。

Mulles Rose——起源于美国。块茎大，白色，有玫瑰色眼状区域。1905 年采自缅因州斯特西维尔的米勒斯霍姆斯特德，Katahdin 山西北部开阔的，被风吹扫的山顶。取自美国缅因州 04938 法明顿 Box 1167 Will Bonsall（分散种子计划）（美国艾奥瓦州 52101 迪科拉 North Winn 路 3076 号种子储户交换成员网络）。取自美国艾奥瓦州 50011 埃姆斯 NCRPIS 美国农业部农业研究中心国家遗传资源系统（Kays and Kultur，2005）。

Münchener——起源于德国。利用地上部分（Küppers-Sonnenberg，1955）。

Nachodka [Discovery] ——见 Nahodka。

Nagykállói——起源于匈牙利（Kara et al.，2005；Pátkai and Barta，2002）。

Nahodka——起源于俄罗斯联邦。块茎白色，椭圆形，有节，地上部分有浓密绒毛，中等至晚熟，抗菌核病。取自德国 Corrensstrasse 3，06466 Gatersleben 的植物基因和作物保护莱布尼兹研究所（IPK）（材料 HEL 260；以前叫 Braunschweig BGRC 57354）。保存于法国蒙特利埃 UMR-DGPC 国家农业研究所（INRA MPHE001479）；直接利用价值有限。取自美国艾奥瓦州 50011 埃姆斯 NCRPIS 美国农业部农业研究中心国家遗传资源系统（材料 PI 357300）。取自加拿大萨斯喀彻温省 S7N 0X2 萨斯卡通的加拿大植物遗传资源（PGRC）（材料 NC10-101 和 Nachodka，NC10-119）；均于 1984 年获得（联系人：Larry Tieszen）。取自美国缅因州 04938 法明顿 Box 1167 Will Bonsall（分散种子计划）（美国艾奥瓦州 52101 迪科拉 North Winn 路 3076 号种子储户交换成员网络）。Nahodka 已被用于许多实验研究（Bagautdinova and Fedoseeva，2000；Barloy and Le Pierres，1988；Ben Chekroun et al.，1996；Cassells and Deadman，1993；Cassells and Walsh，1995；Conde et al.，1988；Ercoli et al.，1992；Fernandez et al.，1988a；Fernandez et al.，1988b；Honermeier et al.，1996；Kays and Kultur，2005；Kara et al.，2005；Lapshina，1981；Le Cochec and de Barreda，1990；Lee et al.，1985；Mikhal'tsova，1985；Rosa et al.，1992；Ustimenko et al.，1976；Varlamova et al.，1996；Zubr，1988a）。

Nakhodka——见 Nahodka。

Navazio——起源地未知。取自美国缅因州 04938 法明顿 Box 1167 Will Bonsall（分散种子计划）（美国艾奥瓦州 52101 迪科拉 North Winn 路 3076 号种子储户交换成员网络）。

NC10-2——起源于加拿大。块茎白色，早熟，一种选育或研究无性系。取自加拿大萨斯喀彻温省 S7N 0X2 萨斯卡通的加拿大植物遗传资源（PGRC）（材料 A-A）；2006 年没有列出（Kiehn and Chubey，1993）。

NC10-3——起源于加拿大（马尼托巴湖）。块茎白色，早熟，一种选育或研究无性系。取自加拿大萨斯喀彻温省 S7N 0X2 萨斯卡通的加拿大植物遗传资源（PGRC）（材料 7305）；1970 年获得（联系人：Marshall H. H.）（Kiehn and Chubey，1993）。

NC10-4——起源于加拿大（马尼托巴湖）。块茎白色，晚熟，一种选育或研究无性系。取自加拿大萨斯喀彻温省 S7N 0X2 萨斯卡通的加拿大植物遗传资源（PGRC）（材料 7306）；1970 年获得（联系人：Marshall H. H.）（Kays and Kultur，2005；Kiehn and Chubey，1993）。

NC10-5——起源于加拿大（马尼托巴湖）。一种选育或研究无性系。取自加拿大萨斯喀彻温省 S7N 0X2 萨斯卡通的加拿大植物遗传资源（PGRC）（材料 7307）；1970 年获得（联系人：Marshall H. H.）（Kays and Kultur，2005；Stauffer et al.，1981）。

NC10-6——起源于加拿大（马尼托巴湖）。一种选育或研究无性系。取自加拿大萨斯喀彻温省 S7N 0X2 萨斯卡通的加拿大植物遗传资源（PGRC）（材料 7308）；1970 年获得（联系人：Marshall H. H.）（Kays and Kultur，2005）。

NC10-7——起源于加拿大（马尼托巴湖）。一种选育或研究无性系，早熟。取自加拿大萨斯喀彻温省 S7N 0X2 萨斯卡通的加拿大植物遗传资源（PGRC）（材料 7309）；1970年获得（联系人：Marshall H. H.）（Kays and Kultur，2005）。

NC10-8——起源于加拿大（马尼托巴湖）。块茎白色，晚熟，一种选育或研究无性系。取自加拿大萨斯喀彻温省 S7N 0X2 萨斯卡通的加拿大植物遗传资源（PGRC）（材料 7310）；1970 年获得（联系人：Marshall H. H.）（Kays and Kultur，2005；Kiehn and Chubey，1993；Stauffer et al.，1981）。

NC10-9——起源于加拿大（马尼托巴湖）。早熟，一种选育或研究无性系。取自加拿大萨斯喀彻温省 S7N 0X2 萨斯卡通的加拿大植物遗传资源（PGRC）（材料 7312）；1970年获得（联系人：Marshall H. H.）（Kays and Kultur，2005；Stauffer et al.，1981）。

NC10-10——起源于加拿大（马尼托巴湖）。一种选育或研究无性系。取自加拿大萨斯喀彻温省 S7N 0X2 萨斯卡通的加拿大植物遗传资源（PGRC）（材料 7512）；1970 年获得（联系人：Marshall H. H.）。

NC10-11——起源于加拿大（马尼托巴湖）。块茎白色，早熟，一种选育或研究无性系。取自加拿大萨斯喀彻温省 S7N 0X2 萨斯卡通的加拿大植物遗传资源（PGRC）（材料 7513）；1970 年获得（联系人：Marshall H. H.）（Kays and Kultur，2005；Kiehn and Chubey，1993）。

NC10-12——起源于加拿大（马尼托巴湖）。块茎白色，早熟，一种选育或研究无性系。取自加拿大萨斯喀彻温省 S7N 0X2 萨斯卡通的加拿大植物遗传资源（PGRC）（材料 HM Hybrid A）；1970 年获得（联系人：Marshall H. H.）（Kiehn and Chubey，1993）。

NC10-13——起源于加拿大（马尼托巴湖）。一种选育或研究无性系。取自加拿大萨斯喀彻温省 S7N 0X2 萨斯卡通的加拿大植物遗传资源（PGRC）（材料 HM Hybrid B）；1970 年获得（联系人：Marshall H. H.）（Kays and Kultur，2005；Stauffer et al.，1981）。

NC10-14——起源于加拿大（马尼托巴湖）。一种选育或研究无性系。取自加拿大萨斯喀彻温省 S7N 0X2 萨斯卡通的加拿大植物遗传资源（PGRC）（材料 HM Hybrid C）；1970 年获得（联系人：Marshall H. H.）（Kays and Kultur，2005）。

NC10-15——见 HM-2。

NC10-16——见 HM-3。

NC10-17——见 HM-5。

NC10-18——见 HM-7。

NC10-19——见 HM-8。

NC10-20——见 HM-9。

NC10-21——见 HM-10。

NC10-22——见 HM-11。

NC10-23——见 HM-12。

NC10-24——见 HM-13。

NC10-25——见 DHM-3。

NC10-26——见 DHM-4。

NC10-27——见 DHM-5。

NC10-28——见 DHM-6。

NC10-29——见 DHM-7。

NC10-30——见 DHM-13。

NC10-31——见 DHM-14。

NC10-32——见 DHM-16。

NC10-33——见 DHM-18。

NC10-34——见 DHM-19。

NC10-35——见 DHM-21。

NC10-36——见 DHM-22。

NC10-37——起源于加拿大（莫登）。块茎白色，成熟期中等。取自加拿大萨斯喀彻温省 S7N 0X2 萨斯卡通的加拿大植物遗传资源（PGRC）（材料 W-97）；1970 年获得（联系人：Marshall H. H.）（Kiehn and Chubey, 1993）。

NC10-38——起源于加拿大。块茎白色，早熟。取自加拿大萨斯喀彻温省 S7N 0X2 萨斯卡通的加拿大植物遗传资源（PGRC）（材料 W-106）；1970 年获得（联系人：Marshall H. H.）（Kiehn and Chubey, 1993）。

NC10-39——见 Challenger。

NC10-40——见 Comber。

NC10-41——见 B. C. #1。

NC10-42——见 Red I. B. C.。

NC10-43——起源于美国。块茎白色，晚熟，与 P-4 和 USDA-P1 同种异名。取自加拿大萨斯喀彻温省 S7N 0X2 萨斯卡通的加拿大植物遗传资源（PGRC）（材料 USDA P-1）；1970 年从 USDA 获得（Kiehn and Chubey, 1993；Volk and Richards, 2006）。

NC10-44——见 Sunchoke-Fiesda's。

NC10-45——起源于加拿大。取自加拿大萨斯喀彻温省 S7N 0X2 萨斯卡通的加拿大植物遗传资源（PGRC）（材料 75005）；1976 年获得（联系人：Marshall H. H.）。

NC10-46——起源于加拿大。取自加拿大萨斯喀彻温省 S7N 0X2 萨斯卡通的加拿大植物遗传资源（PGRC）（材料 75004-52）；1976 年获得（联系人：Marshall H. H.）（Kays and Kultur, 2005）。

NC10-48——起源于加拿大。块茎白色，成熟期中等，一种选育或研究无性系。取自加拿大萨斯喀彻温省 S7N 0X2 萨斯卡通的加拿大植物遗传资源（PGRC）（材料 A-3-6）；1976 年获得（联系人：Marshall H. H.）（Kays and Kultur, 2005；Kiehn and Chubey, 1993）。

NC10-49——起源于加拿大。一种选育或研究无性系。取自加拿大萨斯喀彻温省 S7N 0X2 萨斯卡通的加拿大植物遗传资源（PGRC）（材料 HM HybridA-4）；1976 年获得（联系人：Marshall H. H.）。

NC10-50——起源于加拿大。产量低，多叶，细茎，干饲料中蛋白质比率高。取自加拿大萨斯喀彻温省 S7N 0X2 萨斯卡通的加拿大植物遗传资源（PGRC）；2006 年名录中没有列出（Stauffer et al.，1981）。

NC10-52——见 DHM-14-3。

NC10-53——见 DHM-14-6。

NC10-54——见 DHM-15。

NC10-55——起源于加拿大。块茎白色，早熟，一种选育或研究无性系。取自加拿大萨斯喀彻温省 S7N 0X2 萨斯卡通的加拿大植物遗传资源（PGRC）（材料 7513A）；1976 年获得（Kiehn and Chubey，1993）。

NC10-58——起源于加拿大。块茎白色，成熟期中等。取自加拿大萨斯喀彻温省 S7N 0X2 萨斯卡通的加拿大植物遗传资源（PGRC）（材料 W-97-K1A）（Kiehn and Chubey，1993）。

NC10-59——起源于加拿大。块茎白色，早熟。取自加拿大萨斯喀彻温省 S7N 0X2 萨斯卡通的加拿大植物遗传资源（PGRC）（材料 W-1061）；没有列入 2006 年名录中（Kiehn and Chubey，1993）。

NC10-60——起源于加拿大。取自加拿大萨斯喀彻温省 S7N 0X2 萨斯卡通的加拿大植物遗传资源（PGRC）（材料 Comber Select #1）（Stauffer et al.，1981）。

NC10-61——起源于加拿大。取自加拿大萨斯喀彻温省 S7N 0X2 萨斯卡通的加拿大植物遗传资源（PGRC）（材料 Comber Select #2）。

NC10-62——起源于加拿大。块茎白色，成熟期中等，一种选育或研究无性系（材料 266）。取自加拿大萨斯喀彻温省 S7N 0X2 萨斯卡通的加拿大植物遗传资源（PGRC）；1976 年获得（Kays and Kultur，2005；Kiehn and Chubey，1993）。

NC10-63——起源于加拿大（渥太华）。取自加拿大萨斯喀彻温省 S7N 0X2 萨斯卡通的加拿大植物遗传资源（PGRC）（材料 PRG-2367）。

NC10-65——起源于美国。取自加拿大萨斯喀彻温省 S7N 0X2 萨斯卡通的加拿大植物遗传资源（PGRC）（材料 NC10-65）；1978 年从南达科他州 Gurney 种子园获得。

NC10-67——见 Yankton-1。

NC10-68——起源于美国（明尼苏达州）。取自加拿大萨斯喀彻温省 S7N 0X2 萨斯卡通的加拿大植物遗传资源（PGRC）；1978 年获得。

NC10-69——见 Columbia。

NC10-70——起源于苏联。取自加拿大萨斯喀彻温省 S7N 0X2 萨斯卡通的加拿大植物遗传资源（PGRC）（材料 U-2U-2G）；1979 年获得（联系人：Stauffer M. D.）（Kays and Kultur，2005）。

NC10-71——见 Rizskij。

NC10-72——见 Interess。

NC10-73——见 Volzskij-2。

NC10-74——见 Jamcovskij Krashyj。

NC10-75——见 Leningradskij。

NC10-76——见 Vadim。

NC10-77——起源于日本。取自加拿大萨斯喀彻温省 S7N 0X2 萨斯卡通的加拿大植物遗传资源（PGRC）；1979 年获得（联系人：Chubey B. B.）。

NC10-78——起源于日本。取自加拿大萨斯喀彻温省 S7N 0X2 萨斯卡通的加拿大植物遗传资源（PGRC）；1979 年获得（联系人：Marshall H. H.）（Kays and Kultur，2005）。

NC10-79——起源于加拿大。保存于加拿大萨斯喀彻温省 S7N 0X2 萨斯卡通的加拿大植物遗传资源（PGRC）（材料 W-3X Branching 7611）；1979 年获得（联系人：Marshall H. H.）（Volk and Richards，2006）。

NC10-80——起源于加拿大。保存于加拿大萨斯喀彻温省 S7N 0X2 萨斯卡通的加拿大植物遗传资源（PGRC）（材料 W-3X Branching 7701）；1979 年获得（联系人：Marshall H. H.）。

NC10-81——见 French Mammoth White。

NC10-82——见 Oregon White。

NC10-83——起源于加拿大（不列颠哥伦比亚省）。取自加拿大萨斯喀彻温省 S7N 0X2 萨斯卡通的加拿大植物遗传资源（PGRC）；1982 年从 Bob Harris 获得（Kays and Kultur，2005）。

NC10-84——可能起源于加拿大。取自加拿大萨斯喀彻温省 S7N 0X2 萨斯卡通的加拿大植物遗传资源（PGRC）；没有列入 2006 年名录中。Kays 和 Kultur，2005。

NC10-85——起源于美国（得克萨斯州）。取自加拿大萨斯喀彻温省 S7N 0X2 萨斯卡通的加拿大植物遗传资源（PGRC）（材料 TUB-346 USDA-ARS-SR）；1983 年从 Gerald Seiler 获得（Kays and Kultur，2005）。

NC10-86——起源于美国（得克萨斯州）。取自加拿大萨斯喀彻温省 S7N 0X2 萨斯卡通的加拿大植物遗传资源（PGRC）（材料 TUB-365 USDA-ARS-SR）；1983 年从 Gerald Seiler 获得。

NC10-87——起源于美国（得克萨斯州）。取自加拿大萨斯喀彻温省 S7N 0X2 萨斯卡通的加拿大植物遗传资源（PGRC）（材料 TUB-675 USDA-ARS-SR）；1983 年从 Gerald Seiler 获得（Kays and Kultur，2005）。

NC10-88——起源于美国（得克萨斯州）。取自加拿大萨斯喀彻温省 S7N 0X2 萨斯卡通的加拿大植物遗传资源（PGRC）（材料 TUB-676 USDA-ARS-SR）；1983 年从 Gerald Seiler 获得（Kays and Kultur，2005）。

NC10-89——起源于美国（得克萨斯州）。取自加拿大萨斯喀彻温省 S7N 0X2 萨斯卡通的加拿大植物遗传资源（PGRC）（材料 TUB-709 USDA-ARS-SR）；1983 年从 Gerald Seiler 获得。

NC10-90——起源于美国（得克萨斯州）。晚熟。取自加拿大萨斯喀彻温省 S7N 0X2 萨斯卡通的加拿大植物遗传资源（PGRC）（材料 TUB-847 USDA-ARS-SR）；1983 年从 Gerald Seiler 获得（Kays and Kultur，2005）。

NC10-92——起源于加拿大（安大略省）。晚熟。取自加拿大萨斯喀彻温省 S7N 0X2

萨斯卡通的加拿大植物遗传资源（PGRC）（材料#2）；1983年从Richard Thomas获得（Kays and Kultur，2005）。

NC10-94——起源于加拿大（安大略省）。晚熟。取自加拿大萨斯喀彻温省S7N 0X2萨斯卡通的加拿大植物遗传资源（PGRC）（材料#4）；1983年从Richard Thomas获得（Kays and Kultur，2005）。

NC10-95——起源于加拿大（安大略省）。晚熟。取自加拿大萨斯喀彻温省S7N 0X2萨斯卡通的加拿大植物遗传资源（PGRC）（材料#5）；1983年从Richard Thomas获得（Kays and Kultur，2005）。

NC10-96——见Fuseau 60。

NC10-97——起源于加拿大（马尼托巴湖）。选育或研究无性系（材料266）。取自加拿大萨斯喀彻温省S7N 0X2萨斯卡通的加拿大植物遗传资源（PGRC）［材料（37X39）1982］；1984年获得。

NC10-99——可能起源于加拿大。晚熟。取自加拿大萨斯喀彻温省S7N 0X2萨斯卡通的加拿大植物遗传资源（PGRC）；没有列入2006年名录中。Kays和Kultur，2005。

NC10-100——可能起源于加拿大。取自加拿大萨斯喀彻温省S7N 0X2萨斯卡通的加拿大植物遗传资源（PGRC）；没有列入2006年名录中（Kays and Kultur，2005）。

NC10-101——见Nahodka。

NC10-103——见Violet de Rennes。

NC10-104——见Rijskii。

NC10-105——见Vernet。

NC10-106——见D-19。

NC10-107——见Interess。

NC10-108——起源于法国。取自加拿大萨斯喀彻温省S7N 0X2萨斯卡通的加拿大植物遗传资源（PGRC）（材料79-62）；1984年获得（联系人：Larry Tieszen）。

NC10-109——起源于法国。取自加拿大萨斯喀彻温省S7N 0X2萨斯卡通的加拿大植物遗传资源（PGRC）（材料242-63）；1984年获得（联系人：Larry Tieszen）。

NC10-110——见Topinsol 63。

NC10-111——见Waldspindel。

NC10-112——见D-19-63-122。

NC10-113——见Kievskii。

NC10-114——见Industrie。

NC10-118——见Ellijay。

NC10-119——见Nachodka。

NC10-120——见D16。

NC10-121——见D19-63-340。

NC10-122——起源于法国。取自加拿大萨斯喀彻温省S7N 0X2萨斯卡通的加拿大植物遗传资源（PGRC）（材料242-62）；1984年从Le Cochec F.获得。

NC10-123——起源于法国。取自加拿大萨斯喀彻温省 S7N 0X2 萨斯卡通的加拿大植物遗传资源（PGRC）（材料 29-65）；1984 年从 Le Cochec F. 获得。

NC10-125——起源于法国。也见 10562 G2。取自加拿大萨斯喀彻温省 S7N 0X2 萨斯卡通的加拿大植物遗传资源（PGRC）（材料 105-62G2）；1984 年从 Le Cochec F. 获得。

NC10-127——起源于法国。也见 1277.63。取自加拿大萨斯喀彻温省 S7N 0X2 萨斯卡通的加拿大植物遗传资源（PGRC）（材料 1277-63）；1984 年从 Le Cochec F. 获得。

NC10-129——起源于德国。取自加拿大萨斯喀彻温省 S7N 0X2 萨斯卡通的加拿大植物遗传资源（PGRC）（材料 073-87）；1988 年从 Reckin J. 获得。

NC10-130——起源于加拿大（安大略省）。取自加拿大萨斯喀彻温省 S7N 0X2 萨斯卡通的加拿大植物遗传资源（PGRC）（材料#1）；1988 年从 Wolf Hettgen 获得（Volk and Richards，2006）。

NC10-131——起源于加拿大（安大略省）。取自加拿大萨斯喀彻温省 S7N 0X2 萨斯卡通的加拿大植物遗传资源（PGRC）（材料#2）；1988 年从 Wolf Hettgen 获得。

NC10-140——见 Volga 2。

NC10-143 to NC10-181（共 **37** 种材料）——起源于加拿大（莫登，马尼托巴湖）。选育或研究无性系。取自加拿大萨斯喀彻温省 S7N 0X2 萨斯卡通的加拿大植物遗传资源（PGRC）（见表 8.3 个体材料）；主要在 1983 年获得（联系人：Kiehn F. A.）。

NC10-182 to NC10-213（共 **29** 种材料）——起源于加拿大（莫登，马尼托巴湖）。选育或研究无性系。取自加拿大萨斯喀彻温省 S7N 0X2 萨斯卡通的加拿大植物遗传资源（PGRC）（材料 HM-1 到 HM-37；见表 8.3 个体材料）；1991 年获得（联系人：Kiehn F. A.）。

Nescopeck——起源地未知。取自美国缅因州 04938 法明顿 Box 1167 Will Bonsall（分散种子计划）（美国艾奥瓦州 52101 迪科拉 North Winn 路 3076 号种子储户交换成员网络）（Kays and Kultur，2005）。

Neus——起源于德国。由德国居特费尔德 Lehr-und Versuchsanatalt für Integrierten Pflanzenau e. V. 的 Honermeier B. 博士提供给 Kays S. J.。Kays 和 Kultur，2005。

Niederösterreichische Landsorte——起源于德国（Soja and Haunold，1991；Soja et al.，1993）。

NIIZh10——起源于乌克兰（Marcenko，1969）。

NIIZh10-39——起源于乌克兰（Marcenko，1969）。

NIIZh72——起源于乌克兰（Marcenko，1969）。

NIIZh155——起源于乌克兰（Marcenko，1969）。

No. 1［#1］——见 NC10-130。

No. 2［#2］——见 NC10-92 and NC10-131。

No. 4［#4］——见 NC10-94。

No. 5［#5］——见 NC10-95。

No. 9——起源地未知。一种选育或研究无性系（Kays and Kultur，2005；Klug-

Andersen, 1992)。

No. 1168——起源于瑞典。是栽培向日葵和菊芋的杂交种。由瑞典 Hilleshög AB 植物育种公司提供给（Gunnarson et al., 1985; Wünsche, 1985）。

No. 1927——起源于瑞典。是菊芋和向日葵的杂交种。由瑞典 Hilleshög AB 植物育种公司提供给（Gunnarson et al., 1985）。

No. 72196——起源于美国。1974 年采自北达科他州。取自（材料 PI 451980）美国艾奥瓦州 50011 埃姆斯 NCRPIS 美国农业部农业研究中心国家遗传资源系统。

Nora——起源于挪威。块茎白色，植株矮小，多分枝，早熟，在北欧（丹麦）可以开花，块茎产量较高。取自北欧基因库（材料 DKHEL 10），一种地方品种；1985 年由丹麦德拉戈毛勒比的 Dirk Janson Smith 捐赠（Henriksen and Bjørn, 2003; Kays and Kultur, 2005; Klug-Andersen, 1992; Zubr and Pedersen, 1993）。

Novost——起源于俄罗斯联邦。*H. tuberosus* cv. Sottip 和 *H. annuus* cv. Gigant 549 的杂交种。取自德国 Corrensstrasse 3, 06466 Gatersleben 的植物基因和作物保护莱布尼兹研究所（IPK）（材料 HEL 251；以前叫 Braunschweig BGRC 57345）（Kays and Kultur, 2005; Kshnikatkina and Varlmov, 2001; Mikhal'tsova, 1985）。

Olds——起源地未知。取自美国缅因州 04938 法明顿 Box 1167 Will Bonsall（分散种子计划）（美国艾奥瓦州 52101 迪科拉 North Winn 路 3076 号种子储户交换成员网络）（Kays and Kultur, 2005）。

Ongai——见 Ongui。

Ongui——可能起源于匈牙利（Kara et al., 2005; Pátkai and Barta, 2002）。

Onta——起源于加拿大或比利时。块茎白色，球形（短梨形），早熟。取自德国 Corrensstrasse 3, 06466 Gatersleben 的植物基因和作物保护莱布尼兹研究所（IPK）（材料 HEL 268；以前叫 Braunschweig BGRC 57363）。保存于法国蒙特利埃 UMR-DGPC 国家农业研究所（INRA MPHE001451）；直接利用价值有限（Honermeier et al., 1996; Kays and Kultur, 2005）。

Oregon——起源于美国。可能与 Oregon White 同种异名（Cosgrove et al., 2000）。

Oregon White——起源于美国。由于其地上部分生物量高而被种植。保存于加拿大萨斯喀彻温省 S7N 0X2 萨斯卡通的加拿大植物遗传资源（PGRC）（材料 NC10-82）；1981 年从 Mohawk Oil 获得 [Frappier et al., 1990; Kays and Kultur（与 NC10-82 相似）; Laberge and Sackston, 1987]。

Orrington——起源于美国。取自美国缅因州 04938 法明顿 Box 1167 Will Bonsall（分散种子计划）（美国艾奥瓦州 52101 迪科拉 North Winn 路 3076 号种子储户交换成员网络）（Kays and Kultur, 2005）。

Ozor——起源地未知（Berenji, 1988）。

Ozov——起源于欧洲。成熟期早至中等。块茎浅紫罗蓝色，纺锤形。保存于法国蒙特利埃 UMR-DGPC 国家农业研究所（INRA MPHE001465）；直接利用价值有限。

Parlow——起源于德国。以生物量进行评估（Scholz and Ellerbrock, 2002）。

Parlow Gelb——起源于德国。块茎黄白色。由德国居特费尔德 Lehr – und Versuchsanatalt für Integrierten Pflanzenau e. V. 的 Honermeier B. 博士提供给 Kays S. J. (Kays and Kultur, 2005)。

Parlow Rot——起源于德国。块茎红色,晚熟 (Honermeier et al., 1996)。

Patate Vilmorin [**Vilmorin Potato**]——起源于法国。块茎白色,椭圆形或半光型,表面光滑。保存于法国蒙特利埃 UMR-DGPC 国家农业研究所 (INRA MPHE001415);直接利用价值有限 (Gaudineau and Lafon, 1958; Mesken, 1988; Pas'ko, 1971, 1973, 1974)。

Perron——起源于加拿大 (Dorrell and Chubey, 1977; Stauffer et al., 1981)。

PI-4——见 NC10-43。

PI 458544——起源于德国。*H. annuus* 和 *H. tuberosus* 的杂交种,据报道块茎产量高。

Piedallu 8——起源于法国。块茎奶油色,长形。保存于法国蒙特利埃 UMR-DGPC 国家农业研究所 (INRA MPHE001416);直接利用价值有限。

Piriforme Rouge——起源于法国。块茎紫色,梨形。保存于法国蒙特利埃 UMR-DGPC 国家农业研究所 (INRA MPHE001417);直接利用价值有限。Mesken, 1988。

Porcheron——起源于法国。块茎紫罗兰色,梨形。保存于法国蒙特利埃 UMR-DGPC 国家农业研究所 (INRA MPHE001404);直接利用价值有限。

Potate Vilmorina——见 Patate Vilmorin。

Précoce——可能起源于法国。早熟。可能与 Précoce Commun 同种异名 (Mesken, 1988; van Soest et al., 1993)。

Précoce Commun [**Common Early**]——可能起源于法国。作为早熟品种选育 (Pilnik and Vervelde, 1976)。

Progrès——起源地未知 (Tsvetorukhine, 1960)。

Quakertown——可能起源于美国。取自美国缅因州 04938 法明顿 Box 1167 Will Bonsall (分散种子计划)(美国艾奥瓦州 52101 迪科拉 North Winn 路 3076 号种子储户交换成员网络)。

RA1——起源于波兰。取自德国 Corrensstrasse 3, 06466 Gatersleben 的植物基因和作物保护莱布尼兹研究所 (IPK)(材料 HEL 288;以前叫 Braunschweig BGRC 57383)。

RA2——起源于波兰。取自德国 Corrensstrasse 3, 06466 Gatersleben 的植物基因和作物保护莱布尼兹研究所 (IPK)(材料 HEL 289;以前叫 Braunschweig BGRC 57384)。

RA3——起源于波兰。取自德国 Corrensstrasse 3, 06466 Gatersleben 的植物基因和作物保护莱布尼兹研究所 (IPK)(材料 HEL 290;以前叫 Braunschweig BGRC 57385)。

RA4——起源于波兰。取自德国 Corrensstrasse 3, 06466 Gatersleben 的植物基因和作物保护莱布尼兹研究所 (IPK)(材料 HEL 291;以前叫 Braunschweig BGRC 57386)。

RA7——起源于波兰。取自德国 Corrensstrasse 3, 06466 Gatersleben 的植物基因和作物保护莱布尼兹研究所 (IPK)(材料 HEL 292;以前叫 Braunschweig BGRC 57387)。

RA9——起源于波兰。取自德国 Corrensstrasse 3, 06466 Gatersleben 的植物基因和作物

保护莱布尼兹研究所（IPK）（材料 HEL 293；以前叫 Braunschweig BGRC 57389）。

RA10——起源于波兰。取自德国 Corrensstrasse 3，06466 Gatersleben 的植物基因和作物保护莱布尼兹研究所（IPK）（材料 HEL 294；以前叫 Braunschweig BGRC 57390）。

RA14——起源于波兰。取自德国 Corrensstrasse 3，06466 Gatersleben 的植物基因和作物保护莱布尼兹研究所（IPK）（材料 HEL 295；以前叫 Braunschweig BGRC 57391）。

RA24——见 Biala Kulista。

Rayno——起源于法国。块茎红色，晚熟（Ben Chekroun et al.，1996）。

Red——起源地未知。取自美国堪萨斯州 67110 马尔文 Rt. 2 Box 323 Paul Simon。

Red Fuseau——见 Fuseau Red。

Red I. B. C.——起源于加拿大。块茎红色，晚熟。取自（与 B.C. #2 相似）加拿大萨斯喀彻温省 S7N 0X2 萨斯卡通的加拿大植物遗传资源（PGRC）（材料 NC10-42）；1976 年从 Putt E. D. 获得（Kiehn and Chubey，1993）。

Red Skinned Garnet——起源地未知。可能取自爱达荷州 Seeds Blüm。

Refla——起源于丹麦。块茎红色，晚熟，在丹麦很少甚至不开花，块茎产量处于平均水平或较低。取自北欧基因库（材料 DKHEL 3），一种选育或研究无性系；由丹麦皇家兽医和农业大学捐赠（Henriksen and Bjørn，2003；Kays and Kultur，2005；Klug-Andersen，1992；Zubr，1988a；Zubr and Pedersen，1993）。

Reka——起源于丹麦。光滑红色块茎，在丹麦很少甚至不开花，块茎产量处于平均水平或较低。取自北欧基因库（材料 DKHEL 3），一种选育或研究无性系；1980 年前由丹麦卡里瑟 DK-4563 Nyby 市的 Harald Nielson 捐赠（Henriksen and Bjørn，2003；Kays and Kultur，2005；Klug-Andersen，1992；Zubr，1988a；Zubr and Pedersen，1993）。

Relikt——起源于俄罗斯联邦。用于生产酒精的原料（Arbuzov et al.，2004）。

Rema——起源于德国。取自北欧基因库（材料 DKHEL 1），一种选育或研究无性系；1986 年由丹麦霍勒比 DK-4960 Højbygaardvej 31 Danisco Seed 捐赠（联系人：Steen Bisgaard）。

Remo——起源于法国。由德国居特费尔德 Lehr-und Versuchsanatalt für Integrierten Pflanzenau e. V. 的 Honermeier B. 博士提供给 Kays S. J.（Ben Chekroun et al.，1996；Honermeier et al.，1996；Kays and Kultur，2005）。

Rennes——起源于法国（Kara et al.，2005）。

Resom——起源地未知（Zubr，1988a）。

Revan——起源地未知（Zubr，1988a）。

Rico——起源于法国。块茎红色，晚熟。由德国居特费尔德 Lehr-und Versuchsanatalt für Integrierten Pflanzenau e. V. 的 Honermeier B. 博士提供给 Kays S. J.（Barta，1996；Ben Chekroun et al.，1996；Honermeier et al.，1996；Kara et al.，2005；Pátkai and Barta，2002；Stolzenburg，2004）。

Rijskii——起源于俄罗斯联邦。块茎白色，晚熟，与 C-89 同种异名。取自加拿大萨斯喀彻温省 S7N 0X2 萨斯卡通的加拿大植物遗传资源（PGRC）（材料 NC10-104）；1984

年获得（联系人：Larry Tieszen）（Barloy and Le Pierres；De Mastro，1988；Fernandez et al.，1988b）。

Rika——见 Rico。

Rio——起源地未知。可能与 Huertos de Moya-Rio 同种异名。Rosa et al.，1992。

Rizskij——起源于俄罗斯联邦。取自加拿大萨斯喀彻温省 S7N 0X2 萨斯卡通的加拿大植物遗传资源（PGRC）（材料 NC10-71）；1979 年获得（联系人：Stauffer M. D.）。Kiehn 和 Chubey，1993（块茎产量 23 到 47 t·ha^{-1}）。

ROM023-6149——起源于前南斯拉夫。保存于罗马尼亚 Calarasi 谷类和技术植物研究所（无材料名称）；1980 年采自前南斯拉夫。

Rose Ordinaire [Ordinary Pink]——起源于法国。Küppers-Sonnenberg，1953。

Roter Topinambur——可能起源于德国。晚熟。取自美国缅因州 04938 法明顿 Box 1167 Will Bonsall（分散种子计划）（美国艾奥瓦州 52101 迪科拉 North Winn 路 3076 号种子储户交换成员网络）。Kays 和 Kultur，2005。

Rote Zonenkugel——起源于德国。作为多年生植物种植有很好的产量。取自德国 Corrensstrasse 3，06466 Gatersleben 的植物基因和作物保护莱布尼兹研究所（IPK）（材料 HEL 248；以前叫 Braunschweig BGRC 57342）。Conti，1957；Küppers-Sonnenberg，1955（与 Zonenkugel 同种异名）；Soja 和 Haunold，1991（块茎产量 8.6 t·ha^{-1}）；Soja et al.，1993；Stolzenburg，2003（块茎产量 9 t·ha^{-1}）；Stolzenburg，2004。

Rouge Commun——起源于法国。块茎红色，可能是栽培种。Gagnon，2005。

Roumo——起源于法国。块茎红色，晚熟。Ben Chekroun et al.，1996。

Rozo [RoZo]——起源于德国。块茎粉红色，短梨形至圆形，有不规则锯齿，早熟。保存于法国蒙特利埃 UMR-DGPC 国家农业研究所（INRA MPHE001456）；直接利用价值有限。取自奥地利维斯 88 特种作物研究站（材料 WIESD17）。Kays 和 Kultur，2005；Kahnt 和 Leible，1985；Mesken，1988；Steinrücken 和 Grunewaldt，1984。

Rubik——起源于波兰。Cieslik et al.，2003；Sawicka 和 Michaek，2005。

Ryskii——起源于俄罗斯联邦。块茎白色，不规则，有些许锯齿。保存于法国蒙特利埃 UMR-DGPC 国家农业研究所（INRA MPHE001480）；直接利用价值有限。

Sachalinski Krasni——见 Sachalinski Krasnyi。

Sachalinski Krasnyi——起源于俄罗斯联邦。取自德国 Corrensstrasse 3，06466 Gatersleben 的植物基因和作物保护莱布尼兹研究所（IPK）（材料 HEL 62）；由俄罗斯联邦圣彼得堡 VIR（俄罗斯瓦维洛夫植物产业研究所）捐赠。Kays 和 Kultur，2005。

Sachalinski Krasnyj——见 Sachalinski Krasni。

Sakhalinskii——起源于俄罗斯联邦。块茎白色，球形和锯齿状。保存于法国蒙特利埃 UMR-DGPC 国家农业研究所（INRA MPHE001493）；直接利用价值有限。

Sakhalinskii Rouge——起源于俄罗斯联邦。块茎浅紫色，梨形。保存于法国蒙特利埃 UMR-DGPC 国家农业研究所（INRA MPHE001494）；直接利用价值有限。Mesken，1988（与 Sekhalenskii rouge 相似）。

Saratov——起源于俄罗斯联邦。Ustimenko，1958。

Saratov 1——起源于俄罗斯联邦。Ustimenko，1958。.

Schmoll——起源地未知。晚熟。Kays 和 Kultur，2005。

Scott——起源于法国。浅紫罗兰色，长形（纺锤形）块茎。保存于法国蒙特利埃 UMR-DGPC 国家农业研究所（INRA MPHE001418）；直接利用价值有限。

Sebis——起源于罗马尼亚。取自罗马尼亚蒂米什瓦拉农业科学大学（UAS）（材料 ROM023-6151），1989 年采自罗马尼亚 Sebes 的阿拉德。

Sejanec——起源于俄罗斯联邦。晚熟。Honermeier et al.，1996；Kovalenko，1969。

Sejanec 1 [Seedling 1]——起源于俄罗斯联邦。Usanova，1967。

Sejanec 19 [Sejenetz 19]——起源于俄罗斯联邦。块茎白色，球形或梨形。取自德国 Corrensstrasse 3，06466 Gatersleben 的植物基因和作物保护莱布尼兹研究所（IPK）（材料 HEL 65）；由俄罗斯联邦圣彼得堡 VIR（俄罗斯瓦维洛夫植物产业研究所）捐赠。保存于法国蒙特利埃 UMR-DGPC 国家农业研究所（INRA MPHE001482）；直接利用价值有限。

Sejanetz 10 [Sejanec 10]——起源于俄罗斯联邦。块茎白色，球形或梨形。保存于法国蒙特利埃 UMR-DGPC 国家农业研究所（INRA MPHE001481）；直接利用价值有限。

Sejenetz——见 Sejanec。

Sejenic——见 Sejanec。

Sekhalenskii rouge——见 Sakhalinskii Rouge。

Sel. Aus Saemlingspop.——起源于加拿大。取自德国 Corrensstrasse 3，06466 Gatersleben 的植物基因和作物保护莱布尼兹研究所（IPK）（材料 HEL 263；以前叫 Braunschweig BGRC 57358）。

Sepanetz [Sépanetz]——起源地未知。与 C-76 同种异名。晚熟。De Mastro，1988（块茎产量 73 t·ha^{-1}，干重 17 t·ha^{-1}）；Fernandez et al.，1988b。

Sepanetz-10——见 Sepanetz。

Seyanets——见 Sejanec。

Silver Skin——见 Silverskin。

Silverskin——可能起源于美国。取自美国缅因州 04938 法明顿 Box 1167 Will Bonsall（分散种子计划）（美国艾奥瓦州 52101 迪科拉 North Winn 路 3076 号种子储户交换成员网络）。Hay 和 Offer，1992；Kays 和 Kultur，2005。

Sinleo——起源于法国。块茎红色，晚熟。Ben Chekroun et al.，1996。

Skorospelka [Early or Early Ripener]——起源于俄罗斯联邦。早熟。取自美国缅因州 04938 法明顿 Box 1167 Will Bonsall（分散种子计划）（美国艾奥瓦州 52101 迪科拉 North Winn 路 3076 号种子储户交换成员网络）。2006 年在美国艾奥瓦州 50011 埃姆斯 NCRPIS 美国农业部农业研究中心国家遗传资源系统失活（材料 PI 357301）。Bagautdinova 和 Fedoseeva，2000；Kays 和 Kultur，2005；Usanova，1967；Ustimenko et al.，1976；Varlamova et al.，1996。

Smooth Garnet——见 Garnet。

Sodomka——起源地未知。取自美国缅因州 04938 法明顿 Box 1167 Will Bonsall（分散种子计划）（美国艾奥瓦州 52101 迪科拉 North Winn 路 3076 号种子储户交换成员网络）。Kays 和 Kultur，2005。

Solskocka——见 Sunchoke [瑞典]。

Sottip——起源于俄罗斯联邦。Mikhal'tsova，1985。

Southington Pink——可能起源于美国。取自美国缅因州 04938 法明顿 Box 1167 Will Bonsall（分散种子计划）（美国艾奥瓦州 52101 迪科拉 North Winn 路 3076 号种子储户交换成员网络）。Kays 和 Kultur，2005。

Spindel——起源于德国。早熟，可能与 Waldspindel 栽培种或其中一部分同种异名。由德国居特费尔德 Lehr-und Versuchsanatalt für Integrierten Pflanzenau e. V. 的 Honermeier B. 博士提供给 Kays S. J.。Honermeier et al.，1996。Kays 和 Kultur，2005。

SR——起源地未知。取自加拿大萨斯喀彻温省 S7N 0X2 萨斯卡通的加拿大植物遗传资源（PGRC）（材料 SR）。Volk 和 Richards，2006。

Stampede——起源于美国。植株矮小（最高 1.8 m），块茎大，白色，以光滑表面选用，早熟（在美国花期至 7 月），耐极寒。取自美国缅因州 04938 法明顿 Box 1167 Will Bonsall（分散种子计划）（美国艾奥瓦州 52101 迪科拉 North Winn 路 3076 号种子储户交换成员网络）。取自加拿大新不伦瑞克 E4H 4N5 韦尔登 Beech Hill 路 129 号 Mapple 农场。Facciola，1990；Kays 和 Kultur，2005。

Sugar Ball——起源于匈牙利。取自美国缅因州 04938 法明顿 Box 1167 Will Bonsall（分散种子计划）（美国艾奥瓦州 52101 迪科拉 North Winn 路 3076 号种子储户交换成员网络）。Kays 和 Kultur，2005。

Sugárka——起源于匈牙利。Barta（大块茎平均重量 173 g；小块茎 50 g）。

Sükössdi/Nosszu——起源地未知。早熟。Mesken，1988。

Sukosti——起源于欧洲。块茎圆形或短梨形。保存于法国蒙特利埃 UMR-DGPC 国家农业研究所（INRA MPHE001466）；直接利用价值有限。

Sun Choke——见 Sunchoke。

Sunchoke——起源于瑞典。短根状茎（长匍茎），块茎大，据报道作为蔬菜作物产量高。一种向日葵与菊芋的杂交种，来自 1950 年瑞典植物育种项目（Sachs et al.，1981）。现在主要在美国应用，来自加利福尼亚种子供应商（如 Turlock，CA）。在加利福尼亚种植后，推荐与新鲜坚果香料一起作为蔬菜。Kays and Kultur，2005；McLaurin et al.，1999；Sachs et al.，1981（块茎产量 27~34 t·ha^{-1}）；Seiler，1993；Williams et al.，1982（块茎产量 33 t·ha^{-1}）。Sunchoke 有时候也作为菊芋的备用名称。

Sunchoke-Friesda's——起源于美国（加利福尼亚）。保存于加拿大萨斯喀彻温省 S7N 0X2 萨斯卡通的加拿大植物遗传资源（PGRC）（NC10-44）；1976 年捐赠。Stauffer et al.，1981（饲料干重产量 23 t·ha^{-1}）；Volk 和 Richards，2006。

Sunrise——起源于美国。取自美国缅因州 04938 法明顿 Box 1167 Will Bonsall（分散种子计划）（美国艾奥瓦州 52101 迪科拉 North Winn 路 3076 号种子储户交换成员网络）。

Kays 和 Kultur，2005。

Sunroot——起源地未知。Modler et al.，1993。通常用作通称，而非单一栽培种或栽培类型。

Susan's Yard——起源于美国。取自美国缅因州 04938 法明顿 Box 1167 Will Bonsall（分散种子计划）（美国艾奥瓦州 52101 迪科拉 North Winn 路 3076 号种子储户交换成员网络）。Kays 和 Kultur，2005。

Sutton White——起源于英国。英国萨克福萨顿种子目录。Garcia-Rodriguez 和 Gautheret，1976。

Swenson——起源于美国。起初采自缅因州，1905 年在缅因州新沙伦斯温森农场沙织河流漫滩的植物丛中获取，据报道，块茎大，产量高。取自美国缅因州 04938 法明顿 Box 1167 Will Bonsall（分散种子计划）（美国艾奥瓦州 52101 迪科拉 North Winn 路 3076 号种子储户交换成员网络）。取自美国艾奥瓦州 50011 埃姆斯 NCRPIS 美国农业部农业研究中心国家遗传资源系统（材料 Ames 8376）。Kays 和 Kultur，2005。

Swojecka——起源于波兰。Gutmanski 和 Pikulik，1994；Kara et al.，2005。

Swojecka Czerwona——起源于波兰。Sawicka，2004。

Sysol'skii——起源于俄罗斯联邦。Mishurov et al.，1999。

Szolosnyaraloi——可能起源于匈牙利。Kara et al.，2005；Pátkai 和 Barta，2002。

Tait——起源于美国。块茎白色，球形（短梨形），有些许凹口。保存于法国蒙特利埃 UMR-DGPC 国家农业研究所（INRA MPHE001419）；直接利用价值有限。

Tambov [Tamboy]——起源于俄罗斯联邦。Pas'ko，1973；Usanova，1967。

Tambovskii Krasnyi [Tambov Red]——起源于俄罗斯联邦。晚熟。取自德国 Corrensstrasse 3，06466 Gatersleben 的植物基因和作物保护莱布尼兹研究所（IPK）（材料 HEL 61）；由俄罗斯联邦圣彼得堡 VIR（俄罗斯瓦维洛夫植物产业研究所）捐赠。Kays 和 Kultur，2005；Honermeier et al.，1996；Pas'ko，1974。可能与 Tambovskii Rouge 同种异名。

Tambovskii Rouge——起源于俄罗斯联邦。块茎紫罗兰-红色，椭圆形。保存于法国蒙特利埃 UMR-DGPC 国家农业研究所（INRA MPHE001483）；直接利用价值有限。可能与 Tambovskii Krasnyi 同种异名。

Tambowski Krasnyi——见 Tambovskii Krasnyi。

Tapioi korai——起源地未知。Nemeth and Izsaki，2006。

Teruel——起源于西班牙。Fernandez et al.，1988b。

Teta——起源地未知。Zubr，1988a（6.1 t·ha^{-1}）。

Thoumo——起源于法国。块茎白色，晚熟。Ben Chekroun et al.，1996。

Tombowski Krasni——见 Tambovskii Krasnyi。

Top——起源地未知。成熟期中等。由德国居特费尔德 Lehr-und Versuchsanatalt für Integrierten Pflanzenau e. V. 的 Honermeier B. 博士提供给 Kays S. J.。Honermeier et al.，1996；Kays and Kultur，2005。

Topianca——见 Topianka。

Topianka——起源于德国。块茎浅紫罗蓝色，短梨形，有些许凹口，开会早。取自德国 Corrensstrasse 3，06466 Gatersleben 的植物基因和作物保护莱布尼兹研究所（IPK）（材料 HEL 247；以前叫 Braunschweig 57341）。保存于法国蒙特利埃 UMR-DGPC 国家农业研究所（INRA MPHE001457）；直接利用价值有限。Anon，1959；Berenji，1988；Gunnarson et al.，1985（地上干重产量 12~15 t·ha^{-1}）；Malmberg and Theander，1986（地上干重产量 11~16 t·ha^{-1}）；Mesken，1988；Soja and Haunold，1991（6.6 t·ha^{-1}）；Soja et al.，1990，1993；Stolzenburg，2003（块茎产量 8.8 t·ha^{-1}）；Stolzenburg，2004。

Topinambour Fuseau——见 Fuseau. Gagnon，2005。

Topinambour Patate——可能起源于加拿大。块茎白色，可能为古老品种。Gagnon，2005。

Topinanca——见 Topianka。

Topine——在德国文学作品中是"Topinambur"的缩写。Nash，1985。

Topino——可能起源于意大利。Ercoli et al.，1992（块茎产量 59.4 t·ha^{-1}）；Masoni et al.，1993。

Topinsol——起源于俄罗斯联邦。可能与 Topinsol VIR（俄罗斯瓦维洛夫植物产业研究所）同种异名。Masoni et al.，1993；Mesken，1988。

Topinsol 63——起源于俄罗斯联邦。白色球形块茎。保存于法国蒙特利埃 UMR-DGPC 国家农业研究所（INRA MPHE001484）；直接利用价值有限。取自加拿大萨斯喀彻温省 S7N 0X2 萨斯卡通的加拿大植物遗传资源（PGRC）（材料 NC10-110）；1984 年获得（联系人：Larry Tieszen）。Mesken，1988。

Topinsol VIR——起源于俄罗斯联邦。块茎白色，长椭圆形，有凹口。可能与 Topinsol 同种异名。保存于法国蒙特利埃 UMR-DGPC 国家农业研究所（INRA MPHE001485）；直接利用价值有限。Pas'ko，1973。

Topstar——可能起源于德国。取自德国 Corrensstrasse 3，06466 Gatersleben 的植物基因和作物保护莱布尼兹研究所（IPK）（材料 HEL 284；以前叫 Braunschweig 57379）。Schittenhelm，1987；Stolzenburg，2003（块茎产量 8 t·ha^{-1}）；Stolzenburg，2004。

Torpedo——可能起源于德国。Küppers-Sonnenberg，1955。

Totman——起源于美国。块茎大，白色，有节，晚熟，易于保存。1988 年前由 Caroline Totman of Waldoboro 采自缅因州。取自美国缅因州 04938 法明顿 Box 1167 Will Bonsall（分散种子计划）（美国艾奥瓦州 52101 迪科拉 North Winn 路 3076 号种子储户交换成员网络）。2006 年在美国艾奥瓦州 50011 埃姆斯 NCRPIS 美国农业部农业研究中心国家遗传资源系统失活（材料 Ames 8391）。Kays and Kultur，2005。

Traube Vollbehang——起源于德国。以获取地上部分而种植。Küppers-Sonnenberg，1955。

TUB-6——起源于美国。1984 年采自北达科他州（彭比纳河）。保存于塞尔维亚和黑山诺维萨德大田和蔬菜作物研究所（可用）。

TUB-7——起源于美国。1984 年采自北达科他州（Lake Astabul）。保存于塞尔维亚和黑山诺维萨德大田和蔬菜作物研究所（可用）。

TUB-8——起源于美国。1984 年采自北达科他州（瓦利城北部）。保存于塞尔维亚和黑山诺维萨德大田和蔬菜作物研究所（可用）。

TUB-15——起源于美国。1984 年采自北达科他州（Abercrombie）。保存于塞尔维亚和黑山诺维萨德大田和蔬菜作物研究所（可用）。

TUB-16——起源于美国。1984 年采自北达科他州（瓦利城北部）。保存于塞尔维亚和黑山诺维萨德大田和蔬菜作物研究所（可用）。

TUB-20——起源于美国。1984 年采自北达科他州（Fort Ransom）。保存于塞尔维亚和黑山诺维萨德大田和蔬菜作物研究所（可用）。

TUB-26——起源于美国。1984 年采自北达科他州（Wild Rice River）。保存于塞尔维亚和黑山诺维萨德大田和蔬菜作物研究所（可用）。

TUB-33——起源于美国。1982 年采自南达科他州（尤宁县）路边沟渠。取自美国艾奥瓦州 50011 埃姆斯 NCRPIS 美国农业部农业研究中心国家遗传资源系统（材料 Ames 2714）。

TUB-49——起源于美国。1982 年采自南达科他州（克莱县）路边沟渠。取自美国艾奥瓦州 50011 埃姆斯 NCRPIS 美国农业部农业研究中心国家遗传资源系统（材料 Ames 2729）。

TUB-64——起源于美国。1982 年采自艾奥瓦州（苏县）路边沟渠。取自美国艾奥瓦州 50011 埃姆斯 NCRPIS 美国农业部农业研究中心国家遗传资源系统（材料 Ames 2739）。

TUB-320——起源于美国。1972 年采自明尼苏达州。2006 年在美国艾奥瓦州 50011 埃姆斯 NCRPIS 美国农业部农业研究中心国家遗传资源系统失活（材料 Ames 6303）。

TUB-321——起源于美国。1975 年采自明尼苏达州。2006 年在美国艾奥瓦州 50011 埃姆斯 NCRPIS 美国农业部农业研究中心国家遗传资源系统失活（材料 Ames 6304）。

TUB-322——起源于美国。1905 年采自得克萨斯州。保存于美国艾奥瓦州 50011 埃姆斯 NCRPIS 美国农业部农业研究中心国家遗传资源系统（材料 PI 435889）。

TUB-346——见 NC10-85。

TUB-365——起源于美国。见 NC10-86。1976 年采自得克萨斯州。2006 年在美国艾奥瓦州 50011 埃姆斯 NCRPIS 美国农业部农业研究中心国家遗传资源系统失活（材料 PI 435892）。

TUB-571——起源于美国。1976 年采自俄克拉荷马州。保存于美国艾奥瓦州 50011 埃姆斯 NCRPIS 美国农业部农业研究中心国家遗传资源系统（材料 Ames 6502）。

TUB-675——见 NC10-87。

TUB-676——见 NC10-88。

TUB-709——见 NC10-89。

TUB-821——起源于美国。1977 年采自俄克拉荷马州。保存于美国艾奥瓦州 50011 埃姆斯 NCRPIS 美国农业部农业研究中心国家遗传资源系统（材料 PI 435758）。

TUB-825——起源于美国。1977 年采自俄克拉荷马州 Stewart 西科尔克里克。保存于美国艾奥瓦州 50011 埃姆斯 NCRPIS 美国农业部农业研究中心国家遗传资源系统（材料 PI 435893）。保存于塞尔维亚和黑山诺维萨德大田和蔬菜作物研究所（Cat. 1241）。

TUB-847——见 NC10-90。

TUB-870——起源于美国。1977 年采自亚拉巴马州。保存于美国艾奥瓦州 50011 埃姆斯 NCRPIS 美国农业部农业研究中心国家遗传资源系统（材料 Ames 6706）。

TUB-1057——起源于美国。1979 年采自北达科他州。保存于美国艾奥瓦州 50011 埃姆斯 NCRPIS 美国农业部农业研究中心国家遗传资源系统（材料 Ames 7141）。

TUB-1067——起源于美国。1979 年采自伊利诺伊州。保存于美国艾奥瓦州 50011 埃姆斯 NCRPIS 美国农业部农业研究中心国家遗传资源系统（材料 Ames 7151）。

TUB-1078——起源于美国。1905 年采自伊利诺伊州。保存于美国艾奥瓦州 50011 埃姆斯 NCRPIS 美国农业部农业研究中心国家遗传资源系统（材料 Ames 7161）。

TUB-1079——起源于美国。1905 年采自伊利诺伊州。保存于美国艾奥瓦州 50011 埃姆斯 NCRPIS 美国农业部农业研究中心国家遗传资源系统（材料 Ames 7162）。

TUB-1080——起源于美国。1905 年采自伊利诺伊州。保存于美国艾奥瓦州 50011 埃姆斯 NCRPIS 美国农业部农业研究中心国家遗传资源系统（材料 Ames 7163）。

TUB-1081——起源于美国。1905 年采自伊利诺伊州。保存于美国艾奥瓦州 50011 埃姆斯 NCRPIS 美国农业部农业研究中心国家遗传资源系统（材料 Ames 7164）。

TUB-1540——起源于美国。1980 年采自阿肯色州野生种。取自美国艾奥瓦州 50011 埃姆斯 NCRPIS 美国农业部农业研究中心国家遗传资源系统（材料 Ames 2718）。保存于乌克兰哈尔科夫 Moskovs'kyi pr. 142，61060 乌克兰国家植物遗传资源中心（材料 UE0100767）。保存于（可用）塞尔维亚和黑山诺维萨德大田和蔬菜作物研究所（Cat. 1061）。

TUB-1609——起源于美国。1980 年采自南卡罗莱纳州。保存于美国艾奥瓦州 50011 埃姆斯 NCRPIS 美国农业部农业研究中心国家遗传资源系统（材料 Ames 7382）。保存于塞尔维亚和黑山诺维萨德大田和蔬菜作物研究所（Cat. 1124）。

TUB-1610——起源于美国。1980 年采自南卡罗莱纳州。保存于美国艾奥瓦州 50011 埃姆斯 NCRPIS 美国农业部农业研究中心国家遗传资源系统（材料 Ames 7383）。保存于塞尔维亚和黑山诺维萨德大田和蔬菜作物研究所（Cat. 1125）。

TUB-1625——起源于美国。1980 年采自田纳西州。保存于美国艾奥瓦州 50011 埃姆斯 NCRPIS 美国农业部农业研究中心国家遗传资源系统（材料 PI 468896）。保存于乌克兰哈尔科夫 Moskovs'kyi pr. 142，61060 乌克兰国家植物遗传资源中心（材料 UE0100755）。保存于（可用）塞尔维亚和黑山诺维萨德大田和蔬菜作物研究所（Cat. 1140）。

TUB-1628——起源于美国。1980 年采自田纳西州。2006 年在美国艾奥瓦州 50011 埃姆斯 NCRPIS 美国农业部农业研究中心国家遗传资源系统失活（材料 Ames 6303）。保存于（可用）塞尔维亚和黑山诺维萨德大田和蔬菜作物研究所（Cat. 1143）。

TUB-1632——起源于美国。1980 年采自北达科他州。保存于美国艾奥瓦州 50011 埃姆斯 NCRPIS 美国农业部农业研究中心国家遗传资源系统（材料 Ames 7405）。

TUB-1633——起源于美国。采自 1980 年。保存于塞尔维亚和黑山诺维萨德大田和蔬菜作物研究所（Cat. 1148）。

TUB-1634——起源于美国。采自 1980 年。保存于塞尔维亚和黑山诺维萨德大田和蔬菜作物研究所（Cat. 1149）。

TUB-1635——起源于美国。采自 1980 年。保存于塞尔维亚和黑山诺维萨德大田和蔬菜作物研究所（Cat. 1150）。

TUB-1636——起源于美国。采自 1980 年。保存于塞尔维亚和黑山诺维萨德大田和蔬菜作物研究所（Cat. 1151）。

TUB-1698——起源于美国。保存于乌克兰哈尔科夫 Moskovs'kyi pr. 142，61060 乌克兰国家植物遗传资源中心（材料 UE0100756）。

TUB-1699——起源于美国。保存于乌克兰哈尔科夫 Moskovs'kyi pr. 142，61060 乌克兰国家植物遗传资源中心（材料 UE0100757）。

TUB-1700——起源于美国。保存于乌克兰哈尔科夫 Moskovs'kyi pr. 142，61060 乌克兰国家植物遗传资源中心（材料 UE0100758）。

TUB-1701——起源于美国。保存于乌克兰哈尔科夫 Moskovs'kyi pr. 142，61060 乌克兰国家植物遗传资源中心（材料 UE0100759）。

TUB-1703——起源于美国。保存于乌克兰哈尔科夫 Moskovs'kyi pr. 142，61060 乌克兰国家植物遗传资源中心（材料 UE0100760）。

TUB-1705——起源于美国。保存于乌克兰哈尔科夫 Moskovs'kyi pr. 142，61060 乌克兰国家植物遗传资源中心（材料 UE0100761）。

TUB-1765——起源于美国。1982 年采自南达科他州（尤宁县）路边沟渠。取自美国艾奥瓦州 50011 埃姆斯 NCRPIS 美国农业部农业研究中心国家遗传资源系统（材料 Ames 2711）。保存于塞尔维亚和黑山诺维萨德大田和蔬菜作物研究所（Cat. 1302）。

TUB-1769——起源于美国。1982 年采自南达科他州（尤宁县）路边沟渠。取自美国艾奥瓦州 50011 埃姆斯 NCRPIS 美国农业部农业研究中心国家遗传资源系统（材料 Ames 2715）。

TUB-1774——起源于美国。1982 年采自南达科他州（克莱县）路边沟渠。取自美国艾奥瓦州 50011 埃姆斯 NCRPIS 美国农业部农业研究中心国家遗传资源系统（材料 Ames 2720）。保存于塞尔维亚和黑山诺维萨德大田和蔬菜作物研究所（Cat. 1303）。

TUB-1775——起源于美国。1982 年采自南达科他州（克莱县）路边沟渠。取自美国艾奥瓦州 50011 埃姆斯 NCRPIS 美国农业部农业研究中心国家遗传资源系统（材料 Ames 2721）。保存于塞尔维亚和黑山诺维萨德大田和蔬菜作物研究所（Cat. 1304）。

TUB-1776——起源于美国。1982 年采自南达科他州（克莱县）路边沟渠。取自美国艾奥瓦州 50011 埃姆斯 NCRPIS 美国农业部农业研究中心国家遗传资源系统（材料 Ames 2722）。

TUB-1777——起源于美国。1982 年采自南达科他州（克莱县）铁路旁。取自美国艾奥瓦州 50011 埃姆斯 NCRPIS 美国农业部农业研究中心国家遗传资源系统（材料 Ames 2723）。

TUB-1783——起源于美国。1982 年采自南达科他州（克莱县）路边。取自美国艾奥瓦州 50011 埃姆斯 NCRPIS 美国农业部农业研究中心国家遗传资源系统（材料 Ames 2730）。保存于塞尔维亚和黑山诺维萨德大田和蔬菜作物研究所（Cat. 1305）。

TUB-1786——起源于美国。1982 年采自南达科他州（尤宁县）路边。取自美国艾奥瓦州 50011 埃姆斯 NCRPIS 美国农业部农业研究中心国家遗传资源系统（材料 Ames 2733）。保存于塞尔维亚和黑山诺维萨德大田和蔬菜作物研究所（Cat. 1306）。

TUB-1789——起源于美国。1982 年采自艾奥瓦州（普利茅斯县）路边。取自美国艾奥瓦州 50011 埃姆斯 NCRPIS 美国农业部农业研究中心国家遗传资源系统（材料 Ames 2736）。保存于塞尔维亚和黑山诺维萨德大田和蔬菜作物研究所（Cat. 1307）。

TUB-1797——起源于美国。1982 年采自南达科他州（克莱县）密苏里河岸边。取自美国艾奥瓦州 50011 埃姆斯 NCRPIS 美国农业部农业研究中心国家遗传资源系统（材料 A-mes 2744）。保存于塞尔维亚和黑山诺维萨德大田和蔬菜作物研究所（Cat. 1308）。

TUB-1798——起源于美国。1982 年采自南达科他州。保存于美国艾奥瓦州 50011 埃姆斯 NCRPIS 美国农业部农业研究中心国家遗传资源系统（材料 Ames 2745）。保存于塞尔维亚和黑山诺维萨德大田和蔬菜作物研究所（Cat. 1309）。

TUB-1799——起源于美国。1982 年采自南达科他州（克莱县）路边。取自美国艾奥瓦州 50011 埃姆斯 NCRPIS 美国农业部农业研究中心国家遗传资源系统（材料 Ames 2747）。保存于塞尔维亚和黑山诺维萨德大田和蔬菜作物研究所（Cat. 1310）。

TUB-1800——起源于美国。1982 年采自南达科他州（尤宁县）路边。取自美国艾奥瓦州 50011 埃姆斯 NCRPIS 美国农业部农业研究中心国家遗传资源系统（材料 Ames 2746）。

TUB-1877——起源于美国。1965 年以种子的形式采自生长于西弗吉尼亚小溪边岩土上的植物（1986 年分配 PI 号码）。取自美国艾奥瓦州 50011 埃姆斯 NCRPIS 美国农业部农业研究中心国家遗传资源系统（材料 PI 503262）。保存于塞尔维亚和黑山诺维萨德大田和蔬菜作物研究所（Cat. 1317）。Kays 和 Kultur，2005。

TUB-1880——起源于美国。1985 年由 Seiler G. 和 Skoric D. 采自西弗吉尼亚（格林布赖尔县）河流附近野生的 6 种植物种群中。取自美国艾奥瓦州 50011 埃姆斯 NCRPIS 美国农业部农业研究中心国家遗传资源系统（材料 PI 503263）。保存于塞尔维亚和黑山诺维萨德大田和蔬菜作物研究所（Cat. 1320）。

TUB-1892——起源于美国。1985 年采自弗吉尼亚州。保存于美国艾奥瓦州 50011 埃姆斯 NCRPIS 美国农业部农业研究中心国家遗传资源系统（材料 PI 503264）。保存于塞尔维亚和黑山诺维萨德大田和蔬菜作物研究所（Cat. 1331）。Kays 和 Kultur，2005。

TUB-1904——起源于美国。1985 年由 Seiler G. 和 Skoric D. 采自弗吉尼亚（北安普顿县）沿铁路分散生长的种群中。取自美国艾奥瓦州 50011 埃姆斯 NCRPIS 美国农业部农业研究中心国家遗传资源系统（材料 PI 503265）。保存于塞尔维亚和黑山诺维萨德大田和蔬菜作物研究所（Cat. 1341）。Kays 和 Kultur，2005。

TUB-1905——起源于美国。1985 年采自马里兰州。保存于美国艾奥瓦州 50011 埃姆斯 NCRPIS 美国农业部农业研究中心国家遗传资源系统（材料 PI 503266）。保存于塞尔维亚和黑山诺维萨德大田和蔬菜作物研究所（Cat. 1342）。Kays 和 Kultur，2005。

TUB-1906——起源于美国。1985 年由 Seiler G.、Roath G. 和 Skoric D. 采自马里兰州（怀科米科县）排水沟陡峭岸边，对锈病敏感。取自美国艾奥瓦州 50011 埃姆斯 NCRPIS 美国农业部农业研究中心国家遗传资源系统（材料 PI 503267）。保存于塞尔维亚和黑山诺维萨德大田和蔬菜作物研究所（Cat. 1343）。

TUB-1909——起源于美国。1985 年采自新泽西州。保存于美国艾奥瓦州 50011 埃姆斯 NCRPIS 美国农业部农业研究中心国家遗传资源系统（材料 PI 503268）。保存于塞尔维亚和黑山诺维萨德大田和蔬菜作物研究所（Cat. 1344）。

TUB-1912——起源于美国。块茎红色。1985 年由 Seiler G.、Roath G. 和 Skoric D. 采自新泽西州（默瑟县）住宅附近大种群，因而可能是种植园中的逃逸种，感染一些锈病。取自美国艾奥瓦州 50011 埃姆斯 NCRPIS 美国农业部农业研究中心国家遗传资源系统（材料 PI 503267）。保存于塞尔维亚和黑山诺维萨德大田和蔬菜作物研究所（Cat. 1347）。Kays 和 Kultur，2005。

TUB-1913——起源于美国。1985 年采自新泽西州。2006 年在美国艾奥瓦州 50011 埃姆斯 NCRPIS 美国农业部农业研究中心国家遗传资源系统失活（材料 PI 503270）。保存于塞尔维亚和黑山诺维萨德大田和蔬菜作物研究所（Cat. 1348）。

TUB-1925——起源于美国。1985 年采自康涅狄格州。保存于美国艾奥瓦州 50011 埃姆斯 NCRPIS 美国农业部农业研究中心国家遗传资源系统（材料 PI 503271）。保存于塞尔维亚和黑山诺维萨德大田和蔬菜作物研究所（Cat. 1358）。Kays 和 Kultur，2005。

TUB-1928——起源于美国。1985 年由 Seiler G.、Roath G. 和 Skoric D. 采自康涅狄格州（利奇菲尔德县）路边，易感染链格孢菌和受虫害。取自美国艾奥瓦州 50011 埃姆斯 NCRPIS 美国农业部农业研究中心国家遗传资源系统（材料 PI 503272）。保存于塞尔维亚和黑山诺维萨德大田和蔬菜作物研究所（Cat. 1361）。Kays 和 Kultur，2005。

TUB-1933——起源于美国。1985 年采自马萨诸塞州（PI 503273）。保存于塞尔维亚和黑山诺维萨德大田和蔬菜作物研究所（Cat. 1362）。

TUB-1936——起源于美国。植株高达 3 到 3.6 m，块茎大而细长。1985 年由 Seiler G.、Roath G. 和 Skoric D. 采自佛蒙特州（Caledonian County），可能是种植园逃逸种，有一些感染锈病的报道。取自美国艾奥瓦州 50011 埃姆斯 NCRPIS 美国农业部农业研究中心国家遗传资源系统（材料 PI 503274）。保存于塞尔维亚和黑山诺维萨德大田和蔬菜作物研究所（Cat. 1364）。Kays 和 Kultur，2005。

TUB-1937——起源于美国。1985 年采自佛蒙特州。保存于美国艾奥瓦州 50011 埃姆斯 NCRPIS 美国农业部农业研究中心国家遗传资源系统（材料 PI 503275）。保存于塞尔维亚和黑山诺维萨德大田和蔬菜作物研究所（Cat. 1365）。Kays and Kultur，2005。

TUB-1939——起源于美国。块茎红色，植株矮小，高 1.5 到 1.8 m。1985 年由 Seiler

G.、Roath G. 和 Skoric D. 采自纽约州（萨拉托加县）路边，易感染锈病。取自美国艾奥瓦州 50011 埃姆斯 NCRPIS 美国农业部农业研究中心国家遗传资源系统（材料 PI 503276）。保存于塞尔维亚和黑山诺维萨德大田和蔬菜作物研究所（Cat. 1367）。Kays 和 Kultur，2005。

TUB-1940——起源于美国。块茎小，红色。1985 年由 Seiler G.、Roath G. 和 Skoric D. 采自纽约州（萨拉托加县）遮阴的路边，有感染白粉病的报道。取自美国艾奥瓦州 50011 埃姆斯 NCRPIS 美国农业部农业研究中心国家遗传资源系统（材料 PI 503277）。保存于塞尔维亚和黑山诺维萨德大田和蔬菜作物研究所（Cat. 1368）。Kays 和 Kultur，2005。

TUB-1942——起源于美国。像 *H. tuberosus* 一样块茎长，白色植株高达 3~3.6 m。1985 年由 Seiler G.、Roath G. 和 Skoric D. 采自纽约州（萨拉托加县）河流附近小灌木丛中的 20 种植物种群中，易感染锈病。取自美国艾奥瓦州 50011 埃姆斯 NCRPIS 美国农业部农业研究中心国家遗传资源系统（材料 PI 503278）。保存于塞尔维亚和黑山诺维萨德大田和蔬菜作物研究所（Cat. 1370）。

TUB-1943——起源于美国。块茎大，白色，较长。植株高 1.5~2.1 m。1985 年由 Seiler G.、Roath G. 和 Skoric D. 采自纽约州（斯科哈里县）树林旁河流附近 25 种植物种群中。易受虫害和感染锈病。取自美国艾奥瓦州 50011 埃姆斯 NCRPIS 美国农业部农业研究中心国家遗传资源系统（材料 PI 503279）。保存于塞尔维亚和黑山诺维萨德大田和蔬菜作物研究所（Cat. 1371）。Kays 和 Kultur，2005。

TUB-1945——起源于美国。保存于乌克兰哈尔科夫 Moskovs'kyi pr. 142，61060 乌克兰国家植物遗传资源中心（材料 UE0100762）。保存于塞尔维亚和黑山诺维萨德大田和蔬菜作物研究所（Cat. 1373）。

TUB-1946——起源于美国。1985 年采自纽约州。取自美国艾奥瓦州 50011 埃姆斯 NCRPIS 美国农业部农业研究中心国家遗传资源系统（材料 PI 503280）。保存于塞尔维亚和黑山诺维萨德大田和蔬菜作物研究所（Cat. 1374）。Kays and Kultur，2005。

TUB-1947——起源于美国。1985 年采自纽约州（PI 503281）。保存于塞尔维亚和黑山诺维萨德大田和蔬菜作物研究所（Cat. 1375）。

TUB-1954——起源于美国。1985 年采自宾夕法尼亚州（PI 503282）。保存于塞尔维亚和黑山诺维萨德大田和蔬菜作物研究所（Cat. 1382）。

TUB-1959——起源于美国。1985 年采自宾夕法尼亚州。保存于美国艾奥瓦州 50011 埃姆斯 NCRPIS 美国农业部农业研究中心国家遗传资源系统（材料 PI 503283）。保存于塞尔维亚和黑山诺维萨德大田和蔬菜作物研究所（Cat. 1387）。Kays and Kultur，2005。

TUB-2024——起源于美国。1989 年采自威斯康星州（哥伦比亚县）路边，块茎少儿小，有严重感染锈病的记录。取自美国艾奥瓦州 50011 埃姆斯 NCRPIS 美国农业部农业研究中心国家遗传资源系统（材料 PI 547227）。保存于塞尔维亚和黑山诺维萨德大田和蔬菜作物研究所（Cat. 1516）。Kays and Kultur，2005。

TUB-2045——起源于美国。1989 年采自俄亥俄州。保存于美国艾奥瓦州 50011 埃姆斯 NCRPIS 美国农业部农业研究中心国家遗传资源系统（材料 PI 547228）。保存于塞尔维亚和黑山诺维萨德大田和蔬菜作物研究所（Cat. 1537）。

TUB-2046——起源于美国。1989年采自俄亥俄州。保存于美国艾奥瓦州50011埃姆斯NCRPIS美国农业部农业研究中心国家遗传资源系统（材料PI 547229）。保存于塞尔维亚和黑山诺维萨德大田和蔬菜作物研究所（Cat. 1538）。

TUB-2047——起源于美国。多分枝，高达2.5 m，叶片大（在USDA-ARS采集的最大），茎红色/紫色。1989年采自俄亥俄州路边100种植物的种群中。取自美国艾奥瓦州50011埃姆斯NCRPIS美国农业部农业研究中心国家遗传资源系统（材料PI 547230）。保存于乌克兰哈尔科夫Moskovs'kyi pr. 142，61060乌克兰国家植物遗传资源中心（材料UE0100763）。保存于塞尔维亚和黑山诺维萨德大田和蔬菜作物研究所（Cat. 1539）。

TUB-2048——起源于美国。1989年采自俄亥俄州。保存于美国艾奥瓦州50011埃姆斯NCRPIS美国农业部农业研究中心国家遗传资源系统（材料PI 547231）。保存于塞尔维亚和黑山诺维萨德大田和蔬菜作物研究所（Cat. 1540）。

TUB-2050——起源于美国。植株高达2.5 m，茎多毛；有锈病。1989年采自俄亥俄州玉米田边50种植物的种群中。取自美国艾奥瓦州50011埃姆斯NCRPIS美国农业部农业研究中心国家遗传资源系统（材料PI 547232）。保存于乌克兰哈尔科夫Moskovs'kyi pr. 142，61060乌克兰国家植物遗传资源中心（材料UE0100764）。保存于塞尔维亚和黑山诺维萨德大田和蔬菜作物研究所（Cat. 1542）。Kays和Kultur，2005。

TUB-2051——起源于美国。植株高2 m，叶片大，分布位置低。1989年采自俄亥俄州（霍姆斯县）路边沟渠25种植物的种群中。取自美国艾奥瓦州50011埃姆斯NCRPIS美国农业部农业研究中心国家遗传资源系统（材料PI 547233）。保存于塞尔维亚和黑山诺维萨德大田和蔬菜作物研究所（Cat. 1543）。

TUB-2052——起源于美国。1989年以种子的形式采自俄亥俄州（韦恩县）森林边缘。取自美国艾奥瓦州50011埃姆斯NCRPIS美国农业部农业研究中心国家遗传资源系统（材料PI 547234）。保存于（可用）塞尔维亚和黑山诺维萨德大田和蔬菜作物研究所（Cat. 1544）。

TUB-2055——起源于美国。1989年采自俄亥俄州。取自美国艾奥瓦州50011埃姆斯NCRPIS美国农业部农业研究中心国家遗传资源系统（材料PI 547235）。保存于塞尔维亚和黑山诺维萨德大田和蔬菜作物研究所（Cat. 1547）。

TUB-2057——起源于美国。1989年采自俄亥俄州。取自美国艾奥瓦州50011埃姆斯NCRPIS美国农业部农业研究中心国家遗传资源系统（材料PI 547236）。保存于塞尔维亚和黑山诺维萨德大田和蔬菜作物研究所（Cat. 1549）。

TUB-2059——起源于美国。保存于乌克兰哈尔科夫Moskovs'kyi pr. 142，61060乌克兰国家植物遗传资源中心（材料UE0100765）。

TUB-2061——起源于美国。茎红色，叶片大，分布位置低（可达12.5 cm宽）。1989年采自俄亥俄州75种野生植物种群中。取自美国艾奥瓦州50011埃姆斯NCRPIS美国农业部农业研究中心国家遗传资源系统（材料PI 547237）。保存于乌克兰哈尔科夫Moskovs'kyi pr. 142，61060乌克兰国家植物遗传资源中心（材料UE0100766）。保存于塞尔维亚和黑山诺维萨德大田和蔬菜作物研究所（Cat. 1553）。

TUB-2062——起源于美国。1989年采自俄亥俄州。取自美国艾奥瓦州50011埃姆斯NCRPIS美国农业部农业研究中心国家遗传资源系统（材料PI 547238）。保存于塞尔维亚和黑山诺维萨德大田和蔬菜作物研究所（Cat. 1554）。

TUB-2063——起源于美国。1989年采自俄亥俄州。取自美国艾奥瓦州50011埃姆斯NCRPIS美国农业部农业研究中心国家遗传资源系统（材料PI 547239）。保存于塞尔维亚和黑山诺维萨德大田和蔬菜作物研究所（Cat. 1555）。

TUB-2064——起源于美国。1989年采自俄亥俄州。保存于美国艾奥瓦州50011埃姆斯NCRPIS美国农业部农业研究中心国家遗传资源系统（材料PI 547240）。保存于塞尔维亚和黑山诺维萨德大田和蔬菜作物研究所（Cat. 1556）。

TUB-2066——起源于美国。1989年采自俄亥俄州（克林顿县）玉米田附近路边45种植物的种群中。取自美国艾奥瓦州50011埃姆斯NCRPIS美国农业部农业研究中心国家遗传资源系统（材料PI 547241）。保存于塞尔维亚和黑山诺维萨德大田和蔬菜作物研究所（Cat. 1558）。

TUB-2067——起源于美国。1989年采自俄亥俄州。取自美国艾奥瓦州50011埃姆斯NCRPIS美国农业部农业研究中心国家遗传资源系统（材料PI 547242）。保存于塞尔维亚和黑山诺维萨德大田和蔬菜作物研究所（Cat. 1559）。

TUB-2069——起源于美国。1989年采自印第安纳州。取自美国艾奥瓦州50011埃姆斯NCRPIS美国农业部农业研究中心国家遗传资源系统（材料PI 547243）。保存于塞尔维亚和黑山诺维萨德大田和蔬菜作物研究所（Cat. 1561）。

TUB-2070——起源于美国。1989年采自印第安纳州。取自美国艾奥瓦州50011埃姆斯NCRPIS美国农业部农业研究中心国家遗传资源系统（材料PI 547244）。保存于塞尔维亚和黑山诺维萨德大田和蔬菜作物研究所（Cat. 1562）。

TUB-2071——起源于美国。1989年采自印第安纳州。取自美国艾奥瓦州50011埃姆斯NCRPIS美国农业部农业研究中心国家遗传资源系统（材料PI 547245）。保存于塞尔维亚和黑山诺维萨德大田和蔬菜作物研究所（Cat. 1563）。

TUB-2073——起源于美国。1989年采自印第安纳州。取自美国艾奥瓦州50011埃姆斯NCRPIS美国农业部农业研究中心国家遗传资源系统（材料PI 547246）。保存于塞尔维亚和黑山诺维萨德大田和蔬菜作物研究所（Cat. 1565）。

TUB-2080——起源于美国。1989年采自印第安纳州。取自美国艾奥瓦州50011埃姆斯NCRPIS美国农业部农业研究中心国家遗传资源系统（材料PI 547247）。保存于塞尔维亚和黑山诺维萨德大田和蔬菜作物研究所（Cat. 1572）。

TUB-2089——起源于美国。1989年采自伊利诺伊州。取自美国艾奥瓦州50011埃姆斯NCRPIS美国农业部农业研究中心国家遗传资源系统（材料PI 547248）。保存于塞尔维亚和黑山诺维萨德大田和蔬菜作物研究所（Cat. 1581）。

TUB-2189——起源于美国。植株高1.5到2 m，叶片大而厚。1991年由Seiler G.采自内布拉斯加州38种植物的种群中。取自美国艾奥瓦州50011埃姆斯NCRPIS美国农业部农业研究中心国家遗传资源系统（材料 Ames 18010）。保存于塞尔维亚和黑山诺维萨德大田和蔬菜作物研究所（Cat. 1681）。

TUB-2278——起源于加拿大。1994 年采自加拿大马尼托巴湖。保存于美国艾奥瓦州 50011 埃姆斯 NCRPIS 美国农业部农业研究中心国家遗传资源系统（材料 Ames 22227）。

TUB-2282——起源于加拿大。1994 年采自加拿大马尼托巴湖。保存于美国艾奥瓦州 50011 埃姆斯 NCRPIS 美国农业部农业研究中心国家遗传资源系统（材料 Ames 22228）。

TUB-2329——起源于加拿大。1994 年采自 Metigoshe 湖附近的马尼托巴湖。取自美国艾奥瓦州 50011 埃姆斯 NCRPIS 美国农业部农业研究中心国家遗传资源系统（材料 Ames 22229）。

TUB-CG 1 to TUB-CG 81（共 **81** 种材料）——起源于黑山共和国。均于 1990 年采自野生种群。保存于塞尔维亚和黑山诺维萨德大田和蔬菜作物研究所。

Turuel——见 Teruel。

Tuscarora #1——可能起源于美国。取自美国纽约 12980 号 Regis Falls 街道 Apt. A-4 枫叶公寓 Doug Egeland。

Tuscarora #2——可能起源于美国。取自美国纽约 12980 号 Regis Falls 街道 Apt. A-4 枫叶公寓 Doug Egeland。

Tyumen' 2——起源于俄罗斯联邦。Ustimenko et al.，1976。

U-2U-2G——见 NC10-70。

UE0100253——起源于美国。保存于乌克兰哈尔科夫 Moskovs'kyi pr. 142，61060 乌克兰国家植物遗传资源中心（无材料名称）。2001 年美国采集/捐赠（标记为 *subcanescens* 的亚种，Gray A.）。

UE0100822——起源地未知。保存于乌克兰哈尔科夫 Moskovs'kyi pr. 142，61060 乌克兰国家植物遗传资源中心（无材料名称）。

Ukr. 1——起源于乌克兰。Berenji，1988。

Ukr. 2——起源于乌克兰。Berenji，1988。

Ukr. 3——起源于乌克兰。Berenji，1988。

UKR 4/82——起源于乌克兰。Kara et al.，2005。

Ukrainian 30——起源于乌克兰（敖萨德）。Marcenko，1969。

Ukrainskii 108——见 Ukrainian 108。

Ukranian 108——起源于乌克兰。成熟期早至中等。Lapshina，1981；Lapshina et al.，1980；Mishurov et al.，1999。

UM0600001——起源于乌克兰。保存于乌克兰哈尔科夫 Moskovs'kyi pr. 142，61060 乌克兰国家植物遗传资源中心（无材料名称）；1998 年采自乌克兰 Poltavs'ka。

Unity Firehouse——起源于美国 1988 年前采自缅因州 Unity 消防站对面的路边，并被缅因州 Jack Kertesz of Freedom 捐赠。取自美国艾奥瓦州 50011 埃姆斯 NCRPIS 美国农业部农业研究中心国家遗传资源系统（材料 Ames 8386）。

Urodny——起源于俄罗斯联邦。块茎白色，植株矮小，地上多分枝，早熟，在北欧

（丹麦）可开花，块茎产量相对较高。北欧基因库中捷克共和国起源的材料（材料 DKHEL 14），一种选育/研究无性系；起初于 1959 年由捷克共和国 Havlickuv Brod 的 UKZUZ 捐赠。Henriksen 和 Bjørn，2003（块茎产量 9.0 t·ha^{-1}）；Kays 和 Kultur，2005；Klug-Andersen，1992（块茎产量 39 到 50 t·ha^{-1}）；Zubr 和 Pedersen，1993（块茎干重产量 12 t·ha^{-1}）；Zubr，1988a（块茎产量 8.4 t·ha^{-1}）。

Usborne sunroot——起源地未知。取自加拿大萨斯喀彻温省 S7N 0X2 萨斯卡通的加拿大植物遗传资源（PGRC）（材料 NC10-110）；2004 年获得。

USDA-P1——见 NC10-43。

V71——起源于法国。实验无性系，抗菌核病。Gaudineau 和 Lafon，1958。

V102——起源于法国。块茎为很浅的紫罗蓝色，纺锤形。保存于法国蒙特利埃 UMR-DGPC 国家农业研究所（INRA MPHE001398）；直接利用价值有限。

Vadim——起源于乌克兰（敖萨德），晚熟。保存于法国蒙特利埃 UMR-DGPC 国家农业研究所（INRA MPHE001486）；直接利用价值有限。取自美国艾奥瓦州 50011 埃姆斯 NCRPIS 美国农业部农业研究中心国家遗传资源系统（材料 PI 357302）；1971 年由俄罗斯联邦 VIR（俄罗斯瓦维洛夫植物产业研究所）捐赠。取自加拿大萨斯喀彻温省 S7N 0X2 萨斯卡通的加拿大植物遗传资源（PGRC）（材料 NC10-76）；1979 年获得（联系人：Stauffer M. D.）。取自美国缅因州 04938 法明顿 Box 1167 Will Bonsall（分散种子计划）（美国艾奥瓦州 52101 迪科拉 North Winn 路 3076 号种子储户交换成员网络）。Davydovic，1951；Kays 和 Kultur，2005（与 Vadim 和 NC10-76 相似）；Meleskin，1957；Seiler，1993；Usanova，1967；Ustimenko et al.，1976；Vavilov et al.，1975（块茎产量 11 t·ha^{-1}）；Varlamova et al.，1996；Zubr，1988a。

Vanlig——起源于瑞典。块茎白色，植株高，分枝弱，晚熟，在丹麦很少或几乎不开花，块茎产量中等，或处于平均水平。取自北欧基因库（材料 DKHEL 7），一种选育/研究无性系；由位于瑞典 Alnarp 的 Sveriges Landbrugsuniversitet（SLU）捐赠。Henriksen 和 Bjørn，2003（块茎产量 8.0 t·ha^{-1}）；Kays 和 Kultur，2005；Klug-Andersen，1992（块茎产量 24 到 43 t·ha^{-1}）；Zubr，1988a（块茎产量 7.7 t·ha^{-1}）。

Vengerskii——起源于匈牙利。Pas'ko，1971，1974。

Verbesserte Gelbe——可能起源于德国。Küppers-Sonnenberg，1955。

Vernet——起源于法国。块茎紫罗蓝色，有光滑（规则）表面，球形（短梨形）。保存于法国蒙特利埃 UMR-DGPC 国家农业研究所（INRA MPHE001420）；直接利用价值有限。取自加拿大萨斯喀彻温省 S7N 0X2 萨斯卡通的加拿大植物遗传资源（PGRC）（材料 NC10-105）；1984 年从 Larry Tieszen 获得。Mesken，1988。

Verona 1——起源于意大利。Ercoli et al.，1992（块茎产量 63.0 t·ha^{-1}）。

Vilmorin Potato——见 Patate Vilmorin。

Violeta de Teruel——起源地未知。Fernandez et al.，1988b。

Violet Commun [Common Purple]——起源于法国。块茎紫色，梨形至长形。保存于法国蒙特利埃 UMR-DGPC 国家农业研究所（INRA MPHE001421）；直接利用价值有限。

Berenji, 1988; Küppers-Sonnenberg, 1955; Pekic 和 Kisgeci, 1984（与 Violet Communes 相似）; Pas'ko, 1973, 1974, 1977; Chabbert et al., 1983。

Violet Communes——见 Violet Commun。

Violet de Rennes[**Rennes Purple**]——起源于法国（布列塔尼）。块茎紫红色，梨形，晚熟，植株中等高度（2 到 3 m），一个或两个主茎。取自德国 Corrensstrasse 3, 06466 Gatersleben 的植物基因和作物保护莱布尼兹研究所（IPK）（材料 HEL 261；以前叫 Braunschweig 57355）。保存于法国蒙特利埃 UMR – DGPC 国家农业研究所（INRA MPHE001422）；直接利用价值有限。取自加拿大萨斯喀彻温省 S7N 0X2 萨斯卡通的加拿大植物遗传资源（PGRC）（材料 NC10-103）; 1984 年获得。该栽培种已在许多研究中应用，通常作为对照与新的无性系进行比较，包括 Allirand et al., 1988; Berenji, 1988; Cassells 和 Deadman, 1993; Baldini et al., 2004; Barloy, 1988; Barloy 和 Le Pierres, 1988; Curt et al., 2005; De Mastro, 1988（块茎产量 70 t·ha^{-1}，干重产量 15 t·ha^{-1}）; De Mastro et al., 2004; Ercoli et al., 1992（块茎产量 75.6 t·ha^{-1}）; Gabini, 1988（块茎产量 80 t·ha^{-1}）; Garcia-Rodriguez 和 Gautheret, 1976; Fernandcz et al., 1988a（块茎产量 71 t·ha^{-1}，干重产量 16 t·ha^{-1}；地上产量 12 t·ha^{-1}，干重产量 8 t·ha^{-1}）; Fernandez et al., 1988b; Kara et al., 2005; Le Cochec 和 de Barreda, 1990; Lee et al., 1985（块茎产量 40.2 t·ha^{-1}；地上干重产量 8.8 t·ha^{-1}）; Meijer et al., 1993; Mesken, 1988; Pasquier 和 de Valbray, 1981（块茎产量 60 到 90 t·ha^{-1}）; Pejin et al., 1993（块茎产量 70 t·ha^{-1}；地上产量 60 t·ha^{-1}）; Rosa et al., 1992; Schittenhelm, 1988（每株平均块茎 17.5 个）; Soja 和 Dersch, 1993; Soja 和 Haunold, 1991; Soja et al., 1990, 1993; Spitters et al., 1988; Stolzenburg, 2003（块茎产量 9 t·ha^{-1}）。

Violett de' Rennes——见 Violet de Rennes。

Voelkenroder Spindel——起源地未知。取自德国 Corrensstrasse 3, 06466 Gatersleben 的植物基因和作物保护莱布尼兹研究所（IPK）（材料 HEL 278；以前叫 Braunschweig 57373）。Stolzenburg, 2003（块茎产量 7.6 t·ha^{-1}）; Stolzenburg, 2004。

Volga 2——起源于俄罗斯联邦。源自菊芋和向日葵的种间杂交。取自美国艾奥瓦州 50011 埃姆斯 NCRPIS 美国农业部农业研究中心国家遗传资源系统（材料 PI 357303）; 1971 年由俄罗斯联邦 VIR（俄罗斯瓦维洛夫植物产业研究所）捐赠。取自（与 Volzskij-2 和 Volga 2 相似）加拿大萨斯喀彻温省 S7N 0X2 萨斯卡通的加拿大植物遗传资源（PGRC）（材料 NC10-73 和 NC10-140）; 分别于 1979 和 1989 年取自 Stauffer M. D. 和艾奥瓦州埃姆斯的 USDA-ARS。取自美国缅因州 04938 法明顿 Box 1167 Will Bonsall（分散种子计划）（美国艾奥瓦州 52101 迪科拉 North Winn 路 3076 号种子储户交换成员网络）。取自（与 Volgo 2 相似）加拿大新不伦瑞克 E4H 4N5 韦尔登 Beech Hill 路 129 号 Mapple 农场。Kays 和 Kultur, 2005; Kiehn 和 Chubey, 1993（块茎产量 17 到 45 t·ha^{-1}）; Lavrühin, 1954。

Volgo 2——见 Volga 2。

Volzskaja 2——见 Volga 2。

Volzskij-2——见 Volga 2。

von Hagens Standard——起源于德国。Conti，1957。

Vorstorg——见 Vostorg。

Vostorg [Rapture]——起源于俄罗斯联邦。白色球形块茎。在迈科普试验站（俄罗斯联邦）通过向日葵 Violet Commun [Common Purple] 和菊芋 Gigant 549 [Giant 549] 杂交育成。耐干旱，除油菜菌核病外抗大部分病虫害。保存于法国蒙特利埃 UMR-DGPC 国家农业研究所（INRA MPHE001487）；直接利用价值有限。Pas'ko，1976，1977，1980。

VR——见 Violet de Rennes。Ben Chekroun 等（1996）简称 VR，De Mastro，1988。

Vyl'gortskii [Vylgortski]——起源于俄罗斯联邦。由位于俄罗斯联邦科米共和国的俄罗斯科学院乌拉尔分院科米生物科学研究所为符合耐寒、植株高和生产鲜物质要求选育而成（1999 年列入国家种子名录）。Mishurov et al.，1999。

W-97——见 NC10-37。

W-97-K1A——见 NC10-58。

W-106——见 NC10-38。

W-1061——见 NC10-59。

W-3X Branching 7611——见 NC10-79。

W-3X Branching 7701——见 NC10-80。

Waldoboro Gold——起源于美国。块茎为罕见的黄色，细长，扭曲，肉黄色，早熟，据报道产量低，难以清洗。1988 年前由缅因州的 Ken Steward of Damariscotta 采自缅因州沃尔多伯勒野生植物丛中 Route 1 旁边。取自美国艾奥瓦州 50011 埃姆斯 NCRPIS 美国农业部农业研究中心国家遗传资源系统（材料 Ames 8380）。取自美国缅因州 04938 法明顿 Box 1167 Will Bonsall（分散种子计划）（美国艾奥瓦州 52101 迪科拉 North Winn 路 3076 号种子储户交换成员网络）。Kays 和 Kultur，2005。

Waldspindel——起源于德国，虽然现在成为一个起源于多地的栽培群。中等至晚熟，与 C34 研究/选育无性系同种异名。取自德国 Corrensstrasse 3，06466 Gatersleben 的植物基因和作物保护莱布尼兹研究所（IPK）（材料 HEL 244；以前叫 Braunschweig BGRC 57338）。3 个无性系保存于法国蒙特利埃 UMR-DGPC 国家农业研究所（INRA MPHE001458，起源于德国，紫罗蓝色卵形块茎；MPHE001459，起源于德国，块茎紫罗蓝色，纺锭/纺锤形；MPHE001460，起源于奥地利，块茎紫罗蓝色，卵形至圆形）；直接利用价值有限。取自（起源于法国）加拿大萨斯喀彻温省 S7N 0X2 萨斯卡通的加拿大植物遗传资源（PGRC）（材料 NC10-111）；1984 年获得（联系人：Larry Tieszen）。Barta，1996（大块茎平均重量 83 g；小块茎 48 g）；De Mastro，1988（C34）；Fernandez et al.，1988b（C-34）；Gabini，1988；Gabini 和 Corronca，1988；Kara et al.，2005；Kays 和 Kultur，2005；Pas'ko，1974；Pátkai 和 Barta，2002；Pejin et al.，1993（块茎产量 47 t·ha^{-1}；地上产量 39 t·ha^{-1}）；Schittenhelm，1988（每株平均产块茎 28.5 个）；Soja 和 Dersch，1993；Soja 和 Haunold，1991（块茎产量 3.8 t·ha^{-1}）；Soja et al.，1993；Stolzenburg，2003（块茎产量 9.2 t·ha^{-1}）；Stolzenburg，2004。

Walspindel——见 Waldspindel。

Waterer——起源于美国。Boswell et al., 1936。

White Crop——起源于俄罗斯联邦。晚熟。取自美国缅因州 04938 法明顿 Box 1167 Will Bonsall（分散种子计划）（美国艾奥瓦州 52101 迪科拉 North Winn 路 3076 号种子储户交换成员网络）。2006 年在美国艾奥瓦州 50011 埃姆斯美国农业部农业研究中心国家遗传资源系统 NCRPIS 失活（材料 PI 357304）。Kays and Kultur, 2005。

White Early——见 Belyi Rannii。

White Mammoth——起源地未知，块茎大，白色，略带紫色。可能是一种栽培类型或栽培群组。取自美国加利福尼亚州 95444 格拉顿 517 S. Brush 的 David Laverine。

White Productive——见 Belyi Urozhainyi。

Whitford——可能起源于美国。取自美国缅因州 04938 法明顿 Box 1167 Will Bonsall（分散种子计划）（美国艾奥瓦州 52101 迪科拉 North Winn 路 3076 号种子储户交换成员网络）。Kays 和 Kultur, 2005。

Wilder Hill——起源于美国。块茎中等大小，白色。1988 年由缅因州 Norridgewock 的 Arthur Wilder 采自缅因州几十年的植物丛中。取自美国缅因州 04938 法明顿 Box 1167 Will Bonsall（分散种子计划）（美国艾奥瓦州 52101 迪科拉 North Winn 路 3076 号种子储户交换成员网络）。2006 年在美国艾奥瓦州 50011 埃姆斯美国农业部农业研究中心国家遗传资源系统 NCRPIS 失活（材料 PI 357304）。

Wilton Rose——可能起源于美国。取自美国缅因州 04938 法明顿 Box 1167 Will Bonsall（分散种子计划）（美国艾奥瓦州 52101 迪科拉 North Winn 路 3076 号种子储户交换成员网络）。Kays 和 Kultur, 2005。

Wolcottonian Red——见 Dave's Shrine。Watson, 1996。

Yankton-1——起源于美国（密歇根州）。块茎白色，晚熟。取自（起源于法国）加拿大萨斯喀彻温省 S7N 0X2 萨斯卡通的加拿大植物遗传资源（PGRC）（材料 NC10-67）；1978 年从 Burgess 种子公司获取。Kiehn 和 Chubey, 1993（块茎产量 15~46 t·ha^{-1}）。

Yellow Perfect——起源地未知。早熟。Mesken, 1988；van Soest et al., 1993。

Yeralmasi——起源于阿塞拜疆。保存于阿塞拜疆国家科学院（阿塞拜疆巴库 1106 155-Azadlii Ave.）遗传资源研究所（材料 151-he）；2005 年采自阿塞拜疆 Ganja。

Yerarmudu gunebakhani——起源于阿塞拜疆。保存于阿塞拜疆国家科学院（阿塞拜疆巴库 1106 155-Azadlii Ave.）遗传资源研究所（材料 DER-384）；1973 年采自阿塞拜疆。

Zeleneckii——起源于俄罗斯联邦。Mishurov et al., 1999。

Zonenkugel——见 Rote Zonenkugel。

3——起源于美国。1999 年由 Mary Brothers 采自艾奥瓦州（伍德伯里县）路边沟渠的 100 种植物种群中。取自美国艾奥瓦州 50011 埃姆斯 NCRPIS 美国农业部农业研究中心国家遗传资源系统（材料 PI 613795）。

12/84——起源于前南斯拉夫。栽培种，块茎紫罗兰色，短梨形。取自德国 Corrensstrasse 3, 06466 Gatersleben 的植物基因和作物保护莱布尼兹研究所（IPK）（材料 HEL

267；以前叫 Braunschweig BGRC 57362）。保存于法国蒙特利埃 UMR-DGPC 国家农业研究所（INRA MPHE001463）；直接利用价值有限。Kays 和 Kultur, 2005。

19——起源于美国。1999 年采自艾奥瓦州。保存于美国艾奥瓦州 50011 埃姆斯 NCRPIS 美国农业部农业研究中心国家遗传资源系统（材料 PI 613796）。

23.27——起源于法国。块茎白色，长卵形（椭圆形），锯齿状（不规则表面），早熟。保存于法国蒙特利埃 UMR-DGPC 国家农业研究所（INRA MPHE001366）；直接利用价值有限。取自德国 Corrensstrasse 3, 06466 Gatersleben 的植物基因和作物保护莱布尼兹研究所（IPK）（材料 HEL 273；以前叫 Braunschweig BGRC 57368）。Kays 和 Kultur, 2005（与 2327 相似）。

29.65——起源于法国。也见 NC10-123，块茎白色，圆形/短梨形或梨形，有些许锯齿（不规则）。保存于法国蒙特利埃 UMR-DGPC 国家农业研究所（INRA MPHE001367）；直接利用价值有限。

79.62——起源于法国。块茎白色，卵形，有锯齿（不规则）。保存于法国蒙特利埃 UMR-DGPC 国家农业研究所（INRA MPHE001370）；直接利用价值有限。

99B——起源于法国。保存于法国蒙特利埃 UMR-DGPC 国家农业研究所（INRA MPHE001500）；直接利用价值有限。

228.62——起源于法国。块茎白色，卵形，有锯齿（不规则），早熟。保存于法国蒙特利埃 UMR-DGPC 国家农业研究所（INRA MPHE001365）；直接利用价值有限。取自（与 228-62 相似）德国 Corrensstrasse 3, 06466 Gatersleben 的植物基因和作物保护莱布尼兹研究所（IPK）（材料 HEL 274；以前叫 Braunschweig BGRC 57369）。Kays 和 Kultur, 2005（与 228-62 相似）。

266——见 NC10-62。

342.62——起源于法国。块茎白色，卵形，有锯齿（不规则）。保存于法国蒙特利埃 UMR-DGPC 国家农业研究所（INRA MPHE001368）；直接利用价值有限。

742.63——起源于法国。块茎白色，纺锤形，有锯齿（不规则）。保存于法国蒙特利埃 UMR-DGPC 国家农业研究所（INRA MPHE001369）；直接利用价值有限。

952.63——起源于法国。块茎白色，球形（短梨形），有些许锯齿（不规则），早熟。保存于法国蒙特利埃 UMR-DGPC 国家农业研究所（INRA MPHE001371）；直接利用价值有限。取自（与 952-63 相似）德国 Corrensstrasse 3, 06466 Gatersleben 的植物基因和作物保护莱布尼兹研究所（IPK）（材料 HEL 275；以前叫 Braunschweig BGRC 57370）。Kays 和 Kultur, 2005（与 952-63 相似）。

1277.63——起源于法国。也见 NC10-127，块茎白色，卵形，有许多锯齿（不规则）。保存于法国蒙特利埃 UMR-DGPC 国家农业研究所（INRA MPHE001361）；直接利用价值有限。

1999.63——起源于法国。块茎白色，卵形，有些许锯齿（不规则）。保存于法国蒙特利埃 UMR-DGPC 国家农业研究所（INRA MPHE001362）；直接利用价值有限。

2071.63［2071-63］——起源于法国。块茎白色，形状多变，不规则，早熟。保存于法国蒙特利埃 UMR-DGPC 国家农业研究所（INRA MPHE001363）；直接利用价值有限。取自（与 2071-63 相似）德国 Corrensstrasse 3，06466 Gatersleben 的植物基因和作物保护莱布尼兹研究所（IPK）（材料 HEL 276；以前叫 Braunschweig BGRC 57371）。Hay 和 Offer, 1992；Kays 和 Kultur, 2005；Schittenhelm, 1988（每株平均产块茎 18.3 个）；Stolzenburg, 2004；Zubr 和 Pedersen（无性系 2071-63；干重产量 12.2 t·ha^{-1}）。

2088——起源于法国。块茎粉红色，表面不规则。保存于法国蒙特利埃 UMR-DGPC 国家农业研究所（INRA MPHE001364）；直接利用价值有限。

7305——见 NC10-3。

7306——见 NC10-4。

7307——见 NC10-5。

7308——见 NC10-6。

7309——见 NC10-7。

7310——见 NC10-8。

7312——见 NC10-9。

7512——见 NC10-10。

7513——见 NC10-11。

7513A——见 NC10-55。

10562 G2——起源于法国。也见 NC10-125。取自德国 Corrensstrasse 3，06466 Gatersleben 的植物基因和作物保护莱布尼兹研究所（IPK）（材料 HEL 269；以前叫 Braunschweig BGRC 57364）。

10562 G15——起源于法国。取自德国 Corrensstrasse 3，06466 Gatersleben 的植物基因和作物保护莱布尼兹研究所（IPK）（材料 HEL 270；以前叫 Braunschweig BGRC 57365）。

75004-52——见 NC10-46。

75005——见 NC10-45。

(K8 * VR)——起源于法国。K8 和 Violet de Rennes 的杂交种。保存于法国蒙特利埃 UMR-DGPC 国家农业研究所（INRA MPHE001423）；直接利用价值有限。

(NK * F60).1 to (NK * F60).10（共 10 种材料）——起源于法国。Nahodka 和 Fuseau 60 的杂交种。块茎颜色和形状多样。保存于法国蒙特利埃 UMR-DGPC 国家农业研究所（见表 8.6 编码 INRA）；直接利用价值有限。

(NK * K8)——起源于法国。Nahodka 和 K8 的杂交种。保存于法国蒙特利埃 UMR-DGPC 国家农业研究所（INRA MPHE001434）；直接利用价值有限。

(NK * VR).1——起源于法国。Nahodka 和 Violet de Rennes 的杂交种，块茎深紫罗兰色。保存于法国蒙特利埃 UMR-DGPC 国家农业研究所（INRA MPHE001435）；直接利用价值有限。

(NK * VR).2——起源于法国。Nahodka 和 Violet de Rennes 的杂交种。块茎浅紫罗兰色，梨形或纺锤形。保存于法国蒙特利埃 UMR-DGPC 国家农业研究所（INRA MPHE001436）；直接利用价值有限。

（**VR*F60**）**.1**——起源于法国。Violet de Rennes 和 Fuseau 60 的杂交种。块茎粉红色，球形（短梨形）。保存于法国蒙特利埃 UMR–DGPC 国家农业研究所（INRA MPHE001437）；直接利用价值有限。

（**VR*F60**）**.2**——起源于法国。Violet de Rennes 和 Fuseau 60 的杂交种，块茎白色或粉红色，纺锤形或梨形。保存于法国蒙特利埃 UMR–DGPC 国家农业研究所（INRA MPHE001438）；直接利用价值有限。

（**VR*F60**）**.3**——起源于法国。Violet de Rennes 和 Fuseau 60 的杂交种。块茎白色，卵形（椭圆形）至纺锤形。保存于法国蒙特利埃 UMR–DGPC 国家农业研究所（INRA MPHE001439）；直接利用价值有限。

（**VR*NK**）—起源于法国。Violet de Rennes 和 Nahodka 的杂交种。块茎紫罗兰色，卵形（椭圆形）。保存于法国蒙特利埃 UMR–DGPC 国家农业研究所（INRA MPHE001440）；直接利用价值有限。

参考文献

Allirand, J.-M., Chartier, M., Gosse, G., Lauransot, M., and Bonchretien, P., Jerusalem artichoke productivity modeling, in *Topinambour (Jerusalem Artichoke)*, ECC Report EUR 11855, Grassi, G. and Gosse, G., Eds., CEC, Luxembourg, 1988, pp. 17–27.

Anon., National Vegetable Research Station Report, Wellesbourne, U.K., 1959.

Arbuzov, V. P., Stretovich, E. A., Stepanova, I. V., and Burachevskii, I. I., Vodka 'Golden Dozed Lux' ('Zolotaya Djuzhina Luks'), Russian Federation Patent RU2236450, 2004.

Atlagic, J., Dozet, B., and Skoric, D., Meiosis and pollen viability in *Helianthus tuberosus* L. and its hybrids with cultivated sunflower, *Plant Breeding*, 111, 318–324, 1993.

Atlagic, J., Terzic, S., Skoric, D., Marinkovic, R., Vasiljevic, Lj., and Pankovic, D., The wild sunflower species collection in Novi Sad, *Helia*, 29, 55–64, 2006.

Bagautdinova, R. I. and Fedoseeva, G. P., Dynamics of fractional composition of carbohydrate complex in different early maturation of topinambour crops, *Sel'skokhozyaistvennaya Biologiya*, 1, 55–63, 2000.

Baillarge, E., *Le Topinambour*, Flammarion, Paris, 1942.

Baldini, M., Damuso, F., Turi, M., and Vannozzi, P., Evaluation of new clones of Jerusalem artichoke (*Helianthus tuberosus* L.) for inulin and sugar yield from stalks and tubers, *Ind. Crops Prod.*, 19, 25–40, 2004.

Barloy, J., Yield elaboration of Jerusalem artichoke, in *Topinambour (Jerusalem Artichoke)*, Report EUR 11855, Grassi, G. and Gosse, G., Eds., Commission of the European Communities (CEC), Luxembourg, 1988, pp. 65–84.

Barloy, J. and Le Pierres, J., Productivitie de differents clones de topinambour (*Helianthus tuberosus* L.) a Rennes, pendant deuz annes (1987 et 1988), in *Topinambour (Jerusalem Artichoke)*, Report EUR 13405, Gosse, G. and Grassi, G., Eds., Commission of the European Communities (CEC), Luxembourg, 1988, pp. 26–32.

Barre, A., Bourne, Y., Van Damme, E. J. M., Peumans, W. J., and Rouge, P., Mannose-binding plant lectins: different structural scaffolds for a common sugar-recognition process, *Biochimie*, 83, 645–651, 2001.

Barta, J., Jerusalem artichoke as a multipurpose raw material for food products of high fructose or inulin content, in *Inulin and Inulin - Containing Crops*, Fuchs, A., Ed., Elsevier Science, Amsterdam, 1993, pp. 323–339.

Barta, J., Suitability of Hungarian Jerusalem artichoke varieties for food industrial processing, in *Proceedings of the Sixth Seminar on Inulin*, Braunschweig, Germany, September 1996, Fuchs, A., Schittenhelm, S., and Frese, L., Eds., Carbohydrate Research Foundation, The Hague, 1996, p. 6. Batard, Y., LeRet, M., Schalk, M., Zimmerlin, A., Durst, F., and Werck-Reichhart, D., Molecular cloning and functional expression in yeast of CYP76B1, a xenobiotic-inducible 7-ethoxycoumarin o-de-ethylase from *Helianthus tuberosus*, *Plant J.*, 14, 111–120, 1998.

Batard, Y., Schalk, M., Pierrel, M.-A., Zimmerlin, A., Durst, F., and Werck-Reichhart, D., Regulation of the cinnamate 4-hydroxylase (CYP73A1) in Jerusalem artichoke tubers in response to wounding and chemical treatments, *Plant Physiol.*, 113, 951–959, 1997.

Batard, Y., Zimmerlin, A., LeRet, M., Durst, F., and Werck-Reichhart, D., Multiple xenobiotic-inducible P450s are involved in alkoxycoumarins and alkoxyresorufins metabolism in higher plants, *Plant Cell Environ.*, 18, 523–533, 1995.

Ben Chekroun, M., Amzile, J., Mokhtari, A., El Huloui, N.E., Provost, J., and Fontanillas, R., Comparison of fructose production by 37 cultivars of Jerusalem artichoke (*Helianthus tuberosus* L.), *N. Z. J. Crop Hort. Sci.*, 24, 115–120, 1996.

Benveniste, I. and Durst, F., Detection of a cytochrome P450 enzyme, transcinnamic acid 4-hydroxylase (CAH) in the tissues of Jerusalem artichoke (*Helianthus tuberosus*, common white variety), *C. R. Seances Acad. Sci. D*, 278, 1487–1490, 1974.

Berenji, J., Leaf area determination in Jerusalem artichoke, in *Topinambour (Jerusalem Artichoke)*, Report EUR 13405, Gosse, G. and Grassi, G., Eds., Commission of the European Communities (CEC), Luxembourg, 1988, pp. 91–98.

Bogomolov, V.A. and Petrakova, V.F., [Outcomes of Jerusalem artichoke growth studies], *Kormoproizvodstvo*, 11, 15–18, 2001.

Boswell, V.R., Steinbauer, C.E., Babb, M.F., Burlison, W.L., Alderman, W.H., and Schoth, P.A., Studies of the culture and certain varieties of the Jerusalem artichoke, *USDA Technical Bulletin* 514, USDA, Washington, DC, 1936, pp. 1–69.

Bourne, Y., Zamboni, V., Barre, A., Peumans, W.J., Van Damme, E.J., and Rouge, P., *Helianthus tuberosus* lectin reveals a widespread scaffold for mannose-binding lectins, *Structure* (London), 7, 1473–1482, 1999.

Burke, J.M., Lai, Z., Salmaso, M., Nakazato, T., Tang, S., Heesacker, A., Knapp, S.J., and Rieseberg, L.H., Comparative mapping and rapid karyotypic evolution in the genus *Helianthus*, *Genetics*, 167, 449–457, 2004.

Cabello-Hurtado, F., Durst, F., Jorrin, J.V., and Werck-Reichhart, D., Coumarins in *Helianthus tuberosus*: characterization, induced accumulation and biosynthesis, *Phytochemistry*, 49, 1029–1036, 1998.

Cassells, A.C. and Deadman, M., Multiannual, multilocational trials of Jerusalem artichoke in the south of Ireland: soil, pH and potassium, in *Inulin and Inulin-Containing Crops*, Fuchs, A., Ed., Elsevier, Amsterdam, 1993, pp. 21–27.

Cassells, A.C. and Walsh, M., Screening for *Sclerotinia resistance* in *Helianthus tuberosus* L. (Jerusalem artichoke) varieties, lines and somaclones, in the field and *in vitro*, *Plant Pathol.*, 44, 428-437, 1995.

Cauderon, Y., Analyse cytogénétique d'hybrides entre *Helianthus tuberosus* et *H. annuus*. Conséquences en matière de selection, *Ann. Amélior. Plant*, 15, 243-261, 1965.

Cedendo, R., McMullen, M., and Miller, J., Cytogenetic relationship between *Helianthus annuus* L. and *H. tuberosus*, in *Proceedings of the 11th International Sunflower Conference*, Mar del Plata, Argentina, March 10-13, 1985, pp. 541-546.

Chabbert, N., Braun, Ph., Guiraud, J. P., Arnoux, M., and Galzy, P., Productivity and fermentability of Jerusalem artichoke according to harvesting date, *Biomass*, 3, 209-224, 1983.

Chandler, J. M. and Beard, B. H., Embryo culture of *Helianthus* hybrids, *Crop Sci.*, 23, 1004-1007, 1983.

Chang, T., Chen, L., Chen, S., Cai, H., Liu, X., Xiao, G., and Zhu, Z., Transformation of tobacco with genes encoding *Helianthus tuberosus* Agglutinin (HTA) confers resistance to peach-potato aphid (*Myzus persicae*), *Transgenic Res.*, 12, 607-614, 2003.

Chang, T., Liu, X., Xu, H., Meng, K., Chen, S., and Zhu, Z., A metallothionein-like gene ht-MT2 strongly expressed in internodes and nodes of *Helianthus tuberosus* and effect of metal ion treatment on its expression, *Planta*, 218, 449-455, 2004.

Chang, T., Zhai, H., Chen, S., Song, G., Xu, H., Wei, X., and Zhu, Z., Cloning and functional analysis of the bifunctional agglutin/trypsin inhibitor from *Helianthus tuberosus* L., *Integr. Plant Biol.* (*Acta Bot. Sin.*), 38, 971-982, 2006.

Chubey, B. B. and Dorrell, D. G., Jerusalem artichoke, a potential fructose crop for the prairies, *Can. Inst. Food Sci. Technol. J.*, 7, 98-100, 1974.

Chubey, B. B. and Dorrell, D. G., Columbia Jerusalem artichoke, *Can. J. Plant Sci.*, 62, 537-539, 1982.

Cieslik, E., Florkiewicz, A., and Filipiak-Florkiewicz, A., Influence of the harvest time on carbohydrate content in Jerusalem artichoke (*Helianthus tuberosus* L.), *Pol. Zywienie Czlowieka i Metabolizm*, 30, 1076-1080, 2003.

Clevenger, S. and Heiser, C. B., *Helianthus laetiflorus* and *Helianthus rigidus*: hybrids or species? *Rhodora*, 65, 124-133, 1963.

Conde, J. R., Tenorio, J. L., Rodriguez-Maribona, R., Lansac, R., and Ayerbe, L., Effect of water stress on tuber and biomass productivity, in *Topinambour (Jerusalem Artichoke)*, Report EUR 13405, Gosse, G. and Grassi, G., Eds., Commission of the European Communities (CEC), Luxembourg, 1988, pp. 59-64.

Conti, F.-W. Von, Stoffliche veränderungen in Topinamburknollen nach Wuchs-und Hemmstoffbehandlung der Pflanze, *Beiträge zur Biologie de Pflanzen*, 33, 423-436, 1957.

Coppola, F., Mutants obtained after gamma radiation of Jerusalem artichoke cv. Violet de Rennes (*Helianthus tuberosus* L.), *Mutation Breeding Newsl.*, 28, 9-10, 1986.

Cors, F. and Falisse, A., *Etude des perspectives de culture du topinambour en region limoneuse beige*, Centre de Recherche Phytotechnique sur les Proteagineux et Oleagineux, Faculte de Science, Gembloux, 1980, pp. 1-72.

Cosgrove, D. R., Oelke, E. A., Doll, D. J., Davis, D. W., Undersander, D. J., and Oplinger, E. S., Jerusalem Artichoke, http://www.hort.purdue.edu/newcrop/afcm/jerusart.html, 2000.

Curt, M. D., Aguado, P. L., Sanz, M., Sanchéz, G., and Fernández, J., On the Use of the Stalks of *Helianthus tuberosus* L. for Bio-ethanol Production, paper presented at the 2005 AAIC Annual Meeting: International Conference on Industrial Crops and Rural Development, September 17-21, 2005, Murcia, Spain.

Davydovic, S. S., [Crosses between Jerusalem artichoke and sunflower], *Selekeija i Somonovodstvo* [*Breeding and Seed Growing*], 14, 33-37, 1947.

Davydovic, S. S., [Breeding the Jerusalem artichoke], *Selekc. Sem.*, 2, 40-46, 1951.

De Mastro, G., Productivity of eight Jerusalem artichoke cultivars in southern Italy, in *Topinambour* (*Jerusalem Artichoke*), Report EUR 13405, Gosse, G. and Grassi, G., Eds., Commission of the European Communities (CEC), Luxembourg, 1988, pp. 37-41.

De Mastro, G., Manolio, G., and Marzi, V., Jerusalem artichoke (*Helianthus tuberosus* L.) and chicory (*Cichorium intybus* L.): potential crops for inulin production in the Mediterranean area, *Acta Hort.*, 629, 365-374, 2004.

Didierjean, L., Gondet, L., Perkins, R., Lau, S.-M. C., Schaller, H., O'Keefe D. P., and Werck-Reichhart, D., Engineering herbicide metabolism in tobacco and Arabidopsis with CYP76B1, a cytochrome P450 enzyme from Jerusalem artichoke, *Plant Physiol.*, 130, 179-189, 2002.

Dorrell, D. G. and Chubey, B. B., Irrigation, fertilizer, harvest dates and storage effects on the reducing sugar and fructose concentrations of Jerusalem artichoke tubers, *Can. J. Plant Sci.*, 57, 591-596, 1977.

Down, R. E., Gatehouse, A. M. R., Hamilton, W. D. O., and Gatehouse, J. A., Snowdrop lectin inhibits development and decreases fecundity of the glasshouse potato aphid (*Aulacorthum solani*) when administered *in vivo* and via transgenic plants both in laboratory and glasshouse trials, *J. Insect Physiol.*, 42, 1035-1045, 1996.

Dozet, B., Marinkovi, R., Atlagic, J., and Vasic, D., Genetic divergence in Jerusalem artichoke (*Helianthus tuberosus* L.), in *Evaluation and Exploitation of Genetic Resources: Pre-breeding*, Proceedings of the Genetic Resources Section Meeting of EUCARPIA, Clermont-Ferrand, France, 1994, pp. 47-48.

Dozet, B., Marinkovi, R., Vasic, D., and Marjanovic, A., Genetic similarity of the Jerusalem artichoke populations (*Helianthus tuberosus* L.) collected in Montenegro, *Helia*, 16, 41-48, 1993.

Eldridge, S., Slaski, J. J., Quandt, J., and Vidmar, J. J., Jerusalem Artichoke as a Multipurpose Crop, paper presented at the Annual Meeting of the Canadian Society of Agronomy, Edmonton, Alberta, July 15-18, 2005, http://agronomycanada.com/abst2005.pdf.

Encheva, J., Christov, M., and Ivanon, P., Characterization of interspecific hybrids between cultivated sunflower *Helianthus annuus* (cv. 'Albena') and wild species *Helianthus tuberosus*, *Helia*, 26, 43-50, 2003.

Encheva, J., Christov, M., Shindrova, P., Enchava, V., Kohler, H., and Friedt, W., Interspecific hybrids between *Helianthus annuus* and *Helianthus tuberosus*, *Bulg. J. Agric. Sci.*, 10, 169-175, 2004.

Ercoli, L., Marriotti, M., and Masoni, A., Protein concentrate and ethanol production from Jerusalem artichoke (*Helianthus tuberosus* L.), *Agric. Med.*, 122, 340-351, 1992.

Espinasse, A. and Lay, C., Shoot regeneration of callus derived from globular to torpedo embryos from 59 sunflower genotypes, *Crop Sci.*, 29, 201-205, 1989.

Everett, N. P., Robinson, K. E. P., and Mascarenhas, D., Genetic engineering of sunflower (*Helianthus annuus* L.), *Biotechnology*, 5, 1201-1204, 1987.

Eurisco, *European PGR Search Catalog*, 2003, http://eurisco.ecpgr.org/.

Facciola, S., *Cornucopia: A Source Book of Edible Plants*, Kampong Publications, Vista, CA, U.S., 1990.

Faget, A., The state of new crops development and their future prospects in Southern Europe, in *New Crops for Temperate Regions*, Anthony, K. R. M., Meadley, J., and Röbbelen, G., Eds., Chapman & Hall, London, 1993, pp. 35-44.

FAO, *Agricultural and Horticultural Seeds*, Rome, 1961.

Fedorenko, T. S., Prokopenko, A. I., and Dankoro, Z. A., Effect of pollination conditions on cross compatibility in the distant hybridization of sunflower, *Ref. Zh.*, 3.65.331, 1982.

Fernandez, J., Curt, M. D., and Martinez, M., Productivity of several Jerusalem artichoke (*Helianthus tuberosus* L.) clones in Soria (Spain) for two consecutive years (1987 and 1988), in *Topinambour (Jerusalem Artichoke)*, Report EUR 13405, Gosse, G. and Grassi, G., Eds., Commission of the European Communities (CEC), Luxembourg, 1988a, pp. 61-66.

Fernandez, J., Mazon, P., Ballesteros, M., and Carreras, N., Summary of the research on Jerusalem artichoke (*Helianthus tuberosus* L.) in Spain over the last seven years, in *Topinambour (Jerusalem Artichoke)*, Report EUR 11855, Grassi, G. and Gosse, G., Eds., Commission of the European Communities (CEC), Luxembourg, 1988b, pp. 85-94.

Fick, G. N., Breeding and genetics, in *Sunflower Science and Technology*, American Society of Agronomy, Madison, WI, 1978.

Finer, J. J., Direct somatic embryogenesis and plant regeneration from immature embryos of hybrid sunflowers (*Helianthus annuus* L.) on a high sucrose-containing medium, *Plant Cell Rep.*, 6, 372-374, 1987.

Frank, J., Barnabas, B., Gal, E., and Farkas, J., Storage of sunflower pollen *Helianthus annuus*, testing the fertilization ability after storage, *Z. Pflanzenzüchtung*, 89, 341-343, 1982.

Frappier, Y., Baker, L., Thomassin, P. J., and Henning, J. C., Farm Level Costs of Production for Jerusalem Artichoke: Tubers and Tops, Working Paper 90-2, Macdonald College of Agricultural Economics, Quebec, Canada, 1990.

Frese, L., Schittenhelm, S., and Dambroth, M., Development of base populations from root and tuber crops for the production of sugar and starch as raw material for industry, *Landbauforschung Völkenrode*, 37, 213, 1987.

Frison, E. A. and Servinsky, J., Eds., *Directory of European Institutions Holding Crop Genetic Resources*, 4th ed., Vols. 1 and 2, International Plant Genetic Resources Institute, Rome, 1995.

Gabini, A., Production genetical improvement and multilocal experimentation, in *Topinambour (Jerusalem Artichoke)*, Report EUR 11855, Gosse, G. and Grassi, G., Eds., Commission of the European Communities (CEC), Luxembourg, 1988, pp. 99-104.

Gabini, A. and Corronca, A., Sperimentazione multicocale sulla produzione del topinambur, in *Topinambour (Jerusalem Artichoke)*, Report EUR 13405, Gosse, G. and Grassi, G., Eds., Commission of the European Communities (CEC), Luxembourg, 1988, pp. 33-36.

Gabriac, B., Werck-Reichhart, D., Teutsch, H., and Durst, F., Purification and immunocharacterization of a plant cytochrome P450: the cinnamic acid 4-hydroxylase, *Arch. Biochem. Biophys.*, 288, 302-309, 1991.

Gagnon, Y., *La Culture Écologique des Plantes Légumières*, 2nd ed., Les Editions Colloïdales, Paris, 2005.

Galan, C., Rezultatele obtinute la încruciç area topi-namburului cu floarea-soarelui, *An. Inst. Cere. Agron. C*, 28, 263-278, 1960.

Galan, C. and Filipescu, H., Contributii la studiul unor populatii de topinambur din R. P. R., *An. Inst. Cere. Agron. C*, 26, 205-214, 1958.

Garcia-Rodriguez, M. J. and Gautheret, R., On the polarity of Jerusalem artichoke *Helianthus tuberosus*, *C. R.*

Hebd. Seances Acad. Sci. D, 283, 905, 1976.

GBIF, Global Diversity Information Facility, prototype data portal, < http：//www.secretariat.gbif.net/portal/>, 2006.

Gendraud, M., Tuberisation, dormance et synthèse in situdes RNA chez le Topinambour (*Helianthus tuberosus* L. cv. D-19), *Biol. Plant.*, 17, 17-22, 1975.

Georgieva-Todorova, J., Experiments on overcoming incompatibility between *Helianthus annuus* and *Helianthus tuberosus*, *Izv. Inst. News Inst. Pl. Indust. Sofia. Bo.*, 4, 147, 1957.

Greco, B., Tanzarella, O. A., Carrozzo, G., and Blanca, A., Callus induction and shoot regeneration in sunflower (*Helianthus annuus*), *Plant Sci. Lett.*, 36, 73-77, 1984.

Guadineau, M. and Lafon, R., On the disease of the Jerusalem artichoke caused by *Sclerotinia*, *C. R. Acad. Agric. Fr.*, 44, 177-178, 1958.

Guillot, J., Griffault, B., De Jaegher, G., and Dusser, M., Isolation and partial characterization of a lectin from Jerusalem artichoke tubers (*Helianthus tuberosus* L.), *C. R. Acad. Sci.*, 312, 573-578, 1991.

Gundaev, A. I., Basic principles of sunflower selection, in *Genetic Principles of Plant Selection*, Nauka, Moscow, 1971, pp. 417-465.

Gunnarson, S., Malmberg, A., Mathisen, B., Theander, O., Thyselius, L., and Wünsche, U., Jerusalem artichoke (*Helianthus tuberosus* L.) for biogas production, *Biomass*, 7, 85-97, 1985.

Gutmanski, I. and Pikulik, R., Comparison of the utilization value of some Jerusalem artichoke (*Helianthus tuberosus* L.) biotypes, *Biuletyn Instytutu Hodowli i Aklimatyzacji Roslin*, 189, 91-100, 1994.

Hahne, G., Sunflower seed, in *Transgenic Plants and Crops*, Khachatourians, G. G., McHughen, A., Scorza, R., Nip, W.-K., and Hui, Y., Eds., Marcel Dekker, New York, 2002, pp. 813-834.

Hay, R. K. M. and Offer, N. W., *Helianthus tuberosus* as an alternative forage crop for cool maritime regions: a preliminary study of the yield and nutritional quality of shoot tissues from perennial stands, *J. Sci. Food Agric.*, 60, 213-221, 1990.

Heiser, C. B., Species crosses in Helianthus. III. Delimitation of "sections," *Ann. Mo. Bot. Gard.*, 52, 364-370, 1965.

Heiser, C. B., Sunflowers. Helianthus (Compositae), in *Evolution of Crop Plants*, Simmonds, N. W., Ed., Longman, London, 1976, pp. 36-38.

Heiser, C. B., Sunflowers, in *Evolution of Crop Plants*, 2nd ed., Smartt, J. and Simmonds, N. W., Eds., Longman Scientific, Harlow, U. K., 1995, pp. 51-53.

Heiser, C. B. and Smith, D. M., Species crosses in *Helianthus*. II. Polyploid species, *Rhodora*, 66, 344-358, 1964.

Heiser, C. B., Smith, D. M., Clevenger, S. B., and Martin, W. C., The North American sunflowers (*Helianthus*), *Torrey Bot. Club Mem.*, 22, 1-218, 1969.

Henriksen, K. and Bjørn, G., *Jordskok-en gammel dansk grønsag*, Grøn Viden, Havebrug 152, Ministeriet for Fødevarer, Landrug og Fiskeri, Danmarks JordbrugsForsking, 2003.

Hergert, G. B., The Jerusalem artichoke situation in Canada, *Altern. Crops Notebook*, 5, 16-19, 1991.

Hogervorst, P. A. M., Ferry, N., Gatehouse, A. M. R., Wäckers, F. L., and Romeis, J., Direct effects of snowdrop lectin (GNA) on larvae of three aphid predators and fate of GNA after ingestion, *J. Insect Physiol.*, 52, 614-624, 2006.

Honermeier, B., Runge, M., and Thoman, R., Influence of cultivar, nitrogen and irrigation on yield and quality of Jerusalem artichoke (*Helianthus tuberosus* L.), in *Proceedings of the Sixth Seminar on Inulin*, Braunschweig, Germany, September 1996, Fuchs, A., Schittenhelm, S., and Frese, L., Eds., Carbohydrate Research Foundation, The Hague, 1996, pp. 35-36.

IPGRI, IPGRI Directory of Germplasm Collections, July 2006, http: //www. ipgri. org/, 2006.

Joachim Keller, E. R. and Khan, M. A., Introduction of Jerusalem artichoke (*Helianthus tuberosus* L.) into the *in vitro* collection of the Gatersleben Gene Bank, *Plant Genet. Resour. Newsl.*, 112, December 1997.

Kahnt, G. and Leible, L., Studies about the potential of sweet sorghum and Jerusalem artichoke for ethanol production based on fermentable sugar, in *Energy from Biomass*, Palz, W., Coombs, J., and Hall, D. O., Eds., Elsevier Applied Science, London, U. K., 1985, pp. 339-342.

Kalloo, G., Jerusalem artichoke *Helianthus tuberosus* L., in *Genetic Improvement of Vegetable Crops*, Kalloo, G. and Bergh, B. O., Eds., Pergamon Press, Oxford, 1993, pp. 747-750.

Kara, J., Strasil, Z., Hutla, P., and Ustak, S., *Energetiché Rostliny Technologie Pro Pestování a Vyzûití*, Vyzkumny Ústav Zemedelské Techniky, Praha, Czech Republic, 2005.

Karolini, W., Possibilities to obtain seeds and seedlings of Jerusalem artichoke *Helianthus tuberosus* in breeding work, *Hodowla Roslin Aklimatyzacja i Nasiennictwo*, 15, 365-381, 1971.

Kays, S. J. and Kultur, F., Genetic variation in Jerusalem artichoke (*Helianthus tuberosus* L.) flowering date and duration, *HortScience*, 40, 1675-1678, 2005.

Kiehn, F. A. and Chubey, B. B., Challenger Jerusalem artichoke, *Can. J. Plant Sci.*, 65, 803-805, 1985.

Kiehn, F. A. and Chubey, B. B., Variability in agronomic and compositional characteristics of Jerusalem artichoke, in *Inulin and Inulin-Containing Crops*, Fuchs, A., Ed., Elsevier, Amsterdam, 1993, pp. 1-9.

Kihara, H., Yamamoto, Y., and Hosono, S., A list of chromosome numbers of plants cultivated in Japan, Yokendo, Tokyo, 1931, p. 136.

Klug-Andersen, S., Jerusalem artichoke: a vegetable crop. Growth regulation and cultivars, *Acta Hort.*, 318, 145-152, 1992.

Kochs, G., Werck-Reichhart, D., and Grisebach, H., Further characterization of cytochrome P450 involved in phytoalexin synthesis in soybean: cytochrome P450 cinnamate 4-hydroxylase and 3, 9-dihydroxypterocarpan 6a-hydroxylase, *Arch. Biochem. Biophys.*, 293, 187-194, 1992.

Koops, A. J. and Jonker, H. H., Purification and characterization of the enzymes of fructan biosynthesis in tubers of *Helianthus tuberosus* 'Columbia.' 1. Fructan : fructan 1-fructosyltransferase, *J. Exp. Bot.*, 45, 1623-1631, 1994.

Koops, A. J. and Jonker, H. H., Purification and characterization of the enzymes of fructan biosynthesis in tubers of *Helianthus tuberosus* 'Columbia.' 1. Purification of sucrose: sucrose 1-fructosyltransferase and reconstruction of fructan synthesis *in vitro* with purified sucrose: sucrose 1-fructosyltransferase and fructan: fructan 1-fructosyltransferase, *Plant Physiol.*, 110, 1167-1175, 1996.

Kosmortov, V. A., Topinambur v Komi ASSR, Novye silosnye rasteniya, *Syktyvkar*, 161-167, 1966.

Kostoff, D., A contribution to the meiosis of *Helianthus tuberosus* L., *Z. Pflanzenzüchtung*, 19, 429-438, 1934.

Kostoff, D., Autosyndesis and structural hybridity in F_1-hybrid *Helianthus tuberosus* L. × *Helianthus annuus* L. and their sequences, *Genetica*, 21, 285-300, 1939.

Kovalenko, S. A., The Jerusalem artichoke in the western districts of White Russia, *Novyi i malorasporostr. Kormovo silosn. rastenniya*, 82, 1969.

Kshnikatkina, A. N. and Varlmov, V. A., Yield formation in Jerusalem artichoke-sunflower hybrid, *Kormoproizvodstvo*, 5, 19-23, 2001.

Küppers-Sonnenberg, G. A., Überblick über Zücktungsversuche an der Topinambur bis zum zweiten Weltkrieg, *Z. Pflanzenzüchtung*, 31, 196-217, 1952.

Küppers-Sonnenberg, G. A., Auslese und Kreuzungen an der Topinambur seit dem zweiten Weltkriege, *Angew. Bot.*, 32, 52-67, 1953.

Küppers-Sonnenberg, G. A., Recent experiments on the influence of time of cutting, manuring, and variety on yield and feeding value of Jerusalem artichoke (a collective review), *Z. Pflbau*, 6, 115-124, 1955.

Laberge, E. and Sackston, W. E., Adaptability and diseases of Jerusalem artichoke (*Helianthus tuberosus* L.) in Quebec, *Can. J. Plant Sci.*, 67, 349-353, 1987.

Lai, Z., Nakazato, T., Salmaso, M., Burke, J. M., Tang, S., Knapp, S. J., and Rieseberg, L. H., Extensive chromosomal repatterning and the evolution of sterility barriers in hybrid sunflower species, *Genetics*, 171, 291-303, 2005.

Langer, K., Lorieux, M., Desmarais, E., Griveau, Y., Gentzbittel, L., and Berville, A., Combined mapping of DALP and AFLP markers in cultivated sunflower using F9 recombinant inbred lines, *Theor. Appl. Genet.*, 106, 1068-1074, 2003.

Laparra, H., Burrus, M., Hunold, R., Damm, B., Bravo-Angel, A.-M., Bronner, R., and Hahne, G., Expression of foreign genes in sunflower (*Helianthus annuus* L.): evaluation of three gene transfer methods, *Euphytica*, 85, 63-74, 1995.

Lapshina, T. B., Winter hardy varieties of Jerusalem artichoke in the Komi ASSR, *Ref. Zh.*, 11.55, 404, 1981.

Lapshina, T. B., Biologicheskie osobennosti i priemy vozdelyvaniya topinambura v usloviyah srednetaezhnoi zony Komi ASSR, *Avtoref. Dis. k. s.-h. n. L.*, 17, 1983.

Lapshina, T. B., Aleksandrova, M. N., and Ievlev, N. I., Rost I razvitie topinambura na dernovogleevyh i torfyanoperegnoinyh pochvah Komi ASSR, Novye vidy rastenii v kul'ture na Severe, *Syktyvkar*, 76-89, 1980.

Lavrühin, I., A valuable forage plant, Kolhoz. Proizvod. [*Collect. Fm. Prod.*], 3, 46, 1954.

Lawrence, T., Toll, J., and van Sloten, D. H., Directory of Germplasm Collections. 2. Root and Tuber Crops. IBPGR, Rome, 1986.

Leclercq, O., Cauderon, Y., and Dauge, M., Sélection pour la résistance au mildiour du tournesol à partir d'hybrides topinambour ×tournesol, *Ann. Amélior. Plantes*, 20, 363-373, 1970.

Le Cochec, F., La selection du topinambour, in *Topinambour (Jerusalem Artichoke)*, Report EUR 11855, Grassi, G. and Gosse, G., Eds., Commission of the European Communities (CEC), Luxembourg, 1988, pp. 120-124.

Le Cochec, F., Variabilité génétique, héritabilités et corrélations de caracteres d'une population de clones de topinambour (*Helianthus tuberosus* L.), *Agronomie*, 90, 797-806, 1990.

Le Cochec, F. and de Barreda, D. G., Hybridation et production de semences a partir de clones de topinambour (*Helianthus tuberosus* L.), Rapport EN3B-0044 F, Commission des Communautés Européennes Energie, CECA-Bruxelles, 1990.

Lee, H. J., Kim, S. I., and Mok, Y. I., Biomass and ethanol production from Jerusalem artichoke, in *Alternative Sources of Energy for Agriculture*: Proceedings of the International Symposium, September 4-7, 1984, Taiwan Sugar Research Institute, Tainan, Taiwan, 1985, pp. 309-319.

Lefèvre, J., Présentation d'une collection de topinambour, *C. R. Acad. Agri.*, 27, 359-360, 1941.

Lipps, P. E. and Herr, L. J., Reactions of *Helianthus annuus* and *H. tuberosus* plant introductions to *Alternaria helianthi*, *Plant Dis.*, 70, 831-835, 1986.

Liu, A. and Burke, J. M., Patterns of nucleotide diversity in wild and cultivated sunflowers, *Genetics*, 173, 321-330, 2006.

Löhrke, L., Contributions to the breeding and the cultivation of the Jerusalem artichoke (*H. tuberosus* L.). I. Advancing the flowering time, crosses with sunflower (*H. annuus*) and selection, *Z. Pflanzenzüchtung*, 35, 321-344, 1956.

Louis, F., Contribution a l'etude de la mise en place de l'indice foliaire chez le Topinambour (*Helianthus tuberosus* L.), in *Memoire de D. E. A. Sciences Agronomiques*, Universite Rennes I, Rennes, France, 1985.

Luscher, M., Purification and characterization of fructan : fructan fructosyltransferase from Jerusalem artichoke, *New Phytologist*, 123, 717-724, 1993.

MacNab, D., Jerusalem artichokes, *Heritage Seed Program*, Vol. 2, Part 2, Toronto, Canada, 1989.

Malmberg, A. and Theander, O., Differences in chemical composition of leaves and stem in Jerusalem artichoke and changes in low-molecular sugar and fructan content with time of harvest, *Swedish J. Agric. Res.*, 16, 7-12, 1986.

Marcenko, I. I., [Ways of producing perennial and tuberous sunflowers], *Selekeija i Somonovodstvo* [*Breeding and Seed Growing*], 7, 37-39, 1939.

Marcenko, I. I., [Hybrids between the Jerusalem artichoke and sunflower], *Selekcija i Semenovodstvo* [*Breeding and Seed Growing*], 5, 74-75, 1952.

Marcenko, I. I., [New varieties of Jerusalem artichoke and its hybrid with sunflower], *Rasteniya Referativnyi Zhurnal*, 66-99, 1969.

Masoni, A., Barberi, P., Ercoli, L., and Mariotti, M., Protein and sugar production from Jerusalem artichoke (*Helianthus tuberosus* L.) according to stage of development, *Agric. Mediterraneo*, 123, 317-324, 1993.

Maxted, N., Ford-Lloyd, B. V., and Hawkes, J. G., *Plant Genetic Conservation: The In Situ Approach*, Chapman & Hall, London, 1997.

Mays, D. A., Buchanan, W., Bradford, B. N., and Giordano, P. M., Fuel production potential of several agricultural crops, in *Advances in New Crops*, Janick, J. and Simon, J. E., Eds., Timber Press, Portland, OR, 1990, pp. 260-263.

McLaurin, W. J., Somda, Z. C., and Kays, S. J., Jerusalem artichoke growth, development, and field storage. I. Numerical assessment of plant part development and dry matter acquisition and allocation, *J. Plant Nutr.*, 22, 1303-1313, 1999.

Meijer, W. J. N., Mathijssen, E. W. J. M., and Borm, G. E. L., Crop characteristics and inulin production of Jerusalem artichoke and chicory, in *Inulin and Inulin-Containing Crops*, Fuchs, A., Ed., Elsevier, Amsterdam, 1993, pp. 29-38.

Meleskin, A. S., The best Jerusalem artichoke variety in the Latvian SSR, *Selekcija i Semenovodstvo* [*Breeding and Seed Growing*], 5, 46-49, 1957.

Meng, K., Chang, T.-J., Liu, X., Chen, S.-B., Wang, Y.-Q., Sun, A.-J., Xu, H.-L., Wei, X.-L., and Zhu, Z., Cloning and expression pattern of a gene encoding a putative plastidic ATP/ADP transporter from *Helianthus tuberosus* L., *J. Integrative Plant Biol.*, 47, 1123-1132, 2005.

Menting, J. G., Cornish, E., and Scopes, R. K., Purification and partial characterization of NADPH-cytochrome c reductase from *Petunia hybrid* flowers, *Plant Physiol.*, 106, 643-650, 1994.

Mesken, M., Introduction of flowering, seed production, and evaluation of seedlings and clones of Jerusalem artichoke (*Helianthus tuberosus* L.), in *Topinambour (Jerusalem Artichoke)*, Report EUR 11855, Grassi, G. and Gosse, G., Eds., Commission of the European Communities (CEC), Luxembourg, 1988, pp. 137-144.

Meunissier, A., Les différentes variétés de topinambour, *Rev. Bot. Appl.*, 2, 135-140, 1922.

Mikhal'tsova, N. V., New Jerusalem artichoke and Jerusalem artichoke ×sunflower varieties, *Kormoproizvodstvo*, 9, 37, 1985.

Miller, J. F., Sunflower, in *Principles of Cultivar Development*, Vol. 2, Fehr, W. F., Ed., Macmillan, New York, 1987, pp. 626-668.

Miller, J. F. and Gulya, T. J., Registration of six downy mildew resistant sunflower germplasm lines, *Crop Sci.*, 28, 1040-1041, 1988.

Miller, J. F. and Gulya, T. J., Inheritance of resistance to race 4 of downy mildew derived from interspecific crosses in sunflower, *Crop Sci.*, 31, 40-43, 1991.

Mimiola, G., Experimental cultivation of Jerusalem artichoke for bio-ethanol production, in *Topinambour (Jerusalem Artichoke)*, Report EUR 11855, Grassi, G. and Gosse, G., Eds., Commission of the European Communities (CEC), Luxembourg, 1988, pp. 95-98.

Mishurov, V. P. and Lapshina, T. B., Kul'tura topinambura na severe, *Syktyvkar*, 20, 1993.

Mishurov, V. P., Ruban, G., and Skupchenko, L., Kul'tura topinambura, prakticheski' opyt vnedreniy a sel'skohozy a'stvennoe proizvodstvo na severe, 1999, http://www.ib.komisc.ru：8105/t/ru/ir/vt/02-55/0.5.html.

Modler, H. W., Jones, J. D., and Mazza, G., The effect of long-term storage on the fructo-oligosaccharide profile of Jerusalem artichoke tubers and some observations on processing, in *Inulin and Inulin-Containing Crops*, Fuchs, A., Ed., Elsevier, Amsterdam, 1993, pp. 57-64.

Nakagawa, R., Yasokawa, D., Ikedu, T., and Nagashima, K., Purification and characterisation of two lectins from callus of *Helianthus tuberosus*, *Biosci. Biotechnol. Biochem.*, 60, 259-262, 1996.

Nakagawa, R., Yasokawa, D., Okumura, Y., and Nagashima, K., Agglutination of sake yeast by lectin from Helianthus tuberosustuber, *Nippon Jozo Kyokaishi*, 95, 613-616, 2000.

Nash, M. J., *Crop Conservation and Storage in Cool Temperate Climates*, Pergamon Press, Oxford, 1985, p. 120.

Nemeth, G. and Izsaki, Z., Macro-and micro-element content and uptake of Jerusalem artichoke (*Helianthus tuberosus* L.), *Cereal Res. Commun.*, 34, 597-600, 2006.

Oustimenko, G. V., Résultats de l'étude des différences variétales du topinambour, *Izv. Timiriaz. Selskokh. Akad.*, 5, 103-116, 1958.

Pas'ko, N. M., [The crossability of the Jerusalem artichoke with the sunflower], 1-*ya Nauch. Konferentsiya Molodykh Uchenykh Adygeisk NII Istorii Yazyka i Lit.*, 2, 172-177, 1971.

Pas'ko, N. M., Biologicheskie osobennosti topinambura, *Trudy po Prikladnoi Bot. Genet. i Sel.*, 50, 102-122, 1973.

Pas'ko, N. M., Breeding the Jerusalem artichoke in the USSR, *Trudy po Prikladnoi Bot. Genet. i Sel.*, 53, 231-246, 1974.

Pas'ko, N. M., The biology of flowering in Jerusalem artichoke, *Ref. Zh.*, 3.55, 652, 1975.

Pas'ko, N. M., Hybrid between sunflower and Jerusalem artichoke, *Rezervy Kormoproiz – va Adygei.*, 73 – 79, 1976.

Pas'ko, N. M., Interspecific hybridization of Jerusalem artichoke with sunflower, *Genetikov i Selektsionerov im. N. I. Vavilova*, 393, 1977.

Pas'ko, N. M., Interspecific hybridization of Jerusalem artichoke with sunflower, *Byull. Vsesoyuznogo Ordena Lenini i Ordena Druzhby Narodov Instituta Rastenie Vodstva Imeni N. I. Vavilova*, 105, 85, 1980.

Pas'ko, N. M., Branching in *Helianthus tuberosus*, *Ukrains Kii Bot. Zh.*, 39, 41, 109, 1982.

Pasquier, C. and de Valbray, J., The Jerusalem Artichoke, an Alcoholigenic Plant and fuel alcohol, *CNEEMA Information Bulletin*, 1981.

Paterson, K. E. and Everett, N. P., Regeneration of *Helianthus annuus* inbred plants from callus, *Plant Sci.*, 42, 125–132, 1985.

Pátkai, Gy. and Barta, J., Nutritive Value of Different Jerusalem Artichoke Varieties, paper presented at the *Ninth Seminar on Inulin*, Budapest, Hungary, April 18–19, 2002.

Pätzold, C., Die vernichtung von topinamburauswuchs in getreidebeständen, *Z. Ackerund Pflanzenbau*, 99, 87–102, 1955.

Pätzold, C., *Die Topinambur als landswirtschaftliche Kulturpflanze*, Herausgegeben vom Bundesministerium für Ernährung, Landswirtschaft und Forsten in Zusammenarbeit mit dem Land–und Hauswirtschaftlichen Auswertungsund Informationsdienst e. V. (AID), Braunschweig-Völkenrodee, Germany, 1957.

Pätzold, C. and Kolb, W., Beeinflussung der Kartoffel (*Solanum tuberosum* L.) und der Topinambur (*Helianthus tuberosus* L.) durch Röntgenstrahlken, Beiträge der Pflanzen, 33, 437–458, 1957.

Pejin, D., Jakovljevíc, J., Razmovski, R., and Berenji, J., Experience of cultivation, processing and application of Jerusalem artichoke (*Helianthus tuberosus* L.) in Yugoslavia, in *Inulin and Inulin–Containing Crops*, Fuchs, A., Ed., Elsevier, Amsterdam, 1993, pp. 51–56.

Pekic, B. and Kisgeci, J., [Studies on the possibility of producing alcohol from Jerusalem artichoke as a petrol additive], *Bilten za Hmelj Sirak i Lekovito Bilje*, 16, 9–112, 1984.

Peleman, J., Application of the AFLP® technique in marker assisted breeding, in *Which DNA for Which Purpose?* Gillet, E. M., Ed., 1999, http://webdoc.gwdg.de/ebook/y/1999/whichmarker/m14/Chap14.htm.

Pilnik, W. and Vervelde, G. J., Jerusalem artichoke (*Helianthus tuberosus* L.) as a source of fructose, a natural alternative sweetener, *Z. Ackerund Pflanzenbau*, 142, 153–162, 1976.

Pogorietsky, B. K. and Geshele, E. E., Sunflower's immunity to broomrape, downy mildew and rust, in *Proceedings of the 7th International Sunflower Conference*, Krasnodar, USSR, International Sunflower Association, Paris, 1976, pp. 238–243.

Poljanskij, K. K., Glagoleva, L. Eh., Smol Skij, G. M., and Maneshin, V. V., Method of Producing Curd Dessert, Russian Federation Patent RU2214717, 2003.

Ponnamperuma, K. and Croteau, R., Purification and characterization of an NADPH-cytochrome P450 (cytochrome c) reductase from spearmint (*Mentha spicata*) glandular, *Arch. Biochem. Biophys.*, 329, 9–16, 1996.

Powell, K. S., Gatehouse, A. M. R., Hilder, V. A., and Gatehouse, J. A., Antifeedant effects of plant lectins and an enzyme on the adult stage of the rice brown planthopper, *Nilaparvata lugens*, *Entomol. Exp. Ap-*

pl., 75, 51-59, 1995.

Praznik, W., Cieslik, E., and Filipiak-Florkiewicz, A., Soluble dietary fibres in Jerusalem artichoke powders: composition and application in bread, *Nahrung*, 46, 151-157, 2002.

Pugliesi, C., Biasini, M. G., Fambrini, M., and Baroncelli, S., Genetic transformation by *Agrobacterium tumefaciens* in the interspecific hybrid *Helianthus annuus × Helianthus tuberosus*, Plant Sci., 93, 105-115, 1993a.

Pugliesi, C., Megale, P., Cecconi, F., and Baroncelli, S., Organogenesis and embryogenesis in *Helianthus tuberosus* and in interspecific hybrid *Helianthus annuus × Helianthus tuberosus*, *Plant Cell Tiss. Organ Cult.*, 33, 187-193, 1993b.

Pushpa, G., Nayar, K. M. D., and Reddy, B. G. S., Karyotyle analysis in *Helianthus tuberosus* L., *Current Res.*, 8, 131-134, 1979.

Pustovoit, G. V. and Gubin, I. A., Results and prospects in sunflower breeding for group immunity by using the interspecific hybridization method, in *Proceedings of the 6th International Sunflower Conference*, Bucharest, Romania, International Sunflower Association, Paris, 1974, pp. 373-381.

Pustovoit, G. V., Ilatovsky, V. P., and Slyusar, E. L., Results and prospects of sunflower breeding for group immunity by interspecific hybridization, in *Proceedings of the 7th International Sunflower Conference*, Krasnodar, USSR, International Sunflower Association, Paris, 1976, pp. 193-204.

Pustovoit, G. V. and Kroknin, E. Y., Inheritance of resistance in interspecific hybrids of sunflower to downy mildew, *Rev. Plant Pathol.*, 57, 209, 1978.

Pustovoit, V. S., *Selection Seed Culture and Some Agrotechnical Problems of Sunflower*, Izdatel'stvo "Kolos", Moskva, 1966 (translated by Indian National Scientific Documentation Centre, New Delhi, 1976).

Pusztai, A. J., *Plant Lectins*, Cambridge University Press, Cambridge, U. K., 1992.

Putt, E. D., Investigations of breeding technique for the sunflower (*Helianthus annuus* L.), *Sci. Agric.*, 21, 689-702, 1941.

Quagliaro, G., Vischi, M., Tyrka, M., and Oliviera, A. M., Identification of wild and cultivated sunflower for breeding purposes by AFLP markers, *J. Heredity*, 92, 38-42, 2001.

Ragab, M. E., Okasha, Kh. A., El-Oksh, I. I., and Ibrahim, N. M., Effect of cultivar and location on yield, tuber quality, and storability of Jerusalem artichoke (*Helianthus tuberosus* L.). I. Growth, yield, and tuber characteristics, *Acta Hort.*, 620, 103-110, 2003.

Rao, K. V., Rathore, K. S., Hodges, T. K., Fu, X., Stoger, E., Sudhaker, Williams, S., Christou, P., Bharathi, M., Bown, D. P., Powell, K. S., Spence, J., Gatehouse, A. M. R., and Gatehouse, J. A., Expression of snowdrop lectin (GNA) in transgenic rice plants confers resistance to rice brown planthopper, *Plant J.*, 15, 469-477, 1998.

Roath, W. W., Pollen storage in sunflower, *Helianthus annuus* L., in *Proceedings of the Sunflower Research Workshop*, Fargo, ND, National Sunflower Association, Bismarck, ND, 1993, pp. 100-104.

Robineau, T., Batard, Y., Nedelkina, S., Cabello-Hurtado, F., LeRet, M., Sorokine, O., Didierjean, L., and Werck-Reichhart, D., The chemically inducible cytochrome P450 CYP76B1 actively metabolizes phenylureas and other xenobiotics, *Plant Physiol.*, 118, 1049-1056, 1998.

Rönicke, S., Hahn, V., Horn, R., Gröne, I., Brahm, L., Schnabel, H., and Friedt, W., Interspecific hybrids of sunflower as a source of *Sclerotinia* resistance, *Plant Breeding*, 123, 152-157, 2004.

Rosa, M. F., Bartolemeu, M. L., Novais, J. M., and Sá-Correia, I., The Portuguese experience on the direct ethanolic fermentation of Jerusalem artichoke tubers, in *Biomass for Energy, Industry, and Environment*, *6th E. C. Conference*, Grassi, G., Collina, A., and Zibetta, H., Eds., Elsevier Applied Science, London, 1992, pp. 546–550.

Sachs, R. M., Low, C. B., Vasavada, A., Sully, M. J., Williams, L. A., and Ziobro, G. C., Fuel alcohol from Jerusalem artichoke, *Calif. Agric.*, 35, 4–6, 1981.

Sackston, W. E., On a treadmill: breeding sunflowers for resistance to disease, *Ann. Rev. Phytopathol.*, 30, 529–551, 1992.

Sawicka, B., Quality of *Helianthus tuberosus* L. tubers in conditions of using herbicides, *Ann. Universitatis Mariae Curie–Sklodowska E Agricultura*, 59, 1245–1257, 2004.

Sawicka, B. and Michaek, W., Evaluation and productivity of *Helianthus tuberosus* L. in the conditions of central–east Poland, *Electron. J. Pol. Agric. Univ. Hort.*, 8, 2005, http://www.ejpau.media.pl/volume8/issue3/art-42.html

Schittenhelm, S., Preliminary analysis of a breeding program with Jerusalem artichoke, in *Proceedings of the Workshop on Evaluation of Genetic Resources for Industrial Crops*, EUCARPIA, FAL, Braunschweig, Germany, 1987, pp. 209–220.

Schittenhelm, S., Productivity of Helianthus tuberosusunder low–versus–high input conditions, in *Topinambour (Jerusalem Artichoke)*, Report EUR 13405, Gosse, G. and Grassi, G., Eds., Commission of the European Communities (CEC), Luxembourg, 1988, pp. 99–105.

Schittenhelm, S., Inheritance of agronomical important traits in Jerusalem artichoke (*Helianthus tuberosus* L.), *Vorträge für Pflanzenzøchtung*, 1990, 15–16.

Schittenhelm, S., Agronomic performance of root chicory, Jerusalem artichoke, and sugarbeet in stress and non-stress environments, *Crop Sci.*, 39, 1815–1823, 1999.

Schoch, G. A., Attias, R., Belghazi, M., Dansette, P. M., and Werck–Reichhart, D., Engineering of a watersoluble plant cytochrome P450, CYP73A1, and NMR–based orientation of natural and alternate substrates in the active site, *Plant Physiol.*, 133, 1198–1208, 2003.

Scholz, V. and Ellerbrock, R., The growth, productivity, and environmental impact of the cultivation of energy crops on sandy soil in Germany, *Biomass Bioenergy*, 23, 81–92, 2002.

Schorr Galindo, S. and Guiraud, J. P., Sugar potential of different Jerusalem artichoke cultivars according to harvest, *Bioresour. Technol.*, 60, 15–20, 1997.

Schrammeijer, B., Sijmons, P. C., van den Elzen, P. J. M., and Hoekema, A., Meristem transformation of sunflower via *Agrobacterium*, *Plant Cell Rep.*, 9, 55–60, 1990.

Scibrja, N. A., Züchtung des Topinambur, *Theor. Bases Plant Breeding*, 5, 483–500, 1937.

Scibrja, N. A., Interspecific hybridization in the genus *Helianthus* L., *Bull. Acad. Sci. U. R. S. S. Sér. Biol.*, 733–769, 1938.

Seiler, G. J., Forage and tuber yields and digestibility of selected wild and cultivated genotypes of Jerusalem artichoke, *Agron. J.*, 85, 29–33, 1993.

Seiler, G. J. and Campbell, L. G., 2004, Genetic variability for mineral element concentrations of wild Jerusalem artichoke forage, *Crop Sci.*, 44, 289–292, 2004.

Sévenier, R., Hall, R. D., van der Meer, I. M., Hakkert, H. J. C., van Tunen, A. J., and Koops, A. J., High level fructan accumulation in a transgenic sugar beet, *Nat. Biotechnol.*, 16, 843–846, 1998.

Sévenier, R., Koops, A. J., and Hall, R. D., Genetic engineering of beet and the concept of the plant as a factory, in *Transgenic Plants and Crops*, Khachatourians, G. G., McHughen, A., Scorza, R., Nip, W.-K., and Hui, Y., Eds., Marcel Dekker, New York, 2002a, pp. 485–502.

Sévenier, R., van der Meer, I. M., Bino, R., and Koops, A. J., Increased production of nutriments by genetically engineered crops, *J. Am. Coll. Nutr.*, 21, 199S–204S, 2002b.

Shoemaker, D. N., The Jerusalem Artichoke as a Crop Plant, *USDA Technical Bulletin* 33, USDA, Washington, DC, 1927.

Skoric, D., Sunflower breeding for resistance to *Diaporthe/Phomopsis helianthi* Munt.-Cvet. et al., *Helia*, 8, 21–24, 1985.

Smeekens, S., A convert to fructans in sugar beet, *Nat. Biotechnol.*, 16, 822–823, 1998.

Soja, G. and Dersch, G., Plant development and hormonal status in the Jerusalem artichoke (*Helianthus tuberosus* L.), *Indust. Crops Prod.*, 1, 219–228, 1993.

Soja, G., Dersch, G., and Praznik, W., Harvest dates, fertilization and varietal effects on yield, concentration and molecular distribution of fructan in Jerusalem artichoke (*Helianthus tuberosus* L.), *J. Agron. Crop Sci.*, 165, 181–189, 1990.

Soja, G. and Haunold, E., Leaf gas exchange and tuber yield in Jerusalem artichoke (*Helianthus tuberosus* L.) cultivars), *Field Crop Res.*, 26, 241–252, 1991.

Soja, G., Samm, T., and Praznik, W., Leaf nitrogen, photosynthesis and crop productivity in Jerusalem artichoke (*Helianthus tuberosus* L.), in *Inulin and Inulin-Containing Crops*, Fuchs, A., Ed., Elsevier, Amsterdam, 1993, pp. 39–44.

Spitters, C. J. T., Genetic variation in growth pattern and yield formation in *Helianthus tuberosus* L., in Proceedings of the Workshop on Evaluation of Genetic Resources for Industrial Purposes, EUCARPIA, FAL, Braunschweig, Germany, 1987, pp. 221–235.

Spitters, C. J. T., Lootsma, M., and van de Waart, The contrasting growth pattern of early and late varieties in *Helianthus tuberosus*, in *Topinambour (Jerusalem Artichoke)*, Report EUR 11855, Grassi, G. and Gosse, G., Eds., Commission of the European Communities (CEC), Luxembourg, 1988, pp. 37–43.

Sprague, H. B., Farris, N. F., and Colby, W. G., The effects of soil conditions and treatment on yields of tubers and sugars from the American artichoke (*Helianthus tuberosus*), *J. Am. Soc. Agron.*, 27, 392–399, 1935.

Stauffer, M. D., Chubey, B. B., and Dorrell, D. G., Growth, yield and compositional characteristics of Jerusalem artichoke as they relate to biomass production, in Klass, D. L. and Emert, G. H., Eds., *Fuels from Biomass and Wastes*, Ann Arbor Science, Ann Arbor, MI, 1981, pp. 79–97.

Stchirzya, N. A., Croisement Topinambour H Tournesol, *Bull. Acad. Sci. U. R. S. S. Cl Sci. Math Nat. Ser. Biol.*, 3, 733–769, 1938.

Steinrücken, G. and Grunewaldt, J., *In vitro* regeneration of *Helianthus tuberosus* L., *Gartenbauwissenschaft*, 49, 266, 1984.

Stolzenburg, K., Erträge und ertragsentwicklung verschiedener topinamursorten und-herküfte, LAP Forschheim, Germany, 2003, http://www.landwirtschaft-bw.info.

Stolzenburg, K., *Rohproteingehalt und Aminosäuremuster von Topinambur*, LAP Forchheim, Germany, 2004, http://www.landwirtschaft-bw.info.

Suseelan, K. N., Mitra, R., Pandey, R., Sainis, K. B., and Krishna, T. G., Purification and characterization of a lectin from wild sunflower (*Helianthus tuberosus* L.), *Arch. Biochem. Biophys.*, 407, 241–247, 2002.

Tan, A. S., Jan, C. C., and Gulya, T. J., Inheritance of resistance to race 4 of sunflower downy mildew in wild sunflower accessions, *Crop Sci.*, 32, 949–952, 1992.

Teutsch, H. G., Hasenfratz, M. P., Lesot, A., Stoltz, C., Garnier, J. M., Jeltsch, J. M., Durst, F., and WerckReichhart, D., Isolation and sequence of a cDNA encoding the Jerusalem artichoke cinnamate 4-hydroxylase, a major plant cytochrome P450 involved in the general phenylpropanoid pathway, *Proc. Natl. Acad. Sci. U.S.A.*, 90, 4102–4106, 1993.

Toxopeus, H., Dieleman, J., Hennink, S., and Schiphouwer, T., New selections show increased inulin productivity, *Prophyta*, 48, 56–57, 1994.

Tsvetoukhine, V., Contribution a l'étude des variétés de topinambour (*Helianthus tuberosus* L.), *Ann. Amélior. Plantes*, 10, 275–307, 1960.

Underkofler, L. A., McPherson, W. K., and Fulmer, E. I., Alcoholic fermentation of Jerusalem artichokes, *Ind. Eng. Chem.*, 29, 1160–1164, 1937.

Usanova, Z. I., Photoperiodism in the Jerusalem artichoke, *Trud. Tul'sk. Sel'sko-hoz. Opyt. Sta.* [*Tula Agric. Exp. Sta.*], 1, 161-82, 1967.

USDA, ARS, National Genetic Resources Program. Germplasm Resources Information Network (GRIN) [online database], National Germplasm Resources Laboratory, Beltsville, MD, 2006, http://www.arsgrin.gov.

Ustimenko, G. V., [Seed production of the Jerusalem artichoke in the central districts of the Nonchernozem Belt], *Selekcija i Semenovodstvo Breeding and Seed Growing*, 2, 30–35, 1958.

Ustimenko, G. V., Usanova, Z. I., and Ratushenko, O. A., [The role of leaves and shoots at different positions on tuber formation in Jerusalem artichoke], *Izv. Timiriaz. Selskokh. Akad.*, 3, 67–76, 1976.

Van Damme, E. J. M., Allen, A. K., and Peumans, W. J., Isolation and characterization of a lectin with exclusive specificity towards mannose from snowdrop (*Galanthus nivalis*) bulbs, *FEBS Lett.*, 215, 140–144, 1987.

Van Damme, E. J. M., Barre, A., Mazard, A.-M., Verhaert, P., Horman, A., Debray, H., Rougé, P., and Peumans, W. J., Characterization and molecular cloning of the lectin from *Helianthus tuberosus*, *Eur. J. Biochem.*, 259, 135–142, 1999.

Van Damme, E. J. M., Peumans, J., Pusztai, A., and Bardocz, S., *Handbook of Plant Lectins: Properties and Biomedical Applications*, Wiley & Sons, Chichester, U.K., 1998.

van der Meer, I. M., Koops, A. J., Hakkert, J. C., and van Tunen, A. J., Cloning of the fructan biosynthesis pathway of Jerusalem artichoke, *Plant J.*, 15, 489–500, 1998.

van Soest, L. J. M., New crop development in Europe, in *New Crops*, Janick, J. and Simons, J. E., Eds., Wiley, New York, 1993, pp. 30–38.

van Soest, L. J. M., Mastebroek, H. D., and de Meijer E. P. M., Genetic resources and breeding: a necessity for the success of industrial crops, *Indust. Crops Prod.*, 1, 283–288, 1993.

Varlamova, C., Partskhaladze, E., Oldhamovsky, V., and Danilova, E., Potential uses of Jerusalem artichoke tuber concentrates as food additives and prophylactics, in *Proceedings of the Sixth Seminar on Inulin*, Braunschweig, Germany, September 1996, Fuchs, A., Schittenhelm, S., and Frese, L., Eds., Carbohydrate Research Foundation, The Hague, 1996, pp. 141–144.

Vasic, D., Miladinovic, J., Marjanovic-Jeromela, A., and Skoric, D., Variability between *Helianthus tuberosus* accessions collected in the U.S. and Montenegro, *Helia*, 25, 79–84, 2002.

Vavilov, P. P., Dotsenko, A. I., and Dotsenko, R. A., Produktivnost raznykh sortov topinambura i topinsolnechnika v usloviyakh moskovskoi oblasti, *Izvestiya TSKhA*, 4, 21, 1975.

Volk, G. M. and Richards, K., Preservation methods for Jerusalem artichoke, *HortScience*, 41, 80-83, 2006

Vos, P., Hogers, R., Bleeker, M., Reijans, M., van der Lee, T., Hornes, M., Frijters, A., Pot, J., Peleman, J., Kuiper, M., and Zabeau, M., AFLP: a new technique for DNA fingerprinting, *Nucl. Acids Res.*, 23, 4407-4414, 1995.

Votoupal, B., The evaluation of ecological factors in growing Jerusalem artichoke in submontane and montane regions, *Acta Sci.*, 15, 1-95, 1974.

Wagner, S., Artkreuzung in der Gattung *Helianthus*, *Z. Indukt. Abstamm. u. Vererbungsl.*, 61, 76-146, 1932a.

Wagner, S., Ein Beitrag zur Züchtung der Topinambur und zur Kastration bei *Helianthus*, *Z. Pflanzenzüchtung*, 17, 563-582, 1932b.

Watson, B., *Taylor's Guide to Heirloom Vegetables*, Houghton Mifflin Company, Boston, 1996.

Watson, E. E., Contributions to a monograph of the genus *Helianthus*, *Papers Mich. Acad. Sci.*, 9, 305-477, 1928.

Werck-Reichhart, D., Batard, Y., Kochs, G., Lesot, A., and Durst, F., Monospecific polyclonal antibodies directed against purified cinnamate 4-hydroxylase from *Helianthus tuberosus*: immunopurification, immunoquantification, and interspecific cross-reactivity, *Plant Physiol.*, 102, 1291-1298, 1993.

Whelan, E. D. P., Cytology and interspecific hybridization, in *Sunflower Science and Technology*, Carter, J. F., Ed., American Society of Agronomy, Madison, WI, 1978, pp. 339-369.

Williams, L. A., Ziobro, G., Sachs, R. M., Low, C. B., and Cimato, A., Agronomy and Biotechnology of Jerusalem Artichoke as an Ethanol Source, paper presented at the Proceedings of the Fifth International Alcohol Fuels Symposium, Auckland, New Zealand, 1982.

Witrzens, B., Scowcroft, W. R., Downes, R. W., and Larkin, P. J., Tissue culture and plant regeneration from sunflower (*Helianthus annuus*) and interspecific hybrids (*H. tuberosus* × *H. annuus*), Plant Cell Tiss. Organ Cult., 13, 61-76, 1988.

Wünsche, U., Energy from agriculture: some results of Swedish energy cropping experiments, in *Energy from Biomass*, Palz, W., Coombs, J., and Hall, D. O., Eds., Elsevier Applied Science, London, U.K., 1985, pp. 359-363.

Zubr, J., Jerusalem artichoke as a field crop in Northern Europe, in *Topinambour (Jerusalem Artichoke)*, Report EUR 13405, Grassi, G. and Gosse, G., Eds., Commission of the European Communities (CEC), Luxembourg, 1988a, pp. 105-117.

Zubr, J., Performance of different Jerusalem artichoke cultivars in Denmark (1982-1984), in *Topinambour (Jerusalem Artichoke)*, Report EUR 13405, Gosse, G. and Grassi, G., Eds., Commission of the European Communities (CEC), Luxembourg, 1988b, pp. 43-51.

Zubr, J. and Pedersen, H. S., Characteristics of growth and development of different Jerusalem artichoke cultivars, in *Inulin and Inulin-Containing Crops*, Fuchs, A., Ed., Elsevier, Amsterdam, Netherlands, 1993, pp. 11-19.

9 繁殖

菊芋可以通过块茎、根茎、切片、茎段、组织培养和种子进行繁殖。在作物商业化生产中主要通过块茎进行无性繁殖。根茎对于野生种群的繁殖很重要，当需要扩繁特殊无性系的数量而块茎繁殖不能满足需求时，根茎、嫩枝和茎段繁殖也是无性繁殖的第二种选择。组织培养主要用于种质资源库长期保存无性系和转基因植物的生产等方面。与向日葵（*Helianthus annuus* L.）以种子为主要繁殖方式不同，除用于杂交获取后代外，菊芋一般不用种子进行繁殖。

9.1 块茎

菊芋通过 45~60 g 大小的块茎片或整块茎进行繁殖。大块茎可以分为小的块茎，这些小块茎在正常生长环境下可以如整块块茎一样正常萌发（Baillarge, 1942; Milord, 1987）。每个独立的块茎至少有一个可以生长成茎的芽。有时也会建议多几个芽（2个或3个）（例如，Wood, 1979）。块茎/块茎片的大小很重要，因为小于 40 g 会降低出苗率（Delbetz, 1867; Morrenhof and Bus, 1990）、茎的数量（Boswell et al., 1936）和最终产量（Boswell, 1959; Kovac et al., 1983）。块茎或块茎切块上的额外茎在作物生长早期会增加叶面积指数（Baillarge, 1942; Cors and Falisse, 1980）。在作物种植期间，若土壤干燥，则完整的块茎要优于块茎片。

如果休眠条件完全满足，在种植期间的 3~5 周通常就会出苗（Baillarge, 1942; Zubr, 1988）（见 9.1.1）。出苗的时间绝大多数是由温度（Tsvetoukhine, 1960）和通过提高地温（如覆膜）促进出苗率（Tsvetoukhine, 1960）的田间处理措施所决定。其出苗的温度范围为 2~5℃（Barloy, 1984; Kosaric et al., 1984）。块茎的预发芽对出苗、早期生长和产量有积极影响（Morrenhof and Bus, 1990; Spitters and Morrenhof, 1987），但要当心防止在种植期间的机械损坏。

需要种植 1 ha 的块茎数量取决于块茎的大小和作物种植密度。一般在 30 cm×100 cm、50 cm×100 cm 和 100 cm×100 cm 间距的情况下使用 50 g 的种子需要最少量分别为 1 666 kg、1 428 kg、1 000 kg 和 500 kg。

9.1.1 块茎休眠

尽管环境利于菊芋生长，但其块茎也有一个生长的休眠时期。休眠使得植物的生长与理想的环境同步（Kays and Paull, 2004）。在其自然地理范围内，菊芋块茎在冬季进行休眠，在此期间嫩芽存活率很低。不同的无性系/品种块茎之间休眠期长度有所不同，这种适应提高了无性系的长期存活的潜力。

3 种类型的休眠中（Lang，1987），菊芋显示了所谓的内生性休眠，即使外部条件可能是理想的，也可以通过内部机制调节以防止发芽。暴露在低温环境的情况下，块茎对外界环境信号的感知参与了休眠机制的实现。在暴露在适当的温度足够长的时间后（通常温度接近0℃和在最大温度以下），休眠机制就会启动。当环境有利时，茎中的细胞就会开始分裂，茎开始发芽。

除了生物作用外，块茎休眠也有显著的农业影响。在没有足够的冷季来满足休眠要求的地区，作物的生产可能会因春季发芽不足或发芽不均匀而大为恶化。同样，由于不够寒冷导致块茎只有部分发芽，还有相当一部分仍处在休眠中。当这种情况发生在菊芋之后的第一次轮作期间，未发芽的野生块茎在下一季中的携带将使其根除变得更加困难。

在其实际发育完成之前，块茎的休眠在秋季就开始了。例如，Steinbauer（1939）在美国发现休眠的开始时间（两个品种）在 8 月 28 日到 9 月 7 日之间。在这段时间后，即使处在合适的环境下，新挖的块茎也不会发芽。同一植株上不同块茎的准确休眠时间也不同，还有其生产地点、植株品种等其他因素的影响。有趣的是，越大越成熟的块茎是最晚进入休眠期的。休眠最初从根茎、幼小的块茎和在植株成熟前及第一次霜降开始。休眠似乎是一个渐进的过程，因此，同一植株上的块茎并非同时休眠。不同的植物品种其休眠的深度和程度差异相当大，当一种品种的块茎要发芽时，其他品种的发芽却大大推迟。通过研究145 个品种，Boswell（1932）发现，50%未经过受冷处理的块茎完成休眠需要 54~200 天，而大部分品种需要 5~6 个月。同样，不同的季节休眠的程度也不相同。切割块茎并不能改变其休眠。然而，用特殊的化学试剂（如氯乙醇）处理可以缩短休眠期，尽管一些经过检测化学品也可以使其发芽变慢（Steinbauer，1939）。

实现休眠的最适温度是 0~5℃。像 10℃这样的温度可以慢慢地破坏休眠（Steinbauer，1939）、提高腐烂发病率（Steinbauer，1932）和加速水分流失（Traub et al.，1929）。同样，在较高的温度下，新兴的芽也会不旺。较低温度（1.1~4.4℃）下的波动比恒定在 0℃下的有效性低。通常对于两种品种（"Chicago"和"Blanc Ameliore"）30~45 天的冷处理（0℃）就足以破坏休眠。

9.1.1.1 控制休眠

大量的可用块茎及其休眠的保持和破坏的优势，使得菊芋成为在研究休眠控制方面的具有吸引力的模型植物。块茎拥有一个持续寒冷暴露时间的量化机制，一旦暴露时间过长，它会激发信号机制，引发导致发芽的一连串反应。一些有关的控制机制是基于在细胞内发生的相关变化而提出的假说。然而，从随后的生化变化中阐明控制休眠的机制是非常困难的。

根据使用的块茎材料、块茎休眠要求是否能在自然条件下完成与人工诱导细胞分裂，可将块茎休眠的研究分为三类。可将每种不同的方法都有各自的优缺点。块茎材料包括完整的块茎、块茎切片（细胞分裂是在水中用生长素类似物诱导的）和离体切块（即含有根尖芽的部分块茎和辅助薄壁细胞的楔形细胞)。每个方法的难点均是精确地确定何时实现休眠,从而识别按时间顺序发生先后的物理和化学变化起始点。

3种方法中,切除薄壁细胞技术在研究对芽苞的薄壁细胞及其之间的相互关系方面很有用。如果切下的块茎一直在维持休眠[即在黑暗中处于温和的温度(如24℃)]的条件下,块茎会经历一个有趣的现象。块茎的顶芽开始慢慢生长形成一个新的块茎(又称为"养子",次生的或新块茎)(Courduroux,1963;Hanover,1960)。新的块茎从现有的块茎开始发育,直到其储备耗尽,该过程中涉及干物质和水分的再分配。期间任何打破休眠的处理(例如,12~16周维持4℃)都会导致根尖芽的改变,并将其转化为伸长的枝条(Courduroux,1967;Tort et al.,1985)。当刺激在结苞顶芽的薄壁细胞的条件形成时(如在黑暗中温度为28℃),根尖分生组织的器官的形成就受到抑制。相反,当节间生长受到抑制时,顶芽会受到刺激。因此,顶芽和节间之间存在复杂的相互关系。

多胺在块茎休眠中的作用已被通过利用块茎薄壁细胞切片来研究,该切片来自是由药理学触发分裂的块茎实质细胞。多胺是一种小的脂肪胺,其中以腐胺、亚精胺和精胺普遍存在。它们是由鸟氨酸、精氨酸和S-腺苷甲硫氨酸合成的,有文献称在组织内多胺水平与植物发育和生理活动中不同交叉部分有关系(Malmberg et al.,1998;Kuehn and Phillips,2005;Kumar et al.,1997;Walden et al.,1997)。有数以百篇的文献报道了组织内多胺水平与植物一系列发育和生理事件之间的相关性(Bagin et al.,1971,1978,1980,1981;Bagin and Serafini-Fracassini,1985;Bagin and Seperanza,1971;Bertossi et al.,1965;Bogen Ottoko,1977;Courduroux et al.,1972;Cionini and Serafini-Fracassini,1972;Del Duca and Serafini-Fracassini,1993;Gendraud and Lafleuriel,1985;Serafini-Fracassini and Filiti,1976;Serafini-Fracassini et al.,1980;Serafini-Fracassini and Alessandri,1983)。多胺水平迅速升高,在切除和诱导块茎组织24小时后达到高峰。鸟氨酸脱羧酶是多胺合成途径的关键酶,其抑制剂(二氟甲基鸟氨酸)的添加可抑制细胞分裂。Torrigiani(1987)等人发现,鸟氨酸脱羧酶、精氨酸脱羧酶和S-腺苷甲硫氨酸羧化酶的活动(在多胺合成途径的关键酶)和多胺水平在生长素诱导初始细胞周期的S期之前与期间增加,随后在细胞分裂过程中下降。在合成细胞核的DNA之前及期间,多胺含量和合成的上升已经在植物界的其他物种所证实。

已经在菊芋块茎中鉴定了腐胺、亚精胺和精胺(Serafini-Fracassini et al.,1980),尽管Phillips等(1987)在最初的24小时活化和有丝分裂期间发现亚精胺、二氨基丙烷和尸胺的存在。两个研究小组均发现多胺水平与早期细胞分裂之间的相关性,且多胺能诱导细胞分裂的限制模式。

多胺在控制菊芋块茎休眠和细胞分裂过程中的确切作用,以及对植物发育本身的影响,仍是一个值得商榷的问题。从拟南芥精氨酸脱羧酶突变体的证据表明多胺在根分生组织的功能方面可能作用(Watson et al.,1998)。

9.1.1.2 休眠后的初始反应

在DNA合成前期(G1)薄壁细胞进入休眠(Adamson,1962;Mitchell,1967),当这

些细胞被放在含有 2,4-二氯苯氧乙酸（2,4-D）的培养基去打破或抑制休眠时，细胞会进入有丝分裂（Bennici et al.，1982）。第一次和第二次分裂是同步的（Serafini-Fracassini et al.，1980）。然而，随着进一步的分裂，同步性逐渐消失（Yeoman et al.，1965）。同样，在休眠期第一和第二次的细胞周期也有明显的变化（Bennici et al.，1982）。

如前所述，当块茎休眠时其多胺含量降低。然而，休眠破除时它们迅速合成（Del Duca and Serafini-Fracassini，1993；Serafini-Fracassini et al.，1984），在 G1 期早期发生。同样，休眠完成后，精氨酸和谷氨酰胺（多胺的前体）迅速明显减少，相应的多胺增加（Durst and Duranton，1966；Serafini-Fracassini et al.，1980）。

随着发育的开始，蛋白质合成的速率增加（Masuda，1965，1967），嘌呤核苷酸代谢发生变化（Le Floc'h et al.，1982；Le Floc'h and Lafleuriel，1983a，1983b）和整体代谢增加。在发芽期间，核糖体几乎只作为单染色体，数量大大降低（Bagni et al.，1972）。RNA 合成增加（Gendraud，1975a，1975b；Gendraud and pre'vôt，1973），休眠被打破时，氨基酸合成增加（Cocucci and Bagni，1968；Duranton and Maille，1963），并且游离氨基酸和解和氨基酸也发生变化（Scoccianti，1983）。此外，随着植株的生长，还有某些酶的活性发生显著的改变，例如，磷酸烯醇式丙酮酸羧化酶的活性增加 4 倍（Dubost and Gendraud，1987）。

顶芽和叶腋细胞之间的相互关系以激起了对控制物质组成再分配的膜机制研究（gendraud and lafleuriel，1985，1986；Petel gendraud，1988）。在新块茎的形成过程中，现有的块茎干物质被输送至新细胞供其利用（gendraud and lafleureil，1983）。传输控制被假设是通过在细胞膜上的 ATP 酶机制控制（Petel and gendraud，1986）。在休眠前和休眠后的质膜 ATP 酶活性变化被提出，与休眠的开始和解除有着密切关系的膜蛋白发生定性的改变（Petel and gendraud，1988）。膜蛋白的变化已被证明是通过暴露在低温环境中所诱导（Ishikawa and Yoshida，1985）。

在新块茎发育时，母体块茎的水分和的营养状况发生显著变化，因为无外源物质输入的条件下，其增长所必需的物质被循环利用（sueldo et al.，1991）。在休眠期，母体块茎的水含量降低时，新块茎生长，并且芽附近的水分含量开始增加（15 天），而在母体块茎基部的水分则降低可。同样，经过诱导芽形成的冷处理后（9~10 周，4℃），块茎中水分状态也发生了显著的变化，水分从基部向生长顶芽部位移动。现有物质的再分配为休眠块茎中薄壁细胞更容易吸收蔗糖和四苯基膦、细胞间 pH 值高于非休眠细胞等事实所支持（gendraud and lafleuriel，1983）。这种解释表明，H^+ 蔗糖协同转运机制可能参与了作物休眠。此外，休眠和非休眠的（更快）块茎对脱落酸的吸收也有所变化（Ottono and Charnay，1986），这被解释为蔗糖共转运机制有可能与休眠有关。

9.2 根状茎

根状茎是一种特殊地上茎，为地上茎的地下部分。根状茎能促进植株的扩散，因为它们能在离母株 50 cm 的地方形成新的营养芽（Swanton，1986）。根状茎通常是白色的，长度不等，其上有节，节上有腋芽，从中可以产生枝条和嫩芽。大多数未扰动的根状茎分布于离地面 10~15 cm 的土壤中。根茎长度与植物类型、无性系和生长条件（例如，土壤类型）不同，其根茎的长度也存在差异。例如，密度较大的植物种群中，根状茎的发育较晚，每棵植株的根茎数也会减少，如平均长度、节点数和分枝数（Korovkin，1985），这表明限制碳水化合物的供应因素可抑制根茎的形成。

根据形态、生境偏好和生物气候学等差异，可将菊芋无性系分为两种类型：野生无性系，在较长的根茎末端形成纺锤形块茎；栽培无性系，在聚集于主茎附近的较短根状茎上形成圆形块茎。这两种类型在根茎数量、长度、总干重和芽/根茎的数量均有所不同，且野生无性系显著大于栽培的无性系（Swanton，1986）。在深秋，植株的顶部死后，不同无性系根状茎的寿命也有相当大的差异。一些无性系的根状茎在生长季末或冬季分解，而另一些无性系则在存活至春季并繁殖。野性无性繁殖的根状茎的功能不仅是将从光合产物从地上部分运输到发育中块茎的管道，也是作为碳储存场所、再繁殖以及传播的一种手段。在一般情况下，根茎是脆弱的，培养过程中容易受损，也作为动物饲料。因此，其可以成为一个控制杂草的问题。

通过根状茎再生的植株基本上是低于通过块茎再生的，然而，它们的生殖潜力很大，这取决于许多因素（例如无性系、年龄、土壤深度、大小、环境条件）。在秋季收获后，大部分的根茎能够再生（Konvalinková，2003）；如果切成 1、2 和 4 cm 的长度，85%~95% 的根茎都能发芽。切下的根茎越长，其生成的芽数越多，芽叶越大，（Konvalinková，2003）。由于块茎比根茎储存的碳多，它产生的芽往往比根茎的要大（即 2.5~3 倍）。根茎发芽时间与种植时间（7月23日、9月1日、10月15日）和土壤深度有关。在根茎种植在 5、10 或 20 cm 深度时，早期播种会使芽在 25 天内形成（Swanton，1986）。根茎种植在土壤 30 cm 以下的需要 300 天才能发芽。晚期播种会导致萌芽的延迟（即播种后 214~258 天）。在 5~10 cm 处栽植发芽的概率为 100%，在 20 cm 时下降至 80%；在 30 cm 时只有 57%。

根状茎上的根形成的基本发育生理学（即细胞增殖、韧皮部和管胞的分化、形成层的组织、形成层的根原基的形成）以及影响其的因素已由 Gautheret（1961a，1961b，1965，1966a，1966b，1967，1968，1969）、Spanjersberg 和 Gautheret（1962，1963a，1963b），Tripathi 和 Gautheret（1969）和其他几个科学家（如 Goris，1968，Nitsch and Nitsch，1956；Paupardin，1966；Rücker and Paupardin，1969；Tripathi，1968）在 20 世纪 60 年代利用体外模型的一系列论文予以阐明。"生根"是由矿物质、盐、糖、植物生长素、温度和光调节的。在体内条件下，温度和碳水化合物的供应可能是与这些参数最相关的。

9.3 组织培养

植物组织培养是在无菌条件下培养植物的细胞、组织或器官。培养的材料有悬浮的细胞或细胞群到成熟或未成熟的胚胎、器官的片段或外植体，以及分离的植物器官、茎尖或根尖。虽然向日葵属的物种已经可以从不同的材料来培养，但菊芋主要是通过块茎外植体组织培养来进行快繁。

在合适的培养基中，组织块产生愈伤组织。愈伤组织是由大的薄壁细胞组成的。它类似于植物产生的未分化组织，作为损伤时的修复机制。在组织培养中，愈伤组织可以被诱导形成能发育成正常植株的幼苗。当一个无菌外植体移到富含有能刺激细胞分裂和植株生长物质的培养基中时，愈伤组织的诱导效应会发生。外植体可以是一个统一的组织或来自不同细胞类型的组织（Yeoman，1973）。就 DNA、RNA 与蛋白质的含量而言，菊芋块茎的储藏薄壁组织中的细胞构成的相似程度很高（Mitchell，1968，1969）。因此，它能以同步的方式发育成为极其一致的愈伤组织。菊芋块茎及马铃薯、胡萝卜和欧洲防风草的存储器官被用来研究愈伤组织培养的基本过程（例如，Steward et al.，1958；Yeoman et al.，1965）。它们现在被认为是研究组织培养技术的典型植物。

为获得休眠的菊芋块茎外植体，通常将其切成 25 mm 厚的切片以塑造成圆柱型的组织。圆柱形是最受青睐的，因为圆柱型具有复制性和较高表面积/体积比，可更好地进行气体和营养的交换，有利于愈伤组织的形成。为了从同一组织获得最大的外植体数，最好是切小一点。菊芋块茎外植体大小通常在 2.4 mm×2 mm。虽然有研究使用更小的外植体（例如，Caplin，1963），通常最小的是 8 mg，约 20 000 个细胞（Yeoman，1973）。

用于植物组织培养的生长培养基中包括矿物盐混合物、宏观和微量元素（例如，示踪元素和铁源）、糖源（通常是蔗糖）、维生素、氨基酸、生长调节剂（例如，生长素、赤霉素、细胞分裂素）、去除金属离子的螯合剂〔例如，乙二胺四乙酸（EDTA）〕和天然提取物如椰汁（Yeoman，1973）。在 Murashige and Skoog（MS）培养基中的变化更利于菊芋组织培养（Murashige and Skoog，1962）。菊芋块茎休眠需要培养基中含有生长素或生长调节剂，而细胞分裂素一般不是必需的（Yeoman，1973）。培养基可以是液体或固体琼脂。Cassells 和 Collins（2000）运用各种生长参数对比了 23 种胶凝剂，发现在培养菊芋外植体时商业琼脂（Sigma）性能最好。用抗生素可以解决细菌污染问题。Philips 等（1981）测试了 6 种抗生素，发现在菊芋块茎外植体培养过程中利福平能最有效地控制细菌污染，并且不影响生长参数。

通常用来维持愈伤组织培养的生长素和生长调节剂是 IAA（吲哚乙酸）、NAA（萘乙酸）和 2，4-D（2，4-二氯苯氧乙酸）。赤霉酸和 N^6-苯亚甲基苯（BAP）（人造细胞分裂素）也经常用在菊芋生长的培养基中。所有的生长调节剂的浓度较低（例如，约 10 $\mu mol/L$）。促进细胞分裂和菊芋块茎外植体鲜重增加的 2，4-D 的最佳浓度为 10^{-6} mol/L；没有 2，4-D 存在时，植株几乎不生长，但在高浓度下又抑制植株生长（Finer，1987；Yeoman and Aitchison，1973）。在休眠的组织中加入 2，4-D，RNA 合成会显著增加。核仁是生长调节物质作用的重要场所，在菊芋块茎外植体分化过程中 C14 标记的 2，4-D 会积累在细胞核仁中（Yeoman and Mitchell，1970；Zwar and Brown，1968）。伴随 RNA 达到峰值后，细胞 DNA 快速上升，蛋白质的合成增加。

只有在外植体的外层细胞诱导分化，导致围绕非分裂中央核心形成活跃的外层。据观察，当菊芋块茎外植体在光照下被切除时，只有约一半的外周细胞被诱导分裂。然而，如果在低强度的绿光条件下，几乎所有的外围细胞都被诱导分裂（Yeoman and Davidson，

1971)。在光照条件下，资源分为细胞分裂和结构性生长。因此，在较暗的条件相对更多的细胞发生分裂。向生长培养基中加入氨基酸可以提高外围细胞分裂的程度（Yeoman and Aitchison，1973）。低强度的白光照射可以提高生长素的生根效果，这对菊芋块茎外植体的根茎组织生长有积极作用（Gautheret，1971）。

块茎外植体诱导后，细胞分裂进展迅速。在25℃的条件下维持7天，菊芋块茎外植体细胞数会增加1000%（Yeoman et al.，1965）。交替的温度（如白天26℃，晚上20℃）或许可以优化愈伤组织生长（Capite，1955）在培养的前2周，随着细胞的分裂超过细胞的生长，单个细胞的大小明显减小。培养基的成分影响菊芋外植体细胞的大小，在含有2,4-D和椰汁比在只含2,4-D的培养基上的细胞要小（Yeoman and Aitchison，1973）。通过对块茎外植体的预处理可以调控细胞分裂和细胞扩张之间的平衡（Setterfield，1963）。

不同的培养操作和培养基组成成分可以用来确定培养液中菊芋主要的组织类型（例如，Minocha and Halperin，1974；Roche and Cassells，1996）。例如不同的培养基组成成分有的促进根系发育，有的促进芽生长。许多方案成功地促进了向日葵（*H. annuus* L.）、向日葵（*H. annuus* L.）和菊芋（*H. tuberosus*）杂交种幼苗外植体不定芽的形成（例如，Espinasse and Lay，1989；Espinasse et al.，1989；Greco et al.，1984；Pugliesi et al.，1993；Witrzens et al.，1988）。例如，添加生长调节剂（例如，BAP，IAA）或乙烯抑制剂（例如10 μmol/L AVG）会增加愈伤组织不定根的形成（例如，Robinson and Adams，1987；Witrzens et al.，1988）。一些报道认为在含有大量蔗糖的培养基中可以从不定根中获得体细胞胚肽（即，由非生殖植物细胞而不是生殖生殖细胞产生的胚胎）（例如，Pugliesi，1993）。为优化胚胎繁殖及长成植物，若干阶段的调节剂和培养环境的变化是必要的（Pélissier et al.，1990）。

向日葵愈伤组织根的形成通过无生长调节剂的培养基诱导出（Espinasse et al.，1989）。然而，诱导根的形成比诱导芽的形成更加困难。在菊芋愈伤组织中，添加一定量的生长素和糖，在光照和温度的平衡下可诱导根状茎和根茎的形成（Gautheret，1966c，1969）。Devi 和 Rani（2002）利用带 Ri 质粒的农杆菌来诱导幼胚微繁后的向日葵和菊芋菊杂交种生根，幼胚置于内含2,4-D 和 IBA 的等生长物质的 MS 基本培养基中。该转化植物可以产生丰富的愈伤组织和芽，但根却很稀疏。

电子显微镜（EM）已被用来研究菊芋组织培养中的外植体发育。Tulett 等（1969）描述描述块茎外植体和愈伤组织的制备方法与电子显微镜观察其细胞结构的一般步骤。小块的愈伤组织固定于在6%的戊二醛 pH 为 6.9 的 0.1 mol/L 磷酸盐缓冲液，放在室温下 2 h，然后在5℃过夜。固定后，用几次磷酸盐缓冲液清洗组织。随后，在1%~2%的缓冲溶液中浸泡 1 h 或用2%高锰酸钾水溶液中浸泡 1~2 h。

在 EM 下观察菊芋质体组织培养，两个不同的膜系统被描述为中央系统的电子致密系统和外围系统（Gerola and dassu，1960）在 EM 环境下，组织培养中的菊芋质体被描述为两种不同的膜结合系统：电子致密囊状中央系统和周边系统（Gerola and dassu，1960）。中央系统在形态多变，可能储存蛋白。外围系统由不规则的小管和囊泡组成，特别是在细胞核附近出现质体集群（Tulett et al.，1969）。外围系统可能通过质体包膜参与物质的运输（Yeoman and Street，1973）。

　　来自菊芋块茎的愈伤组织培养最初是休眠的，需要进行诱导分裂。细胞分裂的诱导往往伴随着细胞结构的转变，这体现了新陈代谢的变化（例如，Gamburg et al.，1999）。在菊芋块茎外植体切除的 1 小时内，核糖体会有大量增加。它们以螺旋体的形式分散在细胞质中，当与内质网相关联时呈螺旋形，并随着时间的推移而增加，与蛋白质的合成速率相一致（Yeoma and Street，1973）。不久，电子致密体在液泡中出现，在含有水解酶的细胞中形成晶体时（Bagshaw et al.，1969），电子致密体在细胞质中的浓度变小（Bagshaw et al.，1969；Gerola and Bassi，1964）。休眠的菊芋块茎外植体含有多种类型的线粒体，包括独特的杯状线粒体（Yeoma and Street，1973）；在组织培养期间的线粒体呈现出更多形式，包括复杂的钟形、长圆柱形和支板结构（Bagshaw et al.，1969）。在细胞即将进入分裂时期时，细胞核会变圆，周围有密集的染色质聚集，并有可能延伸到细胞质中的细长结构（Yeoma et al.，1970）。在电子颗粒高密集区域，核变得较为松弛（Jordan and Chapman，1971）。正如 Bagshaw 等（1969）、Yeoma 和 Street 所描述的，核膜溶解后，进行有丝分裂和细胞分裂（1973）。

　　在细胞分裂后，会发生相当大的解剖学和生化变化，由此产生的愈伤组织在组织培养初期会有所不同。例如，源自菊芋块茎细胞的愈伤组织甚至缺乏菊粉（Kaneko，1967）。在愈伤组织中导管（木质部）快速形成。影响木质部分化的因素包括生长介质中的生长素、细胞分裂素、在培养基中的氮及温度（Minocha and Halperin，1974；Philips and Dodds，1977）。

　　植物组织培养是植物育种和遗传资源保护中的一个重要工具。正如许多出版物所报道的，科学家可以将向日葵微繁殖的经验和技术直接引入菊芋的培育（例如，Alissa et al.，1986；Bergounioux et al.，1988；Espinasse and Lay，1989；Finer，1987；Freyssinet and Freyssinet，1988；Greco et al.，1984；Hendrickson，1954；Lupi et al.，1987；Paterson and Everett，1985；Pélissier et al.，1990；Power，1987；Pugliesi et al.，1991；White，1938；Wilcox et al.，1989）。科学家曾利用合子胚和为幼胚、幼苗下胚轴和子叶、茎和根尖繁殖向日葵，其所使用的培养液和步骤同样适用于菊芋的培养。作为补充，菊芋块茎外植体是一种典型的组织培养系统。

　　向日葵和菊芋杂交已经在向日葵属育种中开发运用（Davydoviĉ，1947；George，1993）。与向日葵杂交也应用于菊芋的育种工作（例如，"洋姜"）。菊芋和野生向日葵可提供能提栽培向日葵病虫害的抗性所需的种质资源。例如，对锈病的抗性已从野生 H. annuus 中分离出来（向日葵锈菌）（Putt and Sackston，1963）；已在澳大利亚银叶向日葵 H. argophyllus Torr. & Gray 发现抗黑斑（Hansf.）Tubaki and Nishih（Kochman 和 Goulter，1983）；菊芋携带对菌核病抗性的潜在有用基因（Orellana，1975）。然而，生殖障碍限制向日葵品种间的杂交，杂交品种的种产量一般较低，并且常伴有 F1 不育。可以利用植物组织培养技术克服来这些不育障碍。再生植株表现出高度的非同源基因易位（Pugliesi et al.，1993）。因此，杂种胚胎可以大量再生和繁殖，从而大大增加了生育后代的机会。

　　Witrzens 等（1988）和 Pugliesi 等（1993）描述了菊芋和向日葵杂交种的再生和培养

方法。Witrzens 等（1988）发现幼胚是能不断再生的外植体，尽管一种基因型可通过块茎组织再生。如果培养基中含有 30 g·L^{-1} 蔗糖，30% 左右的芽会长出头状花序（花序），如果换为浓度为 40 g·L^{-1} 的葡萄糖，则花更早成熟。加入赤霉素（GA3）添可促进茎的伸长（Witrzens et al.，1988）。

Pugliesi 等（1993）再生了从向日葵和菊芋菊葵杂交重子叶外植体，并在含有 IAA 和糠氨基嘌呤（呋喃甲基腺嘌呤）或 BAP 的培养基上进行向日葵子叶回交。芽可在大部分培养基上再生，但在含有高浓度的细胞分裂素（BAP 或呋喃甲基腺嘌呤，0.2 mg·L^{-1}）和低浓度的生长素（IAA，0.1 mg·L^{-1}）上效果更好。在不加生长调节剂的 MS 培养基上连续继代培养，可诱导胚的形成和芽的分化，外植体成功地移植到土壤中。

组织培养有利于具有理想性状的离体种质的筛选，如菌核病抗性或耐冷、耐盐（Cassells and Walsh，1995；Escandon and Hahne，1991）。如果基因转移和基因操作技术广泛应用于菊芋，培养技术将变得越来越重要。在组织培养中向日葵已通过使用直接基因转移（基因枪）、农杆菌介导的基因转移与其他遗传操作技术进行常规化转化（例如，Grayburn and Vick，1995；Knittel et al.，1994；Laparra et al.，1995；Moyne et al.，1989；Rao and Rohini，1999；Shin et al.，2000）。菊芋和向日葵杂交种也已可进行了遗传转化（例如，Pugliesi et al.，1993b）。因此对菊芋进行基因调控技术已经准备就绪（见 8.12）。

组织培养使菊芋种质得以保存在生物多样性保护方案中。组织培养一旦建立，菊芋培养体就可长时间存放在较低的温度下。例如，在加拿大的一项研究中，在 9 个离体培养的品种作为田间种质资源的备份进行保存（Volk and Richards，2006）。在 5℃ 条件下植物最长保持了 3 个月，而 6 个月后 52% 的还保持健康。

冷冻保存（在超低温条件下对生物组织进行非致命性存储）与组织培养越来越多地用于长期保存植物材料（Benson，1994）。菊芋块茎的离体茎尖的保存是用含有乙二醇、甘油二甲基亚砜、植物玻璃化溶液和蔗糖的玻璃化溶液。玻璃化可以防止植物材料结冰时冰晶的形成。菊芋的材料在 0℃ 存放 30 分钟后仍可以重生及生长（Volk and Richards，2006）。因此，菊芋种质可以在组织培养中进行低温保存，并且使用冷冻技术保存时间的可能更长。

9.4 幼枝

从发芽块茎进行移植，可来增加无性系的植物数量，比直接在田间种植块茎要快。为获得幼枝，需要将块茎种植在 4~6 cm 深的温床上，或在温室中用培养液培养。放置块茎时应保持一定的间隔，这样它们就不会接触，而是排列得很紧。当嫩枝达到 20~30 cm 长时或有 4 个以上的展开叶时，就可以小心地将嫩枝从块茎上分离下来。较不成熟的枝条如果有根的话也很少，有较小直径的茎更有可能被折断或损坏，而且长得比更大、更结实的枝条更慢。较小的枝条应留到以后的再移栽。直接移植到田里会造成重大损失，故应在植入田地前先移栽到培养液中进行 10~12 天的雾化培养。尤其是在炎热和干燥的条件下移植时，建议将其进行雾化 0 处理后移到低温以进行冷处理。因此，嫩茎可以在每 4~6 天收取一次，再需 4~5 周的时间可获得最大数量的嫩茎。

块茎大小的不同，每块块茎芽产生的芽数也不相同。小块茎（即 30 g）产生的嫩枝（~7），比能产生 13~15 棵植株的大块茎（50~70 g）产生的嫩枝少（Kays，未发表的数据）。一般大块茎产生的嫩茎会更厚、更坚实，并且不向下垂。如果目标是显著增加植物种群，那么直接种植一个块茎种子仅能得到一棵植株，但用嫩茎种植，每个块茎可以产生大约 15 棵植株。嫩枝也可用于早期大田。然而，这种方法的缺点是很多，因此实际应用很少。例如，它极大地增加了劳动成本，以及获得每个块茎最大数量的嫩枝所需的时间间隔与田地里生长的时间有很大的重复部分。然而，当只有少数的块茎可利用且目标是增加下一年的繁殖材料时，使用嫩枝是有效的。

9.5 插条

在适当的条件下，几种向日葵品种的茎的插条（例如，*H. tomentosum* Michx.，*H. debilis* Nutt.）可以很容易地扎根（Norcini and Aldrich, 2000; Phillips, 1985）。许多研究也已用向日葵下胚轴作为生根模型进行研究（Liu et al., 1995; Wample and Reid, 1979），尽管在扦插生根方面的相关性有限。而扦插并不代表向日葵属正常的繁殖机制，它们在种子不能用时可以用于迅速扩大无性繁殖材料。对于 *H. debilis* 而言，将修掉叶子的顶端种植在排水良好的培养基中并进行频繁喷雾（例如，9 s/2.5 min），并进行部分遮阳（30% 遮阴）即能得到最好的结果（Norcini and Aldrich, 2000）。没有用生根激素（1H-吲哚丁酸溶液）就能存活是最好的。未处理的插枝有 100% 的生存概率和在 17~21 天足够生根。对于 *H. tomentosum*（Phillips, 1985）和 *H. debilis* 而言，排水效果良好的培养基是可取的（例如，砂：泥炭的比例为 3：1）。

用扦插繁殖的菊芋的潜力已进行了测试（单无性系；Kays，未发表的数据）。将两条扦插条（15 和 25 cm）、两种直径（中型和大型）、两个位置（顶端和顶端下部）及有无激素（100×10^{-6} IBA 滑石）放置在有雾化处理的人工培养基（珍珠岩：泥炭的比例为 2：1）上，并在 45 天后进行评估（1-5 等级）。所有剪枝都能生根。然而，各处理间及内部生根的数量有相当大的差异。通过扦插来繁殖菊芋不可行的原因有两个：（1）达到植物扦插需要大小所用的时间加上插枝生根所用的时间会使生产季节的时间变短；（2）来自扦插的植株分离不出块茎。后者的问题似乎是由于根茎通常来源于茎的地下部分而不是根这一事实。根状茎很少从生了根的茎上长出，尽管不同的无性可能存在在差别。

9.6 种子

种子繁殖对野生种群中很重要，也是菊芋育种中重要的组成部分。菊芋是在杂交方面表现出高水平的自交不亲和性（Toxopeus, 1991; van de Sande Bakhuyzen and Wittenrood, 1950）。然而，植株容易与其他无性系植株杂交，并产生种子（Swanton and Cavers, 1989;

Le cochec，1985）。与向日葵培育种的种子相比，其种子小很多，且通常发芽率低。成熟的种子也显示出较强的休眠特性，该特性可被多种方法所抑制（Toxopeus，1991）。

单株的种子产量因基因型、位置不同和生产条件的不同而不同。与培育种相比，野生种群往往花更多，所产生的瘦果更多（Westley，1993）。一般来说，该品种的种子产量低，可能与开花晚及秋季的低温有关。3 种生态型（两栽培、两杂草和两野生）中，每朵花的种子数、单株种子数与代表的 6 个无性系品种的平均种子大小其变化都很大（Swanton，1986）。杂草无性系每花会产生 5 粒种子，栽培的无性系只能产生 0.08~2 粒种子。虽然个别种子的质量在 0.8~10.8 mg 间，但无性繁殖的种子平均重量的变化比较小（3.5~4.8 mg）。单株的种子量在 5.6~78 之间。相反，从可以杂交的 5 种商业品种的单株种子产量为 88~1058（Lim and Lee，1989）。

一些野生向日葵品种中普遍存在的一个问题是存在种皮休眠机制。尽管抑制的水平比较低，但已用于向日葵栽培过程中。Kamar 和 Sastry（1974）发现 20 日龄的种子比成熟的种子（即 30 和 40 日龄）有较高的萌发性，表明休眠机制的存在。种子发育过程中的早期休眠是许多种子植物典型的特征，这可防止在生长过程中过早发芽（胎萌）（Kays and Paull，2004）。种子休眠的不同水平在所有向日葵的野生物种中发现，但是一年生的沙漠物种 *H. deserticola* Heiser，*H. anomalus* Blake，和 *H. niveus* ssp. *tephrodes*（A. Gray）Heiser 的种子休眠水平很强（Heiser et al.，1969）。

几种促进发芽的方法都进行了测试，如将种子种在花盆里，在冬季时放置在外面 3~4 周，使它们经历不同的温度和冻融（Heiser et al.，1969）。虽然发芽率提高，但很少超过 50%，并且对于旱生一年生植物没有效。用能释放乙烯的复合物 2-氯乙基膦酸（Kamar and Sastry，1974，1975；Zimmerman，1977）、赤霉素（GA3）和苄基腺嘌呤（Kamar and Sastry，1974，1975）处理种子，已被证明能增加刚收获用于种植的向日葵种子的萌发。同样，脱皮也有利于发芽（Harada，1982；Kamar and Sastry，1974，1975）。对 4 种难发芽的物种进行测试（*H. bolanderi* A. Gary，*H. petiolaris* Nutt.，*H. anomalus*，和 *H. niveus* ssp. *tephrodes*）表明，最有效的处理是去除外壳和种皮（即发芽率 90%）（Chandler 和 Jan，1985）。通过额外的处理（即机械损伤，将去外壳的种子在 100 mg/L GA3 溶液中浸泡 1 h）也可提高发芽率。菊芋种子萌发也可通过去除种皮大大改善（LIM and Lee，1990）。

以下步骤都应在无菌条件下应用，常用于促进野生向日葵品种的萌发（Seiler，个人交流）。首先用 1%（w/v）的次氯酸钠溶液对种子表面消毒 15~20 min，用蒸馏水冲洗，然后在种子的较宽阔部位割一小部分的种皮。种子经含 100 mg/L 赤霉素的溶液处理 1 小时，随后放在带有湿润滤纸的培养皿中，再放置过夜（21℃）。次日，小心移除种皮和用水冲洗幼苗，放置在含有新湿润滤纸的培养皿中，在黑暗中存储 2 天。使用杀菌剂（如苯菌灵）可减少真菌污染的可能性。经过 2 天，培养皿放置在荧光灯下直到幼苗达到移栽所需的大小。

由于菊芋有较高水平的雄性不育和自交不亲和性，其种子不能作为繁殖作物的商业化生产，并且当存在时，种子通常是母系植物和一个未知的花粉供体的杂交。因此，种子的基因组成是未知的，和许多多倍体物种杂交，后代要优于亲本的可能性通常是极低的。例如，从在约 8 000 株菊芋幼苗育种计划中，经过筛选仅有 17 株在随后的无性繁殖中被保存下来（Mesken，1988）。此外，从种子发育而来的菊芋要比从块茎发育而来的菊芋缺乏活力。因此，从块茎发育而来的植物生长更迅速，并更快速地形成一个封闭的树冠。最后，菊芋种子发芽率通常较低的，降低了其商业传播的潜在可能性。因此，即使出现了用种子发育来的作物生产成功的偶然报告（Lim and Lee，1990），但在作物的遗传操作这一点上种子的潜力还差得很远。

参考文献

Adamson, D., Expansion and division of auxin-treated plant cells, *Can. J. Bot.*, 40, 719–744, 1962.

Alissa, A., Jonard, R., Serieys, H., and Vincourt, P., La culture d'embryons isolés *in vitro* dans un programmed'amélioration du tournesol, *C. R. Acad. Sci. Paris*, III, 161–164, 1986.

Bagni, N., Aliphatic amines and a growth factor of coconut milk stimulate cellular proliferation of *Helianthus tuberosus in vitro*, *Experientia*, 22, 732–736, 1966.

Bagni, N., Calzoni, G. L., and Speranza, A., Polyamines as sole nitrogen sources for *Helianthus tuberosus* explants *in vitro*, *New Phytol.*, 80, 317–323, 1978.

Bagni, N., Corsini, E., and Serafini-Fracassini, D., Growth-factor and nucleic acid synthesis in *Helianthus tuberosus*. I. Reversal of actinomycin D inhibition by spermidine, *Physiol. Plant.*, 24, 112–117, 1971.

Bagni, N., Donini, A., and Serafini-Fracassini, D., Content and aggregation of ribosomes during formation, dormancy, and sprouting of tubers of *Helianthus tuberosus*, *Plant Physiol.*, 27, 370–375, 1972.

Bagni, N., Malucelli, B., and Torrigiani, P., Polyamines, storage substances and abscisic acid – like inhibitors during dormancy and very early activation of *Helianthus tuberosus* tissue slices, *Plant Physiol.*, 49, 341–345, 1980.

Bagni, N. and Serafini-Fracassini, D., Involvement of polyamines in the mechanism of break of dormancy in *Helianthus tuberosus*, *Bull. Soc. Bot. France*, 132, 119–125, 1985.

Bagni, N. and Speranza, A., Pathways of polyamine biosynthesis during the growth of *Helianthus tuberosus* parenchymatic tissue, in *Plant Growth Regulators*, Kudrev, T., Ivanova, I., and Karanov, E., Eds., Bulgarian Academy of Science, Sofia, Bulgaria, 1977, pp. 75–78.

Bagni, N., Torrigiani, P., and Barbieri, P., Effect of various inhibitors of polyamine synthesis on the growth of *Helianthus tuberosus*, *Med. Biol.*, 59, 403–409, 1981.

Bagshaw, V., Brown, R., and Yeoman, M. M., Changes in the mitochondrial complex accompanying callus growth, *Ann. Bot.*, 33, 35–44, 1969.

Baillarge, E., *Le Topinambour: Ses Usages, Sa Culture*, Flammarion, Paris, 1942.

Barloy, J., Etudes sur les bases genetiques, agronomiques et physiologiques de la culture de topinambour (*Helianthus tuberosus* L.), in *Rapport COMES – AFME 1982 – 1983*, Laboratoire d'Agronomie, INRA – Rennes, 1984, p. 41.

Bennici, A., Cionini, P. G., Gennal, D., and Cionini, G., Cell cycle in *Helianthus tuberosus* tuber tissue in relation to dormancy, *Protoplasma*, 112, 133–137, 1982.

Benson, E. E., Cryopreservation, in *Plant Cell Culture*, Dixon, R. A. and Gonzales, R. A., Eds., IRL Press, Oxford, 1994, pp. 147–167.

Bergounioux, C., Freyssinet, G., and Gadal, P., Callus and embryoid formation from protoplasts of *Helianthus annuus*, *Plant Cell Rep.*, 7, 437–440, 1988.

Bertossi, F., Bagni, N., Moruzzi, G., and Caldarera, C. M., Spermine as a new promoting substance for *Helianthus tuberosus* (Jerusalem artichoke) *in vitro*, *Experientia*, 21, 80–82, 1965.

Bogen Ottoko, B., Contribution à l'étude biochimique de la dormance: relation entre fonctionnement de lavoie des pentoses phosphates et levée de dormance chez le Topinambour (*Helianthus tuberosus* L.), Thèse Doct. 3e Cycle, Université de Clermont-Ferrand II, Clermont-Ferrand, 1977.

Boswell, V. R., Length of rest period of the tuber of Jerusalem artichoke (*Helianthus tuberosus* L.), *Proc. Am. Soc. Hort. Sci.*, 28, 297–300, 1932.

Boswell, V. R., *Growing the Jerusalem Artichoke*, Leaflet 116, USDA, Washington, DC, 1959.

Boswell, V. R., Steinbauer, C. E., Babb, M. F., Burlison, W. L., Alderman, W. H., and Schoth, P. A., Studies of the culture and certain varieties of the Jerusalem artichoke, *USDA Technical Bulletin* 514, USDA, Washington, DC, 1936.

Capite, L. D., Action of light and temperature on growth of plant tissue cultivars *in vitro*, *Am. J. Bot.*, 42, 869–873, 1955.

Caplin, S. M., Effect of initial size on growth of tissue cultures, *Am. J. Bot.*, 50, 91–94, 1963.

Cassells, A. C. and Collins, I. M., Characterization and comparison of agars and other gelling agents for plant tissue culture use, *Acta Hort.*, 530, 203–210, 2000.

Cassells, A. C. and Walsh, M., Screening for *Sclerotinia* resistance in *Helianthus tuberosus* L. (Jerusalem artichoke) varieties, lines and somaclones, in the field and *in vitro*, *Plant Pathol.*, 44, 428–437, 1995.

Chandler, J. M., and Jan, C. C., Comparison of germination techniques for wild *Helianthus* seeds, *Crop Sci.*, 25, 356–358, 1985.

Cionini, P. G. and Serafini-Fracassini, D., Content and aggregation of ribosomes during formation, dormancy, and sprouting of tubers of *Helianthus tuberosus*, *Physiol. Plant.*, 27, 370–375, 1972.

Cocucci, S. and Bagni, N., Polyamine-induced activation of protein synthesis in ribosomal preparation from *Helianthus tuberosus* tissue, *Life Sci.*, 7, 113–120, 1968.

Cors, F. and Falisse, A., Étude des perspectives de culture du topinambour en region limoneuse belge, in *Centre de Recherche Phytotechnique sur les Proteagineux et Oleagineux*, Faculte de Science, Gembloux, 1980, p. 72.

Courduroux, J.-C., Rapport dormance-tubérisation chez le Topinambour, *Bull. Soc. Bot. Fr.*, 110, 17–26, 1963.

Courduroux, J.-C., Étude du mécanisme physiologique de la tubérisation chez le Topinambour (*Helianthus tuberosus* L.), *Ann. Sci. Nat. Bot. Biol. Vég.*, 8, 215–356, 1967.

Courduroux, J.-C., Gendraud, M., and Teppaz-Misson, M., Action comparée de l'acide gibbérellique exogènedt du froid sur la repousse et la levée de dormance de tubercules de Topinambour (*Helianthus tuberosus* L.) cultivés *in vitro*, *Physiol. Vég.*, 10, 503–514, 1972.

Davydoviĉ, S. S., Crosses between Jerusalem artichoke and sunflower, *Selekeija i Somonovodstvo* [*Breeding and Seed Growing*], 14, 33–37, 1947.

Delbetz, P. T., Du Topinambour, in *Culture, Panification et Distillation de ce Tubercule*, A. Goin, Paris, 1867, p. 174.

Del Duca, S. and Serafini-Fracassini, D., Polyamines and protein modification during the cell cycle, in *Molec-*

ular and Cell Biology of the Plant Cell Cycle, Ormrod, J. C. and Francis, D., Eds., Kluwer Academic, Amsterdam, 1993, pp. 143-156.

Devi, P. and Rani, S., *Agrobacterium rhizogenes* induced rooting of in vitro Helianthus tuberosus · Helianthus tuberosus, *Scientia Hort.*, 93, 179-186, 2002.

Dubost, G. and Gendraud, M., Activité phosphoenolpyruvate carboxylase dans les parenchymes de tubercules de Topinambour dormants ou non dormants: relation avec le pH intracellulaire, *C. R. Acad. Sci. Paris*, 305, 619-622, 1987.

Duranton, H. and Maille, M., The metabolism of proline and the synthesis of the pigments in the Jerusalem artichoke, *Photochem. Photobiol.*, 2, 111-117, 1963.

Durst, F. and Duranton, H., Quelques aspects de l'influence de la limière sur le métabolisme de l'arginine dans les tissus du Topinambour cultivés *in vitro*, *Physiol. Vég.*, 4, 283-298, 1966.

Escandon, A. S and Hahne, G., Genotype and composition of culture medium are factors important in the selection for transformed sunflowers (*Helianthus annuus* L.) callus, *Physiol. Plant.*, 81, 367-376, 1991.

Espinasse, A. and Lay, C., Shoot regeneration of callus derived from globular to torpedo embryos from 59 sunflower genotypes, *Crop Sci.*, 29, 201-205, 1989.

Espinasse, A., Lay, C., and Volin, J., Effects of growth regulator concentrations and explant size on shoot organogenesis from the callus derived from zygotic embryos on sunflower (*Helianthus annuus* L.), *Plant Cell Tissue Organ Cult.*, 17, 171-181, 1989.

Finer, J. J., Direct somatic embryogenesis and plant regeneration from immature embryos of hybrid sunflowers (*Helianthus annuus* L.) on a high sucrose-containing medium, *Plant Cell Rep.*, 6, 372-374, 1987.

Freyssinet, M. and Freyssinet, G., Fertile plant regeneration from sunflower (*Helianthus tuberosus* L.) immature embryos, *Plant Sci.*, 56, 177-181, 1988.

Gamburg, K. Z., Vysotskaya, E. F., and Gamanets, L. V., Microtuber formation in micropropagated Jerusalem artichoke (*Helianthus tuberosus*), *Plant Cell Tissue Organ Cult.*, 55, 115-118, 1999.

Gautheret, R. J., Action de la lumière et de la température sur la néoformation de racines par des tissus de Topinambour cultivès *in vitro*, *C. R. Acad. Sci. Paris*, 252, 2791-2796, 1961a.

Gautheret, R. J., Nouvelles recherches sur la néoformation de racines par les tissus de Topinambour cultivés*in vitro*, *C. R. Acad. Sci. Paris*, 253, 1514-1516, 1961b.

Gautheret, R. J., Sur l'interaction des principaux facteurs de lanéoformation des racines par les tissus de Topinambour cultivés *in vitro*, in *90ème Congrès des Society Savantes*, Nice, France, 1965, pp. 355-368.

Gautheret, R. J., Sur la multiplicité des étapes physiologiques de la rhizogenèse manifestée par les tissus de Topinambour cultivés *in vitro*, *C. R. Acad. Sci. Paris*, 262, 2039-2043, 1966a.

Gautheret, R. J., Action des basses températures sur les phénomènes de rhizogenèse manifesténes par les tissus de Topinambour cultivés *in vitro*, *C. R. Acad. Sci. Paris*, 262, 2153-2155, 1966b.

Gautheret, R. J., Factors affecting differentiation of plant tissues grown *in vitro*, in *Cell Differentiation and Morphogenesis*, Beermann, W., Ed., North Holland Publishing Co., Amsterdam, 1966c, pp. 55-71.

Gautheret, R. J., Température de rhizogenèse des tissus de rhizomes de Topinambour cultivés *in vitro*, in *Congress Centre National de la Recherche Scientifique*, Strasbourg, 1967, pp. 15-32.

Gautheret, R. J., Température et rhizogenèse des tissus de Topinambour cultivés *in vitro*, *C. R. Acad. Sci. Paris*, 266, 770-775, 1968.

Gautheret, R. J., Investigations on the formation in the tissues of *Helianthus tuberosus* cultured *in vitro*, *Am. J.*

Bot., 56, 702-717, 1969.

Gautheret, R. J., Action de variations de temperature sur la rhizogenèse des tissues de Topinambur cultivés *in vitro*, in *Les Cultures de Tissus de Plantes*, No. 193, Colloques Internationaux du CNRS, Paris, 1971, pp. 187-199.

Gendraud, M., Quelques aspects du métabolisme des acides ribonecléotides libres en relation avec l'édification des tubercules de Topinambour (*Helianthus tuberosus* L.), Thèse de Doctorat, Université de Clermont-Ferrand, Clermont-Ferrand, 1975a.

Gendraud, M., Tuberisation, dormance et synthèse *in situ* des RNA chez le Topinambour (*Helianthus tuberosus* L. cv. D-19), *Biol. Plant.*, 17, 17-22, 1975b.

Gendraud, M., Étude de quelques propriétés des parenchymes de pousses de Topinambour cultivées *in vitro* en relation avec leurs potentialités morphogénétiques, *Physiol. Vég.*, 19, 473-481, 1981.

Gendraud, M. and Lefleuriel, J., Charactéristiques de l'absorption du saccharose et du tétraphénylphosphonium par les parenchymes de tubercules de Topinambour, dormants et non dormants, cultivés *in vitro*, *Physiol. Vég.*, 21, 1125-1133, 1983.

Gendraud, M. and Lafleuriel, J., Intracellular compartmentation of ATP in dormant and non-dormant tubers of Jerusalem artichoke (*Helianthus tuberosus* L.) grown *in vitro*, *J. Plant Physiol.*, 118, 251-258, 1985.

Gendraud, M. and Pre'vôt, J. C., Mesure *in situ* de l'incorporation d'un précurseur dndogène dans les ARN des tubercules de Topinambour cultivés *in vitro* en fonction de leur état de dormance, Etude critique et exemple de résultats, *Physiol. Vég.*, 11, 417-427, 1973.

George, E. F., *Plant Propagation by Tissue Culture*, Part 2, *In Practice*, Exegetics Ltd., Edington, England, 1993, pp. 1087-1089.

Gerola, F. M. and Bassi, M., Sui cristalleidi proteice delle cellule vegatali, *Caryologia*, 17, 399-407, 1964.

Gerola, F. M. and Dassu, G., L'evoluzione dei chloroplasti durante l'inverdimento sperimentale di frammenti di tuberi di Topinambour (*Helianthus tuberosus*), *Nuovo Giorn. Bot. Ital.*, 67, 63-78, 1960.

Goris, A., Épuisement des reserves glucidiques de fragments de tubercules de Topinambour cultivés *in vitro* sur milieux dépourvus de sucres: influence de l'acide indole-3-acetique, *C. R. Acad. Sci. Paris*, 266, 742-744, 1968.

Grayburn, S. and Vick, A. B., Transformation of sunflower (*Helianthus annuus*) following wounding with glass beads, *Plant Cell Rep.*, 14, 285-289, 1995.

Greco, B., Tanzarella, O. A., Carrozzo, G., and Blanca, A., Callus induction and shoot regeneration in sunflower (*Helianthus annuus*), *Plant Sci. Lett.*, 36, 73-77, 1984.

Haber, E. S., Shortening the rest period of the tubers of the Jerusalem artichoke, *Helianthus tuberosus* L., *Iowa State Coll. J. Sci.*, 9, 61-72, 1934.

Hanover, P., Formation et débourrement de nouveaux tubercules axillaires sur les tubercules mères de Topinambour et phénomènes accompagnant les degrés de levée do dormance de ces plantes, *C. R. Acad. Sci. Paris*, 251, 2267-2769, 1960.

Harada, W. S., The effects of Ethephon on dormant seeds of cultivated sunflower (*Helianthus annuus* L.), in *Proceedings of the 10th International Sunflower Conference*, Toowoomba, Australia, 1982, pp. 1-8.

Heiser, C. B., Jr., Smith, D. M., Clevenger, S. B., and Martin, W. C., Jr., The North American sunflowers (*Helianthus*), *Mem. Torrey Bot. Club*, 22, 1-128, 1969.

Hendrickson, C. F., The flowering of sunflower explants in aseptic culture, *Plant Physiol.*, 29, 536-

538, 1954.

Ishikawa, M. and Yoshida, S., Seasonal changes in plasma membranes and mitochondria isolated from Jerusalem artichoke tubers, *Plant Cell Physiol.*, 26, 1331-1344, 1985.

Jordan, E. G. and Chapman, J. M., Ultrastructural changes in the nucleoli of Jerusalem artichoke (*Helianthus tuberosus*) tuber discs, *J. Exp. Bot.*, 22, 627-634, 1971.

Kaeser, W., Ultrastructure of storage cells in Jerusalem artichoke (*Helianthus tuberosus* L.). Vesicle formation during inulin synthesis, *Pflanzenphysiologie*, 111, 253-260, 1983.

Kamar, M. U. and Sastry, K. S. K., Effect of exogenous application of growth regulators on germinating ability of developing sunflower seeds, *Indian J. Exp. Biol.*, 12, 543-545, 1974.

Kamar, M. U. and Sastry, K. S. K., Effect of growth regulators on germination of dormant sunflower seed, *Seed Res.*, 3, 61-65, 1975.

Kaneko, T., Comparative studies on various calluses and crown gall of Jerusalem artichoke. II. Some biochemical properties, *Plant Cell Physiol. Tokyo*, 8, 375-384, 1967.

Kays, S. J. and Paull, R. E., *Postharvest Biology*, Exon Press, Athens, GA, 2004.

Knittel, E., Gruber, V., Hahne, G., and Lence, P., Transformation of sunflower (*Helianthus annuus* L.): a reliable protocol, *Plant Cell Rep.*, 14, 81-86, 1994.

Kochman, J. K. and Goulter, K. C., Wild sunflower (*Helianthus argophyllus*): a source of resistance to rust (*Puccinia helianthi*) and Alternaria blight (*Alternaria helianthi*), in *Proceedings of the 4th International Congress of Plant Pathology*, Melbourne, Australia, 1983, p. 203.

Konvalinková, P., Generative and vegetative reproduction of *Helianthus tuberosus*, an invasive plant in central Europe, in *Plant Invasions: Ecological Threats and Management Solutions*, Child, L. E., Brock, J. H., Brundu, G., Prach, K., Pyˇsek, P., Wade, P. M., and Williamson, M., Eds., Backhuys, Leiden, 2003, pp. 289-299.

Korovkin, O. A., Development, rhythm and morphological index for *Helianthus tuberosus* L. for various planting densities, *Izv. Timiryazersk. S-Kh. Akad.*, 2, 29-35, 1985.

Kosaric, N., Cosentino, G. P., Wieczorek, A., and Duvnjak, Z., The Jerusalem artichoke as an agricultural crop, *Biomass*, 5, 1-36, 1984.

Kovac, V., Pekic, B., and Berenji, J., Jerusalem artichoke as a potential raw material for the production of alcohol, in *Microbiological Conversion of Raw Materials and By-Products of Agriculture into Proteins, Alcohol, and Other Products: Seminar Proceedings*, Novi Sad, Yugoslavia, 1983, pp. 35-51.

Kuehn, G. and Phillips, G., Role of polyamines in apoptosis and other recent advances in plant polyamines, *Crit. Rev. Plant Sci.*, 24, 123-130, 2005.

Kumar, A., Altabella, T., Taylor, M. A., and Tiburcio, A. F., Recent advances in plant polyamine research, *Trends Plant Sci.*, 2, 124-130, 1997.

Lang, G. A., Dormancy: a new universal terminology, *HortScience*, 22, 817-820, 1987.

Laparra, H., Burrus, M., Hunold, R., Damm, B., Bravo-Angel, A. M., Bronner, R., and Hahne, G., Expression of foreign genes in sunflower (*Helianthus annuus* L.): evaluation of three gene transfer methods, *Euphytica*, 85, 63-74, 1995.

Le Cochec, F., Les possibilites de production de graines de topinambour, in *Jerusalem Artichoke and Other Bioenergy Resources*, Proceedings of the 1st International Conference, Korean Science Foundation, Suwon, Ajou University, June 26-28, 1985, p. 6.

Le Floc'h, F. and Lafleuriel, J., The AMP aminohydrolase of Jerusalem artichoke tubers: partial purification and properties, *Physiol. Vég.*, 21, 15–27, 1983a.

Le Floc'h, F. and Lafleuriel, J., The role of mitochondria in the recycling of adenine into purine nucleotides in the Jerusalem artichoke (*Helianthus tuberosus* L.), *Z. Pflanzenphysiol.*, 113, 61–71, 1983b.

Le Floc'h, F., Lafleuriel, J., and Guillot, A., Interconversion of purine nucleotides in Jerusalem artichoke shoots, *Plant Sci. Lett.*, 27, 309–316, 1982.

Lim, K. B. and Lee, H. J., Seed dormancy of Jerusalem artichoke (*Helianthus tuberosus* L.) and seed treatment for germination induction, *Kor. J. Crop Sci.*, 34, 370–377, 1989.

Lim, K. B. and Lee, H. J., Growth and biomass productivity of seedlings from seeds in Jerusalem artichoke (*Helianthus tuberosus* L.), *Kor. J. Crop Sci.*, 35, 44–52, 1990.

Liu, J.-H., Yeung, E. C., Mukherjee, I., and Reid, D. M., Stimulation of adventitious rooting in cuttings of four herbaceous species by piperazine, *Ann. Bot.*, 75, 119–125, 1995.

Lupi, M. C., Bennici, A., Locci, F., and Gennai, D., Plantlet formation from callus and shoot-tip culture of *Helianthus annuus* (L.), *Plant Cell Tissue Organ Cult.*, 11, 47–55, 1987.

Malmberg, R. L., Watson, M. B., and Galloway, G., Molecular genetic analysis of plant polyamines, *Crit. Rev. Plant Sci.*, 17, 199–224, 1998.

Masuda, Y., Auxin-induced growth of tuber tissue of Jerusalem artichoke. I. Cell physiological studies on the expansion growth, *Bot. Mag.*, 78, 417–423, 1965.

Masuda, Y., Auxin-induced expansion growth of Jerusalem artichoke tuber tissue in relation to nucleic acid and protein metabolism, *Ann. N. Y. Acad. Sci.*, 144, 68–80, 1967.

Mesken, M., Induction of flowering, seed production, and evaluation of seedlings and clones of Jerusalem artichoke (*Helianthus tuberosus* L.), in *Topinambour* (*Jerusalem Artichoke*), Grassi, G. and Grosse, G., Eds., Report EUR 11855, CEC, Luxembourg, 1988, pp. 137–144.

Milord, J. P., Cycle de developpement de deux varietes de topinambour (*Helianthus tuberosus* L.) en conditions naturelles, in *Evolution physiologique et conservation des tubercules durant la periode hivernale*, These Universite Limoges, Milford, France, 1987, p. 88.

Minocha, S. C. and Halperin, W., Hormones and metabolites which control tracheid differentiation, with or without concomitant effects on growth, in cultured tuber tissue of *Helianthus tuberosus* L., *Planta*, 116, 319–331, 1974.

Mitchell, J. P., DNA synthesis during the early division cycles of Jerusalem artichoke callus cultures, *Ann. Bot.*, 31, 427–435, 1967.

Mitchell, J. P., The pattern of protein accumulation in relation to DNA replication in Jerusalem artichoke callus cultures, *Ann. Bot.*, 32, 315–326, 1968.

Mitchell, J. P., RNA accumulation in relation to DNA and protein accumulation in Jerusalem artichoke callus cultures, *Ann. Bot.*, 33, 25–34, 1969.

Morrenhof, H. and Bus, C. B., Aardper, een potentieel nieuw gewas-teeltonderzoek 1986–1989, in *Verslag 99, Research Station for Arable Farming and Field Production of Vegetable* (*PAGV*), Lelystad, 1990, p. 66.

Moyne, A. L., Tagu, D., Thor, V., Bergounioux, C., Freyssinet, G., and Gadal, P., Transformed calli obtained by direct gene transfer into sunflower protoplasts, *Plant Cell Rep.*, 8, 97–100, 1989.

Murashige, T. and Skoog, G., A revised medium for rapid growth and bioassays with tobacco tissue culture, *Physiol. Plant.*, 15, 473–499, 1962.

Nitsch, J. P. and Nitsch, C., Auxin-dependent growth of excised *Helianthus tuberosus* tissues, *Am. J. Bot.*, 43, 839-851, 1956.

Norcini, J. G. and Aldrich, J. H., Cutting propagation and container production of 'Flora Sun' beach sunflower, *J. Environ. Hort.*, 18, 185-187, 2000.

Orellana, R. G., Photoperiod influence on the susceptibility of sunflowers to Sclerotinia stalk rot, *Phytopathology*, 65, 1293-1298, 1975.

Ottono, P. and Charnay, D., Absorption de l'acide abscissique dans les parenchymes de tubercules de Topinambour dormants et non dormants: mise en évidence d'un effect de charge des parois, *C. R. Acad. Sci. Paris*, 303, 415-418, 1986.

Paterson, K. E. and Everett, N. P., Regeneration of *Helianthus annuus* inbred plants from callus, *Plant Sci.*, 42, 125-132, 1985.

Paupardin, C., Action rhizogène du xylose et de l'acide indolylbutyrique sur les tissus de tubercule de Topinambour (*Helianthus tuberosus* L. var. Violet de Rennes) cultivés *in vitro*, *C. R. Acad. Sci. Paris*, 263, 1834-1836, 1966.

Pélissier, B., Bouchefra, O., Pepin, R., and Freyssinet, G., Production of isolated somatic embryos from sunflower thin cell layers, *Plant Cell Rep.*, 9, 47-50, 1990.

Petel, G. and Gendraud, M., Contribution to the study of ATPase activity in plasmalemma enriched fractions from Jerusalem artichoke tubers (*Helianthus tuberosus* L.) in relation to their morphogenetic properties, *J. Plant Physiol.*, 123, 373-380, 1986.

Petel, G. and Gendraud, M., Biochemical properties of the plasmalemma ATPase of Jerusalem artichoke (*Helianthus tuberosus* L.) tubers in relation to dormancy, *Plant Cell Physiol.*, 29, 739-741, 1988.

Philips, R., Arnott, S. M., and Kaplan, S. E., Antibiotics in plant tissue culture: rifampicin effectively controls bacterial contamination without affecting the growth of short-term explants of *Helianthus tuberosus*, *Plant Sci. Lett.*, 21, 235-240, 1981.

Philips, R. and Dodds, J. H., Rapid differentiation of tracheary elements in cultured explants of Jerusalem artichoke, *Planta*, 135, 207-212, 1977.

Phillips, H. R., *Growing and Propagating Wild Flowers*, University of North Carolina Press, Chapel Hill, NC, 1985.

Phillips, R., Press, M. C., and Eason, A., Polyamines in relation to cell division and xylogenesis in cultured explants of *Helianthus tuberosus*: lack of evidence for growth regulatory activity, *J. Exp. Bot.*, 38, 164-172, 1987.

Power, C. J., Organogenesis from *Helianthus annuus* inbred and hybrids from the cotyledons of zygotic embryos, *Am. J. Bot.*, 74, 497-503, 1987.

Pugliesi, C., Bisasini, M. G., Fambrini, M., and Baroncelli, S., Genetic transformation by *Agrobacterium tumefaciens* in the interspecific hybrid *Helianthus annuus* · *Helianthus tuberosus*, *Plant. Sci.*, 93, 105-115, 1993b.

Pugliesi, C., Cacconi, F., Mandolfo, A., and Baroncelli, S., Plant regeneration and genetic variability from tissue cultures of sunflowers (*Helianthus annuus* L.), *Plant Breeding*, 106, 114-121, 1991.

Pugliesi, C., Megale, P., Cecconi, F., and Baroncelli, S., Organogenesis and embryogenesis in *Helianthus tuberosus* and in interspecific hybrid *Helianthus annuus* · *Helianthus tuberosus*, *Plant Cell Tissue Organ Cult.*, 33, 187-193, 1993a.

Putt, E. D. and Sackston, W. E., Studies on sunflower rust. IV. Two genes R1 and R2 for resistance in the host, *Can. J. Plant Sci.*, 43, 490-496, 1963.

Rao, K. S. and Rohini, V. K., *Agrobacterium*-mediated transformation of sunflowers (*Helianthus annuus* L.): a simple protocol, *Ann. Bot.*, 83, 347-354, 1999.

Robinson, K. E. P. and Adams, P. O., The role of ethylene in the regeneration of *Helianthus annuus* (sunflower) plants from callus, *Physiol. Plant.*, 71, 151-156, 1987.

Roche, T. D. and Cassells, A. C., Gaseous and media-related factors influencing *in vitro* morphogenesis of Jerusalem artichoke (*Helianthus tuberosus*) 'Nahodka' node cultures, *Acta Hort.*, 440, 588-593, 1996.

Rücker, W. and Paupardin, C., Action de quelques acides - phénols sur la rhizogenèse des tissus de Topinambour (var. Violet de Rennes) cultivés *in vitro*, *C. R. Acad. Sci. Paris*, 268, 1279-1281, 1969.

Scoccianti, V., Variations in the content of free and bound amino acids during dormancy and the first tuber cycle in *Helianthus tuberosus* tuber explants, *Giorn. Bot. Ital.*, 117, 237-245, 1983.

Serafini-Fracassini, D. and Alessandri, M., Polyamines and morphogenesis in *Helianthus tuberosus* explants, in *Advances in Polyamine Research*, Bachrach, U., Kaye, A., and Chayens, R., Eds., Raven Press, New York, 1983, pp. 419-426.

Serafini-Fracassini, D., Bagni, N., Cionini, P. G., and Bennici, A., Polyamines and nucleic acids during the first cell-cycle of *Helianthus tuberosus* tissue after the dormancy break, *Planta*, 148, 332-337, 1980.

Serafini-Fracassini, D. and Filiti, N., The effect of GA7 on nucleic acids during the early phases of the activation of *Helianthus tuberosus* tuber, *Giorn. Bot. Ital.*, 110, 378, 1976.

Serafini-Fracassini, D., Torrigiani, P., and Branca, C., Polyamines bound to nucleic acids during dormancy and activation of tuber cells of *Helianthus tuberosus*, *Plant Physiol.*, 60, 351-357, 1984.

Setterfield, G., Growth regulation in excised slices of Jerusalem artichoke tuber tissue, *Symp. Soc. Exp. Biol.*, 17, 98-126, 1963.

Shin, D. -H., Kim, J. S., Kim, I. J., Yang, J., Oh, S. K., Chung, G. C., and Han, K. -H. A., A shoot regeneration protocol effective on diverse genotypes of sunflower (*Helianthus annuus* L.), *In Vitro Cell. Dev. Biol. Plants*, 36, 273-278, 2000.

Spanjersberg, G. and Gautheret, R. J., Sur la transmission de phénomènes d'induction rhizogène par greffage de tissus de Topinambour cultivés *in vitro*, *C. R. Acad. Sci. Paris*, 255, 19-23, 1962.

Spanjersberg, G. and Gautheret, R. J., Sur les facteurs de la néoformation des raciness par les tissus de Topinambour cultivés *in vitro*, *Mém. Soc. Bot. Fr.*, 110, 47-66, 1963a.

Spanjersberg, G. and Gautheret, R. J., Recherches sur la production de racines par les tissus de Topinambour cultivés *in vitro*, 88ème Congrès des Society Savantes, 407-425, 1963b.

Speranza, A. and Bagni, N., Products of L- [14C] carbamoyl citrulline metabolism in *Helianthus tuberosus* activated tissues, *Z. Pflanzenphysiol.*, 88, 163-168, 1978.

Spitters, C. J. T. and Morrenhof, H. K., *Growth Analysis of Cultivars of Helianthus tuberosus L.*, EEC Contract Report EN3B-0040-NL, 1987.

Steinbauer, C. E., Effects of temperature and humidity upon length of rest period of tubers of Jerusalem artichoke (*Helianthus tuberosus*), *Proc. Am. Soc. Hort. Sci.*, 29, 403-408, 1932.

Steinbauer, C. E., Physiological studies of Jerusalem artichoke tubers, with special reference to the rest period, *USDA Technical Bulletin* 657, USDA, Washington, DC, 1939.

Steward, F. C., Bidwell, R. G. S., and Yemm, E. W., Nitrogen metabolism, respiration and growth of cultured plant tissue, *J. Exp. Bot.*, 9, 11-51, 1958.

Sueldo, R., Gendraud, M., and Coudret, A., État hydrique et mouvements d'eau dans les tubercules d'*Helianthus tuberosus* L. lors de la dormance et de sa levée, *Agronomie*, 11, 65-73, 1991.

Swanton, C., Ecological Aspects of Growth and Development of Jerusalem artichoke (*Helianthus tuberosus* L.), Ph. D. thesis, University of Western Ontario, Ontario, 1986.

Swanton, C. J. and Cavers, P. B., Biomass and nutrient allocation patterns in Jerusalem artichoke (*Helianthus tuberosus*), *Can. J. Bot.*, 67, 2880-2887, 1989.

Torrigiani, P., Serafini - Fracassini, D., and Bagni, N., Polyamine biosynthesis and effect of dicyclohexylamine during the cell cycle of *Helianthus tuberosus*, *Plant Physiol.*, 84, 148-152, 1987.

Tort, M., Gendraud, M., and Courduroux, J.-C., Mechanisms of storage in dormant tubers: correlative aspects, biochemical and ultrastructural approaches, *Physiol. Vég.*, 23, 289-299, 1985.

Toxopeus, H., *Improvement of Plant Type and Biomass Productivity of Helianthus tuberosus L.*, Final Report to the EEC, DGXII, 1991.

Traub, H. P., Thor, C. J., Willaman, J. J., and Oliver, R., Storage of truck crops: the girasole, *Helianthus tuberosus*, *Plant Physiol.*, 4, 123-134, 1929.

Tripathi, B. K., Nutrition minérale et néoformation de racines par les tissus de Topinambour cultivés *in vitro*, *C. R. Acad. Sci. Paris*, 266, 1123-1126, 1968.

Tripathi, B. K. and Gautheret, R. J., Action des sels minéraux sur la rhizogenèse de fragments de rhizomes de quelques variétés de Topinambour, *C. R. Acad. Sci. Paris*, 268, 523-526, 1969.

Tsvetoukhine, V., Contribution a l'etude de varietes de Topinambour, *Ann. Amelior. Plant.*, 10, 275-307, 1960.

Tulett, A. J., Bagshaw, V., and Yeoman, M. M., Arrangement and structure of plastids in dormant and cultured tissue from artichoke tubers, *Ann. Bot.*, 33, 217-226, 1969.

van de Sande Bakhuyzen, H. L. and Wittenrood, W. G., Het tot bloei en zaadvorming brengen van topinambourrassen (project 143), *Verslag C. I. L. O.*, over 1949, 137-144, 1950.

Volk, G. M. and Richards, K., Preservation methods for Jerusalem artichoke cultivars, *HortScience*, 41, 80-83, 2006.

Walden, R., Cordeiro, A., and Tiburcio, A. F., Polyamines: small molecules triggering pathways in plant-growth and development, *Plant Physiol.*, 113, 1009-1013, 1997.

Wample, R. L. and Reid, D. M., The role of endogenous auxins and ethylene in the formation of adventitious roots and hypocotyl hypertrophy in flooded sunflower plants (*Helianthus annuus*), *Physiol. Plant.*, 45, 219-226, 1979.

Watson, M. B., Emory, K. K., Piatak, R. M., and Malmberg, R. L., Arginine decarboxylase (polyamine synthesis) mutants of *Arabidopsis thaliana* exhibit altered root growth, *Plant J.*, 13, 231-239, 1998.

Weierskov, B., Relations between carbohydrates and adventitious root formation, in *Adventitious Root Formation in Cuttings*, Davis, T. D., Haissig, B. E., and Sankhla, N., Eds., Dioscorides Press, Portland, OR, 1988, pp. 70-78.

Westley, L. C., The effect of inflorescence bud removal on tuber production in *Helianthus tuberosus* L. (Asteraceae), *Ecology*, 74, 2136-2144, 1993.

White, P. R., Cultivation of excised roots of dicotyledonous plants, *Am. J. Bot.*, 25, 348-356, 1938.

Whiteman, T. M., Freezing points of fruits, vegetables, and florist stocks, *USDA Mkt. Res. Rep.*, 196,

32, 1957.

Wilcox, A. W., McCann, A., Cooley, G., and Van Dresser, J., A system for routine plantlet regeneration of sunflower from immature embryo-derived callus, *Plant Cell Tissue Organ Cult.*, 14, 103-110, 1989.

Witrzens, B., Scowcroft, W. R., Donnes, R. W., and Larkin, P. J., Tissue culture and plant regeneration from sunflower and interspecific hybrids (*H. tuberosus* and *H. annuus*), *Plant Cell Tissue Organ Cult.*, 13, 61-76, 1988.

Wood, R., *Root Vegetables: The Grow Your Own Guide to Successful Kitchen Gardening*, Marshall Cavendish, London, 1979.

Yeoman, M. M., Tissue (callus) cultures: techniques, in *Plant Tissue and Cell Culture*, Botanical Monograph 11, Street, H. E., Ed., Blackwell, Oxford, 1973, pp. 31-58.

Yeoman, M. M. and Aitchison, P. A., Growth patterns in tissue (callus) cultures, in *Plant Tissue and Cell Culture*, Botanical Monograph 11, Street, H. E., Ed., Blackwell, Oxford, 1973, pp. 240-268.

Yeoman, M. M. and Davidson, A. W., Effect of light on cell division in developing callus cultures, *Ann. Bot.*, 35, 1085-1100, 1971.

Yeoman, M. M., Dyer, A. F., and Robertson, A. I., Growth and differentiation of plant tissue cultures. I. Changes accompanying the growth of explants from *Helianthus tuberosus* tubers, *Ann. Bot.*, 29, 265-276, 1965.

Yeoman, M. M. and Mitchell, J. P., Changes accompanying the addition of 2,4-D to excised Jerusalem artichoke tuber tissue, *Ann. Bot.*, 34, 799-810, 1970.

Yeoman, M. M. and Street, H. E., General cytology of cultured cells, in *Plant Tissue and Cell Culture*, Botanical Monograph 11, Street, H. E., Ed., Blackwell, Oxford, 1973, pp. 121-160.

Yeoman, M. M., Tulett, A. J., and Bagshaw, V., Nuclear extensions in dividing vacuolated plant cells, *Nature*, 226, 557-558, 1970.

Zimmerman, D. C., Sunflower seed germination as influenced by maturity and etherel treatment, *Proc. Sunflower Forum*, 2, 25-26, 1977.

Zubr, J., Jerusalem artichoke as a field crop in northern Europe, in *Topinambour (Jerusalem Artichoke)*, Report EUR 11855, Grassi, G. and Gosse, G., Eds., CEC, Luxembourg, 1988, pp. 105-117.

Zwar, J. A. and Brown, R., Distribution of labeled plant growth regulators within cells, *Nature*, 220, 500-501, 1968.

10 发育生物学、资源分配和产量

为了解菊芋的发育生物学，就要认识到野生种、驯化种、中间无性系品种之间虽然类似但又明显不同这一事实。由于过去 100 年间，与水稻、玉米或小麦相比菊芋育种投资非常有限（Schittenhelm，1987a；Toxopeus et al.，1994），栽培的无性系与其野生祖先一般差异不大。野生种群经常出现在干扰生境中，如路旁、古老的田野、草甸、潮湿的河流和溪边以及荒原地区（Alex and Switzer，1976；Gleason and Cronquist，1963），这些地方被认为是该物种起源的一般中心，而且散播到世界的其他地区（Balogh，2001；Konvalinková，2003；Rehorek，1997）。

作为北美特有物种，菊芋是一个成功的入侵者，容易入侵开放区域和为土著和栽培物种的所占据的区域。作为一种植物，它的入侵成功在很大程度上是由于其高效的资源获取和分配能力。植物在茎、分枝和叶的发育早期就投入大量的碳和养分，促进地上资源的开发。在随后的发育周期，碳和养分被分配到根状茎和块茎，使物种横向扩散，在新的区域定居。因此，植物在地上和地上形成捕获的资源区域，从而使其他物种很难进入和生存。

菊芋有两种主要的繁殖方式。它可以通过无性（块茎、较小程度的根状茎）和有性（种子）生殖器官的分配光合产物和营养物质来繁殖入侵某一区域。有性和无性繁殖之间分配资源量的灵活性赋予其选择性的优势，因为这种限制或阻碍性生产的条件（缺乏花粉、花卉结构取食、恶劣的天气）可增加对无性繁殖的分配。例如，人为地减少有性繁殖的资源配置，将分配给无性手段的资源资源大幅增。去除花蕾或花芽后，每株形成的块茎比无限制有性生殖的块茎多（82 对 69），最终的块茎木比较大（4.4 g 比 3.8 g）（Westley，1993）。但总生物量并没有改变，可能表明有性繁殖受阻，而资源相对完整地转移到了无性繁殖。从繁殖的角度来看，有性生殖的风险很高，无性繁殖的风险相对较低。对块茎投入较多的资源将增大未来有性繁殖的机会。

通过自然选择，野生无性系在其生长的环境条件下能促进能源成本效益比向有利的方向进化。然而，人类通过驯化改变了这种分配模式。野生和栽培无性系在发育早期都表现出了叶子高度和数量的迅速增加。在对菊芋 6 个群体（2 个培育无性系、2 个栽培作物发现的杂草与 2 个来自河岸）之间形态学变化的研究，表明叶片数量和块茎干重变化最大（Swanton，1986；Swanton and Cavers，1989）（表 10.1）。

栽种无性系的根状茎长度和种子发育的时间大大减少，并且其叶片的数量和分配给块茎的干物质增加。短根状茎能够增加养分的同化物分配，使块茎膨大；野生无性系的长的根状茎赋予其生存和分散适应性，而小块茎使逃离掠食者的可能性增加。野生无性系生产的种子也比栽种无性系更大，增加了遗传变异和扩散到新地点的机会。种子数量和根状茎长度呈正相关，和块茎单株干物质呈负相关。

表 10.1 在均匀条件下生长的耶路撒冷洋蓟野生无性系和驯化无性系的形态变异
（即从河岸采集的 2 个栽培无性系和 2 个野生无性系，以及在作物田中发现的 2 个杂草）

植物部分	形态参数（平均/植物）	范围
叶	植物高度	102~186 cm[a]
	单株植物的数量	372~953
	单株植物干重	55.4~175.2 g·plant^{-1}
	单株植物的死亡的叶子的数量	2.5~491.0
	单株植物的死亡的叶子的干重	0.3~72.2 g·plant^{-1}
茎	茎的直径	1.6~2.4 cm
	单株植物茎的干重	31.9~99.3 g·plant^{-1}
	单株植物地下茎的干重	13.1~39.0 g·plant^{-1}
分枝	单株植物的分枝数量	30.1~52.6
	单株植物的分枝干重	31.0~131.2 g·plant^{-1}
根系	单株植物的根系干重	6.1~19.5 g·plant^{-1}
根状茎	单株植物的根状茎数量	1.0~76.0
	最长的根状茎	1.0~47.6 cm
	单株状根状茎芽数	1.0~10.5
	单株根状茎干重	2.0~98.1 g·plant^{-1}
块茎	单株块茎的数量	35.1~90.1
	块茎的平均长度	10.6~18.9 cm
	块茎的平均直径	1.3~7.3 cm
	单株块茎的干重	2.0~98.1 g·plant^{-1}

续表

植物部分	形态参数（平均/植物）	范围
花	单株花的数量	5.6~78.0
	单株花芽	1.8~10.8
	单株花的单株	1.9~17.1 g·plant^{-1}
	每100朵花的种子	8.0~536.0
	头状花序直径	1.30~1.80 cm
	每株花蕾的干重	0.01~0.75 g·plant^{-1}
	每百花种子的干重	0.04~1.82 g·plant^{-1}
	种子干重	3.45~4.81 g·plant^{-1}
	种子干重范围	0.78~10.79 g·plant^{-1}

a. 其他无性系的冠层高度在119到164 cm之间。(9 cultivars; Hay and Offer, 1992) to 115 to 275 cm (30 clones; Kiehn and Chubey, 1993).

来源：改编自 Swanton, C. J., Ecological Aspects of Growth and Development of Jerusalem Artichoke (Helianthus tuberosus L.), Ph. D. thesis, University of WesternOntario, London, 1986.

尽管本章侧重于栽培无性系，但也在适当的地方对驯化和野生无性系做了介绍。

10.1 发育阶段

"种子块茎"萌芽的开始，引发了一系列剧烈而相互关联的发育过程，形成了一个菊芋的三维形态。发育的可塑性很高，最终的结构形态是无性系的遗传组成和植物发育的条件的函数。因此，最终的形态因许多因素而改变，其遗传构成对植物性能至为关键。因此，对植物各个组成部分的发育顺序和影响它们的因素有一个大体理解。

发育分为5个主要阶段：出苗与冠层的发育、根状茎的形成、开花、块茎化和衰老。图10.1所示为菊芋生长季节内在发育过程中各阶段的生长参数变化（McLaurin et al.，1999）。尽管植物各部分之间的发育时间顺序将随无性系的不同和环境因素而异（例如，空气与土壤温度、土壤含水量），但一般的发育顺序是相似的。

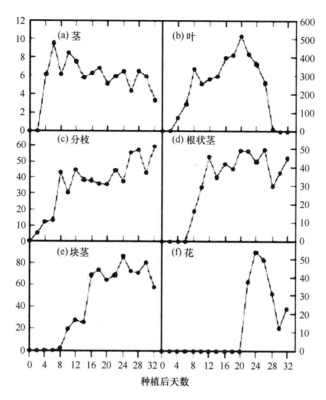

图10.1 生长期菊芋（30°57′N），（a）茎、（b）叶、（c）枝、（d）根茎、（e）块茎和（f）单株花数的变化（After McLaurin, W. J. et al., J. Plant Nutr., 22, 1303-1313, 1999）

10.1.1 萌芽与冠层发育

10.1.1.1 茎秆[①]

新的生长和发育周期始于种子块茎的萌芽和形成树冠的个体芽的出现。茎的大小、数量和位置对其冠层结构有显著影响，因为它们是初级分枝的支架。初级和次级分枝的三维配置是最大限度地提高光接收和光合作用的关键。

如果块茎没有休眠，在适宜的条件，出苗率一般是98%~100%（Hay and Offer, 1992）。在温暖的地方，休眠的需求还未完全实现或干燥的条件下（mezencev, 1985），发芽和芽的形成可能性较低。例如，对于储存在20℃种子块茎需140天才能发芽，而在1.3℃以下，分别需要45~64.5天（Stelzner, 1942）。发芽的温度阈值是2~5℃（Barloy, 1984; Kosaric et al., 1984），较高的温度加快了这个过程（Tsvetoukhine, 1960）。例如，塑料薄膜通常会导致土壤温度变暖和促进提前发芽（Morrenhof and Bus, 1990），而土壤低氧条件延迟发芽（Barloy, 1984; Kosaric et al., 1984）。在春天，大多数无性系通常在种

---

① 从块茎中出现的植物的主要上升轴。

植 3~5 周后开始出苗（图 10.1）（Baillarge，1942；Bacon and Edelman，1951；McLaurin et al.，1999）。然而，在温暖的条件下，或通过催芽可使其在 7~10 天出苗。

在各研究报道中，植株茎的数量取决计算方法。例如，从地面生长出来或直接从种子块茎生长出来。在这两种情况下，茎的数量都受到品种（Gallard，1985；Lemercier，1987）和块茎大小的强烈调节。大的种子块茎或块茎切块能够产生更多的芽和茎（Delbetz，1867；Morrenhof and Bus，1990），并显著影响随后的冠层结构。推荐种植的种子块茎或块茎大小约为 40~60 g（Kosaric et al.，1984），直径大于 35 mm（Morrenhof and Bus 1990）。增加种子块茎大小可以增加最终产量，但超过一定大小，增产不能弥补种植材料成本的增加（Barloy 1984；Cors and Falisse 1980）。块茎年龄也可以改变每个植物的茎数（Gallard，1985）。

如图 10.1 所示，种植 4 周后大约形成 9 个茎①，然而，茎数不是静态的。在生长期末，数量平均下降到 4~6 个，并且损失是由典型的对较小的遮阴造成的。

茎的大小（长度和直径）受许多因素的影响。在生长期早期，植物种群密度高导致较高植物的加速伸长。然而，在非常高的植物种群中，茎节的最后高度和数量较低（Hogetsu et al.，1960；Korovkin，1985）。早熟品种比晚熟品种的茎的节间数目往往更恒定（Milord，1987）。短光周期导致茎长度、茎的干物质和叶生长的减少，而长日照能促进茎和叶的生长。

10.1.1.2 分枝②

分枝的存在和程度与无性系、植物种群密度与光周期有关（Pas'ko，1982）。单无性系（160）分枝习性不同（例如，未枝化的、中等程度、广泛）。主茎上不存在分枝的情况比较少见。在分枝系，侧向分枝的形成从植物底部叶子的叶腋开始，通常在每个节点树叶相反。因而，可以认为次级分枝的形成取决于节点到主基部分枝的距离、主干在茎中的位置，以及其光合势。种植第 39 天前，一典型的植物（CV "菊芋"，约 50 cm 高）会具有约 33 侧枝和 15 次分枝 [图 10.1（c）]。共有 171 个节点在侧枝上。

分枝数量受到品种、生长条件、人口密度和植物（Korovkin，1985；Mezencev，1985）的强烈影响。随着植株密度的增加，分枝数量减少。分枝机构在形成茎后不久出现，在生长季节内持续增多 [图 10.1（c）]（McLaurin et al.，1999）。最初主要是底部的植物一个分枝的快速增加（Tsvetoukhine，1960），终止于生长季节的中期。在生长季的晚期，分枝形成于植物顶部（Ustimenko et al.，1976），在形成花蕾后不久，分枝形成再次增加，叶芽发展成开花树枝（Garner and Allard，1923；Zubr and Pedersen，1993）。花芽形成于茎顶端，终止垂直发展，随后大量侧枝和花出现。

10.1.1.3 叶片

叶片大小取决于位置。早期叶片往往比后发育的叶片小得多（图 10.2）。典型的叶片

---

① 从地上而非直接从种子块茎中出现的数量。
② 地面初级茎中产生的次级茎。

是 10~20 cm，虽然有无性系之间的大小差异。例如，14 个无性系的平均叶片鲜重范围是从 1.9~5.0 g [0.34~0.93 g（干重）] 和叶面积 73.8~152 cm^2（Berenji Kisgeci，1988）。叶子在植物的位置也会影响叶子大小。最初的大小随茎或分枝的高度增加，但随后减少至顶点。例如，初始叶片在第一个分枝（图 10.2）是 8.7 cm×2.3 cm，叶柄长度为 1.8 cm，叶面积 17 cm^2，而在树枝上的叶片是 13 cm×8.7 cm 的叶柄长度为 5.4 cm，叶面积为 86 cm^2。形状也随着尺寸的变化，通过在长宽比变化所指示（即 3.8→1.8）。

第一节点的叶为对生，但是到了 19 或 20 节点转为互生（Hogetsu，1960；Wittenrood，1954）。植物种群密度似乎并不改变排列模式（Hogetsu et al.，1960）。偶尔有些植物会在茎秆/分枝的每个节点有 3 个叶子，而其他地方的是对生的。从对生转为互生的地点似乎随植物品种和在植物上位置不同而变化。例如，在无性系如图 10.2 所示，茎上的取向变化在节点 9 附近。在 3/8 个叶序中合并之前，有几个节点的过渡区域。与茎一样，枝上的叶从开始对生，但最终转变为互生叶序。这一转变的时间和发育时间似乎因所涉枝条的不同而有所变化。因此，在整个植物中，叶片方向的变化并不是一致的。在侧枝上，它可能出现得比茎上的早（例如，低初级枝上的节 4），因此，植物上可同时形成对生叶和螺旋叶。例如，在某些情况下，当侧枝处于弱光接收位置时，叶型可能会产生几个节点的互生，然后回复为对生。

单株植物叶子数量急剧增加。例如，在种植后 39 天（约 50 cm 高，图 10.2 有 335 叶，其中 44 个在茎上，271 个主分枝上，20 个二级分枝上）。叶子的数量逐渐增加，直到每个植物开始开花（约 20 周后种植），意味着达到约 500 叶·plant^{-1}（图 10.1 b）（McLaurin et al.，1999），单株叶数迅速增加。

在生长期早期，单株叶面积迅速增加。例如，种植 39 天后，幼苗大约有 50 cm 高（图 10.2），茎上有 2 816 cm^2 的叶面积和分枝上叶面积为 6 887 cm^2。叶片数量和叶面积大小随种植密度和其他因素的变化。例如，高密度的最大叶面积是 390 cm^2 时很高（10 cm×10 cm），中等密度的最大叶面积为 2 640 cm^2（20 cm×20 cm），低密度最大叶面积是 4 510 cm^2（30 cm×30 cm）（Hogetsu et al.，1960）。当用单位叶面积占土壤面积的比例（叶面积指数），在植物发育的早期阶段，叶面积指数呈指数形式增加。4~6 cm 的叶面积指数被认为是最佳。不同的植物种群密度达到最大叶面积指数的所需时间显著不同。通常最大叶面积指数由于相互遮蔽和随后的叶子脱落最终开始下降。高植物种群迅速达到 100% 的土壤表面覆盖，低密度种群则在后来的发育中达到这个比例。

消光系数（一般为 0.78~1.01）因叶片排列、方向和光透过率的不同而不同（Hogetsu et al.，1960；Moule，1967；Zubr，1986）。树叶覆盖的百分率随着生长季节变化而变化。叶覆盖的发展十分迅速，植物高度是主要的影响因素，使菊芋的叶覆盖度超过其他许多物种。在叶面积指数为 1 的理想叶分布下，应该完整地覆盖土壤表面。然而，由于在冠层内叶片的方向变化，这种情况不会发生。例如，通过比较 3 种植物种群密度，Hogetsu 等（1960）发现，在叶面积指数为 1 时，种群密度最高的覆盖度（10 cm×10 cm）仅为 68%；中级（20 cm×20 cm）为 65%；最低（30 cm×30 cm）为 56%。在叶面积指数为 2 时，其覆盖率分别为 98%、90% 和 73%。

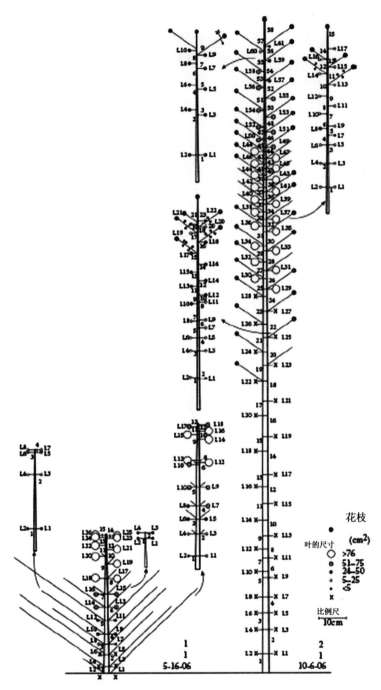

图 10.2 代表性茎的示意图来自幼体（左侧，种植后 37 天）和成熟（右，143 DAP）菊芋植株。在植株 1（两个茎之一）中，将茎直径、节间长度和侧枝长度绘制成鳞片，并详细画出两条侧枝；将叶面积分为 5 大类，并表示单个叶（相对于互生）的排列。叶（L）和节间按顺序编号；"×" 表示缺叶。植株 2 有 3 根茎和 8 根侧线，从地下长出。茎上的侧枝的长度（以线表示）不成比例，除了所示的 3 枝；实心圆圈表示一枝有一朵或多朵花

开花后，由于同化物从树叶转移到块茎，叶片数开始明显下降（图 10.1b）。最后植物叶片在结霜后完全脱落。同样，在低温导致的植物地上部分死亡之前，植物个体在生长期都会发生叶脱落。在郁闭前，叶片一般有少量脱落，例如，对于在 30 cm×100 cm 间距或约占总叶面 1.2% 的株高为 50 cm 植物而言，仅有 2% 的脱落，而叶片往往位于最不有利的接收位置的植物基部。叶子在郁闭后加速脱落，不久后再转到生殖阶段。在发育周期后期，程序性叶片分解和死亡似乎是有效的。

在发育过程中，下部叶片衰老由遮阴引起（Zuber, 1988a），高温（Meijer et al., 1993）和高种植密度（Hogetsu et al., 1960）加剧衰老。在高种群密度下，叶片脱落增加，光合叶片减少。单个叶子在高（10 cm×10 cm）、中等（20 cm×20 cm）与低（30 cm×30 cm）的种植密度下，每株单叶累积的损失的生物量分别为 2.1 g、10 g 和 4.3 g，叶总损失分别为 211 $g \cdot m^{-2}$、250 $g \cdot m^{-2}$ 和 48 $g \cdot m^{-2}$（Hogetsu et al., 1960）。

叶损失始于发育周期的早期，这些早期的损失容易被迅速增加的植物叶片而掩盖。然而，对于植物基部，损失的叶子节点是很明显的。低叶在光接收等级中处于竞争劣势，其光合效率下降到触发许多细胞成分的受控分解和循环的临界点，随后是器官的死亡和脱落。除了固定二氧化碳，呼吸损失是至关重要的，叶片的呼吸速率显著高于其他部位的呼吸速率，叶片的碳平衡直接影响叶片脱落。由于冠层高度的增加，单个叶片的光接收能力下降，低叶最终会下降到光补偿点以下，或者成为碳的净输入者，或者从植物中脱落。脱落可以减少树冠中较老、效率较低的叶子的数量，以及相应的植物维护费用。

10.1.2 根茎形成

单个块茎形成于根状茎的末端，是源于茎的下部特化的地下茎。对于合适的术语——匍匐茎与根状茎存在一些混淆。一般而言，菊芋生态学术语通常用根状茎，而农学家的首选是匍匐茎。两种都是改良的斜长茎，但它们相对于土壤表面的位置不同，在形态上、功能和生理上有所不同，这些差异明显存在于狗牙根，匍匐茎和根状茎同时存在（Dong and de Kroon, 1994）。匍匐茎在土壤表面，一般较薄，含有叶绿素、有鳞叶。相反，根状茎形成了地下，呈白色，一般较厚。在既有节点和腋芽的枝条，匍匐茎和根状茎可能出现。匍匐茎具有觅食能力，在开阔地区建立新的植物。为此，它们表现出相当大的形态可塑性，对可用资源（光、营养）作出反应。根状茎主要具有储存功能，是植物的芽和资源的来源，使植物在生境受到干扰后得以再生（Grime, 1979）。根状茎的形成是受低水平的同化物的抑制，表现出比匍匐茎更少的形态可塑性（dong and de Kroon, 1994）。基于这些差异，显而易见的是，菊芋块茎易于形成根状茎。

根状茎的形成开始于发育的早期，从出苗 1.5~8 周后开始（Dambroth et al., 1992；Gallard, 1985；Swanton and Cavers, 1989；Tsvetoukhine, 1960），短日照条件能增强根状茎的形成（Soja and Dersch, 1993）。单株的数量减少，平均长度、节数和分枝的程度也是如此，这表明碳水化合物是限制因素（Korovkin, 1985），这表明限制碳水化合物供应可抑制根状茎的形成。它们从茎的地下部分出现，约在土壤表面 4~5 cm 以下，并以轻微向下的角度生长。节间长度通常 3~4 cm，直径为 2 mm，但不同无性系间差异较大。如果顶端损坏，块茎在分枝的第一节点与末端之间出现分枝。如果由于侵蚀或植物倒伏而暴露于光下，根状茎的暴露部分合成叶绿素，在顶端形成初步的绿色叶片，并如芽一般以垂直方向改变随后的生长。甚至地下暴露的根状茎分枝从顶端向后延伸，在黑暗中开始垂直生长。

在致密或压实土壤，根状茎伸长受阻，缩短节间长度增加身体抵抗力。在紧实的土壤中，块茎往往紧密地聚集在茎的地下部分。这样会导致块茎的畸形，收获时很难将块茎与主茎分离。在潮湿，沙质土壤，根状茎可扩展到下层土壤，约为地下 70~100 cm。

图 10.1 (d)，第一个块茎出现的种植后的第 8 周；第 12 周单株块茎数量达到约 40 个 (McLaurin et al., 1999)。块茎数量大约在第 12 周达到最高水平，块茎数量到第 24 周才趋于平稳 [图 10.1 (e)]，表明根状茎分枝出现。然而，根状茎的形成时间与品种、地理位置和生产条件不同而有很大差异。在植物的地上在霜冻后死亡后，根状茎仍存活在土壤中。最终，栽培无性系的根状茎在第二年春天出芽之前就会分解。分解的时间间隔因无性系和土壤条件的不同变化很大。然而野生的无性系，根状茎通常能生存到下一个生长期，也可能发育成新的植物。

10.1.3 块茎形成

菊芋块茎的大小和形状都不同，形状从圆形、长和纤细到多节丛生、丛生不规则等，形成于根状茎的顶端 (Alex and Switzer, 1976)。形状可以随生长条件和发育时间而变化，例如，第一个块茎通常长且位于长的根状茎，而最后形成的块茎趋于圆形，处于短根状茎 (Barloy, 1984)。块茎表皮颜色也不同，有白色、粉红色、红色/紫色 (Wyse and Wilfahrt, 1982)，内部颜色的差异较小，以及一系列化学和物理特性也是如此。例如，栽培无性系产生大的块茎，聚集于主茎附近，而野生型通常在茎末端产生较小的块茎。

块茎形成是一个复杂的发育过程，根状茎末端分化为一个特殊的生殖储存器官。块茎形成可分为 4 个发育阶段：起始期、块茎形成期、块茎膨大期和获得期休眠和耐寒。在膨胀过程中，大量的干物质以果聚糖储藏与蛋白质性质积累，并且器官成为一个可靠的繁殖体。

10.1.3.1 初始

在细胞、组织和植物发育过程中，基因的表达以非常精确的方式在时空上被协调。菊芋识别、评估和整合了发育和环境变化，其方式是使目前大约 25 000 至 30 000 人的适当基因受到上调或下调。对于许多受调控的基因来说，时机、位置和表达水平是至关重要的。如光周期等环境通过信号转导途径从受体传递，导致适当基因的表达。在块茎开始之前，菊芋已融合了环境和发育的信号。因此，环境因素可能影响块茎发育也就不足为奇了，对每一种因素在整个过程中的相对作用不太清楚。控制马铃薯块茎化的分子机制尚不清楚，我们对马铃薯等作物的认识远远落后于马铃薯。其中已经确定了马铃薯块茎特异性启动子 (*Solanum tuberosum* L.)，tuber-specific 发起人已确定 (Stgan、Bachem et al., 2001；Trindade et al., 2003)。

糖为植物体内各种化学成分的合成提供能量和碳骨架。它们还作为调节分子控制代谢、细胞周期、发育和基因表达（Sheen et al.，1999）。在马铃薯块茎诱导过程中，蔗糖蔗糖似乎调节开始发育的匍匐茎下根尖区的同化韧皮部中的开关的基因表达（Viola et al.，2001）。高蔗糖浓度被证明能够在块茎存储新陈代谢诱导几个基因的转录。例如，高糖诱导 StCDPK 1，它编码一种钙依赖性蛋白激酶，在肿胀时于匍匐茎顶端表达（Raíces et al.，2003）。而感觉蔗糖浓度的能力似乎对于控制块茎化启动是一个合乎逻辑的机制。这样的系统还没有确定被建立，尽管很多证据指向这个方向。

调节菊芋块茎形成的环境信号之一是光周期，这也许是最广泛研究和理解最清楚的（Czajlachian，1937；Garner and Allard，1923，1931；Hackbarth，1937；Schiebe and Müller，1955；Wagner，1932）。这在一定程度上是由于块茎的形成涉及多个发育过程，只有一部分过程受到光周期的调节。增加解释光周期的复杂性是因其对植物有多重影响，例如光周期控制的开花和的某些块茎开始。此外，光周期也被证明影响营养生长、营养生长的终止和块茎成熟（Hackbarth，1937）。短日照一段降低了光合可利用期所同化的碳量，降低了茎长、茎干物质和叶片生长，而根茎诱导和块茎生长受到了积极影响。相比之下，白昼长则促进叶和茎增长。短日数也预示着短日无性系开花的开始，引发了碳分配发生明显变化，进而影响块茎的形成。

光周期对短日无性系的控制并不是绝对的。缺乏适当的光周期信号，块茎的形成并非无可挽回的了。在合适的条件下，即使临界日照长度没得到满足，也能部分实现块茎形成。例如，高光照强度可以促进块茎形成（Courduroux，1966）。即使在长日照条件下，大多数无性系最终也会形成块茎（Soja and Dersch，1993）。同样，同样地，凉爽的夜间温度也会导致块茎的形成，而在某些情况下，无性系对这种反应不仅比短日照更有效，而且也可易位（Courduroux，1966；Soja and Dersch，1993）。相反，有利于高呼吸速率的条件，导致碳水化合物利用率降低，延迟或阻止块茎的形成，就像叶遮阴一样。这表明碳水化合物供应是影响块茎形成一个关键因素。短日照无性系在长日照条件下形成的块茎发育速度较慢，比短日条件下形成的块茎要小（Meijer and Mathijssen，1991）。由于碳水化合物的有效性和植株大小对块茎形成的影响，累积温度天数［℃·d 活动温度总和（简称积温）］可以用来预测块茎形成的起始（Spitters et al.，1988a）和块茎数（与累积温度呈线性关系），一般呈线性关系。

短日照无性系块茎的数量发育也说明了光周期与块茎形成关系的复杂性（图 10.1e）。品种"Sunchoke"块茎形成开始于花前 14 周，数量在播种后第 16 周基本稳定。因此，块茎形成的始于生长期的早期［7 月 1 日，图 10.1（e）］，远在光周期从最大值明显变化之前。通常开始从 5~13 周后开始（Hay and Offer，1992；McLaurin et al.，1999；Swanton and Cavers，1989）。然而，该变化因品种、地理位置和生长条件而有差异。然而，更多块茎的形成可持续更长的时间（Gallard，1985；McLaurin et et al.，1999；Milord，1987）。

有几条证据能证实短日可以刺激块茎：

- 人工短日照可提高块茎的形成，并在许多情况下显著提高产量，即使受光合有效辐射照射的时间减少（Hackbarth，1937）。
- 嫁接实验，一个诱导接穗（向日葵、日中性或短日诱导菊芋）嫁接的茎干，增强了块茎形成（Daniel，1934；Schiebe and Müller，1955；Sibrja，1937；van de Sande Bakhuyzen and Wittenrood，1951；Wagner，1932）。

- 在生长期，减少种植和块茎形成日期之间的时间间隔的转变逐步推迟（图10.3）。

正如前所述，短日效应对块茎形成不是必需的。即使短日照缺乏，最终块茎也会形成。表明其他因素是有效的。光周期的主导地位在花和块茎形成之间是不同的。开花受到光周期的强烈调节，日中性、中日照和短日照的无性系已被选育（图10.3）。然而，尽管日中性的无性系被Hackbarth报道，在同样的无性系中的块茎形成仍被短日照所调节。随着白昼在生长期中逐渐变短，块茎形成需要的时间也逐渐减少。然而，初始块茎形成通常在达到适当的光周期之前发生的事实重申了调节反应的额外因素的作用。

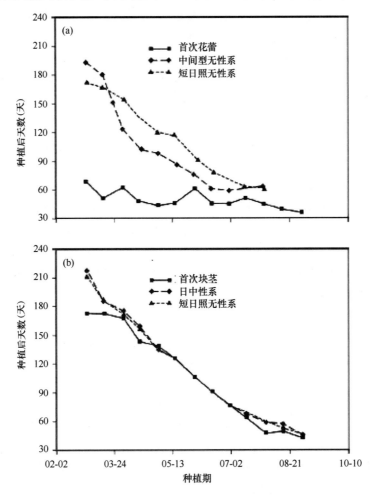

图10.3 短日（NC 10-92）、中间（Parlow Gelb）和日中性（NC10-9）无性系（NC10-9）离（a）第一花和（b）块茎形成的天数。在整个夏天，每隔两周种一次块茎（来自 Kays，S. J.，未公布的数据）

菊芋在其光周期块茎形成从短日到日中性的种质不同（Hackbarth，1937），后者相对罕见。一些无性系显示在短日照条件下块茎产量增加 1.5~4 倍，而其他显示很少或者没有效果。适当的光周期刺激促进短日无性系的块茎诱导（Courduroux, 1967; Ke-Fu, 1984; Nitsch, 1965）。一旦被树叶察觉，一个信号就会被传达到植物根部，促使块茎形成所需的发育变化（Nitsch, 1965）。相比之下，早开花（日中性）无性系总是处于诱导状态。当一日中性无性系被嫁接在短日照的无性系（DN/SD）的砧木上时，块茎形成就会被诱导（Van de Sande Bakhuyzen and WwittRood, 1951）；其中适当的嫁接（SD/DN）的缺乏暗示一个刺激被传达到植物根部，叶子光周期评估系统与开花和块茎形成是相同的。

光周期要求的和块茎膨大的发生涉及短日无性系干物质分配模式的重大转变。最初碳主要储存在茎中（Incoll and Neales, 1970）。通过诱导块茎化，块茎最初是随着块茎的形成，随着块茎的膨胀，地上器官中储存的碳，连同新的光合产物，被定向到迅速发育的块茎中（McLaurin et al., 1999 年）。在极短的日照条件下生长，可以绕过茎储藏，蔗糖直接进入块茎。日中性无性系开始向其块茎分配大量同化物，比短日无性系早得多（Spitters et al., 1988a）。此外，最终块茎干重较少由茎干所输送的同化物组成，表明大量的光合产物直接转运到发育中的块茎，从而绕过茎中的暂时储藏。

菊芋能够评估在植物内部光合作用的产物状态其他因素，以确定块茎数量（Barloy, 1988b; Barloy and Fernandez, 1991）。所有块茎并不是同时生长的，而是被分散到一个生长期的各部分。例如，块茎的最快速增长发生在 14（24 块茎）和 16 周之间（64 块茎），在 24 周后达到峰值（即每个植物 85.5 块茎）（图 10.1e）

不同无性系中块茎的形成时间和数量是不同的。此外，植物种群密度、种植深度、种植时间与周期也会影响块茎形成的数量（Gallard, 1985; Moule et al., 1967; van de Sande Bakhuyzen and Wittenrood, 1952）。通常，块茎数和块茎大小成反比关系，小块茎（即<15 g 鲜重）通常在收获的时候被遗弃（Barloy, 1988; Zonin, 1986）。根状茎数与块茎数的差异（图 10.1d 和 e）反映了根茎分枝和从植物基部的初级根状茎长出多块茎的情况。

10.1.3.2 块茎形成

块茎发生需要快速的细胞分裂和扩张，在此期间，同化物储存所需的初始结构框架得以建立，这一发育步骤早在块茎膨胀过程中碳流入之前就已经发生。虽然块茎的起始阶段受碳水化合物供应的控制，但膨大期受光周期的强烈调节，甚至在开花的无性系中也是如此。

块茎从外部到内部结构截面分为表皮、皮质、外髓质、内髓质和髓（Mazza, 1985）。相对对导致块茎膨大的细胞分裂和分化的时间序列尚知之甚少。库容量是一个块茎空泡的体积与果聚糖在细胞合成和存储位置的联合函数（Darwen and John, 1989; Keller et al., 1988; Pollock, 1986）。空泡的体积是与细胞大小和数量的函数。块茎中单个细胞大小随与组织类型各不相同：皮层（286 细胞每 10 mm^2），扩展区（145 细胞每 10 mm^2 存储每 10 mm^2），组织（85 个细胞），髓（149 细胞/ 10 mm^2）（Schubert and Feuerle, 1997）。细胞数目和大小增大的程度在块茎形成初期没有被充分地记录。

块茎主要由储藏的薄壁细胞组成，其间有少量的维管痕迹（Fowke and Setterfield,

1968)。成熟时的薄壁细胞相对较大、薄壁、高度空泡化。通常只有一层薄薄的细胞质，厚度有变化（一般小于 5 μm），紧贴细胞壁。它显示很少的细胞质链穿过液泡。沿细胞质中与细胞壁相邻的薄线状部分，细胞质面积只有 0.30 μm²。细胞质含有细胞核、质体、线粒体、球体、少数微管，几乎没有高尔基体。细胞质内还有直径为 0.5~1.0 μm、与单个膜结合的卵圆形晶体，以及含有细小的粒状电子致密物质圆形或椭圆形小体。后者直径达 1.5 μm，呈不规则条纹状。细胞核通常在细胞壁上扁平，呈扁球形，含有一个或多个核仁（图 4.6）。核糖体似乎被随机分散到细胞质，少与内质网相关联线粒体被包围在发育良好的双层膜中，在基质中显示出板状嵴和电子致密物质。

10.1.3.3 块茎膨胀

一旦块茎开始膨大，薄壁细胞内的干物质积累就会逐渐增加。有趣的是，早在块茎达到最大干重之前，聚合的程度就达到了峰值（Praznik and Beck，1987 年），其生物学原理尚不清楚。高分子量菊粉的比例（聚合度>30）在 8 月 30 日时最高，但此后有明显下降，尽管块茎中干物质的百分比仍在增加。

干物质的沉积，果聚糖、蛋白质和糖沉积不均匀分布于块茎的各种组织类型（Mazza，1985）。上述每一种物质的最高浓度在皮层，并逐渐向内下降，而髓的浓度最低。然而，从块茎近端到远端，同化物的分布是相对相等。

含菊粉液泡也常常包含囊泡（Kaeser，1983），尤其是临近维管束间相邻的形成层的细胞更多，其数量随着来自形成层距离的增大而减小。最大的囊泡位于液泡内，并含有纤维状或颗粒状物质。囊泡被认为是形成于细胞质中，并在蔗糖进入细胞质过程中发挥作用（详情见 10.8）。

10.1.3.4 休眠

在发育完成之前，块茎在初秋就进入休眠（Steinauer，1939），此后，即使在有利的条件下，块茎也不会发芽。不同块茎植物个体之间的休眠开始的确切时间不一样，受生产地点，无性系与因素的影响。成熟的块茎是最后进入休眠的，休眠最初发生在根状茎和较小的幼块茎。休眠的开始出现在一个渐进的过程，并非所有的块茎同时处于休眠状态

无性系和个体无性系之间在休眠的程度之间存在着很大的差异，一个块茎会发芽，而另一个块茎可能会被延迟。Boswell（1932）发现 50%的块茎发芽所需的时间，当没有经过冷处理以满足休眠要求时，一般为 54~200 天，大多数品种在 5~6 个月。

利用药物诱导的块茎薄壁细胞切片研究了多胺在块茎休眠中的可能作用。多胺是鸟氨酸、精氨酸和 S-腺苷甲硫氨酸合成的小脂肪胺分子。许多研究报告了多胺水平与系列植物发育和生理过程之间的相关性（Kuehn and Phillips，2005；Kumar et al.，1997；Malmberg et al.，1998；Walden et al.，1997）。Bagni（1966）第一次证明了在菊芋块茎片中多胺可以帮助打破休眠和刺激细胞增殖，由此导致了一系列关于多胺可能作用的论文（Bagni et al.，1971，1972，1978，1980，1981；Bagni and Serafini-Fracassini，1985；Bagni and Speranza，1977；Bertossi et al.，1965；Bogen Ottoko，1977；Courduroux et al.，1972；

Cionini and Serafini-Fracassini, 1972; Del Duca and Serafini-Fracassini, 1993; Gendraud and Lafleuriel, 1985; Serafini – Fracassini and Filiti, 1976; Serafini – Fracassini et al., 1980; Serafini-Fracassini and Alessandri, 1983; Torrigiani et al., 1987)。多胺在很大程度上是间接的证据。在切除和诱导块茎组织后，在多胺水平迅速上升，并根于24 h达到高峰。腐胺、亚精胺和精胺已在块茎中被鉴定（Serafini-Fracassini et al., 1980）。尽管（Phillips et al.,1987）发现亚精胺、二氨基丙烷和尸胺与最初的24 h激活和爆发有丝分裂相关。同样，鸟氨酸脱羧酶的抑制剂多胺合成的关键酶通路，抑制细胞分裂。到目前为止，多胺在控制休眠和块茎细胞分裂的确切作用仍有疑问有关更多信息，请参见9.1.1.1。

10.1.3.5 休眠后的初始反应

在DNA合成前期（G1），薄壁组织细胞进入休眠阶段（Adamson, 1962; Mitchell, 1967），并且当这些细胞被置于含有2, 4-二氯苯氧乙酸培养基中以打破或绕过休眠时，休眠停止，这些细胞进入有丝分裂期（Bennici et al., 1982）。在第一和第二分裂具有很好的同步性（Serafini-Fracassini et al., 1980）。然而，随着进一步的分裂，同步性逐渐丧失（Yeoman et al., 1965）。同样，随着休眠的进行，也有在第一和第二细胞周期的时间显著变化（Bennici et al., 1982）。

如前所述，休眠时块茎中多胺含量较低，但在打破休眠时迅速合成。它们在G1阶段早期迅速合成（Del Duca 和 Serafini-Fracassini, 1993; Serafini-Fracassini et al., 1984）。同样，休眠完成后，精氨酸和谷氨酰胺（多胺前体）会很快显著减少，发生在G1期早期，多胺含量相应增加（Durst and Duranton, 1966; Serafini-Fracassini et al., 1980）。

10.1.3.6 耐寒性

在10月底叶片衰老之前，块茎能够耐受低温（LD_{50}在-5℃）（Ishikawa and Yoshida, 1985）。12月中旬耐受温度下降到-11℃。增加的低温耐受性的原因似乎并不是由于块茎水分含量的变化；菊粉解聚增加抗寒的作用尚未被评估。

10.1.4 开花

10.1.4.1 花芽的形成

繁殖能力是所有生物所必需的，植物繁殖通过开花和生成种子来实现。营养生殖阶段是植物发育的关键时期。因此，许多物种生育阶段有一个内部调节机制，在生长季内控制适当的时间进行繁殖。

光周期，即每天的明暗周期的长度，是控制生殖时间的最常见机制之一。光周期通常与开花相关，一般分为三类（短天，长天，日中性）。一些物种是无性繁殖（例如，菊芋，土豆），光周期也可以参与器官繁殖的诱导或发育（例如，块茎）。菊芋的花和块茎（在较小程度上）的形成是由光周期调控。有趣的是，光周期的一些早期基础研究是Garner and Allard（1923）利用菊芋完成的。从那时起，对作物光周期的基础和应用研究逐渐增多（Allard and Garner，1940；Czajlachian，1937；Hackbarth，1937；Hamner and Long，1939；Nitsch，1965；Schiebe and Muller，1995；Tincker，1925；van de Sande Bakhuyzen and Wittenrood，1950，1951；Wagner，1932）。

除了空间因素，菊芋花形成涉及时间信息，这限制花在植物的特定位置启动（即：茎和枝的顶点）。顶点的一些基因必须激活后，才能激活花的各种构件的形成。光周期植物的叶子感知日照长短，然后转运信号（成花素）到茎尖。叶片中传导物质的存在诱导开花，这在很多年前已被证实，光周期诱导的植株嫁接到没有诱导的植株后，导致后者开花。

20世纪30年代俄罗斯科学家M. H. Chailakhyan工作之前，对这种物质的追寻从未间断过。对于拟南芥的最近数据表明，一些基因在开花的诱导过程中互相作用。对白昼的感知水平是通过一个被CONSTANS（CO）基因编码的转录因子控制的（Velverde et al.，2004），其表达存在有规律的往复。对于短日照植物来说，夜晚叶片COmRNA的累积量达到峰值。在适当的光周期下，它诱导FLOWERING LOCUST（FT）基因的转录（An et al.，2004；Ayre and Turgeon，2004），其蛋白质又韧皮部传递到茎尖（Lifschitz et al.，2006；Wigge等2005）。FD是一种存在于茎尖的转录因子，在物理上被认为与FT蛋白质相互作用，引发了花识别基因的表达（APETALA 1）和诱导的形成（Abe et al.，2005；Wigge et al.，2005）。

必须达到或超过临界昼长，才能诱导生殖阶段。短日照植物就是临界昼长必须低于一定光照时间的植物。例如，临界昼长是12 h，那么诱导所需的光周期就少于12 h。与此相反，长日照植物被诱导所需的光周期比临界昼长要长。通常用昼长来定义光周期植物，其实暗期的长度是至关重要的。例如，对短日照植物，暗期被人工充分持续不断的光周期中断，导致生殖生长期的诱导受到抑制，即使植物光周期比临界昼长短。

满足花和块茎诱导的光周期响应是接收光周期刺激的叶子的数量和位置与叶子暴露于光周期刺激的天数的函数。即使是暴露短短几天的单叶也能够触发块茎发育（Hamner and Long，1939）。暴露光照下的叶片数越大，曝光所需要的时间越短（Mesken，1988；van de Sande Bakhuyzen and Wittenrood，1950，1950）。低于临界昼长，曝光的持续时间（天）与昼长（昼长越短，需要持续曝光的时间越短）成正相关，反比于受处理的叶片数量（van de Sande Bakhuyzen and Wittenrood，1950，1951）。上部和中部的叶是接收器官（Hamner and Long，1939；van de Sande Bakhuyzen and Wittenrood，1950，1951），而茎尖不是（van de Sande Bakhuyzen and Wittenrood，1950），中间叶的出现尤为重要（van de Sande Bakhuyzen and Wittenrood，1950，1950）。同样，曝光时间越长，植株花的数量就越多（Mesken，1988；van de Sande Bakhuyzen and Wittenrood，1950）。

菊芋作为一种杂交特性的种质，其临界昼长是13~13.5 h（Allard and Garner，1940；Hamner and Long，1939；Zhou et al.，1984）。短日照无性系曝光14 h或者更长，仍保持生物活性。最小暴露时间随暴露持续的时间（16~17 d）变化（Hamner and Long，1939；Zhou et al.，1984）相对短于长光周期植物（Scheibe and Müller，1955）。

不同无性系对菊芋的光周期要求并不一致。同时发现短日和日中性无性系，此外，短

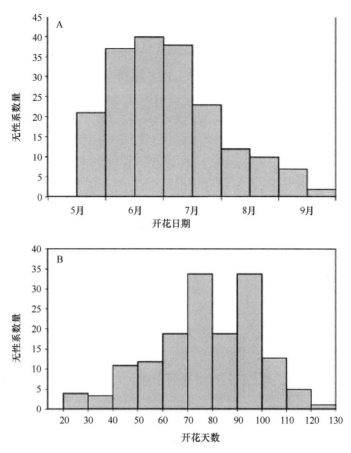

图 10.4　190 个种植 30°57′N 菊芋无性系在第一花日期（A）和开花时间持续（B）（Kays and Kultur, 2005）

日响应的临界日长度似乎在一个范围内（Hackbarth, 1937）。因此，不同菊芋品种会在一个时间段内开花（Kays and Kultur, 2005）。日中性的菊芋（早开花）受植物发育阶段控制。与此相反，短日照（晚开花）品种取决于接受适当光照的响应（Hackbarth, 1937; Steinrücken, 1984; van de Sande Bakhuyzen and Wittenrood, 1950; Zhou et al., 1984）。光周期的变异性使我们对其响应的理解产生了困惑，源自于一个或少数几个无性系的结论并不能在所有种质中普遍适用。同样的，难以理解的是日中性的菊芋的花期在很大程度上取决于发育阶段。甚至在一个诱导光周期下，幼株直到达到一定的最小发育阶段才会开花。

菊芋起源于美国的更北部地区，这里夏季（长昼）时期的光周期对于茎的生长是有利的，秋季的光周期对于花和块茎形成是有利的。因此，作物的种植位置对其发育有着重要的影响，由于长昼有利于植物地上部分的发育，其中茎作为碳的临时同化物库，因此，在 6 月中旬的 60°N 的光周期大于 18 h，40°N 是 15 h；26°N 是 13.5 h，赤道是 12 h。然而，到 11 月光周期减少到在 60°N 时只有 9.5 h（40°N 为 10.5 h，26°N 为 11 h），赤道仍保持 12 h。因此，随着生产的位置逐渐远离赤道，在夏天光合作用的辐射量会增加，而生长期长度会减少。高纬度地区短季节品种不一定适用于低纬度地区。

另一个诱导开花的必要条件是植物必需具有一个确定的最小尺寸/年龄（Meijer and Mathijssen, 1991; Steinrücken, 1984）。这些植物在幼年期对外部环境不敏感，否则会发生光周期反应（Wittenrood, 1954）。这就阻止了幼小植物在早春的短时间内转移到生殖阶段（Wittenrood, 1954）。播种期和早熟率的差异较小，对某些品种的开花期有显著影响（Kays and Kultur, 2005）。

10.1.4.2 花的发育

菊芋是一种专性的杂交种，只有在异花授粉时才产生种子。在同质培养条件下，极少产生种子。高度自交不亲和性、不规则的减数分裂，以及在无性系（即47%~99%）过程中的花粉寿命都会降低生育能力（Atlagic et al., 1993）。此外，不产生种子的原因还可能是当地的气候（Lohmeyer and Sukopp, 1992）。

花序的培育，每朵花的开放和它们最终的死亡之间有一定间隔，其一般顺序见图10.5。一个花序生命周期的长短随生产条件的不同而不同。花序结构如下：中间是许多小磁盘花，周围环绕这10~20朵无菌黄色边花，叶舌长被称作花瓣。最初的叶舌是紧闭的，一直到花生长至一个垂直的位置才开始打开，而此时也达到其最终长度的1/3~1/2。接下来的几天，边花开始延伸，同时柱头形成，花逐渐向内开放，直到所有的花冠都打开。最后，叶舌枯萎凋零，随后花盘花冠也逐渐衰败，与此同时，大多数子房也停止工作。

用野生种群培育花和种子在一定程度上可以提高遗传变异率，使培育力度增强，因此植株培育地点要远离亲本，相对于此，无性生殖也是一种繁殖方法。与一般情况相比，野生无性系植株单株平均生出67朵花，结出1025颗瘦果。但是，在第一季56%的种子不能发芽，而且仅仅有33%有遗传性能（Westley, 1993）。因此，与用块茎的无性生殖相比，在相应季节里，通过种子萌发是极度不可取的。一般花期正是资源的分配和转移时期，其余的将被分配到块茎。开花对育种项目来说很重要，其中花开放时间及持续时间对杂交有决定性作用（Kays and Kultur, 2005）。

如图10.1（e）所示，短日照植物品种开花较晚，在种植23周后的生长季（33°57′N），最初开花枝条在主茎节点的腋处迅速形成，在1~2周内，大量的花形成（Mclaurin et al., 1999）。花的数量和干重在4周内达到峰值，之后数量逐渐衰减。Swanton（1986）对比6个无性系植株（3对生物性状），发现单株的话花朵数介于56~78之间，Westley（1993）评估了4株无性系植株，发现平均每株67朵花。

由于每株无性系植株都是特别的，其花开放的时间以及持续的时间也是不同的。对190株无性系植株评估，开花的时间为69~174天不等，并且持续时间也有21~126天不定（Kays and Kultur, 2005）。因而，开花时间及持续开放时间、花的数量随着无性系、栽培时间、生产地点和环境的不同而不同。

花序上部直径从1.3~1.8 cm（6类无性系植株），单株种子数0.45~163（Swanton, 1986）。对野生无性系植株，在季末有9%的生物量分配给花和果实（Westley, 1993）。如果有性生殖被阻断，分配给无性生殖的生物量大幅增加，这就形成更多更大的块茎。晚秋

图 10.5 菊芋花在芽形成、开花和最终衰老过程中经历了相对一致的发育过程。说明了从紧密芽期到花衰老的时间序列。精确的时间根据无性系和生产条件而变化。第 0 天：密芽期，苞片内轮仍包围叶舌（射线花冠）；第 2 天：叶舌绿色，外露；第 4 天：叶舌黄绿色，开始拉长；第 6 天：叶舌黄色，垂直拉长；第 7 天：叶舌开始展开，方向仍大致垂直，花冠关闭；第 8 天：叶舌开放，第一批花盘花在花冠外圈上，花药从花冠上长出来；第 9 天：额外的花药和第一柱头出现在外轮上；第 10 天：大约一半开着柱头的花盘花出现；第 13 天：所有花盘开，外轮花呈现初始柱头衰老；第 15 天：叶舌萎蔫和初干燥，盘花柱头和花药大部分枯萎，花冠完整；第 17 天：叶舌进一步干燥，花盘花冠完整；第 18 天：叶舌干燥，开始脱落，花冠完整；第 19 天：叶柄脱落，花冠开始枯萎

（11 月 1 日，Ontario，Canada），花中含有 2.46% 的氮、0.51% 的磷、2.02% 的钾、1.21% 钙离子以及 68% 镁离子（Swanton and Cavers，1989）。

10.1.4.3 种子发育和休眠

花往往不育。通常情况下，在瘦果形成时，有花的较少（Russell，1979；Swanton，

1986; Westley, 1993; Wyse and Wilfahrt, 1982)。种子周围长 5 mm×2 mm 宽、扁平、楔形（倒卵形到线状倒卵形）光滑。其外部的颜色是黑色的斑驳，斑点（Alex 和 Switzer, 1976; Konvalinkova, 2003）。野生和地方品种种质在美国农业部（USDA）种质资源收集范围从灰色、褐色至褐色；大小主要是长 2 mm 到 1 mm 宽（USDA, 2006）。

种子生产与位置的多样（Balogh, 2001; Rehorek, 1997），无性系和年变化（Konvalinkova, 2003）。野生无性系的花头每个有 3~50 颗种子（Wyse and Wilfahrt, 1982; Westley, 1993），而每个品种的花有 0.08~0.66 种子，或每株有 0.4~24 种子。Weedy 无性系株均 1.26~1.97 的成熟种子，或者说是每株 47~154 种，而真正的野生无性系出平均 4.93~5.36 的成熟种子，79~163 种单株（Swanton et al., 1992）。即使个别种子重量介于 0.8~10.8 mg，无性系的平均种子重量仍相对较小（即，3.5~4.8 mg，平均为 4.5 mg）（Swanton, 1986）。

种子生存能力普遍偏低和无性系相关（Le Cochec, 1085; Swanton 和 Cavers, 1989）。野生种群往往会产生更多的花，有较高的生存力（高达 40%）（Weestly, 1993）。例如，野生无性系具有平均每花 85 胚珠，平均每株花和产物有用于产物的 23%。每种性状都因植物生长的地点而异，胚珠、成熟的瘦果，每朵花部分填充的瘦果是最易变的性状。植物鲜花平均挂果 67 或每株 1025 瘦果。与此相反，在单一生长培育无性系中很少产生种子，作为一种专异型杂交，这些花授粉的潜力很小。随着晚花的无性系，由温度的逐渐降低，在晚秋种子产量降低。

以干重为基础成熟种子中含有 4.82%N、0.90%P、1.16%K、0.12%Ca^{2+} 和 0.34%Mg^{2+}（Swanton and Cavers, 1989）。有代表性的品种种子含油率为 45.5%油，其中由 5.7%棕榈酸、硬脂酸 5.8%、22.1%油酸、亚油酸 64.6%和 0.9%山嵛酸构成。野生无性系种子的成分相似，只是棕榈稍高和较低的硬脂酸（Seiler and Brothers, 1999）。美国农业部所保存的 36 份种质的种质中，种子在干重上的含油率基础平均为 24.6%（范围为 14%~34%）。对于 22 种详细的油分析表明，平均组成为 63.4%亚油酸（范围，44%~80%）、18.8%油酸（范围，12%~40%）、6.4%棕榈酸（范围，5%~9%）以及 3.4%硬脂酸（范围，2%~5%）（USDA, 2006）。

成熟的种子显示强烈的休眠（Toxopeus, 1991），分层可以克服［即存放在阴凉（1.7℃）、潮湿的条件下］（Wyse and Wilfahrt, 1982）。存储后关于发芽百分率研究变异很大，范围从 6 个月存储后的 4%到（Swanton and Cavers, 1989）3 个月存储后的 44%（Konvalinkova, 2003）。

与通过种子生产繁殖的向日葵属植物相比，菊芋种子一旦发芽，幼苗的活力反而普遍薄弱。在野生无性系中，只有生产的 44%的种子萌发，且在新发育的植物中，只有 33%在第一个生长季节有性繁殖（Westly, 1993）。因此，在育种方案中，当无性系已经用块茎繁殖时，块茎产量评估应在第二个季节进行（Westley, 1993）。

10.1.5 衰老

衰老是植物正常发育周期中不可或缺的一部分，可以在细胞、组织或器官水平进行观察（Kays and Paull，2004）。菊芋是一种单果枝的多年生草本植物。因此，在正常发育周期结束时，几乎所有的地上和许多地下植物都不再存活。在秋天的第一次冷冻温度之后，由差不多数以百万计的细胞组成的植物死亡，块茎和种子为例外。而在大多数情况下，冻结温度导致植物死亡，在可控温度（20℃）短日照条件下，植物也死了，表明遗传程序衰老机制的存在。在死亡之前，大部分的体细胞组织经历其细胞的受控分解，允许许多碳水化合物、蛋白质和韧皮部的可移动营养元素重新分配给生殖繁殖体。除了全株衰老，植物的一些个别器官正常发育过程中也定期地衰老。

对菊芋来说，器官衰老是一种常见的现象，并在某些情况下，枝条在的营养生长和生殖生长阶段都会死亡。在生长期间，受伤的叶子和枝条（如食草动物、疾病、机械损坏）或在树冠内光线接收不良的地方经常脱落。下部叶片的生长过程中的衰老通常由遮光所导致（Zuber，1988a），这种情况因植物密度高而加剧。植物的叶面积维持在 792 $dm^2 \cdot d^{-1}$，平均每叶持续 92 天寿命（Nakano，1975）。在营养生长阶段的叶损失率对产量重要性是与损失严重程度与其在整个发育周期中的时间的函数。根据死亡原因，许多流动性元素可从叶子回收利用。相反，全株衰老是一个开始循环的过程，除了其他体细胞组织外，还包括在所有的叶片中循环。

许多一年生结实植物（Molisch，1938）的生殖会触发后衰老的开始（Molisch，1938年），而摘除花朵和果实往往会推迟或阻止衰老的开始。然而，情况并不总是如此（详情见 Bleecker and Patterson 1977；Hadfield and Bennett，1977；Nooden，1988；Nooden et al.，1977）。例如，在拟南芥中，生殖结构的发育阻止了光合作用所需的新叶片的形成，导致植物的最终死亡（Nooden and Penny，2001）。在这种情况下，发育转变是在基因组水平上控制的，并由内源性机制或外部信号所激发。例如，从短日照导致南瓜根尖组织从营养组织向生殖组织转变，触发衰老（Wang et al.，2002）。即使温度条件最佳，温室中生长的菊芋（短日照无性系）最终也会死亡。秋末的短日光周期触发了植物的死亡，不管它们是否开花（花蕾被摘除）。在 9 月中旬之前（块茎膨大后），暴露在短日照类似的植物，随后转移到长日照条件下（也就是说——在黑暗周期中出现短时间的弱光夜间中断——黑暗周期中期的低光周期），就开始恢复了强劲增长。如果这些花被摘除，新的侧枝就会从每个分枝的多数顶端节点形成；未修剪的开花植物也会蓬勃生长，但是，只有在不开花的枝条的节点上才会长（Kay，2006）。最终，即使暴露在长日照条件下，修剪和未修剪的植物也会死亡。因此，短日似乎代表了一个环境信号，触发了植物最终的衰老和死亡。

衰老的程序化性质允许资源从同化丰富的体细胞组织（如叶片和茎）循环到生殖组织（块茎和种子），以促进繁殖。这清除了本来会丢失的物质，提高繁殖效果，这对收获指数有直接影响。例如，由于氮或水过多而将过多资源分配给菊芋不可循环结构成分，进而降低了块茎产量。这一循环过程统称为衰老综合征，是总体发育中一个基因程序转变。

衰老是可被高度调节的，需要能量输入。体细胞组织在 "衰老相关基因" 的刺激下，在超微结构和组成上经历了复杂的细胞变化（Becker and Apel，1993）。在这段时间内，特定的基因表达上调，而其他基因，如与光合作用相关的基因，则被下调。上调的基因包括蛋白酶、核酸酶、转氨酶和其他回收细胞成分所需的酶。相反，基因表达中控制叶片中

C 和代谢 N 显著减少（Wiedemuth et al.，2005）。

随着生殖的开始，程序化的分解和衰老在叶片中表现得最为生动［图 10.6 (b)］。开花发病后不久，养分从冠层开始转移到块茎。这个过程促进了叶片的最终死亡，并增加其对疾病的易感性。在适当的条件下分离出的叶子比附着在植物上的叶子存活的时间更长，说明了再循环对叶子的影响（Edelman，1963）。霜冻前叶片死亡是由于缺氮（如氮）的耗竭和后期施氮延缓衰老，但没有增加块茎产量（Morrenhof and Bus，1990）。叶片的数量下降，叶子最终被霜冻杀死。早熟品种，大部分的储备在叶片死亡前转移；晚熟的品种，茎的再利用在叶死亡后仍在继续（Barlog，1984）。在循环的结束，实际上没有糖类遗留在茎中（Becquer，1985；Barloy and Lemercier，1991）。同样，枝、根状茎、须根和花的干重也在下降（图10.6）。只在植物的块茎中重量持续增长［图 10.6 (d)］。

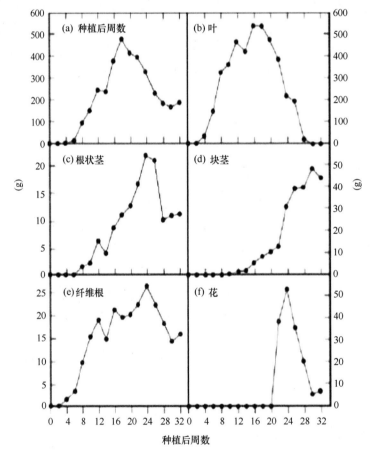

图10.6 种植在 30°57′N 的菊芋 (a) 茎和枝、(b) 叶、(c) 根茎、(d) 块茎、(e) 根和 (f) 单株花的干重变化

菊芋的器官和整株植物衰老是一个对物种的生产力有明显影响的关键过程。考虑到衰老的重要性，人们对其在细胞和分子水平上的控制和发育尚知之甚少。

10.2 光合作用

菊芋为 C_3 植物，通过还原性磷酸戊糖途径固定 C（Ehrgashev，1976）。菊芋最大光合速率高于其他 C_3 植物，与向日葵的最大光合速率相当或稍高（Lloyd and Canvin，1977；Sharp and Boyer，1986；Sobrado and Turner，1986），在一些情况下，还高于 C_4 植物的最大光合速率。CO_2 的同化物速率在不同的菊芋品种差别较大（表 10.2）（Soja and Haunold，1991）。例如，"Waldspindel"是光合速率最高的品种，但其块茎产量只有最高产量品种的35%。因此，叶片光合速率不能较好地指示菊芋潜在产量。叶片氮含量、叶绿素含量和光合速率之间具有高的正相关性，但是块茎产量于它们没有正相关性（Soja and Haunold，1991）。光合速率与块茎产量不相关说明其他因素决定了块茎产量，高的光合速率是块茎产量形成的一个潜在因素，而非限制因素。

表 10.2 无性系和生育期叶片光合速率的差异及其与最终块茎产量的关系

无性系	Leaf Photosynthetic Rate（$\mu mol \cdot m^{-2} \cdot s^{-1}$）（以 CO_2 计）			产量（$t \cdot ha^{-1}$）[a]
	4	8	14	
Nederösterreichische Landsorte	30 cz	40 a	31 d	10.8 a
K-8	31 bc	36 abcd	26 e	9.6 ab
Medius	31 bc	34 cd	33 bcd	8.6 bc
Rote Zonenkugel	30 c	35 cd	34 cd	8.6 bc
Violet de Rennes	30 c	29 e	26 e	8.1 bcd
Kärntner Landsorte	29 c	38 abc	33 cd	7.1 cde
Fuseau	33 b	36 abcd	24 e	6.8 de
Topianka	29 c	33 d	35 cd	6.6 de
Bianca	34 b	35 cd	37 b	5.5c
Waldspindel	39 a	39 ab	44 a	3.8f

a. 出苗 27 周后的块茎产量；
b. 列表中不同数字表示差异显著（$p=0.05$）；
来源：改编自 Soja, G. and Haunold, E., Field Crop Res., 26, 241-252, 1991.

10.2.1 光照

光合作用的光反应提供了碳积累所需的能量。因此，光合有效辐射的获取是生物量形成的关键，两者之间有线性相关关系（图 10.7）。菊芋生长期初期，光合截留的光和生物量迅速增加,光合产物在很大程度上被分配到冠层建立(图10.8)。冠层郁闭后,光能截取量到达100%。

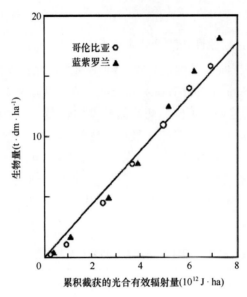

图10.7 总干物质产量与"哥伦比亚"和"蓝紫罗兰"在51°58′N的累积截留光合有效辐射的关系(据Spitters, C. J. T. et al., in Topinambour (Jerusalem Artichoke), Report EUR 11855, Grassi, G. and Gosse, G., Eds., Commission of the European Communities, Luxembourg, 1988, pp. 37–43. 绘制)

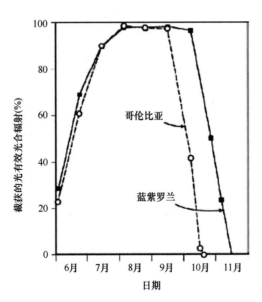

图10.8 早熟品种(哥伦比亚)和晚熟品种(蓝紫罗兰)单株和块茎干物质分配的季节模式 [据r Spitters, C. J. T. et al., in Topinambour (Jerusalem Artichoke), Report EUR 11855, Grassi, G. and Gosse, G., Eds., Commission of the European Communities, Luxembourg, 1988, pp. 37–43 绘制] 箭头表示干物质从茎中循环到块茎的时间

幼叶的光饱和点达到 1 700 μE·m^{-2}·s^{-1} （Soja and Haunold，1991），光补偿点为 55~60 μmol·m^{-2}·s^{-1}。在菊芋开花和块茎膨胀期，叶片氮含量和光合速率下降（Soja and Haunold，1991）。很多环境和植物因素相互作用，影响了菊芋碳的获取。在冠层水平上，通常使用比尔定律来评估光的截留或同化物能力，为叶面积指数的函数。菊芋的消光系数为 0.78~1.01，不同品种的消光系数不同（Allirand et al.，1988；Spitters et al.，1988a）。叶片角度影响到达叶片的光通量，典型的叶片为 0~55°，叶片的偏振角接近随机（Le Friant，1983；Lemeur，1973）。叶片角度分布和偏振角度分布用于计算消光系数，这影响光的透射、捕获和同化物以及光的叶面积指数（Lemeur，1973）。与玉米和大豆的冠层相比，菊芋冠层顶部同化物较多的辐射，而冠层底部同化物量较少。菊芋叶片的光学特性与其他作物相似（Becquer，1985；Le Friant，1983），例如，冠层反射率接近光合有效辐射波长的 5%。由于植物构造的不同，菊芋与土豆间作能够提高 42% 的光能捕获（Paolini and De-Pace，1997）。

在一定的光照强度范围内（例如，400~1 200 μmol·m^{-2}·s^{-1}）（Soja and Haunold，1991），叶片蒸腾速率与光合速率紧密相关。因而，在光照强度不低于 300 μmol·m^{-2}·s^{-1}，水分利用效率与光合作用的相关性一致。光照强度低于 300 μmol·m^{-2}·s^{-1}时，蒸腾作用相对光合作用较高，水分利用效率显著下降。

不同品种的叶片叶绿素含量不同，叶绿素 a 和叶绿素 b 之和在 0.3 到 0.6 g·m^{-2}（Soja and Haunold，1991）。不同品种的叶绿素 a 与叶绿素 b 含量的比值相差不大（例如：70%~72% 叶绿素 a，28%~30% 叶绿素 b）。一些品种总叶绿素含量与光合速率的正相关系数达到 0.71，说明叶绿素含量的增加与光合速率的增加相关。因此，通过叶绿素含量的筛选能够获得具有较高光合性能的无性系。

10.2.2 最大同化速率

最大同化速率与叶片氮含量和叶绿素含量相关（Soja and Haunold，1991）。块茎膨大期，叶片光合效率降低，叶片氮素由叶片转移到发育中的块茎（Soja and Haunold，1991；Somda，1999）。乙烯对光合速率有轻微的影响，但是光合能力随叶龄的增加显著降低，特别是当新叶持续出现的时候。叶片位置与叶龄具有交互作用，老叶的位置相对不利于捕获光能。因此，叶片位置能够强烈地调控碳的固定。顶点的叶片气体交换速率（例如，上层 0.5 m）至少是基部生长的叶片 2 倍（表 10.3）。

表 10.3　叶位对光合速率和蒸腾速率的影响

叶高（cm）	光合速率[a]（%）	蒸腾速率[a]（%）
300	100	100
280	91	94
250	84	82
225	47	45

续表

叶高（cm）	光合速率[a]（%）	蒸腾速率[a]（%）
215	37	23
195	7	9
165	5	9
120	27	30
95	21	23
70	20	19
50	5	5

[a] 最高比率的百分比。

来源：改编自 Soja, G. and Haunold, E., Field Crop Res., 26, 241–252, 1991.

叶片位置对菊芋光合速率的影响类似于向日葵（English et al., 1979），即叶龄越大，位置越差。当植株长到最高时，冠层上部 1/6 的叶片气体交换速率高出向基部生长的叶片约 50%（表 10.3）。

除了年龄最大冠层叶片叶绿素的降解，枝条出现的茎中部叶片也表现出叶绿素的损失和气体交换的显著下降。这些变化是在块茎发育期或略早于块茎发育期。因此，在此期间，只有相对少部分冠层为块茎发育提供光合产物，大部分干物质来自于低上部的储存位点（茎和叶）。在此期间，植株总干物质的增加显著下降（图 10.9）。

冠层辐射利用效率和光能同化物与干物质生成比率随块茎膨大而升高，这可能是由于避开了茎中的瞬时储存或者块茎提高了代谢同化物的能力（Barloy, 1988；Schubert and Feuerle, 1997）。但是养分能够影响碳固定速率。当营养同化物受限，成熟叶片衰老，光合能力降低。尽管这在菊芋并没有得到印证，但是生长季后期增加有效氮的供给能够维持叶片光合作用，并增加种子产量（Blanchet et al., 1986, 1987），氮供应不足与菊芋光合速率的降低相关，且对产量的影响高于磷和钾供应不足。充足的磷和钾对整株光合和同化物的转运有积极的影响，但不能提高单叶最大光合速率（Soja and Haunold, 1991）。

10.3 呼吸作用

呼吸是植物的一个中心代谢过程，它通过分解碳化合物和形成碳骨架来调节能量的释放，对于维持和合成反应是必需的。与菊芋植物的各种器官在获取能量方面高度专业化不同，呼吸作用发生在所有活细胞中，是各种代谢过程所必不可少的。呼吸速率提供了一个非常全面的代谢速率的指标，并且可以用来计算随后损失的总固定碳的百分比。

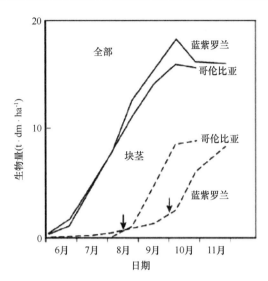

图10.9 早熟品种（哥伦比亚）和晚熟品种（蓝紫罗兰）单株和块茎干物质分配的季节模式［据 Spitters, C. J. T. et al., in Topinambour (Jerusalem Artichoke), Report EUR 11855, Grassi, G. and Gosse, G., Eds., Commission of the European Communities, Luxembourg, 1988, pp. 37-43 绘制］箭头表示干物质从茎中循环到块茎的时间

10.3.1 暗呼吸

糖的暗呼吸涉及3个主要的相互作用途径的一系列步骤：糖分解途径、三羧酸途径和电子传递系统。在糖酵解中，蔗糖转运到细胞中，或者从菊粉中提取的果糖分解成丙酮酸。然后丙酮酸被转移到线粒体（即三羧酸循环的位置），在其中被氧化成二氧化碳。在糖酵解和三羧酸途径的氧化过程中释放的电子进入电子传递系统，它们通过一系列配合物移动到最终受体氧，产生水。能量以三磷酸腺苷（ATP）的形式被化学捕获，这是整个细胞用来反应的输入能量。第四个呼吸途径，戊糖磷酸系统，虽然对糖的完全氧化不是必需的，但是有提供减少某些合成反应所必需的烟酰胺腺嘌呤二核苷酸磷酸（NADP）和核酸合成所需的5-磷酸核糖的功能。第四呼吸途径，磷酸戊糖系统，虽对于糖的完全氧化不是必需的，但具有提供碳骨架、减少某些合成反应所需的烟酰胺腺嘌呤二核苷酸磷酸（NADP）和核糖-5-磷酸用于核酸合成的功能。

10.3.2 抗氰呼吸

除了正常的电子传递系统外，菊芋块茎包含第二个被称为抗氰呼吸的途径或备用途径。一个物种的横截面（在某些情况下，只有某些细胞/组织在一个物种之内）包含备用途径，而氰化钾是细胞色素氧化酶的一种强有力的抑制剂，它是催化该途径的最后一步的酶。物敏感物种只有正常的电子传递途径，虽然氰化物实际上在电子传输途径中不起作用，但它被用于实验识别替代途径的存在。当正常途径存在时，氰化物抑制呼吸（以二氧化碳散发或氧气同化物测量）。在有备用途径的植物中，氰化物刺激呼吸作用。备用途径在泛醌处从正常途径分枝，电子被传递到另一种细胞色素氧化酶，随后是氧气，形成水。当备用途径运转的时，能量捕获效率大幅下降，没减少 NAD 形成，只有大约 1ATP 而不是 2.5，剩余的能量随着热量的流失而消失。

菊芋块茎被认为是氰化物的敏感物（即缺乏备用途径），然而，在适当条件下（如在纯氧条件下暴露在 10 ml·L^{-1} 乙烯中）备用途径被激活，表明替代氧化酶要么存在，要么易于诱导（Theologis Laties，1982a，1982b）。这样的块茎暴露在氰化物中后，呼吸速率增加 3 倍 [即从对照块茎的 14~46 mL·g^{-1}（鲜重）·h^{-1}（以 CO_2 计）]。

备用途径的存在原因还不清楚。一个可能的功能当在高代谢活动期间需要大量增加中间体的水平时，它们的合成速度受到电子传输系统速率的限制。备用途径可以提供无限制的加速呼吸和生产所需的中间体。备用途径与某些发展过程的关系支持这种可能性。例如，氰化物比非休眠块茎更能抑制休眠块茎的呼吸（Fol et al.，1989）。同样，在块茎愈伤组织形成过程中，备用途径似乎不是一个显著的因素（占 O_2 同化物的 4%），但当愈伤组织开始产生不定根时，替代途径被激活（Hase，1987）。

菊芋块茎一直被用来为了研究线粒体氧化和交替途径各个方面的模型系统（如 Atlante et al.，2005；Rugolo e et al.，1990；Rugolo Zannoni，1992）。线粒体可以很容易地被分离和纯化，便于进行有代表性的实验（Lidem and Moeller，1988）。

10.3.3 呼吸速率

植物呼吸损失代表叶、茎、花、根、根状茎和块茎复合损失，每种损失的速率不同（表 10.4）。一般来说，初期的组织（如，花；小的不成熟的叶子）的呼吸速率高于成熟的组织（如，茎）。叶子和根状茎的呼吸速率高于茎和分枝。如 Q_{10}.* 所指示的，呼吸频率相对较低的组织（例如，较低的茎）对温度的反应更强，（例如，较低的茎干。特定植物不同品种的呼吸速率部分之间有显著差异（如，普通的 Violet de Rennes 低于 Sunchoke 的呼吸速率。

呼吸速率（干物质损失）受温度（表 10.4）、各器官的年龄与在某些情况下植物种群密度的调控。树叶的呼吸速率随着植物和器官的年龄的位置而显著变化，但是着植物的种群密度无关（Hogetsu et al.，1960）。顶端幼叶的呼吸强度较高，但随着叶龄的增加，呼吸逐渐减弱。例如，树叶在很早季节有呼吸速率为 8.5 mg·g^{-1}（干重）·h^{-1}（以 CO_2 计）（5 月 17 日），71 天后下降到低于 6 mg（7 月 27 日），再到 35 天后低于 3.5 mg（9 月 22 日）。成熟期和落叶期的呼吸速率达到了相当恒定的速度，大约为 0.7~1.0 mg·g^{-1}（干重）·h^{-1}（以 CO_2 计）。当呼吸以单位面积的速率表示时，种群密度为 20 cm×20 cm 的叶片的呼吸速率在 7 月中旬达到最高 [约 34 g（干重）·m^{-2}·d^{-1}]，随后下降。茎的速率呼吸为大约 15 g（干重）·m^{-2}·d^{-1} 的（7 月中旬）；地下器官的呼吸速率最低 [低于 4 g（干重）·m^{-2}·d^{-1}]。在最宽的植物间距（最低种群密度）下的植物单位面积的呼吸损失峰值较低。

菊芋的呼吸速率是高度依赖于温度的。计算了叶片、茎、地下器官（根、根茎、块茎) 和整个植株的呼吸 Q_{10} 值。菊芋叶子的 Q_{10} 为 2.0 (16~26℃);茎为 2.2 (9~22℃);地下器官为 2.3 (13~28℃);整株植物为 1.8 (16~26℃)。块茎储存在 0℃ 时,呼吸速率大约是 10 mg·kg^{-1} (鲜重)·h^{-1} (以 CO_2 计) (表 13.1),在 20℃ 时增加到 50 mg·kg^{-1} (鲜重)·h^{-1} (以 CO_2 计) (Peiris et al., 1997)。从 10~20℃ 呼吸 Q_{10} 为 2.5。这意味着在 0℃ 下干物质损失约为 16 g·100 kg^{-1}·d^{-1},20℃ 时上升为 80 g·100 kg^{-1}·d^{-1}。除了释放二氧化碳,呼吸还从周围环境利用氧气和释放热量 (即在 20℃ 大约 80 J·kg^{-1}·h^{-1}),后者必需消散,以防止块茎在储藏期间被加热。

表 10.4 温度对 3 种菊芋品种单株暗呼吸速率的影响

植物器官	温度 (℃)	Q_{10}^a	sunchoke	medius	Violet Rennes
叶 (大型)	20		152 a[b]	146b	107c
	30		280b	313a	261c
		2.1			
叶 (中型)	20		178 a	164 a	170 a
	30		465a	346c	419b
		2.4			
叶 (小型)	20		253a	202c	245b
	30		619a	431c	538b
		2.3			
花	20		637a	409b	310b
	30		765a	666b	650c
		1.5			
花茎	20		92b	148a	132ab
	30		138c	291a	245b
		20			
根状茎	20		174b	223 a	114c
	30		250b	410 a	203c
		1.7			
茎 (10~20)[c]	20		174b	223 a	114c
	30		250b	410 a	203c
		2.7			

续表

植物器官	温度（℃）	Q_{10}^a	sunchoke	medius	Violet Rennes
茎（30~45）	20		50b	92a	38c
	30		164b	272a	110c
		3.0			
茎（70~80）	20		75b	126a	50c
	30		260b	351a	182c
		2.7			
茎（90~105）	20		121b	157a	63c
	30		260b	351a	182c
		2.3			
分枝	20		99a	82b	43c
	30		159b	172a	101c
		1.9			

a. Q_{10} for respiration.
b. 不同字母在5%的水平上有显著差异
c. 茎的基部从植株的基部开始
d. 从植物基部主茎的节段（以厘米计）
来源：Kays, S. J., 未发表数据.

10.3.4 呼吸模式

在发育过程中植物和其各部分的呼吸速率显示不同的模式。最早的呼吸模式研究之一是在整个生长期对向日葵及其构成部分进行呼吸模式研究（Kidd et al., 1921）。对于菊芋而言，树叶中的呼吸总碳量是通过不同年龄的树叶的呼吸速率×各自的重量（Hogetsu et al., 1960）计算获得。叶的垂直分布大小［g（干重）］和呼吸损失被显示在图10.10（Hogetsu et al., 1960）。呼吸损伤的最大速率发生在生长期早期（例如，6月19日），用生的叶子呼吸量为 1.6 mg·g^{-1}（干重）（以 CO_2 计）。在生长期后期，出现了进一步的下降的趋势。

植物种群密度影响呼吸损失量。在密度最高（10 cm×10 cm）条件下，6月总呼吸损失显著增加。在较低密度（20 cm×20 cm 和 30 cm×30 cm），增长被推迟到7月中旬，与植物干重的最大增长一致（图10.11）（Hogestu et al., 1960）。单个植物各部分对呼吸损耗的贡献不同，受植物种群密度的影响。在发育中期，通过呼吸所损失的干物质大约为50%，此后，光合作用固定碳大部分被树叶呼吸所消耗。在较高的植物种群密度中，在发

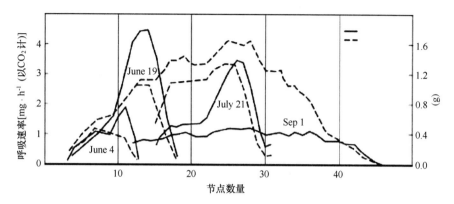

图 10.10　生长期 4 个生育期叶片呼吸损失和总叶干重按茎节垂直分布（据 rHogetsu，K. et al.，Jpn. J. Bot.，17，278-305，1960 绘制）

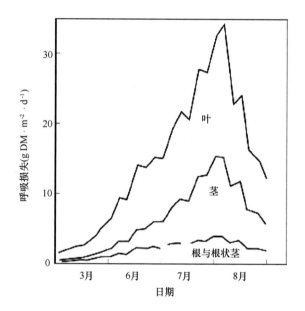

图 10.11　生长期叶、茎、根和根茎日呼吸损失的变化（据 Hogetsu，K. et al.，Jpn. J. Bot.，17，278-305，1960 绘制）

育序列中较早出现了碳的净损失。在发育后期，叶子和茎的干物质损失通过呼吸、易位和脱落没有被新光合作用的产物所补偿，在重量上给出净亏损。

一般来说，年幼的、代谢快速的叶子的呼吸速率最高。在活跃增长的细胞对能量和碳化合物高需求导致了对呼吸作用的刺激。随着植物或者单个器官的年龄的增加，呼吸速率降低了。整个植物呼吸作用的下降不能简单地归结为不呼吸结构细胞百分比的增长，随着植物年龄的增加，相继新叶的初始呼吸速率也减小了。因此，内部因素对呼吸有显著影响。

10.3.5 光呼吸

以组织中 CO_2 的损失为指标，叶绿素组织的呼吸速率在光照下的呼吸速率高于在黑暗中的呼吸速率。这个碳的光刺激损耗，称为光呼吸，是一个在植物正常的暗呼吸过程之外或叠加的过程。许多物种中固定的碳的很大一部分实际上是通过光呼吸通路。据估计在菊芋等 C3 种植物中，通过叶子的光合成碳的 30%~50%可能会在光呼吸进程损耗。

10.4 同化物分配策略

菊芋在生长、维持和储存反应中分配光合产物，在生长期早期以分配生长为主。如 biphasicgrowth 模式所示，开始发起块茎生长的季节相对较早这说明两阶段生长模式在块茎开始启动相对于生长期的早期阶段。随着块茎储藏能力的形成，块茎的初始生长缓慢，尽管有可用同化物的过剩。在这段时间里，即使块茎存在，多余的光合作用的产物储存在茎里，直到生长期晚期，短日照无性系块茎采开始明显膨大（Denoroy, 1996；McLaurin et al., 1999；Spitters, 1990b, Spitters et al., 1988）（图 10.9）。分配到块茎储藏的随着品种和生产条件的不同而变化，并似乎或多或少与开花相吻合。在块茎膨大过程中，碳既来自新的光合产物，也来自从茎中回收的储存碳，在较小程度上来源于其他器官。在早期，日间中性无性系块茎膨大的开始被认为是由出苗后的最低温度总和决定的（van de Sande Bakhuyzen and Wittenrood, 1950；Zhou et al., 1984）。

块茎膨胀的一个关键是树冠的停止增长和拆解的开始（即衰老综合症）。这似乎是由于暴露在短日照中而进行调节。在 Populus trichocarpa Torr. & Gray 中类似的增长停止是由 CO / FT 基因控制，如拟南芥开花（见 10.1.4）。在秋季短日照条件下，毛果终止生长，并且其叶干物质的相当一部分被循环到植物的多年生组分中，用于下一季的生长（Böhlenius et al., 2006）。光周期性控制这一发育变化规避了冻害的潜在风险。菊芋显示出与在短日子里相似的发育情况，菊芋在短日条件下表现出相似的发育调节。

茎→块茎储藏策略的生物学基础可能只是来自菊芋的一个或两个祖先的遗传保留。在向日葵的种子种类中，茎是碳储存的重要场所，最终重新分配到种子。在菊芋的发育过程中，在祖先同化物管理策略上添加块茎，也不会必然消除前者。现有系统为野生无性系提供了相当大的生殖灵活性，因为相对分配有性繁殖和无性繁殖之间可以随时根据普遍情况调整。有性繁殖促进传播和遗传改良，但具有更大的生殖风险（Westley, 1993）。

据估计，在存储→回收→再次存储过程中（Meijer and Mathijssen, 1991），每摩尔蔗糖消耗 3~6 ATPs，占总生物量的 4%~8%。然而，这种生殖方法的适应性优势是什么？这有可能临时储存允许推迟决定在主要生殖选择（即性与无性）之间分配资源的数量。在野生种群中，当存在显著的异花授粉，从而为种子的存活创造可能，存储资源可以被定向。也有可能，瞬态存储是简单地由物种非块茎承载祖细胞的进化痕迹。例如向日葵，茎储藏允许在开花前积累大量同化物，从而最大限度地发挥植物的繁殖潜力。

同样，该系统的效率（总成本）也可能因影响临时储存场址相对于实际需要的大小而进一步受到影响。茎库容量不足或过剩会影响系统的整体效率，并已知受生产因素的影响。如高氮的条件导致顶部过度生长，并相应地减少收获指数和块茎产量（Baillarge，1942；Barloy，1988a，1988 b）。因此，选择一个更直接的干物质分配（即直接向块茎）可能是有利的，如果可以从基因上绕过茎作为临时库。

现有干物质采集/分配策略的第二个限制是在干物质从地上植物部分重新分配到块茎之后，干物质固定量显著下降（图10.9），这表明存在一个程序性地转移到衰老阶段，植物的地上部分被逐步拆除。在地上部分衰老阶段开始后，输入到系统中的干物质有显著下降。某些早熟品系/品种的存在进一步证明了遗传控制衰老机制的存在，其地上部分实际上在正常期结束之前死亡。选择块茎形成后保持较高固碳水平的株系，尤其是与早期块茎发育相结合的品系，因此，可以潜在地提高最终产量。

提高农作物生产率的关键是改变碳和营养元素在植物营养生长和生殖生长中的分配关系，而不是提高光合效率。在给定的环境中，菊芋产生最优产量的能力也在很大程度上依赖于单株生长动力学，它是碳和营养元素采集、运输和分配的函数。在生长的早期阶段，菊芋的营养组织是碳化合物和矿质营养元素积累的储存库。从营养到生殖生长阶段的转变过程中，这些器官承担，这些器官具有输出功能，在发育的生殖储藏库中积累动员的干物质。源库关系在若干种类的干物质在经济中的作用已被报道（例如，Drossopoulos et al.，1994；Garcia-Luis and Guardiola，1995；Hocking，1994；May et al.，1994；Picchioni et al.，1997）。例如，在水果和坚果树中，碳和营养元素在生殖器官中的需求部分地从存储池满足再分配。同样，一年生谷物的种子能从衰老的叶片中回收不稳定的营养元素。

对菊芋和其他根和块茎作物乳突炎，收获时总生物量的很大一部分是在地下储存器官中找到的（Kays，1985；McLaurin et al.，1999；McLaurin and Kays，1993；Meijer et al.，1993）。茎和叶中的所积累碳和营养元素在菊芋内部再分配对块茎的发育起着重要作用（McLaurin et al.，1999；Somda et al.，1999）。碳和矿物营养元素在植物各个部位的积累和再分配模式相似，但往往更为复杂。除了再分配对产量的影响，了解这种积累和再分配对制定适当的施肥策略以及选择用于元素分析的组织取样技术也很重要的。

10.5 碳运输

叶片在获得光合作用中捕获的自由能中发挥作用，以还原碳在碳水化合物中的固定作用。固定碳的很大一部分在白天从叶子中转移出来。然而，当运输能力过强，多余的被转变成菊粉，而不是淀粉，短期储存于树叶中。与早期的报告相反（Thoday，1933），菊粉在叶子中合成（Strepkov，1959），并且被认为在夜晚转变成蔗糖，以便转运到适当的库（Ben Chekroun，1990）。叶子中储存的碳的浓度一天之中变化很大（Lemercier，1987）。当运输是过程中的限速步骤时，短期叶片存储允许最大限度地获取碳。用这种方式，固定的碳以蔗糖的形式被迁移出叶子分配到植物的其他部位（Edelman and Popov，1962；Dickerson and Edelman，1966；Soja et al.，1989）。据估计，高达80%的碳获得的光合作用是在植物的维管束系统运输到输入依赖的器官。

运输发生在韧皮部，并且包含 3 个大体步骤：韧皮部在源端装载、运输和在库中水解。在叶组织细胞中合成蔗糖后，穿过细胞的质膜，进入质外体。分子扩散到韧皮部细胞的质外体溶液中，通过能量依赖的过程，它们通过浓度梯度输送穿过质膜。在碳的分配中核心步骤是蔗糖装载到韧皮部，这是产生驱动其长距离运输所需的压力的过程。韧皮部装载被韧皮部胞膜内的蔗糖控制。共转运是一种次级主动输运形式，它是通过耦合 H^+ 或 Na^+ 的被动流动与溶质的能量上坡流来驱动。韧皮部质膜蔗糖转运体将蔗糖转运到质子跨膜的电化学电位差。编码这种转运体的基因已经从许多物种上克隆出来，它的关键作用是通过反义表达，导致运输减少和随后的植物生长（Kühn et al.，1996；Riesmeier et al.，1994）。蔗糖还在信号转导通路中扮演着调节转运体信号分子的角色。比如，木质部的高浓度蔗糖导致 8 小时内蔗糖转运体活性的降低（Chiou and Bush，1998）。

蔗糖的运输方向可以是向顶部或向基部的，其绝对通量和方向分配对决定产量都很重要。叶片中蔗糖的流动方向是由叶片在植物上的位置和在任何时刻对光合产物的需求层次所控制的。在菊芋中，从不成熟叶子和枝干的最低迁移超过最高迁移，即使在生长期早期，没有块茎或块茎非常小时也是如此（Soja et al.，1989）。一个关键步骤是蔗糖的水解作用，这一过程对于维持浓度梯度来驱动韧皮部的扩散是必不可少的。蔗糖从韧皮部迁移至库细胞的细胞质，其途径依赖于取决于共生体中是否有连续性。连续性不存在时，蔗糖穿过细胞壁，被细胞壁转化酶水解成果糖和葡萄糖。如果移动是共质体的（即穿过胞间连丝），蔗糖可以被胞质转化酶（形成果糖和葡萄糖）、蔗糖合成酶（形成果糖和 UDP-葡萄糖）或液泡转化酶（形成果糖和葡萄糖）水解（Koch，2004）。主要的转化酶被认为对发育有重要的影响。高液泡或细胞壁转化酶活性有利于库的启动和扩展，高蔗糖合成酶活性促进细胞的储藏和成熟。形成的单糖似乎像己糖信号一样，增强了早期发育基因的多样性。

有关蔗糖在菊芋内部的运输和分配的时空关系还没有完全理解。在开花前，茎是以果糖形式存在的碳的临时储存地；开花之后，蔗糖被直接运送到块茎。在茎内，合成果聚糖的能力发展缓慢，而幼根甚至在块茎化之前就具有较高的合成能力。叶子中的运输属于茎的一部分（约占维管束的 25%），反映了韧皮部运输的连续性和不存在与邻近枝干的交叉运输。蔗糖的分配最初发生在茎的边缘，随后向内移动。茎接受蔗糖的比例由它的导管连接决定，径向内运动仅限于细胞内部的维管束。蔗糖进入茎内薄壁组织储藏部位的速度远低于根茎向块茎运输的速度。虽然茎内的实际运输速率尚未被报道，由于植物日渐变老，运输速率显著减缓。在茎中掺入蔗糖的延迟被认为类似于将蔗糖掺入果糖所需的时间（Soja et al.，1989），这表明果聚糖合并或许是速度受限的一步。蔗糖被水解后果聚糖开始合成，最初合成小分子量果聚糖；24 小时后，从第 3 天到第 10 天，较高聚合率逐渐增加。茎中较低、较老的部分蔗糖转化为储藏果糖的比例高于茎中较年轻的部分。

直至开花，在失去储存能力之前，茎是主要的库。与向日葵不同，在栽培的菊芋无性系中，花的库活动很少。现有聚合物被降解后被运输到块茎。再移动包括菊粉水解成单糖果糖、蔗糖的合成、韧皮部的蔗糖装载运输、块茎处的卸出，以及长链果糖的合成。向块茎供应蔗糖的维管束位于周边的环形区域，表明维管连续性程度很高，与茎的储存位置相似。块茎在其周围的一个狭窄的圆环中获得蔗糖，这是取决于维管连接的周长的百分比。因此，块茎的横截面或许会出现^{14}C 标志的光合作用产物，但仅仅是一部分而不是全部。

在生长期末，碳从地上储藏点重新分配到块茎开始后，叶子茎内的蔗糖直接运输至块茎。于是，生长期的最后，块茎被通过韧皮部运输的两个主要来源供应：叶子内近期的光合作用产物和茎内水解的果聚糖。由于块茎在生长期末的迅速增长，即使此时光合强度已经减小（Soja，1988），在生长循环的最后一部分，茎的干重减少了大约 50%（Soja，1983），这是块茎在季节后期迅速生长的原因，尽管光合能力已经减弱。

10.6　存储库强度与分配的关系

各种代谢活动中心表现出对光合作用产物的高度需求，因此植物内部对可用资源的竞争很激烈。因此，在植物发展的任何时刻，都存在着光合产物的优势等级。在菊芋中，光合成在固定碳资源分配中起维护作用、额外的结构组成生产与存放于专门的存储地点。分配层次不仅随着植物的发育而变化，而且在日周期中也会发生变化。因此，光合作用的产物分配不仅取决于时间，也取决于同化物的有效性。

库强是衡量库积累光合产物的能力的指标，而特定库的干重变化率被认为是其在植物内部竞争能力的反映。在初发育初期，在光合作用的产物分布的分层方案中，结构性增长通常比茎和块茎存储有更高的优先级。结构发育的相对重要性体现在植物严重落叶后，随着植物重新建立固定碳的内部结构，茎和叶对同化物具有最高的优先地位，（Swanton and Cavers，1989）。

Boussingault（1868）提出这样一种假说以来，已经过去了将近一个半世纪，即"在一片被照亮的叶子中，同化物的积累可能导致该叶的净光合速率下降。"根据有关韧皮部运输的 Munch 假说，库强越大，韧皮部溶质浓度在库下降就越大。这就增加了源和库之间的浓度差，从而产生了驱动系统的静压水头。

对于库强（果聚糖存储）（果糖储藏）还是来源有效性是控制块茎产量的速率限制因素，一直存在着很大的争论。支持库强为速度限制的观点包括：（1）块茎产量下降与叶面积下降的差异；（2）块茎蔗糖水平随侧枝、顶端优势度和温度的存在而缺乏变化；（3）未分枝植物的表观库强度下降（Schubert and Feuerle，1997）。相反，一些证据表明，块茎的生长在很大程度上取决于同化物的可利用性（Denoroy，1996）。例如，如果同化竞争被抑制（如去除花蕾/花/尖），会促进块茎形成（Couduroux，1966；Westley，1966）。减少同化物在林冠生长中的分配的因素，如开花或生长的抑制剂的应用，加速块茎的形成（Meijer and Mathijssen，1991；Morrenhof and Bus，1990）。减少叶片中的同化物供给会降低块茎的生长（Baillarge，1942；Couduroux，1966；Moule et al.，1967）。或相反，通过增加光照，可提升碳固定的速率，增加块茎增长（Toxopeus，1991）。虽然有时库容量可能是有限的（例如在块茎存储的早期阶段），但最终产量似乎主要取决于同化物的供应。

植物累积的碳分配受多种因素来调节。例如，环境、栽培条件与无性系品种的差异对分配有明显的影响（Barloy，1988 b；Spitters，1988 b）。在强降雨或过量的氮条件下，分配模式的变化有利于营养生长。在潮湿的条件下，最高的增长可能达到 4 m，通常伴随着块茎产量的显著降低。在这种情况下，植物的地上部分显示对光合作用产物有更高的竞争力。

在发育周期中时间也是一个关键因素。例如，上半年的发育周期，光合作用产物主要划分给茎存储（Incoll and Neales，1970；McLaurin et al.，1999）。然而，随着块茎开始膨大，植物内的分配急剧变化。现在，新的同化物主要部分优先进入快速发展的块茎，先前储存在茎中的同化物开始被再循环到块茎中。

除了在植物中不同类型的库间优先级不同之外（如茎和块茎），在某一特定类型的库（例如同一植物上的块茎）内存在着对同化物的竞争（如相同的植物块茎）。控制碳流向竞争性库的因素尚不清楚，许多机制可能影响碳优先流向一个库而非另一个库。库耗尽光合产物的差异在韧皮部（卸载系数）供给，改变了源→库浓度梯度的能力（即驱动力），增加（或减少）的碳向该库的移动。库的起始时间顺序的变化也是一个因素。因此，大的块茎有更多的细胞，增加了它们消耗韧皮部蔗糖水平的潜力。相对于同化生产，库的位置也是显著的因素。使用质量流量模型，卸载系数（强度）相同的库，但因距源装载区不同的距离，总光合产物的绝对量和百分比均有差异；靠近源的库有优势。最后，在建立竞争性储存库之间的碳分配层次方面，维管连接和横向运输潜力也很重要。

单个汇库也存在支配等级。当光合作用产物的水平高时，块茎侧芽开始发育并充当竞争库（Tsvetoukhine，1960）。侧芽的发育导致块茎高度不规则，减少了许多使用价值。

10.7　同化物的分配和再分配

菊芋在几个部位暂时储存营养同化物超过了用来维持结构和维护生长的量。这些储备物质大多数是于块茎膨大期重新分配给块茎。在这些部位发现许多种类的同化物，主要是碳水化合物，其中的菊粉是主要存储形式。除了单糖、二糖和少量的淀粉，还发现了大量的营养物质，其中许多营养成分是韧皮部可移动的，并在生长期的后期重新分配到块茎中。

叶、茎、树枝、根和根状茎根据功能的不同，以相应程度进行同化物存储。植物的地上部分的发育，估计最多只有三分之一所同化的物质被分配到生长顶点（Soja et al.，1989），剩余部分用于其他结构的生长利用、营养和碳骨架的生长维护，以及存储。由于植株生长状况和同化物存储的时间长度不同，其各种存储部位（例如叶和茎）会出现差异。从数量的基础上看，茎代表最重要的临时存储部位。

众所周知，叶是用于临时存储单糖、多糖、少量淀粉和果聚糖和营养元素的部位，（Schubert 和 Feuerle，1992；Lemercier，1987；Pollock，1986；Soja et al.，1989；Somda et al.，1999）。上述一些部位可以在白天光照的时候合成存储碳化合物（Lemercier，1987），并在晚上将其转化为蔗糖（Ben Chekroun，1990）。一般认为，叶片中临时存储器对碳的捕获能力要大于叶片的运输能力。在许多物种中，多余的碳被存储为叶绿体淀粉。但是，基于的菊粉和淀粉浓度在菊芋叶（0.45%和9.47%），菊粉才是叶进行短期碳存储的主要形式（Schubert和Feuerle，1992）。此外，在横截面上发现，果聚糖和营养元素一直被存储直至块茎开始生长。

根和根状茎也作为临时存储器，能比茎合成和储存果聚糖更长一段时间（Soja et al.，1989）。根的干重在40%以上，表明了非结构性碳水化合物的数量（Hang and Gilliland，1982）。根干重在块茎生长的最后阶段减小（McLaurin et al.，1999）。然而，如果块茎被移除，同化存储也会继续（Edelman，1963）。在野生无性系植物的根状茎中保留大量的同化物作为二次繁殖的材料。然而，在培养无性系过程中，根状茎通常可以很容易地分解同化物土壤中由相当容易死亡的地上部分所产生的营养。

根据种植后的天数、地理位置、生产条件和年份的不同，茎和分枝代表同化物的主要临时存储器的比例与种类不同（Kosaric et al.，1984）。储备同化物暂时存储估计量的范围在25%~70%的茎干重（Barloy and Lemercier，1991；D'Egido et al.，1998；Hang and Gilliland，1982；McLaurin et al.，1999；Spitters，1987；Toxopeus，1991），或14%~17%的鲜重（Ben Chekroun，1990）。碳以单糖、二糖和果聚糖的形式存在，后者占巨大的百分比（D'Egido et al.，1998）。果聚糖的平均聚合度朝向茎的基部增大（Lemercier，1987；Strepkov，1960a，1960b），主要在茎的髓质部存储（Strepkov，1960a，1960b）。碳的分配和块茎的生长同时进行，直到块茎在短日照期开始增大。在马铃薯中，块茎干重的87%从光合作用得到。然而，在菊芋中，植物碳储备减少的主要原因是块茎的生长（Incoll and Neales，1970）。

果聚糖积累需要高光照强度增强和适度的温度提高。这是因为氮过量或钾不足（Soja and Haunold，1991）。分布同化物的过程最初出现在茎的外围，随后由外到内进行。这些负责接受同化物的部位由植株的脉络连接所决定。径向运动向内仅限于细胞内部维管束。

同化物的积累和再分配可以被视为干物质的变化，碳、矿质营养元素，或特定的化合物（如蔗糖）或类化合物（如菊粉）。在接下来的小节有描述定量和时间的积累和随后的干物质，碳，和在范围内的各种位置营养元素在植物中的再分配。

10.7.1 干物质

干物质在菊芋的各种结构组织的存储，有多个被记录有宽范围的制造条件（Barloy，1984；Lemercier，1987；McLaurin et al.，1999；Meijer et al.，1993；Spitters et al.，1988a）。由于不同的生长特性、光周期、要求、种植、位置和其他因素的时间的不同，导致无性系植株积累的干物质的模式也不同。从McLaurin等（1999）的研究数据说明一般时态发展模式是长季节（短日照）无性系。

长季节无性系的时候，早期营养阶段使植株的地上部分迅速生长，除了花以外。多数的同化物是指向结构发育，在一定数值的基础上，形成地上结构。从生态的角度看，快速消耗能量的茎、树枝和树叶增长促进了植物的地上资源的有效利用。图示的品种，在种植约8周后，形成芽和高度分枝，约2/3的叶子。此时的根状茎和块茎刚刚开始发展。

干物质积累阶段，在第 8 和第 18 周之间生成巨大。地上的植物部分，以及渐进的干重的增加，根状茎和块茎数量增加。在茂盛时期，它们的茎和分枝占地上部干物质最大比例（即 60%~80%），叶占其余部分的大多数。越低的节点干物质的分布越多。

在再分配/块茎膨大的阶段，植物地上部分的干重快速下降，除了花和增加干重的块茎。在短日照无性系时期，重干物质和开花同时进行。开始确切时间不同，研究中为开始开花（Meijer and Mathijssen, 1991），萌芽开始（Morrenholf and Bus, 1990），开花（Ben Chekroun, 1990; Barloy and Lemercier, 1991），有时在开始开花后（Spitters and Morrenhof, 1987）。这种变化的原因在于这样一个事实：开花和块茎膨胀之间没有直接关系。对于短日照开花无性系，开花和块茎膨胀是通过日照的长度调节。然而，块茎的形成不需要光照（Soja and Dersch, 1993）。开花后，营养部分的增长停止，发育的重点转向生殖。新光合作用产物分配给块茎（Fernandez et al., 1988; Soja et al., 1989）。因此，虽然开花不是块茎形成的必要条件，它不仅和短日照无性系有关，也影响着块茎的发育过程开始损失在茎和分枝的干物质（即种植~18 周后），以及开花之前（>种植后的 20 周）。在图 10.6（a）所示的短日照无性系。同化物此时不再指向茎尖（Fernandez et al., 1988, Soja et al., 1989）。块茎生长（即从第 22~第 28 周定植后）的最长期限对应于从茎和树枝间最大的重量损失（McLaurin et al., 1999; Soja et al., 1989）。第 22 周和第 30 周后块茎此时的相对增长速度约 35 mg · g^{-1} · d^{-1}（Incoll and Neales, 1970），或 ~36 g（干重）· plant^{-1} · week^{-1}（McLaurin et al., 1999）。直到种植第 24 周（图 10.6c 和 e），根状茎及根干物质增加。秋末，树冠退化死亡在许多的栽培中普遍存在，有利于机械收割。花干重种植周之后迅速增加，24 周达到峰值，然后下降。在其最大值，花在植物能代表只有很小百分比的总干物质（~1.5%~2%），虽然这也属于无性系的产物（Barloy, 1984; McLaurin et al., 1999; Swanton, 1986）。

许多作物产量的增加来自于植物改变内干物质的分配，例如，冬小麦（*Triticum aestivum* L.）（Austin et al., 1989）以及在较小的程度上，增加总额固定干物质。例如，玉米（Zea mays L. subsp. mays）（Russell, 1991）。随着越来越多的总同化物被划分为不同的结构，干物质以更小的百分比分配到其他组织（例如茎和叶）（Hay, 1995）。收获指数，这个术语最早由 Donald（1962）使用，是"生殖努力程度"的意思（Harper, 1977）。也就是说，作物可食用的或有用的部分上干物质占总量的比例。在粮食作物中，只有植物的地上部分被考虑。然而，根和块茎作物，有用的产物是地下的储藏器官。地面相关的干物质或地上和地下的干物质的一部分（例如、根状茎、非储存式根），这取决于这项研究。种植后 30 周，菊芋块茎相对于其余部分干物质的百分比达到最大（约总生物量的 70%）。因此，大约 7 t · ha^{-1} 生物量分配给 nontuber 组件。分配给块茎干物质的百分比可媲美甘薯[*Ipomoea batatas*（L.）Lam.]，其中储藏根收获的储藏根总干物质在 64%~72%（McLaurin and Kays, 1993; Yoshida et al., 1970）。相比之下，菊苣（菊苣属），几乎没有茎，分配其干物质约 77.5% 到存储器根（Meijer et al., 1993）。

10.7.2 碳

碳的积累和再分配与总干物质的积累和再分配平行,其中碳占据主要的比例。碳含量的变化比干物质能更准确地反映碳水化合物的变化。在早期营养阶段,碳含量低,浓度在种植第 14 周后稳定在总干物质的 40% (Somda et al., 1999)。在各个植物部分的浓度是相对一致的,即使在当碳在块茎膨大再分配的后半部分的生长期。

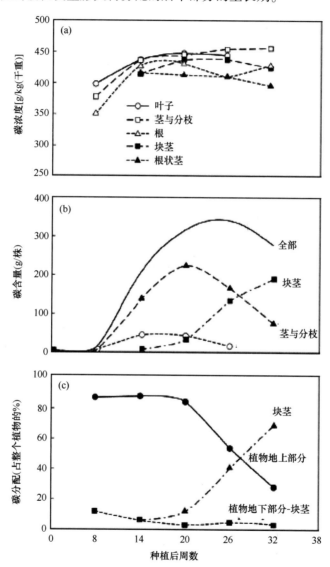

图 10.12 生长期单株碳的一般分布。不同植物部位的 (a) 碳浓度和 (b) 积累量,种植在 30°57′N 菊芋碳被分割为地上部分、地下部分、块茎和根状茎 (据 r Somda, Z. C. et al., J. Plant Nutr., 22, 1315-1334, 1999. 绘制)

不同部位积累碳的模式不同。种植20周后，植物地上部分的总碳量增加，直到达到最大，然后逐步减少块茎膨胀（Somda et al.，1999）。地上植物结构具有最高的碳含量，茎和分枝比叶在该含量的增加更迅速。增长一直持续到种植后第18~20周。最初的叶子占植物碳含量总数的一半以上。然而，叶在后来生长期净碳积累速率几乎为零（Somda et al.,1999）。对生长期的中期，茎和分枝具有植物的总碳含量的最高比例，随后降低。虽然叶子和茎/分枝碳积累的模式是类似的，叶子碳含量比茎早些时候（~6周）开始下降。一般来说，块茎的开始膨大，碳在植物地上部分的分配减少，配置给块茎和根状茎的碳相应增加。

其他地下植被结构（即根和种子块茎）在总碳中所占比例相对较小，由于挖掘过程中不完，全根系贡献通常被低估。因此，植物地上部分，特别是茎/枝，构成碳的主要临时存储库，很大程度以果聚糖的形式，后来被移动发育中的块茎与根状茎。

播种后约20周，块茎膨大加速，存储的碳从其他器官再分配到块茎（Somda et al.，1999）。在这段时间里，块茎继续积累碳，直到最后的收获，它们含有93.3 mg·g^{-1}（干重）或437.8 mg·g^{-1}（鲜重）（表10.5）。在年底前发育周期块茎占约植物碳含量总量的68%，以及28%的茎和不到2%的其他部分。大约61.2%的叶子、61.2%茎/分枝机构和42.7%的根状茎的碳分配给块茎（通过呼吸或其他进程丢失）。茎/枝贡献碳的最大百分比，成熟块茎（77.2%），其次是叶（14.7%）和根状茎（1.7%）。

表10.5　菊芋块茎元素含量及收获指数

元素	鲜重	干重
大量元素（mg·g^{-1}）		
碳	93.26	437.80
氮	3.81	17.87
磷	0.73	3.41
钾	6.03	28.32
钙	2.28	10.70
镁	0.17	0.80
硫	0.27	1.28
微量元素（mg·g^{-1}）		
硼	2.43	11.41
铜	1.02	4.78
铁	14.80	69.47
镁	3.01	14.12
锌	3.16	14.85
铝	39.69	186.32

续表

元素	鲜重	干重
钡	3.34	15.70
硅	44.12	207.10
钠	17.83	83.72
锶	0.86	4.05
铬	nd	nd
钴	nd	nd
铅	nd	nd
钼	nd	nd
镍	nd	nd

注：nd＝未检出（在检测线以下）；
来源：Adapted from Somda, Z. C. et al., J. Plant Nutr., 22, 1315-1334, 1999.

有趣的是，块茎膨胀期间，茎分枝和叶片的碳浓度 [g·kg^{-1}（干重）] 保持相对稳定，即使干物质明显的下降。这似乎是由于其他部分在干物质的碳的重新分配本质上相同，因此在导出过程中保持大致相同的比例。

10.7.3 营养元素

像碳、矿物营养存储在植物茎/分枝结构，叶子和其他地方中，其中有许多是在发育周期的后半部重新分配给块茎（Somda et al., 1999）。在整个生长期所监测浓度变化和韧皮部的移动营养素含量（氮、磷、钾、硫、钙和镁）以及微量营养素（柏、铜、铁、锰和锌）。养分元素浓度和含量在各种植物的具有复杂性，生长期相关部分的元素在韧皮部流动，并在生长周期的后半部分重新分配到生殖器官。

在生长期不同部位中的微量营养素的含量各不相同。一般来说，大多数的生长在地上部分浓度减少，然后增加或保持块茎膨大常数（Somda et al., 1999）。叶子和块茎中的磷浓度与仍然比那些在其他植物组织中的高出 4~8 倍，与收获日期无关。叶片具有最高的氮、钾、钙、镁、硫、硼铜和锰的浓度，而铁和钠更专注在根部。根和叶锌水平相当，块茎中的铁、锰、钠的水平最低。

而茎/枝大部分营养元素的含量有较低，它们代表营养素的主要储存库。例如，在生长周期末，块茎中 47.6% 的钾和 36.5% 的磷来自于茎。定植后第 8 周和第 14 周之间，钾的浓度大幅降低，然后保持稳定。叶片中的氮和钾也阻碍植物的生长。

在整个生长期，块茎中大多数营养元素的浓度相当恒定（Somda et al., 1999）。同样地，Seiler（1990），发现块茎钙、磷、钾、钠和铜浓度变化不大，虽然镁、锰锌下降。然而，Soja 和 Liebhard（1984）发现在生长期的后半部分磷、钾、钙、镁、铜、钠、锌和钴的浓度降低。

在某种程度上，磷、氮、钾与硫在块茎中含量较高，而钙和锰的浓度比其他部位低很多，这是由于选择性和植物本身的生理功能所导致的营养素的收获指数范围钙16%，磷仅94%，其中微量营养素，只有铜、铁、钠、锌和收获指数分别为50%以上。块茎中其他矿物元素的含量（钡、钴、铬、钼、镍、铅、硅和锶）较低。

叶、茎/枝和块茎中营养元素的积累模式和碳类似，表明每个部位运输碳的模式是类似的，营养元素的积累量和元素与植物器官本身有关。整个植物与植物地上部分，在生长周期中期容量达到顶峰，在其余的生长期逐渐减小，块茎增大。叶子和茎/分枝机构的各个元素的下降伴随着其块茎中元素的逐步增加。在生长期末，茎含有植物中77%的固定钙和锰，而块茎含有更多超过80%的总氮、磷、钾、硫和铜。根和根状茎营养元素的最小比例（<5%）（表10.6）。

表 10.6 收获时菊芋各器官中碳和养分的百分比分布（%）

元素	茎	根	种子	根状茎	块茎
碳	28.0	1.9	0.2	1.6	68.3
氮	10.5	0.8	0.1	0.9	87.7
磷	5.2	0.4	0.1	0.6	93.8
钾	14.3	0.4	0.1	1.5	83.6
钙	76.4	3.2	0.7	3.6	16.0
镁	41.1	1.7	0.3	1.4	55.5
硫	14.2	1.5	0.1	1.2	83.6
硼	47.7	1.6	0.3	3.1	47.3
铜	17.5	1.5	0.3	2.4	78.4
铁	18.9	14.2	2.1	10.5	54.3
镁	77.0	3.2	0.7	4.1	15.0
锌	33.2	3.6	0.3	2.8	60.1

原始繁殖种子块茎

来源：改编自 Somda, Z. C. et al., J. Plant Nutr., 22, 1315-1334, 1999.

韧皮部移动营养元素，如氮、磷、钾在生长期初含量很高，随着成熟而减少（Seiler, 1988; Somda et al., 1999）（图10.15）。固定营养元素，如钙、锰在生期后期逐渐增加，这在一定程度上反映碳水化合物在块茎和其他生殖器官增长和活化稀释的效应。和植物地上部分相比，地下结构，包括块茎，有较多钙和锰的分配。与钙、镁与氮、磷和钾的低流动性是一致的（Picchioni et al., 1997; Somda et al., 1999; Swanton and Cavers, 1989）。在代谢库中，存储和生殖器官似乎主导着碳和营养元素的分配。韧皮部移动宏量营养素（尤其是N、P和K）的分配在大多数植物中同样受到控制（Hill, 1980）。

块根膨大可以导致很多的营养元素含量发生变化，植物的各个部分之间的变化也具有差异（Somda et al., 1999）。在一般情况下，营养物在植物地上部分的增加伴随着无性生殖部分的减少（根状茎和块茎），还有从叶冠的戏剧性的再分配（例如，减少72%含钾量；61%的氮、磷和镁；钙和硫为55%）。在微量营养素中，B 和 fe 大多降低；锰最少。在一般情况下，有相当大的氮，磷，钾，和铜被重新分配，少量镁，硫，铁，锌，和硼，以及茎里微量的钙和锰。P（36.5%）和K（47.6%）重新分配的块茎最高百分来自植物的茎，而硫和铂多来自叶片。在块茎膨大的终止阶段，很少或根本没有储备同化残留在茎（Barloy and Lemercier，1991；Becquer，1985）剩余的大部分是结构性和非移动部件。在生长期末叶冠脱落的时候，块茎总养分元素的比例最高 N（87.7）、P（93.8）、K（83.6）、镁（55.5）、S（83.0）、Bo（47.3），铜（78.4）、（54.3）和锌（60.1），除了 Bo，这是可以比较的。钙和锰在茎中的含量相当的高。一般来说，元素在块茎发生积累以牺牲营养器官为代价，而且积累的模式与韧皮部特定元素的流动性有关。

10.8　果聚糖代谢

菊芋一般组成是由一些科学家确定的（Belval，1946，1947，1947，1947b；Colin，1912，1918；Conti，1953a，1953b；Dedonder，1950 a，1950 b，1951a，1951b；Schlubach and Knoop，1932，1933；Schlubach et al.，1952 年）。随块茎大小、块茎内位置和发育阶段的不同，块茎发生了一定的变异。例如，随着块茎大小的增加，还原糖的浓度从块茎中心增加到外围（Strepkov，1961）。

大多数植物以葡萄糖聚合物的形式储存碳，其中淀粉是主要形式。然而，大约有10%的高等植物以果糖聚合物储存碳水化合物（Henry 和 Wallace，1993）。以蔗糖为起始原料，在液泡中合成果糖聚合物（果聚糖）。聚合程度（存在于聚合物中的单糖数量）可达 250 个果糖基单元，具有几种基本结构。这些结构通常分为 4 大类：（1）（2→1）-连接 β-D-果聚糖（Inulins），如菊芋块茎和菊苣根；（2）（2→6）-连接 β-D-果胶（→-D）-果胶（→-D）-果胶（→-D），常见于草本植物如马钱草和高羊茅；（3）高度分枝（2→1）和（2→6）-混合连锁 β-D-果胶和黑果寡聚物，在小麦、大麦等禾本科牧草发现。（4）在芦笋和葱中发现的（2→1）连接的 β-D-果糖系列，从起始蔗糖分子两端伸长（Carpita et al.,1989；Meier and Reid，1982；Shiomi，1989）。

果聚糖作为碳的储存形式具有几个优点。与淀粉不同，果糖是水溶性的，有助于液泡的渗透势。因此，聚合和解聚反应能允许细胞通过改变聚合物的平均链长（PavLeDes，1988）来快速响应环境条件的变化。例如，秋季从块茎中榨出的细胞汁液含有 282 mg·mL^{-1} 总果聚糖，渗透压为 446 mOsmol·kg^{-1}。冷藏后，果聚糖含量下降50%（141 mg·mL^{-1}），渗透压变化仅约22%（FrHeNER et al.，1984）。因此，果糖的积累往往与抗寒性和耐旱性（Pontis and Campillo，1985）的获得有关。另外一个优点是合成和降解的途径耐受低温（Koops，1994；PoLoCK，1986）。例如，初始聚合酶的速率仅在28℃和8℃（即2×）之间缓慢下降（Wagner and WiMeKeN，1986）。

淀粉在菊芋叶片（Pollock，1986；Strepkov，1960 a，1960 b）、茎（Lemercier，1987）和块茎中含量很低或没有，果糖占优势。果糖是一个同源的直链系列的 β-1，2-连接的果

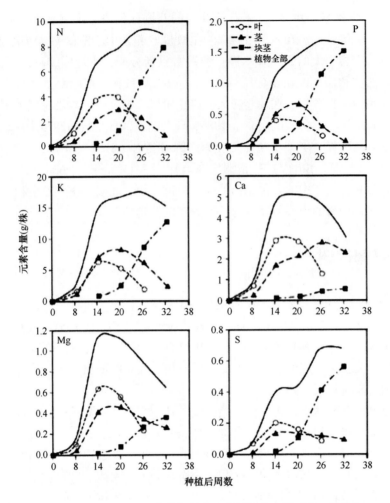

图 10.13 种植在 30°5N 菊芋长整个生产周期中大量元素一般分布
（据 Somda, Z. C. et al., J. Plant Nutr., 22, 1315-1334, 1999 绘制）

糖聚合物连接到一个末端蔗糖结构。它们代表蔗糖衍生的果糖基的蔗糖的延伸（Wiemken et al., 1995）。块茎中的聚合度从 3% 到大约 50% 不等，但通常从数量角度来看，30%~35% 范围代表了菊芋的上限。聚合物长度的实际范围取决于它们所处的器官的发育阶段和该器官所暴露的条件。秋季，随着块茎成熟，长链聚合物占主导地位。然而，在休眠和发芽期间，平均链长显著缩短（图 10.17）。

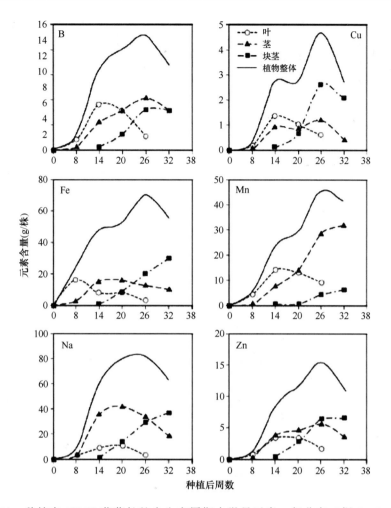

图 10.14　种植在 30°5N 菊芋长整个生产周期中微量元素一般分布（据 Somda, Z. C. et al., J. Plant Nutr., 22, 1315–1334, 1999 绘制）

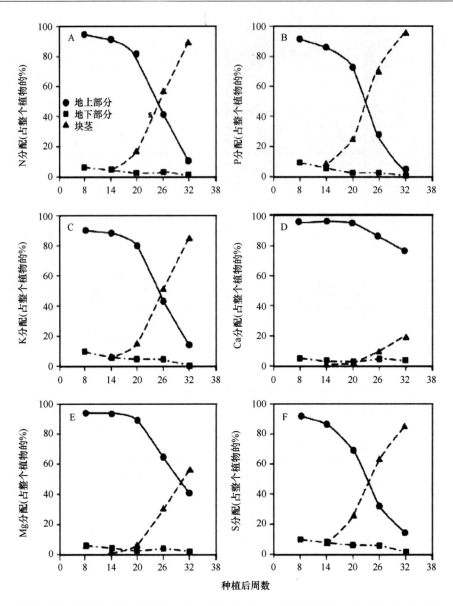

图 10.15 大量元素在菊芋整个生产周期内地上营养结构、地下营养结构、块茎和根茎中的一般分配（种植在 30°57′N）（据 Somda, Z. C. et al., J. Plant Nutr., 22, 1315-1334, 1999 绘制）

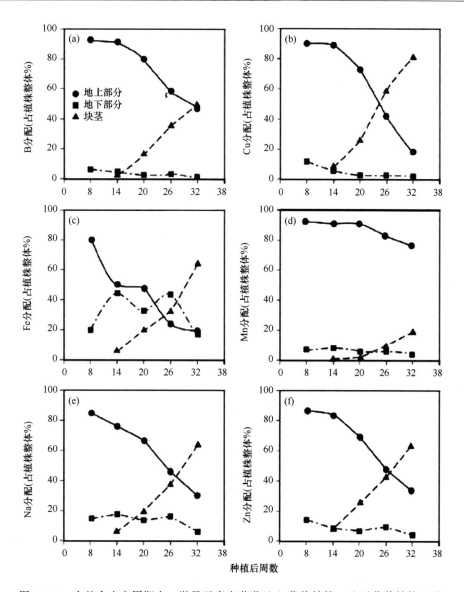

图 10.16 在整个生产周期中，微量元素在菊芋地上营养结构、地下营养结构以及块茎和根茎（生种植于 30°57′N）一般分配（据 r Somda, Z. C. et al., J. Plant Nutr., 22, 1315-1334, 1999 绘制）

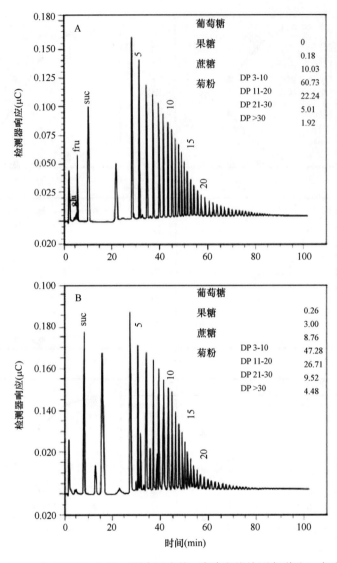

图 10.17 如 HPAEC-PAD（阴离子交换-脉冲安培检测色谱法）色谱图所示，种植后 20 周（A）和储藏 8 周（5°C）（B）果糖聚合物在菊芋块茎中的分布。图中给出了每个日期糖和菊粉的组成。单个峰数表示聚合度（Dp）；以 3′、4′等数表示同程度的聚合菊粉二糖组分（缺乏末端葡萄糖的）（据 Saengthongpinit, W. and Sajjaanantakul, T., Postharvest Biol. Technol., 37, 93–100, 2005 绘制）

表 10.7 菊芋地上部分碳和养分表观再分配百分比

元素	百分比的分配[a]			在成熟结核中的贡献百分比[b]		
	叶	茎	根状茎	叶	茎	根状茎
碳	61.2	65.3	42.7	14.7	77.2	1.7
氮	59.4	68.5	36.6	28.1	26.0	0.1
磷	60.8	87.7	64.3	16.5	36.5	1.2
钾	71.7	73.5	31.0	34.8	47.6	0.1
钙	56.7	17.2	–	3.4	4.0	–
镁	63.3	42.1	–	11.5	53.9	–
硫	54.3	30.2	27.3	19.1	7.4	0.5
硼	68.9	24.2	–	78.4	32.2	–
铜	51.9	62.2	–	34.1	36.7	–
铁	58.3	35.5	–	16.2	19.2	–
镁	34.9	–	–	79.5	–	–
锌	50.5	36.7	–	25.6	32.0	–

a. 再分配百分比依照 [（最终收获时器官数量的最大值）/最大数量] ×100 计算；
b. 净数量的百分比贡献依照 [（最后收获时器官数量的最大值）/块茎中的最终数量] ×100 计算；
c. 最后一次采收是在播种后 26 周，在全叶脱落之前；
来源：改编自 Somda, Z.C. et al., J. Plant Nutr., 22, 1315-1334, 1999.

10.8.1 果聚糖的聚合/解聚反应

菊芋中的果糖是由来自转化酶基因的两种果糖基转移酶协同作用合成的（Van laere Van den, 2002）。在第一步（图 10.18），以两种蔗糖为原料反应合成了 1-酮三糖（G-F-F），反应中起催化作用的是蔗糖：蔗糖果糖基转移酶（SST；EC 2.4.1.99）。反应产物是 1-蔗果三糖和葡萄糖，由于水解的自由能高（$\Delta G = 27.6 \text{ kJ} \cdot \text{mol}^{-1}$）（Lewis, 1984），反应基本上是不可逆的。

$$\text{G-F} + \text{G-F} \xrightarrow{\text{1-SST}} \text{G-F-F} + \text{G}$$
$$\text{蔗糖} \quad \text{蔗糖} \qquad \qquad \text{1-科斯糖} \quad \text{葡萄糖}$$

1-SST 合成蔗果三糖受到蔗糖在 $0 \sim 100 \text{ mol} \cdot \text{m}^{-3}$ 范围内的有效性限制（Cairns and Ashton, 1991；Van den Ende and Van Laere, 1993）。因此，高蔗糖浓度有利于第一聚合步骤的速率和间接长链聚合物合成，由于浓度升 1-蔗果三糖可作为果糖供体。葡萄糖由胞浆中的蔗糖合成酶转化为蔗糖（Pollock, 1986；Wiemkenetal, 1986）（图 10.18）。

第二种酶，果糖：果糖-1-果糖基转移酶（1-FFT；EC 2.4.1.100）负责 1-1-科斯糖

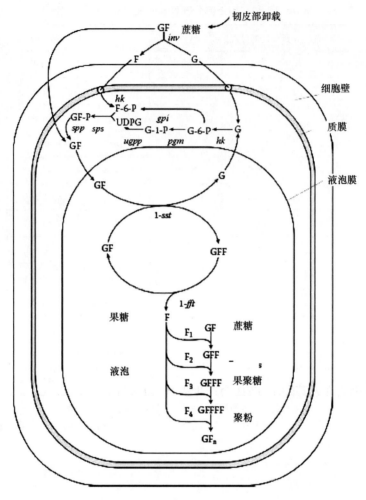

图 10.18 液泡中果糖的生物合成。胞液中的蔗糖进入液泡,果糖在液泡中被 1-sst 除去,并附着在形成;1-酮的第二个蔗糖分子上。果糖然后被 1-FFT 除去,并连接到生长的果糖链上。通过重复循环,逐步增加单个果糖分子,最终的链长(聚合度)由 1-FFT 酶的特性和当时的其他酶和条件决定。菊粉合成的关键酶是蔗糖:蔗糖-1-果糖基转移酶(1-sst)和果糖:果糖-1-果糖基转移酶(1-FFT)。(Van Laere, A. 和 Van den Ende, W.,"植物细胞周围",25, 803-813, 2002 年)简称:Inv=转化酶;HK=己糖激酶;sps=蔗糖磷酸合酶;spp=蔗糖磷酸酶;PGI=磷酸葡萄糖异构酶;gk=葡萄糖激酶;pgm=磷酸葡萄糖磷酸酶;pgpp=UDP-葡萄糖磷酸化酶;GF=蔗糖;G=葡萄糖;F=果糖;GFF=1-kestose;G-1-P=葡萄糖-1-磷酸;G-6-P=葡萄糖-6-磷酸;F-6-P=果糖-6-磷酸;GF-P=蔗糖磷酸盐;UDd=磷酸尿苷葡萄糖

和果糖链的延伸,其聚合度大于 3,为果糖残基的供体。蔗糖和高聚合度的果糖(即>20)是果糖基的优先受体,而非短链长的果糖(Edelman 和 Jfud, 1968)。

$$G\text{-}F\text{-}F_n + G\text{-}F\text{-}F_m \leftrightarrow G\text{-}F\text{-}F_{n+1} + G\text{-}F\text{-}F_{m-1}$$
受体　　　供体　1-FFT　受体　　　　供体

秋天，块茎中蔗糖的浓度往往较低；因此，较长的链长分子充当果糖基的受体，从而形成更长链果糖（Edelman and Jefford，1968）。酮糖浓度增加对于链延长是很有必要的。因为果糖和短链果糖是最好的果糖供体（Edelman andDickerson，1966；Wiemken et al.，1986）。因此，低蔗糖含量是合成果糖的必要条件，否则，1-FFT只是将果糖基从1-酮转移到蔗糖，形成与反应物（即1-酮糖和蔗糖）相同的产物（1-酮糖和蔗糖）。两种酶（1-sst和1-FF）都是局限于液泡中（Carpita et al.，1991；Darwen and John，1989；Frehner et al.，1984）。

菊粉的降解由1-FFT和1-果糖-β-果糖糖苷酶（1-FEH；EC 3.2.1.80）共同催化，这也是一种由转化酶产生的外水解酶（1-FEH；EC，3.21.80）（Van den Ende et al.，2000a，2000b）。1-FFT催化合成长链聚合物的反应是可逆的，参与解聚。因此，长链果胶中的果糖基可以转移到低分子质量的果糖基上。相反，1-FEH可以水解末端的果聚糖分子，非还原果糖残基（溶出性攻击），释放果糖（Van den Ende et al.，2000 a，2000 b）。

$$G\text{-}F\text{-}F_m \quad \rightarrow \quad G\text{-}F\text{-}F_{m-1} \quad + \quad F$$
供体　　　　1-FEH　　　供体$_{m-1}$　　果糖

两个不同的1-FEH酶（A和B）都被认为存在于块茎中（Edelman and Jefford，1964）。

1-FEH将不会水解蔗糖，被该分子非竞争性地抑制（Incoll and Neales，1970；Wiemken et al.，1986）。在休眠的块茎中只有1—FFT和1—FEH是活跃的（Wiemken et al.，1986），因为在发芽期1-FEH会产生果糖（Edelman and Jefford，1968）。从液泡释放出来的果糖在细胞质中转化为葡萄糖，并且随后通过蔗糖合成酶转运到生长的芽中。

10.8.2　酶

三种酶，蔗糖：蔗糖1-果糖基转移酶（1-SST），果聚糖：果聚糖1-果糖基转移酶（1-FFT）和1-果聚糖-β-果糖糖苷酶（1-FEH）控制果糖聚合反应。每个酶都被细胞中的液泡被隔离，在液泡中，它们在酸性范围（pH 5~5.5）中表达并具有最适pH，与液泡来源一致。

10.8.2.1　蔗糖-1-果糖基转换酶

蔗糖：蔗糖1-果糖基转移酶是一种糖蛋白，其最适pH值为5.0，分子量为65~70 kDa（Scott，1968）。它的最适温度低于许多植物酶，Q_{10}相对较低，使其在较低温度下能够有效地发挥作用。例如，酶的活性在28℃~8℃之间缓慢下降（即仅下降2倍）（Wagner and Wiemken，1986）。

已经分离出1-SST的完整cDNA，并确定了1-SST的肽序列（图10.19）（van der Meer et al.，1998）。SST基因似乎编码一个拷贝，产生约27和55 kDa的两个多肽，它们由630个密码子的单个mRNA编码。依据预期的结构，初始的100个氨基酸序列被认为是代表了一个靶向信号序列，可能会直接控制蛋白质移动到液泡中。推断这个氨基酸序列非常类似于（即，61%同源性），且与维管植物转移酶也很相似。蔗糖-1-果糖基转移酶和转移酶之间的相似性并不奇怪,因为它们两者都催化类似的酶反应涉及蔗糖的 G-F 键的裂解。它们的不同点在于 1-SST 是转移果糖基单元到蔗糖受体分子,而不是单纯的释放分子到水介质中,转移酶正是这样的。

果糖:果糖基转移酶(FFT)

MQTPEPFTDLEHEPHTPLLDHHHNPPPQTTTKPLFTRVVSGVTFVLFFFGFAIVFIVLNQQNSSVRIVTNSEKSFIRYSQTDRLSWERTAFHFQPA
KNFIYDPDGQLFFTFHMGWYHMFYQYNPYAPVWGNMSWGHSVSKDMINWYELPVAMVPTEWYDIEGVLSGSTTVLPNGQIFALYTGN
ANDFSQLQCKAVPVNLSDPLLIEWVKYEDNPILYTPPGIGLKDYRDPSTVWTPDGKHRMIMGTKRGNTMVLVYYTTDYTNYELLDEPLHS
VPNTDMWECVDFYPVSLTNDSALDMAAYGSGIKHVIKESWEGHGMDWYSIGTYDAINDKWTPDNPELDVGIGLRCDYGRFFASKSLYDPL
KKRRITWGYVGESDSADQDLSRGWATVYNVGRTIVLDRKTGTHLLHWPVEEVESLRYNGQEFKEIKLEPGSIIPLDIGTATQLDIVATFEV
DQAALNATSETDDIYGCTTSLGAAQRGSLGPFGLAVLADGTLSELTPVYFYIAKKADGGVSTHFCTDKLRSSLDYDGERVVYGGTVPVLDD
EELTMRLLVDHSIVEGFAQGGRTVITSRAYPTKAIYEQAKLFLFNNATGTSVKASLKIWQMASAPIHQYPF

蔗糖:蔗糖 1-果糖基转移酶(SST)

MMASSTTTTPLILHDDPENLPELTGSPTTRRLSIAKVLSGILVSVLVIGALVALINNQTYESPSATTFVTQLPNIDLKRVPGKLDSSAEVEWQRSTY
HFQPDKNFISDPDGPMYHMGWYHLEYQYNPQSAIWGNITWGHSVSKDMINWFHLPFAMVPDHWYDIEGVMTGSATVLPNGQIIMLYSG
NAYDLSQVQCLAYAVNSSDPLLIEWKKYEGNPVLLPPGVGYKDFRDPSTLWSGPDGEYRMVMGSKHNETIGCALIYHTTNFTHFELKEEV
LHAVPHTGMWECVDLYPVSTVHTNGLDMVDNGPNVKYVLKQSGDEDRHDWYAIGSYDIVNDKWYPDDPENDVGIGLRYDFGKFYASKT
FYDQHKKRRVLWGYVGETDPQKYDLSKGWANILNIPRTVVLDLETKTNLIQWPIEETENLRSKKYDEFKDVELRPGALVPLEIGTATQLDI
VATFEIDQKMLESTLEADVLFNCTTSEGSVARSVLGPFGVVVLADAQRSEQLPVYFYIAKDIDGTSRTYFCADETRSSKDVSVGKWVYGSS
VPVLPGEKYNMRLLVDHSIVEGFAQNGRTVVVTSRVYPTKAIYNAAKVFLFNNATGISVKASIKIWKMGEAELNPFPLPGWTFEL

图 10.19 推导出果糖的氨基酸序列:果糖转移酶(FFT)和蔗糖:蔗糖 1-果糖基转移酶(SST)。(见 van der Meer, I. M. 等,植物 J., 15, 489-500, 1998)粗体中的氨基酸表示 FFT 和 SST 的同源性。符号:a=丙氨酸;C=半胱氨酸;D=天冬氨酸;E=谷氨酸;F=苯丙氨酸;G=甘氨酸;H=组氨酸;I=异亮氨酸;K=赖氨酸;L=亮氨酸;M=蛋氨酸;N=天冬酰胺;P=脯氨酸;q=谷氨酰胺;R=精氨酸;S=丝氨酸;T=苏氨酸;V=戊氨酸;W=色氨酸;Y=酪氨酸

1-SST 基因在果糖合成器官中表达,例如,块茎和干中,发育时期最高表达量存在于块茎中高(van der Meer et al., 1998)。如在花中还发现 SSTmRNA 水平高得令人吃惊,其中果糖可能是种子发育的碳水化合物来源。然而,这个基因在成熟或发芽的块茎中没有被表达。

10.8.2.2 果聚糖:果聚糖-1-果糖基转换酶

蔗糖:蔗糖 1-果糖基转移酶似乎是一种糖蛋白,其最适 pH 值为 5.0,分子量为 65~70 kDa(Scott, 1968)。它的最适温度低于许多植物酶,Q_{10} 相对较低,使其在较低温度下能够有效地发挥作用。当底物浓度达到 100 mol·m^{-3} 时,果糖基的转移速率增加。

编码 1-FFT 的 cDNA 已经分离出来,并鉴定了 1-FFT 的肽序列(vander Meer et al., 1998)。像 1-SST,它有 1 个含有 100 个氨基酸组成的初始靶向信号序列,似乎控制着进入液泡的运动。推断 1-FFT 和 1-SST 的氨基酸序列很相似。通过 Southern 杂交法,两种酶似乎都可以编码单拷贝基因。这两个基因都被导入到矮牵牛花中,使其能具有合成大分子果聚糖的能力。因此,1-SST 和 1-FFT 包含了整个的果聚糖生物合成途径。因此,1-SST 和 1-FFT 似乎构成了整个果糖生物合成途径(图 10.18)。

10.8.2.3 果聚糖 1-水解酶

果聚糖 1-外切酶（FEH）是一种可水解果聚糖的外源转化酶。即在随机选择下一个底物分子之前水解一个底物分子的单端糖苷键（与之相反的是每一次都将链残渣部分向下移动）（Marx et al.，1997）。该酶的表观分子量为 75~79 kDa（Marx et al.，1997）。比菊芋的和燕麦的果聚糖 1-外切酶要略微大（Henson and Livingston，1996），最适 PH 为 5.2。果糖 1-外水解酶对蔗糖不起作用，并受到蔗糖的非竞争性抑制（Incoll and Neales，1970；Wiemken et al.，1986）。该酶以线性方式水解末端连接的 β（2-1）-果糖基-果糖。B-（2-6）连接的寡聚物几乎不被水解。两个水解酶都被认为存在于菊芋中，根据它们与 Con A 的结合，它们似乎是糖蛋白。

10.8.3 果糖聚合和解聚的规则

果糖聚合和解聚酶都存在于液泡中（Frehner et al.，1984）这一事实表明，必须对基因表达和酶活性进行相对精确的控制。Edelman 和 Jford 的早期工作（1968）确立了一个独特的对基因表达的时间控制，范德梅尔等人进一步证实了这一点（1998）。在块茎生长期间，1-SST 和 1-FFT 在合成反应中出现，并起到催化作用（图 10.18）。1-SST 周转速度很快，并被认为控制大麦中果聚糖的合成速率（Nagaraj et al.，2004）。相反，1-FEH 在果糖合成过程中基本上是不存在的（Edelman and Jford，1968），1-SST 在合成过程中表达，但在休眠和发芽过程中不存在。1-SST 的合成速率受蔗糖浓度在 0~100 mol·m^{-3} 范围内的限制（Cairns and Ashton，1991；，1991；Van den Ende and Van Laere，1993）。

相反，1-FFT 在菊粉水解和解聚过程中都存在，但其活性在块茎储藏过程中下降低（Edelman and Jefford，1968）。在合成反应条件下，1-FFT 主要是催化链的延长。然而在解聚反应中，在蔗糖不存在的条件下，1-FFT 主要是将果糖基从长链聚合物转移到更短的聚合物（Lüscher et al.，1993）。在休眠和发芽的块茎中，只有 1-FEH 和 1-FFT 是有活性的（图 10.20）。1-FEH 的水解速率取决于底物的聚合度（增至 8）（Incoll and Neales，1970；Wiemken et al.，1986），蔗糖抑制（非竞争性），但不受果糖含量的影响。（Edelman and Jfud，1968）。1-FEH 可被 10nM 的蔗糖所抑制（Marx et al.，1997），完全在休眠块茎中的浓度范围内。因此蔗糖的反馈抑制可以使解聚速率调节到从储存组织中输出蔗糖的速率。

图 10.20 果聚糖都存在于液泡中。分解代谢与合成代谢的酶在那里改变，果聚糖发生变化需要能量。大多认为与之有关联的是在细胞之中葡萄糖向果糖的循环利用。曾有估计是消耗占同化物同化指数的 4%~8%。

10.8.4 聚合过程中的变化

果糖存在于液泡内，分解酶和合成酶及其改变也在其中（Carpita et al.，1991；Wiemken et al.，1986）。果糖的改变需要输入能量，大部分能量被认为与葡萄糖在细胞质中

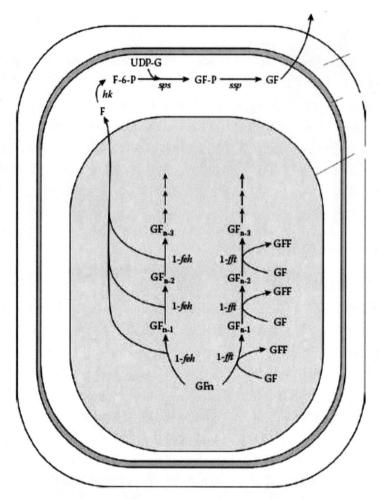

图 10.20 甘露聚糖 1-外水解酶和果糖：果糖-1-果糖转移酶在休眠和发芽块茎中对菊粉解聚的作用。缩写：1-feh=果糖 1-外水解酶；1-FFT=果糖：果糖-果糖基转移酶；HK=己糖激酶；spp=蔗糖磷酸酶；sps=蔗糖磷酸合酶；GF=蔗糖；G=葡萄糖；F=果糖；GFF=1-酮；GF-P=蔗糖磷酸盐；UDP-G=熊苷二磷酸葡萄糖；F-6-P=果糖-磷酸果糖

的循环有关。据估计，这一成本占同化物总量的 4%~8%（Edelman，1963；Meijer and Mathijssen，1991）。

目前 1-FFT 基因是影响聚合反应程度的关键因素，因为它与伸长率有关氨基酸序列变化不大，物种间酶的性质也有变化。在菊芋中发现的 1-FFT 是一条相当短的链。与之相反，硬叶蓝刺头、L. 洋蓟属和 Viguiera discolor Baker 有更高程度上的聚合度。它们的 1-FFTs 优先选择较长的菊粉链作为受体，而菊芋对短底物具有较高的亲和力，因此，其果聚糖聚合物的平均聚合度较短（Edelman and Jefford，1968；Koops and Jonker，1994；Shaw et al.，1993）。

末端不含葡萄糖的果糖（Ernst et al.，1996）通过 1-FFT 技术将果糖从菊粉转移到游离果糖中，形成了相对较小数量的还原 inulo-n-oses，即不含终糖的果糖（Ernst et al.，

1996年)。在菊苣中,当果聚糖分解和-FFT活性较高时,就会出现果糖累积。一种类似的机制可能在菊芋上起作用,并对所形成的少量inulo-n-oses负责(Saengthongpinit and Sajjaantakul, 2005)。

随着块茎的快速生长,在秋天前聚合程度一直增加,而还原糖含量下降(Strepkov, 1961)。平均链长度会有暂时性的波动,这取决于蔗糖的可用性和所得的G-F-F的浓度(Incoll and Neales, 1970; Lemercier, 1987)。在块茎达到其最大干重前,聚合度达到峰值,随后由于1-FFT和1-FEH的活动下降(Ben Chekroun, 1990; Zubr和Pedersen, 1993),平均聚合度从8~10下降到4~6。两种酶在储藏前和储藏期间均是有活性的(Wiemken et al., 1986)。1-FFT通常是负责增加果聚糖链的长度。在季节末尾,在季节后期没有蔗糖的情况下去除果糖。相反,1-FEH在晚秋时会被上调,并且是负责解聚。果糖从液泡移动到细胞质中,用作合成反应的能量和碳骨架的底物,或者在春天与葡萄糖结合形成蔗糖,以便运输到发育中的芽(Edelman and Jefford, 1968)。1-FEH的水解速率取决于底物的聚合度,最高可达8,且不受果糖浓度的影响(Edelman and Jefford, 1964)。

10.8.5 聚合度对于菊粉潜在用途的影响

菊粉的某些用途取决于聚合度。例如,当菊粉水解,当菊粉水解产生高果糖糖浆时,初始聚合度越低,最终蔗糖分子对葡萄糖的污染就越大。同样的,菊粉在食品中的物理和化学性质随链长变化而变化。因此,聚合度可以决定其潜在市场和用途。但是,更有效的聚合度可以更有效地转换菊粉的某些用途取决于聚合程度。然而,当菊粉用于酒精生产时,较短的聚合度会更有效地转化。

复合菊粉提取物可以按照同一个商业规模细分成合理的链长种类,从而使产品适应预期的市场用途。因此,原料的链长条件很重要,因为它相对容易解聚,生成较短的链长。然而,目前在体内试图创造经济上可行的长链聚合物是不容乐观的。

10.9 额外的新陈代谢途径

一系列酶已在菊芋中被研究(表10.8),一些仅仅是因为块茎提供了一个方便的来源,可以很容易地进行储存。在其他情况下,特别是在涉及相对独特的属性的情况下,重点放在物种中的酶系统。下面描述几种这样的酶。

表10.8 菊芋中的酶研究

酶名	EC编号[a]	参考文献
精氨酸酶	3.5.3.1	Lambert and Duranton 1970; Wright et al., 1981
精氨酸脱羧酶	4.1.1.19	Bagni et al., 1983
AMP氨基水解酶	3.5.4.6	Le Floch and Lafleuriel, 1983
腺苷三磷酸酶	3.6.3.1	Chaubron et al., 1994; Petel and Gendraud, 1986, 1988

续表

酶名	EC 编号[a]	参考文献
抗坏血酸自由基还原酶	1.6.5.4	Arrigoni et al., 1981
肉桂酸 4-羟化酶	1.14.13.1	Batard et al., 1997, 1998, 2002; Benveniste and Durst, 1974; Benveniste et al., 1977, 1982, 1986, 1989; Cabello-Hurtado et al., 1998; Didierjean et al., 2002; Fonne-Pfister et al., 1988; Gabriac et al., 1985, 1991; Kochs et al., 1992; Lesot et al., 1990; Ponnamperuma and Croteau, 1996; Reichhart et al., 1982; Salaun et al., 1978, 1981, 1982, 1989, 1993; Schalk et al., 1997, 1997; Schoch et al., 2003; Teutsch et al., 1993; Tijet et al., 1999; Werck-Reichhart et al., 1988, 1990, 1993
肉桂酸羟化酶	1.14.13.11	Durst, 1976
环磷酸腺苷磷酸二酯酶	3.1.4.16	Giannattasio et al., 1974
二胺氧化酶	1.4.3.6	Torrigiani et al., 1989
果聚糖 1-果糖基转移酶	2.4.1.100	Darwen and John, 1989; Frehner et al., 1984; Hellwege et al., 1998; Koops and Jonker, 1994; Leuscher et al., 1996; Van den Ende et al., 2006; van der Meer et al., 1998; Van Tunen et al., 1996
果糖外水解酶	3.2.1.80	Van den Ende et al., 2000
果糖 β-果糖糖苷酶	3.2.1.80	Jhon and Kim, 1988; Kupin et al., 2002; Xie and Xiang, 1997
果糖基转移酶	4.2.2.17	Kobayashi et al., 1989
葡萄糖-6-磷酸脱氢酶	1.1.1.49	Aitchison and Yeoman, 1973
菊粉酶-果糖 β-果糖糖苷酶	—	—
转化酵素	3.2.1.26	Goupil et al., 1988; Little and Edelman, 1973; Venuat et al., 1993
核苷,腺苷	3.2.2.7	Le Floc'h and Lafleuriel, 1981
核苷酶,肌苷	3.2.2.2	Le Floc'h and Lafleuriel, 1981
果胶甲酯酶	3.1.1.11	Macey, 1965
过氧化物酶	1.11.1.1	Bastin, 1968; Hirsch, 1975
酚酶/多酚氧化酶	1.14.18.1	Park et al., 1991; Zawistowski et al., 1988a, 1988b, 1987a, 1987b
磷酸酶 I 和 II	3.1.3.16	Larondelle et al., 1989; Van Schaftingen and Hers, 1983
磷酸果糖激酶	2.7.1.11	Black and Wedding, 1968
磷酸酶	3.1.3.2	Hirsch, 1975; Palmer, 1970
磷酸烯醇丙酮酸羧化酶	4.1.1.31	Dubost and Gendraud, 1987

续表

酶名	EC 编号[a]	参考文献
醌还原酶	1.6.5.5	Spitsberg and Coscia, 1982
琥珀酰辅酶 A 合成酶	6.2.1.4	Palmer and Wedding, 1966; Wedding et al., 1966
蔗糖合酶	2.4.1.13	Keller et al., 1988; Pontis et al., 1972; Noel and Pontis, 2000; Pontis and Wolosiuk, 1972; Sakalo and Lukashova, 1993; Salerno et al., 1979; Wolosiuk and Pontis, 1974
蔗糖:1-蔗糖果糖基转移酶	2.4.1.99	Darwen and John, 1989; Dickerson and Edelman, 1966; Edelman and Dickerson, 1966; Frehner et al., 1986; Koops and Jonker, 1996; Praznik et al., 1990; Scott et al., 1966; Van den Ende et al., 2000; Van Tunen et al., 1996
转谷氨酰胺酶	2.3.2.13	Del Duca et al., 1993, 1994; Della Mea et al., 2004; Falcone et al., 1993; Villalobos et al., 2001
脲酶	3.5.1.5	Lambert and Duranton, 1970
UDP-葡萄糖焦磷酸化酶	2.7.7.9	Lambert and Duranton 1970
UDP-葡糖醛酸脱羧酶	4.1.1.35	D'Alessandro and Northcote, 1977
UDP-木糖醇-4-差向异构酶	5.1.3.5	D'Alessandro and Northcote, 1977

a 酶委员会编号是基于酶催化的化学反应的酶的数值分类方案。

细胞色素是一类参与次级代谢的酶超家族,如苯丙氨酸和萜类生物合成途径(Donaldson and Luster, 1991; Hallahan et al., 1993; Nelson et al., 1993; Schuler and Werck-Reichhart, 2003)。拟南芥基因组中有 272 个 P450 编码基因,水稻中有 458 个(Schuler 和 Werck-Reichhart, 2003)。P450 在木质素、紫外线保护剂(黄酮类化合物、香豆素类化合物)、色素(花青素)、防御化合物(异黄酮、羟肟酸、葡萄糖苷),含氰葡萄糖苷、萜类化合物、激素(赤霉素、油菜素、生长素)和含氧脂肪酸(见 Morant 等的评论, 2003; Schuler and Werck-Reichhart, 2003)合成中起主导作用。Werck-Reichhart 的实验室究了在菊芋中发现的 CYP73s (Teutsch et al., 1993),它催化苯丙酸途径的第二步(更多参考见表 10.8)。反式肉桂酸 4-羟化酶(EC 1.14.13.11)催化肉桂酸的 4-羟基化反应,这是合成木质素、黄酮类化合物、香豆素和其他苯丙类化合物的第一个氧化步骤因此可能是改变木质化、防御相关反应的一个潜在的转基因操作靶点,或代谢异物。酶的编码序列已被确定(Teutsch et al., 1993),并在酵母中表达。已鉴定了该酶的编码序列,并在酵母中表达(City et al., 1994)。损伤导致主要通过基因激活介导的通路的上调和 CYP73A1 mRNA (Batard) 的增加 (Batard et al., 1997)。

可以通过结合、分隔或结合来积累、转化和储存外源化学物质,减少或消除它们的毒性效应。细胞色素 P 450 氧化酶参与外源污染物、除草剂和其他化合物的代谢(Durst and Nelson, 1995; Werck-Reichhart, 1995)。7-乙氧基香豆素 O-脱乙基酶催化菊芋中 7-乙氧基香豆素的 O-脱烷基化反应，并对外源化学物质产生强烈的诱导作用（Werck-Reichhart et al.，1990）。该基因已克隆到酵母中，虽然具有很高的异种可诱导性，但对机械应激没有反应（Batard et al.，1998）。

2 种香豆素（6，7-亚甲基二氧基-香豆素）和东莨菪碱的下游合成 6-甲氧基-7-羟基香豆素（6-甲氧基-7-羟基香豆素），由于其作为植物抗生素的明显作用而引起生物学兴趣。它们的积累与向日葵（Tal and Robeson，1986a，1986b）对病原体的抗性有关，也与食性抑制因素有关（Olson and Roseland，1991）。这两种化合物存在于菊芋块茎中（Cabello-Hurtado et al.，1998），并且它们通过苯丙烷代谢途经合成涉及前 3 个步骤，导致激活 4-香兰酰基辅酶 A（Werck-Reichhart，1995）。一些路线已被讨论；泽兰内酯（音译）似乎不是从东莨菪碱中提取的（Cabello-Hurtado et al.，1998）。

10.10 分子遗传

关于菊芋基因组分子生物学的最早报道之一是单倍体 DNA 序列长度估计（0.23×10^{12} Da）（Nze-Ekegang et al.，1974）。Heynwd 等随后比较向日葵和菊芋之间的叶绿体 DNA 酶切片段的差异。了解植物的全部核苷酸序列是非常有利，因为它将提单个基因所在位置的地图和丰富信息，有利于通过两个传统植物育种和转基因方法促进新物种的培育。它还将促进对单个基因如何、何时和何处表达的理解。

物种基因组的大小及其非编码区的大小是关键因素，因为每增加一次，测序的复杂性和费用就会增加。植物的基因组大小差异很大，从很小的（拟南芥）到特别大的（百合）。拟南芥基因组长度为 0.16GB（Bennett et al.，2003）；向日葵为 3.5 GB（Price et al.，2000）；菊芋约 10 GB。同时对拟南芥全基因组进行了序列测定，并绘制了 2 000 多个单序列重复序列（SSRs）、序列标记位点（STSS）和表达序列标签（EST）标记（Burke et al.，2002、2004；Pashley et al.，2006；Rieseberg et al.，2003；Tang et al.，2003；Tang and Knapp，2003）。根据作物目前的经济状况，再加上一个庞大的菊芋基因组测序的艰巨任务，菊芋信息的缺乏并不那么令人惊讶。截至 2006 年 1 月 6 日，GenBank 仅列出 119 家具有 DNA 序列信息的条目和具有蛋白质序列的 83 个条目（GenBank，2006），因此，只有相对较小的多肽片段编码的部分或完整的基因序列是可用的。例如，从蔗糖核苷酸序列：蔗糖 1-果糖基转移酶（图 10.10）。下列清单已研究的主要蛋白质：

- Agglutinin/trypsin inhibitor（Chang et al.，2003a，2003b，2006；Liu et al.，2002；Zhu and Chang，2002）
- Leafy Cotylenon-Like gene（Fambrini et al.，2006）
- Class I knox gene HtKNOT1（Chiappetta et al.，2006）
- Plastidic ATP/ADP transporter HtAATP（Meng et al.，2005）
- Metallothionein-like gene htMT2（Chang et al.，2002a，2002b，2004）
- Dehydrin（Giordani et al.，2003）
- Cyclin and cyclin-dependent kinase genes Heltu CYCD1，1，CYCD3，1，CDKA，1，

CDKB1，1（Freeman et al.，2003）
- Cytochrome P450 CYP76B1（Didierjean et al.，2002）
- Cytochrome P450 CYP81B1（Cabello-Hurtado et al.，1998；Werck-Reichhart，1998）
- Levanase — inserted into H. tuberosus（Arzumanyan et al.，2001）
- Sucrose：sucrose 1-fructosyl transferase（Koops et al.，1999；van der Meer et al.，1998；Sevenier et al.，1998）
- Fructan：fructan 1-fructosyl transferase（Van den Ende et al.，2006a，2006b；van der Meer et al.，1998；Hellwege et al.，1998）
- 7-Ethoxycoumarin O-de-ethylase CYP76B1（Batard et al.，1998，2002）
- Calnexin（Hasenfratz et al.，1997）
- Cinnamate 4-hydroxylase CYP73A1（Batard et al.，1997；Teutsch et al.，1993）
- Napaline synthase（NOS）-neomycin phosphotransferase（NPT-II）（Pugliesi et al.，1993）
- Invertase（Venuat et al.，1993）
- Lectin（van Damme et al.，1999）
- Na+/H+antiporter（Yan，Y. et al.，unpublished data）
- Helianthinin（Anisimova et al.，2004）

基因组中的绝大部分是由非编码区（内含子）组成，这些区域不包含基因的遗传信息。如果单个基因可以被定位、隔离和测序，而不是整个基因组被测序，进展的速度将会大大增加，且花费也会减少。H. tuberosus 已被列入菊科基因组计划中的 17 个物种之一，其目标是为该属的功能基因组学、比较基因组学和进化基因组学开发资源。最初的目的是确定 ESTS、被表达基因 5' 或 3' 末端的小片段。利用这些标记，有可能去选择那些仅仅会编码蛋白质的 DNA 区域，而忽略构成基因组相对高百分比的非编码内含子。到 2006 年 1 月 6 日为止，已有 19 276 个 EST 被描述。

10.11 产量

菊芋和由其衍生的产品产量受到生产地理位置、种植的品种和生长条件的强烈调控。地理位置是一个关键因素，因为它影响生长期的长度和植物所暴露的光周期条件。随着向北极（南极）纬度增加，生长期的长度逐渐变短。并且生长期光周期的变化逐渐增大，因为作物需要一个相对较长的生长期才能获得最大的生产力。且大多数无性系的生殖阶段对短日照很敏感，地理位置是关键。地点的影响可见于西欧块茎产量的增加，在对从斯德哥尔摩到意大利南部的 19 个地点进行了产量评估（即 55°—60°N，6.5 t·ha^{-1}；50°—55°N，7.1 t·ha^{-1}；45°—50°N，10 t·ha^{-1}；40°—45°N，15 t·ha^{-1}）（Barloy and Fernandez，1991）。在一些偏北部分的地区，生长季节足够短，以致块茎能形成，尽管该作物的地上部分可以被收获。总鲜重显示显示出类似但不太极端的地理反应。

菊芋育种开发的品种范围是开花期间的光周期响应从中性到长季节的（短日照）的无

性繁殖系。长季节（短日）无性系在高纬度生长时通常不会结块茎。菊芋品种/无性系的光周期反应范围从日中性到短日。因此，无性系-地理位置的相互作用是最大限度地提高最大生产力的关键。产量数据因品种和作物生长条件的不同而有很大差异。生产地点气候选择的品种不当必然导致产量低于标准（Morrenhof and Bus, 1990; Zubr and Pedersen, 1993）。

10.12　生长分析和建模

为了更好地理解菊芋的发育生理，已经建立了许多模型。这些模型量化太阳辐射的截获量、光转换为干物质的效率和植物中的干物质随时间在植物体内的分配。同化干物质用于结构性增长或者作为贮存储备在不同的植物部分。

代表在最佳生长条件下（非限制）菊芋模型，已根据现场试验的数据进行了改进。生长分析和建模能够提供可用于不同用途的知识。例如，提高特定植物部分（通常是块茎）的生产力，或者预测在不同生长条件下的潜在产量或质量。模型还有助于发现新的研究方向，去解释产量未达到预期的情况，并指出农业实践的改进。

10.12.1　化合物生长分配和复合物的再分配

绿叶植物截获太阳光的一部分转化为化学形式，并同化为干物质。这种情况发生的程度决定了光合系统的效率。化物在整个植物中被转运，用于结构生长、维持反应和存储储备。同化物分配给新叶，增加了光截获面积。通过呼吸和干物质损失，植物失去资源，例如叶片脱落。最终，在一个生长季期结束时，干物质将分配给繁殖结构和存储组织。

菊芋的生长阶段通常认为有出苗、冠层发展、开花、块茎形成和衰老。关键生长阶段都伴随干物质分配格局的变更。这些涉及树叶叶中干物质下降，并且储藏器官或生殖器官干物质的增加。

上部叶片每天会储备同化物，在光合作用制造同化物时。同化主要是果糖和蔗糖。但也有一些果聚糖和淀粉。白天叶片中增加，夜晚会转移到茎和分枝中（Denoroy, 1996; Strepkov, 1960a）。最初，茎中的结构生长具有优先权。但随后在其生长季节同化物储存在茎中。菊芋的一个特征是在块茎膨大之前，大量的同化物临时储存在茎中，糖的比例和菊粉的平均聚合度从茎的底部增加。茎的储存物最终被重新分配到块茎中且是从最低储备部分开始的。起初，结构生长优先于茎（地上的主要枝条），但在生长季节后期，同化物储存在茎中。耶路撒冷洋蓟的一个特征是在块茎膨大之前在茎中暂时储存大量同化物（Incoll and Neales, 1970; Spitters, 1988）。糖分的比例和菊粉的平均聚合度在茎底部增加。茎的储备最终被重新分配给块茎，从茎的最低部分开始。

许多模型描述了菊芋的同化效率（例如，Allirand et al., 1988; Becquer, 1985; Denoroy, 1993; Denoroy et al., 1990; Spitters, 1988）。例如，LINTUL 库限定模型，从植物出苗开始，包含一个温度和时间轴曲线、基于叶面积指数的光截留要素、基于同化物生产系数和转化为干物质系数的光利用效率要素。该 LINTUL 模型优先分配给地上部分结构性增长，其次分配给块茎生长，对早熟和晚熟品种有不同的参数（Denoroy，1993），反映了温度情势对早熟品种的特殊重要性与光周期对于晚熟品种生长的关键作用（Meijer and Mathijssen，1991；Nitsch，1965）。

在生长和产量形成的模拟模型中利用周期性收获数据，通过模拟作物冠层截获的辐射和平均光利用率，计算了日增长速率（Spitters，1988，1990a，1990b；Spitters et al.，1988b）。该模型预测了生长期不同时期各库源（如茎、块茎）同化干物质的分配情况。采用现场数据对模型的两个版本进行了评价，他们证实块茎填充和叶子衰老的开始与速率是模拟块茎产量形成的关键建模过程。

模型研究都强调块茎生长的两个不同阶段（Barloy，1988b）：第一阶段是根状茎的伸长和块茎的形成，随后是相对缓慢的块茎生长；第二阶段是块茎的快速生长期，其中干物质（主要是碳水化合物）暂时储存在茎中，然后转移到块茎中（Incoll and Neales，1970）。块茎的干物质被认为来自于 3 个主要来源：（1）在一个块茎生长阶段来源于叶片的光合同化产物；（2）茎秆中的储备物质转移到块茎中；（3）在块茎生长第二阶段的光合作用过程。这些来源的相对重要性取决于品种、播种时间、地理位置和气候条件之间的复杂相互作用（Barloy，1988b）。在块茎达到它们最终干重的 35% 时，茎中的储备物质开始向块茎中转移，尽管干物质源的相对重要性在此之后会有很大的差异。例如，一个早熟品种（"D19"）的最终块茎生物量其 38% 是由生长阶段 1 的光合作用产生的，15%~25% 是通过杆项茎转移，37%~45% 是生长阶段 2 的光合作用产生的；而一个晚熟品种的相应值分别是 36%、38%~50% 和 14%~26%（Barloy，1987）。

在法国田间实验中，晚熟品种（"Violet de Rennes"）的总生物产量比早熟品种（"Blanc précoce"）高。模型表明，这是由于最适叶面积的持续时间较长，从而使干物质同化程度更高。两种品种块茎产量无差异，是因为晚熟品种生长被不适宜的气候打断。菊粉从茎干储存再分配到块茎中被霜终止。霜可以杀死植物地上部分，尽管叶子死后其同化作用会继续，但是当气温低于零下 0.3℃ 转移会停止（Gendraud，1975）。在晚熟品种中，高达 50%~60% 来自暂时储存在茎中的碳水化合物被再分配到块茎中。相反，早熟品种在衰老之前一般会完成菊粉转移到块茎中。早熟品种在块茎形成不久之后会更快地将同化物转移到块茎中，并且更少地依赖于茎中的储存转移（Barloy，1987）。

因此，茎中碳水化合物的暂时储存对块茎产量和菊粉产量不利。在生长周期的后期，晚熟品种的大量菊粉被再分配到块茎中。早霜会中断菊粉再分配到块茎中（Denoroy，1996；Zubr，1988a），从迁移代谢和额外储存组织的形成与维持的成本的角度来看，临时茎储藏也是昂贵的（Denoroy，1996）。茎中结构物质与暂时储藏菊粉的比例在品种间差异很大。因此，以最大限度地提高块茎产量和菊粉产量为重点的植物育种方案（见第 8 章）应包括从块茎化一开始就将大部分菊粉储存在块茎中的基因型（Meijer et al.，1993；McLaurin et al.，1993；Denoroy，1996）。

利用作物生长发育及产量形成模型比较菊芋和菊苣——两个主要菊粉农业来源（Meijer et al.，1993），两种作物同化方式是不同的。菊苣是两年生植物，第一阶段只是营养生长，第二阶段将干物质分配到储藏根系中；菊芋的生产阶段，大多数干物质以茎的组织材料被分配到茎中，也有作为碳水化合物储存的。

就早期 LINTUL 版本而言，在模型模拟和来自菊芋大田实验数据之间的还是有很大差异的，例如，误差产生可能叶面积扩展、个体发育的估计过高或过低，以及同化物随时间的分布（Denoroy，1993）。然而，随着时间的推移，根据试验验证，这些模型已经得到了改进，对菊芋路的发育、生理和生物化学提供了有益的见解。

10.12.2 叶面积

光合作用叶片的表面积对碳的获取有很强的调节作用，因此，了解叶面积的发育与提高产量的努力密切相关。在许多作物中，生物产量与光获得量成线性相关（Monteith，1977）。菊芋也是如此，其总产量与太阳辐射获得量很相关（Denoroy，1996；Meijer et al.，1993），总生产力与产量密切相关（Denoroy，1996；Meijer et al.，1993）。作物冠层的叶面积、持续时间和光合效率决定了光的截获和利用程度（见表10.9）。

由于叶子是被排列在植物的冠层内，叶面积的绝对测量只能给出太阳辐射不太精确的指示。叶面积系数是植物冠层的一个测量值，为叶面积与土地面积之比，对于大多数陆地之物来说，叶面积指数一般在 2~15 之间。该指数代表了所有的叶层的数量。因此，一个植物有 1 m^2 的叶表面覆盖了 1 m^2 的土地，那么就是有 1.0 的叶面积指数。对于大多数植物来说，叶面积指数随着年龄的增长而增加，直到叶面积指数在达到 2.0~5.0 或者更高，是会随着年龄增加的。菊芋的最适叶面积指数是 4~6，比那些像水稻（6~12）（Yoshida and Parao，1976）和菠萝（9~10）（Bartholomew and Kadzimin，1977）这样的多叶植物要低。

不同测量叶面积指数的方法都很常用，包括破坏性收割、直接测量和涉及光学仪器的间接无损方法。除了植物年龄，叶面积指数也部分取决于基因型、环境因素和作物管理措施。叶面积指数会影响光合作用效率和植物的生长速率。众所周知，在近缘栽培的向日葵（*H. annus* L.）中，其叶面积指数因生长阶段和肥料处理而有很大的差异。叶面积指数影响光合效率和植株生长速率。向日葵因生长阶段和施肥处理而有很大的差异。在西班牙科尔多瓦，叶面积指数为 0.7~3.0（Gimenez et al.，1994）；加利福尼亚，0.2~2.2（Joel et al.，1997）；阿根廷布宜诺斯艾利斯，3.5~5.8（Scurlock et al.，2001；Trapani et al.，1992）。

表 10.9 菊芋的生物学参数、描述和价值

参数	描述	价值	参考
叶片方位分布	从陆地点到天体点的水平方向，可表示为与参考方向的角距离；方位分布被发现几乎是随机的（因此 k 随时间的变化被忽略）	随机	Lemeur，1973；Monti et al.，2005

续表

参数	描述	价值	参考
生物学产量	作物的总生物量	15~30 t·ha^{-1}（干物质）	Denoroy, 1996; Meijer et al., 1993
冠层的消光系数 (k)	用 LI = 1−exp$^{(-k*LAI)}$ 函数计算，其中 LI 是被林冠截留的光的分数，LAI 是叶面积指数 [m^2（叶）·m^{-2}（地）]	变量	
作物生长速率 (CGR)	(w_2-w_1) / (t_2-t_1)	变量	
有效积温	日间平均温度累积总和，以高于基准温度的摄氏度为单位（菊芋，一般为0℃）。该在整个生长期增加，最终值取决于生长期的位置和长度	大约64%~78%	
收获指数	（所关注的植物器官的质量/植物质量）×100		McLaurin et al., 1999; Schittenhelm, 1996; Baldini et al., 2003
叶的角度 (La)	从水平计叶的角度	0~55°	LeMeur, 1973 年
叶面积 (LA)	叶面积/株（cm^2·株$^{-1}$）	变量^a	
叶面积指数 (LAI)	叶面积/单位土地面积；在季节内变化；以下是报告的最大面积 [m^2（叶）·m^{-2}（地）]	9.8	Hay and Offer, 1992
叶面积持续期	叶面积随时间的变化，即 LAD = 1/2Σ（LAI$_n$ + LAI$_{n+1}$）/(t_{n+1} t_n)	~790 dm^2·d^{-1}	Nakano, 1975
叶片方位角	相对于北方的叶向（360°）	变量	
叶片叶绿素含量	叶绿素 a 与叶绿素 a 之和	~0.3~0.6 g·m^{-2}	Soja and Haunold, 1991
叶绿素 a 与叶绿素 a 之比	叶绿素 a 与叶绿素 a 之比	2.5:1; 2.4:1	Soja and Haunold, 1991
叶片寿命（平均）	每片叶子在植物上的平均存活天数	92 d	Nakano, 1975
单叶最大光合速率	单叶最大光合速率	29~40 μmol·m^{-2}·s^{-1}（以 CO$_2$ 计）	Sojaand Haunold, 1991
叶片氮浓度	g·kg^{-1}（干重）（以 N 计）	35 g·kg^{-1} dm（以 N 计）	Somda et al., 1999
叶片温度	叶子表面的温度	27~37，变量^a	Monti et al., 2005
叶顶角	叶与太阳的角距离	变量	

续表

参数	描述	价值	参考
消光系数	特定物质的消光系数是衡量它在特定波长下吸收电磁辐射的程度	0.78~1.01	Alliland et al., 1988
最大光合速率	在光饱和条件下的叶光合速率	11~30 $\mu mol \cdot m^{-2} \cdot s^{-1}$ （以 CO_2 计）；29~40 $\mu mol \cdot m^{-2} \cdot s^{-1}$ （以 CO_2 计）；	Baldini et al., 2004; Soja and Haunold, 1991
净同化速率（NAR）	$(w_2 - w_1)(\ln LA_2 - \ln LA_1)/(t_2 - t_1)(L_2 - L_1)$	变量	
营养物质对块茎的贡献（%）	[器官最大量-最后（最大）收获时的数量/块茎中的最终数量]×100	变量[b]	Somda et al., 1999
光合作用补偿点	光合作用速率等于呼吸损失	-55~60 $\mu mol \cdot m^{-2} \cdot s^{-1}$	Soja and Haunold, 1991
光合作用光饱和强度	在光合作用达到最大时的光强	~1700 $\mu E \cdot m^{-2} \cdot s^{-1}$	Soja and Haunold, 1991
光合有效辐射	电磁能在400~700 nm波长范围内。光量子通量（PPF）测量以量子 $\cdot s^{-1} \cdot m^{-2}$ 来衡量	变量	
辐射利用效率（RUE）	总干生物量和累积截留光有效辐射回归的斜率	~2.9 $g \cdot MJ^{-1}$	Becquer, 1985; Gosse et al., 1986; Spitters, 988
相对生长速率（RGR）	$(\ln w_2 - \ln w_1)/(t_2 - t_1)$	变量[a]	
比叶面积	叶面积/干重（$m^2 \cdot g^{-1}$）	变量	
比叶氮	$N_{叶} \times SLA$		
气孔导度	二氧化碳通过气孔数值测量（$mmol \cdot m^{-2} \cdot s^{-1}$）	400~1400，变量[c]	Monti et al., 2005
块茎密度	$kg \cdot m^{-3}$	511	Kays, 未发表数据
块茎呼吸速率	$mg \cdot kg^{-1} \cdot h^{-1}$（以 CO_2 计）（0℃）	10.2	Peiris et al., 1997
块茎呼吸热	$J \cdot kg^{-1} \cdot h^{-1}$（0℃）	111	Peiris et al., 1997

续表

参数	描述	价值	参考
水分利用效率	$g \cdot L^{-1}$（水分蒸散）	1.1~1.9	Conde et al.，1991

a. 因生长阶段、栽培条件等因素而异；
b. 因营养、器官、发育阶段等因素而异；
c. 随温度、水分状况等因素而变化。

菊芋的光拦截效率与叶面积指数（Barloy，1987）相关，并随品种的不同而变化相关（Barloy，1988 a，1988 b）。早熟的叶面积指数和晚熟的品种（"哥伦比亚"和"紫罗兰"）分别在 5.0 和 6.0 左右达到高峰。早期和晚期品种 1 年的累积光拦截是 712 $MJ \cdot m^{-2}$ 和 821 $MJ \cdot m^{-2}$。早熟品种的叶在温暖年有时过早恶化，从而浪费了大量的太阳辐射（Meijer et al.，1993）。在苏格兰的叶面积指数达到 9.8 的峰值，使辐射拦截的效率非常高（Hay and Offer，1992）。

叶子的早期增长受到温度（Meijer et al.，1993）的限制，早期叶面积指数扩展拟合模型与累积度日相关（Becquer，1985；Denoroy，1985；Jouis，1985）。事实上，叶面积的增长速率与温度相关性大于其与时间的相关性（Allirand et al.，1988；Becquer，1985）。郁闭后，叶面积指数几乎与度日呈线性增长，干物质积累截获的线性函数辐射（Allirand et al.，1988）。以实际叶面积指数数据计算，总干物质生产与拦截辐射总和密切相关。据报告，在干旱条件下出现了降低效率的趋势，这可能是由于叶片的接近光饱和率和较高的呼吸速率，从而降低了干物质同化截获辐射的速率（Denoroy，1993）。

对菊芋在生长期截获的光量进行量化的若干模型（例如，Allirand et al.，1988；LeMeur，1973）建立在现有模型的基础上，特别是建立在 Monteith（1977）开发的一个模型的基础上。在该模型中，大麦，马铃薯、甜菜和苹果总干物质的总量与截留辐射高度相关，形成碳水化合物的截获光的利用效率为 2.4% 左右 [1.4 $g \cdot MJ^{-1}$（太阳能）]（Monteith，1977）。菊芋光合作用的光响应曲线和生化途径是典型的碳水化合物储存 C_3 植物，有利于现有模型的采用（Denoroy，1996）。

树冠结构影响叶面积指数，决定了低层叶面的遮盖率。树冠结构中因不同品种而不同，不同的茎、叶和数量叶的大小。最初的树冠和叶面积指数的发展在一定程度上是枝干数量的函数，在一定程度上依赖于种子块茎大小、形状、条件和品种。大，健康种子块茎往往会产生更多的茎，加速树冠早期发育（Barloy，1988；Jouis，1985）。例如早熟的植物，平均 3~5 茎和 800~1 000 个小叶子，而紫罗兰有 1 或 2 茎和 350~450 个大叶（Barloy，1988b），这些变量都包含在量化拦截模型中。增加茎的数量不一定影响块茎的总数。然而，由于茎干物质作为临时存储，干细胞数量会影响块茎数量和干燥重量，特别是晚熟的品种（Baillairge，1942；Barloy，1942；Becquer，1985）。

菊芋有一个类水平面的冠层（水平的叶子），而不是直立冠层（直立的叶子）。模型表明，直立层冠层通常更有效的光截获能力（Chen et al.，1994；Lemeur，1973）。菊芋品种在分枝的数量和叶子方向自上而下均有变化。一个典型的冠层中，平面叶角在 0° 和 55°

的分布几乎完全一致。而当叶面积大时,叶方位角分布几乎是完全随机的(Lemeur,1973)。菊芋和其他3种作物的冠层结构被纳入一个模型,以评估每一个被拦截的太阳辐射对几个太阳高度的影响程度。尽管玉米和大豆在较低的冠层有更好的光吸收分布(Lemeur, 1973),但菊芋和向日葵(水平冠层)和玉米和大豆(直立冠层)在一段时间内拦截了类似程度的直射光。菊芋上部叶片因其角度而能有效地截获入射光。冠层顶层(顶部1/4)的叶子截留了吸收的每日辐射的一半,而底层上的叶子(最低的1/4)截留不到5%,在较低的太阳高度(LeMeUe, 1973)差异最明显。

在春季,相对较低的叶面积指数是利用早期太阳辐射的一个限制因素。例如,在丹麦生长的11个栽培品种的叶面积指数在5月底小于1.0,表明在春季对可用辐射的开发相对较低。该指数从所有情况下,除矮秆无性系外,该指数从6月中旬迅速增加,在早熟品种中达到4.2的最大值,晚熟品种的指数达到(Zubr Pedersen, 1993)。在用试验数据拟合时,菊芋的冠层水平上的光截获系数(k)从0.78~1.01不等,并依赖于品种,晚熟的品种有较高的记录值(Allirand et al., 1988; Denoroy, 1996; Spitters et al., 1988b)。整片叶子的冠层一旦形成,菊芋就具有很高的潜在生产力,因为它能高效地将光能拦截并转化为干物质(Barloyd, 1987; VarletGrancher et al., 1982)。

叶面积持续时间[$LAD = 1/2\Sigma (LAI_n + LAI_{n+1})(t_{n+1} - t_n)$]提供了一种测定冠层寿命(一般以周为单位)的方法,这与固定碳的潜力有关(表10.9)。当叶面积随时间变化的图形绘制时,叶面积持续时间是所绘图形曲线下的面积。与逐步扩大叶面积的相反的是一些因素(如叶面疾病、营养不良)。锈菌(*Puccinia helianthi* Schw.)在老叶中普遍存在,对叶面积有着至关重要的影响。同样,随着开花的开始,顶端的生长和叶面积的增加也随之终止,叶片衰老的开始导致植株的叶面积的减少。遮阴(Zubr, 1988 a)和高温(Meijer, 1993)强烈地促进了健康叶片的脱落。脱落的叶片都是老龄叶,多在树冠的底部发现,故而光接收位置很差。因此,增加遮阴的生产实践(如高种植密度)能加速脱落。相比之下,在此期间施氮能阻碍叶损失,尽管对最终的块茎产量没有积极的影响(Morrenhof and Bus, 1990)。

光利用效率(光能转换效率)通常是光利用效率(光能转换的效率)通常在模型中表示为累积截获光量产生的干物质总量的回归斜率。光利用效率取决于冠层结构、所生产干物质的化学性质的和其他因素。

除了光拦截外,从环境中获取矿物质(例如氮、磷和硫)对于有效地进行光合过程至关重要。化学成分是动态模拟建模的一个组成部分(Denoroy, 1996)。

10.12.3 生物产量和收获指数

生物产量是衡量一种作物总生物量的指标。对于菊芋作为一种能源作物种植的地方,这一点特别重要。当种植在恶劣条件下,菊芋总干重或总生物量的为6到9 $t \cdot ha^{-1}$;但种植在特别是有利条件时,其产量为是20~30 $t \cdot ha^{-1}$(Denoroy, 1996)。例如,在两年的田间试验中,荷兰菊芋的总生物量为16.4~6.8 $t \cdot ha^{-1}$,对于一个早熟品种(哥伦比亚)和15.7~19.3 $t \cdot ha^{-1}$,晚熟的品种(紫德雷恩)(Violet De Rennes)为15.7~19.3 $t \cdot ha^{-1}$

(Meijer et al., 1993)。

收获指数是经济产量和生物产量的比率。它通常是由经济成分相对于植物总重量的重量来决定的，因此，它表明了块茎和植物其余部分之间同化物的相对分布。收获指数（经济产量与生物产量之比）是一个有用的指标，可用于提高某一特定植物部分的生产力。在菊芋中，收获指数通常与块茎产量有关，尽管就生物量和其他用途而言，其他成分可以量化。

菊芋的块茎收获指数相对较高，这在很大程度上是由于干物质在生长期后期从地上植物部分重新分配到块茎。在基于田间数据的模型中，收获指数（分配给块茎的总生物量的比例）随时间（以白天度数表示）呈近似线性增长（Spitters，1988），最大值为0.60。最初，块茎的生长速度为常数，而且相对较慢；在开花后，出现较快的恒定生长速率。在块茎开始生长时，木质部会有很大的扩展，但随后的生长是由于薄壁细胞积累了碳水化合物（Zubr Pedersen，1993）。

早熟品种和晚熟品种的收获指数不同。北部纬度早熟的品种的收获指数（0.60~0.78）通常高于晚熟品种的收获指数（0.50~0.55），尽管总生产力相类似（Barloy，1988b；Denoroy，1988）。菊芋块茎收获指数高于甜菜或菊苣根存储器官（Schittenhelm，1999）。菊芋收获指数（~0.70）高于大多数种子作物，如小麦，0.43~0.54（McLaren，1981）；大麦（*Hordeum vulgare* L.），0.55~0.63（Ellis and Russell，1984）；水稻（*Oryza ativa* L.），0.55 至 0.62（Anon，1978）；玉米，0.47~0.57（Place and Brown，1987）；和豇豆 [*Vigna ungucuata* (L.) Walp. subsp. *ungucuata*]，0.44~0.64（Fernandez and Miller，1985），种子内的碳储存被缩短为一个相对较窄的时期。相反，大多数根和块茎作物在生长期的大部分时间里将干物质分配给它们的储存器官。

生长在美国东南部品种"Sunchoke"的收获指数在生长期末可达到0.70，块茎产量为14.6 t·ha^{-1}。高收获指数和块茎产量取决于干物质从地上到地下部分的有效再分配。研究表明，可以通过早期的块茎诱导和发育来提高产量（McLaurin et al.，1999）。

块茎收获指数一般在遮阴、低温和短日长等抑制营养生长和开花的条件下增加（Denoroy，1996）。相对较高种植密度（如5~8株·m^{-2}）有利于块茎产量的最大化，因此获得高收获指数（Barloy and Le Pierres，1988）。然而，非常高的种植密度（如11株·m^{-2}）会导致空中植物生长的增加，而牺牲了根状茎和块茎增长，并降低了收获指数（Denoroy，1996；Hay and Offer，1992），致空中植物生长增加，并降低了收获指数（Denoroy，1996；Hay and Providing，1992）。

菊芋块茎的平均干重产量在4~6 t·ha^{-1}至10~15 t·ha^{-1}之间，占鲜重的12%~26%（Denoroy，1996）。矮秆品种的干重往往高于鲜重（25%~26%）（Zubr and Pederson，1993），因为块茎的含水量较低，其随土壤水分和其他因素而变化是众所周知的。

10.12.4 作物生长和同化速率

很多因素决定植物生长的速率和程度，尤其是截留的光能日量、光利用效率、物质在植物不同部分之间的分配、干物质损失和生长的持续时间（Charles-Edwards et al.，

1986)。干物质损失发生主要通过叶子脱落，在水分胁迫和其他不利环境条件下，脱落增加。然而，植物冠层底部的所损失的叶子通常会被具有较好的光截获能力的冠层顶部的新叶所取代。

作物生长速率的计算模型来自每日的光合有效辐射、叶截留的分数和平均光利用效率（Spitters，1988）。光合有效辐射（波长400～700 nm）接近太阳总辐射的50%（Spitters，1988）。光合有效辐射（波长400～700 nm）相当于太阳辐射总量。对菊芋而言，光利用效率随作物的发育而略有提高，8月15日以前干重为2.2 MJ^{-1}，8月15日以后为2.5 MJ^{-1}（Spitters et al.，1988b）。

相对增长率是用增长率除以重量，或单位重量的增长率（通常是用干重来衡量）。相对增长率比绝对增长率可更公平地比较数据。相对增长率在指数增长的情况下是不变的。然而，在现实世界中，植物的相对生长速度会随着它们变大而减慢，直到植物达到其最大重量或大。

净同化率是指植物在叶面积上的生长，或植物每单位叶面积所产生的干物质的量。它与植物截获的光能量有关。在较年轻的植物中，截获的光量与叶面积成正比，但随着植物的生长，它的叶子相互遮蔽，每单位叶面积截获的光会减少。这导致了随着植物干重的增加，相对增长率下降的趋势（Charles-Edwards et al.，1986）。生长速率与叶面积之间的关系可能比较复杂，因为叶面积随时间的变化可以增加叶片的重量，即使叶片表面积保持不变。

冠层尺度上截获的辐射转化为干物质的速率已在菊芋的若干模型中得到估算（Becquer，1985；Denoroy，1996；Gosse et al.，1986；Spitters，1988）。据记录，菊芋的块茎具有更高的转化率，可能是由于化学合成的降低能源成本，当茎中暂时的储存被绕过时损失会更小，或者当块茎的储存过程，光合作用的刺激变得更加有效（Barloy，1988 b；Denoroy，1996）。

10.13 影响产量的环境因素

菊芋在多种生长条件下生长旺盛。然而，环境因素对产量的影响很大，包括太阳辐射、温度、生长期的长度和降雨量。

10.13.1 辐射

太阳光驱动光合作用，这一过程使植物将二氧化碳和水转化为碳水化合物和氧气。叶绿素分子主要在叶片中捕获特定波长（400～700 nm）的辐射能，从而转换成化学能。因此，光强度和质量，以及叶片的发育、结构和布局，是影响光合效率的关键因素。

太阳辐射的截留是叶面积的函数。然而，树叶的相互遮阳，或其他植物或物体的遮阳，会减少植物利用太阳能的能力。菊芋可以生长在阴凉处，但生长参数减少（Schubert and Feuerle，1992），直接和充分的阳光对最优产量至关重要。开花也需要完整的辐射，而遮阴的部分会产生较少的花。菊芋生长速度快，茎高达 2.5~3 m，比其他植物品种高。因此，在野外条件下，植物的林分结构将主要决定到达单个植物叶片的太阳辐射量。

菊芋被纳入一个模型，观察 4 种不同作物拦截太阳辐射的效率。测定了叶片角度和光的方位角分布，计算了几个太阳高度下各作物冠层的捕光函数。菊芋、向日葵、玉米和大豆在一天内截取的直接光也差不多，尽管玉米和大豆在玉米和大豆在较低的冠层中有较好的光吸收分布。菊芋上层（上层 1/4）的叶子截取了吸收日辐射的一半，底层（最下层 1/4）的叶截留率低于 5%，其中在较低的太阳高度差异最显著（LeMeur，1973）。

在春季，相对较低叶面积指数是利用太阳辐射的一个限制因素。例如，截至 5 月底，丹麦种植的 11 个菊芋品种的叶面积指数不到 1，表明春季对潜在辐射的利用相对较低。从 6 月中旬，除矮品种外，叶面积指数迅速增加，早熟品种最高达 4.2，晚熟的品种达 6.2 （Zubr Pedersen，1993）。一旦完整的叶冠建立，菊芋就能有效地捕获太阳辐射。

在对菊芋的生产力的模拟研究中，发现叶片干物质含量是截获辐射的线性函数（Allirand et al.，1988）。法国菊芋生物量方面的年生产力变化也在很大程度上是由于太阳辐射吸收方面的差异（Barloy，1988 b）。

10.13.2 温度

温度与植物的营养生长的速率直接相关，植物的各生化过程的速率与温度有关。在特定物种的范围内，通常从高于 0℃数度，到最大峰值大约 20~35℃，温度升高能加速叶片的化学过程。在一个物种的生理范围的温度内，光合作用和化学代谢率的提高会导致营养生长的增加（Meyer et al.，1973）。一般来说，菊芋的叶面积指数与生长期的温度成正比（Allirand et al.，1988）。

大多数菊芋品种要求年平均气温在至少 125 天无霜期的生长期内达到 6~26℃（CAB International，2001；Cosgrove et al.，2000；Duke，1983）。菊芋比玉米和其他作物对更耐霜冻，因此可以可以在北美更北纬地区种植，其在农艺上的需求类似于甜菜（Fleming and Groot Wassink，1979）。

种植块茎开始发芽和发育通常需要的土壤温度至少达到 6.7℃（Cosgrove et al.，2000），尽管块茎可以在低于 5℃发芽和生根（Kosaric et al.，1984）。打破休眠需要低温（5℃或更低）。菊芋块茎耐霜冻具有抗冻性，如果一开始作物就可以在像阿拉斯加这样寒冷的地区种植，只要土壤温度不远低于 0℃，块茎在地下可以承受数月的冻结。菊芋块茎冻结温度低于-2.2℃（Whiteman，1957）。低于-7℃冷冻损伤会导致块茎的生理条件快速恶化，组织分解，特别是髓分解（Steinbauer，1939）。

与块茎相比，菊芋的茎和叶容易被霜冻冻死。因此，如果需要用作饲料或其他用途，则必须在初霜前收获。块茎在霜冻后收获，以保证足够的营养被转移到块茎上。霜冻也增强了块茎的甜度，提高某些工业用途的糖产量，并改善其在烹饪中的风味。

菊芋容忍炎热的夏天温度，尤其是也会经历寒冷的地区。在较温暖的气候中，捕捉太阳辐射的最佳叶面积较早。在温暖的气候中，气温和日照长度在季节间的差别不大，在生长初期和后期均不存在较冷的时期和较短的白昼。菊芋在热带环境中的产量往往较低。已记录到热带作物歉收，例如，在菲律宾的歉收情况（Piper, 1911; Steinbauer, 1939）。这些失败可能是由于休息时间延长（例如，超过 7 个月），而这些块茎没有暴露在足够低的冬季气温下（Steinbauer, 1933）。低温存储缩了菊芋块茎休眠期（Haber, 1934; Steinbauer, 1939）。在实验中，储存在 0℃ 和 2.2℃ 的块茎在种植时具有迅速而有力的发芽反应，但是 10℃ 发芽反应不大（Steinbauer, 1939）。在没有经历过一段时间的接近冻结温度的情况下，块茎就不会轻易发芽。

然而，许多热带地区都成功地种植了菊芋。与温带地区的菊芋相比，植物小、成熟早，块茎产量也低很多。然而，由于赤道附近增长速率更快，可能生产两种连续作物。在热带地区，菊芋是最好种植在海拔是 300~750 m，虽然在印度种植的海拔为 3 600 m（CAB International, 2001）。

10.13.3　光周期

除热带地区外，世界各地白天（光）和夜间（暗）的相对长度都有明显的季节性变化。植物种类可以通过不同的方式受到日长或光周期变化的影响，如日中性、长日或短日反应。菊芋是光周期敏感短日照植物，需要较长的光照周期，其次是较短的光照周期，从而引发向生殖阶段的发育。菊芋中光周期开花和块茎形成都受光周期的调控。暗期的不同临界开始开花，然后在秋季形成块茎。

菊芋是在一些早期研究植物光周期现象一个模型，（例如，Garner and Allard, 1923）。随后的研究确定了菊芋的临界日长，尽管在不同无性系已经观察到广泛变异（Kays and Kultur, 2005）。一系列无性系的临界日长为被发现在 13~13.5 h 之间（Allard and Garner, 1940; Hamner and Long, 1939; Zhou et al., 1984）。长日照利于生长，营养生长越好，花和块茎的形成受到阻碍。

当植物暴露于 9 h 光周期时，块茎形成很容易，但暴露于一个 18 h 光周期则不易。发现任何一片叶子（而不是末端芽）暴露在 9 h 光周期中都能诱导块茎的形成，尽管植物的其余部分经历了 18 h 的光周期。因此，叶片是光周期反应的场所，其影响通过化学信号传递给根茎和块茎（Hamner and Long, 1939; Meyer et al., 1973）。

菊芋在白天长度变化不大的热带地区或其他地区表现不佳。在热带地区的光周期条件下，营养生长停止早，块茎开始的时间也比北纬更早，导致植物植株更矮和块茎变小（CAB International, 2001）。

在植物育种过程中，同步开花是遗传杂交的关键。大多数菊芋无性系开花是由光周期控制，长度为 10~12 h 白天触发开花（Hackbarth, 1937; Zhou et al., 1984）。然而，在菊芋无性系开花的日期和持续时间上，发现了大量的遗传变异。通过对 190 个无性系的比较，开花始于种植后 69~174 d 不等，而开花持续时间为 21~126 d（Kays and Kultur, 2005）。早期开花的无性系可能代表日中性类型，其开花受发育阶段而不是光周期控制（Denoroy, 1996），或者它们可能代表无性系，即种植得足够早，并达到足够的大小，在白天的长度变得太长之前接受短日光周期刺激的无性系（Denoroy, 1996）。

在低纬度地区菊芋种植的典型范围内，选择种植日期是实现同步开花最好的方法，所使用数据为种植在特定位置开花后的天数（Kays and Kultur，2005）。然而，在高纬度地区（如在北欧），开花可能会发生得太晚，无法生产种子，即使是早播种的日期也是如此。在这种情况下，对于理想的遗传杂交，在受控制的光周期条件下生长可能是必要的，以促进开花的开始，供植物育种之用。在德国的一项研究中，人工缩短白天长度长达12周，使某些品种提前开花（Lohrke，1956）。在季节较长的地区，遮阴植物或强迫植物进入温室也可能诱导提早开花（Góral，1998；Sawicka and Wadysaw，2005）。

10.13.4 降水

降水通过土壤含水量、土壤通气量、大气湿度等方式间接影响植物生理。虽然降水包含从大气中沉积所有液体和固体形式的水，包括雨、毛毛雨、露珠、冰雹、白霜和雪，降雨是影响植物生长的最重要的类型。菊芋耐受的年降水量在31~282 cm（Duke，1983）。然而，均匀分布的125 cm的降雨是最优增长的首选（CAB International，2001）。作物可在短时间内的干旱和洪水中得以幸存。其水分利用效率估计干重为$1.1~1.9 \text{ g} \cdot \text{L}^{-1}$。

秋季和冬季降雨量高会助长疾病和阻碍收获，而夏天降雨不足可能需要灌溉。在德国一项为期3年的研究中，非灌溉小区的块茎产量受到夏季干旱条件的影响比甜菜和菊苣根产量更严重。作者认为，在水分胁迫时期，甜菜和菊苣的主根长比相对浅根菊芋更能够利用的下层的水分。然而，一旦当水分胁迫变得尤其严重，3个作物减产类似（Schittenhelm，1999）。

在西班牙中部半干旱条件下在，采用不同灌溉处理在3个不同的发育阶段产生不同程度的水分胁迫。结果表明，在第一个生长阶段一定程度的干旱胁迫对块茎产量没有明显影响，甚至可能对块茎产量有一定的促进作用。然而，如果植物在生育期的后期受到胁迫，块茎产量显著降低。干旱胁迫下植物叶面积指数下降，这是一种减少植物水分流失的适应策略（Conde et al.，1988，1991）。

在非常干旱的条件下，菊芋在没有浇水的情况下存活下来，但只能达到有限的高度（1~1.5 m）和产量相对较少的小型块茎（Fernandez et al.，1988）。由于块茎的表皮层较薄，在干燥土壤中容易失去。干旱气候下的灌溉可以使块茎的产量翻一番。

充足的土壤水分对于确保在营养前期旺盛的生长是很重要的（Stauffer et al.，1981）。叶子是衡量土壤水分的指标：萎蔫会出现于中等和低的土壤水分条件下，衰老发生在极为有限的水分条件下（Kosaric et al.，1984）。块茎对后期干旱尤为敏感，因为缺水会影响块茎膨大（Jouis，1985）。

在地中海炎热和干燥的条件下，菊芋需要充足的降雨或灌溉，以获得可接受的菊粉和糖产量产。然而，在春季或季末的大雨可能会对菊芋块茎的产糖产生不利影响（De Mastro et al.，2004）。

10.13.5 风

菊芋生长高度使它们很容易受到风的破坏。植物可生长到1.5~2.5 m高，相对于其尺寸来而言，根系统相对较浅。因其粗硬茎，植物可以忍受相对温和的风，但暴露于多风的地方，植物有可能被吹倒。倒伏导致三维冠层压缩到一个很小的区域，必然导致遮阴和显著的落叶。落地物也会破坏其他周围植物和其他小农的蔬菜植物。在英格兰的沿海有风地区，这是一个普遍的问题，像康沃尔（Smit and McMillan Browse, 2000）。后期生长面对涡流的狂风会尤其脆弱，那样会导致扭折或者损害茎秆在英国有风的沿海地区，如康沃尔（Smit and McMillan Browse, 2000）。Zubr（1988a）曾经报道过在丹麦的风暴期间高大的茎折断和倒伏现象，而 Le Cochec 和 de Barreda（1990）曾记录了在法国的田间试验期间大风和冰雹造成的损失。

在暴露部位的地块，沿菊芋行间隔在 1.5 m，可以使用强的杆防止倒伏，菊芋行以 1.5 m 间隔。金属丝在高达 1.5 m 的木桩之间穿过，它们可以防止植物被风吹（Smit and McMillan Browse, 2000; Wood, 1979）。矮秆品种能够更好地抵御强风。

给菊芋茎培土能够更好地使植物抵御强风。当植物长到大约 90~120 cm 的时候，培土有助于根部的进一步生长，这也可以改善固定点。拔根更可能出现在轻质土或中性土中（Wood, 1979）。

为了降低风灾的可能性，菊芋顶部也可以在 1.5 m 处被切断（Wood, 1979），在这种情况下阻止了植物开花。风也会影响叶的温度和叶片光合速率与蒸腾速率，对生长速率产生了轻微的影响（Meyer et al, 1973）。

10.14 影响产量的因素

不需要太多管理，菊芋就可以生产出可接受的块茎产量。例如，Shoemaker（1972）曾断言，它是温带地区所发现的最容易培育的块茎或根类农作物。然而，大量的生产措施可以明显地增加菊芋的生产力和提升来自植物产品的质量。具体措施包括土壤处理、灌溉、种植密度、品种选择、种植到收获的时间、杂草控制和使用生长调节剂。紧实的土壤也会阻碍根茎的发育，导致块茎在茎附近形成。这是一种不受欢迎的情况。当它们被用于工业用途的时候，块茎扭曲会减少它们在鲜货市场的价值。

10.14.1 土壤类型和处理

菊芋在相对贫瘠的土地和营养缺乏的土壤上比大多数作物生长得更好（Baillarge, 1942; Pätzold, 1957）。块茎产于土壤条件下，例如，土壤是贫瘠到无法种植马铃薯或者糖用甜菜，而菊芋则可在此类土壤上生产块茎（Shoemaker, 1927; Boinot, 1942）。因此，菊芋是边际土地上的理想种植物，特别是在土壤贫瘠的干旱区域。并且它的须根系统也利于突破为开垦的土地。然而，不是所有的边际土地都适于获得满意的块茎产量（Kosaric et al, 1984）。据报告，泥炭和排水不良的土壤和肥力低的土壤产量低（Hergert, 1991; Lim and Lee, 1983; Pejin et al, 1993）。

尽管菊芋可以生长在贫瘠的土壤上，但是块茎的个头一般会比较小，产量也较低。菊芋更偏好沃土，这类土壤对高产量是必须的。最高产的块茎通常会在肥沃、轻质的沙质土中获得。菊芋适应于肥沃的沙质土和排水良好的冲积土（Huxley，1992）。

在某种情况下，高产量可以在重壤土上产生，这种土地一般比其他类型的土壤有更好的保水性能。实际上，在低降雨量和无灌溉条件下，产量在重壤土上可能更高（Kosaric et al.，1984）。在新泽西州，一年（1930年）中尤其是雨量低降时（9.9 cm，而不是通常的8月中旬至10月中旬的20.1 cm），相较于轻沙质土壤上的4.7 t·ha^{-1}，块茎在重壤土上是10.4 t·ha^{-1}。相较于在轻砂质土壤的0.91 t·ha^{-1}，在重壤土上相应的糖产量是2 t·ha^{-1}。重壤土中残留的水分是轻砂壤土的两倍（土壤中的水量22.6%：13.8%）。然而在强降雨的年份，优良的块茎和糖产量则出现在砂质壤土中。因此，相比干旱地区的轻质土，较重的土壤可能会有一个更大的确定性产量（Sprague et al，1935）。

在很多地区，由于渍涝带来的问题和收获时的困难使得重质土不适合块茎的生长（例如，Pilnik and Vervelde，1976）。对于黏土上的情况尤其如此。在雨季货灌溉条件下，8月至10月间灌溉量可达10~13 cm。在疏松土壤上生长的菊芋比黏重土壤上的产量更高，并且块茎也更容易从地下移出。砂质土壤条件下，收获时几乎没有土壤黏附在块茎上。然而在黏土中，黏附在块茎上的土壤重量几乎占了收获重量的40%（Shoemaker，1927）。更重要的是，非常湿润的土壤会导致在距离主茎很远的地方生长出瘦小的块茎（Kosaric et al.，1984）。在韩国，用4种不同类型的土壤（砂土、黏土、田间土壤、腐殖土）做实验，腐殖土上获得最高产量（63 t·ha^{-1}），而黏土上的产量最低（23 t·ha^{-1}）（Lee et al.，1985）。

菊芋可生长在广泛的土壤类型和较广范围pH值水平，但略碱性土壤对生产更有利。黏土容易发生涝灾，这可能会导致土壤pH值过低，不利于块茎的最优生长。较好的土壤pH值应在4.5~8.6之间（Duke，1983；Kosaric et al.，1984）。在酸性土壤中，向土壤中施石灰使得植物受益。向土壤中施入钙基肥料可以明显提高产量。这主要是因为土壤pH值的改变（Lee et al.，1985）。美国的一项研究表明，在pH值较低的砂质壤土上，仅增施石灰可使块茎增产高达6.8%（Sprague et al.，1935）。

在低肥力土壤中施高磷肥料可以提高产量，特别是在生长期初期施入（Yamaguchi，1983）。一系列的施肥用量被推荐使用，虽然额外增施氮肥会对顶端生长有利，但会抑制块茎的发育。

种植后，可在植物周围培土。既可以起垄，也可以单株培土。也可以在株高30 cm时，结合中耕除草进行培土。在幼茎基部进行培土对块茎形成有利，因为可以增加地下茎的数量，块茎在地下茎上形成。同时提高了成熟植株的稳定性，也使得收获变得很容易，因为块茎在土壤内埋藏很浅。植株30 cm高时覆盖也有相似的效应，有助于抑制杂草和保墒（Wood，1979），同时起到起垄作用。在湿润土壤中，起垄可以使幼苗附近的土壤快速变干，从而减少腐烂的发生（Shoemaker，1927）。

10.14.2 灌溉

补充灌溉对产量有显著的影响，出苗期和块茎膨大期都对缺水非常敏感，而营养生长期时较不敏感（Conde et al.，1991）。块茎的最终生长可能会由于水分缺乏而受到明显的限制（Ben Chekroun，1990；Milord，1987；Mezencev，1985）。合理的水分利用可以提高水分利用效率和收获指数（Conde et al.，1988，1991）。而过度灌溉会导致顶端组织生长旺盛、减产和收获指数低下。

灌溉的时间和数量取决于降雨、种植密度、施肥率、土壤类型及其他因素。一般地，作物需要一些补充灌溉。土壤越干燥，所需要补给的额外水分越多。在德国，生长期共进行了8次灌溉，灌溉总量达147.5 L·m^2（Schittenhelm，1991）。灌溉会增加早期块茎的干物质重量，块茎重量增加28.2%，但并不改变块茎的数量。比较不灌溉和两种灌溉定额（用5次灌溉方，总量分别为1 500和2 500 m^3·ha^{-1}），Mimiola（1988）发现块茎鲜重产量分别从29.3增加到40.7与7.9 t·ha^{-1}。灌溉方式一般采用顶喷式灌溉机和低压灌溉，低量灌溉被推荐在密实土壤上使用（见12.5）。

10.14.3 植物种群密度

菊芋的种植密度影响其生长参数及产量。随着种植密度的增加，单株植物块茎的数量、鲜重和产量都会减少（Berenji and Kisgeci，1988）。通常的块茎种植密度是3~4株/m^2，行距1m左右（CAB International，2001）。然而，种植间距要根据品种、地区、可用水资源而选择，并且影响植株可能达到的最终高度和株型。Shoemaker（1927）提到，例如，在密歇根地区，菊芋为中等高度、不开花，与更南的华盛顿特区较高高度、株型开张、开花的菊芋相比，其种植密度可以更大。

种植指南一般推荐，50~60 cm的株距、0.7~1 m的行距可以避免密植造成的平均块茎尺寸减小，从而获得最高产量。行距太宽虽然可以增加单株产量，但单位面积的群体产量是下降的（Boswell，1959；Kosaric et al.，1984）。

在美国的试验中，在间隔1.5 m的行内，测量了30.5~91 cm的产量。结果表明，行距一定的情况下，行内种植间距越近，单位面积产量越高，61 cm是推荐的最佳株距。在30.5~61 cm范围内，随着株距增加块茎平均大小增加，但株距超过61 cm对块茎大小没有太大的影响。61 cm以上的株距会产生更大的顶端和更多的块茎（Boswell et al.，1936）。

同样的试验中，保持株距为61 cm，行距在0.61~1.83 m范围内变化。结果表明，0.91 m行距种植密度下的块茎平均尺寸比0.61 m更大，但是0.91 m以下对块茎平均尺寸没有太大影响。因此，除俄勒冈州外，0.91 m被认为是各个州的最佳种植行距。在俄勒冈州，由于植株有更茂密的顶端组织，1.52~1.83 m为宜，121.9 cm行距和较宽株距也被认为是较好的种植密度（Boswell et al.，1936）。

在前南斯拉夫地区进行的一项试验中，使用从中心点辐射的不同的种植密度行，导致块茎的重量和大小不同。"Violet Commun"品种的块茎产量随密度的增加，由2.2 kg/株下降到0.3~0.4 kg/株。每平方米种植4~6株的情况下，种植密度对产量的影响是非常显著的。但是单株产量的下降可以由群体数量的增加来补偿，这样整体产量还是增加的。然而种植密度超过4~6株/m^2，单株产量的下降不能由群体数量补偿（Berenji and Kisgeci，

1988)。

西班牙的研究人员发现，在灌溉和施肥条件下，当菊芋的最佳种植密度在 30 000～40 000株·ha^{-1}、行距为 80 cm 与株距为 36 cm 时，产量最高。高密度（50 000 株·ha^{-1}）条件下，增施肥料可显著提高产量，然而低密度下增加施肥对提高产量没有太大帮助（Fernandez et al.，1988）。

在韩国进行的一项实验中，以行距 30～90 cm、株距 5～70 cm 各个组合作为种植密度，发现行距 50～70 cm、株距 15～30 cm 的种植密度能取得最高产量。其结论为：菊芋的最佳种植密度为 30 cm×70 cm，也就是 47 620 株·ha^{-1}（Lee et al.，1985）。

Shoemaker 研究发现，边行区域不规则块茎的出现率高于中心区域，他认为这是因为生长不受竞争的限制。然而最近更多的研究表明，种植密度较大会增加不规则块茎的出现率。在丹麦所进行的一项实验中，想要找出一级菊芋（表面光滑、圆、块茎发育良好、单个块茎超过 20 g）的栽培生理参数，种植密度是其中一项参数。种植密度从 2 株·m^{-2} 提高到 8 株·m^{-2}，一级块茎产量增加了 1 倍。高种植密度栽培条件下，一级块茎平均重量仅减少 10%，但块茎平均重量却减少了 20%。

栽培品种对种植密度的反应也不同。有的品种可以种植很密而不影响植株的生长和块茎的产量，而有些品种却对密度非常敏感。矮秆品种可能特别适合较密株距。在荷兰，专门培育了矮秆无性系用以检验是否减少顶端（茎秆）能使块茎更好发育。然而，结果发现，比起已有品种（"Précoce Commun"和"Eigen Nabouw"），其产量却没有任何提高。矮秆无性系在标准种植密度下并没有达到最佳产量，原因是冠层没有覆盖完全，而使得野草生够建立与代表着低效的太阳辐射收集。然而，种植密度增加 3 倍，同时增施氮肥（140 kg·ha^{-1}），可以得到相对较高的产量。矮秆品种块茎中的干物质产量高达 11 100 kg·ha^{-1}，沙土中雨量充足，与晚熟品种"Eigen Nabouw"相当，但仍低于早熟品种"Précoce Commun"（Pilnik and Vervelde，1976）。

菊芋很少用于间作，因其生长高大、旺盛和茂密。紧密的冠层有效地抑制了间作植物和杂草的生长。玉米是个例外，它可以在与菊芋相似的土壤和气候下很好地生长（Riotte，1978），但是菊芋-玉米这种间作组合却很少被采用（Riotte，1978）。

10.14.4 生育期长度

菊芋的生育期很长，比小麦、玉米及其他大多数作物都要长。生育期长度是影响菊芋产量的关键因素。虽然生育期会随种有所不同，但是一般的生育期长度至少 4～5 个月，并且要有至少 125 天的无霜期。在特定地区品种的选择一定程度上是依据其早熟或晚熟特性。早熟品种生育期短，而晚熟品种生长季节较长时表现最好。

早熟品种植株一般要比晚熟品种矮（Kiehn and Chubey，1993）。它们的潜在产量较低，但在生长期较短的地区，往往比在块茎膨大前需要较长生长期的晚熟品种产量更高。在北欧，较短的生育期更有利于早播品种的生长。例如，在荷兰，由于无法满足晚熟品种需要的较长生育期，因此，早熟品种往往比晚熟品种产量更高（46 t·ha^{-1}：38 t·ha^{-1}），因为生长期不足以使晚熟品种获得最佳生长。菊芋的生长模式与开花时间密切相关，开花时,叶子停止生长,光合效率降低,在这篇研究报告中,许多晚熟品种并不开花。

法国的一项研究显示,与早熟品种(例如"Blanc précoce")相比,晚熟品种(例如"Violet de Rennes")有更高的总生物量,但两者的块茎产量相同。由于秋天不利的气候条件限制了它的生长周期,晚熟品种的优势叶面积指数不能转化为块茎产量优势(Barloy,1988b)。春季早播可以确保有较长的生长时间。在南欧,要在 2 月播种,最迟不能超过 3 月,否则会导致减产。

要想获得最大产量,较长的生育时间是必不可少的。然而,生育期较长也会使得块茎中果糖转变为葡萄糖的比例降低。在加拿大、英国和荷兰进行的实验显示了不同收获时间块茎果糖的下降水平,一般而言,9 月收获的块茎中果糖浓度下降至 82%~91%,而 11 月收获的浓度为 73%~79%。但较晚收获可以得到较多的块茎,果糖总量还是增加的,这通常会弥补果糖浓度的下降。因此,作物生长季节持续时间的控制将取决于作物的预期用途(Flming and GrootWassink,1979)。表 10.10 中给出了不同地区的产量参考值。

表 10.10　典型地区的菊芋及其衍生产品的节选产量数据

产量指数	纬度（N）	地点	参考文献
总生物量（t·ha^{-1}）（干重）			
20~30		欧洲	Barlog and Fernandez, 1991
23	37°34′	韩国（首尔）	Lyu and Song, 1986
块茎：鲜重（t·ha^{-1}）			
13~62	55°40′	丹麦（哥本哈根）	Klug-Anderson, 1992; Zubr, 1991
54	52°22′	德国（勃兰登堡）	Honermeier et al., 1996
42~46	51°58′	荷兰（瓦和宁根）	Pilnik and Vervelde, 1976; Spitters et al., 1969
40	48°13′	奥地利（塞伯斯多夫）	Soja and Liebhard, 1984
66	48°5′	法国（雷恩）	Gabini, 1988
40~126	46°28′	乌克兰（敖德萨）	Varlamova and Prikhodko, 1996
45~56	46°12′	华盛顿（普罗瑟）	Hang and Gilliland, 1982
47~70	45°15′	塞尔维亚和黑山（诺维萨德）	Pejin et al., 1993
6.4~46	45°6′	加拿大(摩登)	Stauffer et al., 1975
4.4~77	45°6′	加拿大(摩登)	Chubey and Dorrell, 1974a, 1982; Dorrell and Chubey, 1977; Kiehn and Chubey, 1985, 1993
90	43°36′	法国（蒙彼利埃）	Chabbert et al., 1985a
50~60	42°59′	意大利（阿韦扎诺）	Gabini and Corronca, 1991

续表

产量指数	纬度（N）	地点	参考文献
53~58	41°54′	意大利（罗马）	Mimiola, 1988
46~70	41°40′	西班牙（索利亚）	Fernández and Curt, 2005; Fernandez et al., 1988
41~80	41°8′	意大利（巴里）	De Mastro, 1988
74	40°30′	西班牙（马德里）	Conde et al., 1988
36	37°34′	韩国（首尔）	Lim and Lee, 1983
块茎：干重（$t \cdot ha^{-1}$）			
7~12	57°15′	丹麦（腓特烈斯贝）	Zubr and Pedersen, 1993
6~8	55°40′	丹麦（哥本哈根）	Zubr, 1993
10	52°22′	德国（勃兰登堡）	Honermeier et al., 1996
4~15	51°58′	荷兰（瓦和宁根）	Meijer and Mathijssen, 1991; Pilnik and Vervelde, 1976; Spitters, 1987; Spitters et al., 1988
4~11	48°13′	奥地利（塞伯斯多夫）	Soja and Liebhard, 1984; Soja et al., 1993
11~12	45°15′ S	埃尔比亚和黑山（诺维萨德）	Pejin et al., 1993
2~13	45°6′	加拿大（摩登）	Kiehn and Chubey, 1993
11	41°40′	西班牙（索利亚）	Fernandez et al., 1988
10~17	41°8′	意大利（巴里）	De Mastro, 1991; Losavio et al., 1996
地上部分：干重（$t \cdot ha^{-1}$）			
4~9	55°40′	丹麦（哥本哈根）	Zubr, 1993
5~30	55°27′	苏格兰（艾尔）	Hay and Offer, 1992
4.9	46°52′	北达科他州（法戈）	Seiler, 1993
16	46°12′	华盛顿（普罗瑟）	Hang and Gilliland, 1982
4~24	45°15′	尔维亚和黑山（诺维萨德）	Pejin et al., 1993
8~15	41°54′	意大利（罗马）	D'Egido et al., 1998
6~14	41°40′	西班牙（索利亚）	Fernández and Curt, 2005
菊粉（$t \cdot ha^{-1}$）			
10~13（块茎）	46°28′	乌克兰（敖德萨）	Varlamova and Prikhodko, 1996
13.7（块茎）	46°4′	意大利（乌迪内）	Baldini et al., 2003

续表

产量指数	纬度（N）	地点	参考文献
6.8（地上部分）	41°54′	意大利（罗马）	D'Egido et al.，1998
总糖（t·ha^{-1}）			
9	52°16′	德国（布伦瑞克）	Schittenhelm，1996
8	48°13′	奥地利（塞伯斯多夫）	Soja and Liebhard，1984
6~9	45°6		Stauffer et al.，1975
3~9	43°36′	法国（蒙彼利埃）	Chabbert et al.，1985a
7~10	42°59′	意大利（阿韦扎诺）	IGabini and Corronca，1991
4.5~9.8	41°54′		Caserta and Cervigni，1991
8~15	41°8′	意大利（巴里）	De Mastro，1991
果糖（t·ha^{-1}）			Baldini et al.，2003
13.3	46°4′	意大利，乌迪内	
果糖/葡萄糖比值			
(5.3~2.45)：1（块茎）	45°37′		Ben Chekroun et al.，1996
5.7~1	45°6′	加拿大（摩登）	Chubey and Dorrell，1974a
5.6：1（地上部分）	41°54	意大利（罗马）	D'Egido et al.，1998
乙醇（L·ha^{-1}）			
3 060（块茎）	55°40	丹麦（哥本哈根）	Zubr，1988
3 970~7 448（块茎）	52°16′	德国（不伦瑞克）	Schittenhelm，1987
5 000（块茎）	48°13′	奥地利（塞伯斯多夫）	Soja and Liebhard，1984
2 500~7 500（块茎）	43°36′		Chabbert et al.，1983；Guiraud etal.，1982
3 840~5 850（块茎）	~48°	德国（西南）	Kahnt and Leible，1985，
3 900~4 500（块茎）	42°59′	加拿大（伦敦）	(tubers) Canada (London) Duvnjak et al.，1981
11 000（块茎）	43°43′	意大利（比萨）	(tubers) Ercoli et al.，1992
5 600（块茎）	38°32′	加利福尼亚（戴维斯）	Williams and Ziobro
11 230（地上部分）	-43°32′	新西兰（克莱斯特彻奇）	Judd，2003
1 920~4 580（地上部分和块茎）	45°6	加拿大（摩登）	Canada (Morden) Stauffer et al.，1975
蛋白质			

续表

产量指数	纬度（N）	地点	参考文献
20%~24%（叶干物质）	44°4′	美国（瓦塞卡，MN）	Rawate and Hill, 1985
酵母上提取 2 t·ha^{-1}	43°36′	法国（蒙彼利埃）	Apaire et al., 1983
总能量（GJ·ha^{-1}）			
140~280	55°27′	苏格兰（艾尔）	Hay and Offer, 1992

10.14.5 杂草

菊芋植株高大、生长迅速，并且叶冠可严实覆盖地表，因此在大多数生长期里，防止了杂草在大部分生长季节成为生产上的一个重大问题。然而，菊芋需要大约 2 个月的时间才能建立起紧密的叶冠。在这段时间里，杂草有可能对作物造成危害。因此，为了作物更好地生长，在可能发生杂草的时候就有必要采取一些方式进行控制，比如机械锄草或者苗前苗期化学防治。

冠层建立后，菊芋的生长几乎压制了所有的植物（Kosaric et al., 1984；Schittenhelm, 1996）。因此，因杂草而减少的产量要低于其他大多数作物。灌溉条件下，杂草竞争造成储藏器官产量的减少。例如德国的一项旨在对比菊芋、甜菜和菊苣的农艺性状表现的田间试验中，设置了完全杂草和无杂草两组对照。结果表明，完全杂草条件下，相对于甜菜和菊苣分别减产 70% 和 47%，菊芋 3 年平均减产 8%。并且 3 年中仅在杂草危害水平很高的年度，菊芋块茎的产量才会有明显减少。田间的主要杂草有戟叶堇菜（*Viola arvensis* Murr.）、早熟禾（*Poa annua* L.）、狗舌草（*Senecio vulgaris* L.）、低鼠曲草（*Gnaphilium uliginosum* L.）和辣子草（*Galinsoga parviflora* Cav.）（Schittenhelm, 1999），其他常见的早熟性杂草有茅草 [*Elytrigia repens* (L.) Nevski = *Agropyron repens*]（Pilnik and Vervelde, 1976）。

因为菊芋比杂草生长旺盛这一特性，它一度被用作除去荒田土壤中的杂草。例如，栽培两年的菊芋可以清除土壤中的茅草（Shoemaker, 1927）。然而菊芋本身通常也被人们当作杂草，尤其在美国的谷田中。这是因为菊芋块茎很难被完全收获，残留的块茎又会自发长出新植株。如果在同一块田地上连续多年种植菊芋，自生出的植株在新栽植的块茎中不会造成太大的问题。但如果下一年种植的是玉米，自生出的菊芋植株就会造成严重的杂草危害。将需要用物理、化学防治方法来治理这些杂草（详见 12.3.2）。

10.14.6 生长调节剂

植物内源生长调节剂被认为在菊芋干物质的分配中起着重要作用。例如，在日照长度的影响下，脱落酸和赤霉素的平衡影响着块茎的形成，高水平的赤霉素会抑制块茎的形成（Denoroy, 1996）。然而，在从植物组织中提取植物激素时必须做出的假设以及外源处理的潜在药理作用,使人们对其内源性作用的结论充其量是脆弱的。然而,植物内部的资源分配一直被外源生长调节剂的应用或影响内源生长调节剂所调控。例如,用抑制赤霉素合成的生长调节剂如苯三唑处理植物,将会使株高降低,块茎数量增加,块茎内糖分增加。

  生长抑制剂同样被用于作物中去检测是否能人为抑制顶端生长而促进块茎的产量。在荷兰,抑制剂曾被用于品种"PrécoceCommun"和"Eigen Nabouw",结果令人失望。复合物 B-9 或 SADH 分两次施用,施用量为 0.6 kg·ha^{-1}。它的抑制作用持续的时间很短,并且它不会影响植物的最终高度或叶的总数。Hadacine 以 1.5 kg·ha^{-1} 的用量用于 3 种不同的时期。它对于生长的影响很小,但是会造成一些叶子损害和轻微的块茎减产(Pilnik and Vervelde, 1976)。

  一些除草剂也应用于成熟菊芋的叶子,以减少植物营养生长,促进块茎形成,从而提高块茎产量。这会引起块茎的生化变化,但目前尚不清楚产量是否受到有利影响。在 9 月用 2,4-D 对菊芋叶子进行喷雾,例如,可以增加块茎中水的摄入量,减少糖浓度(Conti, 1957)。顺丁烯二酰肼还能增加吸水量,同时加速块茎储藏过程中果糖向葡萄糖的转化(Kosaric et al., 1984)。

参考文献

Abe, M., Kobayashi, Y., Yamamoto, S., Daimon, Y., Yamaguchi, A., Ikeda, Y., Ichinoik, H., Notaguchi, M., Goto, K., and Araki, T., FD, a bZIP protein mediating signals from the floral pathway intergrator FT at the shoot apex, *Science*, 309, 1052-1056, 2005.

Adamson, D., Expansion and division in auxin-treated plant cells, *Can. J. Bot.*, 40, 719-744, 1962.

Aitchison, P. A. and Yeoman, M. M., Use of 6-methylpurine to investigate the control of glucose-6-phosphate dehydrogenase levels in cultured artichoke tissue, *J. Exp. Bot.*, 24, 1069-1081, 1973.

Alex, J. F. and Switzer, C. M., *Ontario Weeds*, Publication 505, Ontario Ministry of Agriculture & Food, Ontario, 1976.

Allard, H. A. and Garner, W. W., Further observations of the response of various species of plants to length of day, *USDA Technical Bulletin* 727, USDA, Washington, DC, 1940.

Allirand, J.-M., Chartier, M., Gosse, G., Lauransot, M., and Bonchretien, P., Jerusalem artichoke productivity modeling, in *Topinambour (Jerusalem Artichoke)*, ECC Report 11855, Grassi, G. and Gosse, G., Eds., Commission of the European Communities, Luxembourg, 1988, pp. 17-27.

Ambartsumian, A. A., Tozalakian, P. V., Bazukian, I. L., and Popov, Y. G., Phenylalanine-ammonia lyase from *Helianthus tuberosus* L.: isolation and primary characterization, *Biotekhnologiya*, 2, 24-28, 2000.

An, H., Roussot, C., Suarez-Lopez, P., Corbesier, L., Vincent, C., Pineiro, M., Hepworth, S., Mouradov, A., Justin, S., Turnbull, C., and Coupland, G., CONSTANS acts in the phloem to regulate a systemic signal that induces photoperiodic flowering of *Arabidopsis*, *Development*, 131, 3615-3626, 2004.

Anisimova, I. N., Gavrilova, V. A., Loskutov, A. V., Rozhkova, V. T., and Tolmachev, V. V., Polymorphism and inheritance of seed storage protein in sunflower, *J. Genet.*, 40, 995-1002, 2004.

Anon., Harvest index: criterion for selecting for high yield ability, in *Annual Report of the International Rice Research Institute for* 1977, International Rice Research Institute, Los Banos, The Philippines, 1978, pp. 21-25.

Apaire, V., Guiraud, J. P., and Galzy, P., Selection of yeasts for single cell protein production on media based on Jerusalem artichoke extracts, *Z.-Allg.-Mikrobiol.*, 23, 211–218, 1983.

Arrigoni, O., Dipierro, S., and Borraccino, G., Ascorbate free radical reductase, a key enzyme of the ascorbic acid system, *FEBS Lett.*, 125, 242–244, 1981.

Arzumanyan, A. N., Bazukkyan, I. L., and Popov, Y. G., Construction of transgenic plant *Helianthus tuberosus* L. with bacterial levanase gene, *Biologicheskii Zhurnal Armenii*, 53, 81–86, 2001.

Atlagic, J., Dozet, B., and Skoric, D., Meiosis and pollen viability in *Helianthus tuberosus* L. and its hybrids with cultivated sunflower, *Plant Breeding*, 111, 318–324, 1993.

Atlante, A., de Bari, L., Valenti, D., Pizzuto, R., Paventi, G., and Passarella, S., Transport and metabolism of D-lactate in Jerusalem artichoke mitochondria, *Biochim. Biophys. Acta Bioenergetics*, 1708, 13–22, 2005.

Austin, R. B., Ford, M. A., and Morgan, C. L., Genetic improvement of the yield of winter wheat: a further evaluation, *J. Agric. Sci.*, 112, 295–301, 1989.

Ayre, B. G. and Turgeon, R., Graft transmission of a floral stimulant derived from CONSTANS, *Plant Physiol.*, 135, 2271–2278, 2004.

Bachem, C. W. B., Horvath, B., Trindale, L., Claassens, M., Davelaar, E., Jordi, W., and Visser, R. G. F., A potato tuber expressed mRNA with homology to steroid dehydrogenases affects gibberellin levels and plant development, *Plant J.*, 25, 595–604, 2001.

Bacon, J. S. D. and Edelman, J., The carbohydrates of the Jerusalem artichoke and other Compositae, *Biochem. J.*, 48, 114–125, 1951.

Bagni, N., Aliphatic amines and a growth factor of coconut milk stimulate cellular proliferation of *Helianthus tuberosus in vitro*, *Experientia*, 22, 732–736, 1966.

Bagni, N., Calzoni, G. L., and Speranza, A., Polyamines as sole nitrogen sources for *Helianthus tuberosus* explants *in vitro*, *New Phytol.*, 80, 317–323, 1978.

Bagni, N., Corsini, E., and Serafini-Fracassini, D., Growth-factor and nucleic acid synthesis in *Helianthus tuberosus*. I. Reversal of actinomycin D inhibition by spermidine, *Physiol. Plant.*, 24, 112–117, 1971.

Bagni, N., Donini, A., and Serafini-Fracassini, D., Content and aggregation of ribosomes during formation, dormancy, and sprouting of tubers of *Helianthus tuberosus*, *Plant Physiol.*, 27, 370–375, 1972.

Bagni, N., Malucelli, B., and Torrigiani, P., Polyamines, storage substances and abscisic acid–like inhibitors during dormancy and very early activation of *Helianthus tuberosus* tissue slices, *Plant Physiol.*, 49, 341–345, 1980.

Bagni, N. and Serafini-Fracassini, D., Involvement of polyamines in the mechanism of break of dormancy in *Helianthus tuberosus*, *Bull. Soc. Bot. France*, 132, 119–125, 1985.

Bagni, N. and Speranza, A., Pathways of polyamine biosynthesis during the growth of *Helianthus tuberosus* parenchymatic tissue, in *Plant Growth Regulators*, Kudrev, T., Ivanova, I., and Karanov, E., Eds., Bulgarian Academy of Science, Sofia, 1977, pp. 75–78.

Bagni, N., Torrigiani, P., and Barbieri, P., Effect of various inhibitors of polyamine synthesis on the growth of *Helianthus tuberosus*, *Med. Biol.*, 59, 403–409, 1981.

Bagni, N., Torrigiani, P., and Barbieri, P., *In vitro* and *in vivo* effect of ornithine and arginine decarboxylase inhibitors in plant tissue culture, *Adv. Polyamine Res.*, 4, 409–417, 1983.

Baillarge, E., *Le Topinambour. Ses Usages, Sa Culture*, Flammarion, Paris, 1942.

Baldini, M., Danuso, F., Turi, M., and Vannozzi, G. P., Evaluation of new clones of Jerusalem artichoke (*Helianthus tuberosus* L.) for inulin and sugar yield from stalks and tubers, *Ind. Crops Products*, 19, 25-40, 2003.

Balogh, L., Invasive alien plants threatening the natural vegetation of Örség landscape protection area (Hungary), in *Plant Invasions: Species Ecology and Ecosystem Management*, Brundu, G., Brock, J., Camarda, I., Child, L., and Wade, M., Eds., Backhuys Pub., Leiden, The Netherlands, 2001, pp. 185-198.

Barloy, J., Etudes sur les bases genetiques, agronomiques et physiologiques de la culture de topinambour (*Helianthus tuberosus* L.), in *Rapport COMES-AFME 1982-1983*, Laboratoire d'Agronomie, INRA, Rennes, 1984, p. 41.

Barloy, J., Jerusalem artichoke (*Helianthus tuberosus* L.): ecophysiology and yield improvement, in *Biomass for Energy and Industry*, Grassi, G., Delmon, B., Molle, J.-F., and Zibetta, H., Eds., Elsevier, London, 1987, pp. 124-128.

Barloy, J., Techniques of cultivation and production of the Jerusalem artichoke, in *Topinambour (Jerusalem Artichoke)*, Report EUR 11855, Grassi, G. and Gosse, G., Eds., Commission of the European Communities, Luxembourg, 1988a, pp. 45-57.

Barloy, J., Yield elaboration of Jerusalem artichoke, in *Topinambour (Jerusalem Artichoke)*, Report EUR 11855, Grassi, G. and Gosse, G., Eds., Commission of the European Communities, Luxembourg, 1988b, pp. 65-84.

Barloy, J. and Fernandez, J. Synthesis on Jerusalem artichoke projects, in *Topinambour (Jerusalem Artichoke)*, Report EUR 13405, Grassi, G. and Gosse, G., Eds., Commission of the European Communities, Luxembourg, 1991, pp. 3-14.

Barloy, J. and Lemercier, E., Contribution a l'etude de l'evolution des glucides non structuraux chez letopinambour au cours du cycle de vegetation, in *Topinambour (Jerusalem Artichoke)*, Report EUR 13405, Gosse, G. and Grassi, G., Eds., Commission of the European Communities, Luxembourg, 1991, pp. 67-80.

Barloy, J. and Le Pierres, J., Productivite de differents clones de topinambour (*Helianthus tuberosus* L.) a Rennes, pendant deux annes (1987 et 1988), in *Topinambour (Jerusalem Artichoke)*, Report EUR 13405, Gosse, G. and Grassi, G., Eds., Commission of the European Communities, Luxembourg, 1988, pp. 26-32.

Bartholomew, D. P. and Kadzimin, S. B., Pineapple, in *Ecophysiology of Tropical Crops*, Alvim, P. de T. and Kozlowski, T. T., Eds., Academic Press, New York, 1977.

Bastin, M., Effect of wounding on the synthesis of phenols, phenoloxidase, and peroxidase in the tuber tissue of Jerusalem artichoke, *Can. J. Biochem.*, 46, 1339-1343, 1968.

Batard, Y., LeRet, M., Schalk, M., Robineau, T., Durst, F., and Werck-Reichhart, D., Molecular cloning and functional expression in yeast of CYP76B1, a xenobiotic-inducible 7-ethoxycoumarin O-de-ethylase from *Helianthus tuberosus*, *Plant J.*, 14, 111-120, 1998.

Batard, Y., Robineau, T., Durst, F., Werck-Reichhart, D., and Didierjean, L., Use of *Helianthus tuberosus* Cytochrome P450 Protein CYP76B1 for Improved Resistance to Phenylurea Herbicides and Pesticides in Transgenic Plants and for Soil and groundwater bioremediation, U. S. Patent 6376753, 2002.

Batard, Y., Schalk, M., Pierrel, M. A., Zimmerlin, A. Durst, F., and Werck-Reichhart, D., Regulation of the cinnamate 4-hydroxylase (CYP73A1) in Jerusalem artichoke tubers in response to wounding andchemical treatments, *Plant Physiol.*, 113, 951-959, 1997.

Becker, W. and Apel, K., Differences in gene expression between mature and artificially induced leaf senescence, *Planta*, 189, 74-79, 1993.

Becquer, T., Contribution a une modelisation d'elaboration de la biomasse chez le topinambour (*Helianthus tuberosus* L.), in *Memoire de DAA Productions Vegetales et Amelioration des Plantes*, E. N. S. A., Rennes, 1985, p. 47.

Belval, H., Biologie du tubercule de Topinambour. I. Répartition des glucides, *Bull. Soc. Chim. Biol.*, 28, 405-408, 1946.

Belval, H., Biologie du tubercule de Topinambour. II. Corrélations: Sels et Glucides, *Bull. Soc. Chim. Biol.*, 28, 444-447, 1947a.

Belval, H., Biologie du tubercule de Topinambour. III. Transformation des glucides dans le tubercule, *Bull. Soc. Chim. Biol.*, 28, 447-450, 1947b.

Ben Chekroun, M., Evolution hivernale des glucides (inuline et polyfructosanes) dans les tuberucules de topinambour (*Helianthus tuberosus* L.) et la racine de chicoree (*Cichorium intybus* L.), Thèse Universite de Limoges, Limoges, France, 1990, p. 146.

Ben Chekroun, M., Amzile, J., Mokhtari, A., El Haloui, N. E., Prevost, J., and Fontanillas, R., Comparison of fructose production by 37 cultivars of Jerusalem artichoke (*Helianthus tuberosus* L.), *N. Z. J. Crop Hort. Sci.*, 24, 115-120, 1996.

Bennett, M. D., Leitch, I. J., Price, H. J., and Johnson, J. S., Comparisons with *Caenorhabditis* (~100 Mb) and *Drosophila* (~175 Mb) using flow cytometry show genome size in *Arabidopsis* to be ~157 Mb and thus~25% larger than the Arabidopsis Genome Initiative estimate of ~125 Mb, *Ann. Bot.*, 91, 547-557, 2003.

Bennici, A., Cionini, P. G., Genna, D., and Cionini, G., Cell cycle in *Helianthus tuberosus* tuber tissue in relation to dormancy, *Protoplasma*, 112, 133-137, 1982.

Benveniste, I. and Durst, F., Detection of a cytochrome P450 enzyme, transcinnamic acid 4-hydroxylase (CAH) in the tissues of Jerusalem artichoke (*Helianthus tuberosus*, common white variety), *C. R. SeancesAcad. Sci. D*, 278, 1487-1490, 1974.

Benveniste, I., Gabriac, B., and Durst, F., Purification and characterization of the NADPH-cytochrome P-450 (cytochrome c) reductase from higher-plant microsomal fraction, *Biochem. J.*, 235, 365-373, 1986.

Benveniste, I., Gabriac, B., Fonne, R., Reichhart, D., Salauen, J. P., Simon, A., and Durst, F., Higher plant cytochrome P-450: microsomal electron transport and xenobiotic oxidation, *Dev. Biochem.*, 23, 201-208, 1982.

Benveniste, I., Lesot, A., Hasenfratz, M. P., and Durst, F., Immunochemical characterization of NADPH-cytochromeP-450 reductase from Jerusalem artichoke and other higher plants, *Biochem. J.*, 259, 847-853, 1989.

Developmental Biology, Resource Allocation, and Yield 347 Benveniste, I., Salaun, J. P., and Durst, F., Wounding-induced cinnamic acid hydroxylase in Jerusalem artichoketuber, *Phytochemistry*, 16, 69-73, 1977.

Berenji, J. and Kisgeci, J., Plant density experiment with Jerusalem artichoke, in *Topinambour (Jerusalem Artichoke)*, Report EUR 13405, Gosse, G. and Grassi, G., Eds., Commission of the European Communities, Luxembourg, 1988, pp. 113-116.

Bertossi, F., Bagni, N., Moruzzi, G., and Caldarera, C. M., Spermine as a new promoting substance for *Helianthus tuberosus* (Jerusalem artichoke) *in vitro*, *Experientia*, 21, 80-82, 1965.

Black, M. K. and Wedding, R. T., Effects of storage and aging on properties of phosphofructokinase from Jerusalem artichoke tubers, *Plant Physiol.*, 43, 2066-2069, 1968.

Blanchet, R., Gelfi, N., Piquemal, M., and Amiel, C. Influence de l'alimentation azotée sur l'évolution de l'assimilation nette au cours du cycle de développement du tournesol (*Helianthus annuus* L.), *C. R. Acad. Sci. Paris*, 302, 171-176, 1986.

Blanchet, R., Gelfi, N., and Puech, J., Alimentation azotée, surface foliaire et formation du rendement du tournesol (*Helianthus annuus* L.), *Agrochimica*, 31, 233-244, 1987.

Bleecker, A. B. and Patterson, S. E., Last exit: senescence, abscission, and meristem arrest in Arabidopsis, *Plant Cell*, 9, 1169-1179, 1997.

Bogen Ottoko, B., Contribution à l'étude biochimique de la dormance: relation entre fonctionnement de la voie des pentoses phosphates et levée de dormance chez le Topinambour (*Helianthus tuberosus* L.), Thèse Doct. 3e Cycle, Université de Clermont-Ferrand II, Clermont-Ferrand, 1977.

Böhlenius, H., Huang, T., Charbonnel-Campaa, L., Brunner, A. M., Jansson, S., Strauss, S. H., and Nilsson, O., *CO/FT* regulation module controls timing of flowering and seasonal growth cessation in trees, *Science*, 312, 1040-1043, 2006.

Boinot, F., The Jerusalem artichoke in alcohol manufacture, *Bull. Assoc. Chim.*, 59, 792-805, 1942.

Boswell, V. R., Length of rest period of the tuber of Jerusalem artichoke (*Helianthus tuberosus* L.), *Proc. Am. Soc. Hort. Sci.*, 28, 297-300, 1932.

Boswell, V. R., *Growing the Jerusalem Artichoke*, Leaflet 116, USDA, Washington, DC, 1959.

Boswell, V. R., Steinbauer, C. E., Babb, M. F., Burlison, W. L., Alderman, W. H., and Schoth, P. A., Studies of the culture and certain varieties of the Jerusalem artichoke, *USDA Technical Bulletin* 514, USDA, Washington, DC, 1936.

Boussingault, J. B., *Agronomic, Cheimie Agricole et Physiologie*, 2nd ed., 5 vols., Mallet Bachelier, Paris, 1868.

Burke, J. M., Lai, Z., Salmaso, M., Nakazato, T., Tang, S., Heesacker, A., Knapp, S. J., and Rieseberg, L. H., Comparative mapping and rapid karyotypic evolution in the genus *Helianthus*, *Genetics*, 167, 449-457, 2004.

Burke, J. M., Tang, S., Knapp, S. J., and Rieseberg, L. H., Genetic analysis of sunflower domestication, *Genetics*, 161, 1257-1267, 2002.

CAB International, *Crop Protection Compendium*, Global Module, 3rd ed., CAB International, Wallingford, U. K., 2001.

Cabello-Hurtado, F., Batard, Y., Salaun, J. P., Durst, F., Pinot, F., and Werch-Reichhart, D., Cloning, expression in yeast, and functional characterization of CYP81B1, a plant cytochrome P450 that catalyzes inchain hydroxylation of fatty acids, *J. Biol. Chem.*, 273, 7260-7267, 1998.

Cairns, A. J. and Ashton, J. E., The interpretation of *in vitro* measurements of fructosyl transferase activity: an analysis of patterns of fructosyl transfer by fungal invertase, *New Phytol.*, 118, 23-34, 1991.

Carpita, N. C., Kanabur, J., and Housley, T. L., Linkage structure of fructans and fructan oligomers from *Triticum aestivum* and *Festuca arundinacea* leaves, *J. Plant Physiol.*, 134, 62-168, 1989.

Carpita, N. C., Keller, F., Gibeaut, D. M., Housley, T. L., and Matile, P., Synthesis of inulin oligomers in tissue slices, protoplasts and intact vacuoles of Jerusalem artichoke, *J. Plant Physiol.*, 138, 204-210, 1991.

Caserta, G. and Cervigni, T., The use of Jerusalem artichoke stalks for the production of fructose or ethanol, *Bioresour. Technol.*, 35, 247-250, 1991.

Chabbert, N., Braun, Ph., Guiraud, J. P., Arnoux, M., and Galzy, P., Productivity and fermentability of Jerusalem artichoke according to harvesting date, *Biomass*, 3, 209-224, 1983.

Chabbert, N., Guiraud, J. P., Arnoux, M., and Galzy, P., Productivity and fermentability of different Jerusalem artichoke (*Helianthus tuberosus*) cultivars, *Biomass*, 6, 271-284, 1985a.

Chabbert, N., Guiraud, J. P., Arnoux, M., and Galzy, P., The advantageous use of an early Jerusalem artichoke cultivar for the production of ethanol, *Biomass*, 8, 233-240, 1985b.

Chang, T., Zhai, H., Chen, S., Song, G., Xu, H., Wei, X., and Zhuy, Z., Cloning and functional analysis of the bifunctional agglutinin/trypsin inhibitor from *Helianthus tuberosus* L, *J. Integr. Plant Biol.*, 48, 971-982, 2006.

Chang, T. J., Chen, L., Chen, S., Cai, H., Liu, X., Xiao, G., and Zhu, Z., Transformation of tobacco with genes encoding *Helianthus tuberosus* agglutinin (HTA) confers resistance to peach-potato aphid (*Myzus persicae*), *Transgenic Res.*, 12, 607-614, 2003a.

Chang, T. J., Chen, L., Chen, W., Lu, Z., Chen, S., and Zhu, Z., Effects of metal ions and heat shock on the expression of a metallothioneinlike gene htMT2 in *Helianthus tubersosus*, *Prog. Natural Sci.*, 12, 553-556, 2002a.

Chang, T. J., Chen, L., Lu, Z., Chen, W., Liu, X., and Zhu, Z., Cloning and expression patterns of a metallothioneinlikegene htMT2 of *Helianthus tuberosus*, *Acta Bot. Sin.*, 44, 1188-1193, 2002b.

Chang, T. J., Liu, X. H., Liu, Y., Yan, Y. F., Li, S. P., Yao, X. H., and Zhu, Z., Effects of metal ions and heat shockon the expression of a metallothioneinlike gene htMT2 in *Helianthus tuberosus*, *Wuhan Daxue Xuebao Lixueban*, 48, 754-760, 2002c.

Chang, T. J., Liu, Y., Ma, Y. S., Liang, F. Y., Yan, Y. F., and Zhu, Z., Transformation of tobacco with genes encoding *Helianthus tuberosus agglutinin* (HTA) confers resistance to peach-potato aphid (*Myzus persicae*), *Wuhan Daxue Xuebao Lixueban* 49, 793-798, 2003b.

Chang, T. J., Liu, X., Xu, H., Meng, K., Chen, S., and Zhu, Z., A metallothioneinlike gene htMT2 strongly expressed in internodes and nodes of *Helianthus tuberosus* and effects of metal ion treatment on its expression, *Planta*, 218, 449-455, 2004.

Chang, T. J., Zhai, H., Chen, S., Song, G., Xu, H., Wei, X., and Zhu, Z., Cloning and functional analysis of the bifunctional agglutinin/trypsin inhibitor from *Helianthus tuberosus* L., *J. Integr. Plant Biol.*, 48, 971-982, 2006.

Charles-Edwards, D. A., Doley, D., and Rimmington, G. M., *Modelling Plant Growth and Development*, Academic Press, Sydney, 1986.

Chaubron, F., Robert, F., Gendraud, M., and Petel, G., Partial purification and immunocytocharacterization of the plasma membrane ATPase of Jerusalem artichoke (*Helianthus tuberosus* L.) tubers in relation to dormancy, *Plant Cell Physiol.*, 35, 1179-1184, 1994.

Chen, S. G., Shao, B. Y., Impens, I., and Ceulemos, R., Effects of plant canopy structure on light interception and photosynthesis, *J. Quant. Spectrosc. Rad. Trans.*, 52, 115-123, 1994.

Chiappetta, A., Michelotti, V., Fambrini, M., Bruno, L., Salvini, M., Petrarulo, M., Azmi, A.,

Van Onckelen, H., Pugliesi, C., and Bitonti, M. B., Zeatin accumulation and misexpression of a class I knox gene are
intimately linked in the epiphyllous response of the interspecific hybrid EMB - 2 (*Helianthus annuus. H. tuberosus*), *Planta*, 223, 917-931, 2006.

Chiou, T. -J. and Bush, D. R., Sucrose is a signal molecule in assimilate partitioning, *Proc. Natl. Acad. Sci. U. S. A.*, 95, 4784-4788, 1998.

Chubey, B. B. and Dorrell, D. G., Jerusalem artichoke, a potential fructose crop for the prairies, *Can. Inst. Food Sci. Technol. J.*, 7, 98-100, 1974a.

Chubey, B. B. and Dorrell, D. G., Columbia Jerusalem artichoke, *Can. J. Plant Sci.*, 62, 537-539, 1974b.

Cionini, P. G. and Serafini-Fracassini, D., Content and aggregation of ribosomes during formation, dormancy, and sprouting of tubers of *Helianthus tuberosus*, *Physiol. Plant.*, 27, 370-375, 1972.

Classens, G. A., Van Laere, A., and De Proft, M., Purification and properties of an inulinase from chicory roots (*Cichorium intybus* L.), *J. Plant Physiol.*, 136, 35-39, 1990.

Colin, M. H., Genèse et transformation de l'inuline dans le tubercule de topinambour, *Bull. Assoc. Chem. Sucre.*, 37, 121-127, 1912.

Colin, M. H., Genèse de l'inuline chez les végétaux, *C. R. Soc. Biol.*, 166, 224-227, 1918.

Compositae Genome Project Data Base, 2006, http://www.cgpdb.ucdavis.edu.

Conde, J. R., Tonorio, J. L., Rodríguez-Maribona, B., and Ayerbe, L, Tuber yield of Jerusalem artichoke (*Helianthus tuberosus* L.) in relation to water stress, *Biomass Bioenergy*, 1, 137-142, 1991.

Conde, J. R., Tonorio, J. L., Rodriguez - Maribona, B., Lansac, R., and Ayerbe, L., Effect of water stress on tuber and biomass productivity, in *Topinambour (Jerusalem Artichoke)*, Report EUR 11855, Grassi, G. and Gosse, G., Eds., Commission of the European Communities, Luxembourg, 1988, pp. 59-64.

Conti, F. W., Die Inulide der Topinambur, *Lebensmittel-Untersuch Und-Forsch*, 96, 335-342, 1953a.

Conti, F. W., Versuche zur gewinnung von sirup aus topinambur (*Helianthus tuberosus*), *Die Stärke*, 5, 310-318, 1953b.

Conti, F. W. Changes in the constituents of Jerusalem artichoke tubers caused by treating the plant with growth promoters and growth inhibitors, *Beitraege Biologie Pflanzen*, 33, 423-436, 1957.

Cors, F. and Falisse, A., Etude des perspectives de culture du topinambour en region limoneuse belge, Centre de Recherche Phytotechnique sur les Proteagineux et Oleagineux, Faculte de Science, Gembloux, 1980.

Cosgrove, D. R., Oelke, E. A., Doll, D. J., Davis, D. W., Undersander, D. J., and Oplinger, E. S., Jerusalem Artichoke, 2000, http://www.hort.purdue.edu/newcrop/afcm/jerusart.html.

Courduroux, J. C., Éstude du mécanisme physiologique de la tubérisation chez le topinambour (*Helianthus tuberosus* L.), These Universite Clermont-Ferrand, Masson, Paris, 1966.

Courduroux, J. C., Étude du mécanisme physiologique de la tubérisation chez le topinambour (*Helianthus tuberosus* L.), *Ann. Sci. Nat. Bot.*, 8, 215-356, 1967.

Courduroux, J. C., Gendraud, M., and Teppaz - Misson, M., Action comparée de l'acide gibbérellique exogène dt du froid sur la repousse et la levée de dormance de tubercules de Topinambour (*Helianthus tuberosus* L.) cultivés *in vitro*, *Physiol. Vég.*, 10, 503-514, 1972.

Czajlachian, M. C., Hormonal-theorie der Entwicklung der Pflanzen, *Verl. Akad. d. Wissensch. Moskau u. Leningrad*, 200S, 1937.

D'Alessandro, G. and Northcote, D. H., Changes in enzymic activities of UDP-D-glucuronate decarboxylase and UDP-D-xylose 4-epimerase during cell division and xylem differentiation in cultured explants of Jerusalem artichoke, *Phytochemistry*, 16, 853–859, 1977.

Dambroth, M., Hoppner, F., and Bramm, A., Investigations about tuber formation and tuber growth in Jerusalem artichoke (*Helianthus tuberosus*, L.), *Landbauforsch Voelkenrode*, 42, 207–215, 1992.

Daniel, L., Le topinambour, son amélioration systématique par le "greffage créateur," *Rev. Bretonne Bot. Pure-Appl.*, 1377–1456, 1934.

Darwen, C.W.E. and John, P., Localization of the enzymes of fructan metabolism in vacuoles isolated by a mechanical method from tubers of Jerusalem artichoke (*Helianthus tuberosus* L.), *Plant Physiol.*, 89, 58–663, 1989.

Dedonder, M.R., Les glucides du Topinambour. I. Produits intermédïaires dans l'hydrolyse acide de l'inuline, *C. R. Soc. Biol.*, 230, 549–551, 1950a.

Dedonder, M.R., Les glucides du Topinambour. II. Rapports entre la composition glucidique des tubercules du Topinambour et les produits d'hydrolyse de l'inuline, *C. R. Soc. Biol.*, 230, 997–998, 1950b.

Dedonder, M.R., Les glucides du Topinambour. IV. Isolement, analyse et structure des premiers termes de lasérie des polyosides, *C. R. Soc. Biol.*, 232, 1134–1136, 1951a.

Dedonder, M.R., Les glucides du Topinambour. V. Hydrolyse par les enzymes de levure et de *Sterigmatocystisnigra*, *C. R. Soc. Biol.*, 232, 1442–1444, 1951b.

D'Egido, M.G., Cecchini, C., Cervigni, T., Donini, B., and Pignatelli, V., Production of fructose from cereal stems and polyannual cultures of Jerusalem artichoke, *Ind. Crops Prod.*, 7, 113–119, 1998.

Delbetz, P.T., Du Topinambour culture panification et distillation de ce tubercule, Paris Librairie Centrale D'Agriculture et de jardinage, A. Goin, Paris, 1867.

Del Duca, S., Dondini, L., Mea, M.D., De Rueda, P.M., and Serafini-Fracassini, D., Factors affecting transglutaminase activity catalyzing polyamine conjugation to endogenous substrates in the entire chloroplast, *Plant Physiol. Biochem.*, 38, 429–439, 2000.

Del Duca, S., Favali, M.A., Serafini-Fracassini, D., and Pedrazzini, R., Transglutaminase activity during greening and growth of *Helianthus tuberosus* explants *in vitro*, *Protoplasma*, 174, 1–9, 1993a.

Del Duca, S. and Serafini-Fracassini, D., Polyamines and protein modification during the cell cycle, in *Molecular and Cell Biology of the Plant Cell Cycle*, Ormrod, J.C. and Francis, D. Eds., Kluwer Academic, Amsterdam, 1993, pp. 143–156.

Del Duca, S., Tidu, V., Bassi, R., Esposito, C., and Serafini-Fracassini, D., Identification of chlorophyll-a/b proteins as substrates of transglutaminase activity in isolated chloroplasts of *Helianthus tuberosus* L., *Planta*, 193, 283–289, 1994.

Della Mea, M., Di Sandro, A., Dondini, L., Del Duca, S., Vantini, F., Bergamini, C., Bassi, R., and Serafini-Fracassini, D., A *Zea mays* 39-kDa thylakoid transglutaminase catalyzes the modification by polyamines of light-harvesting complex II in a light-dependent way, *Planta*, 219, 754–764, 2004.

De Mastro, G., Productivity of eight Jerusalem artichoke cultivars in southern Italy, in *Topinambour (Jerusalem Artichoke)*, Report EUR 11855, Grassi, G. and Gosse, G., Eds., Commission of the European Communities, Luxembourg, 1988, pp. 37–43.

De Mastro, G., Manolio, G., and Marzi, V., Jerusalem artichoke (*Helianthus tuberosus* L.) and chicory (*Cichorium intybus* L.): potential crops for inulin production in the Mediterranean area, *Acta Hort.*, 629, 365–374, 2004.

Denoroy, P., Jerusalem artichoke productivity modeling, in *Inulin and Inulin-Containing Crops*, Fuchs, A., Ed., Elsevier, Amsterdam, 1993, pp. 45-50.

Denoroy, P., The crop physiology of *Helianthus tuberosus* L.: a model orientated view, *Biomass Bioenergy*, 11, 11-32, 1996.

Denoroy, P., Allirand, J. M., Chartier, M., and Gosse, G., Modelisation de la production de tiges et de tubercules chez le topinambour, in *Biomass for Energy and Industry*, Vol. 1, Grassi, G., Gosse, G., and Dos Santos, G., Eds., Elsevier Applied Science, London, 1990, pp. 1489-1493.

Dickerson, A. G. and Edelman, J., The metabolism of fructose polymers in plants. VI. Transfructosylation in living tissue of *Helianthus tuberosus* L., *J. Exp. Bot.*, 17, 612-619, 1966.

Didierjean, L., Gondet, L., Perkins, R., Lau, S. M., Schaller, H., O'Keefe, D. P., and Werck-Reichhart, D., Engineering herbicide metabolism in tobacco and Arabidopsis with CYP76B1, a cytochrome P450 enzyme from Jerusalem artichoke, *Plant Physiol.*, 130, 179-189, 2002.

Donald, C. M., In search of yield, *J. Aust. Inst. Agric. Sci.*, 28, 171-178, 1962.

Donaldson, R. P. and Luster, D. G., Multiple forms of plant cytochromes P450, *Plant Physiol.*, 96, 669-674, 1991.

Dong, M. and de Kroon, H., Plasticity in morphology and biomass allocation in *Cynodon dactylon*, a grass species forming stolons and rhizomes, *Oikos*, 70, 99-106, 1994.

Dorrell, D. G. and Chubey, B. B., Irrigation, fertilizer, harvest dates and storage effects on the reducing sugar and fructose concentrations of Jerusalem artichoke tubers, *Can. J. Plant Sci.*, 57, 591-596, 1977.

Drossopoulos, J. B., Bouranis, D. L., and Bairaktari, B. D., Patterns of mineral nutrient fluctuations in soybean leaves in relation to their position, *J. Plant Nutr.*, 17, 1017-1035, 1994.

Dubost, G. and Gendraud, M., Phosphoenolpyruvate carboxylase activity of dormant or nondormant Jerusalem artichoke tubers: relation with the intracellular pH, *C. R. Acad. Sci. III*, 305, 619-622, 1987.

Duke, J., *Handbook of Energy Crops*, 1983, http://www.hort.purdue.edu/newcrop/duke_energy/dukeindex.html. Durst, F., The correlation of phenylalanine ammonia-lyase and cinnamic acid-hydroxylase activity changes in Jerusalem artichoke tuber tissues, *Planta*, 132, 221-227, 1976.

Durst, F. and Duranton, H., Effect of light on arginine metabolism in topinambour tissues cultured *in vitro*, *Physiol. Veg.*, 4, 283-298, 1966.

Durst, F. and Duranton, H., Phytochrome and phenylalanine ammonia-lyase in *Helianthus tuberosus* tissues cultivated *in vitro*, *C. R. Seances Acad. Sci. D*, 270, 2940-2942, 1970.

Durst, F. and Nelson, D. R., Diversity and evolution of plant P450 and P450-reductases, *Drug Metab. Drug Interact.*, 12, 189-206, 1995.

Duvnjak, Z., Kosaric, N., and Hayes, R. D., Kinetics of ethanol production from Jerusalem artichoke juice with some *Kluyveromyces* species, *Biotechnol. Lett.*, 10, 589-594, 1981.

Edelman, J., Physiological and biochemical aspects of carbohydrate metabolism during tuber growth, in *The Growth of the Potato*, Ivins, J. D. and Milthorpe, F. L., Eds., University of Nottingham, U. K., 1963, pp. 135-147.

Edelman, J. and Dickerson, A. G., The metabolism of fructose polymers in plants. Transfructosylation in tubers of *Helianthus tuberosus* L., *Biochem. J.*, 98, 787-794, 1966.

Edelman, J. and Jefford, T. G., The metabolism of fructose polymers in plants. 4. Beta-fructofuranosidases of tubers of *Helianthus tuberosus* L., *Biochem. J.*, 93, 148-161, 1964.

Edelman, J. and Jefford, T. G., The mechanism of fructosan metabolism in higher plants as exemplified in *Helianthus tuberosus*, *New Phytol.*, 67, 517–531, 1968.

Edelman, J. and Popov, K., Metabolism of 14CO2 by illluminated shoot of *Helianthus tuberosus* L. with special reference to fructose polymers, *C. R. Acad. Bulg. Sci.*, 15, 627–630, 1962.

Ehrgashev, A., Intensity and dynamics of formation of the products of photosynthesis by Jerusalem artichoke, *Fiziol. i Biokhim. Kul'turnykh Rastenij*, 8, 299–303, 1976.

El Bassan, N., *Energy Plant Species: Their Use and Impact on Environment and Development*, James & James, London, 1998.

Ellis, R. P. and Russell, G., Plant development and grain yield in spring and winter barley, *J. Agric. Sci.*, 102, 85–95, 1984.

English, S. D., McWilliam, J. R., Smith, R. C. G., and Davidson, J. L., Photosynthesis and partitioning of dry matter in sunflower, *Aust. J. Plant Physiol.*, 6, 149–164, 1979.

Ercoli, L., Marriotti, M., and Masoni, A., Protein concentrate and ethanol production from Jerusalem artichoke (*Helianthus tuberosus* L.), *Agric. Med.*, 122, 340–351, 1992.

Ernst, M., Histochemische Untersuchungen auf Inulin, Stärke and Kallose bei *Helianthus tuberosus* L (Topinambur), *Angew. Botanik*, 65, 319–330, 1991.

Ernst, M., Chatterton, N. J., and Harrison, P. A., Purification and characterization of new fructan series from Asteracea, *New Phytol.*, 132, 63–66, 1996.

Falcone, P., Serafini-Fracassini, D., and Del Duca, S., Comparative studies of transglutaminase activity and substrates in different organs of *Helianthus tuberosus*, *Plant Physiol.*, 142, 265–273, 1993.

Fambrini, M., Durante, C., Cionini, G., Geri, C., Giorgetti, L., Michelotti, V., Salvini, M., and Pugliesi, C., Characterization of *Leafy Cotyledoni-Like* gene in *Helianthus annuus* and its relationship with zygotic and somatic embryogenesis, *Dev. Genes Evol.*, 216, 253–264, 2006.

Fernandez, G. C. J. and Miller, J. C., Yield component analysis of five cowpea cultivars, *J. Am. Soc. Hort. Sci.*, 110, 553–559, 1985.

Fernández, J. and Curt, M. D., New energy crops for bioethanol production in the Mediterranean region, *Int. Sugar J.*, 107, 622–627, 2005.

Fernandez, J., Mazon, P., Ballesteros, M., and Carreras, N., Summary of the research on Jerusalem artichoke (*Helianthus tuberosus* L.) in Spain along the last seven years, in *Topinambour (Jerusalem Artichoke)*, Report EUR 11855, Grassi, G. and Gosse, G., Eds., Commission of the European Communities, Luxembourg, 1988, pp. 85–94.

Fleming, S. E. and GrootWassink, J. W. D., Preparation of high-fructose syrup from the tubers of the Jerusalem artichoke (*Helianthus tuberosus* L.), *Crit. Rev. Food Sci. Nutr.*, 12, 1–29, 1979.

Fol, M., Frachisse, J.-M., Petel, G., and Gendraud, M., Effet du cyanure sur le potential de membrane des cellules parenchymateuses de tubercules de Topinambour (*Helianthus tuberosus* L.): réponse en relation avec la dormance, *C. R. Acad. Sci. Paris*, 309, 551–556, 1989.

Fonne-Pfister, R., Simon, A., Salaun, J. P., and Durst, F., Xenobiotic metabolism in higher plants. Involvement of microsomal cytochrome P-450 in aminopyrine N-demethylation, *Plant Sci.*, 55, 9–20, 1988.

Fowke, L. and Setterfield, G., Cytological responses in Jerusalem artichoke tuber slices during aging and subsequent auxin treatment, in *Biochemistry and Physiology of Plant Growth Substances*, Whitman, F. and Setterfield, G., Eds., Runge Press, Ottawa, 1968, pp. 581–602.

Freeman, D., Riou-Khamlichi, C., Oakenfull, E. A., and Murray, J. A. H., Isolation, characterization and expression of cyclin and cyclin-dependent kinase genes in Jerusalem artichoke (*Helianthus tuberosus* L.), *J. Exp. Bot.*, 54, 303-308, 2003.

Frehner, M., Keller, F., and Wiemken, A., Localisation of fructan metabolism in the vacuoles isolated from protoplasts of Jerusalem artichoke tubers (*Helianthus tuberosus* L.), *J. Plant Physiol.*, 116, 197-208, 1984.

Gabini, A., Production genetical improvement and multilocal experimentation, in *Topinambour (Jerusalem Artichoke)*, Report EUR 11855, Grassi, G. and Gosse, G., Eds., Commission of the European Communities, Luxembourg, 1988, pp. 99-104.

Gabriac, B., Benveniste, I., and Durst, F., Isolation and characterization of cytochrome P-450 from higher plants (*Helianthus tuberosus*), *C. R. Acad. Sci. III*, 301, 753-758, 1985.

Gabriac, B., Werck-Reichhart, D., Teutsch, H., and Durst, F., Purification and immunocharacterization of a plant cytochrome P450: the cinnamic acid 4-hydroxylase, *Arch. Biochem. Biophys.*, 288, 302-309, 1991.

Gallard, C., Contribution a l'etude de la tuberisation chez le topinambour (*Helianthus tuberosus* L.), in *Memoire de D. E. A. Sciences Agronomiques*, Universite Rennes I, Rennes, France, 1985.

Garcia-Luis, F. F. and Guardiola, J. L., Leaf carbohydrates and flower formation in citrus, *J. Am. Soc. Hort. Sci.*, 120, 222-227, 1995.

Garner, W. W. and Allard, H. A., Further studies in photoperiodism, the response of the plant to relative length of day and night, *J. Agric. Res.*, 23, 871-920, 1923.

Garner, W. W. and Allard, H. A., Effect of abnormally long and short alteration of light and darkness on growth and development of plants, *J. Agric. Res.*, 42, 629-651, 1931.

GenBank, National Center for Biotechnology Information, 2006, http://www.ncbi.nlm.nih.gov.

Gendraud, M., Tuberisation, dormance et synthese *in situ* des RNA chez le topinambour (*Helianthus tuberosus* cv. D19), *Biol. Plant*, 17, 17-22, 1975.

Gendraud, M. and Lafleuriel, J., Intracellular compartmentation of ATP in dormant and non-dormant tubers of Jerusalem artichoke (*Helianthus tuberosus* L.) grown *in vitro*, *J. Plant Physiol.*, 118, 251-258, 1985.

Giannattasio, M., Sica, G., and Macchia, V., Cyclic AMP phosphodiesterase from dormant tubers of Jerusalem artichoke, *Phytochemistry*, 13, 2729-2733, 1974.

Gimenez C., Connor, D. J., and Rueda, F., Canopy development, photosynthesis and radiation-use efficiency in sunflower in response to nitrogen, *Field Crop Res.*, 38, 15-27, 1994.

Giordani, T., Natali, L., and Cavallini, A., Analysis of a dehydrin encoding gene and its phylogenetic utility in *Helianthus*, *Theor. Appl. Genet.*, 107, 316-325, 2003.

Gleason, H. A. and Cronquist, A., *Manual of Vascular Plants of Northeastern United States and Adjacent Canada*, Van Nostrand, New York, 1963.

Góral, S., Morphological variability and the yielding of selected clones of Jerusalem artichoke *Helianthus tuberosus* L., *Hodowla Rolin i Nasiennictwo*, 2, 6-10, 1998.

Gosse, G., Varlet-Grancher, C., Bonhomme, R., Chartier, M., Allirand, J. M., and Lemaire, G., Production maximale de matiere seche et rayonnement intercepte par un couvert vegetal, *Agronomie*, 6, 47-56, 1986.

Goupil, P., Croisille, Y., Croisille, F., and Ledoigt, G., Jerusalem artichoke invertases: immunocharacterization of a soluble form and its putative precursor, *Plant Sci.*, 54, 45–54, 1988.

Grime, J. P., *Plant Strategies and Vegetation Processes*, Wiley, Chichester, England, 1979.

Guiraud, J. P., Caillaud, J. M., and Galzy, P., Optimization of alcohol production from Jerusalem artichokes, *Appl. Microbiol. Biotechnol.*, 14, 81–85, 1982.

Haber, E. S., Shortening the rest period of the tubers of the Jerusalem artichoke, *Iowa State Coll. J. Sci.*, 9, 61–72, 1934.

Hackbarth, J., Versuche über Photoperiodismus. IV. Über das Verhalten einiger Klone von Topinambur, *Der Züchter*, 9, 113–118, 1937.

Hadfield, K. A. and Bennett, A. B., Programmed senescence of plant organs, *Cell Death Differentiation*, 4, 662–670, 1997.

Hallahan, D. L., Cheriton, A. K., Hyde, R., and Forde, B. G., Plant cytochrome *P*450 and agricultural biotechnology, *Biochem. Soc. Trans.*, 21, 1068–1073, 1993.

Hamner, K. C. and Long, E. M., Localization of photoperiodic perception in *Helianthus tuberosus*, *Bot. Gaz.*, 101, 81–90, 1939.

Hang, A. N. and Gilliland, G. C., Growth and carbohydrate characteristics of Jerusalem artichoke (*Helianthus tuberosus* L.) in irrigated Central Washington, XT 0098, Washington State University Agricultural Research Center, Prosser, Washington, 1982.

Harper, J. L., *Population Biology of Plants*, Academic Press, London, 1977.

Hase, A., Changes in respiratory metabolism during callus growth and adventitious root formation in Jerusalem artichoke tuber tissues, *Plant Cell Physiol.*, 28, 833–841, 1987.

Hasenfratz, M. P., Jeltsch, J. M., Michalak, M., and Durst, F., Cloning and characterization of a wounding-induced analog of the chaperone calnexin from *Helianthus tuberosus*, *Plant Physiol. Biochem.*, 35, 553–564, 1997.

Hay, R. K. M., Harvest index: a review of its use in plant breeding and crop physiology, *Ann. Appl. Biol.*, 126, 197–216, 1995.

Hay, R. M. K. and Offer, N. W., *Helianthus tuberosus* as an alternative forage crop for cool maritime regions: a preliminary study of the yield and nutritional quality of shoot tissues from perennial stands, *J. Sci. Food Agric.*, 60, 213–221, 1992.

Hellwege, E. M., Czapla, S., Jahnke, A., Willmitzer, L., and Heyer, A. G., Transgenic potato (*Solanum tuberosum*) tubers synthesize the full spectrum of inulin molecules naturally occurring in globe artichoke (*Cynara scolymus*) roots, *Proc. Natl. Acad. Sci. U.S.A.*, 97, 8699–8704, 2000.

Hellwege, E. M., Raap, M., Gritscher, D., Willmitzer, L., and Heyer, A. G., Differences in chain length distribution of inulin from *Cynara scolymus* and *Helianthus tuberosus* are reflected in a transient plant expression system using the respective 1-FFT cDNAs, *FEBS Lett.*, 427, 25–28, 1998.

Henry, G. A. F. and Wallace, R. K., The origin, distribution and evolutionary significance of fructans, in *Science and Technology of Fructans*, Suzukii, M. and Chatterton, N. J., Eds., CRC Press, Boca Raton, FL, 1993, pp. 119–139.

Henson, C. A. and Livingston, D. P., III, Purification and characterization of an oat fructan exohydrolase that preferentially hydrolyses-2, 6-fructans, *Plant Physiol.*, 110, 639–644, 1996.

Hergert, G. B., The Jerusalem artichoke situation in Canada, *Alternative Crops Notebook*, 5, 16–19, 1991.

Heyraud, F., Serror, P., Kuntz, M., Steinmetz, A., and Heizmann, P., Physical map and gene localization on sunflower (*Helianthus annuus*) chloroplast DNA: evidence for an inversion of a 23.5-kbp segment in the large single copy region, *Plant Mol. Biol.*, 9, 485–496, 1987.

Hill, J., The remobilization of nutrients from leaves, *J. Plant Nutr.*, 2, 407–444, 1980.

Hirsch, A. M., Changes in peroxidase and phosphatase activities during rhizogenesis of fragments of Jerusalem artichoke cultures *in vitro*, *C. R. Seances Acad. Sci. D*, 280, 829–832, 1975.

Hocking, P. J., Dry-matter production, mineral nutrient concentrations, and nutrient distribution and redistributionin irrigated spring wheat, *J. Plant Nutr.*, 17, 1289–1308, 1994.

Hogetsu, K., Oshima, Y., Midorikawa, B., Tezuka, K., Sakamoto, M., Mototani, I., and Kimura, I., Growth analytical studies on the artificial communities of *Helianthus tuberosus* with different densities, *Jpn. J. Bot.*, 17, 278–305, 1960.

Honermeier, B., Runge, M., and Thomann, R., Influence of cultivar, nitrogen and irrigation on yield and quality of Jerusalem artichoke (*Helianthus tuberosus* L.), in *Proceedings of the Sixth Seminar on Inulin*, Fuchs, A., Schittenhelm, S., and Frese, L. Eds., Braunschweig, Germany, 1996, pp. 35–36.

Huxley, A., *The RHS Dictionary of Gardening*, Macmillan, London, 1992.

Incoll, L. D. and Neales, T. F., The stem as a temporary sink before tuberization in *Helianthus tuberosus* L., *J. Exp. Bot.*, 21, 469–476, 1970.

Ishikawa, M. and Yoshida, S., Seasonal changes in plasma membranes and mitochondria isolated from Jerusalem artichoke tubers. Possible relationship to cold hardiness, *Plant Cell Physiol.*, 26, 1331–1344, 1985.

Itaya, N. M., Buckeridge, M. S., and Figueiredo-Ribeiro, R. C. L., Biosynthesis *in vitro* of high-molecular-mass fructan by cell-free extracts from tuberous roots of *Viguiera discolor* (Asteraceae), *New Phytol.*, 136, 53–60, 1997.

Jhon, D. Y. and Kim, M. H., Studies on inulase from Jerusalem artichoke, *Han'guk Yongyang Siklyong Hakhoechi*, 17, 205–210, 1988.

Joel, G., Gamon, J. A., and Field, C. B., Production efficiency in sunflower: the role of water and nitrogen stress, *Remote Sensing Environ.*, 62, 176–188, 1997.

Jouis, F., Contribution a l'etude de la mise en place de l'indice foliare chez le Topinambour (*Helianthus tuberosus* L.), *Memoire de D. E. A. Sciences Agronomiques*, Universite Rennes I, Rennes, France, 1985.

Judd, B., Feasibility of Producing Diesel Fuels from Biomass in New Zealand, 2003, http://eeca.govt.nz/eecalibrary/renewable-energy/biofuels/report/feasibility-of-producing-diesel-fuels-from-biomass-in-nz-03.pdf.

Jumelle, H., *Les Plantes à Tubercules Alimentaires des Climats Tempérés et des Pays Chauds*, Octave Doin et Fils, Paris, 1910.

Kaeser, W., Ultrastructure of storage cells in Jerusalem artichoke tubers (*Helianthus tuberosus* L.) vesicle formation during inulin synthesis, *Z. Pflanzenphysiol. Bd.*, 111, 253–260, 1983.

Kahnt, G. and Leible, L., Studies about the potential of sweet sorghum and Jerusalem artichoke for ethanol production based on fermentable sugar, in *Energy from Biomass*, Palz, W., Coombs, J., and Hall, D. O., Eds., Elsevier Applied Science, London, 1985, pp. 339–342.

Kays, S. J., The physiology of yield in the sweet potato, in *Sweet Potato Products: A Natural Resource of the Tropics*, Bouwkamp, J., Ed., CRC Press, Boca Raton, FL, 1985, pp. 79–132.

Kays, S. J. and Kultur, F., Genetic variation in Jerusalem artichoke (*Helianthus tuberosus* L.) flowering date and duration, *HortScience*, 40, 1675-1678, 2005.

Kays, S. J. and Paull, R. E., *Postharvest Biology*, Exon Press, Athens, GA, 2004.

Ke-Fu, Z., Changes in phytohormone and isozyme during the tuberization of *Helianthus tuberosus* in different daylength, *Acta Phytophysiol. Sin.*, 10, 11-17, 1984.

Keller, F., Frehner, M., and Wiemken, A., Sucrose synthase, a cytosolic enzyme in protoplasts of Jerusalem artichoke tubers (*Helianthus tuberosus* L.), *Plant Physiol.*, 88, 239-241, 1988.

Kidd, F., West, C., and Briggs, G. E. A., A quantitative analysis of the growth of *Helianthus annuus*. Part I. The respiration of the plant and of its parts throughout the life cycle, *Proc. Royal Soc. London*, B92, 361-384, 1921.

Kiehn, F. A. and Chubey, B. B., Challenger Jerusalem artichoke, *Can. J. Plant Sci.*, 65, 803-805, 1985.

Kiehn, F. A. and Chubey, B. B., Variability in agronomic and compositional characteristics of Jerusalem, in *Inulin and Inulin-Containing Crops*, Fuchs, A., Ed., Elsevier, Amsterdam, 1993, pp. 1-9.

Klug-Andersen, S., Jerusalem artichoke: a vegetable crop. Growth regulation and cultivars, *Acta Hort.*, 318, 145-152, 1992.

Kobayashi, S., Seki, K., Kishimoto, M., Kadoma, M., Takano, T., Nagata, K., and Onbo, K., Manufacture of Difructose Dianhydride from Inulin with Immobilized Inulin Fructotransferase, Japanese Patent 01285195, 1989.

Koch, K., Sucrose metabolism: regulation mechanisms and pivotal roles in sugar sensing and plant development, *Curr. Opin. Plant. Biol.*, 7, 235-246, 2004.

Kochs, G., Werck-Reichhart, D., and Grisebach, H., Further characterization of cytochrome P450 involved in phytoalexin synthesis in soybean: cytochrome P450 cinnamate 4-hydroxylase and 3, 9-dihydroxypterocarpan 6a-hydroxylase, *Arch. Biochem. Biophys.*, 293, 187-194, 1992.

Konvalinková, P., Generative and vegetative reproduction of *Helianthus tuberosus*, an invasive plant in central Europe, in *Plant Invasions: Ecological Threats and Management Solutions*, Child, L. E., Brock, J. H., Brundu, G., Prach, K., Pyšek, P., Wade, P. M., and Williamson, M., Backhuys Pub., Leiden, The Netherlands, 2003, pp. 289-99.

Koops, A. J. and Jonker, H. H., Purification and characterization of the enzymes of fructan biosynthesis in tubers of *Helianthus tuberosus* 'Colombia.' I. Fructan: fructan fructosyl transferase, *J. Exp. Bot.*, 45, 1623-1631, 1994.

Koops, A. J. and Jonker, H. H., Purification and characterization of the enzymes of fructan biosynthesis in tubers of *Helianthus tuberosus* Colombia. II. Purification of sucrose: sucrose 1-fructosyltransferase and reconstitution of fructan synthesis *in vitro* with purified sucrose: sucrose 1-fructosyltransferase and fructan: fructan 1-fructosyltransferase, *Plant Physiol.*, 110, 1167-1175, 1996.

Koops, A. J., Sevenier, R., Van Tunen Arjen, J., and De Leenheer, L., Transgenic Plants Comprising 1-SST and 1-FFT Fructosyltransferase Genes for a Modified Inulin Production Profile, European Patent 952222, 1999.

Korovkin, O. A., Development rhythm and morphological index for *Helianthus tuberosus* L. for various planting densities, *Izv. Timiryazevsk. S.-Kh. Akad.*, 2, 29-35, 1985.

Kosaric, N., Cosentino, G. P., Wieczorek, A., and Duvnjak, Z., The Jerusalem artichoke as an agricultural crop, *Biomass*, 5, 1-36, 1984.

Kuehn, G. and Phillips, G., Role of polyamines in apoptosis and other recent advances in plant polyamines, *Crit. Rev. Plant Sci.*, 24, 123–130, 2005.

Kühn, C., Quick, W. P., Schulz, A., Riesmeier, J. W., Sommewald, U., and Frommer, W. B., Companion cellspecific inhibition of the potato sucrose transporter SUT1, *Plant Cell Environ.*, 19, 1115–1123, 1996.

Kumar, A., Altabella, T., Taylor, M. A., and Tiburcio, A. F., Recent advances in plant polyamine research, *Trends Plant Sci.*, 2, 124–130, 1997.

Kupin, G. A., Ruvinskii, O. E., and Zaiko, G. M., Inulin hydrolysis in Jerusalem artichoke juice, *Izvestiya Vysshikh Uchebnykh Zavedenii Pishchevaya Tekhnologiya*, 5/6, 77–78, 2002.

Lambert, C. and Duranton, H., Effect of light on arginase and urease activities in Jerusalem artichoke tissues cultivated *in vitro*, *C. R. Seances Acad. Sci. D*, 270, 3217–3219, 1970.

Larondelle, Y., Mertens, E., Van Schaftingen, E., and Hers, H. G., Fructose 2, 6-bisphosphate-hydrolyzing enzymes in higher plants, *Plant Physiol.*, 90, 827–834, 1989.

Le Cochec, F., Les possibilites de production de graines de topinambour, in *Jerusalem Artichoke and Other Bioenergy Resources*, Proceedings of the 1st International Conference, Korean Science Foundation, Ajou University, Suwon, June 26–28, 1985, 6 pp.

Le Cochec, F. and de Barreda, D. G., Hybridation et production de semences a partir de clones de topinambour (*Helianthus tuberosus* L.), Rapport EN3B-0044 F, Commission des Communautés Européennes Energie, CECA-Bruxelles, 1990.

Lee, H. J., Kim, S. I., and Mok, Y. I., Biomass and ethanol production from Jerusalem artichoke, in *Alternative Sources of Energy for Agriculture: Proceedings of the International Symposium*, Taiwan Sugar Research Institute, Tainan, Taiwan, pp. 309–319.

Le Floc'h, F. and Lafleuriel, J., The purine nucleosidases of Jerusalem artichoke shoots. *Phytochemistry*, 20, 2127–2129, 1981.

Le Floc'h, F. and Lafleuriel, J., The particulate AMP aminohydrolase of Jerusalem artichoke tubers: partial purification and properties, *Physiol. Veg.*, 21, 15–27, 1983.

Le Friant, J. Y., Contribution a l'etude de l'interception lumineuse par un couvert de topinambour. Repartition temporelle de la matiere seche, DEA Sciences Agronomiques, ENSAR – Universite Rennes I, Rennes, France, 1983.

Lemercier, E., Elaboration de la biomasse chez le topinambour et bilan glucidique a differents stades du developpement, These Universite Rennes I, Rennes, France, 1987.

Lemeur, R., A method for simulating the direct solar radiation regime in sunflower, Jerusalem artichoke, corn and soybean canopies using actual stand structure data, *Agric. Meteorol.*, 12, 229–247, 1973.

Lesot, A., Benveniste, I., Hasenfratz, M. P., and Durst, F., Induction of NADPH-cytochrome P-450 (c) reductasein wounded tissues from *Helianthus tuberosus* tubers, *Plant Cell Physiol.*, 31, 1177–1182, 1990.

Leuscher, M., Erdin, C., Sprenger, N., Hochstrasser, U., Boller, T., and Wiemken, A., Inulin synthesis by a combination of purified fructosyltransferases from tubers of *Helianthus tuberosus*, *FEBS Lett.*, 385, 39–42, 1996.

Lewis, D. H., Occurrence and distribution of carbohydrates in vascular plants, in *Storage Carbohydrates in Vascular Plants*, Soc. Expt. Biol. Seminar Series 19, Lewis, D. H., Ed., Cambridge University Press, Cambridge, U. K. , 1984, pp. 1-52.

Liden, A. C. and Moeller, I. M. , Purification, characterization and storage of mitochondria from Jerusalem artichoke tubers, *Physiol. Plant.*, 72, 265-270, 1988.

Lifschitz, E. , Eviatar, T. , Rozman, A. , Shlit, A. , Goldshmidt, A. , Amsellem, Z. , Alvarez, J. P. , and Eshed, Y. , The tomato FT ortholog triggers systemic signals that regulate growth and flowering and substitute for diverse environmental stimuli, *Proc. Nat. Acad. Sci.*, USA, 103, 6398-6403, 2006.

Lim, K. B. and Lee, H. J. , Biomass production and cultivation of Jerusalem artichoke (*Helianthus tuberosus* L.) as an energy crop, *Seoul Natl. Univ. Coll. Agric. Bull.*, 8, 91-101, 1983.

Little, G. and Edelman, J. , Solubility of plant invertases, *Phytochemistry*, 12, 67-71, 1973.

Liu, X. H. , Liu, Y. , Liu, X. , and Chang, T. J. , Obtaining of transgenic tobacco expressing *Helianthus tuberosus* agglutinin, *Shangqiu Shifan Xueyuan Xuebao*, 18, 111-114, 2002.

Lloyd, N. D. H. and Canvin, D. T. , Photosynthesis and photorespiration in sunflower selections, *Can. J. Bot.*, 55, 3006-3012, 1977.

Lohmeyer, W. and Sukopp, H. , *Agriophyten in der Vegetation Mitteleuropas*, Bundesforschungsanstalt für Naturschutz und Landschaftsökologie, Münster - Hiltrup: Vertrieb, Landwirtschaftsverlag, Bonn - Bad Godesberg, 1992.

Löhrke, L. , Contributions to the breeding and the cultivation of the Jerusalem artichoke (*Helianthus tuberosus* L.) . I. Advancing the flowering time, crosses with sunflower (*H. annuus*) and selection, *Z. Pflanzenz.*, 35, 321-344, 1956.

Losavio, N. , Lamascese, N. , and Vonella, A. V. , Potential yield of Jerusalem artichoke (*Helianthus tuberosus* L.) in the Mediterranean conditions, in *Biomass for Energy and the Environment*, Proceedings of the 9th European Bioenergy Conference, Copenhagen, June 24-27, 1996, pp. 598-602.

Lüscher, M. , Frehner, M. , and Nösberger, J. , Purification and characterization of fructan : fructan fructosyl transferase from Jerusalem artichoke (*Helianthus tuberosus* L.), *New Phytol.*, 123, 717-724, 1993.

Lyu, S. W. and Song, S. D. , Biomass production and phosphorus inflow in three perennial herb populations in the basin of the Mt. Geumoh, *Kor. J. Bot.*, 29, 95-107, 1986.

Macey, M. J. K. , Effect of 2, 4-dichlorophenoxyacetic acid on the pectin methylesterase activity of Jerusalem artichoke tuber tissue, *Physiol. Plant.*, 18, 368-378, 1965.

Malmberg, R. L. , Watson, M. B. , and Galloway, G. , Molecular genetic analysis of plant polyamines, *Crit. Rev. Plant Sci.*, 17, 199-224, 1998.

Marx, S. P. , Nösberger, J. , and Frehner, M. , Seasonal variation of fructan-Ⓡ-fructosidase (FEH) activity and characterization of a Ⓡ- (2-1) -linkage specific FEH from tubers of Jerusalem artichoke (*Helianthus tuberosus*), *New Phytol.*, 135, 267-277, 1997.

May, G. M. , Pritts, M. P. , and Kelly, M. J. , Seasonal patterns of growth and tissue nutrient content in strawberries, *J. Plant Nutr.*, 17, 1149-1162, 1994.

Mazza, G. , Distribution of sugars, dry matter and protein in Jerusalem artichoke tubers, *Can. Inst. Food Sci. Technol. J.*, 18, 263-265, 1985.

McLaren, J. S. , Field studies of the growth and development of winter wheat, *J. Agric. Sci.*, 97, 685-697, 1981.

McLaurin, W. J. and Kays, S. J. , Substantial leaf shedding: a consistent phenomenon among high-yielding sweetpotato cultivars, *HortScience*, 28, 826-827, 1993.

356 Biology and Chemistry of Jerusalem Artichoke: *Helianthus tuberosus* L.

McLaurin, W. J., Somda, Z. C., and Kays, S. J., Jerusalem artichoke growth, development, and field storage. I. Numerical assessment of plant development and dry matter acquisition and allocation, *J. Plant Nutr.*, 22, 1303–1313, 1999.

Meier, H., and Reid, J. S. G., Reserve polysaccharides other than starch in higher plants, in *Encyclopedia of Plant Physiology*, Vol. 13, Loewus, F. A. and Tanner, W., Eds., Springer-Verlag, Berlin, 1982, pp. 1418–1471.

Meijer, W. J. M. and Mathijssen, E. W. J. M., The relations between flower initiation and sink strength of stems and tubers of Jerusalem artichoke (*Helianthus tuberosus* L.), *Neth. J. Agric. Sci.*, 39, 123–135, 1991.

Meijer, W. J. M., Mathijssen, E. W. J. M., and Borm, G. E. L., Crop characteristics and inulin production of Jerusalem artichoke and chicory, in *Inulin and Inulin-Containing Crops*, Fuchs, A., Ed., Elsevier, Amsterdam, 1993, pp. 29–38.

Meng, K., Chang, T. J., Liu, X., Chen, S. B., Yang, Y. Q., Sun, A. J., Xu, H. L., Wei, X. L., and Zhu, Z., Cloning and expression pattern of a gene encoding a putative plastidic ATP/ADP transporter from *Helianthus tuberosus* L., *J. Integr. Plant Biol.*, 47, 1123–1132, 2005.

Mesken, M., Induction of flowering, seed production, and evaluation of seedlings and clones of Jerusalem artichoke (*Helianthus tuberosus* L.), in *Topinambour (Jerusalem Artichoke)*, Report EUR 11855, Grassi, G. and Gosse, G., Eds., Commission of the European Communities, Luxembourg, 1988, pp. 137–144.

Meyer, B. S., Anderson, D. B., Bohning, R. H., and Fratianne, D. G., in *Introduction to Plant Physiology*, D. Van Nostrand Company, New York, 1973, pp. 431–463.

Mezencev, N., Premiers resultats des essaes 1984 AZF AFME sur topinambours berraves en Midi-Pyrenees, AZF Cd F Chimie, Toulouse, 1985.

Milord, J. P., Cycle de developpement de deux varietes de topinambour (*Helianthus tuberosus* L.) en conditions naturelles, in *Evolution physiologique et conservation des tubercules durant la periode hivernale*, These Universite Limoges, Limoges, France, 1987.

Mimiola, G., Test of topinambour cultivation in southern Italy, in *Topinambour (Jerusalem Artichoke)*, Report EUR 11855, Grassi, G. and Gosse, G., Eds., Commission of the European Communities, Luxembourg, 1988, pp. 53–60.

Mitchell, J. P., DNA synthesis during early division cycles of Jerusalem artichoke callus cultures, *Ann. Bot.*, 31, 427–435, 1967.

Molisch, H., *The Longevity of Plants*, Fulling, H., Trans., Science Press, Lancaster, PA, 1938.

Monteith, J. L., Climate and efficiency of crop production in Britain, *Phil. Trans. Royal Soc. Lond. B*, 281, 277–294, 1977.

Monti, A., Amaducci, M. T., and Venturi, G., Growth response, leaf gas exchange and fructans accumulation of Jerusalem artichoke (*Helianthus tuberosus* L.) as affected by different water regimes, *Eur. J. Agron.*, 23, 136–145, 2005.

Morant, M., Bak, S., Moller, B. L. and Werck-Reichhart, D., Plant cytochromes P450: tools for pharmacology, plant protection and phytoremediation, *Curr. Opin. Biotechnol.*, 14, 151–162, 2003.

Morrenhof, H. and Bus, C. B., Aardper, een potentieel nieuw gewas-teeltonderzoek 1986–1989. Verslag 99, Research Station for Arable Farming and Field Production of Vegetables (PAGV), Lelystad, 1990.

Moule, C., Tsvetoukhine, V., Dupuis, G., and Renault, M., *Contribution a l'etude du topinambour-ensilage*, INRA, Rennes, 1967.

Nagaraj, V. J., Altenbach, D., Galati, V., Lüscher, M., Meyer, A. D., Boller, T., and Wiemken, A., Distinct regulation of sucrose : sucrose-1-fructosyltransferase (1-SST) and sucrose : fructan-6-fructosyltransferase (6-SFT), the key enzymes of fructan synthesis in barley leaves: 1-SST as the pacemaker, *New Phytol.*, 161, 735-748, 2004.

Nakano, K., An experimental study on the effects of defoliation on plant growth, *J. Fac. Sci. Univ. Tokyo*, 11, 333-353, 1975.

Nelson, D. R., Kamataki, T., Waxman, D. J., Guengerich, F. P., Estabrook, R. W., Feyereisen, R., Gonzalez, F. J., Coon, M. J., Gunsalus, I. C., Gotoh, O., Okuda, K., and Nelson, D. W., The *P*450 superfamily: update on new sequences, gene mapping, accession numbers, early trivial names of enzymes, and nomenclature, *DNA Cell Biol.*, 12, 1-51, 1993.

Nitsch, J. P., Existence d'un stimulus photopériodique non spécifique capable de provoquer la tubérisation chez *Helianthus tuberosus* L., *Bull. Soc. Bot. Fr.*, 112, 333-340, 1965.

Noel, G. M. and Pontis, H. G., Involvement of sucrose synthase in sucrose synthesis during mobilization of fructans in dormant Jerusalem artichoke tubers, *Plant Sci.*, 159, 191-195, 2000.

Noodén, L. D., Whole plant senescence, in *Senescence and Aging in Plants*, Noodén, L. D. and Leopold, A. C., Eds., Academic Press, New York, 1988, pp. 391-439.

Noodén, L. D., Guiamét, J. J., and John, I., Senescence mechanisms, *Physiol. Plant.*, 101, 746-753, 1997.

Noodén, L. D. and Penney, J. P., Correlative controls of senescence and plant death in *Arabidopsis thaliana* (Brassicaceae), *J. Exp. Bot.*, 52, 2151-2159, 2001.

Nze-Ekekang, L., Patillon, M., Schäfer, A., and Kovoor, A., Repetitive DNA of higher plants, *J. Exp. Bot.*, 25, 320-329, 1974.

Olson, M. M. and Roseland, C. R., Induction of the coumarins scopoletin and ayapin in sunflower by insectfeeding stress and effects of coumarins on the feeding of sunflower beetle (Coleoptera: Chrysomelidae), *Environ. Entomol.*, 20, 1166-1172, 1991.

Pallas, J. E. and Kays, S. J., Inhibition of photosynthesis by ethylene: a stomatal effect, *Plant Physiol.*, 70, 598-601, 1982.

Palmer, J. M., Induction of phosphatase activity in thin slices of Jerusalem artichoke tissue by treatment with indoleacetic acid, *Planta*, 93, 53-99, 1970.

Palmer, J. M. and Wedding, R. T., Purification and properties of succinyl-CoA synthetase from Jerusalem artichoke mitochondria, *Biochim. Biophys. Acta*, 113, 167-174, 1966.

Paolini, R. and De Pace, C., Yield response, resource complementarity and competitive ability of Jerusalem artichoke (*Helianthus tuberosus* L.) and potato (*Solanum tuberosum* L.) in mixture, *Agric. Med.*, 127, 5-16, 1997.

Park, E. B., Lee, J. S., and Choi, E. H., Isolation and characteristics of polyphenol oxidase from Jerusalem artichoke tuber, *Han'guk Sikp'um Kwahakhoechi*, 23, 414-419, 1991.

Pashley, C. H., Ellis, J. R., McCauley, D. E., and Burke, J. M., EST databases as a source for molecular markers: lessons from *Helianthus*, *J. Hered.*, 97, 382-388, 2006.

Pas'ko, M. M., Branching in *Helianthus tuberosus* L., *Ukra Inskyi Botanichnyi Zhurnal*, 39, 41-46, 1982.

Pätzold, C., *Die Topinambur als landwirtschaftliche Kulturpflanze*, AID-Ausgabe, Bonn, 1957.

Pavlides, M., Bibliography, in *Topinambour (Jerusalem Artichoke)*, Report EUR 11855, Grassi, G. and Gosse, G., Eds., Commission of the European Communities, Luxembourg, 1988, pp. 183-207.

Peiris, K. J. S., Mallon, J. L., and Kays, S. J., Respiratory rate and vital heat of some speciality vegetables at various storage temperatures, *HortTechnology*, 7, 46-48, 1997.

Pejin, D., Jakovljevi, J., Razmovski, R., and Berenji, J., Experiences in cultivation, processing and application of Jerusalem artichoke (*Helianthus tuberosus* L.) in Yugoslavia, in *Inulin and Inulin-Containing Crops*, Fuchs, A., Ed., Elsevier, Amsterdam, 1993, pp. 51-63.

Petel, G. and Gendraud, M., Contribution to the study of ATPase activity in plasmalemma-enriched fractions from Jerusalem artichoke tubers (*Helianthus tuberosus* L.) in relation to their morphogenetic properties, *Plant Physiol.*, 123, 3733-3780, 1986.

Petel, G. and Gendraud, M., Biochemical properties of the plasmalemma ATPase of Jerusalem artichoke (*Helianthus tuberosus* L.) tubers in relation to dormancy, *Plant Cell Physiol.*, 29, 739-761, 1988.

Phillips, R., Press, M. C., and Eason, A., Polyamines in relation to cell division and xylogenesis in cultured explants of *Helianthus tuberosus*: lack of evidence for growth regulatory activity, *J. Exp. Bot.*, 38, 164-172, 1987.

Picchioni, G. A., Brown, P. H., Weinbaum, S. A., and Muraoka, T. T., Macronutrient allocation to leaves and fruit of mature, alternate-bearing pistachio trees: magnitude and seasonal patterns at the whole-canopy level, *J. Am. Soc. Hort. Sci.*, 122, 267-274, 1997.

Pilnik, W. and Vervelde, G. J., Jerusalem artichoke (*Helianthus tuberosus* L.) as a source of fructose, a natural alternative sweetener, *Z. Pflanzenbau*, 142, 153-162, 1976.

Piper, C. V., Forage crops and forage conditions in the Philippines, *Philipp. Agric. Rev.*, 4, 394-428, 1911.

Place, R. E. and Brown, D. M., Modelling corn yields from soil moisture estimates: description, sensitivity analysis and validation, *Agric. For. Meteorol.*, 41, 31-56, 1987.

Pollock, C. J., Fructans and the metabolism of sucrose in vascular plants, *New Phytol.*, 104, 1-24, 1986.

Ponnamperuma, K. and Croteau, R., Purification and characterization of an NADPH-cytochrome P450 (cytochrom ec) reductase from spearmint (*Mentha spicata*) glandular trichomes, *Arch. Biochem. Biophys.*, 329, 9-16, 1996.

Pontis, H. G. and del Campillo, E., Fructans, in *Biochemistry of Storage Carbohydrates in Green Plants*, Dey, P. M. and Dixon, R. A., Eds., Academic Press, New York, 1985, pp. 205-227.

Pontis, H. G. and Wolosiuk, R. A., Sucrose synthetase. I. Effect of trypsin on the cleavage activity, *FEBS Lett.*, 28, 86-88, 1972.

Pontis, H. G., Wolosiuk, R. A., Fernandez, L. M., and Bettinelli, B., Role of sucrose and sucrose synthetase in *Helianthus tuberosus*, in *Biochemistry of the Glycosidic Linkage*, Academic Press, New York, 1972, pp. 239-265.

Praznik, W. and Beck, R. H. F., Inulin composition during growth of tubers of *Helianthus tuberosus*, *Agric. Biol. Chem.*, 51, 1593-1599, 1987.

Praznik, W., Beck, R. H. F., and Spies, T., Isolation and characterization of sucrose: sucrose 1F-Ⓡ-D-fructosyltransferase from tubers of *Helianthus tuberosus* L., *Agric. Biol. Chem.*, 54, 2429-2431, 1990.

Price, H. J., Hodnett, G., and Johnston, J. S., Sunflower (*Helianthus annuus*) leaves contain compounds that reduce nuclear propidium iodide fluorescence, *Ann. Bot.*, 86, 929-934, 2000.

Pugliesi, C., Biasini, M. G., Fambrini, M., and Baroncelli, S., Genetic transformation by *Agrobacterium tumefaciens* in the interspecific hybrid *Helianthus annuus*. *Helianthus tuberosus*, *Plant Sci.*, 93, 105–115, 1993.

Raíces, M., Ulloa, R. M., Macintosh, G. C., Crespi, M., and Téllez–Iñón, M. T., StCDPK1 is expressed in potato stolon tips and is induced by high sucrose concentration, *J. Exp. Bot.*, 54, 2589–2591, 2003.

Rawate, P. D. and Hill, R. M., Extraction of a high-protein isolate from Jerusalem artichoke (*Helianthus tuberosus*) tops and evaluation of its nutrition potential, *J. Agric. Food Chem.*, 33, 29–31, 1985.

Řehořek, V., Cultivated and escaped perennial *Helianthus* species in Europe, *Preslia*, 69, 59–70, 1997.

Reichhart, D., Simon, A., Durst, F., Mathews, J. M., and Ortiz de Montellano, P. R., Autocatalytic inactivation of plant cytochrome P-450 enzymes: selective inactivation of cinnamic acid 4-hydroxylase from *Helianthus tuberosus* by 1-aminobenzotriazole, *Arch. Biochem. Biophys.*, 216, 522–529, 1982.

Rieseberg, L. H., Raymond, O., Rosenthal, D. M., Lai, Z., Livingstone, K., Nakazato, T., Durphy, J. L., Schwarzbach, A. E., Donovan, L. A., and Lexer, C., Major ecological transitions in annual sunflower facilitated by hybridization, *Science*, 301, 1211–1216, 2003.

Riesmeier, J. W., Willmitzer, L., and Frommer, W. B., Evidence for an essential role of the sucrose transporter in phloem loading and assimilate partitioning, *EMBO J.*, 13, 1–7, 1994.

Riotte, L., *Companion Planting for Successful Gardening*, Garden Way, Charlotte, Vermont, 1978.

Rugolo, M., Pistocchi, R., and Zannoni, D., Calcium ion transport in higher plant mitochondria (*Helianthus tuberosus*), *Physiol. Plant.*, 79, 297–302, 1990.

Rugolo, M. and Zannoni, D., Oxidation of external NAD (P) H by Jerusalem artichoke (*Helianthus tuberosus*) mitochondria, *Plant Physiol.*, 99, 1037–1043, 1992.

Russell, W. A., Genetic improvement of maize yields, *Adv. Agron.*, 46, 245–298, 1991.

Russell, W. E., The Growth and Reproductive Characteristics and Herbicidal Control of Jerusalem Artichoke (*Helianthus tuberosus*), Ph. D. thesis, Ohio State University, Columbus, Ohio, 1979. Saengthongpinit, W. and Sajjaanantakul, T., Influence of harvest time and storage temperature on characteristics of inulin from Jerusalem artichoke (*Helianthus tuberosus* L.) tubers, *Postharvest Biol. Technol.*, 37, 93–100, 2005.

Sakalo, V. D. and Lukashova, R. G., Activity and immunochemical comparison of sucrose synthetase from plant storage organs, *Fiziologiya Rastenii*, 40, 265–270, 1993.

Salaun, J. P., Benveniste, I., Fonne, R., Gabriac, B., Reichhart, D., Simon, A., and Durst, F., Microsomal hydroxylation of lauric acid in higher plants catalyzed by cytochrome P-450, *Physiol. Veg.*, 20, 613–621, 1982.

Salaun, J. P., Benveniste, I., Reichhart, D., and Durst, F., A microsomal (cytochrome P-450) -linked lauric-acidmonooxygenase from aged Jerusalem artichoke tuber tissues, *Eur. J. Biochem.*, 90, 155–159, 1978.

Salaun, J. P., Benveniste, I., Reichhart, D., and Durst, F., Induction and specificity of a (cytochrome P-450-dependent) laurate in-chain-hydroxylase from higher plant microsomes, *Eur. J. Biochem.*, 119, 651–655, 1981.

Salaun, J. P., Weissbart, D., Durst, F., Pflieger, P., and Mioskowski, C., Epoxidation of cis and trans 9-unsaturated lauric acids by a cytochrome P-450-dependent system from higher plant microsomes, *FEBS Lett.*, 246, 120–126, 1989.

Salaun, J. P., Weissbart, D., Helvig, C., Durst, F., and Mioskowski, C, Regioselective hydroxylation and epoxidation of lauric acid and unsaturated analogs by cytochrome P450 in Jerusalem artichoke microsomes, *Plant Physiol. Biochem.*, 31, 285–293, 1993.

Salerno, G. L., Gamundi, S. S., and Pontis, H. G., A procedure for the assay of sucrose synthetase and sucrose phosphate synthetase in plant homogenates, *Anal. Biochem.*, 93, 196–199, 1979.

Sawicka, B. and Wadysaw, M., Evaluation and productivity of *Helianthus tuberosus* L. in the conditions of central-east Poland, *Electron. J. Pol. Agric. Univ. Hort.*, 8, 2005, http: //wwwejpau. media. pl/volume8/issue3/art-42. html.

Schalk, M., Batard, Y., Seyer, A., Nedelkina, S., Durst, F., and Werck-Reichhart, D., Design of fluorescent substrates and potent inhibitors of CYP73As, P450s that catalyze 4-hydroxylation of cinnamic acid in higher plants, *Biochemistry*, 36, 15253–15261, 1997.

Schalk, M., Pierrel, M. A., Zimmerlin, A., Batard, Y., Durst, F., and Werck-Reichhart, D., Xenobiotics. Substrates and inhibitors of the plant cytochrome P 450, *Environ. Sci. Poll. Res. Int.*, 4, 229–234, 1997.

Scheibe, A. and Müller, M., Untersuchungen über Blühauslösung und Blühförderung un *Helianthus tuberosus* L. durch Pfropfung und photoperiodische Massnahmen, *Beitr. Biol. Pflanzen*, 31, 431–472, 1955.

Schittenhelm, S., Preliminary results of a breeding program with Jerusalem artichoke (*Helianthus tuberosus* L.), in *Proceedings of the Workshop Evaluation of Genetic Resources for Industrial Purposes*, EUCARPIA Sect. Genet. Resources, Braunschweig, Germany, 1987a, pp. 209–219.

Schittenhelm, S., Topinambur: eine Pflanze mit Zukunft, *Lohnunternehmer Jahrbuch*, 169, 1987b.

Schittenhelm, S., Productivity of *Helianthus tuberosus* under low-versus high-input conditions, in *Topinambour (Jerusalem Artichoke)*, Report EUR 13405, Gosse, G. and Grassi, G., Eds., Commission of the European Communities, Luxembourg, 1991, pp. 99–106.

Schittenhelm, S., Productivity of root chicory, Jerusalem artichoke and sugar-beet, in *Proceedings of the Sixth Seminar on Inulin*, Fuchs, A., Schittenhelm, S., and Frese, L., Eds., Braunschweig, Germany, 1996, pp. 29–34.

Schittenhelm, S., Agronomic performance of root chicory, Jerusalem artichoke, and sugarbeet in stress and nonstress environments, *Crop Sci.*, 39, 1815–1823, 1999.

Schlubach, H. H., Huchting, I., and Müller, H., Untersuchungen über Polyfructosane. XXVIII. Über die Kohlenhydrate der Topinambour. III. Über das Synanthrin A, *Justus Liebig's Annalen Chemie*, 577, 47–53, 1952.

Schlubach, H. H. and Knoop, H., Untersuchungen über natürliche Polylävane. IV. Die Kohlenhydrate der Topinambur, *Justus Liebig's Annalen Chemie*, 497, 208–234, 1932.

Schlubach, H. H. and Knoop, H., Untersuchungen über natürliche Polylävane. V. Die Kohlenhydrate der Topinambour. II, *Justus Liebig's Annalen Chemie*, 505, 19–30, 1933.

Schoch, G. A., Attias, R., Belghazi, M., Dansette, P. M., and Werck-Reichhart, D., Engineering of a watersoluble plant cytochrome P450, CYP73A1, and NMR-based orientation of natural and alternate substrates in the active site, *Plant Physiol.*, 133, 1198–1208, 2003.

Schubert, S. and Feuerle, R., Effect of shading on carbohydrate metabolism of shoots and inulin storage in the tubers of two cultivars of Jerusalem artichoke (*Helianthus tuberosus* L.), in *Proceedings of the 2nd ESA Congress*, Warwick University, Coventry, U. K., 1992, pp. 138–139.

Schubert, S. and Feuerle, R., Fructan storage in tubers of Jerusalem artichoke: characterization of sink strength, *New Phytol.*, 136, 115–122, 1997.

Schuler, M. A. and Werck-Reichhart., D., Functional genomics of P450s, *Ann. Rev. Plant Biol.*, 54, 629–667, 2003.

Sibrja, N. A., Züchtung des Topinambur, *Theor. Bases Plant Breeding*, 5, 483–500, 1937.

Scott, R. W., Transfructosylation in Higher Plants Containing Fructose Polymers, Ph. D. thesis, University of London, London, 1968.

Scott, R. W., Jefford, T. G., and Edelman, J., Sucrose fructosyltransferase from higher plant tissues, *Biochem. J.*, 100, 23P–24P, 1966.

Scurlock, J. M. O., Asner, G. P., and Gower, S. T., *Worldwide Historical Estimates and Bibliography of Leaf Area Index*, 1932–2000, ORNL Technical Memorandum TM–2001/268, Oak Ridge National Laboratory, Oak Ridge, TN, 2001.

Seiler, G. J., Nitrogen and mineral content of selected wild and cultivated genotypes of Jerusalem artichoke, *Agron. J.*, 80, 681–687, 1988.

Seiler, G. J., Protein and mineral concentrations in tubers of selected genotypes of wild and cultivated Jerusalem artichokes (*Helianthus tuberosus*, Asteraceae), *Econ. Bot.*, 44, 322–335, 1990.

Seiler, G. J., Forage and tuber yields and digestibility of selected wild and cultivated genotypes of Jerusalem artichoke, *Agron. J.*, 85, 29–33, 1993.

Seiler, G. J. and Brothers, M. E., Oil concentration and fatty acid composition of achenes of *Helianthus* species (Asteraceae) from Canada, *Econ. Bot.*, 53, 273–280, 1999.

Serafini-Fracassini, D. and Alessandri, M., Polyamines and morphogenesis in *Helianthus tuberosus* explants, in *Advances in Polyamine Research*, Bachrach, U., Kaye, A., and Chayens, R., Eds., Raven Press, New York, 1983, pp. 419–426.

Serafini-Fracassini, D., Bagni, N., Cionini, P. G., and Bennici, A., Polyamines and nucleic acids during the first cell-cycle of *Helianthus tuberosus* tissue after the dormancy break, *Planta*, 148, 332–337, 1980.

Serafini-Fracassini, D. and Filiti, N., The effect of GA7 on nucleic acids during the early phases of the activation of *Helianthus tuberosus* tuber, *Giorn. Bot. Ital.*, 110, 378, 1976.

Serafini-Fracassini, D., Torrigiani, P., and Branca, C., Polyamines bound to nucleic acids during dormancy and activation of tuber cells of *Helianthus tuberosus*, *Plant Physiol.*, 60, 351–357, 1984.

Sevenier, R., Hall, R. D., Van der Meer, I. M., Hakkert, H. J., Hanny, H. J. C., Van Tunen, A. J., and Koops, A. J., High level fructan accumulation in a transgenic sugar beet, *Nat. Biotechnol.*, 16, 843–846, 1998.

Sharp, R. E. and Boyer, J. S., Photosynthesis at low water potentials in sunflower: lack of photoinhibitory effects, *Plant Physiol.*, 82, 90–95, 1986.

Shaw, M. W., Lodge, K., and John, P., Modelling inulin metabolism, *Studies Plants Sci.*, 3, 297–308, 1993.

Sheen, J., Zhou, L., and Jang, J. C., Sugars as signaling molecules, *Curr. Opin. Plant Biol.*, 2, 410–418, 1999.

Shiomi, N., Properties of fructosyltransferases involved in the synthesis of fructan in Liliaceous plants, *J. Plant Physiol.*, 134, 151–155, 1989.

Shoemaker, D. N., The Jerusalem artichoke as a crop plant, *USDA Technical Bulletin* 33, USDA, Washington,

DC, 1927.

Simons, A. J., *New Vegetable Grower's Handbook*, Penguin, Harmondsworth, U. K., 1977.

Smit, T. and McMillan Browse, P., *The Heligan Vegetable Bible*, Victor Gollancz, London, 2000, pp. 152–153.

Sobrado, M. A. and Turner, N. C., Photosynthesis, dry matter accumulation and distribution in the wild sunflower *Helianthus petiolaris* and the cultivated sunflower *Helianthus annuus* as influenced by water deficits, *Oecologia*, 69, 181–187, 1986.

Soja, G., Untersuchungen über die Dynamik von Wachstum und Stoffeinlagerung in die Knollen dreier Topinambursorten (*Helianthus tuberosus* L.), Diplomarbeit, Universität für Bodenkultur, Wien, 1983.

Soja, G., Photosynthese, Assimilattranslokation und Ertragsbildung bei Topinambur (*Helianthus tuberosus* L.), Dissertation, Universität für Bodenkultur, Wien, 1988.

Soja, G. and Dersch, G., Plant development and hormonal status in the Jerusalem artichoke (*Helianthus tuberosus* L.), *Ind. Crops Prod.*, 1, 219–228, 1993.

Soja, G. and Haunold, E., Leaf gas exchange and tuber yield in Jerusalem artichoke (*Helianthus tuberosus* L.) cultivars, *Field Crop Res.*, 26, 241–252, 1991.

Soja, G., Haunold, E., and Praznik, W., Translocation of 14C – assimilates in Jerusalem artichoke (*Helianthus tuberosus* L.), *J. Plant Physiol.*, 134, 218–223, 1989.

Soja, G. and Liebhard, P., Nahrstoff – und Zuckerbidung wahrend der Knollenausbildung dreier Topinambursorten (*Helianthus tuberosus*, L.) unterschied licher Reifezeit, *Bodenkultur*, 35, 317–327, 1984.

Somda, Z. C., McLaurin, W. J., and Kays, S. J., Jerusalem artichoke growth, development, and field storage. II. Carbon and nutrient element allocation and redistribution, *J. Plant Nutr.*, 22, 1315–1334, 1999.

Spitsberg, V. L. and Coscia, C. J., Quinone reductases of higher plants, *Eur. J. Biochem.*, 127, 67–70, 1982.

Spitters, C. J. T., Genetic variation in growth pattern and yield formation in *Helianthus tuberosus* L., in *EUCARPIA, Proceedings of the Workshop on Evaluation of Genetic Resources for Industrial Purposes*, FAL, Braunschweig-Volkenrode, Germany, 1987.

Spitters, C. J. T., Modelling crop growth and tuber yields in *Helianthus tuberosus*, in *Topinambour (Jerusalem Artichoke)*, Report EUR 11855, Grassi, G. and Gosse, G. Eds., Commission of the European Communities, Luxembourg, 1988, pp. 29–35.

Spitters, C. J. T., Lootsma, M., and van de Waart, M., The contrasting growth pattern of early and late varieties in *Helianthus tuberosus*, in *Topinambour (Jerusalem Artichoke)*, Report EUR 11855, Grassi, G. and Gosse, G., Eds., Commission of the European Communities, Luxembourg, 1988a, pp. 37–43.

Spitters, C. J. T., Crop growth models: their usefulness and limitations, *Acta Hort.*, 267, 349–368, 1990a.

Spitters, C. J. T., Modeling the seasonal dynamics of shoot and tuber growth of *Helianthus tuberosus* L., in *Proceedings of the Third Seminar on Inulin*, NRLO Report 90/28, Fuchs, A., Ed., Wageningen, The Netherlands, 1990b, pp. 1–8.

Spitters, C. J. T. and Morrenhof, H. K., *Growth Analysis of Cultivars of Helianthus tuberosus L.*, EEC Contract Report EN3B-0040-NL, 1987.

Spitters, C. J. T., van Keulon, H., and van Kraailingen, D. W. G., A simple and universal crop growth simulator: SUCR0587, in *Simulation and Systems Management in Crop Protection*, Rabbinge, R., Ward, S. A., and van Laar, H. H., Eds., Simulation Monographs, Pudoc, Wageningen, The Netherlands, 1988b.

Sprague, H. B., Farris, N. F., and Colby, W. G., The effect of soil conditions and treatment on yields of tubers and sugar from the American artichoke, *J. Am. Soc. Agron.*, 27, 392-399, 1935.

Stauffer, M. D., Chubey, B. B., and Dorrell, D. G., *Jerusalem Artichoke*, Agriculture Canada Report 164, Canadex Field Crops, 1975.

Stauffer, M. D., Chubey, B. B., and Dorrell, D. G., Growth, yield and compositional characteristics of Jerusalem artichoke as they relate to biomass production, in *Fuels from Biomass and Wastes*, Klass, D. L. and Emert, G. H., Eds., Ann Arbor Science Publishers, Ann Arbor, MI, 1981, pp. 79-97.

Steinbauer, C. E., Physiological studies of Jerusalem artichoke tubers, with special reference to the rest period, *USDA Technical Bulletin* 657, USDA, Washington, DC, 1939.

Steinbauer, C. E., Effects of temperature and humidity upon length of rest period of tubers of Jerusalem artichoke (*Helianthus tuberosus*), *Proc. Am. Soc. Hort. Sci.*, 29, 403-408, 1933.

Steinrücken, G., Research on the Introduction of Genetic Variability in *Helianthus tuberosus* L., Thesis, University of Hannover, Hannover, Germany, 1984.

Stelzner, G., Entwicklungsphysiologische Untersuchung über Schoßhemmung an Knollen von Topinambur (*Helianthus tuberosus*), *Pflanzenbau*, 18, 150-157, 1942.

Strepkov, S. M., Glucofructans of the stem of *Helianthus tuberosus* L., *Doklady Acad. Nauk. SSSR*, 125, 216-218, 1959.

Strepkov, S. M., The dynamics of formation of carbohydrates in the vegetative organs of *Helianthus tuberosus* L., *Biokhimiya*, 25, 219-226, 1960a.

Strepkov, S. M., Accumulation of carbohydrate in the tubers of *Helianthus tuberosus* L. during vegetative development of the plant, *Biokhimiya*, 26, 569-574, 1960b.

Strepkov, S. M., Carbohydrate accumulation in tubers of *Helianthus tuberosus* during growth of the plant, *Biokhimiya*, 26, 569-573, 1961.

Swanton, C. J., Ecological Aspects of Growth and Development of Jerusalem Artichoke (*Helianthus tuberosus* L.), Ph. D. thesis, University of Western Ontario, London, 1986.

Swanton, C. J. and Cavers, P. B., Biomass and nutrient allocation patterns in Jerusalem artichoke (*Helianthus tuberosus*), *Can. J. Bot.*, 67, 2880-2887, 1989.

Swanton, C. J., Cavers, P. B., Clements, D. R., and Moore, M. J., The biology of Canadian weeds. 101. *Helianthus tuberosus* L., *Can. J. Plant Sci. Rev. Can. Phytotechnol.*, 72, 1367-1382, 1992. Tal, B. and Robeson, D. J., The induction, by fungal inoculation, of ayapin and scopoletin biosynthesis in *Helianthus annuus*, *Phytochemistry*, 25, 7-79, 1986a.

Tal, B. and Robeson, D. J., The metabolism of sunflower phytoalexins ayapin and scopoletin. Plant-fungus interactions, *Plant Physiol.*, 82, 167-172, 1986b.

Tang, S., Kishore, V. K., and Knapp, S. J., PCR-multiplexes for a genome-wide framework of simple sequence repeat marker loci in cultivated sunflower, *Theor. Appl. Genet.*, 107, 6-19, 2003.

Tang, S. and Knapp, S. J., Microsatellites uncover extraordinary molecular genetic diversity in Native American land races and wild populations of cultivated sunflower, *Theor. Appl. Genet.*, 106, 990-1003, 2003.

Tang, S., Yu, J. K., Slabaugh, M. B., Shintani, D. K., and Knapp, S. J., Simple sequence repeat map of the sunflower genome, *Theor. Appl. Genet.*, 105, 1124-1136, 2002.

Teutsch, H. G., Hasenfratz, M. P., Lesot, A., Stoltz, C., Garnier, J. M., Jeltsch, J. M., Durst, F., and Werck-Reichhart, D., Isolation and sequence of a cDNA encoding the Jerusalem artichoke cinnamate 4-hydroxylase, a major plant cytochrome P450 involved in the general phenylpropanoid pathway, *Proc. Natl. Acad. Sci. U.S.A.*, 90, 4102-4106, 1993.

Theologis, A. and Laties, G. G., Potentiating effect of pure oxygen on the enhancement of respiration by ethylene in plant storage organs: a comparative study, *Plant Physiol.*, 69, 1031-1035, 1982a.

Theologis, A. and Laties, G. G., Selective enhancement of alternate path capacity in plant storage organs in response to ethylene plus oxygen: a comparative study. *Plant Physiol.*, 69, 1036-1039, 1982b.

362 Biology and Chemistry of Jerusalem Artichoke: *Helianthus tuberosus* L.

Thoday, H., Some physiological aspects of differentiation, *New Phytol.*, 32, 274-287, 1933.

Tijet, N., Pinot, F., Benveniste, I., Le, B. R., Helvig, C., Batard, Y., Cabello-Huartado, F., Werck-Reichhart, D., Salaun, J. P., and Durst, F., Plant Cytochrome P450-Dependent Fatty Acid Hydroxylase Genes and Their Expression in Yeast for Manufacture of Hydroxylated Fatty Acids, WO Patent 9918224, 1999.

Tincker, M. A. H., The effect of length of day upon the growth and reproduction of some economic plants, *Ann. Bot.*, 39, 721-754, 1925.

Torrigiani, P., Serafini-Fracassini, D., and Bagni, N., Polyamine biosynthesis and effect of dicyclohexylamine during the cell cycle of *Helianthus tuberosus* tuber, *Plant Physiol.*, 84, 148-152, 1987.

Torrigiani, P., Serafini-Fracassini, D., and Fara, A., Diamine oxidase activity in different physiological stages of *Helianthus tuberosus* tuber, *Plant Physiol.*, 89, 69-73, 1989.

Toxopeus, H., *Improvement of Plant Type and Biomass Productivity of Helianthus tuberosus L.*, Final Report to the EEC, DGXII, 1991.

Toxopeus, H., Dieleman, J., Hennink, S., and Schiphouwer, T., New selections show increased inulin productivity, *Prophyta*, 48, 56-57, 1994.

Trapani, N., Hall, A. J., Sadras, V. O., and Vilella, F., Ontogenic changes in radiation use efficiency of sunflower (*Helianthus annuus* L.) crops, *Field Crops Res.*, 29, 301-316, 1992.

Trindade, L. M., Horvath, B., Bachem, C., Jacobsen, E., and Visser, R. G. F., Isolation and functional characterization of a stolon specific promoter from potato (*Solanum tuberosum* L.), *Gene*, 303, 77-87, 2003.

Tsvetoukhine, V., Contribution a l'etude de varietes de Topinambour, *Ann. Amelior. Plant*, 10, 275-307, 1960.

Urban, P., Werck-Reichhart, D., Teutsch, H. G., Durst, F., Regnier, S., Kazmaier, M., and Pompon, D., Characterization of recombinant plant cinnamate 4-hydroxylase produced in yeast, *Eur. J. Biochem.*, 222, 843-850, 1994.

USDA, National Plant Germplasm System, 2006, http://www.arsgrin.gov/npgs/searchgrin.html.

Ustimenko, G. V., Usanova, Z. I., and Ratushenko, O. A., The role of leaves and shoots at different positions on tuber formation in Jerusalem artichoke, *Izv. Timiryazevsk. S.-Kh. Acad.*, 3, 67-76, 1976.

Van Damme, E. J., Barre, A., Mazard, A. M., Verhaert, P., Horman, A., Debray, H., Rouge P., and Peumans, W. J., Characterization and molecular cloning of the lectin from *Helianthus tuberosus*, *Eur. J. Biochem.*, 259, 135-142, 1999.

van de Sande Bakhuyzen, H. L. and Wittenrood, H. G., Het tot bloei en zaadvorming brengen van topinambour-rassen (project 143), in *Verslag C. I. L. O.* over 1949, 1950, pp. 137-144.

van de Sande Bakhuyzen, H. L. and Wittenrood, H. G., Bloei, zaad-en knolvorming van topinambour, in *Ver-*

slag C. I. L. O. over 1950, 1951, pp. 154-160.

van de Sande Bakhuyzen, H. L. and Wittenrood, H. G., Factoren van bloem-en knolvorming bij topinambour (project 143), in *Verslag C. I. L. O.* over 1951, 1952, pp. 135-148.

Van den Ende, W., Clerens, S., Vergauwen, R., Boogaerts, D., Le Roy, K., Arckens, L., and Van Laere, A., Cloning and functional analysis of a high DP fructan: fructan 1-fructosyl transferase from *Echinops ritro* (Asteraceae): comparison of the native and recombinant enzymes, *Exp. Bot.*, 57, 775-789, 2006.

Van den Ende, W., Michiels, A., De Roover, J., Verhaert, P., and Van Laere, A., Cloning and functional analysis of chicory root fructan 1-exohydrolase I (1-FEH I): a vacuolar enzyme derived from a cell-wall invertase ancestor? Mass fingerprinting of the 1-FEH I enzyme, *Plant J.*, 24, 447-456, 2000b.

Van den Ende, W., Michiels, A., Van Wonterghem, D., Vergauwen, R., and Van Laere, A., Cloning, developmental, and tissue-specific expression of sucrose: sucrose 1-fructosyl transferase from *Taraxacum officinale*. Fructan localization in roots, *Plant Physiol.*, 123, 71-79, 2000c.

Van den Ende, W. and Van Laere, A., Purification and properties of an invertase with sucrose: sucrose fructosyl transferase (SST) activity from the roots of *Cichorium intybus* L., *New Phytol.*, 123, 31-37, 1993.

Van den Ende, W. and Van Laere, A., Fructan synthesizing and degrading activities in chicory roots (*Cichorium intybus*) during field-growth, storage and forcing, *J. Plant Physiol.*, 149, 43-50, 1996.

Van den Ende, W., Van Laere, A., De Roover, J., and Michiels, A., The Fructan Exohydrolase of Chicory and a cDNA Encoding It and the Manipulation of Fructan Catabolism, WO Patent 2000068402, 2000a.

van der Meer, I. M., Koops, A. J., Hakkert, J. C., and Van Tunen, A. J., Cloning of the fructan biosynthesis pathway of Jerusalem artichoke, *Plant J.*, 15, 489-500, 1998.

Van Laere, A. and Van den Ende, W., Inulin metabolism in dicots: chicory as a model system, *Plant Cell Environ.*, 25, 803-813, 2002.

Van Schaftingen, E. and Hers, H. G., Fructose 2, 6-bisphosphate in relation with the resumption of metabolic activity in slices of Jerusalem artichoke tubers. *FEBS Lett.*, 164, 195-200, 1983.

Van Tunen, A. J., Van Der Meer, I. M., and Koops, A. J., DNA Sequences Encoding Carbohydrate Polymer Synthesizing Enzymes and Method for Producing Transgenic Plants, WO Patent 9621023, 1996.

Varlamova, K. A. and Prikhodko, E. A., Productivity and chemical composition of Jerusalem artichoke cultivars in the Ukraine, in *Proceedings of the Sixth Seminar on Inulin*, Fuchs, A., Schittenhelm, S., and Frese, L., Eds., Braunschweig, Germany, 1996, pp. 37-39.

Varlet Grancher, C., Bonhomme, R., Chartier, M., and Artis, P., Efficience de la conversion de l'énergie solaire par un couvert végétal, *Oecol. Plant*, 3, 3-26, 1982.

Velverde, F., Mouradov, A., Soppe, W., Ravenscroft, D., Samach, A., and Coupland, G., Photoreceptor regulation of CONSTANS protein in photoperiodic flowering, *Science*, 303, 1003-1006, 2004.

Venuat, B., Goupil, P., and Ledoigt, G., Molecular cloning and physiological analysis of an invertase isoenzyme in *Helianthus* tissues, *Biochem. Mol. Biol. Int.*, 31, 955-966, 1993.

Vergauwen, R., Van Laere, A., and Van den Ende, W., Properties of fructan: fructan 1-fructosyltransferase (1-FFT) from *Cichorium intybus* L. and *Echinops ritro* L., two Asteraseae plants storing greatly different types of inulin, *Plant Physiol.*, 133, 391-401, 2003.

Villalobos, E., Torne, J. M., Rigau, J., Olles, I., Claparols, I., and Santos, M., Immunogold localization of a transglutaminase related to grana development in different maize cell types, *Protoplasma*, 216, 155-163, 2001.

Viola, R., Roberts, A. G., Haupt, S., Gazzani, S., Hancock, R. D., Marmiroli, N., Machray, G. C., and Oparka, K. J., Tuberization in potato involves a switch from apoplastic to symplastic phloem unloading, *Plant Cell*, 13, 385–398, 2001.

Wagner, S., Ein Beitrag zur Züchtung der Topinambur und zur Kastration bei *Helianthus*, *Z. Züchtung A. Pflanzenzüchtung*, 17, 563–582, 1932.

Wagner, W. and Wiemken, A., Properties and subcellular localization of fructan hydrolase in the leaves of barley (*Hordeum vulgare* L. cv Gerbel), *J. Plant Physiol.*, 123, 429–439, 1986.

Walden, R., Cordeiro, A., and Tiburcio, A. F., Polyamines: small molecules triggering pathways in plant-growth and development, *Plant Physiol.*, 113, 1009–1013, 1997.

Wang, D., Hu, S., Li, Q., Cui, K., and Zhu, Y., Photoperiod control of apical bud and leaf senescence in pumpkin (*Cucurbita pepo*) strain 185, *Acta Bot. Sin.*, 44, 55–62, 2002.

Wedding, R. T., Norman, A. W., and Black, M. K., Detection of phosphohistidine in succinyl coenzyme A synthetase isolated from Jerusalem artichoke mitochondria, *Plant Cell Physiol.*, 7, 707–710, 1966.

Werck-Reichhart, D., Cytochromes P450 in the phenylpropanoid metabolism, *Drug Metab. Drug Interact.*, 12, 221–243, 1995.

Werck-Reichhart, D., Cloning, expression in yeast, and functional characterization of CYP81B1, a plant cytochrome P450 that catalyzes in-chain hydroxylation of fatty acids, *J. Biol. Chem.*, 273, 7260–7267, 1998.

Werck-Reichhart, D., Batard, Y., Kochs, G., Lesot, A., and Durst, F., Monospecific polyclonal antibodies directed against purified cinnamate 4-hydroxylase from *Helianthus tuberosus*. Immunopurification, immunoquantitation, and interspecies cross-reactivity, *Plant Physiol.*, 102, 1291–1298, 1993.

Werck-Reichhart, D., Gabriac, B., Teutsch, H., and Durst, F., Two cytochrome P-450 isoforms catalyzing O-deethylation of ethoxycoumarin and ethoxyresorufin in higher plants, *Biochem. J.*, 270, 729–735, 1990.

Werck-Reichhart, D., Jones, O. T. G., and Durst, F., Heme synthesis during cytochrome P-450 induction in higher plants. 5-Aminolevulinic acid synthesis through a five-carbon pathway in *Helianthus tuberosus* tuber tissues aged in the dark, *Biochem. J.*, 249, 473–480, 1988.

Westley, L. C., The effect of inflorescence bud removal on tuber production in *Helianthus tuberosus* L. (Asteraceae), *Ecology*, 74, 2136–2144, 1993.

Whiteman, T. M., Freezing points of fruits and vegetables, *USDA Mkt. Res. Rep.*, 196, 32, 1957.

Wiedemuth, K., Müller, J., Kahlao, A., Amme, S., Mock, H. P., Grzam, A., Hell, R., Egle, K., Beschow, H., and Humbeck, K., Successive maturation and senescence of individual leaves during barley whole plant ontogeny reveals temporal and spatial regulation of photosynthetic function in conjunction with C and N metabolism, *J. Plant Physiol.*, 162, 1226–1236, 2005.

Wiemken, A., Frehner, M., Keller, F., and Wagner, W., Fructan metabolism enzymology and compartmentation, *Curr. Topics Plant Biochem. Physiol.*, 5, 17–37, 1986.

Wiemken, A., Sprenger, N., and Boller, T., Fructans: an extension of sucrose by sucrose, in *Current Topics in Plant Physiology*, Pontis, H. G., Salerno, G. L., and Echeverria, E. J., Eds., American Society of Plant Physiology, Rockville, MD, 1995, pp. 179–189.

Wigge, P. A., Kim, M. C., Jaeger, K. E., Busch, W., Schmid, M., Lohmann, J. U., and Weigel, D., Integration of spatial and temporal information during floral induction in *Arabidopsis*, *Science*, 309, 1056–1059, 2005.

Williams, L. A. and Ziobro, G., Processing and fermentation of Jerusalem artichoke for ethanol production, *Biotechnol. Lett.*, 4, 45–50, 1982.

Wittenrood, H. G. Een photoperiodisch ongevoelig jeugstadium bij topinambour, *Verslag C. I. L. O.* over 1953, 1954, pp. 136–143.

Wolosiuk, R. A. and Pontis, H. G., Sucrose synthetase. II. Kinetic mechanism, *Arch. Biochem. Biophys.*, 165, 140–145, 1974.

Wood, R., *Root Vegetables: The Grow Your Own Guide to Successful Kitchen Gardening*, Marshall Cavendish, London, 1979.

Wright, L. C., Brady, C. J., and Hinde, R. W., Purification and properties of the arginase from Jerusalem artichoke tubers, *Phytochemistry*, 20, 2641–2645, 1981.

Wyse, D. L. and Wilfahrt, L., Today's weed: Jerusalem artichoke, *Weeds Today*, Spring 1982, pp. 14–16.

Xie, Q. and Xiang, H., Production of high-fructose syrup by inulinase from Jerusalem artichokes, *Jilin Daxue Ziran Kexue Xuebao*, 2, 103–105, 1997.

Yamaguchi, M., *World Vegetables: Principles, Production and Nutritive Values*, Ellis Horwood, Chichester, U. K., 1983, pp. 163–164.

Yeoman, M. M., Dyer, A. F., and Robertson, A. I., Growth and differentiation of plant tissue cultures. I. Changes accompanying the growth of explants from *Helianthus tuberosus* tubers, *Ann. Biol.*, 29, 265–276, 1965.

Yoshida, S. and Parao, F. T., Climactic influence on yield and yield components of lowland rice in the tropics, in *Climate and Rice*, International Rice Institute, Los Baños, Philippines, 1976.

Yoshida, T., Hozyo, Y., and Murata, T., Studies on the development of tuberous roots in sweet potato (*Ipomoea batatas*, Lam. var. *edulis*, Mak.). The effect of deep placement of mineral nutrients on the tuber-yield of sweet potato, *Proc. Crop Sci. Soc. Jpn.*, 39, 105–110, 1970.

Zawistowski, J., Biliaderis, C. G., and Murray, E. D., Purification and characterization of Jerusalem artichoke (*Helianthus tuberosus* L.) polyphenol oxidase, *Food Biochem.*, 12, 1–22, 1988a.

Zawistowski, J., Biliaderis, C. G., and Murray, E. D., Isolation and some properties of an acidic fraction of polyphenol oxidase from Jerusalem artichoke (*Helianthus tuberosus* L.), *Food Biochem.*, 12, 23–35, 1988b.

Zawistowski, J., Biliaderis, C. G., and Murray, E. D., Inhibition of enzymic browning in extracts of Jerusalem artichoke (*Helianthus tuberosus* L.), *Can. Inst. Food Sci. Technol. J.*, 20, 162–165, 1987a.

Zawistowski, J., Weselake, R. J., Blank, G., and Murray, E. D., Fractionation of Jerusalem artichoke phenolase by immobilized copper affinity chromatography, *Phytochemistry*, 26, 2905–2907, 1987b.

Zhou, K. F., Zhang, A. H., Zou, S. B., and Li, M. L., Studies on the photoperiodic responses in short-day plant *Helianthus tuberosus*, *Acta Bot. Sin.*, 26, 392–396, 1984.

Zhu, Z. and Chang, T. J., Jerusalem Artichoke Agglutinin, Their cDNA Sequences and Application in Insect-Resistant Transgenic Plant, Faming Zhuanli Shenqing Gongkai Shuomingshu, CN, Patent 1357553, 2002.

Zimmerman, P. W. and Hitchcock, A. E., Tuberization of artichokes regulated by capping stem tips with black cloth, *Contrib. Boyce Thompson Inst.*, 8, 311–315, 1936.

Zonin, G., *Materie prime agricole per la produzione del bioetanolo: il topinambur*, Tesi del Universita Degli Studi, Facolta di Agraria, Bologna, 1986.

Zubr, J., Methanogenic fermentation of fresh and ensiled plant materials, *Biomass*, 11, 159–171, 1986.

Zubr, J., Jerusalem artichoke as a field crop in northern Europe, in *Topinambour (Jerusalem Artichoke)*,

Report EUR 11855, Grassi, G. and Gosse, G., Eds., Commission of the European Communities, Luxembourg, 1988a, pp. 105-117.

Zubr, J., Fuels from Jerusalem artichoke, in *Topinambour (Jerusalem Artichoke)*, Report EUR 11855, Grassi, G. and Gosse G., Eds., Commission of the European Communities, Luxembourg, 1988b, pp. 165-175.

Zubr, J., Performance of different Jerusalem artichoke cultivars in Denmark (1982-1984), in *Topinambour (Jerusalem Artichoke)*, Report EUR 13405, Gosse, G. and Grassi, G. Eds., Commission of the European Communities, Luxembourg, 1991, pp. 43-51.

Zubr, J. and Pedersen, H. S., Characteristics of growth and development of different Jerusalem artichoke cultivars, in *Inulin and Inulin-Containing Crops*, Fuchs, A., Ed., Elsevier, Amsterdam, 1993, pp. 11-18.

11 传粉昆虫、害虫和疾病

在野生及栽培条件下，菊芋与一系列的生物体（例如，微生物、无脊椎动物、脊椎动物）发生相互作用。其主要是由昆虫授粉，虽然菊芋通常是通过块茎繁殖，但在育种过程中种子是很重要。许多与菊芋相关的疾病和有害生物已被报道。相对其他作物，菊芋几乎没有严重的病虫害问题。然而，仍会发生高产量的损失，尤其是当真菌或细菌感染影响块茎时。

11.1 传粉昆虫

虽然其他昆虫也可能进行授粉，但向日葵物种的授粉主要是通过蜜蜂和熊蜂（Cockerell，1914）。向日葵是"全日花"，能不断地提供花粉和给蜜蜂和其他昆虫提供花蜜。像几乎所有的向日葵品种一样，菊芋主要是自交不亲和性。因此，异花授粉对于生产有生命力的种子是必不可少的，而自花授粉则为罕见。

Hurd 等（1980）对采集向日葵（包括菊芋）花粉的蜜蜂进行了调查和文献检索，并编制了表格（表 11.1）。访问向日葵的雄性蜜蜂能被花粉覆盖，这在授粉方面可能与雌蜂一样有效（Cockerell，1914）。因此，雌性和雄性蜜蜂均被列入访问名单。6 个科的蜂种可对菊芋花进行授粉，包括大黄蜂（蜂科）、矿工蜂（安德烈科）、汗蜂（哈利克蒂亚科）和切叶蜂（大蜂科），虽然欧洲蜜蜂（*Apis mellifera* L.）未被记录为授粉者（Hurd et al.，1980；Hilty，2005）。蜜蜂也很少访问栽培向日葵的某些品种，尽管它们对大黄蜂有吸引力。Hurd 等（1980）推测这种差异可能是由于在花冠管长度的变化，使得蜜蜂无法获取花蜜。黄蜂、苍蝇、甲虫和蝴蝶在对菊芋花授粉上也有所报道，但其中一些可能在授粉中起次要作用。

在向日葵（*Helianthannus*）中，种子是商业用品，充分的授粉是必不可少的。因此，大部分关于授粉的文献主要集中栽培向日葵方面（Hurd et al.，1980；McGregor，1976）。虽然在外观和生长习性上与向日葵相似，但菊芋在一些重要的方面有所不同。向日葵是一年生植物，通过种子繁殖；而菊芋是多年生植物，通常以块茎或块茎片繁殖。与向日葵相反，菊芋种子不能食用的，也不用于榨油或其他任何商业应用。菊芋的种子产量不多，在北半球甚至不产生任何种子。因此，昆虫授粉对于向日葵至关重要，但在栽培菊芋时不重要。然而，在植物育种过程中，昆虫的异花授粉对种子的生产至关重要，而存活的种子则是分散野生向日葵种子的重要因素。

表 11.1　所记录的给菊芋授粉的蜜蜂

科名	种名
地花蜂科	*Andrena accepta*
	Andrena aliceae
	Andrena chromotricha
	Andrena helianthi
	Andrena simplex
	Pseudopanurgas rugosus
	Pterosarus innuptus
	Pterosarus labrosiformis labrosiformis
	Pterosarus labrosus
	Pterosarus piercei piercei
	Pterosarus solidaginis
花蜂科	*Epeolus autumnalis*
	Svastra oblique
蜜蜂科	*Bombus griseocollis*
	Bombus nevadensis
	Bombus pennsylvanicus pennsylvanicus
	Bombus vagans vagans
	Triepeolus concavus
	Triepeolus lunatus
分舌花蜂科	*Augochlorella striata*
	Dufourea marginatus
	Dialictus imitatus
	Dialictus pilosus pilosus
	Dialictus zephyrus
	Evylaeus pectinatus
	Evylaeus pectoralis
	Halictus ligatus
	Lasioglossum coriaceum
	Nomada vincta vincta

续表

科名	种名
切叶峰科	*Megachile albitarsis*
	Megachile brevis
	Megachile inimica
	Megachile latimanus
	Megachile pugnata pugnata
	Megachile boltoniae
	Megachile coloradensis
	Megachile coreopsis
	Megachile rustica
	Megachile trinodis
	Megachile vernoniae

来源：编自 Hurd, P. D. et al., Smithsonian Contributions to Zoology 310, Smithsonian Institute Press, Washington, DC, 1980.

11.2 病虫害

向日葵原产于美国北部，那里的许多昆虫随着其种属共同进化。那里有超过150的植食性昆虫已在向日葵上被发现（Hilgendorf and Goeden，1981；Rajamokan，1976；Rogers，1988），而在中欧和东欧，在向日葵上超过240的昆虫物种已被记录（Maric et al.，1988）。由于如此广泛的昆虫存在，其中一些可以导致向日葵的实质性损害（Charlet et al.，1997；Schulz，1978），令人惊讶的是，几乎没有关于对菊芋造成严重危害害虫的报告。

表11.2列出了一小部分已报道的以作物为食的昆虫。然而，损伤通常是轻微的，不推荐农药，更不允许使用。因病虫害引起的产量损失的数据并没有在文献中报道。缺乏严重的害虫在一定程度上反映了抗性和耐性的显著水平（Rogers and Thompson，1978）。同时，旺盛的生长使蚜虫和食叶昆虫对菊芋只有最小的影响（Kosaric et al.，1984）。事实上菊芋没能在单一种植中广泛种植，导致了向日葵和其他物种的害虫缺乏杂交。

表 11.2　以菊芋为食的昆虫

普通名	拉丁名
蚜虫	[Homoptera：Aphididae]
	Aphis debilicornus Gillette & Palmer
	Aphis fabae Scopoli
	Aphis gossypii Glover
	Aphis helianthi Monell
	Aphis ranunculi Kaltenbach
	Macrosiphum euphorbiae Thomas
	Protrama penecaeca Stroyan
	Trama rara Mordvilko
	Trama troglodytesvon Heyden
	Uroleucon compositae Theobald
	Uroleucon gobonis Matsumura
	Uroleucon helianthicola Olive
向日葵细卷（叶）蛾	[Lepidoptera：Tortricidae]
	Cochylis hospes Walsingham
斑蝶	[Lepidoptera：Nymphalidae]
	Chlosyne spp.
棉叶虫	[Lepidoptera：Noctuidae]
	Spodoptera Cittoralis Boisduval
叶虫	[Lepidoptera：Noctuidae]
	Gortyna xanthemes Germar
蝗虫	[Orthoptera：Locustidae]
	Locusta spp.
绿尺蠖蛾	[Lepidoptera：Noctuidae]
	Chrysodeixis eriosome Doubleday
叶甲科的甲虫	[Coleoptera：Chrysomelidae]
	Chaetocnema confinis Crotch

续表

普通名	拉丁名
钻心虫	[Lepidoptera: Noctuidae]
	Papaipema spp.
向日葵甲虫	[Coleoptera: Chrysomelidae]
	Zygogramma exclamationisFab.
向日葵蚜虫	[Lepidoptera: Olethreutidae]
	Suleima helianthanaRiley
向日葵蛆	[Diptera: Tephritidae]
	Strauzia longipennisWied.
向日葵蛾	[Lepidoptera: Pyrlidae]
	Homoeosoma electellum Hulst
葵花籽蛆	[Diptera: Tephritidae]
	Neotephritis finalis Loew.
向日葵种子象甲	[Coleoptera: Curculionidae]
	Smicronyx fulvus LeConte
向日葵茎象甲	[Coleoptera: Curculionidae]
	Cylindrocopturus adspersusLeConte
虎蛾	[Lepidoptera: Arctiidae]
	Pyrrharctia isabellaJ. E. Smith
龟甲虫	[Coleoptera: Chrysomelidae]
	Cassidaspp.
线虫	[Coleoptera: Elateridae]
	Agriotes lineatusL.
象甲	[Coleoptera: Curculionidae]

来源：资料编自 Barker, 1990; Beregovoy and Riemann, 1987; Blackman and Eastop, 2000; CAB International, 2001; Charlet, 1983; Charlet et al., 1992; Criddle, 1922; Foote, 1960; Foote and Blanc, 1963; Gillette and Palmer, 1932; Goeden et al., 1987; Hill, 1987; Hilty, 2005; Laberge and Sackston, 1987; Mordvilko, 1931; Patch, 1938; Rogers, 1979; Rogers et al., 1978; Satterthwait, 1946; Satterthwait and Swain, 1946; Theobald, 1927; Westdal, 1975; Westdal and Barrett, 1960.

以下是几个比较重要的昆虫物种生物学的一个简要的概述，主要是基于受虫害侵扰的向日葵（H. annuus）采集的数据，这些昆虫以菊芋（H. tuberosus）为食。

11.2.1 向日葵甲壳虫

向日葵甲壳虫（zygogramma exclamationis Fab）是一种食叶性的物种，被认为是美国北部栽培向日葵的重要害虫，已为因周期性爆发需要进行化学控制所证明（Westdal，1975）。该昆虫也吃菊芋，虽然 Kosaric 等（1984）认为即使在甲虫数量比较多时，植物也可以避免其灾害。向日葵的主要损伤是由它们在春天度过冬眠的成年昆虫造成的。取食年幼植物叶子会造成严重的损害和落叶。随后的损伤是由夜间幼虫取食引起的，会在叶片上生孔。幼虫期持续时间约 6 周，其次是蛹期，它发生在土壤中，持续时间为 10~14 d。成虫出现在生长季节的后半部分，并且在进入土壤越冬前取食顶端的叶子。在美国北部和马尼托巴，通常只是一年一代。

昆虫卵是雪茄形的，颜色从黄色至橙色，长度是 1.5~2 mm，存在于茎和叶背面（Criddle，1922；Westdal，1975）。幼虫呈暗黄绿色，驼背，成熟时长度约 10 mm。蛹呈淡黄色，存在于土壤中。成熟的昆虫长度为 6~8 mm，宽为 4~5 mm，头和胸呈深棕色。鞘翅呈现交替的亮暗棕色条纹，其横向暗条纹像一个感叹号。

捕食者和寄生虫通常能提供足够的控制。然而，在某些年需要化学控制，特别是昆虫数量超过每两株植物上有一个甲虫（Westdal，1975）。农药的使用应在成虫出现季节的早期，如果需要的话，可以在卵孵化后使用。

11.2.2 向日葵蚜虫

向日葵蚜虫或芽蛾（Suleima helianthana Riley）被认为是零星破坏向日葵的次要害虫，也吃菊芋（Pedraza-Martinez，1990；Rogers，1979）。在美国北部，从马里兰州到加利福尼亚州再向南到墨西哥都发现了这些昆虫。损害是由幼虫取食引起的，通常发生在顶芽或上层叶的叶腋，使得叶片扭曲、植物畸形。年轻的幼虫作为叶矿工或进入叶肋，而年长的幼虫进入叶并取食芽、叶腋、茎和苞片。

虫卵是椭圆形的（直径 0.6~0.4 mm）、半透明的白色，有褶皱（Ehart，1974）。它们通常被单独放在生长点、顶端的叶（更多的在叶轴上）和花序的基部上。幼虫光滑，身体呈奶油色，头部为黄棕色，长度是约 15 mm。幼虫的进化需要 5 步，每步都需要 4~6 天。蛹长椭圆形（1.3~5 mm 或更长），通常在隧道洞口附近取食茎秆（Ehart，1974）。成虫的翅呈灰褐色，有两暗带，在翅尖后面有淡淡的斑点（Riley，1881）。头部和胸部呈浅灰色。在北达科他州和明尼苏达州，两代昆虫可能在一个生长季节。虽然损伤可能在向日葵上随时可见（例如，植物畸形和茎秆破碎），但这些损失无须采取化学控制方法。

11.2.3 向日葵茎象鼻虫

在美国大平原上，茎象甲（Cylindrocopturus adspersus LeConte）是向日葵的一个重要经济害虫，虽然也取食菊芋，但摄食活动明显降低（Barker，1990；Charlet，1983；Charlet et al.，1992）。与栽培向日葵相比，菊芋的腺毛密度要大，这可能不是其抗性高的原因（Barker，1990）。虽然成虫取食茎和叶，但主要的伤害是由于幼体在下部茎内挖洞造成的。最后破坏了髓，削弱了茎，尽管前两个龄期的摄食量不大。在适当的条件下，减弱的茎秆倒伏，在地面上方约 10 cm 处断裂。

成虫在茎和根冠中越冬，并且春季在茎基部表皮下产卵（Rogers and Serda，1982）。虫卵是光滑色白而在成熟时变淡褐色并在一端有一个暗斑。幼虫在 1~2 周内出现。第四龄昆虫是淡棕色，头部呈现褐色。成虫是褐色的，且其鞘翅上有白色和深褐色的斑点。雌性虫（3.5~6 mm）比雄性（2.8~4.5 mm）大。该昆虫为一年产一代（Charlet，1987）。

对于向日葵而言，虽然幼虫种群在秸秆中相当高（80 以上），但在对产量有显著影响之前，杀虫剂是一个有效的控制方法（Rogers and Jones，1979）。目前，茎象甲对菊芋的产量不会造成问题。

11.2.4　向日葵蛆

虽然向日葵蛆（*Strauzia longipennis* Wied）广泛分布于美国北部，但它是向日葵的次要的害虫，据报道其在所有的植物上大批滋生（Schulz and Lipp，1969）。该昆虫也攻击菊芋（Charlet et al.，1992；Laberge and Sackston，1987；Westdal and Barrett，1960）。蛆幼虫在茎髓中打隧道，其中髓的伤损范围从轻微到完全破坏（Westdal and Barrett，1960）。即使受到严重的侵扰，植物仍然保持健康，没有明显的外部症状。内部损伤也没有对产量产生不利影响（Westdal and Barrett，1962）。

向日葵蛆在土壤中以蛹的形式越冬，在春天植株高约 30 cm 时产卵。卵为白色、光滑、椭圆形（1~0.35 mm），并被单独放置于顶端分生组织的表皮下方。幼虫在 7~8 天内出现，并在茎髓中挖洞，在那里它们可向顶部或向基部移动。它们是淡黄色的（9 mm×2.5 mm），度过三龄期大约需要 6 周的时间。土壤中的蛹封闭在一个淡黄色的蛹壳（6 mm×2.25 mm）中。成虫是一只艳丽的黄色苍蝇，翅膀上有各种不同图案的深色条纹。雌性（8 mm）略大于雄性（7 mm）。

昆虫产卵后可以用杀虫剂控制。然而，由于缺乏经济影响，因此减少了对其使用的影响，也没有对菊芋重大损失的报告。

11.2.5　带状向日葵蛾

带状向日葵蛾［*Cochylis hospes* Wlshm.；also cited as *Phalonia hospes* Wlshm.（Schulz，1978）］是向日葵上相对次要的害虫，它伤害花朵破坏种子。然而，近几年这种伤害已经在北达科他州增加（Charlet et al.，1995）。而这种昆虫也在菊芋中被发现（Beregovoy and Riemann，1987），其活动并没有给菊芋产生经济影响。带状向日葵蛾在美国东海岸到达科他州，南到堪萨斯州、阿肯色州和得克萨斯州，以及加拿大的萨斯喀彻温省和马尼托巴省分布（Westdal，1949）。

11.2.6 向日葵螟

向日葵螟（*Homoeosoma electellum* Hulst）是向日葵严重的病虫害，并且针对菊芋的虫害也有报道（Satterthwait and Swain, 1946）。然而，伤害几乎专门针对种子顶部，因此，对菊芋最后的产量不重要。

11.2.7 葵花籽蛆

葵花籽蛆（*Neotephritis finalis* Loew）在墨西哥北部被发现，在北美国广泛分布（Foote and Blanc, 1963）。虽然菊芋可作为向日葵蛾的寄主，类向日葵螟，该虫在很大程度上损害了种子和其他花部，因此，它并不是作物的重要害虫。

11.2.8 蚱蜢

各种各样的蚱蜢（直翅目：蝗科、剑角蝗科），什么都吃，在其数量较多时以菊芋为食。损害主要在树叶，但很少大到足以影响菊芋的产量。

11.2.9 夜蛾和地老虎

取食菊芋的夜蛾（鳞翅目：夜蛾科）是多面手，偶尔在叶片上大量存在。在这方面最重要的物种是灰翅夜蛾，它至少以大约40个科系中的87种重要经济植物为食。它把黄色圆形虫卵（0.6 mm）产于在幼叶。六龄期幼虫长度达到45 mm，并且主要在夜间进食（CAB Internation, 2001）。

鳞翅目（鳞翅目：夜蛾科）是多面手，其大型毛虫（长50 mm），在地面上攻击植物茎，在土壤中攻击块茎，尤其是在土壤表面附近。该毛虫曾被记录取食菊芋（CAB Internation, 2001）。

11.2.10 蚜虫

Blackman 和 Eastop（2000）列出了菊芋上的6种蚜虫（而向日葵有21种）：*Macrosiphum euphorbiae* Thomas，*Protrama penecaeca* Stroyan，*Trama Troglodytes* von Heyden，*Uroleucon compositae* Theobald，*Uroleucon gobonis* Matsumura 和 *Uroleucon helianthicola* Olive。不论是对地上还是地下植物它们都不会造成严重的损坏。

据记载，马铃薯蚜虫（*M. euphorbiae*）以包括菊芋叶片在内大量的粮食作物为食。它的主要或冬季寄主是蔷薇，在次生寄主或夏季寄主上具有高度嗜食性，分布于20科200多种植物上。M. 蚜虫呈中型（1.7~3.6 mm），纺锤形或梨形虫，颜色通常是绿色，虽然有时是黄色或粉红色。它起源于北美，但现在已经在世界各地发现，最近已扩散到东亚（Blackman and Eastop, 2000）。

P. penecaeca 是一个非常大的蚜虫（3.8~5 mm），呈肮脏的灰白色，在印度北部它已经在菊芋根部发现（Blackman and Eastop, 2000; Verma, 1969）。

热带蚜虫是一种巨大的、丰满的白色蚜虫，分布在菊芋和其他向日葵的根部，它总为蚂蚁所尾随。该种产于欧洲、西伯利亚西部、中亚和日本（Blackman and Eastop, 2000; Eastop, 1953）。

U. Compositae 是一种中至大型蚜虫（1.9~4.1 mm），呈纺锤体形，其光泽从深红到几乎黑色。它在包括菊芋在内菊科植物的花茎和叶肋中定居。它广泛分布在非洲和印度次大陆，在南美洲（巴西，苏里南）、几个太平洋岛屿、台湾和西西里岛也有发现。任何性形式尚无记录。从分类学上看，很难将其与东亚物种 *U. gobonis* 分离开来，它可能代表该物种的不全周期物种（Blackman and Eastop, 2000; Eastop, 1958）。

U. gobonis 在大小和外观上与 *U. compositae* 相似，为深绿色到黑色，并见于远东菊科植物的花茎和叶子的下部（韩国、蒙古、中国、日本和台湾）。该物种的全周期性（年性期）和不完全周期性（完全孤雌生殖）的生命周期已被记录（Blackman and Eastop, 2000; Takahashi, 1923）。

U. helianthicola 是一种大到中等大小，宽梭形，红色到红褐色的蚜虫，专以包括菊芋在内的向日葵属植物的叶子为食，在美国很普遍。其有性形态尚无记录（Blackman and Eastop, 2000; Olive, 1963）。

Hills（1987）将这两种蚜虫列为次要害虫（甜菜蚜和棉蚜）。其他一些对菊芋有害蚜虫物种（例如，*Aphis debilicornus* Gillette & Palmer，*Aphis helianthi* Monell，*Aphis ranunculi* Kaltenbach 和 *Trama rara* Mordvilko）也被发现（Gillette and Palmer, 1932; Mordvilko, 1931; Patch, 1938; Rogers and Thompson, 1978; Theobald, 1927）。

11.3 软体动物、线虫和其他害虫

腹足纲软体动物的（蛞蝓和蜗牛）可以对菊芋造成严重的损害。特别是幼嫩的植物，对鼻涕虫非常有吸引力，而且可以将其摧毁。像树叶或树皮类的覆盖物，在春天和初夏的几个月可以用来帮助保护幼小植物避免蛞蝓损害。

蛞蝓在秋天还攻击块茎以及冬天残留在土壤中的块茎。块茎往往被蛞蝓掏空。可以通过设置陷阱、施用硫酸铝或鼻涕虫丸，以及小型抓捕器并手动摘下等方式来控制（Biggs et al., 1993）。在易受蛞蝓损害的区域，最好是在晚秋收获块茎，并在冬季无鼻涕虫的条件下储存。

在欧洲种植的向日葵，腹足类害虫伤害在干旱地区往往是次要的，如西班牙。但在湿润地区要较严重，如法国西部和中部。例如，在1997年的法国75%向日葵作物要用软体动物杀虫剂来控制。破坏主要出现在出苗不久的春季，此时植物可能会落叶或完全被毁灭。能减缓植物生长和延长易损期的潮湿和低温条件与来自腹足类害虫高等作物损失相关（Hommay, 2002）。因此在这些严重的条件下，软体动物对菊芋的损伤可能是最严重的。巨型蜗牛（非洲大蜗牛科）已经从它们的家乡非洲蔓延到世界各地，已经导致了重大的经济和生态影响。20世纪80年代，在西印度群岛它们开始成为作物害虫。例如，巨型蜗牛（*Limicolaria aurora* Jay），已造成严重作物的损害，包括马提尼克的菊芋（Mead and Paley,

1992; Raut and Barker, 2002)。

田间试验结果表明,菊芋块茎可以留在线虫感染的土壤中,并且产量不会受到不利影响。块茎似乎可能够损害其他蔬菜根的线虫有抗性。一项研究表明,在线虫侵染土壤中种植对线虫不敏感的菊芋可导致以土豆为食的线虫数量减少了45%(Goffart, 1955)。因此,在线虫感染的土壤中菊芋作为甜菜或马铃薯的轮换作物是有用的(Conti, 1953; Kosaric et al., 1984)。

菊芋的种子是一系列鸣禽和鸟类的食物(Hilty, 2005)。鸟成为种子作为植物育种的项目一个特殊问题(Le Cochec 和 de Barreda, 1990)。鹿、兔和其他草食动物会吃菊芋的苗、叶和花。对于邻近林地和由哺乳动物居住的未开垦地区,这可能是一个问题。在花园和欧洲佃田,菊芋很少受鹿或兔子等哺乳动物的困扰(Thomas, 1990),尽管鹿在较大的种植林地附近只吃植物的空中部分。在一项对保护区小鹿取食偏好性研究中发现,对菊芋的食用偏好和不同品种的矿物质含量之间存在着某种联系,尽管没有证据表明菊芋是用来作为获取矿物的食物来源。不同菊芋品种的总酚含量也影响摄食偏好(Gleich et al., 1998)。有时,在美国野生菊芋茎被用于麝鼠和海狸的巢穴和水坝(Hilty, 2005)。

11.4 真菌、细菌和病毒性疾病

在作物生产阶段和采后期,大量的微生物(真菌、细菌、病毒和支原体)都会对作物造成损失。虽然菊芋被广泛吹捧为相对无病,但微生物的数量(表11.3)反映了其生产或储存的重大问题。许多的叶面疾病影响广泛的向日葵属物种,包括栽培向日葵(Gulya et al., 1997; Zimmer and Hoes, 1978)。似乎没有特别针对菊芋的疾病。尤其在寒冷潮湿的气候条件,病原真菌是一个问题,例如,在欧洲北部(Cassells et al., 1988)。然而在美国并没有注册的杀菌剂用于农作物(Cosgrove et al., 2000)。当菊芋作为多年生植物在同一块地种植时,病虫害问题可能增加。

表 11.3 菊芋病害

微生物	通用名	植物受感染部分	
		块茎	顶部
番茄灰霉病菌	灰霉病	+	
向日葵孢霉	黄锈病		+
胡萝卜软腐欧文氏菌	细菌软腐病	+	
菊科白粉菌	白粉病		+
锐顶镰刀菌		+	
尖孢镰刀菌	镰刀菌枯萎病	+	+
苍白镰刀菌	镰刀菌腐病	+	

续表

微生物	通用名	植物受感染部分	
		块茎	顶部
粉红镰刀菌	镰刀菌腐病	+	
玫瑰镰刀菌变种	镰刀菌腐病	+	
蓝镰刀菌		+	
大刀粉红镰孢	镰刀菌腐病	+	
白色圆弧青霉	青霉腐烂病	+	
棕榈青霉	青霉腐烂病	+	
多变茎点菌的一个新变种		+	
向日葵轴霜霉	霜霉病		+
荧光假单胞菌		+	
叶缘坏死病假单胞菌		+	
假单胞菌万寿菊致病变种	顶端萎黄病		+
向日葵柄锈菌	锈病		+
立枯丝核菌	丝核菌病	+	
匍枝根霉	根霉腐病	+	
小麦曲根霉		+	
小核盘菌	枯萎病		+
	软腐病	+	
核盘菌	萎蔫菌核病		+
	软腐病	+	
齐整小核菌	南方枯萎病	+	+

来源：资料编自 Baillarge, 1942; Barloy, 1988; Cassells et al., 1988; Cunningham, 1972; Dounine et al., 1935; Gaudineau and Lafon, 1958; Gregoire, 1984; Johnson, 1931; Kozhevnikova and Onufriev, 1960; Laberge and Sackston, 1986; Laberge and Sackston, 1987; Lhoutellier, 1984; McCarter and Kays, 1984; Shah and Zakaullah, 1989; Shane and Baumer, 1984; Ravault, 1952; Snowdon, 1992; Thompson, 1928.

目前，表征菊芋重大问题的疾病数量仅为向日葵疾病的一小部分（Zimmer and Zimmerman, 1991）。这在一定程度上是因为菊芋目前在北美是一种非常次要的作物。随着生产面积的增加，病原体很可能造成重大生产或收获后问题的增加。下面评论了菊芋部分更严重的疾病。

11.4.1 锈病

向日葵锈菌（*Puccinia helianthi* Schw.）是一种担子菌，给菊芋和向日葵中造成了严重的损失（McCarter and Kays，1984；Zimmer and Zimmerman，1972）。虽然超过 35 的物种受到影响，但该生物只在向日葵属中发现（Arthur，1905；Arthur and Cummins，1962；Hennessy and Sackston 1972；Zimmer and Rehder，1976）。菊芋基因型的易感性水平不同，高水平的抗性已通过种间杂交将抗病基因转入向日葵中（Pustoviot，1960；Pustoviot et al.，1976）。

向日葵锈菌有 3 个阶段（冬孢子、春孢子和夏孢子）寄在同一寄主上。夏季的夏孢子和越冬的冬孢子都清晰可见。夏孢子比较小，呈圆形、粉状、橙黑色脓疱，最明显的是在树叶上，但几乎在植物地上部分各个部位表面都可发现。夏孢子阶段最具破坏性，从植株基部老叶逐步向上延伸。对于高度易感基因型这种疾病是致命的。感染的严重程度与寄主的抗性水平、年龄和环境条件有关。尽管总是存在一些更利于有机体的发展（McCarter and Kays，1984）。

在佐治亚州，检测时，植株高约 1 m 时发现第一个夏孢子堆，并迅速发展，伴随着众多的脓疱出现在叶上（McCarter and Kays，1984）。这些生物体在叶片的背面别盛行，但也可在茎上发现。如果幼叶被感染，植物的进一步发育会受到抑制。植物基部老叶上会出现症状，并向生长点延伸。脓疱能变得如此丰富，叶子似乎枯萎了。严重的锈病感染会使大部分的植物叶子在生长季结束前就死亡了。在深秋时夏孢子转换为黑色的冬孢子阶段。

有三个主要的方法控制向日葵锈菌，但只有一个方法是目前可行的商业选择：

- 卫生/轮作。在更北的地区，冬孢子有越冬的典型结构，而在南方，夏孢子也可存活。在温暖的地区，这种有机体也可能作为菌丝体在野生向日葵上越冬，当菊芋春季萌发时，则会提供现成的接种。因此，清除附近本地物种有助于减少严重感染的风险。由于冬孢子堆存于上季剩余的植物材料中，因此推荐轮作。

- 化学防治。田间试验条件下，可喷施代森锰锌（2.24 kg·ha^{-1}）来控制锈病，在植株高约 40 cm 时开始，7~10 天为一个间隔，于收获前 2 周结束（McCarter 和 Kays，1984）。控制锈病可增加块茎 29% 的产量（13 t·ha^{-1}）。不幸的是，在美国代森锰锌未被批准施用于菊芋，从经济角度来看，8~11 种或更多的喷施也不现实。然而，其结果是强调需要将抗病性引入商业品种。

- 抗性。通过引进抗病品种，对有机体的控制将是最有利的。抗性的两个基因（R1 和 R2）已确定并导入向日葵（Sackston，1962）。不幸的是，很少有菊芋育种计划，因此，目前还没有抗锈病的商业品种。

11.4.2 南部枯萎/枯萎病/青枯病

白绢病（*Sclerotium rolfsii* Sacc.）可能会导致严重的损失，尤其是当生长在以前种植菊芋的土地上（McCarter and Kays，1984）或其他易感性作物。该生物体的寄主范围广泛，超过 500 种，包括单子叶植物和双子叶植物（Aycock，1966；Farr et al.，1989）。敏感作物有苜蓿、豆类、玉米、豌豆、土豆、秋葵、茄子、番茄、辣椒、甜菜和众多的其他蔬菜。

该病在北温带的南部和世界的亚热带和热带地区普遍存在。在美国东南部广泛，枯萎病广泛存在（例如，佐治亚州、佛罗里达州、密西西比州、北卡罗来纳州、南卡罗来纳州）（Farr et al.，1989），且该疾病代表了这些地区的菊芋商业化生产的主要障碍（McCarter and Kays，1984）。在加纳和马来西亚菊芋也发现有该病存在（Thompson，1928）。

S. rolfsii 是一种土传真菌，在越冬期间由淡褐色变为深褐色球状菌核，直径 0.5~2.0 mm。温暖的温度（27~30℃）是最适合菌丝生长和菌核形成（Punji，1985）。pH 值在 7 以上和低温会抑制菌核的萌发，虽然生物可以在 8~40℃ 的温度范围内生长。该生物在茎基部产生水浸泡的圆形到椭圆形的病变，随着时间的增长而变黄。这种损伤最终会蔓延到整个茎，造成髓部组织广泛腐烂，最终植物的地上部分枯萎。适宜水分条件下，白色菌丝可以覆盖病变茎，植物基部土壤表面上的白色菌丝变为褐色菌核。

那些不能用机械或手工收割而残留在土壤中块茎，似乎成为随后的种植季节有机体的粮食基地（McCarter and Kays，1984）。此外，机械收获似乎也促进菌核蔓延，增加疾病的传播。

虽然化学手段已经过测试，但田地控制仍集中在栽培措施。由于宿主范围较广、菌核数量多和其在土壤中的顽固存在能力，使得通过栽培来控制生长，如土地的选择（如 S. rolfsii 敏感植物不生长）和作物轮作，仅能获得有限的成功（Punji，1985）。与非易感性的作物轮作（如谷物）和控制易感性的杂草被建议用到发生过南部枯萎症的田地上。与未用溴甲烷处理的土壤相比，经过溴甲烷熏蒸的土壤大大降低了菊芋的损失比（熏蒸前后的损失分别为 60%和 15%）并增加了产量（2.5 倍）（McCarter and Kays，1984）。其他土壤处理，威百亩和五氯硝基苯（PCN）的影响效果小很多。然而，由于土壤化学处理的费用和原产品价值成本之间的不同，化学处理似乎不是一个商业上可行的选择。目前，最好的方法规避疾病的方法是在利于菊芋生长的地方种植。

S. rolfsii 也使在收获时无损的块茎在存储时变腐烂（Thompson，1928）。这种真菌产生一种光滑的白色霉菌，上面出现了许多球形菌核（Snowdon，1992）。采后的损失可以通过低温储藏来控制，在不能制冷的条件下，可通过使用杀菌剂来保证存储（Thompson，1928）。

11.4.3 白粉病

一种专性子囊菌、菊科白粉菌和白粉病（*Erysiphe cichoracearum* DC.,）可能对美国南部致病是中等严重的，而其他植物基本上保持无病（McCarter，1993）。*E. cichoracearum* 感染的物种范围广泛，特别是菊科。它在世界各地被发现，特别是在炎热潮湿的热带和亚热带。在温带地区的损害往往是有限的。这种病在叶子上呈白色到灰色，有时出现在茎上，这是由浅层菌丝体所引起的。随着时间的推移，菌丝蔓延，疫区扩大并凝聚，逐步覆盖整个叶。通常，第一症状表现在老叶的上表面，而受感染的叶片最终变黄、脱落。表面着色白色是由于分生孢子引起的，呈现粉状外观。分生孢子出生于由椭圆形到桶形的长链。

白粉病形成越冬的生物结构——闭囊壳。闭囊壳直径长 90~135 m 的和有众多无支链的附属物。闭囊壳的生长易受凉爽天气的刺激，被视为黑色的针头大小的散落在叶片的表面。闭囊壳在大量侵染的残茎上被发现，残茎作为接种物可提供随后季节中感染新植物孢子或子囊孢子。

通过发展抗病品种、使用叶面杀真菌剂和栽培措施是可能控制病情的。菊芋基因库中的抗性有相当大的遗传变异性。例如，McCarter（1993）发现36条品系中有3条表现出很高的抗性。然而，在温带地区，白粉病往往是在季节后期才发生的，如果发生，并不产生显著的损失（McCarter and Kays，1984）。因此，对抗病育种的重视很少。秋天翻残茎有助于分解和抑制接种量。

11.4.4　核菌枯萎病/腐烂病

菌核病菌，子囊菌属，是一种广泛的病原体，能感染菊芋茎、根和块茎的病原体（Bisby，1924）。它在温带、亚热带和热带地区盛行。生物攻击的宿主范围广（即超过360种，包括油菜、生菜、马铃薯、烟草和许多豆科植物）（Farr et al.，1989；Prudy，1979），并且基于其损失，被认为是美国北部最重要的向日葵病（Gulya，1996）。感染导致早期枯萎病、茎腐病和块茎退化（菌核病、白霉或棉絮状软腐病）。菌核病（*S. sclerotiorum*）是最常见的真菌病原体，从经济角度考虑，为全球范围内菊芋最显著的疾病。流行病是罕见的，多为单一的植物或小斑块受影响。

S. minor Jagger 也会导致根和块茎腐烂相似的症状和枯萎病。两种菌核病在越冬时都会产生菌核，但菌核的大小和形状有所区别（即 *S. minor* 直径均在 0.5~2 mm 间；*S. sclerotiorum* 形状不规则，直径为 1 cm 或更多）。由于没有明显的生理分化，所以从一个作物分离可以感染其他植物，虽然毒性程度不同。例如，来自 *S. sclerotiorum* 顶部（*Humulus lupulus* L.）和甘蓝（*Brassica napus* L.）及 *S. minor* 的分离菌株对菊芋是致命的（Keay，1939）。

菌核病是由在土壤中萌发的菌核产生的菌丝体感染根所引起。发芽受根系分泌物刺激，菌丝体向外延伸至5~30 mm。感染取决于与菌丝接触的根的活性，在作物发育过程中随时会发生。浅棕色、水浸透的病变发生在土壤表面的根-茎界面。有利于植物生长的土壤水分和温度（20~25℃）条件也有利于萌发和侵染。有机体可扩散到邻近的植物，植物的高密度似乎更受青睐。在潮湿的条件下，白色菌丝最终形成菌核。菌核开始是白色的软块，但会变为黑褐色的硬块。

在连作中，接种物逐步积聚在土壤中，导致每年更大的损失（例如，Nahodka 品种1年损失1%，2年损失19%和3年损失22%）（Cassells and Walsh，1995）。因此，通过与非寄主作物轮作是最好的控制方式。因为菌核在土壤中可存活7年，因此推荐3~5年轮作。菊芋可以与小谷物或玉米轮作，但不能与食用干豆、向日葵、红花、芥末或大豆作物等易感染菌核病的作物轮作。通过对可作为菌核宿主的杂草和自生菊芋的有效控制是必不可少的。抗病育种对于育种菊芋是复杂的，并且对于所有物种普遍缺乏抗性。由于在菊芋育种中普遍存在困难，以及在所有受有机体影响的物种普遍存在缺乏抗性这一事实，使得抗病育种工作变得复杂。然而，在相对较少的菊芋种质（34 个基因型）中，有几个品系表现出了田间抗性（Cassells and Walsh，1995）。通过体细胞无性系变异，并在实验室条件下初步筛选可不断提高抗性潜力已被报道。在改良的 Murashige 和 Skoog 在培养基上进行节段培养，并在第二种介质中再生。将高 1 cm 的不定芽切除后，置于结状培养基上进行进一步发育。在无钙培养基上体细胞无性系的选择与其对人工接种及田间抗菌核病的抗性相关。抗性是否能延续到后代仍需继续研究。

11.4.5 顶端黄化病

由铜绿假单胞菌（Ps）pv. tagetis（Hellmers）Young、Dye 和 Wilkie 引起的细菌性叶病主要在美国北部和加拿大造成严重的菊芋损失（Shane and Baumer，1984）。在 1983 年的明尼苏达州，25 000 ha 中约 15% 的菊芋受到影响。受感染的植株显示出极端的顶端黄化，小的暗色坏死叶斑（直径 1~2 mm）带有微弱的黄化晕，大的黄化斑点，有时有小的灰色坏死中心。该病害对林分建立的影响是显著的。土壤中萌发的幼芽几乎或完全褪绿，而且往往不能存活。与其他种植地区相比，明尼苏达区域的减少量高达 50%。然而，在加拿大死亡是有限的（LaBerge and sackston，1986）。顶端黄化可在植物发育的各个阶段都可观察到，并且叶片包括静脉均匀褪绿。有些植物恢复正常，随后的叶子在颜色上正常，尽管原始的黄叶保持黄色。

除菊芋外，这类疾病已在万寿菊（*Tagetis* spp.）、向日葵（*Helianthus annuus* L.）、豚草（*Ambrosia* spp.）、蒲公英（*Taraxacum officinale* Weber）和指向植物（*Silphium prefoliatum* L.）中发现。细菌不仅通过土壤和块茎传播，并进一步通过风力和雨水传播。当块茎不存在时，生物体通过气孔和植物表面的伤口进入。高的温度（例如，28~30℃）和相对湿度有利于病原体的生长（Stapp，1961）。

当条件有利，很难控制该病在豚草和蒲公英中的扩散，这是普遍存在的杂草提供了接种。一个关键的生产要素是防止使用受感染块茎。由于种子时期通常没有明显的症状（LaBerge and sackston，1986），应在花期前检查种植地。与存储前的发芽块茎相比，存储的块茎（5℃存储 6 个月）显示出更大的发病率（为前后发病率 10% 和 83%）（LaBerge and sackston，1986），表明存储可能为病原体的成功发育提供有利条件。有趣的是，从黄化植物上采集的块茎并不总会产生受感染的植物。因此感染时间的相对变化或其他因素可能是至关重要的。

11.4.6 块茎腐烂病

由于微生物入侵，收获的植物部分会遭受巨大损失。虽然病原体生产引起广泛关注，但 50% 或更多的大多数农业植物产品的最终零售价是在收获后积累的（Kays，1997）。因此，减少储存和销售上的质量和数量的损失是非常重要的。因病原菌导致的菊芋储藏的损失程度差异很大，而且往往是严重的（Barloy，1988；Cassells et al.，1988；Dounine et al.，1935；Johnson，1931；McCarter and Kays，1984；Snowdon，1992）。大约 20 种生物已被证明可造成块茎腐烂（表 11.3），但许多的损失可通过适当的存储条件来规避。

（1）细菌性软腐病　由 *Erwinia carotovora* ssp. *Carotovora* 引起，可以使块茎变软、变细 [Johnson 列出 *Bacillus carotovorus* 和 *Bacillus aroideae*（1931）]。生物体通过表面伤口进入机体，继而细菌如假单胞菌和假单胞菌属跟随着真菌侵袭（Johnson，1931；McCarter and Kays，1984），并且在 5~25℃ 温度条件下引起腐烂。在较低的温度下（例如，0~2℃）存储可大大减少细菌性腐烂。

（2）青霉病　由青霉菌引起，只有在相对高的温度（例如，20℃）下才能导致腐烂。这种生物只有弱毒力，并通过其他真菌造成的伤口或损伤而进入。

（3）镰刀菌腐病　腐烂病是由几种镰刀菌引起的，经常是从染病的块茎上分离（McCarter and Kays，1984）。在 25~30℃ 条件下腐烂最严重，而在温度低于 5℃ 时可以防止腐烂。

（4）灰霉病　是灰霉病菌引起的，其使块茎表面产生一个浅棕色褪色和凹陷的损伤。在相对湿度较高时，表面布满白色菌丝，随后产生灰褐色的孢子（Johnson，1931）。块茎的内部变色和软化。甚至在低温存储条件下，也可以使菊芋产生严重的损失。

（5）丝核菌腐病　引起的立枯病使块茎变棕色。而从偶尔从病变块茎上分离，但不是采后菊芋的一个严重病原菌。

（6）根霉腐病　由根腐病由葡匐茎根霉（＝黑根霉）和小枝根霉（*R. tritici*）引起的根腐病表现为深褐色变色和块茎软化。在高湿度环境中，霉菌的生长更广泛。这两个生物体，*R. stolonifer* 是存储中更严重的问题，因为其在 6~20℃ 条件下更活跃。冷藏可以防止 *R. tritici*，因为其在 20℃ 以上才活跃，而在 2℃ 条件下可以同时抑制这两种病菌，*R. stolonifer* 是菊芋最关键的低温菌（Johnson，1931）。

（7）菌核腐病　在田间和存储中，由 *S. rolfsii* 引起的菌核病是一个严重的块茎病（McCarter and Kays，1984）。块茎呈坚韧的白色到淡褐色菌丝体，有许多球形菌核。低温储藏可以在很大程度上防止采后损失（Johnson，1931；Thompson，1928）。

（8）水软腐病　由 *S. sclerotiorum* 和 *S. minor* 引起的稀软腐病引起的菌核病在块茎收获时是完好的，但在存储期会突然腐烂（Gaudineau and Lafon，1958）。块茎被密集的白色菌丝和不规则的从白色到暗褐色或黑色菌核所覆盖。虽然在较低的温度下可抑制其发展，但 *S. sclerotiorum* 在较低的温度下可造成严重的损失（Johnson，1931）。

防治储藏病害病原菌集中在使用适当的处理方法和存储条件上。从田地获得的块茎由于具有很高的发病率不能被储存，与接种物（例如，即使含有少量的腐烂病）应优先从存储中除去。植物材料应以保存在 0~2℃ 和高的相对湿度（~95%）条件下。在存储期间应注意防止块茎表面冷凝。冷凝是由于温度的波动和密封聚乙烯袋的使用所造成。而储存前杀菌剂浸泡已被证明是减少存储腐烂的有效方法，但目前在美国，化学品不被用于商业使用。

参考文献

Arthur, J. C., Cultures of Uredineae, *J. Mycol.*, 11, 53–54, 1905.

Arthur, J. C. and Cummins, G. B., *Manual of the Rusts in United States and Canada*, Hafner, New York, 1962.

Aycock, R., Stem rot and other diseases caused by *Sclerotium rolfsii*, *N. C. Agric. Exp. Sta. Tech. Bull.*, 174, 1966, 202 pp.

Baillarge, E., *Le Topinambour: Ses usages, sa culture*, Flammarion, Paris, 1942.

Barker, J. F., Sunflower trichome defenses avoided by a sunflower stem weevil, *Cylindrocopturus adspersus* LeConte (Coleoptera: Curculionidae), *J. Kan. Entomol. Soc.*, 63, 638–641, 1990.

Barloy, J., Jerusalem artichoke tuber diseases during storage, in *Topinambour (Jerusalem Artichoke)*, Report EUR 11855, Grassi, G. and Gosse, G., Eds., Commission of the European Communities, Luxembourg, 1988, pp. 145–151.

Beregovoy, V. H. and Riemann, J. G., Infestation phenology of sunflowers by the banded sunflower moth, *Cochylis hospes* (Cochylidae: Lepidoptera) in the North Plains, *J. Kan. Entomol. Soc.*, 60, 517–527, 1987.

Biggs, M., McVicar, J., and Flowerdew, B., *The Complete Book of Vegetables, Herbs and Fruit: The Definitive Sourcebook for Growing, Harvesting and Cooking*, The Book People, St. Helens, U. K., 2003.

Bisby, G. R., The sclerotinia disease of sunflowers and other plants, *Sci. Agric.*, 4, 381–384, 1924.

Blackman, R. L. and Eastop, V. F., *Aphids on the World's Crops: An Identification Guide*, 2nd ed., Wiley & Sons, Chichester, U. K., 2000.

CAB International, *Crop Protection Compendium*, Global Module, 3rd ed., CAB International, Wallingford, U. K., 2001.

Cassells, A. C., Deadman M. L., and Kearney, N. M., Tuber diseases of Jerusalem artichoke (*Helianthus tuberosus* L.): production of bacterial-free material via meristem culture, in *Topinambour (Jerusalem Artichoke)*, Report EUR 13405, Gosse, G. and Grassi, G., Eds., Commission of the European Communities, Luxembourg, 1988, pp. 117–125.

Cassells, A. C. and Walsh, M., Screening for *Sclerotinia* resistance in *Helianthus tuberosus* L. (Jerusalem artichoke) varieties, lines, and somaclones, in the field and *in vitro*, *Plant Pathol.*, 44, 428–437, 1995.

Charlet, L. D., Distribution and abundance of the stem weevil, *Cylindrocopturus adspersus* (Coleoptera: Curculionidae), in cultivated sunflower in the Northern Plains, *Environ. Entomol.*, 12, 1526–1528, 1983.

Charlet, L. D., Seasonal dynamics of the sunflower stem weevil, *Cylindrocopturus adspersus* (LeConte) (Coleoptera: Curculionidae), on cultivated sunflower in the Northern Great Plains, *Can. Entomol.*, 119, 1131–1137, 1987.

Charlet, L. D., Brewer, G. J., and Beregovoy, V. H., Insect fauna of the heads and stems of native sunflowers (Asterales: Asteraceae) in eastern North Dakota, *Environ. Entomol.*, 21, 493–500, 1992.

Charlet, L. D., Brewer, G. J., and Franzmann, B. A., Sunflower insects, in *Sunflower Technology and Production*, Agronomy Monograph 35, American Society of Agronomy, Madison, WI, 1997, pp. 183–261.

Charlet, L. D., Glogoza, P. A., and Brewer, G. J., Banded sunflower moth, *N. D. State Univ. Coop. Ext. Serv. Bull.*, E-832, 1995. Cockerell, T. D. A., Bees visiting *Helianthus*, *Can. Entomol.*, 46, 409–415, 1914.

Conti, F. W., Versuche zur gewinnung von sirup aus topinambur (*Helianthus tuberosus*), *Die Stärke*, 5, 310, 1953.

Cosgrove, D. R., Oelke, E. A., Doll, J. D., Davis, D. W., Undersander, D. J., and Oplinger, E. S., Jerusalem Artichoke, 2000, http://www.hort.purdue.edu/newcrop/afcm/jerusart.html.

Criddle, N., Popular and practical entomology. Beetles injurious to sunflowers in Manitoba, *Can. Entomol.*, 54, 97–98, 1922.

Cunningham, G. H., Fungus diseases attacking artichokes: incidence, life-history, and remedial treatment, *N. Z. J. Agric.*, 34, 402–408, 1972.

Dounine, M. S., Zayantchkovskaya, M. S., and Soboleva, V. P., [Diseases of the Jerusalem artichoke and their control], *Bull. Pan-Soviet Sci. Res. Inst. Leguminous Crops*, 6, 7–13, 16–150, 1935.

Eastop, V. F., A study of the Tramini, *Trans. Royal Ent. Soc. Lond.*, 104, 385–413, 1953.

Eastop, V. F., *A Study of the Aphididae of East Africa*, Colonial Research Publication, HMSO, London, 1958.

Ehart, O. R., Biology and Economic Importance of *Suleima helianthana* (Riley) on Sunflower Cultivars, *Helianthus annuus* L. in the Red River Yalley, M. S. thesis, North Dakota State University, Fargo, ND, 1974.

Farr, D. F., Bills, G. F., Chamuris, G. P., and Rossman, A. Y., *Fungi on Plants and Plant Products in the United States*, ASP Press, St. Paul, MN, 1989.

Foote, R. H., The species of the genus *Neotephritis* Hendel in America north of Mexico (Diptera: Tephritidae), *J. N. Y. Entomol. Soc.*, 68, 145–151, 1960.

Foote, R. H. and Blanc, F. L., The fruit flies or Tephritidae of California, *Bull. Calif. Insect. Surv.*, 7, 1–117, 1963.

Gaudineau, M. and Lafon, R., Sur les maladies à sclérotes du topinambour, *C. R. Acad. Agric.*, 13, 177–178, 1958.

Gillette, G. P. and Palmer, M. A., The Aphidae of Colorado, Part II, *Ann. Entomol. Soc. Am.*, 25, 369–496, 1932.

Gleich, E., Kaetzel, R., and Reicheit, L., Untersuchungen von Nahrungspräferenzen der Widart Damwild an Topinambur in einem Forschungsgatter, *Z. Jagdwissenschaft*, 44, 57–65, 1998.

Goeden, R. D., Cadatal, T. D., and Cavender, G. A., Life history of *Neotephritis finalis* (Loew.) on native Asteraceae in southern California (Diptera: Tephritidae), *Proc. Entomol. Soc. Wash.*, 89, 552–558, 1987.

Goffart, H., Zum anbau von topinambur auf nematoden-verseuchtem boden, *Kartoffelbau*, 6, 262, 1955.

Gregoire, M. C., Les maladies des tubercules de topinambour en conservation: appréciation du comportement de quelques variétés, Mémoire MST Lille-INRA Pathologie Végétale, Agronomie Rennes, 1984.

Gulya, T. J., Sunflower diseases in the northern Great Plains in 1995, in *Proceedings of the 18th Sunflower Research Workshop*, National Sunflower Association, Fargo, ND, 1996, pp. 24–27.

Gulya, T. J. and Masirevic, S., Common names for plant diseases: sunflower (*Helianthus annuus* L.) and Jerusalem artichoke (*Helianthus tuberosus* L.), *Plant Dis.*, 75, 230, 1991.

Gulya, T. J., Rashid, K. Y., and Masirevic, S. M., Sunflower diseases, in *Sunflower Technology and Production*, Agronomy Monograph 35, American Society of Agronomy, Madison, WI, 1997, pp. 263–379.

Hennessy, C. M. R. and Sackston, W. E., Studies on sunflower rust. X. Specialization of *Puccinia helianthi* on wild sunflowers in Texas, *Can. J. Bot.* 50, 1871–1877, 1972.

Hilgendorf, J. H. and Goeden, R. D., Phytophagous insects reported from cultivated and weedy varieties of the sunflower, *N. Am. Bull. Entomol. Soc. Am.*, 27, 102–108, 1981.

Hill, D. S., *Agricultural Insect Pests of Temperate Regions and Their Control*, Cambridge University Press, Cambridge, U. K., 1987, p. 534.

Hilty, J., Prairie Wildflowers of Illinois: Jerusalem Artichoke, 2005, http://www.illinoiswildflowers.info/prairie/. Hommay, G., Agriolimacidae, Arionidae and Milicidae as pests in west European sunflower and maize, in *Molluscs as Crop Pests*, Barker, G. M., Ed., CABI Publishing, Wallingford, U. K., 2002, pp. 245-254.

Hurd, P. D., LeBerge, W. E., and Linsley, E. G., Principal sunflower bees of North America with emphasis on the Southwestern United States (Hymenoptera: Apoidea), *Smithsonian Contributions to Zoology* 310, Smithsonian Institute Press, Washington, DC, 1980.

Johnson, H. W., Storage rots of Jerusalem artichoke, *J. Agric. Res.*, 43, 337-352, 1931.

Kays, S. J., *Postharvest Physiology of Perishable Plant Products*, Van Nostrand Reinhold, New York, 1997.

Keay, M. A., A study of certain species of the genus *Sclerotinia*, *Ann. Appl. Biol.*, 26, 227-246, 1939.

Kosaric, N., Cosentino, G. P., and Wieczorek, A., The Jerusalem artichoke as an agricultural crop, *Biomass*, 5, 1-36, 1984.

Kozhevnikova, L. M. and Onufriev, A. F., Diseases of Jerusalem artichoke, *Zashchita Rastenii Moskva*, 5, 56-57, 1960.

Laberge, C. and Sackston, W. E., Apical chlorosis of Jerusalem artichoke (*Helianthus tuberosus*), *Phytoprotection*, 67, 117-122, 1986.

Laberge, C. and Sackston, W. E., Adaptability and diseases of Jerusalem artichoke (*Helianthus tuberosus*) in Quebec, *Can. J. Plant Sci.*, 67, 349-352, 1987.

Le Cochec, F. and de Barreda, D. G., *Hybridation et production de semences a partir de clones de topinambour (Helianthus tuberosus L.)*, Rapport EN3B-0044 F, Commission des Communautés Européennes Energie, CECA-Bruxelles, 1990.

Lhoutellier, R., *Contribution à l'étude des maladies des tubercules de topinambour en conservation*, Mémoir DEA, UER Rennes I-INRA Pathologie Végétale, Agronomie Rennes, 1984.

Maric, A., Camprag, D., and Masirevic, S., *Bolesti I ˇ Stetoine Suncokreta I Njihovo Suzbijanje*, Nolit, Belgrade, Yugoslavia, 1988.

McCarter, S. M., Reactions of Jerusalem artichoke genotypes to two rust and powdery mildew, *Plant Dis.*, 77, 242-245, 1993.

McCarter, S. M. and Kays, S. J., Diseases limiting production of Jerusalem artichokes in Georgia, *Plant Dis.*, 68, 299-302, 1984.

McGregor, S. E., *Insect Pollination of Cultivated Crop Plants*, USDA-ARS Agricultural Handbook. 496, Washington, DC, 1976.

Mead, A. R. and Paley, L., Two giant land snail species spread to Martinique, French West Indies, *Veliger*, 35, 74-77, 1992.

Mordvilko, A., Heteroecious and anholocyclic Anoeciinae. Anolocyclic Lachninae, *Bull. Acad. Sci. URSS*, 871-880, 1931.

Olive, A. T., The genus *Dactynotus* Rafinesque in North Carolina, *Misc. Publ. Entomol. Soc. Am.*, 4, 31-66, 1963.

Patch, E. M., Food-plant catalogue of the aphids of the world, *Maine Agric. Exp. Sta. Bull.*, 393, 1938, pp. 35-431.

Pedraza-Martinez, P. A., Seasonal incidence of *Suleima helianthana* (Riley) infestations in sunflower in central Tamulipas, Mexico, *Southwest Entomol.*, 15, 452–457, 1990.

Prudy, L. H., *Sclerotinia sclerotiorum*: history, diseases and symptomology, host range, geographic distribution and impact, *Phytopathology*, 69, 875–880, 1979.

Punji, Z. K., The biology, ecology, and control of *Sclerotium rolfsii*, *Ann. Rev. Phytopathol.*, 23, 97–127, 1985.

Pustovoit, G. V., Ilatonsky, V. P., and Slyusar, E. L., Results and prospects of sunflower breeding for group immunity by interspecific hybridization, in *Proceedings of the 7th International Sunflower Conference*, Krasnodar, USSR, 1976, pp. 26–28.

Pustovoit, V. S., Interspecific rust resistant hybrids of sunflowers, in *Otdalennaya Hibridization Rastenii*, Moscow, 1960, pp. 376–378.

Rajamokan, N., Pest complex of sunflower: a bibliography, *Proc. Natl. Acad. Sci. U.S.A.*, 22, 546–565, 1976.

Raut, S. K. and Barker, G. M., *Achatina fulica* Bowdich and other Achatinidae as pests in tropical agriculture, in *Molluscs as Crop Pests*, Barker, G. M., Ed., CABI Publishing, Wallingford, U. K., 2003, pp. 55–114.

Ravault, L., A propos de la culture de topinambour, *Bull. Tech. Inf.*, 67, 161–168, 1952.

Riley, C. V., Descriptions of some new Tortricidae, *Trans. St. Louis Acad. Sci.*, 4, 316–324, 1881.

Rogers, C. E., Sunflower bud moth: behavior and impact of the larva on sunflower seed production in the southern plains, *Environ. Entomol.*, 8, 113–116, 1979.

Rogers, C. E., Insects from native and cultivated sunflowers (*Helianthus*) in southern latitudes of the United States, *J. Agric. Entomol.*, 5, 267–287, 1988.

Rogers, C. E. and Jones, O. R., Effects of planting date and soil water on infestation of sunflower by larvae of *Cylindrocopturus adspersus*, *J. Econ. Entomol.*, 72, 529–531, 1979.

Rogers, C. E. and Serda, J. G., *Cylindrocopturus adspersus* in sunflower: overwintering and emergence patterns on the Texas high plains, *Environ. Entomol.*, 11, 154–156, 1982.

Rogers, C. E. and Thompson, T. E., Resistance in wild *Helianthus* to the sunflower beetle, *J. Econ. Entomol.*, 71, 622–623, 1978.

Sackston, W. E., Studies on sunflower rust. III. Occurrence, distribution, and significance of races of *Puccinia helianthi* Schw, *Can. J. Bot.*, 40, 1449–1458, 1962.

Satterthwait, A. F., Sunflower seed weevils and their control, *J. Econ. Entomol.*, 39, 787–792, 1946.

Satterthwait, A. F. and Swain, R. B., The sunflower moth and some of its natural enemies, *J. Econ. Entomol.*, 39, 575–580, 1946.

Schulz, J. T., Insect pests, in *Sunflower Science and Technology*, Agronomy Monograph 19, American Society of Agronomy, Madison, WI, 1978, pp. 169–223.

Schulz, J. T. and Lipp, W. V., The status of the sunflower insect complex in the Red River Valley of North Dakota, *Proc. North Central Branch Entomol. Soc. Am.*, 24, 99–100, 1969.

Shah, J. and Zakaullah, New records of rust from Pakistan, *Pakistan J. For.*, 39, 35–37, 1989.

Shane, W. W. and Baumer, J. S., Apical chlorosis and leaf spot of Jerusalem artichoke incited by *Pseudomonas syringae* pv. Tagetis, *Plant Dis.*, 68, 257, 1984.

Snowdon, A. L., *Color Atlas of Post-Harvest Diseases and Disorders of Fruits and Vegetables. 2. Vegetables*, CRC

Press, Boca Raton, FL, 1992.

Stapp, C., *Bacterial Plant Pathogens*, Oxford University Press, London, 1961.

Takahashi, R., Aphididae of Formosa, Part 2, *Rep. Gov. Res. Inst. Dept. Agric. Formosa*, 4, 1-173, 1923.

Theobald, F. V., *The Plant Lice or Aphididae of Great Britain*, Headley Brothers, London, 1927.

Thompson, A., Notes on *Sclerotium rolfsii* Sacc. in Malaya, *Malayan Agric. J.*, 16, 48-58, 1928.

Thomas, G. S., *Perennial Garden Plants*, J. M. Dent & Sons, London, 1990.

Verma, K. D., A new subspecies of *Impatientinum impatiensae* (Shinji) and the male of *Protrama penecaeca* from N. W. India, *Bull. Entomol. Soc. India*, 101, 102-103, 1969.

Westdal, P. H., A preliminary report on the biology of *Phalonia hospes* (Walsingham), a new pest of sunflowers in Manitoba, *Ann. Rep. Entomol. Soc. Ontario*, 80, 1-3, 1949.

Westdal, P. H., Insect pests of sunflower, in *Oilseeds and Pulse Crops in Western Canada: A Symposium*, Harapiak, J. T., Ed., Modern Press, Saskatoon, Saskatchewan, 1975, pp. 475-495.

Westdal, P. H. and Barrett, C. F., Life-history and habits of the sunflower maggot, *Strauzia longipennis* (Wied.) (Diptera: Trypetidae), in Manitoba, *Can. Entomol.*, 92, 481-488, 1960.

Westdal, P. H. and Barrett, C. F., Injury by the sunflower maggot, *Strauzia longipennis* (Wied.) (Diptera: Trypetidae) to sunflowers in Manitoba, *Can. J. Plant Sci.*, 42, 11-14, 1962.

Zimmer, D. E. and Hoes, J. A., Diseases, in *Sunflower Science and Technology*, Schneiter, A. A., Ed., American Society of Agronomy, Madison, WI, 1978, pp. 225-262.

Zimmer, D. E. and Rehder, D. A., Rust resistance of wild *Helianthus* species of the North Central United States, *Phytopathology*, 66, 208-211, 1976.

Zimmer, D. E. and Zimmerman, D. C., Influence of some diseases on achene and oil quality of sunflower, *Crop Sci.*, 12, 859-861, 1972.

12　农艺措施

菊芋可以在营养贫瘠的土壤中以最少的栽培量生长。然而，良好的农艺措施可大大提高作物生产力。提高块茎和田间生物量的措施包括选择品种、播种日期、有效杂草控制、施肥、灌溉和良好的收获过程。

12.1　种植日期

菊芋一般是从块茎或块茎切块进行无性繁殖。由于区域、生态环境和栽培品种的不同，最佳播种期也不同。当作为多年生作物时，会从秋天遗留在田里的块茎再生。作为一年生作物，或开始作为多年生植物种植时，块茎可在秋季或冬季种植，但在土壤是可行的情况下，通常在春季种植（例如，北半球在2月至4月中旬）（Kosaric et al., 1984; 1988; Mimiola, 1988; Shoemaker, 1927; Sprague et al., 1935）。通常在130天以后收获。

块茎的早期播种使植物能够在生长季节对最长的白天长度、最强的光强和最高温度作出反应，从而优化光合作用。在欧洲北部，在2月种植早熟品种可使作物在夏季前形成良好的冠层，尽管天气条件往往使较晚种植的更实际。在欧洲，通常是在3月中旬至4月中旬种植，如苏格兰（4月3日；Hay and Offer, 1992）、法国（4月中旬；Ben Chekroun et al., 1996）、德国（4月9—12日，Schittenhelm, 1999）、丹麦（3月24日，Zubr and Pedersen, 1993）。在法国，种植日期和品种选择是生物质生产的重要因素，因为它们可优化叶面积指数和太阳辐射的截留时间（Barloy, 1988）。在丹麦，选用早熟品种比晚熟品种往往产量高，且变异小，因为光合产物从植物上部输送到茎部的过程经常受到生长期后期的霜冻的干扰（Zubr and Pedersen, 1993）。因此，在春季延迟播种可能会导致显著的产量下降和收获的块茎变小。

在美国北部，一般在2月到4月间种植，并且最迟不到5月中旬。在美国（华盛顿哥伦比亚特区）20世纪30年代，在2年间种植时期被延迟了近2个月（分别为4月5日—6月1日和3月30日—5月26日），块茎产量平均减少了28%，产量减少高达50%。采收时块茎的大小也随着延迟种植而减少。因此，当土壤变得可耕作时，建议在早春播种（Boswell et al., 1936）。在美国佐治亚州北部对开花期的一个研究中，许多品种的块茎于3月24日被种植（Kays and Kultur, 2005）。

在埃及进行试验研究时，种植日期是3月17—24日（Ragab et al., 2003）和土耳其是在3月早期（Killi et al., 2005）。在韩国，春天种植时间的差异影响营养生长和块茎产量，早期种植可产生更好的生长和产量，因为在季节早期土壤足够热（Lee et al., 1985）。

在南半球，种植日期和北半球相反。例如在澳大利亚南部，在9月和10月播种，在翌年的3月或6月收获块茎（Parameswaran，1994）。

12.2 种植

在花园或小块园地，从杂货店购买的块茎可用于种植（与土豆不同），因为菊芋是相对无病虫害和疾病的植物。此外，块茎要细心采摘和保存及存放在室内（例如，黑暗和0℃和90%~95%相对湿度），用于春天种植。

菊芋从完整块茎或切块繁衍。大的块茎可以切割成几个小块，但每块必须包含至少一个可以产生新茎的"眼"或芽。为确保良好的作物，通常建议有2个或3个芽眼（例如，Wood，1979）。有许多芽的大块茎会产生更多的茎。这将导致更多叶片生长，以在生长期早期能捕捉到更多有效的太阳辐射，但也可能是有害的，例如，会导致不同种植密度和块茎大小（Denoroy，1996）。据报道，整个块茎可产生更好的植株（Kosaric et al.，1984），虽然并非总是如此。一般建议种植45~60 g的块茎或块茎切块，比这更小的块茎会导致产量降低（Boswell，1959；Kovac，1982）。

在美国进行的试验中，"块茎种子"鲜重为7.1 g、14.2 g、28.4 g和56.7 g，随着块茎的增大，所收获的净块茎也随之增加。在每一座山丘都种植一个菊芋块茎切块，则增加的块茎切块也增加了每个小山的茎（茎）数。发现利用56.7 g、85.1 g与113.4 g的切块种植的最终块茎产量无差别。由113.4 g块茎生长而来的植物要比小块茎生长来的植株高几英寸，但后者块茎的数量更大和个头更小，产量则无显著差异。然而，所有低于113.4 g的块茎，其大小不影响收获块茎的平均大小。在大多数情况下，块茎切块和整块块茎种植的产量没有显著性差异。然而，在某些情况下，整个块茎优于块茎片，这是由于普遍干旱条件下，块茎切块比整个块茎的脱水程度高。作者推荐使用高产、无病、约56.7 g的块茎，最好是整个块茎，但必要时可削减（Boswell et al.，1936）。在丹麦的一项研究中，种植块茎的大小（25~200 g）对植物特性的影响很小，不影响块茎产量（Klug-Andersen，1992）。

促芽可以通过提高早期生长速率（春季低温限制）对出苗产生积极影响（这由春季低温限制）。然而，为避免受损，块茎发芽必须小心处理，因为如果发生损伤，任何优势都可能丢失（Denoroy，1996）。

苗床准备类似于马铃薯（*Solanum tuberosum* L.）。播种前，立即进行土壤耕作，在轻壤上（例如，砂土）该操作更快和更便宜。马铃薯种植机械（有时改进）可用于植物菊芋块茎的种植，结果令人满意。菊芋的种植速度比马铃薯低20%左右，例如，1 675 kg·ha^{-1}菊芋可参照2 100 kg·ha^{-1}马铃薯（Frappier et al.，1990）。在小山丘或山脊上水平成行种植块茎。通常建议，块茎种子（植物）间隔50~60 cm，行间隔70~130 cm，使得种植密度能产生最大的单位面积产量，但不因拥挤降低平均块茎大小。据估计，每公顷需要大约30 000粒种子，或1 400~1 800 kg（Kosaric et al.，1984）。

通常建议种植深度在10~15 cm左右（例如，Biggs et al.，2003）。种植过深会使得块茎埋藏很深，不易于采挖。然而，最佳的种植深度取决于气候条件。为避免损坏，种植时应覆土。美国在20世纪30年代试验研究了3个菊芋品种（"Blanc Ameliore""Chicago"和"Waterer"）在7.6 cm、10.2 cm、12.7 cm和15.2 cm种植深度时的块茎产量。在俄勒冈两年的数据表明，10.2 cm种植深度产生最佳的产量，可收获比其他栽植深度更多的块茎。相比于10.2 cm和12.7 cm深度的栽植深度，小于10.2 cm的种植深度产量较低，这可能是由于水分不足使得块茎变干造成的。15.2 cm和更深的种植深度会一直产生劣质产量，并且收获越来越难。一般推荐10.2 cm的栽植深度，但除了在土壤表层经常过干的半干旱地区和高海拔地区，那里的菊芋栽植深度推荐12.7 cm（Boswell et al., 1936）。

菊芋的出苗率一般很高，在90%~100%左右（Hay and Offer, 1992）。然而，在干燥和温暖的气候条件下出苗率下降，在该气候条件下块茎干变干，尤其是小块茎（Mezencev, 1985）。种植不同的品种出苗时间不同，主要由土壤温度决定的。出苗最早可以在播种2周后，但通常是3~5周。当植物约0.3 m高时，在茎周围覆土，有助于保持水分和块茎菊芋以便于收获，从而提高作物生产力（Cosgrove et al., 2000）。

12.3 控制杂草

菊芋杂草控制可以分为两类：（1）菊芋作为作物种植的杂草控制；（2）在随后的轮作中，自生菊芋作为杂草需要控制。后者受到相当多的关注，由于菊芋是一种与大多数农作物高度竞争的杂草。即使是彻底的手工收获，也有很多小块茎和根茎（根）残留在土壤中，一年后可形成竖立的菊芋。此外，一小部分的块茎或块茎片可以在随后的种植季节潜伏在土壤中，并且根据位置和品种，直到次年才发芽。因此，在种植菊芋后可以种植大豆，土地上的杂草可以用除草剂除去，只有在第三个季节有显著的菊芋植株出现。因此，控制自生菊芋比控制菊芋种植作物的杂草任务更严峻。

12.3.1 控制菊芋中的杂草

众多杂草的可能对菊芋早期生长及其建立产生不利影响，需要除草。虽然成熟的植物高达到2~3 m，然而，一旦作物冠层建立，会一直有阴影的竞争。短茎的菊芋品种可能更容易受到杂草竞争的影响，因为长时间会产生郁闭。相比菊芋和大豆，植物高度竞争的重要性与谷物（玉米）的竞争能力有所差异。大豆产量，有较低的生长习性的大豆比玉米更受压制（Wyse et al., 1986; Wyse and Young, 1979）。成功建立的杂草是典型的攀缘植物，如牵牛花。然而，没有迹象表明这些物种可以减少菊芋产量。在生长早期，杂草控制可以通过机械或化学的手段实现。大量杂草的生长可能会对菊芋的生根和早期发育产生不利影响，因此有必要控制杂草。然而，由于成熟植株的高度达到2~3 m，一旦作物的冠层形成，通常会遮挡所有的竞争。短茎菊芋品种可能更容易受到杂草的竞争，因为其冠层闭合前需要较长一段时间。竞争植物高度的重要性可以从玉米、大豆与菊芋的竞争能力差异中看出。大豆引起生长习性较低，其产量受到的抑制比玉米大得多（Wyse et al., 1986; Wyse and Young, 1979）。杂草物种一旦成功生根，通常为攀缘植物，如牵牛花。然而，没有迹象表明这些物种导致菊芋产量下降。可以通过机械或化学手段实现早春杂草的防治。

机械控制杂草的方法包括锄、耙和在植物周围覆土。手锄可能在小块地和小的租地有益，但是在大面积不合适。在植物达到约 0.5 m 的高度（例如，两独立栽培）要通过行间耕作，此时菊芋冠层已足以完胜杂草（Stauffer，1979）。然而，应当注意，耙地时要避免损坏生长的根状茎（匍匐茎）和浅根系。建议耙地时不超过 4~5 cm（Kosaric et al.，1984）。

目前，在美国还没有批准使用除草剂来控制菊芋的杂草。几种除草剂的初步试验报告见表 12.1。例如，"哥伦比亚"品种对氯氨苯、二丙基硫代氨基甲酸乙酯（EPTC）、乙素、二甲双胍和三氟乐灵的预处理表现出较好的耐受性，但美多菌灵造成相当大的伤害，表现为叶缘的黄化和坏死，株高降低。然而，与杂草控制处理相比，不论是通过除草剂或人工除草，块茎产量不是通过增加杂草控制来增加的（Wall et al.，1987）。

表 12.1　已经过测试的防控菊芋杂草的除草剂

除草剂	施用	耐受性
豆科威	种植前土壤处理	良好
丙草丹	种植前土壤处理	良好
丁氟消草	种植前土壤处理	良好
嗪草酮	种植前土壤处理	良好
二甲戊乐灵	种植前土壤处理	良好
氟乐灵	种植前土壤处理	良好

来源：改编自 Wall, D. A. et al., Can. J. PlantSci., 67, 835-837, 1987.

化学控制可降低杂草种群，但很少能增加块茎产量。例如，在一项研究中，三氟乐灵（0.88 kg·ha^{-1},）可控制杂草及增加块茎产量（Stauffer，1975）。除草剂经常对块茎产量造成不良影响或导致产量降低（Kosaric et al.，1984）。在一个新的短茎矮秆品种和两个既有品种上（"Précoce Commun"和"Eigen Nabouw"）进行选择性芽前除草剂扑草净试验发现，与机械除草控制相比，该方法抑制块茎产量的 5%，尽管控制杂草的效果很好（Pilnik 和 Vervelde，1976）。类似的郁闷的产量影响已经注意到，三氟乐灵（Kosaric et al.,1984）。在波兰，与机械除草相比，用除草剂控制杂草（利谷隆，afalon，azogard 和扑草净）没有增加块茎的品质。无除草剂处理可使得块茎的干物质含量、果糖、蛋白质和灰分最高（Sawicka，2004）。

菊芋具有高的耐杂草性，特别是当杂草种群较少，且由生长相对较低的物种或那些春季未发育的物种组成时。在这些条件下，菊芋一般不使用除草剂就可以生长。

12.3.2　控制后茬作物中的菊芋

菊芋是一种极具竞争力的杂草，能够在一旦建立并通过块茎、根茎入侵新领地时，在适当的生态条件下，以种子的形式侵入新领地。然而，由于其高度的自交不亲和性，种子生产受到限制（Mayfield，1974）。已证明每花产生从 3 个到多达 50 个种子序（Russell，1979；Wyse and Wilfahrt，1982），后者是例外而非规则。Swanton（1986）发现了两个栽培型，每 100 个花序可生产 8 个和 66 个种子，野生型花序产生 126 个和 197 个，两河岸生物型能产生 493 个和 536 个种子。对于单个植株，每株栽培型植株可产生 0.4~24 个种子，野生型为 47~154 个种子，河岸型介于 9 个到 163 个之间。当种子存在时，它们可能在物种到新的栖息地的传播中发挥关键作用。一旦定植，由于块茎和根的再生能力，植物的数量会迅速增加。

作为一种杂草，菊芋往往存在的最大问题是作为植物种植后自生（Wall and Friesen，1989），并且在较小程度上，从边缘区域入侵新领地。根状茎有助于分散，因为它们可能从母体植物向外延伸长可达 100 cm（Swanton，1986），根茎长度因基因型、土壤类型和生产条件而异。块茎产生于根状茎的末端，单个植株可产生多达 75 个或更多的块茎。未被扰动的块茎和根状茎在土壤 10~15 cm 深处，在下一季节可发芽（Russel，1979）。然而，在更深处的块茎难以发芽，例如，在 25 cm 处时 25% 的块茎在 58 天内发芽。地下块茎和根茎使消除菊芋的栽培手段或除草剂变得困难，因为这两种繁殖类型可以在北至加拿大第三南部地区越冬和次年可产生新的植物（Vanstone and Chubey，1978）。

菊芋具有丰富的新芽生长，如果数量足够高，会形成茂密的树冠抑制其他作物生长，特别是对于相对矮小的植株如大豆作物。作为这些作物的杂草，菊芋可以对产量产生极为严重的影响。例如，每行每隔 1 m 种植至少 4 棵植物，可使大豆减产 25%，玉米减产 71%（Wyse and Wilfahrt，1982；Wyse and Young，1979）。低的大豆密度也对产量有显著的影响（即每排 1 个和 2 个块茎产生 31% 和 59% 的减产量）（Wyse et al.，1986）。大豆叶面积和相对生长率在种植密度为 2 个和 4 个块茎每米时会受到抑制，每米 4 个块茎会抑制净同化率。同样，菊芋竞争会减少高度、分枝数与大豆种子总重量（Wyse et al.，1986）。

菊芋作为一种杂草有 3 种控制方法：化学、机械和作物轮作。方法的选择取决于许多因素，如连作的必要性、适宜的轮作作物、成本、地理区域、设备的可用性、杂草密度和其他因素。

12.3.2.1 化学控制

在种植菊芋后轮作单子叶作物，大大拓宽了可用除草剂的种类和潜在的植株的选择。若种植如玉米、大麦、燕麦与小麦等单子叶作物，则菊芋更易控制，因为许多阔叶杂草除草剂都可以使用，并能较好的控制菊芋。在这些作物中可控制菊芋的已测试的除草剂列于表 12.2 中。范围从好到差，大量的苗后除草剂可被使用并有利于控制。在种子萌芽前施草甘膦或百草枯可减少了杂草的压力。然而，除非农作物种植晚到足以让所有的菊芋发芽，否则这种控制通常是不够的。

表 12.2　已测试过用于控制自生菊芋的除草剂

作物	杀虫剂	施用	防控	来源
大麦	绿黄隆	出苗后[a]	差	i

续表

作物	杀虫剂	施用	防控	来源
大麦	二氯吡啶酸；毕克草	出苗后	很好	bi
大麦	二氯吡啶酸+2,4-D	出苗后	好	hi
大麦	麦草畏+2,4-D	出苗后	好	hi
大麦	麦草畏+2甲4氯丙酸+2,4-D	出苗后	好—很好	gk
大麦	草甘膦	出苗前[b]	差—好	hi
大麦	草甘膦+麦草畏+2,4-D	出苗前/出苗后	好	i
大麦	草甘膦+百草枯	出苗前	差	g
大麦	2-甲-4-氯苯氧基乙酸	出苗后	差	gi
大麦	百草枯	出苗前	差	gh
大麦	苦胺酸	出苗后	差	i
大麦	2,4-D	出苗后	好	efghik
玉米	莠去津	出苗前/出苗后	好	k
玉米	二氯吡啶酸	出苗后	好	j
玉米	麦草畏	出苗后	良—好	j
玉米	麦草畏+2,4-D	出苗后	良—好	j
玉米	草甘膦	出苗前	良—好	c
玉米	Hornet?	出苗后	好	j
玉米	2,4-D	出苗后	良	cj
玉米	磺酰脲类	出苗后	良—好	j
燕麦	麦草畏	出苗后	好	k
燕麦	麦草畏+2甲4氯丙酸+2,4-D	出苗后	好	g
燕麦	2,4-D	出苗后	好	k
小麦	麦草畏	出苗后	好	k
小麦	麦草畏+2甲4氯丙酸+2,4-D	出苗后	好	g
小麦	2,4-D	出苗后	好	k
大豆	氟锁草醚	出苗前	差	k
大豆	苯达松	出苗前	差	k
大豆	氯嘧磺隆	出苗后	好	j

续表

作物	杀虫剂	施用	防控	来源
大豆	氯嘧磺隆+噻吩磺隆	出苗后	好	j
大豆	草甘膦	出苗前	—	a
大豆	草甘膦	出苗后	—	j
大豆	咪唑乙烟酸	出苗后	好	j
个别的	阿特拉津	出苗前/出苗后	—	c
个别的	草甘膦	芽期点处理	差—很好	ajk
个别的	麦草畏	现蕾—开花	差—好	j
个别的	麦草畏	现蕾—开花	差—好	j
个别的	2,4-D	现蕾—开花	差—好	aj

注: 资料来自: a=Coultas and Wyse, 1981; b=Hamill, 1981; c=Russell and Stroube, 1979; d=Swanton, 1986; e=Swanton and Brown, 1980, f=Swanton and Brown, 1981; g=Vanstone and Chubey, 1978; h=Wall andFriesen, 1989; i=Wall et al., 1986; j=Salzman et al., 1997; k=Wyse and Wilfahrt, 1982.

a. 出苗前施用除草剂;

b. 出苗前施用除草剂.

然而,当下季作物是双子叶植物时,选择受到更多的限制。芽前除草剂如草甘膦、百草枯一般给大豆带来不好的结果,其中该控制依赖于菊芋完全发芽优先于应用。块茎或根茎萌发的时间与繁殖体在土壤的深度和基因型有关(Swanton and Hamill, 1983; Swanton and Cavers, 1988)。块茎越深,发芽的时间越长(Russell and Stroube, 1979; Swanton and Cavers, 1988),其部分控制的潜力也就越大。作物出苗后,块茎的发芽不能用这些除草剂来控制。影响菊芋发芽的其他因素有块茎/块根、土壤类型、大小、来自母体的成熟体、土壤温度和种植时间。块茎/块茎片呈现出比根茎/根块片更大的控制问题,因为它高度适应再次繁殖(Swanton and Cavers, 1986)。几个苗后除草剂(例如,氯霉素-乙基、氯霉素-乙基噻吩磺隆-甲基和咪唑基)提供了很好的控制(Salzman et al., 1992)。

另一种方法是使用耐草甘膦的转基因大豆品种。草甘膦的两种应用可以完全控制已发芽的块茎/根茎。然而,休眠块茎不受控制,在南部地区次年可以发芽,如密苏里东南部(Kays,未发表的数据)。因此,需要3年的轮作来充分控制自生菊芋。在加拿大,块茎和根茎碎片在形成后1年没有出现,在季节结束时明显分解(Swanton and Cavers, 1988; Swanton et al., 1992)。繁殖体在土壤中的寿命似乎与基因、切块的尺寸和气候条件等有关。

棉花是菊芋种植后另一个轮作的可供选项。然而,在植物发育期间,现有的品种就失去了对草甘膦的耐受能力。由于棉花与菊芋发芽的时间不同,在棉花受到除草剂的影响前,只有一小部分的杂草可以控制。因此,不可能达到足够的控制。如果棉花种植较晚,在相对菊芋完全发芽后，或许可以得到充足的控制。

在大豆上使用除草剂清除菊芋的另一个变化是使用滚筒、管芯或波巴芯喷头（Coultas and Wyse，1981）与草甘膦和2,4-D胺一起使用，前者更有效。推荐应用这两种方法大约2个星期，并且在处理前杂草比大豆高至少15cm。结果的差异是由于菊芋高度不均一性。目前，选择性的应用技术还没有被证明是足够有效的。

12.3.2.2 机械控制

菊芋可以在下一季节通过休耕和通过修剪或栽培控制消除菊芋（圆盘耙或旋耕）得到控制。这两种方法都需要多次的处理。机械控制的目的是减少地下块茎或根状茎的碳储藏，使其不能产生新的植株。因此，定时刈割或耕作与所有已出现的植物相吻合是非常重要的，最好在接近土壤表面处进行刈割。应该是在植物产生根状茎前完成第一次耕作（Wyse and Wilfahrt，1982），尤其是在基因型花蕾和开花前，开花早于块茎形成（Swanton and Cavers，1988）。

在休闲季节机械控制一般需要2~3次定时刈割或耕作来控制植物。在冬季温和地区，休眠块茎可以生存，来年的定点控制是至关重要的。

12.3.2.3 作物轮作

饲料或小粮食作物的轮作也可以帮助抑制自生的菊芋（Wyse and Wilfahrt，1982）。在明尼苏达州，与大豆或玉米竞争时相比（即每株50~60个块茎），在深红色春小麦地区自生的菊芋的块茎数大大受到抑制（即每棵植株1~2个块茎）。效果似乎是时间的函数而非对抗方式。菊芋发芽大大晚于小麦，因此在初期处于竞争劣势。此外，小麦在盛夏收获，这在菊芋块茎形成前，又抑制了菊芋的生殖发育。其他可能的轮作作物是牧草，它们在切割后可快速再生长，特别是在夏季需要多次收割。通常单独轮作一般不会完全消除菊芋杂草，如果可以结合除草剂处理，杂草可以得到有效的消除。

在20世纪20年代法国建立的4年轮作制度，在第一年用菊芋，第二年用燕麦，第三年用三叶草，第四年用小麦草。当小麦生长时，已无菊芋残留在田地里。盛夏燕麦和苜蓿的收获有助于破坏多余菊芋的生长。这种类型的轮作体系有效地清除了菊芋（Shoemaker，1927）。

12.3.2.4 新型控制技术

对菊芋具有致病性的铜绿假单胞菌 pv. *tagetis*（Shane and Baumer，1984），显然可用于抑制杂草种群。施用微生物喷施于带有非离子有机硅表面活性剂的含水缓冲液 silwetl-7 或 silwef 408，据说能产生严重的疾病症状，但尚无数据支持（Johnson et al.，1996）。

12.4 施肥

相对其营养要求，菊芋一直被视为对肥料利用率极其高的作物。随后一些条播作物如玉米或大豆不补充施肥获得高产的报告并不常见。事实上，在上季作物后，土壤中有足够的残余肥料，菊芋是一种相对能有效利用速效养分的作物，不应该让人相信该作物可始终不补充施肥也能继续生长。农业的目的通常是最大限度地提高每公顷的货币回报，而不是达到最大理论产量潜力。每公顷的养分成本的剥离是方程中的一个重要组成部分，否则，代替的成本将传递到后茬作物中，因而混淆产品的真实成本/公顷的准确评估。因此，更高的收益率能通过适当水平速效养分实现。不幸的是，在作物肥力需求的研究极为有限，而那些详细说明肥料初始残留水平和补充量的研究几乎是不存在的。因此，需要更好地了解实际施肥要求。

菊芋对肥料的补充敏感，并因土壤类型的不同而有调整（Lim and Lee，1983）。在一个给定的基础施肥水平（每公顷 100 kg 氮、磷、钾），高有机质土壤产生相当高的块茎产量（表 12.3）。有机质的作用毫无疑问，部分是由于整个生长期土壤中有较高的有效养分。在有机质高的地块块茎产量加倍或高于其他处理。同样，在有机质高的土壤，块茎的大小分布有一个重大转变。生长快的植物更大，产生更大的块茎（表 12.3）。一个典型的菊芋需肥量为氮 70~100 个单位、磷 80~100 个单位和钾 150~250 个单位（Fernandez et al.，1988；Barloy，1988）。

表 12.3　土壤类型对菊芋产量及块茎大小分布的影响

土壤类型	有机质（%）	地上部分 mt·ha^{-1}	块茎 mt·ha^{-1}	菊芋大小的分类[a]（%）		
				大	中	小
壤质砂土	0.52	14b[b]	36b	4	27	72
粉质黏土	0.61	16b	25c	3	38	61
壤土	1.21	12b	23c	4	41	58
高有机质含量[c]	25.04	35a	64a	20	41	51

a. 类别的平均大小：大，68~70 g；中等，33 g；小，12 g；
b. 不同的字母表示统计上的显著差异；
c. 有机质含量高的壤土.
来源：改编自 Lim, K. B. and Lee, H. J., Seoul Natl. Univ. Coll. Agric. Bull., 8, 91-101, 1983.

叶片矿质元素含量（Somda et al.，1999）被发现，虽然钙和硼均很高，但钾较小，[表 12.4（a）、（b）] 叶矿物含量（Somda et al.，1999）一般在其他根和块茎作物的充分性范围内 [表 12.4（a）、（b）]，尽管钙和硼含量较高，钾的含量较小。相反，在木薯和马铃薯中氮往往较低。在波兰生长的菊芋，锰、钠、锌和铜的浓度较低，但品种差异可能部分解释了该变异（Brokowska et al.，1996）。当用污水污泥作为肥料时，锰、镉和钴的叶片浓度比对照植物大幅度增加（Brokowska et al.，1996），铜、镍、锌也有所增加，但幅度较小。喷施无机硒可以提高硒的水平，这能潜在的增强对人和动物的营养价值（Nyberg，1991）。

表 12.4（a）　菊芋叶元素含量（%）与其他根、块茎作物的比较

作物	N	P	K	Ca	Mg	S
菊芋[a]	3.37	0.38	5.36	2.67	0.54	0.16
木薯[b]	5.0~6.0	0.3~0.5	1.2~2.0	0.6~1.5	0.3~0.5	0.3~0.4
马铃薯[c]	4.0~6.0	0.2~0.5	4.0~11.5	0.6~1.0	0.5~1.5	0.2~0.4
甘薯[d]	3.3~4.5	0.2~0.5	3.1~4.5	0.7~1.2	0.35~1.0	-

a. 在季节中期所有叶子的平均值；
b. 新生长的成熟叶片；
c. 最近发育完全的叶子；块茎半生长；
d. 最近完全发育的叶子；中季．
来源：改编自 Mills, H. A. and Jones, J. B., Jr., Plant Analysis Handbook II, 2nd ed., Micromacro Publ., Athens, GA, 1996; Somda, Z. C. et al., J. Plant Nutr., 22, 1315–1334, 1999.

表 12.4（b）　菊芋叶元素含量（$\times 10^{-6}$）与其他根、块茎作物元素（$\times 10^{-6}$）的比较

作物	元素（$\times 10^{-6}$）									
	Al	B	Ba	Cu	Fe	Mn	Na	Si	Sr	Zn
菊芋	81.79	49.28	54.26	10.63	90.89	130.25	117.0	1947	66.60	34.99
木薯	-	15~20	-	7.0~15	60~200	50~250	-	-	-	-
马铃薯	-	25~50	-	7.0~20	50~150	30~450	-	-	-	-
甘薯	-	25~75	-	4.0~10	40~100	40~250	-	-	-	-

来源：改编自 Mills, H. A. and Jones, J. B., Jr., Plant Analysis Handbook II, 2nd ed., Micromacro Publ., Athens, GA, 1996; Somda, Z. C. et al., J. Plant Nutr., 22, 1315–1334, 1999.

蒸散以 W = R + I − ET 计算，式中 W = 两次测量之间土壤含水量的变化量，R = 降雨，I = 灌溉和 ET = 蒸散．

作物对氮素响应的典型施用范围为 60~120 kg·ha^{-1}（以 N 计）。在德国，一个相当广泛的研究（3 年，27 个基因型），产量在 60~120 kg·ha^{-1}（以 N 计）范围的增加速率无显著性差异（Honermeier et al., 1996）。随着氮素增加，含量和块茎产量之间没有必要的相关性（Soja et al., 1993）。

如果施用过量的硝酸盐，则会导致菊芋块茎产量降低。高硝酸盐含量改变了植物的地上和地下部分之间的关系，有利于营养生长（Leible and Kahnt, 1988）。过量的硝酸盐也会提升某些矿物的浓度，可能导致组织脆性增加（Barloy, 1988）。在韩国的研究，与未施肥对照的比较，单一施用氮、磷、钾，增加块茎产量分别为 43%、14% 和 18%，但氮增加降低块茎产量 94%（Lee et al., 1985）。在较高的种植密度下，适度施肥是最有利的。

磷率介于 14~100 kg·ha^{-1} 之间，钾介于 52~100 kg·ha^{-1} 之间。施磷对块茎糖含量有显著影响，虽然要求在很大程度上取决于土壤类型和其他农艺因素（Bachmann, 1964;

Kosaric et al., 1984)。

在土壤中加入石灰或钙基肥料对块茎产量有有益效果，通过调节土壤 pH 值（4.5~8.6）可达到菊芋最佳适应范围（Lee et al., 1985）。

12.5 灌溉

尽管菊芋的本土的生境不干燥，但它是一种具有对水分胁迫相对高耐性的物种。据报道，一些在高水分条件下比水分亏缺条件下更敏感（Dolganova and Ismagulova, 1973; Kaskar and Prokhorov, 1970; Markarov, 1984; Nazartevsky, 1936）。然而，其对水分胁迫的耐受性是明显的事实，它可以很容易在无灌溉地区生长，即使在干旱的生产地区。例如，在意大利中部，其在 6 月和 9 月之间的降雨量只有 12.5 cm 左右，在无灌溉的条件下，菊芋干物质的产量达约 10 t·ha^{-1} 块茎（Mecella et al., 1996）。作物也表现出较高的水分利用效率（Belhak, 1983; Filimonov and Mamin, 1983）。用作饲料的菊芋的水分利用效率为 14.17 mm·t^{-1}·ha^{-1}（以 H$_2$O 计），例如，可与苏丹草 [*Sorghum H drummondii* (Nees ex Steud.) Millsp. & Chase]（14.23 mm）相当，并且优于玉米（*Zea mays* L.）（17.29 mm）和高粱 [*Sorghum bicolor* (L.) Moench]（19.70 mm）（Tóth 和 Lazányi, 1988）。虽然菊芋可在水分胁迫条件下生长，更好地了解实际的需水量是最大的生产力要素。例如，植物可以忍受什么级别的胁迫？其生长周期中哪一段时间最敏感？

水分胁迫对植物地上部分比块茎具有更加明显的效果（Mecella et al., 1996）。低灌溉处理的地上生物量的积累（27.5 cm H$_2$O）为 36%，大于无灌溉的对照区，而高灌溉率（37.6 cm）比对照大 98%。干旱条件下，两种水平的灌溉量（27.5 cm 和 37.5 cm）的块茎产量只有很小的差别（即，1.5 t·dm·ha^{-1}）。当作物允许从残留在土壤中的块茎（低至 3 株·m^2）在第二年作为牧草继续生长时，高、低灌溉处理的地上生物量的积累的差异非常小（Scandella et al., 1996）。这是由于在第二年植物密度较高或处于水分胁迫时期并不明显。超过 2 年低灌溉有利于品种 "Violet de Rennes" 的培育，地上植物部分积累的生物量和糖分要高于未灌溉的植物，虽然块茎参数无显著差异（Neri et al., 2002）。

为确定的哪一发育阶段是最容易受到水分胁迫影响的，Conde 等（1991）在 3 种灌溉制度下种植菊芋，这是基于从土壤中获取的水量：无胁迫（100% 补充蒸散损失的水分）、50% 补充蒸散的水量和 25% 补充蒸散的水量。在不同的发育阶段施加不同的水分胁迫（即整个生长季节或季节的最初、中期或最后 1/3）。施加水分胁迫的严重程度和时间对生产力有显著的效果。胁迫越大，对产量的影响越明显。当在整个生长季节施加水分胁迫时，无胁迫的植物产生 15.7 t·ha^{-1}，中等胁迫下产生 12.7 t·ha^{-1}（50% 更换）和在严重胁迫下 6.2 t·ha^{-1}。胁迫时间对最终产量也具有相当的重要性。在种植季初期水分胁迫对块茎产量没有显著影响，而在中期的施加则有明显的影响。中期正是干物质快速积累的时期。因此，有理由认为，在这期间限制干物质的积累才会影响最终产量。在季节最后阶段施加的胁迫产生影响与中期相比不太严重。种植季最后的第三阶段，重点是储存在地上部分的干物质转移到块茎中，这一个过程似乎对水分胁迫不敏感。

菊芋似乎能适应水分亏缺的条件，这表现在整个生长季节施加适度压力的情况下，能获得中等水平的减产（Conde et al.，1987，1991）。作为对水分胁迫的适应策略，在第一个发育阶段适度的水分胁迫在某些情况下产生有益的影响，可以降低菊芋植物叶面积指数和增加比叶重（Conde et al.，1988）。虽然水分胁迫会对最终产量产生重大影响，但它似乎并没有改变作物的成熟时间（Mecella et al.，1996），后者主要是由受光时间决定的（见 10.14.3）。

菊芋灌溉方法取决于许多因素（例如，土壤类型、坡度、设备和个人喜好）。若运用适当，沟灌是极具成本效益的。喷灌系统受限制，因为它们需要处理菊芋的高度可高达 4 m（Fernandez et al.，1988b），虽然中心枢纽系统一般都可以用。

在西班牙中部经常会遭遇非常炎热和干旱的天气，灌溉对于要达到块茎和生物质的经济产量是必要的。在极端的情况下产量可以增加一倍。例如，灌溉可提高产量从 20~30 t·ha^{-1} 到 60~80 t·ha^{-1}，并相应增加株高 1~1.5 m 到 2~3.5 m。以 500~700 m^3·ha^{-1} 的灌水定额进行沟灌，每季浇水 8 或 9 次（Fernandez et al.，1988b）。在马德里地区，在土壤含水量十分较低的情况下，菊芋仍能高效用水（CV."Violet de Rennes"）得到证明。对 3 种水分条件下植物的生长进行了测试：土壤水分（在土壤有效水的基础上）100%~80%，100%~60% 和 100%~40%。作物水分利用在 100%~40% 的水分条件下是最有效的，虽然生产力比在 100%~80% 的水分条件低。耗水量大概为 550~850 L·kg^{-1}，蒸散量取决于供水频率。该试验的结论是，在没有降雨的条件下连续浇水天数不应超过 6 天，防止土壤有效水分含量低于 40%（Fernandez et al.，1988a）。同样，在意大利试验区，经灌溉处理的菊芋（100% 和 25% 的蒸散量重建）块茎产量比非灌溉的高 18%（De Mastro，1995；De Mastro et al.，2004）。在欧洲其他不太干旱的地区，进行灌溉也是有利的。例如，在德国额外的灌溉（约 620 L·m^2）可使雨养作物的块茎和糖产量提高（Stolzenberg，2005）。

然而，在一些地方和对一些作物补充灌溉可能会适得其反。和未灌溉（16.5%，17.6%）的相比，灌溉降低了块茎中还原糖浓度。例如在加拿大的一项研究中的管理实践操作（Dorrell and Chubey，1977）。这种效应部分是由于在灌溉条件下增强了营养生长，延迟地下部分碳水化合物的储备。同样，在意大利的一项研究得出的结论是，为提高块茎果糖含量没有必要对菊芋进行灌溉（Monti et al.，2005）。这符合欧洲多雨年低块茎糖产量的观测（De Mastro et al.，2004）。灌溉植物开花要晚于那些没有灌溉的（Kosaric et al.，1984）。此外，浇水过多会增加真菌性和细菌性疾病，在洪涝时收获变得更加困难。

由于菊芋具有相对耐盐胁迫性，可以用稀释的海水或来自其他来源的水，以缓解这些淡水稀缺的地区的淡水资源的压力。为此已在沿海半干旱地区的中国山东省进行了现场实验，采取了 4 种试验方案（不灌溉、25%、50% 和 75% 的海水灌溉）。非灌溉处理的总溶解盐（TDS$_S$）在土壤中积累。对于 25% 和 50% 的海水灌溉处理，虽然 TDS 也显著积累，但随着时间的推移有对脱盐的趋势，在 3 年内 TDS 分别下降了 34.9% 和 40.1%。在 5% 和 50% 的海水灌溉处理的块茎产量均高于未灌溉和 75% 的海水灌溉处理。研究表明，考虑到土壤属性和作物产量，用 25% 和 50% 的海水灌溉菊芋是可行的（赵耕毛等，2005）。用淡水稀释一系列海水（海水∶淡水分别为 0∶1，1∶9，1∶4，1∶3）灌溉植物的生理响应也得到了研究。灌溉后60天，灌溉淡水的植物叶面积指数（LAI）达到最高，最低，而灌溉盐水（1:3）处理的叶面积指数最低。大多数进行盐水灌溉处理的植物光合速率较低，但块茎的产量没有明显降低（Pu et al.，2005）。

基于马斯和霍夫曼分类（1977）（Newton et al.，1991），澳大利亚的温室试验和田间试验发现菊芋具有中度的耐盐性。这对生长在贫瘠土地上的作物生物量有影响。例如，澳大利亚东南部地区大约45%的谢珀顿灌溉区是中度盐碱土壤，可种植菊芋（Newton et al.，1991）。地下水用于灌溉会影响盐度控制。温室（$0.7 \sim 12 \ dS \cdot m^{-1}$）和田间试验（$0.3 \sim 10 \ dS \cdot m^{-1}$）的灌溉水盐度不同。随着土壤盐分的增加叶片中的氯呈线性增加。除了在最高的盐度下，叶片中的钠水平仍然很低，尽管其上升较大，这表明限制叶片的钠含量的机制在运行。块茎产量比地上生物量对盐分敏感，当盐度达到$7.5 \ dS \cdot m^{-1}$甚至更高时，块茎产量明显下降（例如，50%）（Newton et al.，1991）。

灌溉量取决于植物的收获部位（顶部、块茎或两者）和灌溉的相对成本。土壤类型也影响灌溉方案，例如，沙质土壤的持水性比黏土差。灌溉投入占总生产成本很大的比例，产量的提高必须与投入相对应（见第14章）。

12.6 收获和加工

收获方法取决于主要收获作物的块茎还是块茎膨大前的地上植物部分（Baldini et al.，2003）。最高产量通常是获得成熟的块茎。然而，也有一些是收获植物的地上部分是比较好的，例如，生长在由于高的机械阻抗或其他因素而抑制块茎形成的土壤。在行播作物的生产质量不足的土地上，种植并收获永久性或半永久性收获地上部分的牧草也是一个可行的选择。

12.6.1 收获块茎

收获块茎包括5步移除基础操作：
- 移除顶部；
- 拔出块茎，将其与土壤、石头、茎和其他碎片分开；
- 手动分类；
- 装进运输工具中；
- 运输到利用或使用的地方。

方法的选用将取决于收获面积、收获设备、原产品的价值、土壤条件、个人喜好和其他方面。收获技术水平因地而异，从小块手工收获到使用改良的多列马铃薯收获机。

第一步是去除顶部，而该部分本应到茎完全干后才能去掉，因为植物叶片经过霜冻，一般会继续把储存的碳水化合物和矿物质运输给块茎。大面积进行机械收割时，干燥的顶部被切碎，并于远离未收获的行沉积。削剪顶部时应尽可能接近土壤表面，以减少会被丢弃的任何残留。各种各样的机械收割机是可用的。凹槽将块茎提起，并将其放置在振动板上，振动板一般由垂直的块茎秆构成，以清除块茎上的松散土。机械分离使疏松土壤穿过振动板上的杆掉到地上。许多不同的筛分机都是可用的（例如，旋转鼓、摆杆网格）。

马铃薯收割机通常通过在现有杆上使用更大直径的杆或橡胶套来减小开口的宽度，以适应菊芋块茎的较小尺寸。空气、真空和其他方法可用于去除石头和土块。和用于土豆时一样，菊芋块茎较小的尺寸使得不可避免地采用一些手工分拣。最简单的收割机是将收到的块茎直接在采集口落到地后用手捡起。由于块茎的体积小，故这是非常劳动密集型的工作。因此，改装的马铃薯收获机（1~6行）是大面积收获的首选方法，因为机械收获和批量处理可以大大减少收割成本。回收率取决于土壤条件、运行速度以及块茎大小和位相对于竿的置。块茎形状和大小因品种不同而不同（Gutmanski and Pikulik，1994），均一的大块茎品种更适于机械收获。

检查允许去除残留在挡板上的土块、石块、茎和其他碎片。振动板上紧密的杆使得在机械分离时残留更少的石头和土块，是去除过程中重要的一步。在这个阶段也发生用手工分离紧压在竿上的块茎。当块茎移到收割机后面时，它们被存放在与收割机一块移动的带大型料斗的卡车或大型拖车上。在收获到托盘箱并装满时，或放置在田间，或卸载到平底拖车上。为将块茎的损伤减到最小，下降的距离小于10~15 cm。收获的产品应尽快转移到保护区，避免阳光直接照射，并随后输送到存储或生产工厂。

12.6.2 收获地上植物

在收获植物地上部分时，时间是至关重要的。最佳时机是块茎膨胀刚刚开始时。这将确保有足够的繁殖材料留在地下以便夏季作物的生长，但大多数果糖仍留在植物地上部分。因此，时间因品种和生产条件而异。

收割包括用镰刀收割机或类似的收割机收割接近土壤的地上部分。顶部仍残留在地上被太阳晒干。如果收获和加工之间有时间间隔，那么干燥是必要的。田间干燥需要有足够天数以干燥到理想的水分含量。当干燥充分时，顶部通常可压缩成体积较大的圆形或矩形捆。自动堆叠和加载装置可用于减少人工处理。一旦装上拖车或卡车，产品就被移到处理站点（例如，提取或发酵）或放置在阴暗处防止由于雨水回潮和腐烂。

参考文献

Alex, J. F. and Switzer, C. M., *Ontario Weeds*, Ontario Ministry of Agriculture and Food Publication 505, Ontario, Canada, 1976.

Bachmann, S., The effect of phosphorus nutrition on changes in content and composition of the fructose polymers in tubers of the Jerusalem artichoke (*Helianthus tuberosus* L.), 8*th Int. Congr. Soil Sci.*, 4, 219 – 223, 1964.

Baldini, M., Danuso, F., Turi, M., and Vannozzi, G. P., Evaluation of new clones of Jerusalem artichoke (*Helianthus tuberosus* L.) for inulin and sugar yield from stalks and tubers, *Ind. Crops Prod.*, 19, 25 – 40, 2003.

Barloy, J., Techniques of cultivation and production of the Jerusalem artichoke, in *Topinambour* (*Jerusalem Arti-*

choke), Report EUR 11855, Grassi, G. and Gosse, G., Eds., Commission of the European Communities (CEC), Luxembourg, 1988, pp. 45-57.

Belhak, N., New fodder cultures with irrigation, in *Organic Agricultural Production*, Part 1, Saratov University Press, Saratov, Russia, 1983.

Ben Chekroun, M. B., Amzile, J., Mokhtari, A., El Huloui, N. E., Provost, J., and Fontanillas, R., Comparison of fructose production by 37 cultivars of Jerusalem artichoke (*Helianthus tuberosus* L.), *N. Z. J. Crop Hort. Sci.*, 24, 115-120, 1996.

Biggs, M., McVicar, J., and Flowerdew, B., *The Complete Book of Vegetables, Herbs and Fruit: The Definitive Sourcebook for Growing, Harvesting and Cooking*, The Book People, St. Helens, U. K., 2003.

Boswell, V. R., Steinbauer, C. E., Babb, M. F., Burlison, W. L., Alderman, W. H., and Schoth, P. A., Studies of the culture and certain varieties of the Jerusalem artichoke, *USDA Technical Bulletin* 514, USDA, Washington, DC, 1936.

Boswell, V. R., *Growing the Jerusalem Artichoke*, Leaflet 116, USDA, Washington, DC, 1959.

Brokowska, H., Jackowska, I., Piotrowski, J., and Boleslaw, S., [The uptake intensity of some heavy metals from mineral soil and sewage sediments by sida (*Sida hermaphrodita* Rusby) and Jerusalem artichoke (*Helianthus tuberosus* L.)], *Zesz. Probl. Post. Nauk Roln.*, 437, 103-107, 1996.

Conde, J. R., Tonorio, J. L., Rodríguez-Maribona, B., and Ayerbe, L., Tuber yield of Jerusalem artichoke (*Helianthus tuberosus* L.) in relation to water stress, *Biomass Bioenergy*, 1, 137-142, 1991.

Conde, J. R., Tonorio, J. L., Rodríguez-Maribona, B., Lansac, R., and Ayerbe, L., Relación entre la producción de tuberculo y el suministro de agua en un cultivo de patata (*Helianthus tuberosus* L.), *Journados Sobre Biomasa*, Soria (Spain), Ponencia 7.3, 1987.

Conde, J. R., Tonorio, J. L., Rodríguez-Maribona, B., Lansac, R., and Ayerbe, L., Effect of water stress on tuber and biomass productivity, in *Topinambour (Jerusalem Artichoke)*, Report EUR 11855, Grassi, G. and Gosse, G., Eds., Commission of the European Communities (CEC), Luxembourg, 1988, pp. 59-64.

Cosgrove, D. R., Oelke, E. A., Doll, D. J., Davis, D. W., Undersander, D. J., and Oplinger, E. S., JerusalemArtichoke, 2000, http://www.hort.purdue.edu/newcrops/afcm/jerusart.html.

Coultas, J. S. and Wyse, D. L., Jerusalem artichoke (*Helianthus tuberosus*) control in soybeans (*Glycine max*) with selective application equipment, *Proc. North Central Weed Control Conf.*, 36, 12-13, 1981.

De Mastro, G., Influenza dell' irrigazione e dell' epoca di raccolta sulla produttivitá di 8 cloni di topinambur (*Helianthus tuberosus* L.), *Sci. Tecnica Agraria*, 35, 37-49, 1995.

De Mastro, G., Manolio, G., and Marzi, V., Jerusalem artichoke (*Helianthus tuberosus* L.) and chicory (*Cichorium intybus* L.): potential crops for inulin production in the Mediterranean area, *Acta Hort.*, 629, 365-371, 2004.

Denoroy, P., The crop physiology of *Helianthus tuberosus* L.: a model orientated view, *Biomass Bioenergy*, 11, 11-32, 1996.

Dolganova, O. M. and Ismagulova, M. B., Water conditions of some fodder cultures, in *Scientific Works of Kaz. Agricultural Res. Inst.*, Vol. 1, Part 2, 1973.

Dorrell, D. G. and Chubey, B. B., Irrigation, fertilizer, harvest dates and storage effects on the reducing sugar and fructose concentrations of Jerusalem artichoke tubers, *Can. J. Plant Sci.*, 57, 591-596, 1977.

Fernandez, J., Curt, M. D., and Martinez, M., Water use efficiency of *Helianthus tuberosus* L. 'Violet de

Rennes,' grown in drainage lysimeter, in *Biomass for Energy, Industry and Environment*, 6th E. C. Conference, Grassi, G., Collina, A., and Zibetha, H., Eds., Elsevier, London, 1988a, pp. 297–301.

Fernandez, J., Curt, M. D., and Martinez, M., Productivity of several Jerusalem artichoke (*Helianthus tuberosus* L.) clones in Soria (Spain) for two consecutive years (1987 and 1988), in *Topinambour (Jerusalem Artichoke)*, Gosse, G. and Grassi, G., Eds., Report EUR 13405, Commission of the European Communities (CEC), Luxembourg, 1988b, pp. 61–66.

Filimonov, M. S. and Mamin, V. F., [Jerusalem artichoke], in *Fodder Cultures on Irrigated Lands*, Rossel'khozizdat, Moscow, 1983.

Frappier, Y., Baker, L., Thomassin, P. J., and Henning, J. C., Farm Level Costs of Production for Jerusalem Artichoke: Tubers and Tops, Working Paper 90 – 2, Macdonald College of Agricultural Economics, Quebec, Canada, 1990.

Gutmanski, I. and Pikulik, R., Comparison of the utilization value of some Jerusalem artichoke (*Helianthus tuberosus* L.) biotypes, *Biuletyn Instytutu Hodowli i Aklimatyzacji Roslin*, 189, 91–100, 1994.

Hamill, A. S., *Research Report Expert Committee on Weeds* (Eastern Section) 293, 1981.

Hay, R. K. M. and Offer, N. W., *Helianthus tuberosus* as an alternative forage crop for cool maritime regions: a preliminary study of the yield and nutritional quality of shoot tissues from perennial stands, *J. Sci. Food Agric.*, 60, 213–221, 1992.

Honermeier, B., Runge, M., and Thomann, R., Influence of cultivar, nitrogen and irrigation of yield and quality of Jerusalem artichoke (*Helianthus tuberosus* L.), in *Sixth Seminar on Inulin*, Fuchs, A., Schittenhelm, S., and Frese, L. Eds., Braunschweig, Germany, 1996, pp. 35–36.

Johnson, D. R., Wyse, D. L., and Jones, K. J., Controlling weeds with phytopathological bacteria, *Weed Technol.*, 10, 621–624, 1996.

Kaskar, D. and Prokhorov, N. I., Features of the water conditions of tuber plants, in *Scientific Conf. Agri. Faculty and Students*, UDN, Moscow, 1970.

Kays, S. J. and Kultur, F., Genetic variation in Jerusalem artichoke (*Helianthus tuberosus* L.) flowering date and duration, *HortScience*, 40, 1675–1678, 2005.

Killi, F., Küçükler, A. H., and S‚as‚ti, H., Effect of different planting dates and potassium applications on tuber yield, yield composition and soluble dry matter content of Jerusalem artichoke (*Helianthus tuberosus*L.), in *Optimizing Crop Nutrition*, International Potash Institute, Izmir, Turkey, 2005, pp. 124–129, http://www.ipipotash.org.

Klug-Andersen, S., Jerusalem artichoke: a vegetable crop. Growth regulation and cultivars, *Acta Hort.*, 318, 145–152, 1992.

Konvalinkova, P., Generative and vegetative reproduction of *Helianthus tuberosus*, an invasive plant in central Europe, in *Plant Invasions: Ecological Threats and Management Solutions*, Child, L. et al., Eds., Backhuys, Leiden, The Netherlands, 2003, pp. 289–299.

Kosaric, N., Cosentino, G. P., and Wieczorek, A., The Jerusalem artichoke as an agricultural crop, *Biomass*, 5, 1–36, 1984.

Kovac, V., Pekic, B., and Berenji, J., Jerusalem artichoke as a potential raw material for the production of alcohol, in *Microbiological Conversion of Raw Materials and By-Products of Agriculture into Proteins, Alcohol, and Other Products: Seminar Proceedings*, Novo Sad, Yugoslavia, 1982, p. 35.

Lee, H. J., Kim, S. I., and Mok, Y. I., Biomass and ethanol production from Jerusalem artichoke, in *Alter-

native Sources of Energy for Agriculture: *Proceedings of the International Symposium*, Taiwan Sugar Research Institute, Tainan, Taiwan, September 4-7, 1984, pp. 309-319.

Leible, L. and Kahnt, G., Einfluß des Standortes, der N-Düngung, der Sorte und des Erntezeitpunktes auf den Ertrag an fermentierbaren Zuckern bei Topinamburkraut und-knollen, *J. Agron. Crop Sci.*, 161, 339-352, 1988.

Lim, K. B. and Lee, H. J., Biomass production and cultivation of Jerusalem artichoke (*Helianthus tuberosus* L.) as an energy crop, *Seoul Natl. Univ. Coll. Agric. Bull.*, 8, 91-101, 1983.

Maas, E. V. and Hoffman, G. J., Crop salt tolerance: current assessment, *J. Irrig. Drain Div.*, 103, 115-134, 1977.

Markarov, A. M., Reaction of Jerusalem Artichoke to Unfavorable Moistening of Soil, Manuscript Dept. VINITI, No. 6879, Syktyvkar, Komi State Pedagogical Institute, 1984. Mayfield, L., The Jerusalem artichoke, *Horticulture*, 52, 53-54, 1974.

Mecella, G., Scandella, P., Neri, U., Di Blasi, N., Moretti, R., Troisi, A., Lauciani, R., Alterio, M., and Di Carlo, V., The productive and chemical evolution of the Jerusalem artichoke (*Helianthus tuberosus* L.) under various conditions of irrigation, *Agric. Med.*, 126, 233-239, 1996.

Mezencev, R., Premiers resultats des essais 1984 AZF/AFME sur topinambours/betteraves en Midi-Pyrenees, AZF/CdF Chimie, Toulouse, 1985, p. 26.

Mills, H. A. and Jones, J. B., Jr., *Plant Analysis Handbook II*, 2nd ed., Micromacro Publ., Athens, GA, 1996.

Mimiola, G., Experimental cultivation of Jerusalem artichoke for bio-ethanol production, in *Topinambour* (*Jerusalem Artichoke*), Report EUR 11855, Grassi, G. and Gosse G., Eds., CEC, Luxembourg, 1988, pp. 95-98.

Monti, A., Amaducci, M. T., and Venturi, G., Growth response, leaf gas exchange and fructans accumulation of Jerusalem artichoke (*Helianthus tuberosus* L.) as affected by different water regimes, *Eur. J. Agron.*, 23, 136-145, 2005.

Nazartevsky, N. I., *The Culture of Jerusalem Artichoke and Its Fodder Significance*, Kirgizizdat, Frunze, 1936. Neri, U., Scandella, P., Lauciani, R., and Mecella, G., Risultati produttivi di un biennio di prova sulla coltura del Topinambur in funzione dell'irrigazione a bassi input e del tipo di utilizzazione (parte aerea o tuberi), *Rivista di Agronomia*, 36, 221-225, 2002.

Newton, P. J., Myers, B. A., and West, D. W., Reduction in growth and yield of Jerusalem artichoke caused by soil salinity, *Irrig. Sci.*, 12, 213-221, 1991.

Nyberg, S., Multiple use of plants: Studies on selenium incorporation in some agricultural species for the production of organic selenium compounds, *Plant Food Human Nutr.*, 41, 69-88, 1991.

Parameswaran, M., Jerusalem artichoke: turning an unloved vegetable into an industrial crop, *Food Aust.*, 46, 473-475, 1994.

Pilnik, W. and Vervelde, G. J., Jerusalem artichoke (*Helianthus tuberosus* L.) as a source of fructose, a natural alternative sweetener, *Z. Acker-und Pflanzenbau*, 142, 153-162, 1976.

Pu, L.-Z., Qun, D.-L., Ling, L., Chang Hai, Q., Ming Da, C., and Tian Xiang, X., Physiological characteristics of *Helianthus tuberosus* irrigated by seawater, Laizhou Coast, Shandong Province, *Acta Phytoecol. Sin.*, 29, 474-478, 2005.

Ragab, M. E., Okasha, Kh. A., El-Oksh, I. I., and Ibrahim, N. M., Effect of cultivar and location on yield, tuber quality, and storability of Jerusalem artichoke (*Helianthus tuberosus* L.). I. Growth, yield, and tuber characteristics, *Acta Hort.*, 620, 103-110, 2003.

Russell, W. E., The Growth and Reproductive Characteristics and Herbicidal Control of Jerusalem Artichoke (*Helianthus tuberosus*), Ph. D. thesis, Ohio State University, Columbus, OH, 1979.

Russell, W. E. and Stroube, E. W., Herbicidal control of Jerusalem artichoke, *North Central Weed Control Conference*, 34, 48-49, 1979.

Salzman, F., Renner, K., and Kells, J., Controlling Jerusalem artichoke, *Mich. State Univ. Ext. Bull.*, 2249, 2, 1992.

Sawicka, B., Quality of *Helianthus tuberosus* L. tubers in conditions of using herbicides, *Ann. Univ. Mariae Curie-Sklodowska E Agric.*, 59, 1245-1257, 2004.

Scandella, P., Neri, U., Mecella, G., Laucinani, R., Di Blasi, N., Moretti, R., Troisi, A., Alterio, M., and Di Carlo, V., Productivity of second-year Jerusalem artichoke crop (*Helianthus tuberosus* L.) when subjected to different irrigation conditions and different harvest dates, *Agric. Med.*, 126, 337-344, 1996.

Schittenhelm, S., Agronomic performance of root chicory, Jerusalem artichoke, and sugarbeet in stress and nonstress environments, *Crop Sci.*, 39, 1815-1823, 1999.

Shane, W. W. and Baumer, J. S., Apical chlorosis and leafspot of Jerusalem artichoke incited by *Pseudomonas syringe* pv. *Tagetis*, *Plant Dis.*, 68, 257-260, 1984.

Shoemaker, D. N., The Jerusalem artichoke as a crop plant, *USDA Technical Bulletin* 33, U. S. Department of Agriculture, Washington, DC, 1927.

Soja, G., Samm, T., and Praznik, W., Leaf nitrogen, photosynthesis and crop productivity in Jerusalem artichoke (*Helianthus tuberosus* L.), in *Inulin and Inulin-Containing Crops*, Fuchs, A., Ed., Elsevier, Amsterdam, 1993, pp. 39-44.

Somda, Z. C., McLaurin, W. J., and Kays, S. J., Jerusalem artichoke growth, development, and field storage. II. Carbon and nutrient element allocation and redistribution, *J. Plant Nutr.*, 22, 1315-1334, 1999.

Sprague, H. B., Farris, N. F., and Colby, W. G., The effect of soil conditions and treatment on yields of tubers and sugar from the American artichoke (*Helianthus tuberosus*), *J. Am. Soc. Agron.*, 27, 392-399, 1935.

Stauffer, M. D., The potential of Jerusalem artichoke in Manitoba, in *Annual Conference: Manitoba Agronomics*, Manitoba, Canada, 1975, pp. 62-64.

Stauffer, M. D., Jerusalem artichoke: what is its potential? In *Inter-Energy '79, Proceedings, Agriculture*, Manitoba, Canada, 1979, pp. 1-5.

Stolzenberg, K., Einfluss optimaler bzw. suboptimaler wasserversorgung sowie unterschiedlicher kaliundüngergaben und-formen auf den knollertrag voz drei topinambursorten bzw. -herkünften (*Helianthus tuberosus* L.) sowie auf den gehalt zon zuckerstaffen und fructanen in der speicher-organen, *Mitt. Ges. Pflanzenbauwiss.*, 17, 27-29, 2005.

Swanton, C. J., Ecological Aspects of Growth and Development of Jerusalem Artichoke (*Helianthus tuberosus* L.), Ph. D. thesis, University of Western Ontario, London, Ontario, 1986.

Swanton, C. J. and Brown, R. H., Herbicidal applications for control of Jerusalem artichoke I. Expert Committee on Weeds, Research Report (Eastern Canada Section Meeting), 1980, p. 354.

Swanton, C. J. and Brown, R. H., Herbicides for weed control in Jerusalem artichoke II. Expert Committee on Weeds, Research Report (Eastern Canada Section Meeting), 1981, p. 385.

Swanton, C. J. and Brown, R. H., The regenerative capacity of rhizomes and tubers for different populations of Jerusalem artichoke (*Helianthus tuberosus* L.) Proceedings North Central Weed Control Conference, Milwaukee, Wisconsin, WI, 41, 3, 1986.

Swanton, C. J. and Cavers, P. B., Regenerative capacity of rhizomes and tubers from two populations of *Helianthus tuberosus* L. (Jerusalem artichoke), *Weed Res.*, 28, 339-345, 1988.

Swanton, C. J., Cavers, P. B., Clements, D. R., and Moore, M. J., The biology of Canadian weeds. 101. *Helianthus tuberosus* L., *Can. J. Plant Sci.*, 72, 1367-1382, 1992.

Swanton, C. J. and Hamill, A. S., *Factsheet*, Ontario Ministry of Agriculture and Food, Ontario, No. 83-011, 1983.

Tóth, T. and Lazányi, J., Soil moisture under different field crops, *Nevenytermeles*, 37, 559-569, 1988.

Vanstone, D. E. and Chubey, B. B., Herbicides for control of volunteer Jerusalem artichoke, *Can. J. Plant Sci.*, 58, 571-572, 1978.

Wall, D. A. and Friesen, G. H., Volunteer Jerusalem artichoke (*Helianthus tuberosus*) interference and control in barley (*Hordeum vulgare*), *Weed Technol.*, 3, 170-172, 1989.

Wall, D. A., Kiehn, F. A., and Friesen, G. H., Control of Jerusalem artichoke (*Helianthus tuberosus*) in barley (*Hordeum vulgare*), *Weed Sci.*, 34, 761-764, 1986.

Wall, D. A., Kiehn, F. A., and Friesen, G. H., Tolerance of Columbia Jerusalem artichoke to selective herbicides, *Can. J. Plant Sci.*, 67, 835-837, 1987.

13 储存

储存延长了产品产品销售的时间间隔，是大部分农产品生产—营销—利用的重要组成部分（Kays and Paull，2004）。这突出表现在农产品的产量大大超过其在收获季节可被利用量的时候。通过保存过剩的产品，使加工者或消费者能够在很长一段时间内可获得该产品。同样的，储存给生产者交易多余产品的机会，并增加收益回报。因此，无论是从鲜货市场、繁殖材料与工业用途上来说，储存都是菊芋生产过程中不可或缺的一部分。

作为工业加工原料的农业材料最好全年可供利用，以使加工设施能全年运转。不过这种情况很少见，大部分农作物包括菊芋是在一个相对较短的时期内成熟。因此，在经济上要求对作物进行存储，根据需要将作物的供应间隔尽可能长（例如，4 到 9 个月）。菊芋加工成菊粉可以极大地减少存储设备的体积。较小的设备使资金投入和工人的数目减少，并允许在较长时间内雇佣工人。综合起来，这将大大降低最终产品成本。因此，规模经济对菊芋的生产成本有明显的影响。在许多地方，菊芋必须在初秋土壤冻结或变得太湿之前收割。菊芋收获之后，无论茎块要如何使用，都必须以某种方式储存。

13.1 储存方法的选择

储存菊芋的 3 个主要方式为：冷藏、普通存储 [在自然低温的室外空气或土壤中冷却，如地窖、矿坑（Shoemaker，1927）]，以及原位存储（Ballerini et al.，1988；Cormany，1928；Sibley，1924）。在前两种方式中（冷藏和普通存储），块茎将在秋季收获并存放。而室外存贮是指块茎被留在地里，需要时再进行收获。

冷库是非常有效的储存方式，不过它的使用大大增加了原料的成本。冷藏经常用于种子及新鲜块茎的储存，特别是在田间储藏不可行的地方。块茎必须在秋季地面冻结以前或其他不利条件发生之前进行收割，当制冷无法使用或费用过高时，则使用地窖或地坑储存。在法国的一项研究中，allerini（1988）评估了 3 种散装的普通储藏方法，其中 4 到 5 吨的块茎覆盖泥土，并进行定期洒水或用塑料覆盖。此方法可使块茎在 2 月至 5 月保存 120 天到 150 天。100 天以后干物质从 22% 下降到 17%，且大约每星期损失 2% 的糖。储存在地上筒仓并没有减少损失。

原地储存是否可行取决于几个因素。地理位置是原地储存首要的决定因素。在北半球室外储存是可行的，纬度较高的地区可以确保在整个冬天土壤温度较低，且足够远的南部可以避免表面土壤的冻结和阻碍收获。同样重要的是相对沙质、排水良好的土壤，这允许在整个冬天能使用机械收获。因此在这些地方有最长的收获时间，这增加了收获的灵活性，并减少了设备必须停止而延长生产周期的风险。不符合这些标准的地方，一般需要冷藏或其他形式的存储。

13.2 储存条件

如果温度介于0~2℃，并且相对湿度较高时，菊芋块茎可以成功地储存多达6~12个月。存储的效果取决于品种，某些品种容易在储存中损失（Steinbauer，1932）。存放于湿度较低环境下比存放于潮湿的环境下，块茎更容易枯萎。在低温下，块茎的呼吸速率相对较慢（表13.1）（Peiris et al.，1997），在呼吸过程中，干物质会缓慢但持续的减少（例如，在0℃时为16.2 g·100 kg^{-1}·d^{-1}）。同样，块茎产生的热量（生命维持或者呼吸系统散热，例如，在0℃时为111 J·kg^{-1}·h^{-1}）必须移出，保证块茎温度维持在理想水平。

表13.1 在不同存储温度下菊芋块茎的呼吸速率和呼吸热

	贮藏温度（℃）			
	0	5	10	20
呼吸速率 [mg·kg^{-1}·h^{-1}（以CO_2计）]	10.2	12.3	19.4	49.5
呼吸热（J·kg^{-1}·h^{-1}）	111	134	211	537
干物质损失速率（g·100 kg^{-1}·d^{-1}）	16.2	20.1	31.7	80.1

来源：Peiris, K.J.S. et al., *HortTechnology*, 7, 46-48, 1997.

13.3 储存损失

存储的损失主要是由于脱水、腐烂、发芽、冻结和菊粉降解所造成的。虽然在适当的条件下，脱水的损失可以相对容易规避，但是脱水仍是存储的一个重大问题。菊芋块茎缺少像马铃薯一样具有较高的水扩散阻力的、木质化的表层细胞（Decaisne，1880）。另外，其表皮细胞很容易受伤，致使水分流失（Traub et al.，1929a）。由于表皮很薄，块茎与周围空气之间存在蒸气压力时，块茎水分就会流失：压力差越大，水分流失越快。因此相对湿度较高（例如，90%~95%相对湿度）的储存环境是很有必要的（Steinbauer，1932；Johnson，1931；Shoemaker，1927；Traub et al.，1929a）。

腐烂也是储存中的一个严重问题（Barloy，1988；Cassells et al.，1988；Johnson，1931；McCarter and Kays，1984）。大多数情况下，它们的发展倾向是高度依赖温度的（温度越高，损失越大）。在菊芋块茎中已经分离出大约20种导致腐烂的微生物（表11.3）。最常见的是灰霉属、葡茎根霉菌，但根霉和核盘菌是造成低温储藏腐烂最严重的生物体（Johnson，1931）。相反，在温度低于20℃时白绢病和软腐病菌不是最重要的病原菌。控制病菌有利于低温（0~2℃）下的储存，在存储前需要清除块茎上的病菌，尽量减少块茎的机械损伤，并需要控制温度。

块茎储藏的时间在相当大程度上取决于休眠期的长短。一旦块茎开始发芽、呼吸，干物质和水分的损耗会明显增加，导致其质量和可销售性迅速降低。块茎具有休眠的机制，防止采收后立即发芽，这在低温（0~2℃）下即可实现（Steinbauer，1939），低温存储，抑制其发芽，阻止其生长。因此防止发芽最好的方法是在低温下存储。

菊芋块茎在温度低于-2.2℃时冻结（Whiteman，1957）。在-10℃左右的温度条件下，无论是在地里还是收割存储状态都会迅速恶化。细胞表层质膜发生显著的物理或化学改变，甾醇和磷脂酰乙醇胺损耗显著（Uemura and Yoshida，1986），同时质膜功能下降。不过非致命性冻结温度（≥-5℃）造成的损害较小。与大多数植物一样，在哪个温度发生冻害及损害的程度与品种、季节、预处理、冻结速率以及其他的一些因素有关（Kays and Paull，2004）。

13.4 储存过程中成分的变化

储藏期间块茎中碳水化合物的化学成分会发生重大改变，其品质改变的显著性取决于使用目的。一个重要事实是菊粉不是一种化合物，而是一系列不同链长分子组成的混合物，不论是收获还是留在地里，它们在储藏期间都会发生解聚（Bacon and Loxley，1952；Ben Chekroun et al.，1994；Colin，1919；Dubrunfaut，1867；Jefford and Edelman，1960，1963；Modler et al.，1993a，1993b；Rutherford and Weston，1968；Schorr-Galindo and Guiraud，1997；Thaysen et al.，1929；Traub et al.，1929b）。聚合程度对于脂肪替代或高果糖糖浆等用途至关重要。如果链长度降低，菊粉替代脂质的能力也降低。同样，随着逐步解聚，果糖与葡萄糖的比例降低，水解时产生的纯果糖糖浆逐渐减少。举例来说，在冬季储存的果糖和葡萄糖的比率明显降低（Cabezas et al.，2002；Dorrell and Chubey，1977；Kakhana and Arasimovich，1973；Soja et al.，1990；Stauffer et al.，1981）。果糖和葡萄糖比率由11、12降低到3（Chabbert et al.，1985；Schorr-Galindo and Guiraud，1997），这种变化的大小取决于品种，因此，从储存的块茎中提取的糖浆含有更多的葡萄糖。但是，在没有额外增加菊粉水解步骤时，降低的聚合度转换为酒精的转化率增大了（Chabbert et al.，1985）。

实际上，块茎是菊芋主要的繁殖体，解聚为呼吸提供了低分子量的碳化合物，并为春季萌发过程中储存的碳的快速循环奠定了基础（Edelman and Jefford，1968）。解聚反应果糖水解酶（fructan-exohydrolase，FEH）和果聚糖果糖基转移酶（fructan-fructanfructosyl transferase，FFT），这两种酶在块茎中很活跃（Edelman and Jefford，1968；Wiemken et al.，1986）。果糖水解酶一次移除单一末端的果糖分子（Edelman and Jefford，1964；Pollock，1986），并受到蔗糖的非竞争性抑制（Wiemken et al.，1986）。该酶与液泡膜相连，协助释放果糖进入细胞质中，在细胞质中由蔗糖合酶将果糖转换为蔗糖，并运输出细胞。相比之下，果聚糖果糖基转移酶催化果糖基从菊粉转移到蔗糖，使平均链长降低，这似乎有利于随后在萌芽时所储存碳源的再活化（Edelman and Jefford，1964；Jefford and Edelman，1960）（见10.8.1）。这两种酶在低温下发挥作用，即使低温储藏时只有相对较少的碳源可以利用（Pollock，1986）。

多种因素影响解聚反应的速率。举例来说，水解的速率随底物聚合物分子大小而变化，当聚合度增加到 8 时水解速率增加。但速率似乎并不直接控制果糖浓度（Edelman and Jefford，1964）。储藏温度也会影响解聚反应速率，与 5℃相比，2℃阻碍水解反应的进行（表 13.2）（Kang et al.，1993；Modler et al.，1993a；Saengthongpinit and Sajjaanantakul，2005）。在加拿大原地存储（7月）与冷藏（1℃）相比，总还原糖含量显著低于春秋收获的块茎（Kiehn and Chubey，1982），但果糖浓度无显著差异。相比之下，在华盛顿中部的原位存储时对干物质仅有非显著性的损失（Hang and Gilliland，1982）。

表 13.2　菊芋块茎在不同温度下储藏 10 周后糖和菊粉的相对百分比

组成 （相对百分比%）	储藏温度（℃）[a]			
	新鲜块茎	-18	2	5
单糖	3.26a	1.26b	2.51ab	1.05b
蔗糖	8.76b	4.33c	8.22b	10.23a
菊粉 DP 3-10	47.28b	40.82c	46.33b	57.06a
DP 11-20	26.71b	31.67a	27.48b	23.64c
DP 21-30	9.52c	15.29a	11.93b	6.77d
DP>30	4.48b	6.65a	3.54b	1.27c

a. 同一行中平均数值后面的不同字母表明它们之间有显著的差异，即 $p<0.05$（邓肯式复极差检验）。
来源：Saengthongpinit, W. and Sajjaanantakul, T., Postharvest Biol. Technol., 37, 93-100, 2005.

13.5　气压控制的储存

气压控制的储存能够抑制解聚的发生，因为气压对酶的活性会有影响。空气中 22%的 CO_2 能显著阻碍菊粉降解（Denny et al.，1944）。同样的，品种也会影响储藏过程中解聚反应的程度。"哥伦比亚"品种中菊粉明显比"Fusil""Sunroot"或者"Challenger"品种中菊粉降解得要快（Modler et al.，1993a），这表明通过植物育种的方式来减少解聚反应是可行的。

13.6　辐射

辐射已经被用来储存数量相对较少的多肉水果和蔬菜，这有利于减少昆虫、病原菌与发芽的损失（Kays and Paull，2004）。在存储期间，暴露在 8 000~16 000 rad 的 X 光下的菌芋可抑制发芽（Pätzold and Kolb，1957），但是暴露在 4 000 rad 下没有影响。相比之下菊芋块茎受到 γ 射线辐射后会发生软化、解体与变色，并大大加速解聚反应的进行，这与辐射量也有很大关系（Salunkhe，1959）。

参考文献

Bacon, J. S. D. and Loxley, R., Seasonal changes in the carbohydrates of the Jerusalem artichoke tuber, *Biochem. J.*, 51, 208-213, 1952.

Ballerini, D., Blanchet, D., and Pourquie, J. The processing of Jerusalem artichoke on the industrial scale, in *Topinambour (Jerusalem Artichoke)*, Grassi, G. and Gosse, G., Eds., Report EUR 11855, Commission of the European Communities, Luxembourg, 1988, pp. 159-164.

Barloy, J., Jerusalem artichoke tuber diseases during storage, in *Topinambour (Jerusalem Artichoke)*, Grassi, G. and Gosse, G., Eds., Report EUR 11855, Commission of the European Communities, Luxembourg, 1988, pp. 145-149.

Ben Chekroun, M., Amzile, J., Mokhtari, A., el Haloui, N. E., Prevost, J., and Fontanillas, R., Qualitative and quantitative development of carbohydrate reserves during the biological cycle of Jerusalem artichoke (*Helianthus tuberosus* L.) tubers, *N. Z. J. Crop Hort. Sci.*, 22, 31-37, 1994.

Cabezas, M. J., Rabert, C., Bravo, S., and Shene, C., Inulin and sugar contents of *Helianthus tuberosus* and *Cichorium intybus* tubers: effect of postharvest storage temperature, *J. Food Sci.*, 67, 2860-2865, 2002.

Cassells, A. C., Deadman, M. L., and Kearney, N. M., Tuber diseases of Jerusalem artichoke (*Helianthus tuberosus* L.): production of bacterial-free material via meristem culture, in *EEC Workshop on Jerusalem Artichoke*, Rennes, France, 1988, pp. 1-8.

Chabbert, N., Guiraud, J. P., Arnoux, M., and Galzy, P., Productivity and fermentability of different Jerusalem artichoke (*Helianthus tuberosus*) cultivars, *Biomass*, 6, 271-284, 1985.

Colin, H., L' inulin chez les végétaux genése et transformation, *Rev. Gén. Bot.*, 31, 75-80, 179-195, 229-236, 1919.

Cormany, C. E., Yields of Jerusalem artichoke tested, *Mich. Agric. Exp. Sta. Q. Bull.*, 10, 156-158, 1928.

Decaisne, J., *Helianthus tuberosus* (Topinambour, Poire de terre), *Flore des Serres*, 23, 112-119, 1880.

Denny, F. E., Thornton, N. C., and Schroeder, E. M., The effect of carbon dioxide upon the changes in the sugar content of certain vegetables in cold storage, *Cont. Boyce Thompson Inst.*, 13, 295-311, 1944.

Dorrell, D. G. and Chubey, B. B., Irrigation, fertilizer, harvest dates and storage effects on reducing sugar and fructose concentrations of Jerusalem artichoke tubers, *Can. J. Plant Sci.*, 57, 591-596, 1977.

Dubrunfaut, M., Note sur la présence et la formation du sucre cristallisable dans les tubercules de l'*Helianthustuberosus. C. R. Hebd. Seances Acad. Sci.*, Paris, 6, 764-766, 1867.

Edelman, J. and Jefford, T. G., The metabolism of fructose polymers in plants. 4. Beta-fructofuranosidases of tubers of *Helianthus tuberosus* L., *Biochem. J.*, 93, 148-161, 1964.

Edelman, J. and Jefford, T. G., The mechanism of fructosan metabolism in higher plants as exemplified by *Helianthus tuberosus*, *New Phytol.*, 67, 517-531, 1968.

Hang, A. N. and Gilliland, G. C., Growth and carbohydrate characteristics of Jerusalem artichoke (*Helianthus tuberosus* L.) in irrigated central Washington, Washington State University Agricultural Research Center, Prosser, WA, 1982.

Jefford, T. G. and Edelman, J., Changes in content and composition of the fructose polymers of *Helianthus tuberosus* L. during growth of daughter plants, *J. Exp. Bot.*, 12, 177-187, 1960.

Jefford, T. G. and Edelman, J., The metabolism of fructose polymers in plants. II. Effect of temperature on the carbohydrate changes and morphology of stored tubers of *Helianthus tuberosus* L. *J. Exp. Bot.*, 14, 56-62, 1963.

Johnson, H. W., Storage rots of the Jerusalem artichoke, *J. Agric. Res.*, 43, 337-352, 1931.

Kakhana B. M. and Arasimovich, V. V., Transformations of fructosans in Jerusalem artichoke tubers as a function of the storage temperature, *Izv. Aked. Nauk Moldavskov SSR Biologicheskie i Khimicheskie Nauki.*, 3, 24-29, 1973.

Kang, S. I., Han, J. I., Kim, K. Y., Oh, S. J., and Kim, S. I., Changes in soluble neutral carbohydrates composition of Jerusalem artichoke (*Helianthus tuberosus* L.) tubers according to harvest date and storage temperature, *J. Kor. Agric. Chem. Soc.*, 36, 304-309, 1993.

Kays, S. J. and Paull, R. E., *Postharvest Biology*, Exon Press, Athens, GA, 2004.

Kiehn, F. A. and Chubey, B. B., Agronomics of Jerusalem artichoke, *Proc. Manitoba Agronomists*, 124-127, 1982.

McCarter, S. M. and Kays, S. J., Diseases limiting production of Jerusalem artichokes in Georgia, *Plant Dis.*, 68, 299-302, 1984.

Modler, H. W., Jones, J. D., and Mazza, G., Observations of long-term storage and processing of Jerusalem artichoke tubers (*Helianthus tuberosus*), *Food Chem.*, 48, 279-284, 1993a.

Modler, H. W., Jones, J. D., and Mazza, G., The effect of long-term storage of the fructo-oligosaccharide profile of Jerusalem artichoke tubers and some observations on processing, in *Inulin and Inulin-Containing Crops*, Fuch, A., Ed., Elsevier Science, Amsterdam, 1993b, pp. 57-64.

Pätzold, C. and Kolb, W., Beeinflussung der Kartoffel (*Solanum tuberosum* L.) und der Topinambur (*Helianthus tuberosus* L.) durch Röntgenstrahlen, *Beitraege zur Biol. der Pflanzen*, 33, 437-457, 1957.

Peiris, K. J. S., Mallon, J. L., and Kays, S. J., Respiratory rate and vital heat of some speciality vegetables at various storage temperatures, *HortTechnology*, 7, 46-48, 1997.

Pollock, C. J., Fructans and the metabolism of sucrose in vascular plants, *New Phytol.* 104, 1-24, 1986.

Rutherford, P. P. and Weston, E. W., Carbohydrate changes during cold storage of some inulin-containing roots and tubers, *Phytochemistry*, 7, 175-180, 1968.

Saengthongpinit, W. and Sajjaanantakul, T., Influence of harvest time and storage temperature on characteristics of inulin from Jerusalem artichoke (*Helianthus tuberosus* L.) tubers, *Postharvest Biol. Technol.*, 37, 93-100, 2005.

Salunkhe, D. K., Physiological and biochemical effects of gamma radiation on tubers of Jerusalem artichoke, *Bot. Gaz.*, 120, 180-183, 1959.

Schorr-Galindo, S. and Guiraud, J. P., Sugar potential of different Jerusalem artichoke cultivars according to harvest, *Biores. Technol.*, 60, 15-20, 1997.

Shoemaker, D. N., The Jerusalem artichoke as a crop plant, *USDA Tech. Bull.*, 33, 1927.

Sibley, J. C., *Observations and Experiments with the Mammoth French White Jerusalem Artichoke to Date of April 1, 1924*, Franklin, PA, 1924.

Soja, G., Dersch, G., and Praznik, W., Harvest dates, fertilizer and varietal effects on yield, concentration and molecular distribution of fructan in Jerusalem artichoke (*Helianthus tuberosus* L.), *J. Agron.*

Crop Sci. , 165, 181-189, 1990.

Stauffer, M. D. , Chubey, B. B. , and Dorrell, D. G. , Growth, yield and compositional characteristics of Jerusalem artichoke as they relate to biomass production, in *Fuels from Biomass and Wastes* , Klass, D. L. and Emert, G. H. , Eds. , Ann Arbor Science Publishers, Ann Arbor, MI, 1981, pp. 79-97.

Steinbauer, C. E. , Effects of temperature and humidity upon length of rest period of tubers of Jerusalem artichoke (*Helianthus tuberosus*), *Proc. Am. Soc. Hort. Sci.* , 29, 403-408, 1932.

Steinbauer, C. E. , Physiological studies of Jerusalem artichoke tubers, with special reference to the rest period, *USDA Tech. Bull.* , 657, 1939.

Tanret, C. , Sur les hydrates de carbone du topinambur, *Compt. Rend. Acad. Sci.* , Paris, 117, 50-53, 1893.

Thaysen, A. C. , Bakes, W. E. , and Green, B. M. , On the nature of the carbohydrates found in the Jerusalem artichoke, *Biochem. J.* , 23, 444-455, 1929.

Traub, H. P. , Thor, C. J. , Willaman, J. J. , and Oliver, R. , Storage of truck crops: the girasole, *Helianthus tuberosus* , *Plant Physiol.* , 4, 123-134, 1929a.

Traub, H. P. , Thor, C. J. , Zeleny, L. , and Willaman, J. J. , The chemical composition of girasole and chicory grown in Minnesota, *J. Agric. Res.* , 39, 551-555, 1929b.

Uemura, M. and Yoshida, S. , Studies on freezing injury in plant cells, *Plant Physiol.* , 80, 187-195, 1986.

Whiteman, T. M. , Freezing points of fruits and vegetables, *USDA Mkt. Res. Rep.* , 196, 1957.

Wiemken, A. , Frehner, M. , Keller, F. , and Wagner, W. , Fructan metabolism enzymology and compartmentation , *Curr. Topics Plant Biochem. Physiol.* , 5, 17-37, 1986.

14 经济意义

生产和利用菊芋的经济学数据相对较少，因为目前还没有大规模的商业化种植。但是仍然有一些关于菊芋生物乙醇生产和菊粉生产的经济学分析，彰显了其潜在的价值。生物乙醇作为一种汽油添加剂和生物燃料而受到人们的青睐，而菊粉则越来越多地被用作食品中的一种成分。菊芋的秸秆和块茎也有很多其他的应用潜力。

14.1 作物生产和存储

Frappier 等（1990）对加拿大的3个地区：魁北克省、加拿大西部和加拿大东部，每年生产菊芋块茎和秸秆的成本进行了详细的分析。对魁北克省的数据进行总结发现，加拿大大捆秸秆（也考虑小捆）加土地的成本为 2 500 加元·ha^{-1}，与魁北克省玉米的成本相当（表14.1）。加拿大块茎可变和固定成本分别为 1 718.64 加元·ha^{-1} 和 1 028.58 加元·ha^{-1}，每年的生产总成本（包括额外的运输和储存）为 3 798.95 加元。大捆的秸秆总的可变和固定成本分别为 503.07 加元和 791.56 加元，每年的总成本为 1 492.14 加元（小捆秸秆为 1587.63 加元）。

表 14.1 每年生产菊芋块茎和秸秆的成本，
在加拿大魁北克省土地的价值为 2 500 加元·ha^{-1}（1990 年）

	块茎成本（加元·ha^{-1}）	秸秆成本（加元·ha^{-1}）
可变成本		
种子块茎（1 675 kg·ha^{-1}）	492.45	98.49
肥料	139.33	139.33
除草剂（氟乐灵）	16.29	16.29
除草剂（麦草畏）	14.12	5.65
杀菌剂	54.47	10.89
杀虫剂	0.00	0.00
捆绳	—	11.00
耕作	15.22	3.05
喷雾作业	4.16	2.90

续表

	块茎成本（加元·ha^{-1}）	秸秆成本（加元·ha^{-1}）
种植和培土	27.13	—
种植、施肥、修剪、翻动	—	13.30
收获地上部分及块茎	59.46	—
耙松和打捆	—	6.89
运输至农场	89.16	5.70
劳动力	466.73	103.20
作物保险	109.48	18.78
营运资金利息（15.5%）	230.64	67.51
总的可变成本	1718.64	503.07
固定成本		
管理	149.05	120.68
拖拉机和机械	544.61	335.96
土地的利息（13%）	325.00	325.00
土地税（0.3%）	7.50	7.50
其他保险	2.42	2.42
总固定成本	1028.58	791.56
交通运输	231.65	67.24
贮藏	820.08	130.27
总成本	3 798.95	1 492.14

来源：摘自 Frappier, Y. et al., Baker, L., *Farm Level Costs of Production for Jerusalem Artichoke: Tubers and Tops*, Working Paper 90-2, Macdonald College of Agricultural Economics, Quebec, Canada, 1990.

当用菊芋生产块茎时，菊芋作为一年生植物，除了每两年喷洒一次除草剂外，每年都要支付成本。氟乐灵（Treflan）（1.5 L·ha^{-1}）作为除草剂用于控制杂草。而麦草畏（Dicamba）的作用是为来年的作物（如玉米）根除生长在同一地点的菊芋。但是当用菊芋生产秸秆时，菊芋是作为多年生植物种植的（每年收获秸秆），因此一些可变的成本可以长达数年。块茎和秸秆的生产使用相同数量的种子块茎（1 675 kg·ha^{-1}）。举例来说，用于块茎生产时，每年的费用为492.45加元，但秸秆生产的费用则可在5年分摊，每年的最高成本为98.49加元。生产秸秆时，种植、除草、施肥（0.26 t·ha^{-1} N 和 0.25 t·ha^{-1} P a）和犁地，所有的这些成本也要延续5年。"哥伦比亚"品种用于生产块茎（来自加拿大的多个研究显示其平均产量为41.4 t·ha^{-1}），而"Oregon White"用于秸秆生产（40.5 t·ha^{-1}）。秸秆作为水分含量为14%的干草（收获于水分含量为25%时），每公顷产量为11.9 t。在魁北克省，菊芋作为与玉米轮作的作物进行种植（Frappier et al., 1990）。

由于土地价格下跌，可变成本不受影响，但几个固定成本降低（例如土地的管理、利息与土地税)。每年块茎生产的总成本下降,从 3 798.95 加元(土地价格 2 500 加元·ha^{-1})下降为 3 676.70 加元、3 570.75 加元、3 501.48 加元(土地价格分别为 1 750 加元·ha^{-1}、1 100 加元·ha^{-1} 与 675 加元·ha^{-1})。大捆秸秆每年的成本也在下降,从 1 492.14 加元(土地价格 2 500 加元·ha^{-1})到 1 369.89 加元、1 276.14 加元和 1 194.67 加元(土地价格分别为每公顷 1 750 加元、1 100 加元、675 加元)。在加拿大西部与东部其他地区,土地价格往往更便宜。举例来说,以 1990 年的价格计算,在不太肥沃的东部乡镇,土地价格约每公顷 1 000 加元,而在东部乡镇的边际土地价格为每公顷 675 加元。在加拿大西部菊芋与谷物轮作,每年块茎和秸秆生产的总成本分别为 3 879.03 加元、1 577.66 加元,土地价格每公顷 1 000 加元。在加拿大东部,每年生产块茎的总成本为每公顷 5 301.78 加元,土地价格每公顷 1 000 加元,而每年生产大捆秸秆的费用为 2 696.26 加元(Frappier et al.,1990)。然而,当菊芋用于生产生物乙醇时,与菊芋的产量和转化率(每菊芋块茎质量产生物乙醇的升数)相比,土地价格成为一个很小的影响因素。

与秸秆生产相比,生产块茎时的拖拉机和机械的费用要高。生产块茎需要机械包括制备种子(如切片机、种子粉)、准备苗床(如犁、减震器)、种植(如双排土豆播种机)、喷雾作业、施肥、牵引喷雾器和其他装置(即 3 台拖拉机:112 kW、60 kW 和 40 kW)、培土(例如 6 排耕耘机)、切割茎秆与收获(例如马铃薯收割机、货车、箱子)。秸秆生产需要机械包括准备种子、准备苗床、种植、施肥、牵引喷雾器和其他装置(即两台拖拉机:60 kW 和 40 kW)、收割(如割草机调节器、圆形打包机)以及运输(如货车、叉子)。块茎储藏需要储藏室,秸秆只需要一个遮蔽的场所,块茎比秸秆的总存储成本要高得多(表 14.1)。块茎的总存储成本,包括可容纳 1 014 t 块茎的冷藏室,其中还包括折旧、保险电力,以及建设维修费(Frappier et al.,1990)。

Kays 于 1988 年在格鲁吉亚(Georgia)估算了块茎的储存费用(数据未发表),假设冷藏空间为 40 ft×80 ft×200 ft(640 000 ft³),能容纳 925 万吨的块茎。在 0℃时,块茎产生热量的热量为 111 J·kg^{-1}·h^{-1},呼吸速率为 10.2 mg·kg^{-1}·h^{-1}(以 CO_2 计)。如果放满块茎时,需要能量来冷却该空间预计为 1 kW·ft^{-3}·a^{-1},或 6 个月 32×10^4 kW(大部分储存时间需要处理)。基于格鲁吉亚(Georgia)1998 年的用电成本,每月的基础费用为 16.75 美元,超过 20×10^4 kW,每千瓦·时费用为 0.066 67 美元,总的能源费用为 6 个月 21 344 美元。基于 John Avilies 所提供的建造成本,存储大小为 40 ft×80 ft×200 ft,每立方英尺①65 美元,将是 1 040 000 美元,35 年中每年贬值 4.5%,即每年贬值 46 800 美元。因此储存 925 万吨块茎 6 个月的总成本是 68 144 美元,或每吨块茎 75 美元。如果原料的成本为每英镑 0.03 美元,则原料的储藏使成本加倍,因此原地存储将具有明显的优势。

Caserta 等(1995)开发了一种能源替代作物与传统食品作物相比较的盈利评估框架。该模型假设一个农民只会选择总利润等于或高于传统作物的能源作物(例如,菊芋)。总利润是销售产品和副产品的收入(考虑到所有的补贴和财政奖励)与产品的可变成本之间的差额。由此确定了门槛价格(TP),这是替代能源作物可以出售的最低价格,以获得与传统作

---

① 1 立方英尺=0.028 3 立方米。

物相等的毛利率。如果替代作物的门槛价格较高,那么农民种植它就变得经济方便。

该经济框架被用来比较包括在欧洲生产生物乙醇的 3 种作物(菊芋、甜菜、甜高粱)6 种能源作物,数据源于与几个意大利相关的省份。在欧洲,关键的补贴涉及退耕补贴制度,退耕地用于种植能源植物,而非粮食作物。20 世纪 90 年代中期,在休耕地上的菊芋补贴大约是 270 欧元·ha^{-1}(Caserta et al.,1995)。虽然存在相当大的变化空间,但就平均而言,菊芋的总栽培成本为 2 147 欧元·ha^{-1},该成本低于甜菜(2 356 欧元·ha^{-1}),高于甜高粱(1 606CU·ha^{-1})。菊芋产量平均每公顷 49 t,高于甜菜,稍低于甜高粱。菊芋作为初级能源产品的门槛价格,在生产性土地上为 16~37 欧元·ha^{-1},在休耕地为 10~30 欧元·ha^{-1},休耕土地较低的、价格给菊芋销售带来了经济上的便利。作物产量增加使门槛价格下降,研究表明菊芋的产量尚有一定的提升空间。生产生物乙醇农业阶段的成本,在生产性地上平均每千升乙醇 267 欧元,休耕地上每千升 194 欧元。在此分析中,菊芋生物乙醇在农业阶段的费用均低于等体积的汽油价格(Caserta et al.,1995)。

在荷兰用于生产菊芋的最佳生产计划是由 Koster 和 Schneider(1989)提出的,该计划使用了决策方案和线性规划模型,同时考虑到了包括生产、基本加工、工业加工与销售在内 4 个阶段。估算生产成本为 2 382 荷兰盾·ha^{-1}(种子块茎,640 荷兰盾·ha^{-1};肥料,287 荷兰盾·ha^{-1};虫害控制,128 荷兰盾·ha^{-1};资本费用,250 荷兰盾·ha^{-1};种植和收获,99 荷兰盾·ha^{-1};再加上保险,农民联盟税以及去皮分摊),劳动力和土地成本不包括在内。对于荷兰东北部种植 55 公顷菊芋而言,估计毛利率为 2 500 荷兰盾·ha^{-1},这等于在作物被纳入种植计划前所需的最小的经济产量。相比之下,冬小麦、饲料玉米与甜菜的毛利率分别为 2 250、1 817、3 935 荷兰盾·ha^{-1}。种植计划的实施不仅取决于毛利率,而且还要考虑轮作的要求和劳动力的供应情况。假设块茎产量为每公顷 45 t,则总的经济收益约 4 882 荷兰盾,获得毛利为 2 500 荷兰盾·ha^{-1},要求块茎的最低价格为 108 荷兰盾·t^{-1}。块茎和秸秆的同时收获增加了菊芋的经济回报,再加上通过各种副产物得到的回报,这将最终决定菊芋能否在欧洲作物体系中成为一种重要的工业作物。

14.2 生物燃料的生产

菊芋具有作为生物乙醇生产原料的良好潜力(见第 7 章)。但估算能源作物生产生物乙醇的经济可行性是有问题的。由能源作物生产生物乙醇的成本可能有所变化,例如,特定土地、原料和加工的费用,而经济上的可行性主要依赖于与其竞争的化石燃料的成本,种种关系可能会突然变化,因而很难预测。一般影响经济的决定性因素是资本成本、原料成本、副产物的价值、自动化的程度、现行的税务优惠政策,以及生物乙醇的产量(Baker et al.,1990;von Sivers and Zacchi,1996)。

生产成本取决于作物产量、种植、收获,以及运输到加工厂的费用。菊芋相对于其他的能源作物种植成本较低,因为它在灌溉、施肥和杀虫剂方面的投入通常较低。作物和加工厂之间的距离成为一个重要的因素,考虑到总体成本的经济性(RFA,2006),一般认为玉米的运输距离上限为 15 英里①。引起经济性变化的还有生物炼制厂的规模，小容量的比大容量的在经济可行性上要差一些。

在加拿大，针对位于在魁北克、加拿大西部和加拿大东部的不同规模的加工厂，已依照农场规模的菊芋生产乙醇生产进行了经济学的分析。(Baker et al., 1990; Frappier et al., 1990; Kosaric et al., 1982; Kosaric and Vardar-Sukan, 2001)。生产乙醇的成本因地价和地区而有所不同。在加拿大每公顷块茎的总成本最高为 4 432 加元，最低 3 502 加元，而大捆秸秆总成本每公顷最高 1 493 加元，最低 1 195 加元。块茎和秸秆的生产成本随土地价格的下降而减少，在魁北克省最便宜的土地上种植成本最低。不过，加拿大西部比魁北克的产量要高（块茎为 53：41 $t \cdot ha^{-1}$；茎秆为 100：41 $t \cdot ha^{-1}$），导致每吨成本相对较低，超过了土地价格的补偿。例如，假定可比的土地价格为 1 100 加元 $\cdot ha^{-1}$，则运营商的菊芋的回报率在魁北克省和加拿大西部分别为 107 加元 $\cdot ha^{-1}$ 与 160 加元 $\cdot ha^{-1}$。(Kosaric and Vardar-Sukan, 2001)。若给定菊芋产量区间的上下值，则加拿大西部和魁北克两种土地价格的乙醇原料成本表可汇总于表 14.2。数据表明，原料成本随产量的增加而显著降低，而地价的影响相对较小。当生物量对乙醇的转化系数增加时，原料成本进一步降低（表 14.3）。举例来说，在魁北克省（地价每公顷 2 500 加元），由于块茎产量很高（76 $t \cdot ha^{-1}$），乙醇生产的原料成本从每吨 0.5 加元（转化率为 100 $L \cdot t^{-1}$）下降到 0.42 加元和 0.33 加元，转化率为每吨 120 $L \cdot t^{-1}$ 和 150 $L \cdot t^{-1}$（Kosaric and Vardar-Sukan, 2001）。在区域条件下，块茎和秸秆产量是决定性因素。在魁北克的农场，由块茎生产乙醇是最经济的，而加拿大西部用秸秆生产乙醇更有优势（Frappier et al., 1990）。为使菊芋生物乙醇作为传统的燃料具有竞争性（例如，同玉米所产的生物乙醇相比）(Baker et al., 1990)，魁北克省和加拿大西部菊芋产量必须高于平均水平（假设按 1990 年价格计算）。

表 14.2 乙醇原料成本（加元·L），因菊芋块茎和秸秆的产量不同而浮动，因加拿大西部和魁北克省土地价格差异而不同，假定生物质与乙醇的转化率 100 $L \cdot t^{-1}$

范围	加拿大西部		魁北克省	
土地价格（加元·ha^{-1}）	1100	500	2500	675
作物产量（$t \cdot ha^{-1}$）				
块茎（30）	1.29	1.27	1.27	1.17
块茎（76）	0.51	0.50	0.50	0.46
秸秆（30）	0.26	0.25	0.50	0.40
低昂段（100）	0.12	0.11	0.15	0.12

来源：摘自 Kosaric, N. et al., Ethanol from Jerusalem Artichoke Tubers, paper presented at Bioenergy R&D Seminar, Winnipeg, Canada, March 20-31, 1982; Kosaric, N. and Vardar-Sukan, F., in *The Biotechnology of Ethanol: Classical and Future Applications*, Roehr, M., Ed., Wiley-VCH, New York, 2001, pp. 90-226.

---

① 1 英里=1 609.34 千米。

表 14.3 乙醇原料成本（加元·L）随块茎的低、中、高产量及乙醇转化率而变化，假设魁北克省的土地价格为 2 500 加元·ha^{-1}

转换系数（L·t^{-1}）	块茎产量（t·ha^{-1}）		
	30	50	76
80	1.58	0.95	0.62
100	1.27	0.76	0.50
120	1.06	0.63	0.42
140	0.90	0.54	0.36
150	0.84	0.51	0.33

来源：摘自 Frappier, Y. et al., Baker, L., *Farm Level Costs of Production for Jerusalem Artichoke: Tubers and Tops*, Working Paper 90-2, Macdonald College of Agricultural Economics, Quebec, Canada, 1990; Kosaric, N. and Vardar-Sukan, F., in *The Biotechnology of Ethanol: Classical and Future Applications*, Roehr, M., Ed., Wiley-VCH, New York, 2001, pp. 90-226.

生产生物乙醇的成本随处理厂规模的增加而降低，从原料加工能力从 $3×10^5$ kg 变为 $4×10^6$ kg，1 升乙醇的净成本由 0.55 加元降至 0.21 加元（Kosaric et al., 1982）。原料（菊芋秸秆和块茎）、副产物以及富含蛋白质的纸浆和酒糟的价格保持不变，而固定经营成本（如资产折旧，维修劳动力及赋税）因工厂规模扩大而减少（表 14.4）。1995 年在加拿大，一个可容纳 $4×10^6$ kg 原料的工厂，乙醇的成本约为汽油价格的 40%（Kosaric and Vardar-Sukan, 2001）。

表 14.4 利用菊芋生产乙醇的成本分解和比较（加元），3 个不同规模的农产品加工厂

成本	加工厂规模		
	$3.0×10^5$ kg	$3.6×10^6$ kg	$4.0×10^6$ kg
固定营业成本	0.75	0.63	0.30
直接经营成本	0.20	0.20	0.29
原材料	0.17	0.17	0.17
产品	0.55	0.55	0.55
乙醇的净成本	0.55	0.43	0.21

来源：摘自 Kosaric, N. et al., Ethanol from Jerusalem Artichoke Tubers, paper presented at Bioenergy R&D Seminar, Winnipeg, Canada, March 20-31, 1982; Kosaric, N. and Vardar-Sukan, F., in *The Biotechnology of Ethanol: Classical and Future Applications*, Roehr, M., Ed., Wiley-VCH, New York, 2001, pp. 90-226.

对菊芋块茎乙醇产量为 $100×10^6$ L 规模的加工厂和原料需求进行分析发现，整体乙醇的生产成本是与投入的原料成本和获得副产品的价格都是敏感的。原料成本每吨变化 4 美

元,每升生产成本变化约 5 美分;而豆粕价格每吨变化 20 美元(基于副产品价格),则乙醇生产成本每升变化 1.4 美分(Kosaric and Vardar-Sukan,2001)。在美国,玉米获得的有利能源平衡也部分依赖于动物饲料副产品的能源抵免(Hill et al.,2006)。尽管块茎浆液、浓缩蛋白、动物饲料等副产品销售也是把菊芋作为经济性能源作物的关键因素,但种植菊芋的能源投入成本可能会较低可能更重要。

在澳洲,据 Parameswaran(1995)估计,每年菊芋生产乙醇的可变的总成本分别为每公顷块茎 1 606 澳元和每公顷秸秆 1 126 澳元。额外收获和清洁块茎的费用是造成差异的主要原因(因为收获块茎必须要把秸秆割掉并移走)。在澳大利亚,灌溉是一项重要的生产花费,估计每公顷 256 澳元(包括水和劳动力)。块茎和秸秆的其他相同的主要成本,分别为种子块茎(每公顷 90 澳元)、化肥(每公顷 235 澳元)、劳动种植和栽培(每公顷 190 澳元)。特别作生产乙醇的原料时,与玉米相比,菊芋块茎总可变成本均高于玉米(每公顷 880 澳元)。假定菊芋块茎和玉米每吨发酵原料分别为 440 L 和 350 L(基于菊芋每公顷发酵糖类的产量较高),则两者生产乙醇的成本估计分别为每升 46~65 澳分和 49~61 澳分。结论是如果块茎产量每公顷约为 70~80 t,可发酵糖的量为每公顷 15~16 t,则菊芋块茎将会是生产乙醇具有竞争力的原料。有人进一步指出,理想情况下,能源作物不应该与高品质的食品或高纤维作物竞争土地。因此,在种植在澳大利亚农业边际土壤的菊芋被看作具有良好潜力的生物乙醇原料。

在西班牙,菊芋被认为是可替代甜菜和玉米作为生物乙醇的原料。此外,有人认为,假定对生物乙醇这种碳氢化合物完全免税的话,所有这些作物均可替代汽油,且有利可图(Fernandez,1998)。在西班牙,菊芋的主要生产成本来自于播种、施肥、灌溉、收割、运输(表 14.5),其中施肥、播种、收割、运输所占的能源投入最高,灌溉最费劳力(Fernandez et al.,1988)。灌溉土地的花费为 1 098 欧元·ha^{-1},采伐和运输也包括在内(Fernandez et al.,1988)。0.5 kg 块茎浆液能生产 1 L 乙醇,发酵废渣作为副产品出售,而干秸秆被用作当地的燃料。每年块茎产量为每公顷 68 000 kg,12 kg 块茎能生产 1 L 生物乙醇,生产成本为 0.192 欧元·L^{-1}。正如之前的研究所预期,炼制厂和蒸馏厂规模的大小会影响乙醇的生产成本。在一家每年生产 4 000 万升乙醇的工厂,固定和可变成本约为 0.09 欧元·L^{-1},干秸秆可用作燃料(0.147 欧元·L^{-1})。因此,总生产成本 0.282 欧元·L^{-1}。假定乙醇的收购价格为 0.544 欧元·L^{-1},则每公顷的毛利润为 1 505 欧元,若将副产品块茎浆液的销售包括在内利润会更多(Fernandez,1998)。

表 14.5 在西班牙尼罗河流域种植每公顷菊芋的能量输入和相对生产成本的估算

项目	能量输入(Mcal·ha^{-1})①	人力(6 Mcal·h^{-1})	总生产成本(%)
残茬耕作	250	15	3.71
培养	100	6	1.48

① 1 cal = 4.184 J。

续表

项目	能量输入（Mcal·ha^{-1}）	人力（6 Mcal·h^{-1}）	总生产成本（%）
基础施肥	124	3	12.54
耙地	100	5	1.18
块茎的制备	-	-	1.10
播种	1460	120	12.02
除草剂处理	100	3	2.73
表面施肥	951	3	2.73
种植管理	150	9	2.22
沟灌	-	240	11.65
秸秆收获	300	18	5.78
块茎收获	600	36	16.90
秸秆运输	240	14	3.42
块茎运输	1320[b]	108[b]	21.06

a. 当地交通（平均距离 10 km）；

b. 包括块茎的装卸；

来源：摘自 Fernandez, J., in *Topinambour* (*Jerusalem Artichoke*), Report EUR 11855, Grassi, G. and Gosse, G., Eds., Commission of the European Communities (CEC), Luxembourg, 1988, pp. 153–157.

在丹麦，Zubr（1988b）在1987年计算了由菊芋生产乙醇的成本，生产成本为1 121欧元·ha^{-1}的基础上加上266欧元的土地补偿费（表14.6,），则总生产成本为1 387欧元·ha^{-1}。种子块茎和肥料为主要的生产成本。菊芋生产生物乙醇的原材料成本是由总生产费用减去副产物的售卖费用。在块茎鲜重产量为每公顷39 t的情况下，据估计块茎生产成本为每吨31.62欧元（每吨挥发性固体为176.11欧元）。假设秸秆的产量为每公顷32 t，考虑运输费用及其常量营养元素的价值，秸秆的生产费用为每吨4.83欧元（每吨挥发性固体为22.71欧元）。为估算生物乙醇的生产成本，考虑了酒精发酵的效率、资本折旧和加工费用，对每单位燃料的原材料成本进行了计算。用菊芋块茎生产酒精的成本估计为每升0.55欧元，其中有46.9%来自于原材料的成本。以1987年的价格计，用菊芋生产乙醇与化石燃料没有竞争优势。不过，副产品的价值使菊芋有了成本效益更高。在丹麦的案例分析中，除了乙醇之外，酒精发酵后留下的块茎残留物和新鲜与青储的茎秆也被用于甲烷（沼气）的生产。块茎残渣、秸秆和青储地上部分生产甲烷的成本分别为0.15欧元·m^3、0.12欧元·m^{3}与0.10欧元·m^3（Zubr, 1988b）。

表 14.6　1987 年在丹麦利用菊芋生产生物乙醇的生产成本

项目	成本（欧元·ha^{-1}）	生产成本（%）
土地整备	95.09	8.48
施肥	241.28	21.52
种子块茎	284.01	25.33
种植和栽培	145.43	12.97
收获	166.73	14.87
运输	112.59	10.04
其他	76.07	6.79
生产成本	1121.20	100

出处：摘自 Zubr, J., in *Topinambour* (*Jerusalem Artichoke*), Grassi, G. and Gosse G., Eds., Report EUR 11855, Commission of the European Communities (CEC), Luxembourg, 1988, pp. 165-175.

如果作物主要用于高产，则可获得较高的沼气产量。在瑞典，Gunnarson 等（1985）对菊芋秸秆为原料生产沼气进行了经济学分析。经水解和厌氧消化所产生生物气的量为 210 m^3 EO（EO，equivalent of oil，1m^3 EO＝10 MWh），与 75 ha 的地上部分的产量相对应（相当于 6~8 个农场）。举例来说，这种地上生物量的能量含量足以供瑞典的一家小工厂取暖。在 1984 年，以菊芋为原料生产饲料、食物与能源的总成本为每公顷 13 680 克朗（当时 1 美元＝8.24 克朗）。成本与种植、采收、储存、消化以及生物气的燃烧有关（表 14.7）。块茎种植产生了主要的栽培成本（每公顷 3 530 克朗），另外整地（每公顷 110 克朗）和除草（每公顷 430 克朗）的成本较低。由于菊芋块茎小而不规则，用收获土豆的机械进行收获时需要作出相应调整。收获块茎（每公顷 3 400 克朗）比收获地上部分（每公顷 1 440 克朗）更贵。绿色材料可用水平筒仓进行储存（每公顷 2 390 克朗）。在瑞典的研究中认为可以得到 3 种不同的产品：沼气；厌氧消化后残留的饲料制品；作为蔬菜、果糖来源与未来种子的块茎。以生产秸秆目的时（收获高峰期在 9 月和 10 月），块茎产量是正常产量的一半。为实现收支平衡，对每年的收入进行估算：沼气每公顷 8 960 克朗，饲料产品每公顷 920 克朗，块茎每公顷 3 800 克朗。分析表明在这种研究情况下，只要块茎价格每公顷不低于 0.34 克朗的话，种植菊芋在经济上是可行的（Gunnarson et al., 1985）。

生物乙醇可被加工成燃料添加剂，特别是乙基叔丁基醚（ETBE），这可大大增加它的价值，因为乙基叔丁基醚的市场价格远远高于纯酒精。20 世纪 90 年代初在欧洲的研究中，由于缺少生物乙醇生产的政府补贴，由菊芋和其他作物生产的乙醇无法和汽油竞争。然而当生物乙醇转化为 ETBE 和其他添加剂时，则能以更高的价格出售，使其在经济上更有利（Spelman, 1993）。在北美洲，生物乙醇以辛烷增强剂形式或与汽油共混后出售比出售纯生物乙醇利润更高。举例来说，1989 年，在加拿大，乙醇作为辛烷增强剂甲醇/乙醇混合的形式出售，价格曾高达每升 0.37 加元，但作为乙醇-汽油燃料出售时每升低至 0.25 加元（Heath，1989；Baker et al.，1990）。因此，菊芋作为能源作物，所产乙醇用于生产ETBE和其他汽油添加剂，而不是作为石油替代品时更具有市场竞争力。然而，由于汽油价格上涨以及对非化石燃料的政府补贴，与汽油相比生物乙醇的竞争力日益增加。举例来说，2006年美国生物炼制厂的增加就是由市场推动的。

表14.7 1984年在瑞典菊芋生产和利用的成本，以及为了达到收支平衡而从饲料和沼气中获得的收入

项目	瑞典克朗·ha^{-1}
成本	
种植	4070
收获	4840
储藏	2390
消化	1150
燃烧	1230
总成本	13680
收入	
饲料产品	920
甲烷（沼气）	8960
块茎	3800

来源：摘自Gunnarson, S. et al., *Biomass*, 7, 85–97, 1985.

14.3 菊粉

能为商业生产提供足量菊粉的两种最好的作物是菊苣和菊芋。菊苣是目前植物性菊粉的主要来源，菊苣用于菊粉提取的优势主要是由于它取代甜菜（*Beta vulgaris* L.），采用适合菊苣加工的甜菜提取机械。因此，菊芋必须有超过菊苣的经济和其他的优势，才能使其成为菊粉和低聚果糖生产的重要原料。

欧洲3个最大的菊粉生产商都使用菊苣作为原料：

- Orafti 总部设在比利时，在2006年被视为市场的领导者。它以Beneo品牌在75个国家销售菊粉，产品包括"Synergy"®菊粉系列、"Raftiline"®菊粉、"Raftilose"®低聚果糖与"Raftisweet"®果糖糖浆。
- Cosucra 也设在比利时，以"Oliggo-Fiber"®为品牌生产菊粉配料，嘉吉健康与食品技术公司在北美地区拥有独家销售权。
- Sensus 总部设在荷兰，以"Frutafit"®和"Frutalose"®为品牌生产菊粉和菊粉衍生产品，Calleva 在美国拥有销售权。

另外，Beghin Meiji 的低聚果糖是合成的并非植物来源的。

以上 3 个生产商向主要食品制造商供应菊粉，包括达能、亨氏公司、家乐比公司、米勒乳制品、雀巢公司与联合利华公司。菊粉已用于奶类产品，如酸奶，而且因为其益生作用和其他特性而被添加到各类食品中（见第 6 章），它可以提高粮食的市场价值。近年来，菊粉和低聚果糖等功能性食品的市场快速增长。

菊粉成为全球性的需求，导致了菊苣生产的扩张。菊苣为一年生作物，每年生产者都得提前预测需求。尽管已经建立了专门的设施，但每年大面积栽培的菊苣仍主要通过甜菜加工设备来处理（当蔗糖的需求下降时）。Orafti 已经改装了一些甜菜加工设施，其中包括 1999 年比利时的奥雷耶，它在 2006 年仍然是世界上最大的菊苣提取装置（每年 40.0 万吨）。Orafti 投资 1.65 亿欧元在智利兴建了第二家菊苣提取工厂，在 2006 年投产。南半球的生产，作为一个有益的反季节性的欧洲生产，有助于满足对菊粉的全球性需求。Warcoing 集团自 19 世纪中叶就开始加工甜菜，但作为 Coscura，在 2003 年完全转至菊粉及保健食品方面。在 2006 年 Cosucra 改造了在法国北部的前甜菜加工厂，使每年的产量显著提高。益生元市场会继续增长，全球经济增长顾问公司 "Frost & Sullivan" 预测，到 2010 年年均增长 9.7%，到 2010 年欧洲果糖（菊粉和低聚果糖）的市场价值约为 1.8 亿英镑（Anon., 2004；Orafti, 2006）。近年来，菊粉的价格一直相对稳定地保持在每千克 2.5~3.0 欧元，因为生产厂家已经成功预测到每年菊粉的市场需求。2004 年由于石油价格上涨，增加了农场的加工成本，导致菊粉价格上涨。在 2005 年 1 月 Orafti 将 Raftiline 菊粉和 Raftilose 低聚果糖的价格提高了 4% 左右（Anon., 2004）。

为了应对菊粉的市场需求，菊苣的生产很可能会继续增加，但是菊粉的其他来源也正在调查研究中。菊芋块茎是菊粉的一个丰富来源，并在某些方面优于菊苣。特别是它可以种植在菊苣根产量很低的地方，从而扩大了菊粉作物的种植面积。在德国，对菊苣和菊芋进行了农艺形状的比较，菊芋在灌溉条件下，因与杂草竞争而导致储存器官产量损失明显低于菊苣（8%：47%）。尽管在德国的研究中节省的除草剂的费用不能补偿菊芋较低的糖产量，但菊芋极少需要除草是它的一个独特商业优势。严重缺水会造成这两种作物的减产（Schittenhelm, 1999）。在其他研究中，比较了菊芋和甜菜的农艺表现，菊芋产量一般较低，尽管在美国的研究中，糖产量优于菊苣产量（Meijer et al., 1993；Sah et al., 1987；Thome and Kühbauch, 1987；Zubr, 1988a）。菊苣超过菊芋的一个优势是菊粉的分子量更丰富，具有较高的聚合度。菊苣大约有 71% 的菊粉聚合度超过 9，而菊芋只有 48%（Bornet, 2001）。平均聚合度较高的菊粉价格更高，因其是许多高价值食品和非食品应用的首选。

在菊芋成为欧洲重要的经济作物之前，菊粉生产商可能需要先参与到菊芋的加工中来。为成为菊苣作为菊粉来源的可行替代品，菊芋需要与菊苣的毛利率和盈利能力相匹配。1998 年在荷兰菊苣年种植面积为 4 250 ha，平均产量为每公顷 3.5 万~5 万吨。每公顷生产成本和毛利率分别为 2 484 欧元和 1 481 欧元。Sensus 是荷兰唯一加工菊苣块茎的公司（与比利时菊苣进行联合生产）。然而对荷兰来说，菊芋具有作为工业作物的良好潜力，因其能够适应低营养的土壤，并拥有一个大型的便于遗传改良的基因库，而且可用于生产多种类型的食品及非食品类的副产品（Stutterheim and Struik, 1998）。除了菊粉外，菊芋副产物产品类型的开发是菊芋未来成功成为欧洲作物的关键。

除了菊粉和低聚果糖外，菊芋还能以许多不同的加工方式提供保健食品。菊粉被广泛应用于各种食品，例如作为糖尿病人的面食，甚至将它的提取物以药丸的形式出售以促进糖尿病人的健康。

14.4 菊芋的利用前景

菊芋为多种类型的产品提供了原料（表14.8）。例如，它可以作为蔬菜、饲料、生产菊粉及生物乙醇的原料。因此，它是一种用途广泛的作物。根据最终用途不同，菊芋可为一年生或多年生植物，而它的所有部分都可以用于食品、饲料、工业或能源等方面得到应用。副产品在确定使菊芋优先而不是其他作物或原料的经济可行性方面将为很重要。举例来说，当利用块茎生产菊粉时，秸秆可用于饲料、能源生产，或者制造低质量的纸张及纤维板。

表 14.8 菊芋的主要产品和副产品

产品	植物部分
菊粉	块茎
蔬菜	块茎
饲料	地上部分和块茎
种子块茎	块茎
低聚果糖	块茎
果糖	块茎
面粉	块茎
果汁	块茎
提取物（保健品）	块茎
乙醇	地上部分和块茎
汽油添加剂	地上部分和块茎
沼气	地上部分
动物饲料颗粒	地上部分和块茎
浆用于动物饲料	地上部分和块茎
浓缩蛋白	叶片
纸浆（用于纸张和纤维板）	茎秆
糖醛	茎秆

因其能帮助社会解决面临的关键健康、能源和环境挑战。故由菊芋得到的两种产品——菊粉和生物乙醇的需求量在 21 世纪大幅度增加，食物中的菊粉成分有助于对抗肥胖和糖尿病流行，而生物乙醇则有助于减少我们对不可再生石油资源的依赖，并改善空气质量。

菊苣是菊粉生产主要的作物来源，菊芋是其主要的替代作物。菊粉是一种益生菌成分，是一种低热量的甜味剂和脂肪替代品，也是一种增稠剂和膨胀剂，因此，在食品工业中，菊粉的市场正在增长。此外，菊粉可转化可应用于食品和非食品行业一系列的化合物（表 14.9）。菊粉、低聚果糖和果糖的链长分布不同，适合于不同的食品工业应用，纯化后的菊粉及其衍生物也具有药用和诊断功能。加工菊粉获得的化工产品包括酒精、聚合物、环氧化合物和树脂，它们也有很多工业用途，例如作为增塑剂、表面活性剂、黏合剂和乳液（表 14.9）。

表 14.9　菊芋来源的菊粉的潜在应用[a]

化学产品	应用
菊粉益生元	食品配料
菊粉膳食纤维	低热量纤维/膨松剂和增稠剂
菊粉原料	低热量食品代替脂肪
菊粉原料	甜味剂/低热量糖代替品
益生元低聚果糖	食品配料
果糖（结晶）	众多食品行业
果糖（糖浆）	众多食品工业
高果糖糖浆	众多食品工业
高纯度菊粉	药物诊断
低聚果糖	食品工业
菊粉低聚糖	许多潜在的工业用途
果糖二酐	低热量甜味剂
糠醛	溶剂，用于炼油和树脂
羟甲基糠醛	众多工业用途
甘露醇	众多工业用途
甘油	众多食品和非食品工业用途
1,2-丙二醇	食品，非食品，药用用途
乙二醇	防冻剂

续表

化学产品	应用
丙酮	众多工业用途
丁醇	众多工业用途
2,3-丁烯二醇	燃料添加剂和塑料
丁二酸	众多工业用途
乳酸	众多食品和非食品工业用途
菊粉酯	增塑剂，表面活性剂和黏合剂
O-琥珀酰菊粉	药物载体
甲基菊粉	其他产品的前体
菊粉碳酸盐	不溶性生物活性分子
O-（羟甲基）菊粉	洗涤剂黏合剂
菊粉醚	免疫学检测
菊粉二醛	其他产品的前体
菊粉氨基甲酸酯	乳液和悬浮液
菊粉氨基酸	药用
邻-（氰乙基）菊粉	造纸
邻-（3-氨基-氧代丙基）菊粉	乳化剂和表面活性剂
邻-（羧乙基）菊粉	抑制碳酸钙沉淀
邻-（3-肟基-3-氨基丙基）菊粉	化工用途
邻-（氨基丙基）菊粉	洗涤剂
邻-（氨基丙基）菊粉衍生物	包括化妆品在内的工业用途
硬酯酰胺	用于洗涤剂中的表面活性剂和乳化剂
N-碳甲基氨丙基菊粉	洗涤剂的螯合剂
环菊粉六糖衍生物	用于化妆品
烷氧基化菊粉	稳定性能
菊粉磷酸盐	热可逆凝胶
络合剂	重金属沉淀

a. 关于菊粉化学的更多信息见第5章。

随着技术的发展，菊芋的潜在应用价值会继续被开发。同时，全球气候变化将改变21世纪的农业景观。2070年在加拿大，美国阿拉斯加北部和欧洲（从苏格兰到西伯利亚），适合生产菊芋的土地面积将大大增加（Canadian Forestry Service, 2006; Tuck et al., 2006）。

与其他作物相比，尽管菊芋缺少系统性的育种，但人们已对菊芋品种和无性系进行了广泛的描述。然而，有相当多的基因库可用于遗传改良，包括野生种群通过与其他向日葵物种的杂交。要实现菊芋的潜力，需要改良品种，选育能够高质量或大量生产某一部位或某一成分（如，块茎大小或菊粉含量）的品种；或选育多用途植株（如，能量和副产品）。短期内，大田试验可以鉴定出特定条件和特定功用时的菊芋无性系最有希望。到那时，菊芋将作为一种宝贵的资源开始得到充分利用。

参考文献

Anon., Inulin Prices Going Up, *Nutraingredients News*, 2004, http://www.nutraingredients.com/.

Baker, L., Thomassin, P. J., and Henning, J. C., The economic competitiveness of Jerusalem artichoke (*Helianthus tuberosus*) as an agricultural feedstock for ethanol production for transportation fuels, *Can. J. Agric. Econ.*, 38, 981–990, 1990.

Bornet, F. R. J., Fructo-oligosaccharides and other fructans: chemistry, structure and nutritional effects, in *Advanced Dietary Fibre Technology*, McCleary, B. V. and Prosky, L., Eds., Blackwell Science, Oxford, 2001, pp. 480–493.

Canadian Forestry Service, Climate Change Models for *Helianthus tuberosus*, 2006, http://www.planthardiness.gc.ca/ph_gcm.pl?speciesid=1004575.

Caserta, G., Bartolelli, V., and Mutinati, G., Herbaceous energy crops: a general survey and a microeconomic analysis, *Biomass Bioenergy*, 9, 45–52, 1995.

Fernandez, J., Energy and economic balance of Jerusalem artichoke (*Helianthus tuberosus* L.) production in Spanish conditions, in *Topinambour (Jerusalem Artichoke)*, Report EUR 11855, Grassi, G. and Gosse, G., Eds., Commission of the European Communities (CEC), Luxembourg, 1988, pp. 153–157.

Fernandez, J., Production Costs of Jerusalem Artichoke (*Helianthus tuberosus* L.) for Ethanol Production in Spain on Irrigated Land, Biobase, European Energy Crops Report, 1998, http://www.eeci.net/archive/biobase/B10245.html.

Frappier, Y., Baker, L., Thomassin, P. J., and Henning, J. C., *Farm Level Costs of Production for Jerusalem Artichoke: Tubers and Tops*, Working Paper 90-2, Macdonald College of Agricultural Economics, Quebec, Canada, 1990.

Gunnarson, S., Malmberg, A., Mathisen, B., Theander, O., Thyselius, L., and Wünsché, U., Jerusalem artichoke (*Helianthus tuberosus* L.) for biogas production, *Biomass* 7, 85–97, 1985.

Haber, E. S., Gaessler, W. G., and Hixon, R. M., Levulose from chicory, dahlias and artichokes, *Iowa State Coll. J. Sci.*, 16, 291–297, 1941.

Heath, M., *Towards a Commercial Future: Ethanol and Methanol as Alternative Transportation Fuels*, Study 29, Canadian Energy Research Institute, University of Calgary Press, Calgary, Canada, 1989.

Hill, J., Nelson, E., Tilman, D., Polasky, S., and Tiffany, D., Environmental, economic, and energetic costs and benefits of biodiesel and ethanol biofuels, *Proc. Natl. Acad. Sci. U.S.A.*, 103, 11206–11210, 2006.

Kosaric, N. and Vardar-Sukan, F., Potential sources of energy and chemical products, in *The Biotechnology of Ethanol: Classical and Future Applications*, Roehr, M., Ed., Wiley – VCH, New York, 2001, pp. 90–226.

Kosaric, N., Wieczorek, A., Duvnjak, L., and Kliza, S., Ethanol from Jerusalem Artichoke Tubers, paper presented at the Bioenergy R&D Seminar, Winnipeg, Canada, March 20–31, 1982.

Koster, R. A. C. and Schneider, J., An economic evaluation of the Jerusalem artichoke, a new crop for the Dutch cropping plan, in *Proceedings of the Third Seminar on Inulin*, NRLO Report 90/28, Fuchs, A., Ed., International Agricultural Centre, Wageningen, The Netherlands, 1989.

Meijer, W. J. M., Mathijssen, E. W. J. M., and Borm, G. E. L., Crop characteristics and inulin production of Jerusalem artichoke and chicory, in *Inulin and Inulin-Containing Crops*, Fuchs, A., Ed., Elsevier, Amsterdam, 1993, pp. 29–38.

Orafti, Active Food Ingredients, 2006, http://www.orafti.com/.

Parameswaran, M., Jerusalem artichoke: turning an unloved vegetable into an industrial crop, *Food Aust.*, 46, 73–475, 1994.

Parameswaran, M., "Green energy" from Jerusalem artichoke, *Green Energy*, 8, 43–45, 1995.

RFA, US Fuel Ethanol Industry Biorefineries and Production Capacity, 2006, htttp://www.ethanolrfa.org/industry/locations/.

Sah, R. N., Geng, S., Puri, Y. P., and Rubatzky, V. E., Evaluation of four crops for nitrogen utilization and carbohydrate yield, *Fertil. Res.*, 13, 55–70, 1987.

Schittenhelm, S., Agronomic performance of root chicory, Jerusalem artichoke, and sugar beet in stress and nonstress environments, *Crop Sci.*, 39, 1815–1823, 1999.

Spelman, C. A., The economics of UK farming and the European scene, in *New Crops for Temperate Regions*, Anthony, K. R. M., Meadley, J., and Röbbelen, G., Eds., Chapman & Hall, London, 1993, pp. 5–14.

Stutterheim, N. C. and Struik, P. C., Report for the State of the Netherlands Forming Part of the IENICA (the Interactive European Network for Industrial Crops and Their Application) Project, 1998, http://www.ienica.net/reports/Netherlands.pdf.

Thome, U. and Kühbauch, W., Alternatives for crop rotation? *DLG-Mitteilungen*, 18, 978–981, 1987.

Tuck, G., Glendining, M. J., Smith, P., House, J. I., and Wattenbach, M., The potential distribution of bioenergy crops in Europe under present and future climate, *Biomass Bioenergy*, 30, 183–197, 2006.

von Sivers, M. and Zacchi, S., Ethanol from lignocellulosics: a review of the economy, *Bioresour. Technol.*, 56, 131–140, 1996.

Zubr, J., Jerusalem artichoke as a field crop in Northern Europe, in *Topinambour (Jerusalem Artichoke)*, Report EUR 11855, Grassi, G. and Gosse G., Eds., CEC, Luxembourg, 1988a, pp. 105–117.

Zubr, J., Fuels from Jerusalem artichoke, in *Topinambour (Jerusalem Artichoke)*, Report EUR 11855, Grassi, G. and Gosse G., Eds., CEC, Luxembourg, 1988b, pp. 165–175.

附 录

菊芋相关的专利权①

以下是已经被授权的菊芋相关专利列表。因为以菊芋为潜在来源的菊粉和低聚果糖的数百个其他专利未被列入,所以该列表并不全面。

这些专利被分为以下主题类别:医学和兽医应用;食品、饮料和保健品应用;动物饲料应用;非食品工业应用;基因操作和生物技术;栽培和植物育种。按时间倒序的方式,该附录列出了从2006—1908年,以上所有主题的授权专利,该附录依次列出专利号、专利国家②、日期、发明人、申请人,其他专利号、国际分类代码以及专利简要大纲。

医学和兽医应用

1. 用于预防和治疗由缺钙引发疾病的复合物

专利号:RU2271822(2006)

发明人和申请人:Zelenkov V. N.(俄罗斯)

本发明涉及在缺钙的治疗中使用的固化-预防剂的生产。该组合物包括:干燥菊芋。

2. 中国传统医药菊芋制剂

专利号:CN1698690(2005)

发明人和申请人:徐明利(中国)

国际分类号:A61K35/78

3. 药物稳定剂

专利号:US6841169(2005)

发明人:Hinrichs W. L. J. 和 H. W. Frijlink

申请人:Rijksuniversiteit Groningen(荷兰)

也公开为:WO0078817(A1),EP1194453(A1),CA2375241(A1),EP1194453(B1),NL1012300C(C2),DE60001744T(T2)

国际分类号:C08B37/00,C12N9/96,C12N11/10

本发明涉及一种活性物质(如药物)的辅助剂。在药物制剂中,辅助剂能稳定活性物

---

① 来源:2006年5月2—6日进入欧洲专利局 http://www.european-patent-office.org/,2006年5月8—11日进入美国专利和商标局 http://www.uspto.gov/patft/。

② 简称:AT,奥地利;CA,加拿大;CN,中国;CZ,捷克共和国;DE,德国;ES,西班牙;EP,欧洲专利局;FR,法国;GB,英国;HU,匈牙利;JP,日本;KR,韩国;MD,摩尔多瓦;NL,荷兰;RO,罗马尼亚;RU,俄罗斯;SE,瑞典;UA,乌克兰;US,美国;WO,世界知识产权组织;YU,前南斯拉夫。

质并促进活性物质的生物利用度。该辅助物质基于菊芋或其他来源的果聚糖（聚合度 DP 超过 6 的菊糖）。

4. 用于治疗糖尿病患者肝病的方法

专利号：UA69748（2004）

发明人和申请人：Neiko Y. M.，V. I. Botsurko，I. H. Babenko 和 O. M. Sukholytka（乌克兰）

国际分类号：A61K35/74，A61K35/66

一种描述用于治疗糖尿病患者肝病的方法。全新作用是在耐酸胶囊中由菊芋全粉粉末和冻干活双歧杆菌制成。

5. 用菊芋生产菊糖双碳酸法工艺

专利号：CN1359957（2002）

发明人：季明，王启为，季陵

申请人：季明（中国）

国际分类号：C08B37/00

本发明是一种用菊芋生产菊糖双碳酸法的工艺，其工艺过程包括菊芋清洗切丝、浸出、双碳酸法除杂、脱盐脱色、浓缩。该工艺可获得较高的菊糖收率和纯度，此菊糖在药物制作中可用作血液稳定剂。

6. 纠正换肾儿童缺硒的一种方法

专利号：RU2188030（2002）

发明人：Reshetnik L. A.，E. O. Parfenova 和 Eva O. V. Prokop

申请人：Ir G Med Univer（俄罗斯）

国际分类号：A61P3/00

该专利描述了每 0.5 g/kg 体重的儿童，每天两次服用菊芋干粉。该方法能够提高机体对硒的吸收。

7. 一种治疗和预防小动物胃肠疾病的生物制剂

专利号：RU2180851（2002）

发明人：Shcherbakov P. N.，Ju. D. Karavaev，K. P. Jurov 和 T. B. Shcherbakova

申请人：Ural Skaja G Akademija Veterin（俄罗斯）

国际分类号：A61K35/66，A61K39/07

本发明描述了一种治疗胃肠的兽药生物制剂。它在枯草杆菌 4/97 培养基中培养。营养培养基由以下药用植物组成：按规定比例的菊芋，普通香油和欧蓍草。本发明制备的兽药生物制剂具有较好的治疗效果和广谱作用。

8. 菊芋的用法——作为饮食疗法、医疗预防制剂的生物活性添加剂

专利号：RU2157227（2000）

发明人和申请人：Zelenkov V. N.（俄罗斯）

国际分类号：A61K35/78

本发明涉及使用菊芋的生物活性的方法，以其作为生物活性添加剂用作医用预防剂，

具有广谱的药理作用。

9. 一种作为细胞生长因子具有抗肿瘤和抗癌活性的植物提取物

专利号：FR2732347（1996）

发明人：Rebiere C. J. P.

申请人：Bio Media（法国）

国际分类号：C07K14/415，A61K38/00

公开了一种植物提取物，包括蛋白质和糖蛋白组合材料，并且包括菊芋或其他植物。

10. 一种用于消炎、消毒、肌肉放松的复合物生产工艺

专利号：HU53531（1990）

发明人和申请人：Strukkel I.（匈牙利）

本发明涉及一种植物提取物，能消炎、消毒、并放松肌肉紧张。它包含一定比例的干燥后的血红酸模、薄荷、核桃叶、菊芋叶、玫瑰花瓣和车前草。植物的活性成分用乙醇萃取。它们被浓缩、配制成药物或化妆品制剂。

食品、饮料和营养品应用

1. 菊芋青稞系列保健食品

专利号：CN1718104（2006）

发明人和申请人：铁顺良（中国）

国际分类号：A23L1/30

2. 膳食纤维输送系统

专利号：US6982093

发明人：Licari J. J.（2006）

申请人：Onesta Nutrition（美国）

国际分类号：A61K9/20，A61K31/733

对一种咀嚼片形式的可溶性膳食纤维的输送系统和方法进行了描述。该纤维是指来源于菊芋和其他植物的菊粉。

3. 从洋姜块茎中获得粉状产品的生产工艺

专利号：MD2696F（2005）

发明人：Bantihsh L.

申请人：Chentrul Tekhn Shtiintsifik PE（摩尔多瓦）

国际分类号：A23L1/22，A23L3/36，A23L3/44，A23L3/40

本发明涉及从植物原料中获得具有治疗和预防效果的食品添加剂的工艺方法。从菊芋块茎中获得粉状产品的工艺包括脱皮、切碎、−25℃冷冻、真空冷冻干燥、粉碎、筛分和包装。此方法降低了原料中生物活性成分的损失。

4. 能提高人类繁殖率的生物活性添加剂

专利号：RU2262867（2005）

发明人和申请人：Katkov J. A.（俄罗斯）

国际分类号：A23L1/30，A23C11/00

本发明涉及均衡孩子和父母的营养早。所建议的食物是菊芋块茎粉末中包含的生物活性成分（BAA），它们具有促进双歧杆菌的效果。

5. 干菊芋的生产方法

专利号：RU2256379（2005）

发明人和申请人：Ostrikov A. N. 和 I. A. Zuev（俄罗斯）

国际分类号：A23L1/10

该专利描述了用菊芋块茎生产粉末的生产工艺。该方法包括洗涤、分类、检查、计量、清洗、切割、热烫、硫熏和研磨。该方法提高了现有产品的质量，并增加了干燥过程的热效率。

6. 一种芳香茶饮料的制备方法

专利号：RU2249983（2005）

发明人和申请人：Logvinchuk T. M.，V. F. Dobrovol Skij 和 O. I. Kvasenkov（RU）的

国际分类号：A23F3/34，A23F3/14，A23F3/40

本发明涉及一种不同成分茶饮料的生产技术。由如下材料复合而成：白毫红茶、白毫绿茶、菊芋花、越橘叶、梨与木瓜汁、葡萄干和芳香剂。

7. 一种酸奶饮料的生产方法

专利号：RU2248711（2005）

发明人和申请人：Poljanskij K. K.，V. M. Bolotov，L. EH. Glagoleva，G. M. Smol Skij L. I. Perikova 和 L. I. Polenova（俄罗斯）

国际分类号：A23C9/12 A23C9/13

本发明公开了一种向牛奶中复合植物来源的果葡糖浆的混合方法，特别是菊芋来源的果葡糖浆。该饮料能够增加营养和能量，并且能够增加产品在储存过程中的流变稳定性。

8. 一种香肠产品的制作方法

专利号：UA9008U（2005）

发明人：Ulitskyi Z. Z.

申请人：Luhansk Nat Agrarian Universit（乌克兰）

国际分类号：A22C11/00

本发明概述了一种制作香肠的新方法。在肉的剁碎阶段，按照一定比例添加原态或干基态菊芋。

9. 一种提高免疫力和防治糖尿病的黄油

专利号：UA8351U（2005）

发明人：Ukrainets A. I.，I. Hulyi，T. O. Rashevska 和 Y. P. Tasenko

申请人：食品科学技术大学（乌克兰）

国际分类号：A23C15/16

本发明描述了一种提高免疫和预防糖尿病的黄油，它主要包含黄油、菊粉、酪乳、菊芋全粉粉末和果糖。

10. 一种包含菊芋成分食物的制作方法

专利号：JP2005278459（2005）

发明人：Nakayama S.

申请人：Nippon Tonyo Shokken KK（日本）

国际分类号：A23L1/214（IPC1-7）：A23L1/214

本发明提供了一种制作菊芋食品的工艺，该方法制作的食品更安全、更健康。整个过程包括脱皮、切块、烘干、焙烧、粉碎。干燥前脱皮和在高温下焙烧可减少细菌污染。

11. 一种海盐添加剂的生产方法

专利号：JP2005237258（2005）

发明人和申请人：Honma C.（日本）

国际分类号：A23F3/14，A23L1/22，A23L1/221，A23L1/237，A23L1/325，A23L1/33，A23L1/333，A23L1/337，A23F3/06

本发明公开了一种海盐添加剂的生产方法，含有绿茶提取物、墨鱼汁、辣根、樱虾、酱油、腌制梅子酱、鱼汤、海带、大蒜、香草、干鲣鱼、紫苏、鳝鱼鳄龟提取物和姜黄或菊芋提取物。

12. 一种乳酸链球菌和双歧杆菌活化产品的制备方法

专利号：RU2243672（2005）

发明人和申请人：Zajtseva L. A. 和 V. G. Novikova（俄罗斯）

国际分类号：A23C9/12 A23C9/13 A23C9/133

该专利描述了一种牛奶的制备方法，其中引入了双歧杆菌、乳酸链球菌、柑橘维生素添加剂和菊芋汁、粉末或糖浆。

13. 一种干燥的牛奶布丁混合物

专利号：UA47272（2005）

发明人：Romodanova V. O.，T. A. Skorchenko，N. V. Remeslo，O. P. Bublyk 和 O. M. Khondozhko

申请人：食品科学技术大学（乌克兰）

国际分类号：A23C9/00，A23L1/187

牛奶布丁混合物包含一个干乳基、果糖、稳定系统、干燥菊苣和干燥菊芋。该混合物的特征是具有一定的预防性。

14. 一种以菊芋或菊苣为原料制造菊粉的新方法

专利号：CN1531863（2004）

发明人：殷洪 杨国强

申请人：北京威德生物科技有限公司（中国）

国际分类号：A23L1/214，A23L1/29，A23L3/3571，A23L3/3463

本发明涉及一种以菊芋或菊苣为原料制造菊粉的方法。该方法包括菊芋或菊苣原料的预处理、预处理料萃取分离、萃取液发酵脱糖、菊粉溶液净化、菊粉糖浆和固体菊粉成品制备等步骤。本发明制备的菊粉产品具有纯度高、果聚糖聚合度分布合理、产品低温溶解性高的显著特点。本发明的工艺过程简单，菊粉收率高，不产生废料，特别适用于工业化生产菊粉。

15. 一种具有一定功能的混合糖果产品

专利号：UA70091（2004）

发明人：Zhovanik T. M.，N. V. Remeslo，V. B. Zakharevych 和 V. V. Dorokhovych

申请人：食品科学技术大学（乌克兰）

国际分类号：A23G3/00

本发明阐述了一种混合糖果产品复合物。它包含发泡剂、胶凝剂、调味剂、芳香剂和菊芋糖浆甜味剂。

16. 一种含有天然环氧化酶抑制剂，具有止疼消炎作用的膳食补充食品

专利号：US6818234（2004）

发明人：Nair, M. G.，H. Wang，D. L. Dewitt，D. W. Krempin，D. K. Mody，Y. Qian，D. G. Groh，A. J. Davies，M. A. Murray，R. Dykhouse 和 M. Lemay

申请人：接入业务集团国际公司，美国密歇根州立大学（美国）

国际分类号：A23L1/30

本发明描述了含有一种或多种水果提取物的食物补充剂，该补充剂具有止疼和消炎作用。菊芋是有效成分的潜在来源。

17. 一种具有功能性的苹果果酱组成物

专利号：UA69299（2004）

发明人：Zheplinska M. M.，M. V. Aleksiuk，O. S. Chulanova 和 L. V. Zotkina

申请人：食品科学技术大学（乌克兰）

国际分类号：A23L1/09

该专利公开了一种具有功能性的苹果酱，含有苹果、糖和菊芋提取物的复合物。

18. 一种生产半成品饼干食品的制备方法

专利号：RU2221430（2004）

发明人和申请人：Shnejder T. I.，M. A. Kalinina，A. A. Glazunov 和 N. K. Kazennova（俄罗斯）

国际分类号：A21D13/08，A23L1/16

本发明将基础材料粉碎，与调味剂和添加剂充分混合，再将混合物凝胶化，成型、干燥。本发明所用的多糖来自于柑橘、苹果、甜菜或菊芋。

19. 一种无脂肪或低脂肪的零食制备方法

专利号：WO2004047542（2004）

发明人和申请人：Schwarzhans P.（奥地利）

还出版为：AU2003287741（A1）

国际分类号：A23B7/005 A23B7/01，A23B7/02，A23B7/03，A23B7/06，A23L1/01

本发明涉及一种无脂肪或低脂肪零食产品的制造方法，如土豆片、菊芋片、其他蔬菜片及糊状小吃。

20. 一种使用芽孢 coagulansspores、系统和组合物，用来降低胆固醇的方法

专利号：US6811786（2004）

发明人：Farmer S. 和 A. R. Lefkowitz

申请人：Ganeden 生物技术公司（美国）

国际分类：A61K35/74，C12N1/20，A61K35/66

本发明描述了一种包括有乳酸、寡糖或其他降胆固醇的治疗组合物，可以降低 LDL 胆固醇和血清甘油三酯。该组合物包括菊芋全粉。

21. 一种低热量、适口性好、高纤维的糖替代品

专利号：US6808733（2004）

发明人：Barndt R. L.，S. Liao，C. M. Merkel，W. J. Chapello 和 J. L. Navia

申请人：PPC 麦克尼尔公司（美国）

也公开为：WO9849905（A3），WO9849905（A2），EP0975236（A3），EP0975236（A2）中，CA2286662（A1）TR9902826T（T2）NO316758B（B1）AU749025B（B2）的

国际分类号：A21D2/18，A21D13/08，A23G3/00 A23G3/34 A23G9/32，A23G9/52，A23L1/236，A23L1/308，A21D2/00，A21D13/00

本发明涉及一种适口、低热量、高纤维的糖替代物，适合在焙烤食品和其他固体和半固体食物制备中，用作替代蔗糖。所述糖替代物包括菊芋或其他来源的菊粉，以及高强度甜味剂。

22. 一种草药灵药的复合物（eliksyr prykarpatskyi）

专利号：UA68911（2004）

发明人和申请人：Stasiv T. H. 和 V. O. Pyptiuk（乌克兰）

国际分类号：C12G3/06，C12G3/00

该专利公开了一种草药，包含有圣约翰草、铁皮石斛、牛至和菊芋的提取物成分。

23. 一种草药茶的复合物

专利号：RU2236789（2004）

发明人和申请人：Logvinchuk T. M.，V. F. Dobrovol Skij 和 O. I. Kvasenkov（俄罗斯）

国际分类号：A23F3/34，A23F3/00

本发明是由欧洲越橘叶子和菊芋花组成，其重量比为 50∶50。

24. 一种包括人参制剂、蘑菇提取物、沙棘、菊芋提取物的混合饮料

专利号：DE10324158（2004）

发明人和申请人：Berg, E. -E. 和 W. Krohn（德国）

国际分类号：A23L1/0528，A23L1/28，A23L1/30，A23L2/38，A23L1/052

25. 一种伏特加黄金酒（Zolotaya Djuzhina Luks）

专利号：RU2236450（2004）

发明人和申请人：Arbuzov V. P.，E. A. Stretovich，I. V. Stepanova 和 I. I. Burachevskij（俄罗斯）

国际分类号：C12G3/06，C12G3/00

该专利描述的伏特加由定量和统一的燕麦片、葡萄糖浆、碳水化合物、菊芋干浸膏（Relikt）和含水酒精液体制备。伏特加的感官指标达40%。

26. 一种非酒精性发酵饮料组合物的制备及浓缩方法

专利号：MD20030068（2004）

发明人和申请人：Ovseannicova T. N. 和 E. I. Procopciuc（摩尔多瓦）

还出版为：MD2625（B2）

国际分类号：A23C21/08，A23L2/00，A23L2/38，A23L2/385，A23L2/44，A23L2/52，C12G3/02，A23C21/00，A23L2/42

本发明涉及生产具有预防目的的非酒精饮料。包括菊芋块茎中对健康有利的各种提取物。

27. 一种制造凝乳干酪块和基于凝乳干酪大规模生产加工干酪的制备方法

专利号：RU2242135（2004）

发明人和申请人：Drozdova L. I.，M. V. Orlova 和 E. V. Jakush（俄罗斯）

国际分类号：A23C19/02，A23C19/082，A23C23/00，A23C19/00

该专利涉及牛奶和其他物质的热处理方法及凝乳酪的制造。在凝乳干酪的制备过程中，菊芋被添加在原浆添加剂中，这有助于改善感官参数，并使产品表现出恢复和预防性质。

28. 一种草药融合的制备方法

专利号：UA64148（2004）

发明人和申请人：Piptiuk O. F.，T. H. E. Stasiv 和 M. I. Derkach（乌克兰）

国际分类号：C12G3/06，C12G3/00

本发明描述了用于草药融合的制备方法，其包括菊芋和松果。

29. 一种草药融合的制备方法

专利号：UA64147（2004）

发明人和申请人：Piptiuk O. V.，T. H. Stasiv 和 M. I. Derkach（乌克兰）

国际分类号：C12G3/06，C12G3/00

本发明描述了用于制备草药融合的方法，其包括菊芋、蜂胶和紫锥。

30. 一种含菊芋的营养面条的生产方法

专利号：JP2004129643（2004）

发明人：Sasaki S. 和 Y. Sato

申请人：Sasaki Seimenshiyo KK，Sato Yoshie（日本）

国际分类号：A23L1/16

本发明描述了一种利用菊芋全粉生产面条的方法。面条可较好的长期保存，其中的菊糖、维生素和矿物质有利于人体健康。

31. 一种生产果葡糖浆的制备方法

专利号：RU2224026（2004）

发明人和申请人：Golubev V. N. 和 S. J. U. Beglov（俄罗斯）

国际分类号：A23L1/09，C13K1/06，C13K11/00

本发明公开了一种用菊芋块茎，制备果葡糖浆的方法。菊芋块茎去皮、磨成浆、过滤。菊粉的酸水解是使用正磷酸，用石灰乳中和水解产物，一定压力下超滤纯化，进一步进行离子交换纯化。蒸发该溶液，得到不低于80%糖浆含量。它可作为一种补充糖果用于烘烤、制罐、饮料行业，并且可作为营养产品。

32. 一种从菊粉原料制备果葡糖浆的方法

专利号：RU2209835（2003）

发明人和申请人：Artem E. V. D.，V. V. Maneshin 和 E. J. P. Vasil（俄罗斯）

国际分类号：C13K11/00

本发明是一种从富含菊粉的块根作物中制备果葡糖浆。从菊芋块茎汁中提纯和水解得到菊糖。浓缩水解产物来制备浆状物，此方法简单、经济。

33. 一种香脂的组合物成分

专利号：UA62437（2003）

发明人和申请人：Stasiv T. H.（乌克兰）

国际分类：C12G3/06，C12G3/00

本发明公开了香脂的组成成分。它包含天然蜂蜜、牛奶、螺母液、坚果芳香醇、糖、菊芋液、黑乔基伯里汁、果汁阿什伯里、圣约翰草、黑醋栗叶、樱桃叶、紫锥花、螺旋藻、松果（嫩芽）和肉桂液。

34. 一种可供糖尿病患者可食用的水果和蔬菜原浆

专利号：RU2202231（2003）

发明人：Kupin G. A.，E. G. Najmushina 和 G. M. Zajko

申请人：Sitet, Kuban G T Univer（俄罗斯）

国际分类：A23L1/212，A23L1/29

本发明描述的原浆包含菊芋、苹果、黑乔基伯里、核桃、水合麦麸和果胶。它是专为治疗和预防糖尿病而设计的。

35. 一种含有低聚糖的糊化谷物制品

专利号：US6596332（2003）

发明人：Anantharaman H. G.，O. Ballevre 和 F. Rochat

申请人：Nestec S A（瑞士）

国际分类：A23K1/14，A23K1/18，A23L1/0528，A23L1/164，A23L1/18，A23L1/052

该专利描述了一种凝胶化谷物产品，其中含有植物来源（例如菊苣或菊芋）的菊糖衍生物。菊粉大约占干重的0.25%。所述谷物产品可以用作宠物食品或早餐谷类。

36. 一种新型菊粉产品的制作工艺

专利号：US6569488（2003）

发明人和申请人：Silver B. S.（美国）

该专利描述了一种制备菊芋等植物源菊粉的新方法。沉降罐用于分离高低分子量菊粉和果糖组分。

37. 一种沙拉泡菜半成品的制作方法

专利号：RU2197825（2003）

发明人：Klevtsova O. M., T. V. Frampol Skaja 和 O. I. Kvasenkov

申请人：Univ Kubansk（俄罗斯）

还出版为：RU2197824，RU2200418，RU2197823

国际分类：A23B7/155，A23L1/214，A23L3/3463，C12N1/20，A23B7/14

本发明涉及了一种蔬菜保鲜的新方法。整个制备过程包括菊芋、胡萝卜、牛蒡经碱清洗、切碎，并与盐和酸混合（通过菊芋废物培育乳酸菌）。在18至24℃下将产物发酵5~7天。它具有受消费者喜欢和令人愉快的感官特性。

38. 一种制作可保存沙拉的方法

专利号：RU2197847（2003）

发明人：Klevtsova O. M., T. V. Frampol Skaja 和 O. I. Kvasenkov

申请人：Kuban G T Univer，Sitet（俄罗斯）

国际分类：A23L1/212

克拉斯诺达尔沙拉是使用菊芋、甜菜、胡萝卜、香菜等蔬菜生产的。各组分被切断、混合并在植物油中焙烧，然后添加柠檬酸和盐，并将其老化和作为灭菌产品预装，该产品具有长效保质期和一定的感官特性。

39. 一种生产腌制安吉沙拉的方法

专利号：RU2198542（2003）

发明人：Klevtsova O. M., Eh. I. Mamedova 和 O. I. Kvasenkov

申请人：Sitet，Kuban G T Univer（俄罗斯）

国际分类：A23B7/10，A23L1/212

安吉沙拉包含菊芋、胡萝卜和苹果，可通过一种创新的、可保存的方法准备。

40. 一种生产腌制 Vesenni 沙拉的方法

专利号：RU2198541（2003）

发明人：Klevtsova O. M., E. I. Mamedova 和 O. I. Kvasenkov

申请人：Sitet，Kuban G T Univer（俄罗斯）

国际分类：A23B7/10，A23L1/212

Vesenni 沙拉包含菊芋、香菜、莳萝、绿豌豆和酸甜的绿头白菜。它是由一种创新的保鲜方法制备得到的。

41. 一种以肉类为基础的、可供怀孕和哺乳的妇女进食的食品罐头产品

专利号：RU2213493（2003）

发明人和申请人：Ustinova A. V., N. V. Timoshenko, M. A. Aslanova, A. V. Verkhososova 和 N. P. Perevyshin（俄罗斯）

国际分类：A23B4/00，A23L1/31，A23L1/314

本专利发明的罐头食品包括一定比率的牛肉、肝脏、猪肉、奶粉、荞麦面粉或玉米粉、植物油、大豆分离物、菊芋、海带、盐、骨粉、香辛料、叶酸、抗坏血酸和水。

42. 一种用从菊芋块茎制备乙醇的工艺

专利号：MD2343F（2003）

发明人和申请人：Baev O., F. Sepeli 和 D. Sepeli（摩尔多瓦）

国际分类：C12P7/067

本发明涉及一种酒精饮料，特别是菊芋块茎制备乙醇的工艺流程。用无机酸来处理块茎，加热完成糖化，在发酵和蒸馏之前用碳酸钙中和过量的酸。

43. 一种用于分离菊糖和低聚果糖的直接膜工艺

专利号：CN1389468（2003）

发明人和申请人：Zou C.（中国）

国际分类：C07H1/00，C07H3/00，C08B37/02

本发明涉及一种通过从菊芋或菊苣中，采用直接膜分离生产低聚果糖。

44. 一种加工 topinambour 块茎的方法

专利号：RU2218061（2003）

发明人：Golubev V. N., S. Beglov, N. K. Kochnev, J. P. Karachun 和 D. V. Vorobejchikov

申请人 Kochnev Nikolaj Konstantinovic, Karachun Jurij Petrovich, Vorobejchikov Dmitrij Vasil EV（俄罗斯）

国际分类：A23L1/09，A23N1/02，A23N1/00

该专利公开了一种处理地面菊芋块茎的方法。包括以下几个阶段：电渗析、酸水解、活性炭纯化并由石灰乳澄清。浓缩直到糖浆至少占干物质的50%。该方法可广泛应用于食品工业，并且可提高果葡糖浆的感官特性。

45. 一种生产豆制甜品的方法

专利号：RU2214717（2003）

发明人：Poljanskij K. K., L. Eh. Glagoleva, G. M. Smol Skij 和 V. V. Maneshin

申请人：G Obrazovatel Noe Uchrezhdenie, Ezhskaja GTA

国际分类：A23C23/00，A23L1/30

该专利涵盖了制备奶基混合物的方法，使用不含脂肪的凝乳、菊芋中果葡糖浆和从甜菜浆中分离的食用纤维制造。该混合物增加了豆制品的范围，增加了甜点的生物学和营养价值，并提高了长期存放的流变性能。

46. 一种生产菊芋茶的制作方法

专利号：CN1435106（2003）

发明人：He, Tian

申请人：庐山科技环保有限公司达莉亚（中国）

国际分类：A23F3/34，A23F3/00

该专利描述了一种菊芋茶的制备方法，从块茎切片、干燥、粉碎、包装成袋，并用紫外线光辐射。该产品具有高含量的膳食纤维、微量元素、低水平的脂肪，以及各种潜在的健康益处。

47. 菊芋细粉和 *H. tuberosusfine* 粉末产物及其制备方法

专利号：JP2002306113（2002）

发明人：Nakazato H.

申请人：Shinwa Ind（日本）

国际分类：A23L1/214

本发明描述了一种用于生产菊芋细粉的方法，作为产品用于食品用途。该细粉易溶于热水中。

48. 一种菊芋饮料的制备方法

专利号：CN1371635（2002）

发明人：吴韵升

申请人：林阳（中国）

国际分类：A23L2/02，A23L2/38

本专利描述了一种由菊芋制备而得、促进健康的饮料及其制备方法。该方法包括3个工艺步骤：制备菊芋水解物，制备桂花提取物，混合、包装和灭菌。

49. 菊粉复合物

专利号：US6419978（2002）

发明人和申请人：Silver B. S.（美国）

本专利公开了一种菊糖的新复合物，该复合物在室温下具有改善水溶性，与水混溶的特点。该组分是从菊芋等植物材料中提取出来的。制备新组分的工艺条件是在沉淀池中装入高浓度菊粉溶液，这将导致高分子量的多糖从水溶性低分子量多糖中析出。

50. 用于预防和治疗结肠癌的果聚糖复合物

专利号：US6500805（2002）

发明人：Van Loo J. 和 A. Frippiat

申请人：Tiense Suikerraffinaderij NV（比利时）

国际分类：A61K31/715

果聚糖（DP 超过15）的新用途，用于预防和治疗哺乳动物尤其是人的结肠癌。该复合物可以作为药物或功能性食品。较好的果聚糖是从菊芋或其他来源获得的菊粉。

51. 一种菊糖及相似品的生产制备方法

专利号：JP2002000216（2002）

发明人：Nakayama S.

申请人：Nippon Tonyo Shokken KK（日本）

国际分类：A23L1/214，A23L1/30

该菊芋产品的特征在于加入天然油状的维生素 E。这提供了一种糖尿病人可食用、且容易制备的稳定产品。所述片剂通过切片、烘干、粉碎并向粉末中加入柠檬酸制得，天然维生素 E 在其中约占 0.03%（重量）的量。

52. 调味品

专利号：RU2195140（2002）

发明人：Kvasenkov O. I. 和 E. Ju. Rosljakova

申请人：Sitet, Kuban G T Univer（俄罗斯）

国际分类：A23L1/22，A23L1/39

本专利描述的新型调味品包含大豆、豆瓣酱、菊芋、萝卜、糖、盐、植物油、胡萝卜种子、芥菜籽提取物原浆、大米、茴香、紫苏、匍匐百里香和希腊桂冠。它能改善感官特性，富含生物活性物质。

53. 菊芋块茎生产菊粉的方法

专利号：RU2192761（2002）

发明人：Kochnev N. K.，M. V. Kalinicheva 和 S. Ju. Beglov

申请人：Kochnev Nikolaj Konstantinovic, Kalinicheva Margarita Vasil EV（俄罗斯）

国际分类：A23L1/214

该专利描述了一种菊芋块茎制备粉末状产品的方法。块茎磨成原浆状、加热至80至90℃、冷却、并离心干燥和反复研磨。这提高了最终产品的质量和均匀性。

54. 一种通过干燥粉碎产生的基于干果和谷物的菊芋型产品

专利号：DE10101871（2002）

发明人和申请人：Koerber W. E. J.（德国）

国际分类：A23L1/164，A23L1/308

本发明描述了一种新的消费产品，其中包括液体黏合剂、干果、谷物和菊芋颗粒（通过干粉碎块茎生产）。

55. 一种肉、鱼、蔬菜、菜肴和半成品的产品填料

专利号：RU2192148（2002）

发明人：Shamkova N. T. 和 G. M. Zajko

申请人：Sitet, Kuban G T Univer（俄罗斯）

国际分类：A23L1/212，A23L1/30，A23L1/314，A23L1/317，A23L1/325

本发明描述了一种可在公共饮食业使用的填料，包括许多成分，其中有干菊芋。

56. 一种着色复合物和制造方法

专利号：US6500805（2002）

发明人：Koehler K.，S. J. Jacobsen，C. Soendergaard 和 M. Kensoe

申请人：Chr. Hansen A/S（丹麦）

也公开为：WO00070967（A1），EP1178738（A1），AU772905（B2）

国际分类：A23L1/00，A23L1/052，A23L1/27，A23L2/52

本专利公开了一种着色剂复合物，其包括甜菜果胶、菊苣果胶和菊芋果胶。该复合物可用于有益健康的食品、营养制品、医药产品的着色。

57. 一种由寡糖包封的矿物质和维生素复合物

专利号：US6468568（2002）

发明人：Leusner S. J.，J. Lakkis，B. H. van Lengerich 和 T. Jarl

申请人：General Mills, Inc（美国）

还出版为：WO0205667

国际分类：A23L1/304，A23L1/00，A23L1/10，A23L1/302

本发明公开了一种矿物和维生素强化成分，该成分用来包裹矿物和维生素，是玻璃状基质。所述基质复合物包括低聚糖、低聚果糖（FOS）和菊糖（菊苣或其他来源），可增加有益健康的纤维含量。

58. 一种着色复合物及其制造方法

专利号：US6500473（2002）

发明人：Koehler K.，S. J. Jacobsen，C. Soendergaard 和 M. Kensoe

申请人：汉森实验室（德国）

国际分类：A23L1/00，A23L1/052，A23L1/275，A23L2/58，A23L1/00

该专利描述了一种含有着色物质的复合物。该复合物包括甜菜果胶、菊苣果胶、菊芋果胶或乙酰化程度高的其他果胶。它应用于食用产品着色，包括食品、营养保健品和医药产品。

59. 一种用于食品生物活性添加剂的排毒复合物

专利号：RU2179856（2002）

发明人和申请人：Udintsev S. N. 和 V. V. Vakhrushev（俄罗斯）

国际分类：A61P39/00

该专利公开了一种食品添加剂复合物，含有纤维、维生素和矿物质。果胶和菊粉来源于蒲公英根、牛蒡或菊芋。

60. 一种儿童可食用的肉类罐头产品复合物

专利号：RU2178978（2002）

发明人：Ustinova A. V.，M. A. Aslanova，NTimoshenko，N. A. Ukhova 和 A. V. Verkhososova

申请人：Vrnii M，Jasnoj Promy（俄罗斯）

国际分类：A23B4/00，A23L1/314

该专利中给出了具有治疗和预防性质的肉罐头复合物。它包含以一定比率添加的禽肉（机械去骨）、牛肝、猪肉、菊芋、大豆分离物、亚麻籽油、胡萝卜、维生素 E 和水。

61. 乳血清基饮料

专利号：RU2181248（2002）

发明人：Volkova O. P.，T. V. Frampol Skaja 和 O. V. Kichatova

申请人：Kuban GT Univer，Sitet（俄罗斯）

国际分类：A23C21/02，A23C21/00

该专利饮料中含有菊芋汁。该创新产品可产生良好的或改进的感官特性，具有预防性能。

62. 一种由菊芋块茎和菊苣根生产得到的干燥制剂

专利号：AT409061B（2002）

发明人和申请人：Berghofer E. 和 E. Reiter（奥地利）

国际分类：A23L1/0528，A23L1/214

本发明涉及从菊芋和菊苣生产高纤维干燥制剂。

63. 伏特加

专利号：RU2174549（2001）

发明人：Kalugin V. D. 和 S. S. Verkhoturov

申请人：Kalugin V. D.，S. S. Verkhoturov 和 N. J. A. Porokhova（俄罗斯）

国际分类：C12G3/06，C12G3/00

本发明描述了亚洲伏特加复合物，它包含菊芋浓缩液。

64. 一种以菊芋为主要成分的饮料和其生产工艺

专利号：WO0117379（2001）

发明人：Nakayama S.

申请人：Nihon Tohnyo Shokken Co Ltd，Nakayama Shigeo（日本）

国际分类：A23F3/34，A23L2/44，A23F3/00，A23L2/42

这项专利涵盖了除菊芋外的为了防止氧化的柠檬汁或维生素 C。加入李子提取物后，将混合物煮沸，过滤并装瓶。饮料不含淀粉，因此，可以作为糖尿病患者的甜味源。

65. 一种由菊芋准备果葡糖浆的方法

专利号：RU2167198（2001）

发明人：Kantere V. M.，A. J. Vinarov，T. G. Mukhamedzhanova，T. V. Ipatova，V. A. Eremin 和 T. E. Sidorenko

申请人：Vinarov Aleksandr Jur Evich（俄罗斯）

国际分类：A23L1/09，C13F3/00，C13K11/00

本发明描述了用于制备果糖糖浆的方法，它包括菊芋块茎切碎、热水提取、加入酶制剂水解、澄清、浓缩得到果葡糖浆。该方法产生的糖浆具有有益的生物学价值，可作为糖尿病患者的营养食品。

66. 一种用于生产软膳食凝乳干酪的制备方法

专利号：RU2166857（2001）

发明人：Liz Ko N. N.，N. I. Bevz，E. A. I. Grigor 和 M. S. Belakovskij

申请人：Sii Inst Mediko Biolog，G Nts Rossijskoj Federat（俄罗斯）

国际分类：A23C19/068，A23C19/076，A23C19/00

该方法涉及标准化基地的巴氏杀菌、冷却发酵温度、引入乳酸链球菌和双歧杆菌等添加剂，最后浓缩得到菊芋提取物。

67. 一种通心粉产品制造方法

专利号：RU2166863（2001）

发明人：Glazunov A. A.，T. I. Shnejder，N. K. Kazennova，M. A. Podgaetskaja，D. V. Shnejder，A. A. Serdechkina，M. A Kalinina 和 V. N. Golubev

申请人：Gnin Inst，Khlebopekarnoj Promy（俄罗斯）

国际分类：A23L1/16，A23L1/30

本专利描述了一种生产通心粉的创新方法，增加包括菊芋全粉在内的丰富添加剂。该制品富含菊粉、维生素和碘，具有有益的生物学价值。

68. 一种由菊芋生产乙醇的方法

专利号：RU2161652（2001）

发明人：Krikunova L. N.，M. M. Aleksandrova，N. G. Il Jashenko 和 E. F. Shanenko

申请人：Mo Gu Pishchevykh, Proizv（俄罗斯）

国际分类：C12P7/06，C12P7/02

本发明公开了一种由菊芋块茎生产乙醇的新方法。包括块茎碾磨、与水和硫酸钙混合、通过内源性菊粉酶水解、糖化麦芽汁冷却、添加乳链菌肽、与工业酵母和麦芽汁发酵。该方法可增加乙醇的单位产量。

69. 浓缩基质（苦瓜）

专利号：RU2170045（2001）

发明人：Filonova G. L.，S. N. Panchenko，N. A. Komrakova，M. V. Kulikova，A. I. Adlin，N. S. Shevyrev，V. I. Postnikov 和 V. G. Ugreninov

申请人：Soglasie Aozt Fa, Vrnii Pivovarennoj Bezalkogol（俄罗斯）

国际分类：A23L2/385，C12G3/06

本专利描述了一种非酒精性饮料的浓缩基质，其中包括菊芋地上部分（茎）。该浓缩基质（苦瓜）可以恢复糖尿病人的代谢功能和免疫系统。

70. 一种包含对人体有益的肠道微生物和膳食纤维复合物

专利号：US6241983（2001）

发明人：Paul S. M.，J. J. Katke 和 K. C. Krumhar

申请人：Metagenics 公司（美国）

国际分类：A23J3/08，A23L1/305，A23L1/308，A61K9/00，A61K39/395，A61K39/40，A61K39/42，C07K16/04，A23J3/00

本专利描述了一种促进肠胃健康的复合物，包含对人体有益的肠道微生物和膳食纤维。膳食纤维的一个重要来源是从菊芋中获得的低聚果糖。

71. 酒的浓缩基质

专利号：RU2161426（2001）

发明人：Filonova G. L.，S. N. Panchenko，N. A. Komrakova，M. V. Kulikova，A. I. Adlin，N. S. Shevyrev，V. I. Postnikov 和 V. G. Ugreninov

申请人：Soglasie Aozt Fa, Yshlennosti, Vrnii Pivovarennoj Bezalkogol（俄罗斯）

国际分类：A23L2/385

本专利对浓缩型非酒精性饮料的复合物进行了说明，它包括菊芋茎。该浓缩基质具有抗氧化性能，不含多余的尿酸和草酸，并能预防风湿病。

72. 饮料的浓缩基质

专利号：RU2165225（2001）

发明人：Filonova G. L.，S. N. Panchenko，N. A. Komrakova，M. V. Kulikova，A. I. Adlin，N. S. Shevyrev，V. I. Postnikov 和 V. G. Ugreninov

申请人：Zao Soglasie Fa，Vrnii Pivovarennoj Bezalkogol（俄罗斯）

国际分类：A23L2/385

该专利描述了一种用于酒精性饮料的浓缩基质组合物，其中包括菊芋茎。该基质可以加快盐和碳水化合物的代谢，提高胃肠道功能。

73. 药用和食用的菊粉-果胶精矿粉的制备方法

专利号：RU2169002（2001）

发明人：Samokish I. I.，N. S. Zjablitseva 和 V. A. Kompantsev

申请人：Akademija，Pjatigorskaja G Farmatsevtiche（俄罗斯）

国际分类：A23L1/29，A61K31/70，A61K31/715，A61P3/10，C08B37/00

该新方法包括用乙醇沉淀提取菊芋块茎中的干粉状菊粉。从剩余粉末中提取果胶。它的优点是操作简单、避免原材料浪费。

74. 一种菊粉和含果聚糖产品的制备方法。

专利号：RU2175239（2001）

发明人：Aravina L. A.，G. B. Gorodetskij，N. Ja. Ivanova，E. V. Komarov，N. N. Momot 和 M. A. Cherkasova

申请人：Gorodetskij Gennadij Borisovic（俄罗斯）

国际分类：A23L1/236

本发明涉及以菊糖为基础的生物活性食品添加剂的制备。该方法提供了一种制备分子量为 7 000~10 000 Da 的菊粉，伴随果糖制品的产生。此方法可以增强技术的有效性和提高菊粉的纯度。

75. 一种膳食豆制甜品的制备方法

专利号：RU2166257（2001）

发明者：Volkova O. P.，T. V. Frampol Skaja 和 V. N. Chukhlib

申请人：Kuban G T Univer，Sitet（俄罗斯）

国际分类：A23C23/00

该创新方法提高了豆制甜点的生物价值。该组分包括粉碎菊芋（粒径，5~7 mm）。

76. 一种浆状的浓缩饮料

专利号：RU2161003（2000）

发明人：Filonova G. L.，S. N. Panchenko，E. A. Litvinova，I. L. Kovaleva，A. I. Adlin，N. S. Shevyrev，V. I. Postnikov 和 V. G. Ugreninov

申请人：Soglasie Aozt Fa，Vrnii Pivovarennoj Bezalkogol（俄罗斯）

国际分类：A23L2/385

该专利给出了用于饮料的糊状浓缩物。该浓缩物包括菊芋。该组合物可以增强免疫系统，调节血糖含量，使血压正常化。

77. 酒精饮料

专利号：RU2158292（2000）

发明人：Kukharenko A. A. 和 A. Ju. Vinarov

申请人：Vinarov Aleksandr Jur Evich（俄罗斯）

国际分类：C12G3/06，C12G3/00

该专利中列出了酒精饮料组合复合物，其中包括乙醇、水、菊芋来源的果葡糖浆。该饮料具有治疗作用并且可供糖尿病患者使用。

78. 一种运动员饮食营养中的生物活性食品添加剂的制备方法

专利号：RU2156086（2000）

发明人：Gaptova J. V., J. V. Orlovskij, M. A. Ul Janova, L. I. Ul Janova, D. A. Fadeev 和 I. D. Fadeeva

申请人：Fadeeva Irina Dmitrievna（俄罗斯）

国际分类：A23L1/30，A23L1/30

菊芋糖浆可应用于食品添加剂。它可以帮助运动员在最大负荷量期间克服免疫缺陷。

79. 一种富含菊芋汁、有果香、味微甜的啤酒

专利号：DE19924886（2000）

发明人：Fritsche H. 和 K. Oelschlaeger

申请人：Klosterbrauerei Neuzelle Gmbh（德国）

国际分类：C12C5/02 C12C5/00

该创新是向啤酒中增加了菊芋浓缩汁，在排水前、但要在储存和发酵后加入。该啤酒能产生鲜明的感官特性。

80. 一种使用菊芋酿造啤酒的方法

专利号：RU2149894（2000）

发明人和申请人：Zelenkov, V. N.（俄罗斯）

国际分类：C12C7/00，C12C12/00

该啤酒涉及的生产方法是使用菊芋作为添加剂（块茎或地上植物部分的水提取物，或从菊芋或不同部位提取的干燥粉末）。在各种可能的酿造阶段引入菊芋添加剂。该方法可产生一种新型的啤酒，由于富含菊粉和菊芋等生物活性成分，具有较高的生物学价值。

81. 一种菊芋块茎制备菊糖的方法

专利号：RU2148588（2000）

发明人：Maneshin V. V., Ev. V. D. Artem 和 Eva J. P. Vasil

申请人：Ooo Fabrika Biotekhnologija（俄罗斯）

国际分类：C08B37/00，C08B37/18

本发明描述了一种磨碎的菊芋块茎经过结晶和干燥制备菊糖的方法。水溶性物质是从水不溶性的纤维组分分离得到的。加热（80~85℃下进行1~3 min）、过滤、超滤、纳滤去除蛋白质和有色物质。菊粉是从浓缩果汁中结晶。

82. 糖尿病人可食用的烘焙食品，如面包

专利号：DE19830122（2000）

发明人和申请人：Hechler P. （德国）

国际分类：A21D2/36，A21D13/02，A21D13/04，A21D13/08，A21D2/00

本专利给出的饮食焙烤食品中包括高达50%菊芋。

83. 以菊芋为基础获得食品的方法

专利号：RU2143823（2000）

发明人：Faradzheva, E. I., V. J. Barkhatov, V. A. Bredikhina 和 V. S. Ruban

申请人：Sitet, Kuban G T Univer （俄罗斯）

国际分类：A23L1/212，A23L1/29

本方法涉及菊芋多聚果糖的水解和热处理，该方法能够增加果糖含量。它可治疗糖尿病和肥胖症。

84. 用于制备治疗和预防性的食品和饮料的菊芋食品添加剂

专利号：RU2152734（2000）

发明人和申请人：Zelenkov V. N. （俄罗斯）

国际分类：A23L1/052，A23L1/30

该专利描述了一种食品添加剂，它是由菊芋的块茎或植物的地上部分制成的。

85. 一种宏观和微量的菊芋生物活性食品添加剂

专利号：RU2152736（2000）

发明人和申请人：Zelenkov V. N. （俄罗斯）

国际分类：A23L1/30

本专利描述了一种使用菊芋块茎干制备食品添加剂。它可以用于营养、治疗和预防。

86. 一种具有治疗-预防作用的乳制品的制备方法

专利号：RU2130731（1999）

发明人：Poljanskij K. K., N. S. Rodionova 和 L. Eh. Glagoleva

申请人：Akademija, Voron GT （俄罗斯）

国际分类：A23C23/00

通过渗滤制备的蛋白质与干菊芋浓缩物混合制备得到的乳制品。将该混合物巴氏杀菌、冷却、嗜酸杆菌酸化。

87. 制备牛奶蛋白质产品的组分

专利号：RU2128444（1999）

发明人：Khachatrjan A. P., R. G. Khachatrjan, A. B. Rodionov, N. A. Jurchenko 和 I. G. LemeshchenkoLemeshchenko

申请人：Khachatrjan A P （俄罗斯）

国际分类：A23C9/12 A23C9/127，A23C9/133，A23C11/10

该创新组合物包括奶基和菊芋的浓缩粉。

88. 一种含果糖产品的婴儿食品成分

专利号：JP11332513（1999）

发明人：Seuer, R. C. 和 M. B. Cool

申请人：山毛榉坚果营养公司（美国）

国际分类：A23L1/09，A23L1/212，A23L1/30

该专利描述的婴儿食品组合物含有从菊芋、婆罗门参和牛蒡中提取的果聚糖。果聚糖可选择性地刺激婴儿大肠内的双歧杆菌。

89. 糖尿病品种

专利号：RU2137491（1999）

发明人和申请人：Sukhanov A. I.（俄罗斯）

国际分类：A61K35/78

该专利描述了一种干燥植物原料混合物，可用作预防和治疗糖尿病。植物种类包括菊芋块茎，可使用任意比例。

90. 一种菊芋浓缩汁的生产方法

专利号：DE19815085（1999）

发明人：Lienig H.，S. Daehnert 和 S. Goworek

申请人：Lienig GMBH（德国）

国际分类：A23L2/02，A23L2/84，A23L2/70

该专利给出了使用菊芋块茎生产浓缩汁的新方法，包括以植物乳杆菌发酵。

91. 一种冰冻状态下甜点可使用的奶产品

专利号：RU2141766（1999）

发明人和申请人：Khachatrjan A. P. 和 R. G. Khachatrjan（俄罗斯）

国际分类：A23C9/12，A23C23/00，A23G9/00

由于乳菌微生物的加入，使该牛奶产品具有预防性，它包括几种乳酸菌（例如，乳酸杆菌 acidophilusstrain 317/402）和菊芋。

92. 一种新型果胶

专利号：WO9903892（1999）

发明人和申请人：Van Dijk G. J.，M. E. A. Jaspers H. W. Raaijmakers，B. W. WAL-RAVEN 和 R. De VOS（荷兰）

还出版为：NL1006602C（C2）

国际分类：A23L1/0524，A23L1/22，A23L1/308，B01F17/00，C08B37/00，A23L1/052

该方法描述了从菊苣或菊芋中获得果胶，该果胶含有指定特性。新型果胶是优良的乳化剂，也可以被用作黏合剂、表面活性剂及膳食纤维。

93. 一种调味品

专利号：RU2125387（1999）

发明人：Kas Janov G. I.，O. I. Kvasenkovm V. G. Shaposhnikov 和 A. I. Nikolaev

申请人：Sitet, Kuban G T Univer（俄罗斯）

国际分类：A23L1/22，A23L1/39

该专利中的调味品含有大豆膏、菊芋酱、糖、盐、香菜、红辣椒、植物油、调味剂和指定量的山梨酸。它能改善感官特性。

94. 一种由菊芋生产药用糖果的方法

专利号：RU2130273（1999）

发明人和申请人：Zelenkov V. N.（俄罗斯）

国际分类：A23G3/00，A23L1/052

该方法公开了一种富含菊粉糖果的制造方法，其中结合植物蛋白质、维生素和微量元素，干燥菊芋全粉粉末冷却时加入糖食中［温度不超过80℃，以1%~10%的比率（重量）糖果组分］。当制作糖果填料时，菊芋按重量计其量可达95%。

95. 由菊芋制备对人体具有治疗和预防生物活性的制剂

专利号：RU2132199（1999）

发明人和申请人：Zelenkov V. N.（俄罗斯）

国际分类：A61K9/08

该专利描述了一种提取和纯化菊芋块茎的简化技术。

96. 使用菊芋制备药用和食品级的菊糖（组合物）方法

专利号：RU2131252（1999）

发明人：Samokish I. I.，N. S. Zjablitseva 和 V. A. Kompantsev

申请人：Akademija，Pjatigorskaja G Farmatsevtiche（俄罗斯）

国际分类：A61K31/715

本发明公开了一种从新鲜或干燥的菊芋块茎中提取新物质的制备方法。蒸发提取物结晶出粗菊糖。菊粉沉淀分离，并且进一步纯化。

97. 一种牛奶布丁组合物

专利号：RU2125808（1999）

发明人：Fesjun V. G.，T. B. Cheprasova，I. F. Gorlov 和 I. A. Chernavina

申请人：Cheskij Inst Mjaso Molochnogo，Ererabotki Produktsii Zhivotno，Volg Ni Skij T, Z Volg，Aktsionernoe Obshchestvo Otkry（俄罗斯）

国际分类：A23C23/00

该专利描述的组合物包括糖、可可粉、稳定剂、菊芋全粉和乳基。改善了布丁口感，具有较高的治疗和预防生物价值。

98. 一种由菊芋生产面包和粉状产品的制备方法

专利号：RU2128439（1999）

发明人和申请人：Zelenkov V. N.（俄罗斯）

国际分类：A21D8/02，A21D13/08，A21D13/00

所描述的方法涉及引入菊芋的无水浓缩粉末等生物添加剂，搅拌，获得具有高达14%的残余水分含量的焙烤产品。面包店通过该方法获得的产品富含菊粉、果胶、微量元素以及其他生物活性成分。

99. 一种干菊芋的浓缩

专利号：RU2142239（1999）

发明人和申请人：Zelenkov V. N.（俄罗斯）

国际分类：A23L1/212，A23L1/30

该方法用于脱水菊芋块茎生产浓缩，新型产品的特点是微量和大量元素（例如，硅，钾，磷和镁）的含量高。它可以用于食品的生物活性添加剂、食品成分，也可以用于生物技术、医药、化妆品和制药工业。

100. 一种糊化产品及其制造方法

专利号：JP10215805（1998）

发明者：Ballevre O.，H. G. Anantharaman 和 F. Rochat

申请人：Nestle SA

还出版为：US5952033（A1），BR9706448（A），NO314241B（B1），CA2221526（C），AU728677（B2）

国际分类：A23K1/14，A23K1/18，A23L1/0528，A23L1/164，A23L1/18，A23L1/052

该专利制造出了具有特殊味道、低成本的凝胶化产品。将菊苣或菊芋源获得的菊粉（0.25%干物质重量）包含在一个凝胶淀粉基质中。

101. 一种抑制阿斯巴甜的分解方法和复合物

专利号：WO9810667（1998）

发明人和申请人：Mitchell D. C.（美国）

还出版为：US5731025（A1）

国际分类：A21D2/24，A23L1/236，A21D2/00

该专利描述了一种热稳定糖精甜味剂，其主要包含阿斯巴甜、微量的甘露醇和菊芋。它可以用于制备烘焙食品、热饮和类似物。

102. 一种含果聚糖成分的婴儿食品

专利号：US5840361（1998）

发明人：Theuer R. C. 和 M. B. Cool

申请人：山毛榉坚果营养公司（美国）

国际分类：A23L1/0528，A23L1/212，A23L1/214，A23L1/308，A23L1/052

该专利披露了婴儿食品成分，包含一个或多个含果聚糖的蔬菜和菊芋。该组分可选择性地刺激婴幼儿的结肠双歧杆菌。

103. 一种低脂面包

专利号：US5846592（1998）

发明人：Alderliesten L.，J. M. M. van Amelsvoort, W. A. M. Castenmiller, N. J. de Fouw, R. A. Schotel 和 J. J. Verschuren（荷兰）

申请人：宏达食品有限公司（美国）

国际分类：A23D7/005，A23D7/015，A23L1/05，A23L1/052，A23L1/09，A23L1/308

该面包含有人体酶液不可降解的纤维成分。纤维成分是多糖非淀粉（800 余均分子量）。菊芋是推荐用于获得纤维的原料之一。

104. 一种营养粉组分

专利号：US5744187（1998）

发明人和申请人：Gaynor M. L.（美国）

该专利公开了一种天然草药产品的组合物，可以配混干燥形式的食品，易溶于被人类摄取的流体混合物。当消化时，混合物为人体提供能量和提升幸福感。菊芋是众多因素之一。

105. 一种预防和治疗乳腺癌的制剂

专利号：US5721345（1998）

发明人：Roberfroid M.，N. Delzenne，P. Coussement 和 J·Van Loo

申请人：Raffinerie Tirlemontoise，SA（比利时）

国际分类：A23K1/16，A23L1/052，A23L1/308

本发明涉及在食品、饲料和药物组合物中使用菊粉、低聚果糖或它们的功能性衍生物，以预防和治疗乳腺癌。通过从菊苣或菊芋天然菊糖的酶促水解获得活性成分。

106. 一种由菊芋制备含果糖产品方法

专利号：RU2118369（1998）

发明人：Samokish I. I.，N. S。Zjablitseva 和 V. A. Kompantsev

申请人：Pjatigorskaja G Farmatsevtiche，Akademija（俄罗斯）

国际分类：C13K11/00

该方法描述了一种通过加入菊芋生物活性物质，改善果糖膏。

107. 食品制造业产品

专利号：RU2110190（1998）

发明人：Kvasenkov O. I.，Eh. I. Faradzheva，V. Ju. Barkhatov 和 V. A. Bredikhina

申请人：库班 GT UNIVER，Sitet（俄罗斯）

国际分类：A23L1/212，A23L2/84，A23L2/70

该方法描述了用乳酸等微生物酶发酵白菜，并与菊芋块茎混合制备。

108. 一种饮料的生产

专利号：RU2111684（1998）

发明人：Barkhatov V. J.，V. A. Bredikhina，O. I. Kvasenkov 和 E. I. Faradzheva

申请人：Sitet, Kuban G T Univer（俄罗斯）

国际分类：A23L2/02

本专利对制备菊芋在果汁饮料的使用方法进行说明。

109. 一种由菊芋生产纸浆类产品的制备方法

专利号：RU2110189（1998）

发明人：Bredikhina V. A.，O. I. Kvasenkov，E. I. Faradzheva 和 V. J. Barkhatov

申请人：Sitet, Kuban G T Univer（俄罗斯）

国际分类：A23L1/212，A23L1/29

该方法是描述菊芋块茎混合果肉。

110. 膳食营养食品的制备方法

专利号：RU2110193（1998）

发明人：Faradzheva E. I. , V. J. Barkhatov, V. A. Bredikhina 和 O. I. Kvasenkov

申请人：Sitet, Kuban G T Univer（俄罗斯）

国际分类：A23L1/212, A23L1/29

该专利给出了一种由菊芋泥生产饮食营养的方法。

111. 一种基于菊芋生产制浆罐头产品的生产方法

专利号：RU2105499（1998）

发明人：Bredikhina V. A. 和 V. J. Barkhatov

申请人：Sitet, Kuban G T Univer（俄罗斯）

国际分类：A23L1/212, A23L1/29

该专利包括许多阶段，菊芋果肉的研磨和混合。将混合物均化、加热，并在消毒罐包装。

112. 一种菊粉的制备方法

专利号：RU2121848（1998）

发明者：Chepurnoj I. P. , S. M. Kunizhev, E. N. Shvetsov 和 V. N. Gejko

申请人：Stavropol Skaja Kraevaja Diabe（俄罗斯）

国际分类：A61K35/78

该方法公开了一种由菊芋块茎生产菊粉的产品。在两个阶段完成菊粉结晶。该产品可用于制备诊断剂及食品工业中。

113. 从菊芋制备具有抗应激、适应原、免疫刺激、抗毒、膜稳定和生物活性的抗氧化物质的治疗-预防剂的方法

专利号：RU2105563（1998）

发明人：Zelenkov V. N. 和 V. B. Kazimirovskaja

申请人：Zelenkov V. N.（俄罗斯）

国际分类：A61K35/78

该专利说明了从菊芋块茎提取生物活性剂的改进的方法。

114. 一种无糖、无盐及增甜剂和低 pH 值、低矿物质含量的菊芋汁

专利号：DE19546150（1997）

发明人和申请人：阿尔法工程有限公司 Entwick（德国）

国际分类：A23L2/02, A23L2/52

该专利描述了一种从菊芋块茎获得的菊芋汁。它不包括糖、盐和甜味剂。

115. 一种从菊芋块茎制备干燥颗粒和粉

专利号：WO9625860（1996）

发明人：Walley B. D. 和 N. Auty

申请人：Owenacurra Ltd, Walley B. D. , Auty, N.（爱尔兰）

也公开为：IE64282（B2）IE950135（A1）IE950136

国际分类：A23B7/06, A23B7/144 A23B7/157, A23L1/214 A23B7/00, A23B7/14

一种新的方法，使用菊芋块茎制备干燥颗粒和粉。块茎颗粒暴露于稀二氧化硫、中间

热烫。将颗粒干燥至约7.0%水分含量。

116. 一种氢化低聚果糖

专利号：US5585480（1996）

发明人：Vogel M., M. Kunz, J. Kowalczyk 和 M. Munir

申请人：Sudzucker Aktiengesellschaft Mannheim/Ochsenfurt（德国）

该专利描述了一种低热量、适合糖尿病、龋齿的甜味剂。它包括果糖基、甘露醇（果糖）、山梨醇（N=1~6），或这些化合物混合。菊芋块茎可以用来作为原料。

117. 含有菊糖、果糖和葡萄糖汁的生产

专利号：DE4426662（1996）

发明人：Heilscher, K. 和 B. Fiedler

申请人：Heilscher Karl（德国）

国际分类：A23L1/0528, C13K1/06, C13K11/00, A23L1/052

该专利描述了一种用于生产含有菊糖、菊芋块茎果糖和葡萄糖汁的方法。块茎粉碎成糊状物，菊粉被转化成单糖和低聚物，由天然植物酶的释放来控制。固-液相分离和巴氏杀菌，菊粉或蔗糖进一步冷却以完成菊糖和低聚物的水解。

118. 一种从菊芋生产果葡糖浆

专利号：RU2039832（1995）

发明人：Ibramdzhi Z., B. L. Flaumenbaum 和 O. I. Kvasenkov

申请人：Vserossijskij Nii Konservnoj I（俄罗斯）

国际分类：C13K11/00

119. 生产糖醇

专利号：JP7087990（1995）

发明人：Kobayashi S., K. Kainuma, M. Kishimoto, K. Honbo 和 K. Nagata

申请人：纳特食品RES，日本Denpun工业株式会社（日本）

国际分类：A23L1/236, C07C31/26, C07H3/06, C07H15/04, C12P7/18, C12P19/14, C07C31/00, C07H3/00, C07H15/00, C12P7/02, C12P19/00

这项专利提出了由菊芋块茎及其他富含菊粉或低聚果糖的植物生产乙醇。糖醇是专门用作保健食品而存在的双歧因子。

120. 甜味剂

专利号：CZ8904180（1994）

发明人和申请人：Kantner V. M. 和 M. Kovar（捷克）

还出版为：CZ279437（B6）

国际分类：A23L1/0528, A23L1/09, A23L1/221, A23L1/236, C12P19/14, A23L1/052, C12P19/00

该专利描述了生产菊芋蔬菜汁的甜味剂。

121. 新鲜的面食产品和制造过程

专利号：US5258195（1993）

发明者和申请人：Lohan M. J. （美国）

国际分类：A23L1/16，A23L1/16，A23P1/08

该专利描述了糯米粉、优选硬质小麦粗粒面粉、菊芋面粉及新鲜面食制品的制造方法。

122. 一种生产含果糖的高纯度菊粉浓缩物，所述方法获得的半成品制造纯果糖

专利号：HU63465 （1993）

发明人：Barta J.，H. Foerster，K. Magyar，K. Vukov 和 I. Rak

申请人：Interprotein Feherje ES Biotec，Lenin MGTSZ （匈牙利）

国际分类：B01J47/00，C13K11/00

一种生产浓缩菊芋的方法。

123. 含有多聚果聚糖的液体组合物

专利号：JP4311378 （1992）

发明人：Harada T.，S. Suzuki，K. Ohata 和 F. Yamanaka

申请人：味之素株式会社 （日本）

国际分类：A23C9/13，A23L1/03，A23L1/308，A23L1/39，A23L2/00，A23L2/38，A23L2/52，C08B37/00，C08B37/18

该专利公开了制备多聚果聚糖液体组合物的方法。通过培养曲霉 sydowiand 糖，分生孢子或来自向日葵衍生糖或菊粉形成所需组合物的液体 tuberosususing 果糖转移获得多聚果糖。多聚果糖是液体饮料（例如果汁）和酸奶中有用且富含纤维的物质。

124. 一种果糖二酐 I 生产方法

专利号：JP4144692 （1992）

发明人：Dba S.，H. Ogishi 和 R. Sashita

申请人：三菱化学工业 （日本）

国际分类：C12N9/24 C12P19/14 C12P19/00

该专利描述了生产高收率二果糖酐 I （DFAI）的方法，含链霉菌属细菌来源的菊粉溶液的菊粉反应。

125. 一种糖类的混合物制备方法

专利号：US5127956 （1992）

发明人：Hansen，O. C. 和 R. F. Madsen

申请人：Danisco A/S （丹麦）

一种方法公开了果糖、葡萄糖和从块茎或根制备的寡糖的混合物，作为填料使用的混合物的或疏松剂与甜味。来源于菊芋块茎。

126. 健康茶及其制备

专利号：JP4008270 （1992）

发明人：Koyama，A.

申请人：Marusei Misuzuya Honpo Yuugen （日本）

国际分类：A23L1/30，A23L2/38，A61K31/715

一个健康茶的制备方法，既瘦体，又可防止肠道疾病。茶叶中含菊粉丰富的植物，和中国茶成分和中国药物成分（杜仲叶）。原因是菊粉酶转换成菊粉低聚果糖，它在肠道内促进微生物产生生物活性。

127. 含菊糖食品制品的生产和保藏方法

专利号：HU55614（1991）

发明人：Olah I. 和 L. Szabo

申请人：Baranya Megyei Tanacs Gyogysze（匈牙利）

还出版为：HU203959（B）

国际分类：A23L1/307

给出了一种制备具有长效保质期的含菊粉食品。菊粉是从地面菊芋全粉制成。

128. 含菊粉蔬菜汁的保温

专利号：CS8905988（1990）

发明人和申请人：Linduska R., A. Matejka, A. Letenay, F. Hosek 和 J. Stuchlik（前捷克斯洛伐克）

还出版为：CS274145（B1）

国际分类：C07H1/08，C07H1/00

一种方法给出了从菊芋汁中提取菊粉。

129. 块根作物制备的方法和设备

专利号：EP0401812（1990）

发明人和申请人：Gerlach, K.（德国）

还出版为：DE3918671（A1）

国际分类：A23N12/02，B03B5/56，A23N12/00，B03B5/00

本发明从漂浮水中携带泥土等杂物中分离菊芋根和块茎作物。

130. 菊芋种类的工业化和食用

专利号：HU51087（1990）

发明人：Bagoly I., Z. Veress, L. Iklodi 和 R. Ferenc

申请人：Rakoczi 费伦茨（匈牙利）

国际分类：A01H5/06

131. 使用菊芋块茎生产食品的工艺

专利号：DE3915009（1989）

发明人：Juchem F. J. 和 G. Lehmann

申请人：Juchem Franz Gmbh & Co Kg（德国）

国际分类：A21D2/36，A23L1/214，A21D2/00

该方法提出了热菊芋块茎生成纸浆。纸浆用于谷物粉，形成面团烘焙产品，可以在其他类型的食物（如面条）使用。得到的烘焙产品比用菊芋全粉制成的产品更轻、具有更好的味道。

132. 一种由菊芋块茎制备面粉

专利号：US4871574（1989）

发明人：Yamazaki H.，H. W. Modler，J. D. Jones 和 J. I. Elliot

申请人：加拿大专利发展有限公司/兴业 Canadienne 德 Brevets（加拿大）

还出版为：JP1199554（A），CA1324022（A）

国际分类：A23K1/16，A23L1/214

新工艺是从菊芋块茎或类似含有菊糖的植物制备面粉。块茎浸渍、加热和喷雾干燥。面粉包括单糖、寡糖的混合物。

133. 酒精饮料

专利号：DE3819416（1989）

发明人和申请人：Grueneis Ruediger（德国）

国际分类：C12G3/02

该酒精饮料有干爽和新鲜的口感，能促进健康。它的特点是包含菊芋块茎发酵提取物。

134. 一种菊芋产品的烘焙方法

专利号：DE3815950（1989）

发明人：Juchem F. J.

申请人：Juchem Franz Gmbn & Lo kg（德国）

国际分类：A21D2/36 A21D2/00

公开了一种使用菊芋块茎用于生产面包的方法。块茎蒸熟、捣碎与谷物粉形成面团，烘烤处理。

135. 生产果葡糖浆

专利号：JP63036754（1988）

发明人：Ymazaki，H.

申请人：明治制果株式会社（日本）

国际分类：A23L1/236

该方法给出了从菊芋块茎生产糖浆，该糖浆含有较多的果糖和低聚果糖、较少的葡萄糖，可作为糖尿病患者的甜味剂。

136. 天然咖啡替代品

专利号：US4699798（1987）

发明人和申请人：Maclean.（加拿大）

还出版为：JP59196039（A），CA1184418（A）

国际分类：A23F5/44，A23F5/00

本发明提供一种天然咖啡替代品的制备方法。它包括干烤菊芋（洋姜）和菊芋（甘露子）。

137. 从菊芋块茎生产果糖的方法

专利号：S. E. 1300032（1987）

发明人：Arkhipovich N. A., T. Y. Chernyakova 和 M. N. Koshevich

申请人：Ki T I Pishchevoj Promy（瑞典）

国际分类：C13K11/00

138. 生产低聚果糖

专利号：JP61277695（1986）

发明人：Kobayashi S., K. Kainuma, M. Kishimoto, K. Honbo 和 K. Nagata

申请人：纳特食品 RES，日本 Denpun 工业株式会社（日本）

国际分类：C07H1/08，C07H3/06，C08B37/18，C12P19/00，C07H1/00，C07H3/00

本专利披露了生产菊芋低聚果糖的方法。用酶和菊粉块茎反应，将所得的化合物分离，得到作为食品材料的低聚果糖。

139. 生产果糖聚合物

专利号：JP61280291（1986）

发明人：Kobayashi S., K. Kainuma, M. Kishimoto, K. Honbo 和 K. Nagata

申请人：纳特食品 RES，日本 Denpun 工业株式会社（日本）

国际分类：C08B37/18 C12P19/04，C08B37/00，C12P19/00

本专利公开了一种用于生产大量菊芋果糖聚合物的方法。植物原料用纤维素酶处理，将所得的液体提取物离心并浓缩为果糖聚合物。

140. 生产菊芋全粉的方法

专利号：US4565705（1986）

发明人：Snider, H. K.

申请人：Show-Me Low 食品公司（美国）

国际分类：A23L1/214

本发明是一种用菊芋块茎生产菊粉的方法。块茎减小到颗粒，放于酸化水中，进行一系列的冲压，之后对挤压颗粒进行干燥。

141. 生产果葡糖浆

专利号：US4613377（1986）

发明人和申请人：Yamazaki H. 和 K. Matsumato（加拿大）

国际分类：C13K11/00

从菊芋制浆生产果糖浆的新方法。该糖浆含有低聚果糖，是老年人与糖尿病理想的甜味剂。榨汁后剩余的果肉中含有丰富的蛋白质，可用作动物饲料。

142. 一种生产含有菊芋汁的低能量的糖尿病蔬菜果汁以及蔬菜-水果鸡尾酒制造方法

专利号：HU38236（1986）

发明人：Zetelakine H. K., T. E. Szilagyine 和 K. Kovacs

申请人：Koezponti Elelmiszeripari（匈牙利）

国际分类：A23L1/09

一种从蔬菜使用内切多聚半乳糖的酶生产果汁的方法。低能量饮食或糖尿病患者该果汁是用于使用。

143. 纯化果聚糖的改进方法

专利号：JP60160893（1985）

发明人：Morita S.，Tamaya H.，S. Hakamata，T. Suzuki 和 K. Satou

申请人：三井东压化学株式会社（日本）

国际分类：C08B37/00，C12P19/04，C08B37/00，C12P19/00

本制备方法公开了一种改进的色泽好和纯度高的果聚糖的制备方法。在制备过程中，用果胶水解酶处理果聚糖溶液。

144. 由菊芋块茎生产果糖糖浆的方法

专利号：HU37016（1985）

发明人：Vukov K.，K. Magyar，J. Barta，K. Sasvari 和 G·Szabo

申请人：Hosszuhegyi AAG，Bardibuekki AAG（匈牙利）

还出版为：HU192127（B）

国际分类：A23L1/09

145. 利用超滤生产高果糖糖浆菊粉的方法

专利号：US4421852（1983）

发明人和申请人：Hoehn，K.，C. J. Mckay 和 E. D. Murray（加拿大）

国际分类：C12P19/14，C13K11/00，C12P19/00

公开了一种用菊芋块茎生产高果糖糖浆的方法。从水中提取的菊粉，酶解为果糖和葡萄糖。分离、超滤、蒸发，果糖糖浆（至少占干重的90%）可以在食品中与果糖玉米糖浆混合应用。

146. 从植物和水果中萃取糖工艺，特别是从甜菜、甘蔗、菊粉中提取的糖，以及将该提取汁液通过离子交换或超滤的装置消除非糖物质

专利号：YU277381（1983）

发明人和申请人：Bozidar D.（塞尔维亚和黑山）

147. 一种从菊芋块茎提取块茎汁和用于实施这一过程的设备

专利号：DE3211776（1982）

发明者：Condolios E. 和 L. Berthod

申请人：阿尔斯通大西洋（法国）

还出版为：LU84057（A），FR2502909（A1），BR8201896（A），BE892497（A），IT1155487（B）

国际分类：A23N1/02，C13D1/00，A23N1/00

148. 从菊芋使用菊粉酶制作果糖方法

专利号：KR7900995（1979）

发明人：Byen S. M. 和 B. H. Nam

申请人：科学韩国高级研究所（韩国）

149. 使用工艺酶法从菊芋制备果糖

专利号：JP52136929（1977）

发明人：Ishibashi K. S. Amao，S. Higuchi 和 T. Watanbe

申请人：三协，戴伊智工业制药有限公司（日本）

国际分类：C13K11/00

150. 从块茎、根或水果提取面粉或淀粉

专利号：GB1146854（1969）

发明人和申请人：Rolf H.

还出版为：US3433668（A1），OA1884（A）

国际分类：A23L1/214，C08B30/04，C08B30/00

151. 一种生产发酵饮料的制备方法

专利号：GB714119（1954）

发明人和申请人：Vosseler，O.（GB）

动物饲料应用

1. 菊粉混合与导入方法

专利号：US 7001624（2006）I

发明人和申请人：Golz D. I.，encore Technologies（美国）

国际分类号：A23K1/00、A23K1/16、A23K1/18

一种将菊粉混入幼畜饲料中以促进健康的新方法，包括从菊芋中提取的菊粉。

2. 狗的预防性饲料及生产方法

专利号：RU2264125（2005）

发明人和申请人：Gritsienko E. G.，N. V. Dolganova，R. I. Aljanskij（俄罗斯联邦）

国际分类号：A23K1/00

一种含有植物和动物成分的狗饲料，植物成分包括燕麦、荞麦、大麦、番茄、菊芋绿块和麦粒

3. 仔猪饲养方法

专利号：US 6387419（2002）

发明人和申请人：Christensen，申请人：生物纤维-DaminA/S（丹麦）

国际分类号：A23K1/175，A23K1/18

使用抗生素生长促进剂获得仔猪最佳性能的方法。包括在整个哺乳期间使用含有膳食纤维、铁和其他微量营养素的饲料添加成分，其中三分之一由膳食纤维和电解质组成，以预防或治疗腹泻。菊芋纤维为推荐的原料之一。

4. 以菊芋为基础的饲料添加剂作为家畜和农场动物的预防制剂

专利号：RU2149564（2000）

发明人和申请人：Zelenkov V. N（俄罗斯联邦）

国际分类号：A23K1/16

一种用于制备富菊芋的饲料混合物的添加剂，用于家畜和农场动物的日粮中的治疗性预防用途。饲料添加剂主要成分为菊芋块茎和地上部

5. 农场动物卫生方法

专利号：RU2140788（1999）

发明人和申请人：Blokhina I. N., N. A. Golubeva, V. P. Drjaglov, V. M. Radchenko, A. G. Samodelkin, B. V. Smetov and E. A. JakimechevaNizhegorodskij Ni Skij I（俄罗斯联邦）

国际分类号：A61K35/74，A61K35/66。

本产品具有包括菊芋在内的复合的保护因子。它们促进体重增加，减少胃肠道的紊乱。

6. 治疗动物小肠细菌过度生长的方法

专利号：US 57766524（1998）

发明人和申请人：Reinhart G. A，Iams 公司（美国）

描述了一种用于减少小肠中有害细菌数量的宠物食品。所述宠物食品组合物在干物质基础上含有约 0.2%至 1.5%的果糖，并被喂给宠物，如狗、猫或马。菊芋是所需低聚果糖的潜在来源。

7. 菊芋类饲料

专利号：HU50561（1990）

发明人和申请人：Bagoly I., Z. Veress, L. Iklodi 和 F. R. Kun, Rakoczi Ferenc（匈牙利）国际分类号：A01H5/06

8. 改进性饲料和其制造工艺

专利号 GB190804565（1908）

发明人和申请人：福多尔，G.（奥地利）

描述了一种用作燕麦替代品的饲料，其方法是混合大量的黑麦、大麦、燕麦、玉米、土豆、大米、草、三叶草、麦芽病菌、食用马铃薯、托品安布尔（Helianthumosus）、马栗子、稻草、甜菜干、亚麻籽饼和油菜蛋糕。

非食品工业应用

1. 一种制备 L（+）- 乳酸的方法

专利号：RU2195494（2002）

发明人和申请人：Shamtsjan M, V. I. Jakovlev, 和 K. A. Solodovnik（俄罗斯）

国际分类号：C12P7/56，C12P7/40

该专利提出了用牛链球菌发酵菊芋块茎的方法，这简化并降低了 L（+）-乳酸的制备成本。

2. 一种来自菊芋的生物活性添加剂用作美容剂

专利号：RU2162684（2001）

发明人和申请人：Zelenkov V. N（俄罗斯）

国际分类号：A61K7/00，A61K7/26，A61K7/50

该专利描述了一种来自菊芋的生物活性添加剂，其由各种植物部分制成，据称其对皮肤具有有益作用。

3. 一种从菊芋中生产乙醇的方法

专利号：RU2144084（2000）

发明人：Krikunova L. N., E. F. Shanenko，和 M. V. Sokolovskaja

申请人：Mo Gu Pishchevykh, Proizv（俄罗斯）

国际分类号：C12P7/06，C12P7/02

该专利提出了一种用内源粗菊粉酶处理菊芋块茎的新方法。用钙离子激活该过程，并将必需的工业酵母加入。这种简化的工艺可以提高糊化质量。

4. 一种热塑性树脂组合物

专利号：JP9048876（1997）

发明人：Okamura M., T. Kaniwa，和 A. Kamata

申请人：Mitsubishi Chemical Corp（日本）

国际分类号：C08K3/00，C08K5/15，C08L101/00，C08K5/00，C08L101/00

该专利公开了一种从植物来源的菊粉中获得热塑性树脂的方法。该树脂具有优异的机械特性，耐热性和耐化学性，良好的可模塑性，以及汽车部件和回收所需的机械性能。树脂组合物包括环状低聚果糖（n=6 至 8），菊粉或植物提取物由菊苣或菊苣根茎和菊粉与一种能产生环果糖的酶反应而成。

5. 一种半纤维素饮料的生产工艺

专利号：CN1127261（1996）

发明人和申请人：Lishen, Liu（中国）

国际分类号：C08B37/14，C08B37/00

该专利涉及一种制备半纤维素的工艺方法，例如，从菊芋块茎中制备半纤维素。块茎磨碎（粒度 1~3 mm），用 30%石油醚脱脂，在含 1%Na_2CO_3 和 2%$NaHCO_3$ 的 pH 10~11 水溶液中进行脱水，溶解于 45%C_2H_5OH 中，密封在液氮中，低温（−120℃）粉碎干燥。

6. 含有切碎向日葵添加剂的建筑材料

专利号：DE19505989（1996）

发明人：Gerstner B. 和 O. Selmigkeit

申请人：Hasit Trockenmoertel Gmbh（德国）

国际分类号：C04B18/24，C04B18/04，C04B16/02，C04B24/38

该专利公开了一种建筑材料的混合物，特别是灰浆或混凝土，并添加了蔬菜物质。其新奇之处在于，这种添加剂是以向日葵切碎茎的形式出现的，特别是 Topinambur（耶路撒冷朝鲜蓟）。将蔬菜物质添加到混合物中会延缓凝结，降低密度。

7. 一种含有菊芋提取物的治疗美容剂

专利号：RU2138247（1999）

发明人和申请人：Zelenkov V. N.（俄罗斯）

国际分类号：A61K7/48

该专利涉及用于预防治疗皮肤和头发的护理药剂。该组合物包括来自块茎的耶路撒冷洋蓟提取物和所述量的地上部分。美容剂声称其对全身免疫反应有纠正作用。

8. 油性化妆品

专利号：JP5097626（1993）

发明人：Shimizu I. 和 S. Momose

申请人：Kose Corp（日本）

国际分类号：A61K7/00，A61K7/021，A61K7/025，A61K7/027，A61K7/032

该专利公开了一种制备均一固体或半固体油性化妆品的方法。该化妆品含有油性成分和低聚果糖粉末，其中一种来源是菊芋。

9. 菊粉酶的生产

专利号：JP3198774（1991）

发明人：Tamaya H.，S. Takahashi, F. Yoshimi, A. Fukuoka, K. Sato, 和 H. Okuno

申请人：Mitsui Toatsu Chemicals（日本）

国际分类号：C12N9/24

该专利介绍了一种低成本生产高活性内切酶的方法。所述方法的一部分涉及将产生菊粉酶的青霉菌株置于由菊粉植物材料（如耶路撒冷洋蓟的地面块茎）组成的曝气培养中。

10. 菊粉酶的生产方法

专利号：RO103812（1991）

发明人：Dan Valentina 和 Lucia Teodorescu

申请人：Univ Bucharest（罗马尼亚）

国际分类号：C12N9/14，C12R1/66

该专利描述了一种在含有菊芋粉的基质上培养黑曲霉的菊粉酶的制备方法。

11. 一种具有皮肤镇静和再生作用的化妆品组合物及其制备工艺

专利号：US4855137（1989）

发明人：Keri T. 和 J. Kristof

申请人：Innofinance Altalanos Innovacios Penzintezet（匈牙利）

还发表于：WO8606958（A1）、EP0224550（A1）、NL 8620221（A）、GB 2186488（A）、FI 870264（A）、CH 667806（A5）、EP0224550（B1）、SE 8700156（L）、SE466733（B）、HU198619（B）、FI81960C（C）、FI81960B（B）

国际分类号：A61K8/97，A61Q19/00，A61K8/96

该专利涉及具有皮肤镇静和皮肤再生作用的化妆品组合物，包括作为活性成分的菊芋地上部或块茎的提取物。

12. 一种通过多粘芽孢杆菌菌株通过有氧发酵底物生产2，3-丁二醇的方法

专利号：EP0162771（1985）

发明人：Wilhelm J. -L. 和 J. Fages

申请人：Charbonnages Ste Chimique（法国）

也被发表于：FR25644（A1），EP0162771（B1）

国际分类号：C12P7/18，C12P7/02

该专利采用多粘芽孢杆菌（Bacilluspolymyxa）对基质进行好氧发酵生产2，3-丁二醇

的创新工艺，其特点是以菊芋汁为底物。

13. 一种将丙酮-丁醇发酵和酒精发酵联合使用，将产糖植物转化为正丁醇、丙酮和乙醇混合物的方法。

专利号：FR2550222（1985）

发明人：Ballerini D., R. Marchal, M. Hermann, D. Blanchet 和 J. -P. Vandecasteele

申请人：Inst Francais Du Petrol（法国）

国际分类号：C12P7/28, C12P7/24

该专利介绍了一种从制糖植物，特别是菊芋和甜菜生产丁醇、丙酮和乙醇混合物的工艺。该过程分为两个阶段：（1）接种乙酰丁酸梭菌和（2）接种酵母生产乙醇。

14. 一种菊芋酸解果汁发酵生产丙酮和丁醇混合物的改进方法

专利号：FR2533230（1984）

发明人：Heyraud A., M. Rinaudo, F. Taravel, 和 D. Blanchet

申请人：Inst Francais Du Petrol（法国）

国际分类号：C12P7/28, C12P7/24

15. 一种用耶路撒冷洋蓟生产乙醇的方法

专利号：US4400469（1983）

发明人和申请人：Harris F. B.（美国）

国际分类号：C12P7/06, C12P7/02, A23K1/00

该专利公开了一种由菊芋生产乙醇的新方法。糖汁从茎中移除，再重新分配到块茎中，直接发酵产生酒精。地面茎块可用作动物食品。

16. 一种制备 d（-）乳酸的方法

专利号：GB1030740（1966）

发明人申请人：Kyowa H. 和 K. K. Kogyo

也被发表为：US3262862（A1）

国际分类号：C02F1/04, C12P7/56, C12P7/40

17. 5-羟甲基2-糠醛的制备

专利号：GB817139（1959）

发明人和申请人：Peniston Q. P

国际分类号：C07D307/46, C07D307/00

18. 植物纤维生产的改进或与之有关的

专利号：GB410144（1934）

发明人和申请人：Luigi R. T.

也被发表为：GB408007（A），FR759454（A），BE398131（A）

国际分类号：D01C1/02, D01C1/00

19. 发酵生产丙酸的改进方法

专利号：GB390769（1933）

发明人和申请人：Commercial Solvents Corp

国际分类号：C12P7/52，C12P7/40

20. 有机酸改进的生产方法

专利号：GB345368（1931）

发明人和申请人：Cahn F. J.

国际分类号：C12P7/48，C12P7/40

21. 纸浆或纤维材料的改进或与之有关的，用于制造纸张、纸和类似物的纤维材料

专利号：GB137105（1920）

发明人和申请人：Skinner L. H.

国际分类号：D21C5/00

遗传操作与生物技术

1. 用转基因作物积累果聚糖及其方法

专利号：DE69929676（2006）

发明人：Caimi G. 申请人：杜邦公司（美国）

也公开为：WO9946395（A1）中，EP1062350（A1），CA2319759（A1）

国际分类：C12N15/82，A01H5/10，C12N5/10 C12N9/10

公开了一种从转基因作物中提取酶的生产方法。

2. 由噢哢合成活性基因编码的蛋白质

专利号：US6982325（2005）

发明人：Sakakibara K.，Y. Fukui，Y. Tanaka，T. Kusumi，M. Mizutani 和 T. Nakayama

申请人：三得利花卉有限公司，三得利公司（日本）

还出版为：WO9954478

国际分类：C07H21/04

本发明涉及的基因，可编码具有参与花的黄色噢哢合成活性的酶蛋白质。菊芋花的颜色，是由于该噢哢化合物产生的。

3. 改变存储器官成分的方法

专利号：US6930223（2005）

发明人：Higgins T. J.，L. M. Tabe 和 H. E. Schroeder 申请人：联邦科学与工业研究组织（澳大利亚）

还出版为：WO98/13506

本发明提供了用于改变或修改在植物的储藏器官的内容或代谢物组合物的方法。本发明延伸到用于生产植物材料的植物和基因构建体，并适用于所有菊芋块茎作物。

4. 由菊粉酶水解菊芋生产果糖基因工程

专利号：CN1465699（2004）

发明人：Zhang L. 和 Y. Wang

申请人：大连光工业学院（中国）

国际分类：C07H21/04，C12N1/16 C12N9/62 C12P19/02，C07H21/00，C12N9/50，

C12P19/00

本发明涉及一种通过设计一个菊粉酶基因水解菊芋块茎生产果糖的方法。描述了曲霉 nigerAF10 菊粉酶基因 inuA1 的表达并提供了用于通过使用 GS115/ inuA1 菊粉酶水解菊粉及蔗糖等原料生产果糖的方法。

5. 从植物中分离和回收组分

专利号：US6740342（2004）

发明人：Hulst A. C.，J. J. M. H. Ketelaars 和 J. P. M. Sanders

申请人：Cooperatieve Verkoop－en Productievereniging van Aardappelmeel en derivaten Avebe BA（荷兰）

也公开为：WO0040788（A1）中，EP1149193（A1），CA2356880（A1），EP1149193（B1）NL1010976C（C2）AU758966（B2）的

国际分类：D01B1/42，D01B1/00

一种方法描述了从菊芋植物材料中分离细胞质和内容物。

6. 呈现修改菊粉生产的转基因植物

专利号：US6664444（2003）

发明人：Koops A. J.，R. Sevenier, A. J. Van Tunen, and L. De Leenheer

申请人：Tiense Suikerraffinaderij NV.（比利时），Plant Research Int. BV.（荷兰）

也公开为：EP0952222（A1），WO9954480（A1）AU2003246315（A1）

国际分类：C12N9/10，C12N15/82

该专利描述了用于具有修饰菊糖生产型材的转基因植物方法。植物包括一种或多种表达的 1-SST 酶编码基因和一种或在它们的基因组更表达 1-FFT 酶编码基因的组合。本发明还涉及一种方法，用于修改和控制植物菊粉轮廓，并为从这些工厂生产菊糖的方法。此外，编码向日葵基因 1-SST 酶的新的 cDNA 序列 tuberosusand 一个 1-FFT 酶编码菊的基因 intybusare 公开了一种新的 cDNA 序列，以及来源于它们的重组 DNA 构建体和基因。

7. 一种培养双歧杆菌的营养培养基

专利号：RU2214454（2003）

发明人：Amerkhanova A. M.，V. K. Gins，V. A. Aleshkin，A. K. Bandojan，G. V. Khachatrjan，E. S. Zubkova，M. S. Gins，P. F. Kononkov 和 L. A. Bojarkina

申请人：Sledovatel Skij Inst Ehpidemio, Logii Im G N Gabrichevskogo, G Uchrezhdenie MON IS（俄罗斯）

国际分类：A61K35/74，C12N1/20，A61K35/66

公开了在医学研究和食品工业中具有培养双歧杆菌的营养培养基应用组合物。该介质包括提取苋叶（作为蛋白质源）和菊芋块茎（作为碳水化合物源）。

8. 改变植物生长

专利号：US6559358（2003）

发明人：Murray J. A. H.

申请人：Univer Cambridge Tech（GB）

也公开为：WO9842851（A1）中，WO9842851（A1）中，CA2282715（A1）BR9807886（A），AU751341（B2）

国际分类：C07K14/415，C12N15/82，A01H5/00，C12N15/29

本专利含有一系列的嵌合基因，含有指定可操作连接的 DNA 片段，以及处理改造的植物，以获得改变生长的特性。所述嵌合基因包括许多分离的 DNA 序列，该序列包括从核苷酸位置 165 至核苷酸位置 1109，编码向日葵 tuberosusCYCD1 的序列，从核苷酸位置 48 至核苷酸位置 1118 的核苷酸 SEQ ID5 的编码菊芋序列。

9. 一种从向日葵中纯化的细胞色素 P450 多肽 CYP76B1 基因，其作为生物催化剂，特别是用于降解环境污染物和用于改变对除草剂苯脲家族敏感的植物

专利号：US6376753（2002）

发明人：Batard Y.，T. Robineau，F. Durst，D. Werck-Reichhart 和 L. Didierjean

申请人：中心法国国家科学研究（法国）

国际分类：C12N9/02，C12N15/82，A01H5/00，C12N5/04，C12N15/00，C12N15/29

本发明涉及一种细胞色素 P450，其中已分离出一个菊芋块茎基因 CYP76B1。该基因在酵母展示表达它编码的酶，活跃在催化 O 型脱烷基各种外源性的分子。CYP76B1 的表达与某些外源的金属或有机化合物具有强烈的作用，它可以检测环境污染物，以改变植物这一家族对除草剂敏感的特性，修复土壤和地下水生物。

10. 一种积累果聚糖的转基因作物和其制备方法

专利号：US6365800（2002）

发明人：Caimi P. G.

申请人：杜邦公司（美国）

国际分类：C12N15/82，A01H5/10，C12N5/10 C12N9/10

公开了一种通过植物衍生 FTF 基因在转基因单子叶植物中表达生产各种聚合度的果聚糖的方法。菊芋编码蔗糖-蔗糖-果糖和果糖-果糖-果糖衍生的基因。

11. 菊芋源凝集素的基因编码

专利号：JP11206386（1999）

发明人：Nakagawa R.，D. Yasogawa，T. Ikeda 和 K. Nagashima

申请人：中川良治（日本）

国际分类：A01H5/00，A01K67/027，C12N1/19 C12N1/21，C12N15/09

该专利描述了编码菊芋源性凝集素的氨基酸序列的基因的位置和碱基序列。该基因是在分离、去除和检测糖类的微生物和细胞中使用，并且也可作为抗病基因。由以下步骤获得的基因：cDNA 文库是用多聚（A）<+> RNA 的菊芋的愈伤组织中提取制备并随后使用上述凝集素的抗血清进行筛选。

12. 从菊芋块茎分离凝集素及其衍生物

专利号：JP8119994（1996）

发明人：Nakagawa R.，D. Yasogawa，T. Ikeda 和 K. Nagashima

申请人：中川良治（日本）

国际分类：C07K1/22　C07K14/42，C07K1/00，C07K14/415

一种从菊芋愈伤组织中获得新的外源凝集素的方法。外源凝集素是对复杂糖类的分离、去除、检测和分析。愈伤组织用含有蒸馏水的2%异抗坏血酸混合，并离心以回收上清液。分离得出了一个外源凝集素，与甘露糖和葡萄糖有很强的亲和力。

13. 一种植物细胞色素P450单加氧酶的活性和内源或异源的NADPH-细胞色素P450还原酶共表达的酵母菌株及其生物转化

专利号：WO9401564（1994）

发明人和申请人：Kazmaier M.（法国），D. Pompon（法国），C. Mignotte Vieux（法国），H. Teutsch（德国），D. Werk-Reichart（法国）and M. Renaud（法国）还出版为：FR2693207（A1）

国际分类：C12N9/02，C12N15/81，C12P7/42，C12P7/40

该专利公开的酵母菌株为植物细胞色素P450单加氧酶的活性和NADPH-细胞色素P450还原酶的共表达菌株，其具有用于生物转化的cDNA序列和编码菊芋细胞色素P450 CA4H的用途。

栽培和植物育种

1. 对盐碱土壤半干旱区种植菊芋与地下水的关系

专利号：RU2253221（2005）

发明人和申请人：Dedova E. H. B.（罗马尼亚）

国际分类：A01G1/00，A01G25/00

该专利披露了对盐碱土菊芋的培养方法。该方法包括秋季种植块茎、青苗提供护理、施肥、灌溉、保持土壤水分、9—10月收获绿色质量和根。这将使得废弃地得到重利用，提高干旱地区盐碱土地的效率。

2. 种植菊芋的方法

专利号：RU2250585（2005）

发明人和申请人：Starovojtov V. I.，V. I. Chernikov，M. V. Starovojtova，V. V. Rytchenko和V. V. Khoves（罗马尼亚）

国际分类：A01B79/02

新方法包括秋季提供土壤栽培、施用有机和无机肥料、切割山脊、种植种薯、提供行间种植、收获。块茎收获2~3周之前，收获牧草植物顶部。该改进方法的生长条件，可减少收获期间的损害，降低劳动强度，降低菌核病的可能性。

3. 带土栽培方法

专利号：UA69229（2004）

发明人：Tymchenko D. O. 和 V. I. Didenko

申请人：国家科学中心（乌克兰）

国际分类：A01B13/16，A01B13/00

本专利公开了土壤处理的方法，由植被固定。固定带进行种植长梗农业植物，如

4. 菊芋的育种方法

专利号：CN1475099（2004）

发明人和申请人：刘君正（中国）

国际分类：A01G1/00，C05G1/00

公开了一种通过在春化床上培养幼苗再现菊芋的方法。苗生长到 15~20 cm 的高度，切成段，在培养基中培养（来自腐殖质，肥料，微量元素及常量元素的方法制备），并移植。该方法可以提供种植材料，防治土壤侵蚀。

5. 利用菊芋控制沙漠方法

专利号：CN1411688（2003）

发明人：Ma S. 和 T. He

申请人：北京红菊芦谷沙漠（中国）

国际分类：A01C1/00，A01G7/00，E02D3/00

本发明涉及通过种植菊芋提高砂的腐殖物质，可控制沙漠蔓延。它涵盖了种薯的选择，在杀虫剂溶液中浸泡后播种。

6. 菊芋块茎在海水中的养殖方法

专利号：CN1462576（2003）

发明人：Liu Z.，X. Long 和 A. Li

申请人：南京农业大学（中国）

国际分类：A01G7/00 A01G9/02，A01G31/00

该专利描述了一种用于在海水中培养菊芋块茎。它包括由海水制备的营养液盐，在纸张上的上层软塑料板的表面上对块茎切片，菊芋长到一定高度后，固定在穿孔圆盘的上部。它的优点是具有高的存活率（60%以上）和高的收率。

7. 收获根，尤其是菊芋的机器

专利号：RU2212126（2003）

发明人：Rejngart E. S.，V. V. Rytchenko, I. J. Sigal, L. I. Levchuk 和 G. V. Golokolenov

申请人：Topiprom Fa O，OOO AGR（俄罗斯）

国际分类：A01D17/04，A01D17/00

描述收获块茎的一种机器。它安装有用于挖掘和分离的工具带，其中上述右旋线圈螺钉和左侧线圈螺钉被定位的框架。该机还装有一个土块破碎机和输送及排出装置；转子被布置在相对于所述输送装置的表面的倾斜位置上。它将提高菊芋块茎质量和与秸秆的分离。

8. 由菊芋手段控制沙漠方法

专利号：CN1325617（2001）

发明人：Jiang J.

申请人：庐山包装有限公司大连（中国）

国际分类：A01G7/00，E02D3/00

一种涉及菊芋在沙漠中的穴播方法。它包括 3 个阶段：在春天切割块茎、种植、收获。块茎和根固沙，而茎叶形成防护林带。

9. 种植菊芋改善沙漠

专利号：CN1257645（2000）

发明人和申请人：Jiang J.（中国）

国际分类：A01G7/00，E02D3/12，E02D3/00

一种通过种植菊芋改善沙漠方法，其中包括削减种植块茎干（可达 1~2 cm），在孔混合草木灰（10~20 cm 深），每 2 年在春末收获。菊芋具有抗寒抗旱、抗风，很强的抵抗力，及高繁殖能力。其根源固沙，其茎叶形成防风带。

10. 菊芋（洋姜）品种，命名为"紧凑型"

专利号：RO113601（1998）

发明人：Diaconu P.，A. F. Badiu 和 A. Baia

申请人：Inst De Cercetare Si Productie（罗马尼亚）

国际分类：A01H5/06

11. 一种用于清洁根、块茎、鳞茎等的方法和装置

专利号：US5824356（1998）

发明人和申请人：Silver B. S. 和 R. V. Zimmerman（美国）

还出版为：WO9714514

国际分类：A01D17/06，B07B1/15，A01D17/00，B07B1/12

一种用于清洁菊芋根、块茎、鳞茎等的方法和装置。该装置具有水平与圆柱形表面的辊子，滚动条横向螺旋。第一台辊分离小碎片和石块，并疏松土壤。接着除去附着的土壤和淤泥、杂草以及较大的石头。策略性安置大小、转动速度，并且辊子上螺旋的旋转方向有助于去除叶、茎和杂草，分离污垢土块和泥球，清洁物品。

译后记

　　菊芋，又称"洋姜""鬼子姜"，为菊科向日葵属的多年生草本植物。原产北美洲，17世纪传入欧洲，后传入中国。菊芋具有耐寒、耐旱、耐盐碱等特性，可种植于边际性土地。曾长期以来为我国人民所喜爱，多种植于田间地头，用于制作咸菜。进入21世纪后，因其生态适应性强、块茎富含菊粉，其工业化价值受到高度重视并深度开发，成为功能食品、医药制品、生物燃料等领域的重要原料之一，在欧洲业已成为主要经济作物。我国学者在菊芋的新品种筛选、水肥管理和深加工等方面开展了大量工作，对菊芋的产业化起到了积极的推动作用。但总体来看，研究的系统性和深度均有较大的提高空间，特别是各地的环境条件、轻简高效栽培和精深加工方面研发不足，故当前研究尚远不足以满足国内方兴未艾的菊芋产业发展。

　　由Stanley J. Kays和Stephen F. Nottingham编著的《菊芋的生物学和化学》为国内外第一本系统性的、集理论与应用于一体的菊芋研究专著。全书共14章：既包括菊芋的形态与解剖学、菊芋生长的生理生态学、菊芋的栽培管理等基础部分，也包括菊糖的化学与改性、菊粉应用于功能食品等方面的应用技术研究；此外，附录部分还包含了菊芋的相关专利、医学和兽医应用等可供查阅。一言蔽之，菊芋产业链是一项涉及种植业、养殖业、加工业、食品、医药与生态环境保护的朝阳产业。特别是在我国当前大力推进农业供给侧结构性改革、努力提高农业供给体系的质量和效率的大背景下，菊芋、甜高粱与苜蓿等经济作物的高效种植与精深加工增值对于满足人民多元化需求、农产品有效供给、乡村振兴以及实现精准扶贫均具有不可替代的重要意义。因此，《菊芋的生物学和化学》的出版可谓恰逢其时，可为适宜于种植在边际性土地的菊芋、甜高粱与苜蓿等"种养加一体，一二三产业融合发展"的全产业链生态发展模式的研发和创建提供一个全方位的借鉴和参考。全书由陈小兵、李莉莉和秦松主译，尹春艳、单晶晶、颜坤、张立华、任鹏鸿、陈晨、张银、王晓宁等参加了部分章节的翻译工作，陈小兵和李莉莉对全书进行了统稿和多次修订。在翻译成书过程中得到了包括了青海大学农林科学院的李莉教授等多位专家的诸多帮助，在出版之际，谨向为此书出版而付出努力和帮助的人士致以真诚的感谢！向中国科学院烟台海岸带研究所提供的良好工作环境表示诚挚的谢意！

　　尽管译者以敬畏的心态和认真负责的精神付出了艰辛的努力，三年内数易其稿，但因本书内容广泛，涉及作物生理学、作物栽培学、作物育种学、生物化学和食品化学等多门学科，且有较多交叉学科，加之受译者的学术水平和中英文语言的修为所限，译文中难免存在疏漏乃至错误之处，我们以感激的心情接受旨在改进本书所有读者的批评指正！

译　者

2018 年 10 月